普通高等教育"十二五"规划教材
普通高等院校数学精品教材

大学数学竞赛教程

主　编　吴　洁

编　者　吴　洁　何　涛　罗德斌
　　　　董　锐　王德荣

U0289765

华中科技大学出版社
中国·武汉

内 容 提 要

　　本书是依据全国大学生数学竞赛(非数学专业)高等数学竞赛大纲,为正在准备竞赛的大二及以上本科学生编写的一本辅导书。它既可作为竞赛培训教材,也可作为自学教程,还可作为考研复习的参考书。

　　考虑到竞赛的特点,全书通过 13 讲对高等数学课程内容进行了分类整合,每一讲包括内容概述、典型例题分析、精选备赛练习、答案与提示 4 个部分,其中典型例题分析按题型给出了解题策略和方法。详细分析解题思路,引导学生思考,是每一讲的核心内容。为了使读者了解大学生数学竞赛(非数学专业)的难度,在附录中给出了近 5 年全国大学生数学竞赛(非数学专业)试题与解答(预赛、决赛)。

　　本书注重数学思想的渗透与解题方法的指导,内容覆盖面广、针对性强。实践证明,本书能使读者在较短时间内融会贯通高等数学的概念、理论,提高分析问题的水平和解题能力,从容面对竞赛。

图书在版编目(CIP)数据

大学数学竞赛教程/吴洁主编.—武汉:华中科技大学出版社,2014.5
ISBN 978-7-5680-0021-5

Ⅰ.①大… Ⅱ.①吴… Ⅲ.①高等数学-高等学校-教学参考资料 Ⅳ.①O13

中国版本图书馆 CIP 数据核字(2014)第 100147 号

大学数学竞赛教程　　　　　　　　　　　　　　　　　　　　　吴　洁　主编

策划编辑:周芬娜
责任编辑:江　津
封面设计:潘　群
责任校对:马燕红
责任监印:周治超
出版发行:华中科技大学出版社(中国·武汉)　　　电话:(027)81321913
　　　　　武汉市东湖新技术开发区华工科技园　　　邮编:430223
录　　排:武汉市洪山区佳年华文印部
印　　刷:武汉科源印刷设计有限公司
开　　本:710mm×1000mm　1/16
印　　张:20
字　　数:425 千字
版　　次:2018 年 7 月第 1 版第 2 次印刷
定　　价:45.00 元

前　言

　　全国大学生数学竞赛是从 2009 年开始举办的全国性高水平学科竞赛,其目的是促进高等学校数学课程改革与建设,增强大学生学习数学的兴趣,培养大学生的创新精神和分析问题、解决问题的能力。

　　为了让参赛学生有一本合适的指导书,编者从 2009 年 7 月开始编写《竞赛培训资料》,随后在首届全国大学生数学竞赛培训中投入使用。《竞赛培训资料》被学生们称之为“经典”,并使学生在竞赛中取得了优异成绩。几年来,编者结合竞赛实践,反复修改,不断完善,形成了本书现在的面貌。

　　本书共 13 讲,每一讲包括内容概述、典型例题分析、精选备赛练习、答案与提示 4 个部分,在典型例题分析中详细阐述了数学思想与解题方法。第 1、2、3 讲由吴洁编写,第 4、8、9 讲由何涛编写,第 5、6、10 讲由罗德斌编写,第 7、11、12 讲由董锐编写,第 13 讲由王德荣编写。吴洁进行全书的统稿。

　　本书在编写过程中参考了大量国内外优秀的教材,引用了部分全国硕士研究生入学统一考试的数学试题以及竞赛试题,特此说明。

编　者

2014 年 3 月

目　　录

第1讲　函数极限 ··· (1)

1.1　内容概述 ··· (1)

1.2　典型例题分析 ··· (1)

【题型1-1】 $\dfrac{0}{0}$ 型极限 ··· (1)

【题型1-2】 $\dfrac{\infty}{\infty}$ 型极限 ·· (4)

【题型1-3】 $\infty-\infty$ 型与 $0\cdot\infty$ 型极限 ································· (6)

【题型1-4】 1^{∞} 型、0^{0} 型和 ∞^{0} 型的极限 ····················· (8)

【题型1-5】 证明极限存在或估计极限的范围 ································· (9)

【题型1-6】 估计无穷小量的阶或求无穷小量的主部 ····················· (11)

【题型1-7】 无穷大量的阶或比较 ··· (13)

【题型1-8】 已知某极限求另一极限,或求其中的参数,或求抽象函数的函数值 ··· (14)

【题型1-9】 有界函数×无穷小量问题 ·· (16)

【题型1-10】 综合问题 ··· (16)

1.3　精选备赛练习 ··· (17)

1.4　答案与提示 ··· (19)

第2讲　数列极限 ··· (20)

2.1　内容概述 ··· (20)

2.2　典型例题分析 ··· (20)

【题型2-1】 n 项和 S_n 的极限 ··· (20)

【题型2-2】 n 项乘积的极限 ··· (23)

【题型2-3】 递推数列的极限 ··· (24)

【题型2-4】 施笃兹定理及应用 ··· (27)

【题型2-5】 其他数列极限问题 ··· (30)

2.3　精选备赛练习 ··· (32)

2.4　答案与提示 ··· (33)

第3讲　连续、导数与微分 ·· (35)

3.1　内容概述 ··· (35)

3.2　典型例题分析 ··· (35)

　　【题型 3-1】　函数的连续性的讨论 ………………………………………（35）

　　【题型 3-2】　连续函数的介值问题 ………………………………………（37）

　　【题型 3-3】　可导性的判断与按定义求导数的有关问题 ………………（39）

　　【题型 3-4】　反函数、隐函数、由参数方程确定的函数的高阶导数 …（41）

　　【题型 3-5】　一般显函数的 n 阶导数 …………………………………（43）

　　【题型 3-6】　导函数的相关性质 …………………………………………（44）

　3.3　精选备赛练习 ……………………………………………………………（47）

　3.4　答案与提示 ………………………………………………………………（48）

第 4 讲　微分中值定理与导数的应用 …………………………………………（49）

　4.1　内容概述 …………………………………………………………………（49）

　4.2　典型例题分析 ……………………………………………………………（49）

　　【题型 4-1】　中值的存在性问题 …………………………………………（49）

　　【题型 4-2】　不等式的证明 ………………………………………………（57）

　　【题型 4-3】　函数的性态以及方程的根的讨论 …………………………（62）

　4.3　精选备赛练习 ……………………………………………………………（66）

　4.4　答案与提示 ………………………………………………………………（69）

第 5 讲　不定积分 ………………………………………………………………（72）

　5.1　内容概述 …………………………………………………………………（72）

　5.2　典型例题分析 ……………………………………………………………（72）

　　【题型 5-1】　概念性题目 …………………………………………………（72）

　　【题型 5-2】　用直接积分法计算不定积分 ………………………………（74）

　　【题型 5-3】　用凑微分法计算不定积分 …………………………………（75）

　　【题型 5-4】　用换元积分法计算不定积分 ………………………………（77）

　　【题型 5-5】　用分部积分法计算不定积分 ………………………………（81）

　　【题型 5-6】　有理函数、三角函数的有理式、无理函数的积分 ………（82）

　　【题型 5-7】　综合例题 ……………………………………………………（85）

　5.3　精选备赛练习 ……………………………………………………………（87）

　5.4　答案与提示 ………………………………………………………………（88）

第 6 讲　定积分与反常积分 ……………………………………………………（90）

　6.1　内容概述 …………………………………………………………………（90）

　6.2　典型例题分析 ……………………………………………………………（90）

　　【题型 6-1】　定积分的计算 ………………………………………………（90）

　　【题型 6-2】　利用某些积分公式计算定积分 ……………………………（95）

　　【题型 6-3】　定积分概念的有关问题 ……………………………………（97）

　　【题型 6-4】　变限积分的相关问题 ………………………………………（100）

　　【题型 6-5】　定积分等式与不等式的证明 ………………………………（103）

　　【题型 6-6】　反常积分的计算 ……………………………………………… (112)

　　【题型 6-7】　定积分的应用 ………………………………………………… (116)

　6.3　精选备赛练习 ……………………………………………………………… (120)

　6.4　答案与提示 ………………………………………………………………… (123)

第 7 讲　微分方程 ……………………………………………………………… (126)

　7.1　内容概述 …………………………………………………………………… (126)

　7.2　典型例题分析 ……………………………………………………………… (126)

　　【题型 7-1】　通过变换解微分方程 ……………………………………… (126)

　　【题型 7-2】　能够化为欧拉方程的问题 ………………………………… (128)

　　【题型 7-3】　能够化为可降阶的二阶微分方程的问题 ………………… (129)

　　【题型 7-4】　综合题 ……………………………………………………… (131)

　　【题型 7-5】　应用题 ……………………………………………………… (134)

　7.3　精选备赛练习 ……………………………………………………………… (137)

　7.4　答案与提示 ………………………………………………………………… (141)

第 8 讲　矢量代数与空间解析几何 …………………………………………… (144)

　8.1　内容概述 …………………………………………………………………… (144)

　8.2　典型例题分析 ……………………………………………………………… (144)

　　【题型 8-1】　矢量的运算 ………………………………………………… (144)

　　【题型 8-2】　平面与直线 ………………………………………………… (145)

　　【题型 8-3】　曲面与曲线 ………………………………………………… (148)

　8.3　精选备赛练习 ……………………………………………………………… (150)

　8.4　答案与提示 ………………………………………………………………… (152)

第 9 讲　多元函数微分学 ……………………………………………………… (154)

　9.1　内容概述 …………………………………………………………………… (154)

　9.2　典型例题分析 ……………………………………………………………… (154)

　　【题型 9-1】　求二重极限或证明二重极限不存在 ……………………… (154)

　　【题型 9-2】　判断函数连续、偏导数存在、可微以及方向导数存在的问题

　　　　　　　　 ……………………………………………………………… (155)

　　【题型 9-3】　求偏导数问题 ……………………………………………… (159)

　　【题型 9-4】　极值及最值问题 …………………………………………… (161)

　　【题型 9-5】　综合问题 …………………………………………………… (163)

　9.3　精选备赛练习 ……………………………………………………………… (165)

　9.4　答案与提示 ………………………………………………………………… (166)

第 10 讲　重积分 ……………………………………………………………… (168)

　10.1　内容概述 ………………………………………………………………… (168)

　10.2　典型例题分析 …………………………………………………………… (168)

【题型 10-1】 在直角坐标系和极坐标系下计算二重积分 ·················· (168)

【题型 10-2】 用二重积分的一般代换公式计算二重积分 ·················· (175)

【题型 10-3】 三重积分的计算 ··· (180)

【题型 10-4】 重积分的应用 ··· (184)

10.3　精选备赛练习 ··· (188)

10.4　答案与提示 ··· (189)

第 11 讲　曲线积分 ··· (191)

11.1　内容概述 ·· (191)

11.2　典型例题分析 ··· (191)

【题型 11-1】 第一型曲线积分的计算 ······································ (191)

【题型 11-2】 平面第二型曲线积分的计算 ·································· (194)

【题型 11-3】 空间第二型曲线积分 ·· (198)

【题型 11-4】 曲线积分与路径无关的条件的应用 ·························· (201)

【题型 11-5】 综合题 ··· (202)

11.3　精选备赛练习 ··· (205)

11.4　答案与提示 ··· (208)

第 12 讲　曲面积分 ··· (210)

12.1　内容概述 ·· (210)

12.2　典型例题分析 ··· (210)

【题型 12-1】 第一型曲面积分的计算 ······································ (210)

【题型 12-2】 第二型曲面积分的计算 ······································ (213)

【题型 12-3】 综合题 ··· (217)

12.3　精选备赛练习 ··· (224)

12.4　答案与提示 ··· (226)

第 13 讲　无穷级数 ··· (227)

13.1　内容概述 ·· (227)

13.2　典型例题分析 ··· (227)

【题型 13-1】 通过计算数项级数的部分和求级数的和 ······················ (227)

【题型 13-2】 利用比值判别法、根值判别法对正项级数判敛 ················ (228)

【题型 13-3】 使用比较判别法及其极限形式对正项级数的判敛 ·············· (230)

【题型 13-4】 变号级数判敛 ··· (232)

【题型 13-5】 通项包含有抽象数列的级数的敛散性证明 ···················· (234)

【题型 13-6】 求幂级数的收敛区间与收敛域 ································ (238)

【题型 13-7】 将函数展开为幂级数 ··· (240)

【题型 13-8】 求幂级数的和函数 ··· (243)

【题型 13-9】 利用幂级数求数项级数的和 ·································· (245)

【题型 13-10】　利用级数讨论反常积分的敛散并求积分 …………………（247）

【题型 13-11】　综合题 ………………………………………………………（250）

13.3　精选备赛练习 …………………………………………………………………（253）

13.4　答案与提示 ……………………………………………………………………（256）

附录………………………………………………………………………………………（260）

首届全国大学生数学竞赛预赛试题及参考解答（非数学类,2009）…………（260）

首届全国大学生数学竞赛决赛试题及参考解答（非数学类,2010）…………（265）

第二届中国大学生数学竞赛预赛试题及参考解答（非数学类,2010）………（271）

第二届全国大学生数学竞赛决赛试题及参考解答（非数学类,2011）………（277）

第三届全国大学生数学竞赛预赛试题及参考解答（非数学类,2011）………（282）

第三届全国大学生数学竞赛决赛试题及参考解答（非数学类,2012）………（286）

第四届全国大学生数学竞赛预赛试题及参考解答（非数学类,2012）………（292）

第四届全国大学生数学竞赛决赛试题及参考解答（非数学类,2013）………（297）

第五届全国大学生数学竞赛预赛试题及参考解答（非数学类,2013）………（301）

第五届全国大学生数学竞赛决赛试题及参考解答（非数学类,2014）………（306）

第1讲　函数极限

1.1　内容概述

本讲的主要内容是一元函数的极限,包括求 7 种未定式($\frac{0}{0}$ 型,$\frac{\infty}{\infty}$ 型,$0 \cdot \infty$ 型, $\infty - \infty$ 型,1^{∞} 型,0^{0} 型,∞^{0} 型)的极限;证明极限存在或估计极限的范围;无穷小量、无穷大量的比较与无穷小量、无穷大量的阶;已知某极限求另一极限或求其中的参数等。极限的四则运算法则、复合函数极限法则、连续函数定义以及重要极限将贯穿于求极限的始终,常用的求极限的方法有等价无穷小替换、洛必达法则、泰勒公式、导数的定义、夹挤准则、极限的保号性等。

1.2　典型例题分析

【题型 1-1】　$\frac{0}{0}$ 型极限

策略　在一定条件下,$\frac{0}{0}$ 型极限可以直接使用洛必达法则,对较高方次的问题要考虑用泰勒公式。使用洛必达法则之前要用恒等变形、等价无穷小替换、分项等方法将极限式尽量化简,对极限非零的因式(注意是因式,不是项)可以按乘积运算法则先求出结果,剩下部分再另行处理。

例 1-1　求 $\lim\limits_{x \to 0} \dfrac{x - \tan x}{x^2 \sin x}$。

分析　分母中出现了两项之积,宜先用等价无穷小替换化简,再用洛必达法则。

解　原式 $= \lim\limits_{x \to 0} \dfrac{x - \tan x}{x^3} (\sin x \sim x, x \to 0)$

$$= \lim\limits_{x \to 0} \dfrac{1 - \sec^2 x}{3x^2} = \lim\limits_{x \to 0} \dfrac{-\tan^2 x}{3x^2} (\text{利用三角恒等式}) = -\dfrac{1}{3}。$$

注　如果不用其他工具,连用 3 次洛必达法则可以得出结论:

$$\text{原式} = \lim\limits_{x \to 0} \dfrac{1 - \sec^2 x}{2x \sin x + x^2 \cos x} = \lim\limits_{x \to 0} \dfrac{-2 \sec^2 x \tan x}{(2 - x^2) \sin x + 4x \cos x}$$

$$= -\lim\limits_{x \to 0} \dfrac{4 \sec^2 x \tan^2 x + 2 \sec^4 x}{-2x \sin x + (2 - x^2) \cos x + 4 \cos x - 4x \sin x} = -\dfrac{1}{3}。$$

但上述运算较为复杂,容易出错。因此当使用洛必达法则出现复杂的计算时,一定要思考能不能在使用洛必达法则前先用其他方法将其化简。

例 1-2　求 $\lim\limits_{x \to 0}\dfrac{\sqrt{1+\tan x}-\sqrt{1+\sin x}}{x\ln(1+x)-x^2}$。

分析　对于含根式的极限问题,通常可以先进行有理化,使恒等变形后的表达式中带根式的因子的极限不为零,且能对其单独求极限。

解　原式 $=\lim\limits_{x \to 0}\dfrac{\tan x-\sin x}{x\ln(1+x)-x^2}\cdot\dfrac{1}{\sqrt{1+\tan x}+\sqrt{1+\sin x}}$

$=\dfrac{1}{2}\lim\limits_{x \to 0}\dfrac{\sin x}{x}\cdot\dfrac{\dfrac{1}{\cos x}-1}{\ln(1+x)-x}$（对 $\dfrac{1}{\sqrt{1+\tan x}+\sqrt{1+\sin x}}$ 单独求极限,并作恒等变形）

$=\dfrac{1}{2}\lim\limits_{x \to 0}\dfrac{1}{\cos x}\cdot\dfrac{1-\cos x}{\ln(1+x)-x}$（对 $\dfrac{\sin x}{x}$ 单独求极限,作恒等变形）

$=\dfrac{1}{2}\lim\limits_{x \to 0}\dfrac{\sin x}{\dfrac{1}{1+x}-1}$（对 $\dfrac{1}{\cos x}$ 单独求极限,对第二个因式用洛必达法则）

$=-\dfrac{1}{2}\lim\limits_{x \to 0}\dfrac{\sin x}{x}\cdot(1+x)=-\dfrac{1}{2}$。

例 1-3　求 $\lim\limits_{x \to 0}\dfrac{\sin^2 x-x^2\cos^2 x}{x^2\sin^2 x}$。

分析　对分母用等价无穷小替换化简;对分子先用三角恒等式降次,再利用泰勒公式,从而规避对两项之积求导。

解　利用 $\sin^2 x=\dfrac{1-\cos 2x}{2}$,$\cos^2 x=\dfrac{1+\cos 2x}{2}$ 以及 $\sin^2 x \sim x^2$,$x \to 0$,

$$原式=\dfrac{1}{2}\lim\limits_{x \to 0}\dfrac{(1-\cos 2x)-x^2(1+\cos 2x)}{x^4},$$

再由泰勒公式:

$$(1-\cos 2x)-x^2(1+\cos 2x)=1-\left[1-\dfrac{(2x)^2}{2}+\dfrac{(2x)^4}{4!}+o(x^4)\right]-x^2\left(1+1-\dfrac{(2x)^2}{2}+o(x^2)\right)$$

$$=2x^2-\dfrac{16}{24}x^4-2x^2+2x^4+o(x^4),$$

所以　　　　　　　　　$$原式=\dfrac{1}{2}\lim\limits_{x \to 0}\dfrac{\dfrac{4}{3}x^4+o(x^4)}{x^4}=\dfrac{2}{3}。$$

思考　有人说,因为 $x \to 0$ 时,$\cos^2 x \to 1$,因此 $x^2\cos^2 x \sim x^2$,于是

$$\lim\limits_{x \to 0}\dfrac{\sin^2 x-x^2\cos^2 x}{x^2\sin^2 x}=\lim\limits_{x \to 0}\dfrac{\sin^2 x-x^2}{x^2\sin^2 x}。$$

这样做对吗? 为什么?

例 1-4　求 $\lim\limits_{x \to 0}\dfrac{(1+x)^{\frac{2}{x}}-e^2[1-\ln(1+x)]}{x}$。

分析 如果直接用洛必达法则，那么幂指函数的求导将会带来复杂的计算，因此宜先将幂指函数化为指数函数；注意到其中一部分的极限是易求的，因此可分项分别求极限。

解 因 $\dfrac{(1+x)^{\frac{2}{x}}-\mathrm{e}^2\big[1-\ln(1+x)\big]}{x}=\dfrac{\mathrm{e}^{\frac{2}{x}\ln(1+x)}-\mathrm{e}^2-\mathrm{e}^2\ln(1+x)}{x}$，

且 $$\lim_{x\to0}\frac{\mathrm{e}^2(\ln(1+x))}{x}=\mathrm{e}^2,$$

而 $\displaystyle\lim_{x\to0}\frac{\mathrm{e}^{\frac{2}{x}\ln(1+x)}-\mathrm{e}^2}{x}=\mathrm{e}^2\lim_{x\to0}\frac{\mathrm{e}^{\frac{2}{x}\ln(1+x)-2}-1}{x}$

$$=\mathrm{e}^2\lim_{x\to0}\frac{\dfrac{2}{x}\ln(1+x)-2}{x}\quad(\text{利用 }\mathrm{e}^{\square}-1\sim\square,\text{当}\square\to0\text{ 时})$$

$$=2\mathrm{e}^2\lim_{x\to0}\frac{\ln(1+x)-x}{x^2}=2\mathrm{e}^2\lim_{x\to0}\frac{\dfrac{1}{1+x}-1}{2x}=2\mathrm{e}^2\lim_{x\to0}\frac{-x}{2x(1+x)}=-\mathrm{e}^2,$$

所以原式 = 0。

例 1-5 设 $f(x)$ 在 $x=1$ 处可导，且 $f'(1)=1$，求

$$\lim_{x\to0}\frac{f(1+x)+f(1+2\sin x)-2f(1-3\tan x)}{x}。$$

分析 由 $f'(1)=1$ 得 $\displaystyle\lim_{h\to0}\frac{f(1+h)-f(1)}{h}=1$，其中 h 可以是任何趋于 0 的变量，于是可以通过导数的定义将抽象函数的极限问题转化为具体函数的极限问题。

解 因

$$\text{原式}=\lim_{x\to0}\frac{f(1+x)-f(1)+f(1+2\sin x)-f(1)-2\big[f(1-3\tan x)-f(1)\big]}{x},$$

而 $$\lim_{x\to0}\frac{f(1+x)-f(1)}{x}=f'(1)=1,$$

$$\lim_{x\to0}\frac{f(1+2\sin x)-f(1)}{x}=\lim_{x\to0}\frac{f(1+2\sin x)-f(1)}{2\sin x}\cdot\frac{2\sin x}{x}=2f'(1)=2,$$

$$-2\lim_{x\to0}\frac{f(1-3\tan x)-f(1)}{x}=-2\lim_{x\to0}\frac{f(1-3\tan x)-f(1)}{-3\tan x}\cdot\frac{-3\tan x}{x}=6f'(1)=6,$$

所以 $$\lim_{x\to0}\frac{f(1+x)+f(1+2\sin x)-2f(1-3\tan x)}{x}=9。$$

例 1-6 设 $F(x)=\displaystyle\int_{x^2}^{x^2}t\sin(x^2-t^2)\mathrm{d}t$，求 $\displaystyle\lim_{x\to0}\frac{F(x)}{x^4}$。

分析 本题可以用两种方法求解，一是用洛必达法则，注意在求导前需要将积分号内的 x 变到积分限上；二是考虑到此时积分简单，可以将 $F(x)$ 先求出来，再求极限。

解 方法一 令 $x^2-t^2=u$，则 $-2t\mathrm{d}t=\mathrm{d}u$，且 $t=0$ 时，$u=x^2$；$t=x^2$ 时，$u=x^2-x^4$，于是

$$F(x) = -\frac{1}{2} \int_{x^2}^{x^2-x^4} \sin u \, du = \frac{1}{2} \int_{x^2-x^4}^{x^2} \sin u \, du,$$

所以
$$\lim_{x\to 0} \frac{F(x)}{x^4} = \frac{1}{2} \lim_{x\to 0} \frac{2x\sin x^2 - (2x-4x^3)\sin(x^2-x^4)}{4x^3}$$

$$= \frac{1}{4} \lim_{x\to 0} \frac{\sin x^2 - (1-2x^2)\sin(x^2-x^4)}{x^2},$$

而　　$$\lim_{x\to 0} \frac{\sin x^2}{x^2} = 1, \quad \lim_{x\to 0} \frac{(1-2x^2)\sin(x^2-x^4)}{x^2} = \lim_{x\to 0} \frac{(1-2x^2)(x^2-x^4)}{x^2} = 1,$$

所以
$$\lim_{x\to 0} \frac{F(x)}{x^4} = 0。$$

方法二　因　$$F(x) = \int_0^{x^2} t\sin(x^2-t^2) \, dt = -\frac{1}{2} \int_0^{x^2} \sin(x^2-t^2) \, d(x^2-t^2)$$

$$= \frac{1}{2} \cos(x^2-t^2) \Big|_0^{x^2} = \frac{1}{2} \big[\cos(x^2-x^4) - \cos x^2\big]$$

$$= \sin\frac{x^4}{2} \sin\left(x^2 - \frac{x^4}{2}\right) \quad （利用三角恒等式），$$

所以
$$\lim_{x\to 0} \frac{F(x)}{x^4} = \lim_{x\to 0} \frac{\sin\dfrac{x^4}{2} \sin\left(x^2 - \dfrac{x^4}{2}\right)}{x^4} = 0。$$

例 1-7　设 $f(x)$ 在 $x=0$ 处有 3 阶导数，且 $f(0)=0, f'(0)=0, f''(0)=2, f'''(0) = 3$，求 $\lim\limits_{x\to 0} \dfrac{f(x) - x^2}{x^3}$。

分析　因 $f(x)$ 在 $x=0$ 处有 3 阶导数，且有函数值与各阶导数值的信息，故宜对 $f(x)$ 用泰勒公式。

解　由泰勒公式

$$f(x) = f(0) + f'(0)x + \frac{f''(0)}{2}x^2 + \frac{f'''(0)}{3!}x^3 + o(x^3) = x^2 + \frac{1}{2}x^3 + o(x^3)$$

于是　　$$\lim_{x\to 0} \frac{f(x) - x^2}{x^3} = \lim_{x\to 0} \frac{x^2 + \dfrac{1}{2}x^3 + o(x^3) - x^2}{x^3} = \frac{1}{2}。$$

注　该题也可以用洛必达法则：

$$原式 = \lim_{x\to 0} \frac{f'(x) - 2x}{3x^2} = \lim_{x\to 0} \frac{f''(x) - 2}{6x} = \frac{1}{6} \lim_{x\to 0} \frac{f''(x) - f''(0)}{x} = \frac{1}{6} f'''(0) = \frac{1}{2}。$$

思考　以下做法为什么是错的？

$$原式 = \lim_{x\to 0} \frac{f'(x) - 2x}{3x^2} = \lim_{x\to 0} \frac{f''(x) - 2}{6x} = \lim_{x\to 0} \frac{f'''(x)}{6} = \frac{1}{2}。$$

【题型 1-2】　$\dfrac{\infty}{\infty}$ 型极限

策略　求 $\dfrac{\infty}{\infty}$ 型极限的常用方法仍然是洛必达法则，了解推广的洛必达法则（分子→∞这一条件可以省去,结论不变)会给计算带来方便;有时要用到无穷大量的倒数是无穷小量、恒等变形或等价代换、夹挤准则等。

例 1-8 求 $\lim\limits_{x \to 1^-} \dfrac{\ln(1-x)}{\ln\sin\dfrac{\pi x}{2} - \ln\cos\dfrac{\pi x}{2}}$。

分析 对分母用恒等变形合并,再用洛必达法则。

解 原式 $= \lim\limits_{x \to 1^-} \dfrac{\ln(1-x)}{\ln\tan\dfrac{\pi x}{2}} = \lim\limits_{x \to 1^-} \dfrac{-1}{1-x} \cdot \tan\dfrac{\pi x}{2} \cdot \cos^2\dfrac{\pi x}{2} \cdot \dfrac{2}{\pi}$

$$= -\dfrac{1}{\pi} \lim\limits_{x \to 1^-} \dfrac{\sin\pi x}{1-x} = -\dfrac{1}{\pi} \lim\limits_{x \to 1^-} \dfrac{\pi\cos\pi x}{-1} = -1。$$

注 用洛必达法则化简后 $\lim\limits_{x \to 1^-} \dfrac{\sin\pi x}{1-x}$ 为 $\dfrac{0}{0}$ 型。

例 1-9 求 $\lim\limits_{x \to +\infty} \dfrac{\displaystyle\int_1^x \left[t^2(e^{1/t}-1) - t \right]\mathrm{d}t}{x^2\ln\left(1+\dfrac{1}{x}\right)}$。

分析 先利用等价无穷小替换化简分母,再用洛必达法则以及泰勒公式。

解 原式 $= \lim\limits_{x \to +\infty} \dfrac{\displaystyle\int_1^x \left[t^2(e^{1/t}-1) - t \right]\mathrm{d}t}{x} \quad \left(\ln\left(1+\dfrac{1}{x}\right) \sim \dfrac{1}{x}, x \to +\infty \right)$

$= \lim\limits_{x \to +\infty} \left[x^2(e^{1/t}-1) - x \right]$（利用推广的洛必达法则）

$= \lim\limits_{x \to +\infty} \left[x^2\left(1 + \dfrac{1}{x} + \dfrac{1}{2x^2} + o\left(\dfrac{1}{x^2}\right) - 1 \right) - x \right] \left(e^{1/x} = 1 + \dfrac{1}{x} + \dfrac{1}{2x^2} + o\left(\dfrac{1}{x^2}\right) \right)$

$= \dfrac{1}{2}。$

注 (1) 一时不太容易判断是否有 $\displaystyle\int_1^x \left[t^2(e^{1/x}-1) - t \right]\mathrm{d}t \to \infty$,而推广的洛必达法则正好可以应对此类问题。

(2) 对 $\lim\limits_{x \to +\infty} \left[x^2(e^{1/x}-1) - x \right]$,令 $u = \dfrac{1}{x}$,则

$$\lim\limits_{x \to +\infty} \left[x^2(e^{1/x}-1) - x \right] = \lim\limits_{u \to 0^+} \dfrac{e^u - 1 - u}{u^2} = \lim\limits_{u \to 0^+} \dfrac{e^u - 1}{2u} = \dfrac{1}{2}。$$

(3) 一开始就使用洛必达法则,则

$$原式 = \lim\limits_{x \to +\infty} \dfrac{x^2(e^{1/x}-1) - x}{2x\ln\left(1+\dfrac{1}{x}\right) + x^2 \cdot \dfrac{1}{1+1/x} \cdot \dfrac{-1}{x^2}} = \lim\limits_{x \to +\infty} \dfrac{x^2(e^{1/x}-1) - x}{2x\ln\left(1+\dfrac{1}{x}\right) - \dfrac{x}{1+x}},$$

由于 $\lim\limits_{x \to +\infty} 2x\ln\left(1+\dfrac{1}{x}\right) = 2$,$\lim\limits_{x \to +\infty} \dfrac{x}{1+x} = 1$,所以原式 $= \lim\limits_{x \to +\infty} \left[x^2(e^{1/x}-1) - x \right]$,余下解法与前面解法相同。

例 1-10　求 $\lim\limits_{x\to-\infty}\dfrac{\sqrt{4x^2+x-1}+x+1}{\sqrt{x^2+\sin x}}$。

分析　本题不适合直接使用洛必达法则。注意到当 $x\to-\infty$ 时，$\sqrt{x^2}=|x|=-x$，将其提出，便可以利用无穷大量的倒数是无穷小量，以及极限的四则运算法则。

解　原式 $=\lim\limits_{x\to-\infty}\dfrac{-x\sqrt{4+\dfrac{1}{x}-\dfrac{1}{x^2}}+x+1}{-x\sqrt{1+\dfrac{\sin x}{x^2}}}=\lim\limits_{x\to-\infty}\dfrac{-\sqrt{4+\dfrac{1}{x}-\dfrac{1}{x^2}}+1+\dfrac{1}{x}}{-\sqrt{1+\dfrac{\sin x}{x^2}}}=1$。

【题型 1-3】　$\infty-\infty$ 型与 $0\cdot\infty$ 型极限

策略　$\infty-\infty$ 型可利用通分转化为 $\dfrac{0}{0}$ 型；$0\cdot\infty$ 型视具体情况转化为 $\dfrac{0}{0}$ 或 $\dfrac{\infty}{\infty}$ 型。

例 1-11　求 $\lim\limits_{x\to0}\left(\dfrac{1}{\sin^2 x}-\dfrac{\cos^2 x}{x^2}\right)$。

分析　这是 $\infty-\infty$ 型极限。通分之后先用等价无穷小替换化简分母，注意到分子是平方差，故可以考虑分组求极限。

解　原式 $=\lim\limits_{x\to0}\dfrac{x^2-\sin^2 x\cos^2 x}{x^2\sin^2 x}=\lim\limits_{x\to0}\dfrac{x^2-\sin^2 x\cos^2 x}{x^4}$

$\qquad\quad=\lim\limits_{x\to0}\dfrac{x+\sin x\cos x}{x}\cdot\dfrac{x-\sin x\cos x}{x^3}$，

而　　　　$\lim\limits_{x\to0}\dfrac{x+\sin x\cos x}{x}=\lim\limits_{x\to0}\left[\dfrac{x}{x}+\dfrac{\sin x}{x}\cdot\cos x\right]=2$，

$\lim\limits_{x\to0}\dfrac{x-\sin x\cos x}{x^3}=\dfrac{1}{2}\lim\limits_{x\to0}\dfrac{2x-\sin 2x}{x^3}=\dfrac{1}{2}\lim\limits_{x\to0}\dfrac{2-2\cos 2x}{3x^2}=\lim\limits_{x\to0}\dfrac{\dfrac{1}{2}(2x)^2}{3x^2}=\dfrac{2}{3}$，

所以原式 $=\dfrac{4}{3}$。

例 1-12　求 $\lim\limits_{x\to0}\left[\dfrac{a}{x}-\left(\dfrac{1}{x^2}-a^2\right)\ln(1+ax)\right](a\neq0)$。

分析　在判断类型的过程中可以发现 $a^2\ln(1+ax)$ 的极限易求，剩余部分是 $\infty-\infty$ 型极限，因此分项求极限。

解　原式 $=\lim\limits_{x\to0}\left[\dfrac{a}{x}-\dfrac{1}{x^2}\ln(1+ax)+a^2\ln(1+ax)\right]$，因 $\lim\limits_{x\to0}a^2\ln(1+ax)=0$，又

$\lim\limits_{x\to0}\left[\dfrac{a}{x}-\dfrac{1}{x^2}\ln(1+ax)\right]=\lim\limits_{x\to0}\dfrac{ax-\ln(1+ax)}{x^2}=\lim\limits_{x\to0}\dfrac{ax-ax+\dfrac{1}{2}a^2x^2+o(x^2)}{x^2}=\dfrac{a^2}{2}$，

所以　原式 $=\dfrac{a^2}{2}$。

例 1-13　$\lim\limits_{x\to+\infty}\left[\left(x^3-x^2+\dfrac{x}{2}\right)\mathrm{e}^{\frac{1}{x}}-\sqrt{1+x^6}\right]$。

分析 这是 $\infty - \infty$ 型极限。欲变形为 $\dfrac{0}{0}$ 型,可先作代换 $x = \dfrac{1}{t}$,然后用泰勒公式简化分子。

解 令 $\dfrac{1}{x} = t$,则原式 $= \lim\limits_{t \to 0^+} \dfrac{(2-2t+t^2)e^t - 2\sqrt{1+t^6}}{2t^3}$,而

$$(2-2t+t^2)e^t - 2\sqrt{1+t^6} = (2-2t+t^2)\left[1+t+\dfrac{t^2}{2}+\dfrac{t^3}{6}+o(t^3)\right] - 2\left[1+\dfrac{t^6}{2}+o(t^6)\right]$$

$$= 2+2t+t^2+\dfrac{t^3}{3}-2t-2t^2-t^3+t^2+t^3-2+o(t^3)$$

$$= \dfrac{t^3}{3}+o(t^3),$$

所以 原式 $= \dfrac{1}{6}$。

例 1-14 求 $\lim\limits_{x \to +\infty} x^2 \ln\left(x\sin\dfrac{1}{x}\right)$。

分析 这是 $0 \cdot \infty$ 型极限。为避免导数计算的复杂性,应变形为 $\dfrac{0}{0}$ 型并作代换 $x = \dfrac{1}{t}$。

解 令 $x = \dfrac{1}{t}$,则

$$\text{原式} = \lim_{x \to +\infty} \frac{\ln\left(x\sin\dfrac{1}{x}\right)}{1/x^2} = \lim_{t \to 0^+} \frac{\ln\left(\dfrac{1}{t}\sin t\right)}{t^2}$$

$$= \lim_{t \to 0^+} \frac{\dfrac{\sin t}{t}-1}{t^2} \quad (\text{利用 } \ln\square \sim \square-1,\text{当}\square \to 1 \text{ 时})$$

$$= \lim_{t \to 0^+} \frac{\sin t - t}{t^3} = \lim_{t \to 0^+} \frac{\cos t - 1}{3t^2} = -\frac{1}{6}。$$

例 1-15 求 $\lim\limits_{n \to \infty} n\left[\left(1+\dfrac{1}{n}\right)^n - e\right]$。

分析 这是 $0 \cdot \infty$ 型数列极限。先将其化为 $\dfrac{0}{0}$ 型,再用洛必达法则求相应函数的极限,然后将数列作为函数的特例得出结论。特别提醒,对数列极限不可直接用洛必达法则。

解 $\lim\limits_{n \to \infty} n\left[\left(1+\dfrac{1}{n}\right)^n - e\right] = \lim\limits_{n \to \infty} \dfrac{\left(1+\dfrac{1}{n}\right)^n - e}{\dfrac{1}{n}}$

因为 $\lim\limits_{x \to 0^+} \dfrac{(1+x)^{\frac{1}{x}} - e}{x} = \lim\limits_{x \to 0^+} \dfrac{e^{\frac{1}{x}\ln(1+x)} - e}{x} = e\lim\limits_{x \to 0^+} \dfrac{e^{\frac{1}{x}\ln(1+x)-1} - 1}{x}$

$$= e \lim_{x \to 0^+} \frac{\frac{\ln(1+x)}{x} - 1}{x} = e \lim_{x \to 0^+} \frac{\ln(1+x) - x}{x^2} = -\frac{e}{2},$$

所以

$$\lim_{n \to \infty} n \left[\left(1 + \frac{1}{n}\right)^n - e \right] = -\frac{e}{2}.$$

【题型 1-4】 1^∞ 型、0^0 型和 ∞^0 型的极限

策略 对于 1^∞ 型、0^0 型和 ∞^0 型这三种幂指形式的未定式，通常利用公式 $f(x)^{g(x)} = e^{g(x)\ln f(x)}$，以及指数函数的连续性，将其转化为求 $\lim g(x) \ln f(x)$，这是 $0 \cdot \infty$ 型未定式；若 $\lim f(x) = 1$，利用 $\ln \square \sim \square - 1$ (当 $\square \to 1$ 时)，$\lim f(x)^{g(x)} = \exp \lim g(x) \ln f(x) = \exp \lim g(x) [f(x) - 1]$。

例 1-16 求 $\lim\limits_{x \to 0} \left(\dfrac{\ln(1+x)}{x} \right)^{\frac{1}{e^x - 1}}$。

分析 这是 1^∞ 型极限。利用公式 $\lim f(x)^{g(x)} = \exp \lim g(x)[f(x)-1]$ 将其化为 $\dfrac{0}{0}$ 型极限问题。

解 原式 $= \exp \lim\limits_{x \to 0} \dfrac{1}{e^x - 1} \left[\dfrac{\ln(1+x)}{x} - 1 \right]$

$= \exp \lim\limits_{x \to 0} \dfrac{\ln(1+x) - x}{x^2}$ (利用 $e^x - 1 \sim x$，当 $x \to 0$ 时)

$= \exp \lim\limits_{x \to 0} \dfrac{\frac{1}{1+x} - 1}{2x} = e^{-\frac{1}{2}}$。

思考 有人一开始就作等价替换 $\ln(x+1) \sim e^x - 1$，将原式变为 $\lim\limits_{x \to 0} \left(\dfrac{e^x - 1}{x} \right)^{\frac{1}{e^x - 1}}$，有根据吗？

例 1-17 求极限 $\lim\limits_{x \to +\infty} \left(\dfrac{1}{x} \dfrac{a^x - 1}{a - 1} \right)^{\frac{1}{x}}$，$a > 0, a \neq 1$。

分析 原式 $= \lim\limits_{x \to +\infty} \left(\dfrac{1}{a-1} \right)^{\frac{1}{x}} \left(\dfrac{1}{x} \right)^{\frac{1}{x}} (a^x - 1)^{\frac{1}{x}}$，其中 $\lim\limits_{x \to +\infty} \left(\dfrac{1}{a-1} \right)^{\frac{1}{x}}$ 可以直接求极限，$\lim\limits_{x \to +\infty} \left(\dfrac{1}{x} \right)^{\frac{1}{x}}$ 是 0^0 型，而 $\lim\limits_{x \to +\infty} (a^x - 1)^{\frac{1}{x}}$ 则依 $a > 1$ 和 $a < 1$ 分别为 ∞^0 型和 0^0 型。

解 设 $y = \left(\dfrac{1}{x} \dfrac{a^x - 1}{a - 1} \right)^{\frac{1}{x}}$，则 $\ln y = \dfrac{1}{x} \ln \left(\dfrac{1}{x} \dfrac{a^x - 1}{a - 1} \right) = -\dfrac{\ln x}{x} + \dfrac{1}{x} \ln \dfrac{a^x - 1}{a - 1} \ln y = 0$。

而

$$\lim_{x \to +\infty} \frac{\ln x}{x} = 0;$$

当 $a < 1$ 时，

$$\lim_{x \to +\infty} \frac{1}{x} \ln \frac{a^x - 1}{a - 1} = 0 \quad \left(\text{因} \lim_{x \to +\infty} \ln \frac{a^x - 1}{a - 1} = \ln \frac{1}{a - 1} \right),$$

当 $a>1$ 时，　$\lim\limits_{x\to+\infty}\dfrac{1}{x}\ln\dfrac{a^x-1}{a-1}=\lim\limits_{x\to+\infty}\dfrac{\ln(a^x-1)-\ln(a-1)}{x}=\lim\limits_{x\to+\infty}\dfrac{a^x\ln a}{a^x-1}=\ln a$。

所以，当 $a<1$ 时，　　　　　$\lim\limits_{x\to+\infty}\ln y=0,\ \lim\limits_{x\to+\infty}\left(\dfrac{1}{x}\dfrac{a^x-1}{a-1}\right)^{\frac{1}{x}}=1$，

当 $a>1$ 时，$\lim\limits_{x\to+\infty}\ln y=\ln a,\ \lim\limits_{x\to+\infty}\left(\dfrac{1}{x}\dfrac{a^x-1}{a-1}\right)^{\frac{1}{x}}=a$，即 $\lim\limits_{x\to+\infty}\left(\dfrac{1}{x}\dfrac{a^x-1}{a-1}\right)^{\frac{1}{x}}=\begin{cases}a, & a>1,\\ 1, & a<1.\end{cases}$

【题型 1-5】 证明极限存在或估计极限的范围

策略　证明极限存在的常用方法有极限的定义、极限存在的充要条件、夹挤准则、单调有界必有极限等；估计极限范围则需视条件使用相应的方法，比如极限的保号性等。

例 1-18　设 $f(x)$ 在 $(a,+\infty)$ 上有定义，在每一个有限区间 (a,b) 内有界，并且 $\lim\limits_{x\to+\infty}[f(x+1)-f(x)]=A$，证明 $\lim\limits_{x\to+\infty}\dfrac{f(x)}{x}=A$。

分析　$f(x)$ 为抽象函数，由题设条件，考虑用极限定义证明。

证明　由于 $\lim\limits_{x\to+\infty}[f(x+1)-f(x)]=A$，所以 $\forall\varepsilon>0,\exists X>a$，当 $x\geqslant X$ 时，总有 $\left|[f(x+1)-f(x)]-A\right|<\dfrac{\varepsilon}{3}$。不妨令 $x=X+n+\alpha$，其中 n 为非负整数，$0\leqslant\alpha<1$，则

$$\left|\dfrac{f(x)}{x}-A\right|=\left|\dfrac{f(x)-f(X+\alpha)+f(X+\alpha)}{x}-\dfrac{X+n+\alpha}{x}A\right|$$

$$\leqslant\left|\dfrac{f(x)-f(X+\alpha)}{x}-\dfrac{n}{x}A\right|+\left|\dfrac{f(X+\alpha)}{x}\right|+\left|\dfrac{X+\alpha}{x}A\right|。$$

因 $f(x)$ 在 $(a,X+1)$ 内有界，因此，只要 $x(\geqslant X)$ 充分大，就有

$$\left|\dfrac{f(X+\alpha)}{x}\right|<\dfrac{\varepsilon}{3}，\quad\left|\dfrac{X+\alpha}{x}A\right|<\dfrac{\varepsilon}{3}。$$

又　　$\left|\dfrac{f(x)-f(X+\alpha)}{x}-\dfrac{n}{x}A\right|$

$$=\dfrac{1}{|x|}\left|[f(x)-f(x-1)-A]+[f(x-1)-f(x-2)-A]+\cdots\right.$$
$$\left.+[f(X+1+\alpha)-f(X+\alpha)-A]\right|$$

$$\leqslant\dfrac{1}{|x|}\cdot n\cdot\dfrac{\varepsilon}{3}<\dfrac{\varepsilon}{3}，$$

从而 $\left|\dfrac{f(x)}{x}-A\right|<\varepsilon$，故 $\lim\limits_{x\to+\infty}\dfrac{f(x)}{x}=A$。

例 1-19　证明 $\lim\limits_{x\to0}\left(\dfrac{2+\mathrm{e}^{\frac{1}{x}}}{1+\mathrm{e}^{\frac{4}{x}}}+\dfrac{\sin x}{|x|}\right)=1$。

分析　因为 $f(x)$ 在 $x=0$ 两侧的表达式不同，并且在 $x=0$ 两侧 $\mathrm{e}^{\frac{1}{x}}$ 的极限不同，因此考虑用左、右极限来判断极限是否存在。

证明　由于 $\lim\limits_{x\to0^+}\dfrac{1}{x}=+\infty,\ \lim\limits_{x\to0^-}\dfrac{1}{x}=-\infty$，因此 $\lim\limits_{x\to0^+}\mathrm{e}^{1/x}=+\infty,\ \lim\limits_{x\to0^-}\mathrm{e}^{1/x}=0$，当 x

>0 时，$|x|=x$，当 $x<0$ 时，$|x|=-x$。于是

$$\lim_{x\to 0^+}\left[\frac{2+e^{1/x}}{1+e^{4/x}}+\frac{\sin x}{|x|}\right]=\lim_{x\to 0^+}\left[\frac{2e^{-4/x}+e^{-3/x}}{e^{-4/x}+1}+\frac{\sin x}{x}\right]=1,$$

$$\lim_{x\to 0^-}\left[\frac{2+e^{1/x}}{1+e^{4/x}}+\frac{\sin x}{|x|}\right]=\lim_{x\to 0}\left[\frac{2+e^{1/x}}{1+e^{4/x}}-\frac{\sin x}{x}\right]=2-1=1,$$

故
$$\lim_{x\to 0}\left(\frac{2+e^{1/x}}{1+e^{4/x}}+\frac{\sin x}{|x|}\right)=1。$$

例 1-20　设函数 $f(x)$ 为定义在 $(-\infty,+\infty)$ 上以 $T>0$ 为周期的非负连续函数，且 $\int_0^T f(x)\mathrm{d}x=A$，证明 $\lim\limits_{x\to+\infty}\dfrac{1}{x}\int_0^x f(t)\mathrm{d}t=\dfrac{A}{T}$。

分析　利用"周期函数在每一个周期上的值相等"这一性质，估计 $\int_0^x f(x)\mathrm{d}x$ 的

范围，进而得到 $\dfrac{\displaystyle\int_0^x f(x)\mathrm{d}x}{x}$ 的范围，然后利用夹挤准则证明极限存在。

证明　对于充分大的 $x>0$，必存在正整数 n，使得 $nT\leqslant x\leqslant(n+1)T$。又

$$\int_0^{kT} f(x)\mathrm{d}x=k\int_0^T f(x)\mathrm{d}x=kA \quad (k=1,2,\cdots),$$

故
$$nA=\int_0^{nT} f(x)\mathrm{d}x\leqslant\int_0^x f(x)\mathrm{d}x\leqslant\int_0^{(n+1)T} f(x)\mathrm{d}x=(n+1)A,$$

以及
$$\frac{nA}{(n+1)T}\leqslant\frac{\displaystyle\int_0^x f(x)\mathrm{d}x}{x}\leqslant\frac{(n+1)A}{nT},$$

由夹挤准则知 $\lim\limits_{x\to+\infty}\dfrac{1}{x}\int_0^x f(t)\mathrm{d}t=\dfrac{A}{T}$。

例 1-21　设 $f(x)$ 在 $[1,+\infty)$ 上连续可导，$f'(x)=\dfrac{1}{1+f^2(x)}\left[\sqrt{\dfrac{1}{x}}-\sqrt{\ln\left(1+\dfrac{1}{x}\right)}\right]$，证明 $\lim\limits_{x\to+\infty}f(x)$ 存在。

分析　设法证明 $f(x)$ 单调有界。

证明　当 $t>0$ 时，对 $\ln(1+x)$ 在 $[0,t]$ 上用拉格朗日中值定理，得

$$\ln(1+t)=\frac{t}{1+\xi},\quad 0<\xi<t,$$

取 $t=\dfrac{1}{x}$，有 $\dfrac{1}{1+x}<\ln\left(1+\dfrac{1}{x}\right)=\dfrac{1}{x}$，所以，当 $x\geqslant 1$ 时，有 $f'(x)>0$，即 $f(x)$ 在 $[1,+\infty)$ 上单调增。又

$$f'(x)\leqslant\sqrt{\frac{1}{x}}-\sqrt{\ln\left(1+\frac{1}{x}\right)}\leqslant\sqrt{\frac{1}{x}}-\sqrt{\frac{1}{x+1}}=\frac{\sqrt{x+1}-\sqrt{x}}{\sqrt{x(x+1)}}$$

$$=\frac{1}{\sqrt{x(x+1)}(\sqrt{x+1}+\sqrt{x})}\leqslant\frac{1}{2}\frac{1}{\sqrt{x^3}},$$

故

$$\int_1^x f'(t)\mathrm{d}t \leqslant \int_1^x \frac{1}{2}\frac{1}{\sqrt{t^3}}\mathrm{d}t,$$

即 $f(x)-f(1)\leqslant 1-\dfrac{1}{\sqrt{x}}<1$，从而 $f(x)$ 有界。因此 $\lim\limits_{x\to+\infty}f(x)$ 存在。

例 1-22 设 $f(x)$ 满足 $f'(x)=\dfrac{1}{x^2+f^2(x)}$，$f(0)=1$，$\lim\limits_{x\to+\infty}f(x)=A$，证明：

$\dfrac{1+\sqrt{1+2\pi}}{2}\leqslant A\leqslant\dfrac{\pi}{2}+1$。

分析 由 $f'(x)=\dfrac{1}{x^2+f^2(x)}$ 导出过渡不等式，再利用牛顿-莱布尼兹公式获取 $f(x)$ 满足的不等式，最后利用极限的保号性估计极限范围。

证明 由 $f'(x)=\dfrac{1}{x^2+f^2(x)}$ 知 $f'(x)>0$，从而 $f(x)$ 严格单调增。故当 $x>0$ 时，

$$f(x)>f(0)=1,\quad f'(x)=\frac{1}{x^2+f^2(x)}<\frac{1}{x^2+1};$$

又 $\lim\limits_{x\to+\infty}f(x)=A$，所以当 $x>0$ 时，

$$f(x)\leqslant A,\quad f'(x)=\frac{1}{x^2+f^2(x)}\geqslant\frac{1}{x^2+A^2}。$$

于是，利用牛顿-莱布尼兹公式，有

$$f(x)=1+\int_0^x f'(t)\mathrm{d}t<1+\int_0^x\frac{1}{1+t^2}\mathrm{d}t=1+\arctan x,$$

$$f(x)=1+\int_0^x f'(t)\mathrm{d}t\geqslant 1+\int_0^x\frac{1}{A^2+t^2}\mathrm{d}t=1+\frac{1}{A}\arctan\frac{x}{A},$$

因 $\lim\limits_{x\to+\infty}f(x)$ 存在，且 $\lim\limits_{x\to+\infty}(1+\arctan x)=1+\dfrac{\pi}{2}$，$\lim\limits_{x\to+\infty}\left(1+\dfrac{1}{A}\arctan\dfrac{x}{A}\right)=1+\dfrac{\pi}{2A}$，由极限的保号性，得

$$A\leqslant\frac{\pi}{2}+1\quad 及\quad A\geqslant 1+\frac{\pi}{2A},$$

由 $A>0$，从后一不等式可解得 $A\geqslant\dfrac{1+\sqrt{1+2\pi}}{2}$。因此 $\dfrac{1+\sqrt{1+2\pi}}{2}\leqslant A\leqslant\dfrac{\pi}{2}+1$。

【题型 1-6】 估计无穷小量的阶或求无穷小量的主部

策略 (1) 若 $\lim\limits_{x\to a}\dfrac{f(x)}{c(x-a)^k}=1$（$c\neq 0$，$k>0$），则称 $c(x-a)^k$ 是 $f(x)$ 的主部，也称 $f(x)$ 是关于 $x-a$ 的 k 阶无穷小。

(2) 若 $\lim\limits_{x\to\infty}\dfrac{f(x)}{cx^{-k}}=1$（$c\neq 0$，$k>0$），则称 $\dfrac{c}{x^k}$ 是 $f(x)$ 的主部，也称 $f(x)$ 是关于 $\dfrac{1}{x}$ 的 k 阶无穷小。

估计无穷小量的阶或寻求无穷小量的主部可归结为：当 c、k 为何值时 $\lim\limits_{x\to a}\dfrac{f(x)}{c(x-a)^k}=1$ 或 $\lim\limits_{x\to\infty}\dfrac{f(x)}{cx^{-k}}=1$。对具体函数也可直接使用等价替换、泰勒公式导出 $f(x)$ 中的无穷小量因子 $(x-a)^k$（当 $x\to a$ 时）或 $\dfrac{1}{x^k}$（当 $x\to\infty$ 时）。

例 1-23　当 $x\to0$ 时，确定下列无穷小量的阶数：

(1) $\tan(\sqrt{x+2}-\sqrt{2})$；　　　　　　(2) $\sqrt{1+2x}-\sqrt[3]{1+3x}$。

分析　设法使用等价替换或泰勒公式导出 x^k，首次出现的非零方次即为所求阶数。

解　(1) 当 $x\to0$ 时，

$$\tan(\sqrt{x+2}-\sqrt{2})=\tan\sqrt{2}\left(\sqrt{1+\frac{x}{2}}-1\right)\sim\sqrt{2}\left(\sqrt{1+\frac{x}{2}}-1\right)\sim\frac{\sqrt{2}}{4}x,$$

所以 $\tan(\sqrt{x+2}-\sqrt{2})$ 是 x 的 1 阶无穷小量。

(2) 当 $x\to0$ 时，

$$\sqrt{1+2x}-\sqrt[3]{1+3x}=\left[1+\frac{1}{2}(2x)+\frac{\frac{1}{2}\left(\frac{1}{2}-1\right)}{2}(2x)^2+o(x^2)\right]$$

$$-\left[1+\frac{1}{3}(3x)+\frac{\frac{1}{3}\left(\frac{1}{3}-1\right)}{2}(3x)^2+o(x^2)\right]$$

$$=\frac{1}{2}x^2+o(x^2)\sim\frac{1}{2}x^2,$$

所以 $\sqrt{1+2x}-\sqrt[3]{1+3x}$ 是 x 的 2 阶无穷小量。

例 1-24　设 $f(x)$ 为连续函数，$f(0)=0$，$f'(0)\neq0$，$F(x)=\displaystyle\int_0^x(x^2-t^2)f(t)\mathrm{d}t$。确定 K，使 $x\to0$ 时，$F'(x)$ 与 x^K 为同阶无穷小量，并写出 $F'(x)$ 的主部。

分析　先将积分号内的 x 移到积分号外，求出 $F'(x)$，然后确定 K，使 $\lim\limits_{x\to0}\dfrac{F'(x)}{x^K}$ =非零常数。

解　由于 $F(x)=\displaystyle\int_0^x(x^2-t^2)f(t)\mathrm{d}t=x^2\int_0^x f(t)\mathrm{d}t-\int_0^x t^2 f(t)\mathrm{d}t$，

$$F'(x)=2x\int_0^x f(t)\mathrm{d}t,$$

所以　　　　　　　　$$\lim_{x\to0}\frac{F'(x)}{x^K}=\lim_{x\to0}\frac{2\displaystyle\int_0^x f(t)\mathrm{d}t}{x^{K-1}},$$

分子 $\displaystyle\int_0^x f(t)\mathrm{d}t$ 是无穷小量，因此 $K-1>0$ 即能保证分母为无穷小量。由洛必达法则，有

$$\lim_{x\to 0}\frac{F'(x)}{x^K}=\lim_{x\to 0}\frac{2f(x)}{(K-1)x^{K-2}}=\frac{2}{K-1}\lim_{x\to 0}\frac{f(x)}{x^{K-2}}$$

$$=\frac{2}{K-1}\lim_{x\to 0}\frac{f(x)-f(0)}{x}\cdot\frac{1}{x^{K-3}}$$

在上述过程中,利用了条件 $f(x)$ 连续且 $f(0)=0$,再由 $f'(0)\neq 0$ 以及 $\lim\limits_{x\to 0}\dfrac{F'(x)}{x^K}$ =非零常数,得 $K=3$。故 $K=3$ 时,$F'(x)$ 与 x^K 是 $x\to 0$ 时的同阶无穷小量,$F'(x)$ 的主部是 $f'(0)x^3$。

例 1-25 设 $f(x)=x-(ax+b\sin x)\cos x$。确定 a,b,使当 $x\to 0$ 时,$f(x)$ 是 x 的尽可能高阶的无穷小量。

分析 所谓当 $x\to 0$ 时 $f(x)$ 是 x 的尽可能高阶的无穷小量,即求尽可能大的 K_0,使 $\lim\limits_{x\to 0}\dfrac{f(x)}{x^{K_0}}$ =非零常数,而若 $K>K_0$,则无论 a,b 为何值,总有 $\lim\limits_{x\to 0}\dfrac{f(x)}{x^K}=\infty$。

按此思路,将 $f(x)$ 按泰勒公式展开,使首次出现的非零方次尽可能高。

解 由泰勒公式

$$\sin x=x-\frac{1}{3!}x^3+\frac{1}{5!}x^5+o(x^5),\quad \cos x=1-\frac{1}{2!}x^2+\frac{1}{4!}x^4+o(x^4),$$

所以 $f(x)=x-\left[ax+b\left(x-\dfrac{1}{3!}x^3+\dfrac{1}{5!}x^5+o(x^5)\right)\right]\left[1-\dfrac{1}{2!}x^2+\dfrac{1}{4!}x^4+o(x^4)\right]$

$$=[1-(a+b)]x+\left(\frac{b}{3!}+\frac{a+b}{2!}\right)x^3-\left(\frac{b}{5!}+\frac{b}{3!\,2!}+\frac{a+b}{4!}\right)x^5+o(x^5)$$

令 $a+b=1,\dfrac{b}{3!}+\dfrac{a+b}{2!}=0$,解得 $a=4,b=-3$,并且 x^5 的系数

$$-\left(\frac{b}{5!}+\frac{b}{3!\,2!}+\frac{a+b}{4!}\right)=\frac{7}{30}。$$

因此当 $a=4,b=-3$ 时,$f(x)$ 是 x 的 5 阶无穷小量,并且不可能有其他 a,b 的值,使 $f(x)$ 是比 x^5 更高阶的无穷小量。

【题型 1-7】 无穷大量的阶或比较

策略 (1) 若 $\lim\limits_{x\to x_0}\dfrac{f(x)}{(x-x_0)^{-k}}=l$ $(l\neq 0,k>0)$,则称 $f(x)$ 是关于 $\dfrac{1}{x-x_0}$ 的 k 阶无穷大,也称 $f(x)$ 与 $\dfrac{1}{(x-x_0)^k}$ 为同阶无穷大。

(2) 若 $\lim\limits_{x\to\infty}\dfrac{f(x)}{x^k}=l$ $(l\neq 0,k>0)$,则称 $f(x)$ 是关于 x 的 k 阶无穷大,也称 $f(x)$ 与 x^k 为同阶无穷大。

求无穷大量的阶或对无穷大量进行比较可以转化为求极限,若 $f(x)$ 为具体函数 可设法将 $f(x)$ 中的无穷大量因子 $\dfrac{1}{(x-x_0)^p}$(当 $x\to x_0$ 时)或 x^p(当 $x\to\infty$时)分离 出来。

例 1-26 确定 α，使 $x\to\infty$ 时函数 $f(x)=(1+x)(1+x^2)\cdots(1+x^n)$ 与 x^α 为同阶无穷大。

分析 把无穷大量因子 x 提出来，剩余部分是有限项之积，容易求极限。

解 因 $f(x)=(1+x)(1+x^2)\cdots(1+x^n)$

$$=x^{1+2+\cdots+n}\left[\left(1+\frac{1}{x}\right)\left(1+\frac{1}{x^2}\right)\cdots\left(1+\frac{1}{x^n}\right)\right]$$

$$=x^{\frac{n(n+1)}{2}}\left[\left(1+\frac{1}{x}\right)\left(1+\frac{1}{x^2}\right)\cdots\left(1+\frac{1}{x^n}\right)\right],$$

而 $\lim\limits_{x\to\infty}\left(1+\dfrac{1}{x}\right)\left(1+\dfrac{1}{x^2}\right)\cdots\left(1+\dfrac{1}{x^n}\right)=1$，因此当 $\alpha=\dfrac{n(n+1)}{2}$ 时，函数 $f(x)=(1+x)$ $(1+x^2)\cdots(1+x^n)$ 与 $x^{\frac{n(n+1)}{2}}$ 是 $x\to\infty$ 时的同阶无穷大。

例 1-27 求 $x\to 1^-$ 时，与 $\displaystyle\int_0^{+\infty}x^{t^2}\mathrm{d}t$ 等价的无穷大量。

分析 一般来说，当 $x\to x_0$ 时，与给定的 $f(x)$ 等价的无穷大量 $g(x)$ 并不唯一，但如果 $g(x)$ 形如 $\dfrac{A}{(x-x_0)^k}$（或 $\dfrac{A}{(x_0-x)^k}$），且存在，则是唯一的。本题中 $x\to 1^-$，故通过将 $\displaystyle\int_0^{+\infty}x^{t^2}\mathrm{d}t$ 变换为熟悉的积分形式 $\displaystyle\int_0^{+\infty}\mathrm{e}^{-x^2}\mathrm{d}x$，把无穷大量因子 $\dfrac{1}{(1-x)^p}$ 分离出来。

解 因为 $x\to 1^-$，故可设 $0<x<1$，令 $u^2=-\ln x$，则

$$\int_0^{+\infty}x^{t^2}\mathrm{d}t=\int_0^{+\infty}\mathrm{e}^{t^2\ln x}\mathrm{d}t=\int_0^{+\infty}\mathrm{e}^{-u^2t^2}\mathrm{d}t=\frac{\sqrt{\pi}}{2u},$$

又当 $x\to 1^-$ 时，$-\ln x\sim 1-x$，所以 $u\sim\sqrt{1-x}$，于是

$$\int_0^{+\infty}\mathrm{e}^{t^2\ln x}\mathrm{d}t=\frac{\sqrt{\pi}}{2u}\sim\frac{\sqrt{\pi}}{2}(1-x)^{-\frac{1}{2}},$$

即当 $x\to 1^-$ 时，与 $\displaystyle\int_0^{+\infty}x^{t^2}\mathrm{d}t$ 等价的无穷大量是 $\dfrac{\sqrt{\pi}}{2}\dfrac{1}{(1-x)^{1/2}}$。

【题型 1-8】 已知某极限求另一极限，或求其中的参数，或求抽象函数的函数值

例 1-28 已知 $\lim\limits_{x\to-\infty}\left[\sqrt{x^2-x+1}-(ax+b)\right]=0$，确定常数 a,b 的值。

分析 极限为 $\infty-\infty$ 型，利用有理化化为除式的极限。

解 显然 $a<0$。

$$\text{原式}=\lim_{x\to-\infty}\frac{x^2-x+1-(ax+b)^2}{\left[\sqrt{x^2-x+1}+(ax+b)\right]}=\lim_{x\to-\infty}\frac{x^2-a^2x^2-x-2abx+1-b^2}{\left[\sqrt{x^2-x+1}+(ax+b)\right]},$$

因分母是 x 的 1 阶无穷大，且极限为零，因此 $1-a^2=0,1+2ab=1$，解得 $a=-1$，$b=\dfrac{1}{2}$。

例 1-29 已知 $\lim\limits_{x\to 0}\dfrac{(1+x)^{1/x}-(a+bx+cx^2)}{x^3}=d\neq 0$，确定常数 a,b,c,d 的值。

分析 由$(1+x)^{\frac{1}{x}}=e^{\frac{\ln(1+x)}{x}}$以及$\ln(1+x)$和$e^x$的展开式化简幂指函数。

解 由于$(1+x)^{\frac{1}{x}}=e^{\frac{\ln(1+x)}{x}}$，且$\frac{\ln(1+x)}{x}=1-\frac{x}{2}+\frac{x^2}{3}-\frac{x^3}{4}+o(x^3)$，故

$$(1+x)^{\frac{1}{x}}=e\left[1+\left(-\frac{x}{2}+\frac{x^2}{3}-\frac{x^3}{4}\right)+\frac{1}{2!}\left(-\frac{x}{2}+\frac{x^2}{3}\right)^2+\frac{1}{3!}\left(-\frac{x}{2}\right)^3+o(x^3)\right]$$

$$=e\left[1-\frac{x}{2}+\frac{11}{24}x^2-\frac{7}{16}x^3+o(x^3)\right],$$

所以

$$(1+x)^{\frac{1}{x}}-(a+bx+cx^2)=(e-a)-\left(\frac{e}{2}+b\right)x+\left(\frac{11e}{24}-c\right)x^2-\frac{7e}{16}x^3+o(x^3),$$

由题设可得$a=e,b=-\dfrac{e}{2},c=\dfrac{11e}{24},d=-\dfrac{7}{16}$。

例 1-30 设$f(x)$在$x=0$的某邻域内二阶可导，且$\lim\limits_{x\to0}\dfrac{\sin3x+xf(x)}{x^3}=0$，求$f(0)$、$f'(0)$、$f''(0)$及$\lim\limits_{x\to0}\dfrac{3+f(x)}{x^2}$。

分析 题中$f(x)$为抽象函数，要通过条件求$f(0)$、$f'(0)$、$f''(0)$，自然的想法就是将$f(x)$在$x=0$处展开。

解 在$x=0$的某个邻域内

$$f(x)=f(0)+f'(0)x+\frac{1}{2!}f''(0)x^2+o(x^2)，\quad 又\quad \sin3x=3x-\frac{1}{3!}(3x)^3+o(x^3)，$$

代入$\lim\limits_{x\to0}\dfrac{\sin3x+xf(x)}{x^3}=0$，有

$$0=\lim_{x\to0}\frac{3x-\dfrac{9}{2}x^3+f(0)x+f'(0)x^2+\dfrac{1}{2!}f''(0)x^3+o(x^3)}{x^3}$$

$$=\lim_{x\to0}\frac{[3+f(0)]x+f'(0)x^2+\left[\dfrac{1}{2}f''(0)-\dfrac{9}{2}\right]x^3+o(x^3)}{x^3},$$

所以 $f(0)=-3$，$f'(0)=0$，$f''(0)=9$，且$f(x)=-3+\dfrac{9}{2}x^2+o(x^2)$，

$$\lim_{x\to0}\frac{3+f(x)}{x^2}=\lim_{x\to0}\frac{\dfrac{9}{2}x^2+o(x^2)}{x^2}=\frac{9}{2}。$$

例 1-31 设函数$f(x)$在$x=0$的某邻域内一阶连续可导，$f(0)\neq0,f'(0)\neq0$，若$af(h)+bf(2h)-f(0)$是比h高阶的无穷小量$(h\to0)$，试确定a,b的值。

分析 题设给出了两个条件：(1) $af(h)+bf(2h)-f(0)$是无穷小量$(h\to0)$，(2) $af(h)+bf(2h)-f(0)$是比h高阶的无穷小量$(h\to0)$，由此可以得到含a,b的两个方程，解方程组即可求出a,b。

解 由条件$0=\lim\limits_{x\to0}[af(h)+bf(2h)-f(0)]=(a+b-1)f(0)$，

因 $f(0)\neq 0$，所以 $a+b-1=0$；又

$$0=\lim_{x\to 0}\frac{af(h)+bf(2h)-f(0)}{h}=\lim_{x\to 0}[af'(h)+2bf'(2h)]=(a+2b)f'(0),$$

因 $f'(0)\neq 0$，所以 $a+2b=0$。由 $\begin{cases}a+b-1=0,\\a+2b=0,\end{cases}$ 解得 $a=2,b=-1$。

【题型 1-9】 有界函数×无穷小量问题

策略 利用有界函数×无穷小量＝无穷小量。

例 1-32 求 $\lim\limits_{x\to\infty}\left[\dfrac{3x-5}{x^3\sin\frac{1}{x^2}}-3\right]\sin x^2$。

分析 由于 $x\to\infty$ 时，$\sin x^2$ 的极限不存在，但它是有界的，因此考虑 $\lim\limits_{x\to\infty}\left[\dfrac{3x-5}{x^3\sin\frac{1}{x^2}}-3\right]$ 是否为 0。

解 因 $\lim\limits_{x\to\infty}\left[\dfrac{3x-5}{x^3\sin\frac{1}{x^2}}-3\right]=\lim\limits_{x\to\infty}\dfrac{3x-5}{x}\cdot\dfrac{1}{x^2\sin\frac{1}{x^2}}-3=0$，所以原式＝0。

【题型 1-10】 综合问题

例 1-33 设 $f(x,y)$ 是定义在区域 $0\leqslant x\leqslant 1,0\leqslant y\leqslant 1$ 上的二元函数，$f(0,0)=0$，且在点 $(0,0)$ 处 $f(x,y)$ 可微，求极限 $\lim\limits_{x\to 0^+}\dfrac{\int_0^{x^2}\mathrm{d}t\int_x^{\sqrt t}f(t,u)\mathrm{d}u}{1-\mathrm{e}^{-\frac{x^4}{4}}}$。

分析 利用等价无穷小代换可化简分母；分子上的二次积分通过画草图发现应先交换内层积分的积分限，使积分限从小到大；然后交换积分次序，使其能够使用洛必达法则；再利用积分中值定理去掉积分符号，化简后利用可微的定义即可求出极限。

解 交换积分次序 $\int_0^{x^2}\mathrm{d}t\int_x^{\sqrt t}f(t,u)\mathrm{d}u=-\int_0^x\mathrm{d}u\int_0^{u^2}f(t,u)\mathrm{d}t$，并利用等价无穷小代换 $1-\mathrm{e}^{-\frac{x^4}{4}}\sim\dfrac{x^4}{4}$，有

$$\lim_{x\to 0^+}\frac{\int_0^{x^2}\mathrm{d}t\int_x^{\sqrt t}f(t,u)\mathrm{d}u}{1-\mathrm{e}^{-\frac{x^4}{4}}}=\lim_{x\to 0^+}\frac{-\int_0^x\mathrm{d}u\int_0^{u^2}f(t,u)\mathrm{d}t}{\frac{x^4}{4}}=\lim_{x\to 0^+}\frac{-\int_0^{x^2}f(t,x)\mathrm{d}t}{x^3}$$

$$\xrightarrow{\text{中值定理}}-\lim_{x\to 0^+}\frac{f(\xi,x)x^2}{x^3}=-\lim_{x\to 0^+}\frac{f(\xi,x)}{x}\quad(0\leqslant\xi\leqslant x^2)。$$

又由 $f(x,y)$ 在 $(0,0)$ 处可微，$f(0,0)=0$，得

$$f(\xi,x)-f(0,0)=f'_x(0,0)\xi+f'_y(0,0)x+o(\sqrt{\xi^2+x^2}),$$

所以
$$原式=-\lim_{x\to 0^+}\frac{1}{x}[f'_x(0,0)\xi+f'_y(0,0)x+o(\sqrt{\xi^2+x^2})]$$

$$= -f'_y(0,0) \quad (\text{其中由 } 0 \leqslant \xi \leqslant x^2 \Rightarrow 0 \leqslant \frac{\xi}{x} \leqslant x \to 0)。$$

例 1-34　设 $f''(x)$ 连续，且 $f''(x)>0, f(0)=f'(0)=0$，求极限 $\lim\limits_{x \to 0^+} \dfrac{\displaystyle\int_0^{u(x)} f(t)\mathrm{d}t}{\displaystyle\int_0^x f(t)\mathrm{d}t}$，

其中 $u(x)$ 是曲线 $y=f(x)$ 在点 $(x, f(x))$ 处的切线在 x 轴上的截距。

分析　由曲线 $y=f(x)$ 在点 $(x, f(x))$ 处的切线方程得出截距 $u(x)$ 的表达式，为判断极限的类型以及使用洛必达法则，需先求 $u(x)$、$u'(x)$、$\lim\limits_{x \to 0^+} u(x)$ 及 $\lim\limits_{x \to 0^+} u'(x)$。

解　由 $f''(x)>0$ 知 $f'(x)$ 单调增加，故当 $x>0$ 时 $f'(x)>f'(0)=0$，从而 $f(x)$ 单调增加，因此当 $x>0$ 时 $f(x)>f(0)=0$。依题意 $u(x)=x-\dfrac{f(x)}{f'(x)}$，所以

$$u'(x)=1-\frac{[f'(x)]^2-f(x)f''(x)}{[f'(x)]^2}=\frac{f(x)f''(x)}{[f'(x)]^2},$$

$$\lim_{x \to 0^+} u(x)=\lim_{x \to 0^+}\left[x-\frac{f(x)}{f'(x)}\right]=-\lim_{x \to 0^+}\frac{f(x)}{f'(x)}=-\lim_{x \to 0^+}\frac{f'(x)}{f''(x)}=0,$$

$$\lim_{x \to 0^+} u'(x)=\lim_{x \to 0^+}\frac{f(x)f''(x)}{[f'(x)]^2}=f''(0)\lim_{x \to 0^+}\frac{f(x)}{[f'(x)]^2}=f''(0)\lim_{x \to 0^+}\frac{f'(x)}{2f'(x)f''(x)}=\frac{1}{2},$$

于是，由洛必达法则

$$\lim_{x \to 0^+}\frac{\displaystyle\int_0^{u(x)} f(t)\mathrm{d}t}{\displaystyle\int_0^x f(t)\mathrm{d}t}=\lim_{x \to 0^+}\frac{f[u(x)]u'(x)}{f(x)}=\frac{1}{2}\lim_{x \to 0^+}\frac{f'[u(x)]u'(x)}{f'(x)}$$

$$=\frac{1}{4}\lim_{x \to 0^+}\frac{f''[u(x)]u'(x)}{f''(x)}=\frac{1}{8}。$$

1.3　精选备赛练习

1.1　求 $\lim\limits_{x \to 0}\dfrac{[\sin x-\sin(\sin x)]\sin x}{x^2\tan^2 x}$。

1.2　求 $\lim\limits_{x \to 0}\dfrac{\displaystyle\int_0^{\sin^2 x}\ln(1+t)\mathrm{d}t}{\mathrm{e}^{2x^2}-2\mathrm{e}^{x^2}+1}$。

1.3　求 $\lim\limits_{x \to 0}\dfrac{(1+x)^{\frac{1}{x}}-(1+2x)^{\frac{1}{2x}}}{\sin x}$。

1.4　求 $\lim\limits_{x \to \infty}\dfrac{\sqrt{4x^2+x-1}+x+1}{\sqrt{x^2+\sin x}}$。

1.5　已知 $F(x)=\dfrac{\displaystyle\int_0^x \ln(1+t^2)\mathrm{d}t}{x^\alpha}$，若 $\lim\limits_{x \to +\infty} F(x)=\lim\limits_{x \to 0^+} F(x)=0$，试求 α 的取值

范围。

1.6　求 $\lim\limits_{x\to 0}\left\{\dfrac{a_1^x+a_2^x+\cdots+a_n^x}{n}\right\}^{\frac{1}{x}}$ $(a_i>0,i=1,2,\cdots,n)$。

1.7　求 $\lim\limits_{x\to 1}\left[\dfrac{m}{1-x^m}-\dfrac{n}{1-x^n}\right]$。

1.8　求 $\lim\limits_{x\to+\infty}\sqrt{\sqrt{x+\sqrt{x}}-\sqrt{x}}$。

1.9　求 $\lim\limits_{x\to+\infty}(x^{\frac{1}{x}}-1)^{\frac{1}{\ln x}}$。

1.10　求 $\lim\limits_{n\to\infty}\tan^n\left(\dfrac{\pi}{4}+\dfrac{2}{n}\right)$。

1.11　求 $\lim\limits_{n\to\infty}n^2\left[\left(1+\dfrac{1}{n+1}\right)^{n+1}-\left(1+\dfrac{1}{n}\right)^n\right]$。

1.12　已知 $\lim\limits_{x\to 0}\left(e^x+\dfrac{ax^2+bx}{1-x}\right)^{\frac{1}{x^2}}=1$，求常数 a,b 的值。

1.13　设当 $x\to 1$ 时，$1-\dfrac{m}{1+x+\cdots+x^{m-1}}$ 是 $x-1$ 的等价无穷小，则 m =_____。

1.14　已知曲线 $y=f(x)$ 在点 $(1,0)$ 处的切线在 y 轴上的截距为 -1，求 $\lim\limits_{n\to\infty}\left[1+f\left(1+\dfrac{1}{n}\right)\right]^n$。

1.15　求 $\lim\limits_{x\to 0}x\left[\dfrac{1}{x}\right]$。

1.16　已知有整数 $n(n>4)$ 使 $\lim\limits_{x\to+\infty}[(x^n+7x^4+2)^\alpha-x]=c(c\neq 0)$，确定 n,α 的值。

1.17　求当 $x\to 0$ 时，无穷小量 $f(x)=1-\cos x+\alpha\ln(1+x^2)$ 的阶。

1.18　试求 a,b 之值，使得函数 $f(x)=\cos x-(1+ax^2)/(1+bx^2)$ 在 $x\to 0$ 时达到可能的最高阶无穷小量。

1.19　设 $f(x)$ 和 $g(x)$ 在 $x=0$ 处有二阶导数，且 $f(0)=g(0)$，$f'(0)=g'(0)$，$f''(0)\neq g''(0)$。

(1) 已知当 $x\to 0$ 时，$e^{\sqrt{1+f(x)}-\sqrt{1+g(x)}}-1$ 是与 x^n 同阶的无穷小，求 n；

(2) 求极限 $\lim\limits_{x\to 0}\dfrac{f(x)-g(x)}{x\ln(1+x)}$。

1.20　设极限 $\lim\limits_{x\to 0}\dfrac{\sin 6x+xf(x)}{x^3}=0$，求 $\lim\limits_{x\to 0}\dfrac{6+f(x)}{x^2}$。

1.21　设极限 $\lim\limits_{x\to 0}\dfrac{1}{2^x-1}\ln\left[1+\dfrac{f(x)}{1-\cos x}\right]=4$，求 $\lim\limits_{x\to 0}\dfrac{f(x)}{x^3}$。

1.22　求 $\lim\limits_{x\to+\infty}\dfrac{x^3+x^2+1}{2^x+x^3}(\sin x+\cos x)$。

1.4 答案与提示

1.1 $1/6$。

1.2 $1/2$。

1.3 $e/2$。

1.4 极限不存在。提示:分别讨论 $x \to -\infty$ 与 $x \to +\infty$ 两种情况。

1.5 $1 < \alpha < 3$。

1.6 $(a_1 a_2 \cdots a_n)^{\frac{1}{n}}$。

1.7 $\dfrac{m-n}{2}$。提示:通分后先用 $1-x^m = (1-x)(1+x+x^2+\cdots+x^{m-1}) \sim m(1-x)$ 化简分母。

1.8 $\dfrac{\sqrt{2}}{2}$。提示:将 $\sqrt{x+\sqrt{x}} - \sqrt{x}$ 有理化。

1.9 e^{-1}。提示:将幂指函数转化为指数函数。

1.10 e^4。提示:将幂指函数转化为指数函数,再求相应的函数的极限。

1.11 $\dfrac{e}{2}$。提示:利用泰勒公式求相应的函数的极限。

1.12 $a = 1/2, b = -1$。

1.13 3。提示:通分后分离出因子 $x-1$。

1.14 e。提示:利用导数的定义。

1.15 1。提示:利用夹挤准则考虑左、右极限。

1.16 $n = 5, \alpha = \dfrac{1}{5}$。

1.17 若 $\alpha \neq -\dfrac{1}{2}$,则 $1 - \cos x + \alpha \ln(1+x^2)$ 是 x 的 2 阶无穷小量;若 $\alpha = -\dfrac{1}{2}$,则 $1 - \cos x + \alpha \ln(1+x^2)$ 是 x 的 4 阶无穷小量。提示:将 $f(x)$ 用泰勒公式展开,首次出现的非零项的方次即为所求阶数。

1.18 $a = -\dfrac{5}{12}, b = \dfrac{1}{12}$。提示:先变形 $f(x) = \dfrac{1}{1+bx^2}[(1+bx^2)\cos x - (1+ax^2)]$,再将 $\cos x$ 用泰勒公式展开。

1.19 (1) 2; (2) $\dfrac{1}{2}[f''(0) - g''(0)]$。

1.20 36。提示:对分子加、减 $6x$,求 $\lim\limits_{x \to 0} \dfrac{\sin 6x - 6x}{x^3}$。

1.21 $2\ln 2$。

1.22 0。提示:考虑 $\lim\limits_{x \to +\infty} \dfrac{x^3 + x^2 + 1}{2^x + x^3}$ 是否为 0。

第2讲 数 列 极 限

2.1 内 容 概 述

本讲的主要内容是数列的极限。有的读者可能会问,数列极限的问题不是可以转化为求相应的函数极限吗？实际上大多数数列极限问题是不能按此方法进行求解的,原因是并不是每一个数列都能用 $f(n)$ 表示,因此,它们需要用专门的方法处理,如极限的"$\varepsilon\text{-}N$"定义、单调有界原理、夹挤准则、定积分的定义、级数收敛的定义与性质、施笃兹定理等。

一般理工类高等数学教材上没有涉及施笃兹定理,但它是处理一类数列极限问题的有力工具。本书采用的证明施笃兹定理的方法新颖、简单,只是一开始用了"$\varepsilon\text{-}N$"定义,随后用的是恒等变形以及极限的四则运算法则,整个过程容易被理解和接受。另外,配备了较多的例子帮助读者了解施笃兹定理的应用,其中包括平均值定理(又称柯西命题)的证明。

2.2 典型例题分析

【题型 2-1】 n 项和 S_n 的极限

策略 (1) 利用求和公式

$$\sum_{k=1}^{n} k = \frac{n(n+1)}{2}, \quad \sum_{k=1}^{n} k^2 = \frac{n(n+1)(2n+1)}{6}, \quad \sum_{k=1}^{n} k^3 = \left[\frac{n(n+1)}{2}\right]^2,$$

以及将和式的一般项拆分成两项之差的方式求出 S_n 的较为简单的表达式。

(2) 若和式中每一项都含有 n,则需考虑用夹挤准则或将 S_n 变形为 $\sum_{i=1}^{n} f\left(a + \frac{(b-a)i}{n}\right)\frac{b-a}{n}$,再利用定积分的定义,或将定积分的定义与夹挤准则结合使用。

例 2-1 求 $\lim\limits_{n \to \infty} \sum\limits_{k=1}^{n} \dfrac{1}{1 + 2 + \cdots + k}$。

分析 利用求和公式合并分母,将和式的一般项拆分成相邻两项之差,得出 n 项和的表达式,再求极限。

解 因为 $S_n = \sum\limits_{k=1}^{n} \dfrac{1}{1 + 2 + \cdots + k} = \sum\limits_{k=1}^{n} \dfrac{2}{k(1+k)} = 2\sum\limits_{k=1}^{n}\left(\dfrac{1}{k} - \dfrac{1}{k+1}\right) =$

$2\left(1-\dfrac{1}{n+1}\right)$，故

$$\lim_{n\to\infty}\sum_{k=1}^{n}\frac{1}{1+2+\cdots+k}=\lim_{n\to\infty}2\left(1-\frac{1}{n+1}\right)=2。$$

例 2-2　求 $\displaystyle\lim_{n\to\infty}\sum_{k=1}^{n}\frac{k^3+6k^2+11k+5}{(k+3)!}$。

分析　对分子变形，使其能将和式的一般项拆分成两项之差，从而得到 n 项和的表达式。

解　因 $k^3+6k^2+11k+5=(k+1)(k+2)(k+3)-1$，所以

$$\sum_{k=1}^{n}\frac{k^3+6k^2+11k+5}{(k+3)!}$$

$$=\sum_{k=1}^{n}\left(\frac{1}{k!}-\frac{1}{(k+3)!}\right)$$

$$=\left(1-\frac{1}{4!}\right)+\left(\frac{1}{2!}-\frac{1}{5!}\right)+\left(\frac{1}{3!}-\frac{1}{6!}\right)+\left(\frac{1}{4!}-\frac{1}{7!}\right)+\cdots+\left(\frac{1}{(n-3)!}-\frac{1}{n!}\right)$$

$$+\left(\frac{1}{(n-2)!}-\frac{1}{(n+1)!}\right)+\left(\frac{1}{(n-1)!}-\frac{1}{(n+2)!}\right)+\left(\frac{1}{n!}-\frac{1}{(n+3)!}\right)$$

$$=1+\frac{1}{2!}+\frac{1}{3!}-\frac{1}{(n+1)!}-\frac{1}{(n+2)!}-\frac{1}{(n+3)!},$$

于是　　　　$$\lim_{n\to\infty}\sum_{k=1}^{n}\frac{k^3+6k^2+11k+5}{(k+3)!}=1+\frac{1}{2}+\frac{1}{6}=\frac{5}{3}。$$

例 2-3　求 $\displaystyle\lim_{n\to\infty}\left(\frac{1^2}{n^4}+\frac{1^2+2^2}{n^4}+\cdots+\frac{1^2+2^2+\cdots+n^2}{n^4}\right)$。

分析　因各项分母均为 n^4，因此先将分子相加。

解　由于

$$1^2+(1^2+2^2)+\cdots+(1^2+2^2+\cdots+n^2)$$

$$=\sum_{k=1}^{n}(1^2+2^2+\cdots+k^2)=\sum_{k=1}^{n}\frac{k(k+1)(2k+1)}{6}$$

$$=\frac{1}{6}\sum_{k=1}^{n}(2k^3+3k^2+k)$$

$$=\frac{1}{3}\left[\frac{n(n+1)}{2}\right]^2+\frac{1}{2}\frac{n(n+1)(2n+1)}{6}+\frac{1}{6}\frac{n(n+1)}{2},$$

注意到后两项 n 的方次小于 4，所以

$$\lim_{n\to\infty}\left(\frac{1^2}{n^4}+\frac{1^2+2^2}{n^4}+\cdots+\frac{1^2+2^2+\cdots+n^2}{n^4}\right)=\frac{1}{12}。$$

例 2-4　求 $\displaystyle\lim_{n\to\infty}\left(1+\frac{3}{8}+\frac{4}{2^3\cdot 3!}+\cdots+\frac{n+1}{2^n\cdot n!}\right)$。

分析　先求幂级数 $\displaystyle\sum_{n=1}^{\infty}\frac{n+1}{n!}x^n$ 的和函数，而原极限为和函数在 $\dfrac{1}{2}$ 处的值。

解　考虑幂级数 $\displaystyle\sum_{n=1}^{\infty}\dfrac{n+1}{n!}x^n$，其收敛半径

$$R=\lim_{n\to\infty}\frac{n+1}{n!}\frac{(n+1)!}{n+2}=+\infty,$$

所以 $\forall x\in(-\infty,+\infty)$,

$$S(x)=\sum_{n=1}^{\infty}\frac{n+1}{n!}x^n=\sum_{n=1}^{\infty}\frac{n}{n!}x^n+\sum_{n=1}^{\infty}\frac{1}{n!}x^n=x\sum_{n=1}^{\infty}\frac{1}{(n-1)!}x^{n-1}+\sum_{n=1}^{\infty}\frac{1}{n!}x^n$$

$$=x\mathrm{e}^x+\mathrm{e}^x-1,$$

于是　　　　　　　　原极限 $=S\left(\dfrac{1}{2}\right)=\displaystyle\sum_{n=1}^{\infty}\dfrac{n+1}{2^n\cdot n!}=\dfrac{1}{2}\mathrm{e}^{\frac{1}{2}}+\mathrm{e}^{\frac{1}{2}}-1$。

例 2-5　求 $\displaystyle\lim_{n\to\infty}\sum_{k=1}^{n}\dfrac{k}{n^2+k}$。

分析　和式中每一项都含有 n，对 n 项和进行放大与缩小，然后由夹挤准则求极限。

解　记 $x_n=\displaystyle\sum_{k=1}^{n}\dfrac{k}{n^2+k}$，则 $\dfrac{1+2+\cdots+n}{n^2+n}\leqslant x_n\leqslant\dfrac{1+2+\cdots+n}{n^2+1}$，由于

$$\lim_{n\to\infty}\frac{1+2+\cdots+n}{n^2+n}=\lim_{n\to\infty}\frac{\dfrac{n(n+1)}{2}}{n^2+n}=\frac{1}{2};$$

同理　　　　　　　　$$\lim_{n\to\infty}\frac{1+2+\cdots+n}{n^2+1}=\lim_{n\to\infty}\frac{\dfrac{n(n+1)}{2}}{n^2+1}=\frac{1}{2},$$

所以 $\displaystyle\lim_{n\to\infty}\sum_{k=1}^{n}\dfrac{k}{n^2+k}=\dfrac{1}{2}$。

例 2-6　求 $\displaystyle\lim_{n\to\infty}\dfrac{1}{n^2}(\sqrt{n^2-1}+\sqrt{n^2-2^2}+\cdots+\sqrt{n^2-(n-1)^2})$。

分析　利用定积分的定义。

解　$S_n=\dfrac{1}{n^2}(\sqrt{n^2-1}+\sqrt{n^2-2^2}+\cdots+\sqrt{n^2-(n-1)^2})$

$$=\frac{1}{n}\left(\sqrt{1-\left(\frac{1}{n}\right)^2}+\sqrt{1-\left(\frac{2}{n}\right)^2}+\cdots+\sqrt{1-\left(\frac{n-1}{n}\right)^2}\right)$$

$$=\frac{1}{n}\sum_{i=1}^{n-1}\sqrt{1-\left(\frac{i}{n}\right)^2},$$

所以　　　　　　　　原式 $=\displaystyle\int_0^1\sqrt{1-x^2}\,\mathrm{d}x=\dfrac{\pi}{4}$　　（利用几何意义）。

例 2-7　求 $\displaystyle\lim_{n\to\infty}\sum_{k=1}^{n}\dfrac{\mathrm{e}^{\frac{k}{n}}}{n+\dfrac{1}{k}}$。

分析　先对和式进行放缩，再用定积分定义与夹挤准则讨论。

解　记 $x_n = \sum\limits_{k=1}^{n} \dfrac{\mathrm{e}^{\frac{k}{n}}}{n + \frac{1}{k}}$。因 $n < n + \frac{1}{k} < n+1$,所以

$$\sum_{k=1}^{n} \mathrm{e}^{\frac{k}{n}} \frac{1}{n+1} < x_n < \sum_{k=1}^{n} \mathrm{e}^{\frac{k}{n}} \frac{1}{n},$$

而

$$\lim_{n \to \infty} \sum_{k=1}^{n} \mathrm{e}^{\frac{k}{n}} \frac{1}{n} = \int_0^1 \mathrm{e}^x \mathrm{d}x = \mathrm{e} - 1;$$

又

$$\lim_{n \to \infty} \sum_{k=1}^{n} \mathrm{e}^{\frac{k}{n}} \frac{1}{n+1} = \lim_{n \to \infty} \frac{n}{n+1} \sum_{k=1}^{n} \mathrm{e}^{\frac{k}{n}} \frac{1}{n} = \mathrm{e} - 1,$$

故由夹挤准则得

$$\lim_{n \to \infty} \sum_{k=1}^{n} \frac{\mathrm{e}^{\frac{k}{n}}}{n + \frac{1}{k}} = \mathrm{e} - 1。$$

【题型 2-2】　n 项乘积的极限

策略　(1) 利用熟知的公式 $a^2 - b^2 = (a+b)(a-b)$,$a^3 - b^3 = (a-b)(a^2+ab+b^2)$,$\sin 2x = 2\sin x \cos x$ 等缩短乘积。

(2) 通过取对数化乘积为和式。

例 2-8　求下列数列 $\{x_n\}$ 的极限 $l = \lim\limits_{n \to \infty} x_n$:

(1) $x_n = (1+a)(1+a^2)\cdots(1+a^{2^n})$,$|a| < 1$;　(2) $x_n = \cos\dfrac{\varphi}{2}\cos\dfrac{\varphi}{2^2}\cdots\cos\dfrac{\varphi}{2^n}$。

解　(1) $x_n = \dfrac{(1-a)(1+a)(1+a^2)\cdots(1+a^{2^n})}{1-a} = \dfrac{1 - a^{2^{n+1}}}{1-a}$,所以 $l = \dfrac{1}{1-a}$。

(2) 若 $\varphi = 0$,则 $\cos\dfrac{\varphi}{2^k} = \cos 0 = 1 (k=1,2,\cdots,n)$,所以 $l = 1$;

若 $\varphi \neq 0$,则 $a_n = \dfrac{\cos\dfrac{\varphi}{2}\cos\dfrac{\varphi}{2^2}\cdots\cos\dfrac{\varphi}{2^n}\sin\dfrac{\varphi}{2^n}}{\sin\dfrac{\varphi}{2^n}} = \dfrac{\sin\varphi}{2^n \sin\dfrac{\varphi}{2^n}}$,所以 $l = \dfrac{\sin\varphi}{\varphi}$。

例 2-9　求 $\lim\limits_{n \to \infty} \left(\dfrac{2^3-1}{2^3+1} \cdot \dfrac{3^3-1}{3^3+1} \cdot \dfrac{4^3-1}{4^3+1} \cdot \cdots \cdot \dfrac{n^3-1}{n^3+1} \right)$。

解　设 $x_n = \dfrac{2^3-1}{2^3+1} \cdot \dfrac{3^3-1}{3^3+1} \cdot \dfrac{4^3-1}{4^3+1} \cdot \cdots \cdot \dfrac{n^3-1}{n^3+1}$,则

$$x_n = \prod_{k=2}^{n} \frac{k^3-1}{k^3+1} = \prod_{k=2}^{n} \frac{(k-1)(k^2+k+1)}{(k+1)(k^2-k+1)}$$

$$= \frac{1 \cdot 2 \cdot \cdots \cdot (n-1)}{3 \cdot 4 \cdot \cdots \cdot (n+1)} \prod_{k=2}^{n} \frac{(k+1)^2 - (k+1) + 1}{(k^2-k+1)}$$

$$= \frac{2}{n(n+1)} \frac{n^2-n+1}{3},$$

于是原极限 $= \dfrac{2}{3}$。

例 2-10　设 $x_n = \sqrt[n]{f\left(\dfrac{1}{n}\right)f\left(\dfrac{2}{n}\right)\cdots f\left(\dfrac{n}{n}\right)}$，其中 $f(x)$ 是 $[0,1]$ 上的连续正值函数，求 $\lim\limits_{n\to\infty} x_n$。

解　对 x_n 两边取对数，得

$$\ln x_n = \ln\sqrt[n]{f\left(\frac{1}{n}\right)f\left(\frac{2}{n}\right)\cdots f\left(\frac{n}{n}\right)} = \frac{1}{n}\left[\ln f\left(\frac{1}{n}\right) + \ln f\left(\frac{2}{n}\right) + \cdots + \ln f\left(\frac{n}{n}\right)\right],$$

故

$$\lim_{n\to\infty}\ln x_n = \lim_{n\to\infty}\sum_{i=1}^{n}\frac{1}{n}\ln f\left(\frac{i}{n}\right) = \int_0^1 \ln f(x)\,\mathrm{d}x,$$

于是

$$\lim_{n\to\infty} x_n = \mathrm{e}^{\int_0^1 \ln f(x)\,\mathrm{d}x}。$$

例 2-11　求 $\lim\limits_{n\to\infty}\cos\dfrac{a}{n\sqrt{n}}\cos\dfrac{2a}{n\sqrt{n}}\cdots\cos\dfrac{na}{n\sqrt{n}}$。

解　由 $\cos x = 1 - \dfrac{x^2}{2!} + o(x^3)\ (x\to0)$，得

$$\cos\frac{ka}{n\sqrt{n}} = 1 - \frac{\left(\dfrac{ka}{n\sqrt{n}}\right)^2}{2!} + o\left(\left(\frac{ka}{n\sqrt{n}}\right)^3\right) = 1 - \frac{k^2a^2}{2n^3} + o\left(\frac{1}{n^3}\right), \quad k=1,2,\cdots,n,$$

再由 $\ln(1+x) = x - \dfrac{x^2}{2} + o(x^2)\ (x\to0)$ 得

$$\ln\cos\frac{ka}{n\sqrt{n}} = \ln\left(1 - \frac{k^2a^2}{2n^3} + o\left(\frac{1}{n^3}\right)\right) = -\frac{k^2a^2}{2n^3} + o\left(\frac{1}{n^3}\right), \quad k=1,2,\cdots,n。$$

于是

$$\sum_{k=1}^{n}\ln\cos\frac{ka}{n\sqrt{n}} = -\frac{a^2}{2}\frac{1}{n^3}\sum_{k=1}^{n}k^2 + o\left(\frac{1}{n^3}\right) = -\frac{a^2}{2}\frac{1}{n^3}\frac{n(n+1)(2n+1)}{6} + o\left(\frac{1}{n^3}\right),$$

所以

$$\lim_{n\to\infty}\sum_{k=1}^{n}\ln\cos\frac{ka}{n\sqrt{n}} = -\frac{a^2}{6}。$$

故

$$\lim_{n\to\infty}\cos\frac{a}{n\sqrt{n}}\cos\frac{2a}{n\sqrt{n}}\cdots\cos\frac{na}{n\sqrt{n}} = \lim_{n\to\infty}\mathrm{e}^{\sum_{k=1}^{n}\ln\cos\frac{ka}{n\sqrt{n}}} = \mathrm{e}^{-\frac{a^2}{6}}。$$

【题型 2-3】　递推数列的极限

策略　所谓的递推数列，是指给出数列的第一项 x_1，通过递推公式

$$x_{n+1} = f(x_n), \quad x_{n+2} = f(x_n, x_{n-1}), \quad \begin{cases} x_{n+1} = f_1(x_n, y_n), \\ y_{n+1} = f_2(x_n, y_n) \end{cases}$$

生成的数列，其中 f 与 n 无关。求这种数列的极限，通常需要解决两个问题：证明其收敛性和求出极限值。后一问题较容易解决，只要在迭代公式两边取极限，然后求解即可。证明收敛性的方法有以下几种。

（1）利用单调有界原理。运用作差（或作商）、均值不等式、数学归纳法等证明单调性。证明有界性时要注意运用结论：单调递减数列若有下界则必有界；单调递增数

列若有上界则必有界。

（2）利用"ε-N"定义或夹挤定理。先由迭代关系式得到一个数 l，再证明数 l 就是数列的极限。

（3）利用压缩映像原理：若数列 $\{x_n\}$ 满足 $|x_{n+1}-x_n| \leqslant r|x_n-x_{n-1}|$ （$0<r<1$），则数列 $\{x_n\}$ 必收敛。

例 2-12　设 $x_1=1$，$x_{n+1}=1+\dfrac{x_n}{1+x_n}$ （$n=2,3,\cdots$）。证明 $\lim\limits_{n\to\infty}x_n$ 存在，并求其值。

证明　显然 $1\leqslant x_n<2$（$n=1,2,\cdots$）。由

$$x_{n+1}-x_n=\left(1+\frac{x_n}{1+x_n}\right)-\left(1+\frac{x_{n-1}}{1+x_{n-1}}\right)=\frac{x_n-x_{n-1}}{(1+x_n)(1+x_{n-1})}\quad (n=2,3,\cdots),$$

可知 $x_{n+1}-x_n$ 与 x_2-x_1 同号，而 $x_2=1+\dfrac{1}{1+1}>1=x_1$，所以 $\{x_n\}$ 单调增，因此 $\lim\limits_{n\to\infty}x_n$ 存在。

设 $\lim\limits_{n\to\infty}x_n=l$，在 $x_{n+1}=1+\dfrac{x_n}{1+x_n}$ 两边取极限，得 $l=1+\dfrac{l}{1+l}$，解得 $l=\dfrac{1+\sqrt{5}}{2}$。

例 2-13　设 $A>0$，$x_1>0$，$x_{n+1}=\dfrac{1}{2}\left(x_n+\dfrac{A}{x_n}\right)$ （$n=1,2,\cdots$）。证明 $\lim\limits_{n\to\infty}x_n$ 存在，并求其值。

证明　显然 $x_n>0$ （$n=1,2,\cdots$），且

$$x_{n+1}=\frac{1}{2}\left(x_n+\frac{A}{x_n}\right)\geqslant\frac{1}{2}\cdot2\sqrt{x_n\frac{A}{x_n}}=\sqrt{A},$$

所以
$$\frac{x_{n+1}}{x_n}=\frac{1}{2}\left(1+\frac{A}{x_n^2}\right)\leqslant\frac{1}{2}(1+1)=1,$$

即 $\{x_n\}$ 单调减，结合 $x_n>0$ （$n=1,2,\cdots$）知 $\{x_n\}$ 有界。因此 $\lim\limits_{n\to\infty}x_n$ 存在。

设 $\lim\limits_{n\to\infty}x_n=l$，在 $x_{n+1}=\dfrac{1}{2}\left(x_n+\dfrac{A}{x_n}\right)$ 两边取极限，解得 $l=\sqrt{A}$。

例 2-14　设 $x_1=2$，$x_{n+1}=2+\dfrac{1}{x_n}$ （$n=1,2,\cdots$）。证明 $\lim\limits_{n\to\infty}x_n$ 存在，并求其值。

分析　该数列本身并不单调，这时可以考察其奇、偶子列分别是否单调（单调性必不相同），若是，则可对子列运用单调有界原理，再通过数列收敛的充要条件是奇、偶子列的极限存在且相等得出结论。

证明　显然 $2\leqslant x_n<3$，简单计算可得

$$x_1=2,\quad x_2=\frac{5}{2},\quad x_3=\frac{12}{5},\quad x_4=\frac{29}{12},\quad\cdots,$$

该数列本身不具有单调性。易见 $x_2>x_4$，假设 $x_{2k-2}>x_{2k}$，下证 $x_{2k}>x_{2k+2}$。因为

$$x_{2k}=2+\frac{1}{x_{2k-1}}=2+\frac{1}{2+\dfrac{1}{x_{2k-2}}}=2+\frac{x_{2k-2}}{2x_{2k-2}+1},$$

$$x_{2k+2} = 2 + \frac{x_{2k}}{2x_{2k}+1}。$$

注意到,当 $t>0$ 时, $f(t)=2+\dfrac{t}{2t+1}$ 是单调增的,结合归纳假设可知 $x_{2k}>x_{2k+2}$,
即偶子列 $\{x_{2k}\}$ 单调增。同理可证奇子列 $\{x_{2k-1}\}$ 单调减。由单调有界原理知奇子列
$\{x_{2k-1}\}$ 与偶子列 $\{x_{2k}\}$ 均收敛,设其极限分别为 l_1 与 l_2,在 $x_{2k+1}=2+\dfrac{1}{x_{2k}}$, $x_{2k}=2+$
$\dfrac{1}{x_{2k-1}}$ 两边取极限,得 $l_1=2+\dfrac{1}{l_2}$ 以及 $l_2=2+\dfrac{1}{l_1}$,解此方程组得 $l_1=l_2=1+\sqrt{2}$,即奇、
偶子列的极限存在且相等,因此数列 $\{x_n\}$ 的极限存在,且 $\lim\limits_{n\to\infty}x_n=1+\sqrt{2}$。

例 2-15　设 $x_1>0, x_{n+1}=3+\dfrac{4}{x_n}$ $(n=1,2,\cdots)$。证明 $\lim\limits_{n\to\infty}x_n$ 存在,并求其值。

分析　该数列本身是不单调的。先设 $\lim\limits_{n\to\infty}x_n$ 存在,记为 l。对迭代式取极限,得
$l=3+\dfrac{4}{l}$,解得 $l=4, l=1$,由于 $x_n>0$,故取 $l=4$ 考察。

证明　易见 $x_n>3$。由于

$$0 \leqslant |x_{n+1}-4| = \left|3+\frac{4}{x_n}-4\right|$$

$$= \left|\frac{x_n-4}{x_n}\right| < \frac{1}{3}|x_n-4| < \frac{1}{3^2}|x_{n-1}-4| < \cdots < \frac{1}{3^n}|x_1-4|,$$

而 $|x_1-4|$ 总是一个确定值,由夹挤准则,可得 $\lim\limits_{n\to\infty}|x_n-4|=0$,从而 $\lim\limits_{n\to\infty}x_n=4$。

注　一般地,如果 $\lim|u|=|l|\not\Rightarrow\lim u=l$,但 $\lim|u|=0\Rightarrow\lim u=0$。

例 2-16　设 $a<b, x_0=a, x_1=b$ 及 $x_n=\dfrac{x_{n-1}+x_{n-2}}{2}$ $(n=2,3,\cdots)$,求 $\lim\limits_{n\to\infty}x_n$。

分析　不断迭代或利用差分方程求出 x_n 的表达式,再求极限。

解　**方法一**　因 $x_n-x_{n-1}=\dfrac{-1}{2}(x_{n-1}-x_{n-2})=\cdots=\dfrac{(-1)^{n-1}}{2^{n-1}}(x_1-x_0)$,所以

$$x_n = x_0 + \sum_{k=1}^{n}(x_k-x_{k-1}) = a + \sum_{k=1}^{n}\frac{(-1)^{k-1}}{2^{k-1}}(b-a),$$

于是　　　　$\lim\limits_{n\to\infty}x_n = \lim\limits_{n\to\infty}\left[a + \sum\limits_{k=1}^{n}\dfrac{(-1)^{k-1}}{2^{k-1}}(b-a)\right] = a + \dfrac{2}{3}(b-a)$。

方法二　将递推式 $2x_n-x_{n-1}-x_{n-2}=0$ 看作差分方程,则特征方程为 $2\lambda^2-\lambda-$
$1=0$,其特征根为 $1, \dfrac{-1}{2}$,所以 $x_n=C_1+C_2\left(\dfrac{-1}{2}\right)^n$。由 $x_0=a, x_1=b$,求得 $C_1=$
$\dfrac{a+2b}{3}, C_2=\dfrac{2(a-b)}{3}$,于是

$$x_n = \frac{a+2b}{3} + \frac{2a-2b}{3}\left(\frac{-1}{2}\right)^n,$$

显然
$$\lim_{n \to \infty} x_n = \frac{a+2b}{3}。$$

【题型 2-4】　施笃兹定理及应用

施笃兹定理　设数列 $\{x_n\}$ 严格单调增加且 $\lim_{n \to \infty} x_n = +\infty$，又 $\lim_{n \to \infty} \dfrac{y_n - y_{n-1}}{x_n - x_{n-1}} = l$（$l$ 为有限或 $\pm\infty$），则有 $\lim_{n \to \infty} \dfrac{y_n}{x_n} = l$。

证明　（1）设 l 为常数，则 $\forall \varepsilon > 0$，$\exists N$，当 $n \geqslant N$ 时，有
$$l - \varepsilon < \frac{y_n - y_{n-1}}{x_n - x_{n-1}} < l + \varepsilon。$$
由 $\{x_n\}$ 严格单调增加知 $x_n - x_{n-1} > 0$，故
$$(l-\varepsilon)(x_n - x_{n-1}) < y_n - y_{n-1} < (l+\varepsilon)(x_n - x_{n-1}),$$
由此可知
$$(l-\varepsilon)(x_N - x_{N-1}) < y_N - y_{N-1} < (l+\varepsilon)(x_N - x_{N-1}),$$
$$(l-\varepsilon)(x_{N+1} - x_N) < y_{N+1} - y_N < (l+\varepsilon)(x_{N+1} - x_N),$$
$$\cdots$$
$$(l-\varepsilon)(x_n - x_{n-1}) < y_n - y_{n-1} < (l+\varepsilon)(x_n - x_{n-1}),$$
将上面各式相加得
$$(l-\varepsilon)(x_n - x_{N-1}) < y_n - y_{N-1} < (l+\varepsilon)(x_n - x_{N-1}),$$
所以 $l - \varepsilon < \dfrac{y_n - y_{N-1}}{x_n - x_{N-1}} < l + \varepsilon$，于是
$$l - \varepsilon < \frac{\dfrac{y_n}{x_n} - \dfrac{y_{N-1}}{x_n}}{1 - \dfrac{x_{N-1}}{x_n}} < l + \varepsilon,$$
即 $\forall \varepsilon > 0$，$\exists N$，当 $n \geqslant N$ 时，有 $l - \varepsilon < \dfrac{\dfrac{y_n}{x_n} - \dfrac{y_{N-1}}{x_n}}{1 - \dfrac{x_{N-1}}{x_n}} < l + \varepsilon$，因此 $\lim_{n \to \infty} \dfrac{\dfrac{y_n}{x_n} - \dfrac{y_{N-1}}{x_n}}{1 - \dfrac{x_{N-1}}{x_n}} = l$。

又 $\lim_{n \to \infty} x_n = +\infty$，故 $\lim_{n \to \infty} \dfrac{x_{N-1}}{x_n} = 0$，$\lim_{n \to \infty} \dfrac{y_{N-1}}{x_n} = 0$，$\lim_{n \to \infty} \left(1 - \dfrac{x_{N-1}}{x_n}\right) = 1$。由极限运算法则可得
$$\lim_{n \to \infty} \frac{y_n}{x_n} = \lim_{n \to \infty} \left(\frac{y_n}{x_n} - \frac{y_{N-1}}{x_n}\right) = \lim_{n \to \infty} \frac{\dfrac{y_n}{x_n} - \dfrac{y_{N-1}}{x_n}}{1 - \dfrac{x_{N-1}}{x_n}} \left(1 - \frac{x_{N-1}}{x_n}\right) = l。$$

（2）设 $l = \infty$，不妨设 $l = +\infty$，故 $\exists N$，当 $n \geqslant N$ 时，有 $\dfrac{y_n - y_{n-1}}{x_n - x_{n-1}} > 1$，结合 $\{x_n\}$ 严格单调增加，得 $y_n - y_{n-1} > x_n - x_{n-1} > 0$，即 $\{b_n\}$ 严格单调增加。又由于
$$y_n - y_N = (y_n - y_{n-1}) + (y_{n-1} - y_{n-2}) + \cdots + (y_{N+1} - y_N)$$

$$> (x_n - x_{n-1}) + (x_{n-1} - x_{n-2}) + \cdots + (x_{N+1} - x_N)$$
$$= x_n - x_N \to \infty \quad (n \to \infty),$$

所以 $\lim\limits_{n\to\infty} y_n = +\infty$。由(1)的结论,有

$$\lim_{n\to\infty}\frac{x_n}{y_n} = \lim_{n\to\infty}\frac{x_n - x_{n-1}}{y_n - y_{n-1}} = 0 \quad \left(\lim_{n\to\infty}\frac{b_n - b_{n-1}}{a_n - a_{n-1}} = +\infty\right),$$

从而
$$\lim_{n\to\infty}\frac{y_n}{x_n} = \lim_{n\to\infty}\frac{y_n - y_{n-1}}{x_n - x_{n-1}} = +\infty。$$

例 2-17(平均值定理)　设 $\lim\limits_{n\to\infty} a_n = a$($a$ 为有限或无穷)。

(1) 若 $b_n = \dfrac{a_1 + a_2 + \cdots + a_n}{n}$,则 $\lim\limits_{n\to\infty} b_n = a$;

(2) 若 $a_i > 0 \ (i = 1, 2, \cdots)$,$c_n = \sqrt[n]{a_1 a_2 \cdots a_n}$,则 $\lim\limits_{n\to\infty} c_n = a$。

证明　(1) 设 $x_n = n$,$y_n = a_1 + a_2 + \cdots + a_n$,则 $\lim\limits_{n\to\infty} x_n = +\infty$,$y_n - y_{n-1} = a_n$,$x_n - x_{n-1} = 1$,所以

$$\lim_{n\to\infty} b_n = \lim_{n\to\infty}\frac{a_1 + a_2 + \cdots + a_n}{n} = \lim_{n\to\infty}\frac{a_n}{1} = a。$$

(2) 因　　　　$c_n = \sqrt[n]{a_1 a_2 \cdots a_n} = \mathrm{e}^{\ln \sqrt[n]{a_1 a_2 \cdots a_n}} = \mathrm{e}^{\frac{\ln a_1 + \ln a_2 + \cdots + \ln a_n}{n}},$

设 $x_n = n$,$y_n = \ln a_1 + \ln a_2 + \cdots + \ln a_n$,有

$$\lim_{n\to\infty}\frac{\ln a_1 + \ln a_2 + \cdots + \ln a_n}{n} = \lim_{n\to\infty}\frac{\ln a_n}{1} = \ln a,$$

从而
$$\lim_{n\to\infty} c_n = \mathrm{e}^{\lim\limits_{n\to\infty}\frac{\ln a_1 + \ln a_2 + \cdots + \ln a_n}{n}} = \mathrm{e}^{\ln a} = a。$$

例 2-18　求下列极限

(1) 求 $\lim\limits_{n\to\infty}\dfrac{1! + 2! + \cdots + n!}{n!}$;　(2) $\lim\limits_{n\to\infty}\dfrac{1^{a-1} + 2^{a-1} + \cdots + n^{a-1}}{n^a}$($a > 1$ 为整数)。

解　(1) 设 $x_n = n!$,$y_n = 1! + 2! + \cdots + n!$,则 $\lim\limits_{n\to\infty} x_n = +\infty$,所以

$$\lim_{n\to\infty}\frac{y_n}{x_n} = \lim_{n\to\infty}\frac{y_n - y_{n-1}}{x_n - x_{n-1}} = \lim_{n\to\infty}\frac{n!}{n! - (n-1)!} = 1。$$

(2) 设 $x_n = n^a$,$y_n = 1^{a-1} + 2^{a-1} + \cdots + n^{a-1}$,则 $\lim\limits_{n\to\infty} x_n = +\infty$。因

$$y_n - y_{n-1} = n^{a-1},$$

$$x_n - x_{n-1} = n^a - (n-1)^a = n^a - \left[n^a - a n^{a-1} + \frac{a(a-1)}{2} n^{a-2} + \cdots + (-1)^a\right],$$

所以　　$\lim\limits_{n\to\infty}\dfrac{y_n}{x_n} = \lim\limits_{n\to\infty}\dfrac{y_n - y_{n-1}}{x_n - x_{n-1}} = \lim\limits_{n\to\infty}\dfrac{n^{a-1}}{a n^{a-1} - \dfrac{a(a-1)}{2} n^{a-2} + \cdots + (-1)^{a+1}} = \dfrac{1}{a}$。

利用上述结论,不难得到 $\lim\limits_{n\to\infty}\dfrac{1 + 2 + \cdots + n}{n^2} = \dfrac{1}{2}$;$\lim\limits_{n\to\infty}\dfrac{1^3 + 2^3 + \cdots + n^3}{n^4} = \dfrac{1}{4}$;

$\lim\limits_{n\to\infty}\dfrac{1^9 + 2^9 + \cdots + n^9}{n^{10}} = \dfrac{1}{10}$,等。

例 2-19 设 $x_1 > 0, x_{n+1} = x_n + \dfrac{1}{x_n}$ $(n = 1, 2, \cdots)$，证明 $\lim\limits_{n \to \infty} \dfrac{x_n}{\sqrt{2n}} = 1$。

证明 由题设知 $\{x_n\}$ 为严格单调增加的正数列，因此只有两种可能：极限值为 a 或正无穷大。假设极限值为 a，在 $x_{n+1} = x_n + \dfrac{1}{x_n}$ 两边取极限，得 $a = a + \dfrac{1}{a}$，这对任何有限数 a 都不可能成立，因此 $\lim\limits_{n \to \infty} x_n = +\infty$。由施笃兹定理得

$$\lim_{n \to \infty} \frac{x_n^2}{2n} = \lim_{n \to \infty} \frac{x_{n+1}^2 - x_n^2}{2(n+1) - 2n} = \frac{1}{2} \lim_{n \to \infty} \left(2 + \frac{1}{x_n^2} \right) = 1,$$

从而 $\lim\limits_{n \to \infty} \dfrac{x_n}{\sqrt{2n}} = 1$（这里用到结论：若 $x_n \geqslant 0$，数列 $\{x_n\}$ 收敛于 a，则 $\lim\limits_{n \to \infty} \sqrt{x_n} = \sqrt{a}$）。

例 2-20 求下列极限：

(1) $\lim\limits_{n \to \infty} \dfrac{1 + \dfrac{1}{2} + \cdots + \dfrac{1}{n}}{n}$；　　(2) $\lim\limits_{n \to \infty} \dfrac{1 + \sqrt{2} + \cdots + \sqrt[n]{n}}{n}$；　　(3) $\lim\limits_{n \to \infty} \dfrac{1}{\sqrt[n]{n!}}$。

分析 用平均值定理。

解 (1) 设 $a_n = \dfrac{1}{n}, \lim\limits_{n \to \infty} a_n = 0$，于是 $\lim\limits_{n \to \infty} \dfrac{1 + \dfrac{1}{2} + \cdots + \dfrac{1}{n}}{n} = 0$。

(2) 设 $a_n = \sqrt[n]{n}, \lim\limits_{n \to \infty} a_n = 1$，于是 $\lim\limits_{n \to \infty} \dfrac{1 + \sqrt{2} + \cdots + \sqrt[n]{n}}{n} = 1$。

(3) 设 $a_n = \dfrac{1}{n}, \lim\limits_{n \to \infty} a_n = 0$，于是 $\lim\limits_{n \to \infty} \dfrac{1}{\sqrt[n]{n!}} = \lim\limits_{n \to \infty} \sqrt[n]{1 \cdot \dfrac{1}{2} \cdot \cdots \cdot \dfrac{1}{n}} = \lim\limits_{n \to \infty} a_n = 0$。

例 2-21 设 $\lim\limits_{n \to \infty} a_n = A$，$\lim\limits_{n \to \infty} b_n = B$，若 $c_n = \dfrac{a_1 b_n + a_2 b_{n-1} + \cdots + a_n b_1}{n}$，则 $\lim\limits_{n \to \infty} c_n = AB$。

分析 对 c_n 作变形，然后用平均值定理。

证明 由极限与无穷小的关系，得
$$a_n = A + \alpha_n, \quad b_n = B + \beta_n,$$
其中 $\lim\limits_{n \to \infty} \alpha_n = 0, \lim\limits_{n \to \infty} \beta_n = 0$。于是，$\exists M > 0, \forall n \geqslant 1$，有 $|\beta_n| \leqslant M$，且

$$c_n = \frac{1}{n} [(A + \alpha_1)(B + \beta_n) + (A + \alpha_2)(B + \beta_{n-1}) + \cdots + (A + \alpha_n)(B + \beta_1)]$$

$$= AB + \frac{B}{n}(\alpha_1 + \alpha_2 + \cdots + \alpha_n) + \frac{A}{n}(\beta_1 + \beta_2 + \cdots + \beta_n)$$

$$+ \frac{1}{n}(\alpha_1 \beta_n + \alpha_2 \beta_{n-1} + \cdots + \alpha_n \beta_1),$$

由柯西命题知，

$$\lim_{n \to \infty} \frac{1}{n}(\alpha_1 + \alpha_2 + \cdots + \alpha_n) = 0, \quad \lim_{n \to \infty} \frac{1}{n}(\beta_1 + \beta_2 + \cdots + \beta_n) = 0,$$

又　$\left| \dfrac{1}{n}(\alpha_1 \beta_n + \alpha_2 \beta_{n-1} + \cdots + \alpha_n \beta_1) \right| \leqslant \dfrac{M}{n} |\alpha_1 + \alpha_2 + \cdots + \alpha_n| \to 0 \quad (n \to \infty),$

所以
$$\lim_{n \to \infty} c_n = AB_\circ$$

【题型 2-5】 其他数列极限问题

例 2-22 证明 $\lim_{n \to \infty} \left(1 + \dfrac{1}{2}\right) \left(1 + \dfrac{1}{2^2}\right) \cdots \left(1 + \dfrac{1}{2^n}\right)$ 存在。

分析 从数列 $x_n = \left(1 + \dfrac{1}{2}\right) \left(1 + \dfrac{1}{2^2}\right) \cdots \left(1 + \dfrac{1}{2^n}\right)$ 的形式知 $\{x_n\}$ 为单调增加数列，将 $\{x_n\}$ 转化为连加形式，以方便讨论 $\{x_n\}$ 是否有上界。

证明 由 $x_n = \left(1 + \dfrac{1}{2}\right) \left(1 + \dfrac{1}{2^2}\right) \cdots \left(1 + \dfrac{1}{2^n}\right)$ 的形式知 $\{x_n\}$ 单调增。因 $\left(1 + \dfrac{1}{n}\right)^n$ 单调增且以 e 为极限，从而 $\left(1 + \dfrac{1}{2^n}\right)^{2^n} < \mathrm{e}$，即 $\left(1 + \dfrac{1}{2^n}\right) < \mathrm{e}^{\frac{1}{2^n}}$，所以

$$\left(1 + \frac{1}{2}\right) \left(1 + \frac{1}{2^2}\right) \cdots \left(1 + \frac{1}{2^n}\right) < \mathrm{e}^{\frac{1}{2} + \frac{1}{2^2} + \cdots + \frac{1}{2^n}} = \mathrm{e}^{1 - \frac{1}{2^n}} < \mathrm{e},$$

也就是说 $\{x_n\}$ 单调增加且有上界，因此 $\lim_{n \to \infty} \left(1 + \dfrac{1}{2}\right) \left(1 + \dfrac{1}{2^2}\right) \cdots \left(1 + \dfrac{1}{2^n}\right)$ 存在。

例 2-23 （1）证明：若 $a_j \geqslant 0 \; (j = 1, 2, \cdots, k)$，则 $\lim_{n \to \infty} \sqrt[n]{a_1^n + a_2^n + \cdots + a_k^n} = \max\{a_1, a_2, \cdots, a_k\}$；

（2）设函数 $f(x)$ 在 $[a, b]$ 上连续且非负，M 是 $f(x)$ 在 $[a, b]$ 上的最大值，求证：

$$\lim_{n \to \infty} \sqrt[n]{\int_a^b [f(x)]^n \mathrm{d}x} = M_\circ$$

证明 （1）由 $a_j \geqslant 0 \; (j = 1, 2, \cdots, k)$ 知 $\sqrt[n]{a_1^n + a_2^n + \cdots + a_k^n} \geqslant 0$。

设 $M = a_l = \max\{a_1, a_2, \cdots, a_k\}$，则有

$$M = \sqrt[n]{a_l^n} \leqslant \sqrt[n]{a_1^n + a_2^n + \cdots + a_k^n} \leqslant \sqrt[n]{k a_l^n} = M \sqrt[n]{k}$$

由 $\lim_{n \to \infty} \sqrt[n]{k} = 1$ 以及夹挤准则知 $\lim_{n \to \infty} \sqrt[n]{a_1^n + a_2^n + \cdots + a_k^n} = M = \max\{a_1, a_2, \cdots, a_k\}$。

（2）如果 $f(c) = M = \max\limits_{x \in (a,b)} f(x)$，$c \in (a, b)$，当 n 充分大时，可使 $\left[c - \dfrac{1}{n}, c + \dfrac{1}{n}\right] \subset (a, b)$，由积分中值定理可知存在 $c_n \in \left[c - \dfrac{1}{n}, c + \dfrac{1}{n}\right]$，使得

$$\int_{c - \frac{1}{n}}^{c + \frac{1}{n}} [f(x)]^n \mathrm{d}x = [f(c_n)]^n \cdot \frac{2}{n},$$

由 $f(x) \geqslant 0$，得 $\left(\dfrac{2}{n}\right)^{\frac{1}{n}} f(c_n) = \sqrt[n]{\int_{c - \frac{1}{n}}^{c + \frac{1}{n}} [f(x)]^n \mathrm{d}x} \leqslant \sqrt[n]{\int_a^b [f(x)]^n \mathrm{d}x} \leqslant M(b - a)^{\frac{1}{n}}$。

因 $f(x)$ 连续，所以 $\lim_{n \to \infty} f(c_n) = f(c) = M$，又 $\lim_{n \to \infty} \left(\dfrac{2}{n}\right)^{\frac{1}{n}} = 1$，$\lim_{n \to \infty} (b - a)^{\frac{1}{n}} = 1$，由夹挤准则得

$$\lim_{n \to \infty} \sqrt[n]{\int_a^b [f(x)]^n \mathrm{d}x} = M_\circ$$

如果 $c=a$ 或 $c=b$，在 $\left[a,c+\dfrac{1}{n}\right]$ 或 $\left[b-\dfrac{1}{n},b\right]$ 上按上述方法讨论即可。

注 利用结论(1)不难得到：

$$f(x)=\lim_{n\to\infty}\sqrt[n]{1+|x|^{3n}}=\max\{1,|x|^3\};$$

$$g(x)=\lim_{n\to\infty}\sqrt[n]{1+x^n+\left(\frac{x^2}{2}\right)^n}\ (x\geqslant0)=\max\left\{1,x,\frac{x^2}{2}\right\}.$$

例 2-24 设 $f(x)$ 在 $[1,+\infty)$ 上单调减少且为非负的连续函数，则存在极限

$$a_n=\sum_{k=1}^n f(k)-\int_1^n f(x)\mathrm{d}x\quad(n=1,2,\cdots),$$

证明数列 $\{a_n\}$ 的极限存在。

分析 因 $f(x)$ 单调减少，由 $k\leqslant x\leqslant k+1$，可以写出关于 $f(x)$ 的一个不等式，两边从 k 积分到 $k+1$ 便可得到 a_n 的表达式。

证明 由题设知，$\forall k\leqslant x\leqslant k+1(k\in\mathbf{N}^+)$，有 $f(k+1)\leqslant f(x)\leqslant f(k)$，所以

$$f(k+1)\leqslant\int_k^{k+1}f(x)\mathrm{d}x\leqslant f(k),$$

于是

$$a_n=\sum_{k=1}^n f(k)-\int_1^n f(x)\mathrm{d}x=\sum_{k=1}^n f(k)-\sum_{k=1}^{n-1}\int_k^{k+1}f(x)\mathrm{d}x$$

$$=\sum_{k=1}^{n-1}\left[f(k)-\int_k^{k+1}f(x)\mathrm{d}x\right]+f(n)\geqslant0,\text{即}\{a_n\}\text{有下界};$$

又 $a_{n+1}-a_n=f(n+1)-\int_n^{n+1}f(x)\mathrm{d}x\leqslant0$，即 $\{a_n\}$ 单调减，故数列 $\{a_n\}$ 的极限存在。

注 利用该题结论知，反常积分 $\int_1^{+\infty}f(x)\mathrm{d}x$ 与无穷级数 $\sum_{n=1}^\infty f(n)$ 有相同的敛散性。

例 2-25 求 $\lim\limits_{n\to\infty}\dfrac{2n!\ \cos n}{a^{n!}}\ (a>1)$。

分析 证明无穷级数 $\lim\limits_{n\to\infty}\sum\limits_{k=1}^n\dfrac{2k!\cos k}{a^{k!}}$ 收敛，从而一般项的极限为 0。

解 由于 $\lim\limits_{n\to\infty}\sum\limits_{k=1}^n\left|\dfrac{2k!\cos k}{a^{k!}}\right|<\sum\limits_{n=1}^\infty\dfrac{2n!}{a^{n!}}$，且

$$\lim_{n\to\infty}\frac{[2(n+1)]!}{a^{(n+1)!}}\frac{a^{n!}}{2n!}=\lim_{n\to\infty}\frac{(2n+1)(2n+2)}{a^{n\cdot n!}}=0,$$

所以级数 $\sum\limits_{n=1}^\infty\dfrac{2n!}{a^{n!}}$ 收敛，从而 $\lim\limits_{n\to\infty}\sum\limits_{k=1}^n\left|\dfrac{2k!\cos k}{a^{k!}}\right|$ 绝对收敛，由级数收敛的必要条件知，$\lim\limits_{n\to\infty}\dfrac{2n!\ \cos n}{a^{n!}}=0$。

例 2-26 求 $\lim n\sin(2\pi\mathrm{e}n!)$。

分析 利用 e 的麦克劳林展开式，得到 $\mathrm{e}n!$ 的小数部分，从而求得 $\sin(2\pi\mathrm{e}n!)$ 的

等价无穷小量。

解　由于　　　　　　　$e = 1 + 1 + \dfrac{1}{2!} + \cdots + \dfrac{1}{n!} + \dfrac{1}{(n+1)!} + \cdots,$

所以,当 $n \to \infty$ 时,

$$2\pi e n! = 2\pi\left\{\left(1 + 1 + \dfrac{1}{2!} + \cdots + \dfrac{1}{n!}\right)n! + \dfrac{n!}{(n+1)!}[1 + o(1)]\right\}$$

$$= 2\pi k + \dfrac{2\pi}{n+1}[1 + o(1)] \quad \left(\text{其中 } k = \left(1 + 1 + \dfrac{1}{2!} + \cdots + \dfrac{1}{n!}\right)n! \text{ 是正整数}\right),$$

从而　　　　　　　　$\sin(2\pi e n!) = \sin\left[\dfrac{2\pi}{n+1}[1 + o(1)]\right] \sim \dfrac{2\pi}{n+1},$

因此　　　　　　　　$\lim\limits_{n\to\infty} n \sin(2\pi e n!) = 2\pi。$

2.3　精选备赛练习

2.1　求 $\lim\limits_{n\to\infty}\left[\sum\limits_{k=1}^{n} \dfrac{1}{2(1 + 2 + \cdots + k)}\right]^n。$

2.2　求 $\lim\limits_{n\to\infty}\sum\limits_{k=1}^{n} \dfrac{k}{(k+1)!}。$

2.3　求 $\lim\limits_{n\to\infty}\left(\dfrac{1}{3} + \dfrac{1}{15} + \cdots + \dfrac{1}{4n^2 - 1}\right)。$

2.4　求 $\lim\limits_{n\to\infty}\dfrac{5^n \cdot n!}{(2n)^n}。$

2.5　求 $\lim\limits_{n\to\infty}\dfrac{11 \cdot 12 \cdot 13 \cdot \cdots \cdot (n+10)}{2 \cdot 5 \cdot 8 \cdot \cdots \cdot (3n-1)}。$

2.6　求 $\lim\limits_{n\to\infty}\left[\dfrac{\sin\dfrac{\pi}{n}}{n+1} + \dfrac{\sin\dfrac{2\pi}{n}}{n+\dfrac{1}{2}} + \cdots + \dfrac{\sin\dfrac{n\pi}{n}}{n+\dfrac{1}{n}}\right]。$

2.7　求 $\lim\limits_{n\to\infty}\sum\limits_{k=1}^{n} \dfrac{n+1-k}{n C_n^k}。$

2.8　求 $\lim\limits_{n\to\infty}\left[\left(1 + \dfrac{1}{n}\right)\left(1 + \dfrac{2}{n}\right)\cdots\left(1 + \dfrac{n}{n}\right)\right]^{\frac{1}{n}}。$

2.9　求 $\lim\limits_{n\to\infty}\dfrac{\sqrt[n]{n!}}{n}。$

2.10　求 $\lim\limits_{n\to\infty}\left[\dfrac{3}{2} \cdot \dfrac{5}{4} \cdot \dfrac{17}{16} \cdot \cdots \cdot \dfrac{2^{2^{n-1}} + 1}{2^{2^{n-1}}}\right]。$

2.11　设 $x_1 > 0, x_{n+1} = \dfrac{A(1 + x_n)}{A + x_n}$ $(n = 1, 2, \cdots)$,其中 $A > 1$。证明 $\lim\limits_{n\to\infty} x_n$ 存在,并求其值。

2.12　设 $x_1 > -6, x_{n+1} = \sqrt{x_n + 6}(n = 1, 2, 3, \cdots)$。证明 $\lim\limits_{n \to \infty} x_n$ 存在,并求其值。

2.13　设 $x_0 = 0, x_n = 1 + \sin(x_{n-1} - 1)(n = 1, 2, \cdots)$,求 $\lim\limits_{n \to \infty} x_n$。

2.14　设 $a > b > 0$,作数列 $\{a_n\}$、$\{b_n\}$、$\{c_n\}$:

$$a_1 = \frac{a+b}{2}, \cdots, a_{n+1} = \frac{a_n + b_n}{2}, \cdots,$$

$$b_1 = \sqrt{ab}, \cdots, b_{n+1} = \sqrt{a_n b_n}, \cdots,$$

$$c_1 = \frac{2ab}{a+b}, \cdots, c_{n+1} = \frac{2a_n b_n}{a_n + b_n}, \cdots,$$

证明 $\lim\limits_{n \to \infty} a_n$、$\lim\limits_{n \to \infty} b_n$ 和 $\lim\limits_{n \to \infty} c_n$ 存在且相等。

2.15　求下列数列的极限 $l = \lim\limits_{n \to \infty} x_n$:

(1) 设 $x_1 = 1, x_2 = 2, x_n = \sqrt{x_{n-1} x_{n-2}}(n = 3, 4, \cdots)$;

(2) 设 $x_1 = 1, x_2 = 2, x_{n+2} = \dfrac{2x_n x_{n+1}}{x_n + x_{n+1}}$;

(3) 设 $x_1 = a > 0, x_2 = b > 0, x_{n+2} = \sqrt[n]{(x_{n+1})^{n-1} x_n}$。

2.16　设 $-1 < a_0 < 1$,且令 $a_n = \left(\dfrac{1 + a_{n-1}}{2}\right)^{1/2}, b_n = 4^n(1 - a_n)(n \in \mathbf{N})$,试求 $\lim\limits_{n \to \infty} b_n$。

2.17　已知数列 $\{x_n\}$ 满足条件 $\lim\limits_{n \to \infty}(x_n - x_{n-2}) = 0$,证明: $\lim\limits_{n \to \infty} \dfrac{x_n - x_{n-1}}{n} = 0$。

2.4　答案与提示

2.1　e^{-1}。

2.2　1。提示:$\dfrac{k}{(k+1)!} = \dfrac{1}{k!} - \dfrac{1}{(k+1)!}$。

2.3　$\dfrac{1}{2}$。提示:$\dfrac{1}{4n^2 - 1} = \dfrac{1}{2}\left(\dfrac{1}{2n-1} - \dfrac{1}{2n+1}\right)$。

2.4　0。提示:用比值审敛法证明级数 $\sum\limits_{n=1}^{\infty} \dfrac{5^n \cdot n!}{(2n)^n}$ 收敛。

2.5　0。提示:用比值审敛法证明级数 $\sum\limits_{n=1}^{\infty} \dfrac{11 \cdot 12 \cdot 13 \cdot \cdots \cdot (n+10)}{2 \cdot 5 \cdot 8 \cdot \cdots \cdot (3n-1)}$ 收敛。

2.6　$\dfrac{2}{\pi}$。提示:先放缩,再用定积分定义。

2.7　0。提示:$\mathrm{C}_n^k = \dfrac{n(n-1)\cdots(n-k+1)}{k!}$,当 $k < n$ 时,$\dfrac{n+1-k}{n\mathrm{C}_n^k} = \dfrac{k!}{(n-1)\cdots(n-k+2)} \cdot \dfrac{1}{n^2} \leq \dfrac{2}{n^2}$。

2.8　$e^{2\ln 2-1}$。提示:通过取对数,化积为和。

2.9　e^{-1}。提示:通过取对数,化积为和。

2.10　2。提示:分别化简分子、分母为 $2^{2^n}-1$ 与 $2^{2^{n-1}}-1$。

2.11　利用单调有界原理证明极限存在,$\lim\limits_{n\to\infty}x_n=\sqrt{A}$。

2.12　利用单调有界原理证明极限存在,$\lim\limits_{n\to\infty}x_n=3$。

2.13　-1。先令 $y_n=x_n-1$,再用单调有界原理证明$\lim\limits_{n\to\infty}y_n$ 存在并求其值。

2.14　提示:利用平均值不等式证明$\{a_n\}$单调减、$\{b_n\}$单调增。

2.15　(1) $2^{\frac{2}{3}}$;(2) $\dfrac{3}{2}$;(3) $a\left(\dfrac{b}{a}\right)^{1/e}$。提示:可通过变形转化为求$\lim\limits_{n\to\infty}y_n$,其中

(1)、(2)y_n 满足 $y_n=\dfrac{1}{2}(y_{n-1}+y_{n-2})$,(3) y_n 满足 $y_{n+2}=\dfrac{n-1}{n}y_{n+1}+\dfrac{1}{n}y_n$。

2.16　$\dfrac{(\arccos a_0)^2}{2}$。提示:因为$-1<a_0<1$,可设 $a_0=\cos\theta(0<\theta<\pi)$。

2.17　提示:对奇、偶子列分别用施笃兹定理。

第3讲　连续、导数与微分

3.1　内容概述

本讲的重点是对连续、可导、可微的概念的理解与运用,连续函数介值性的讨论及高阶导数的计算。而对于连续、可导、可微的关系,求函数的间断点,求显函数(包括分段函数)、隐函数、由参数方程确定的函数的一阶导数等内容,读者应该自行熟练掌握。

3.2　典型例题分析

【题型 3-1】　函数的连续性的讨论

策略　(1) 根据题目条件选择合适的定义形式。函数 $f(x)$ 在 x_0 连续有 3 种等价形式: $\lim\limits_{x \to x_0} f(x) = f(x_0)$ 或 $\lim\limits_{\Delta x \to 0} f(x_0 + \Delta x) = f(x_0)$ 或 $\lim\limits_{\Delta x \to 0} \Delta y = 0$ (其中 $\Delta y = f(x_0 + \Delta x) - f(x_0)$)。

(2) 若 $f(x)$ 为分段函数,则在分段点 x_0 处的连续性等价于

$$\lim_{x \to x_0^-} f(x) = \lim_{x \to x_0^+} f(x) = f(x_0)。$$

例 3-1　设函数 f 在 $x = 0$ 处连续,且对一切 x、y 有 $f(x+y) = f(x) + f(y)$,证明 f 在 **R** 上连续。

分析　由已知恒等式的形式确定按 $\lim\limits_{\Delta x \to 0} f(x + \Delta x) = f(x)$ 讨论 f 在任意一点 x 的连续性。

证明　由 $f(x+y) = f(x) + f(y)$,令 $y = 0$,有 $f(x) = f(x) + f(0)$,故 $f(0) = 0$,再由 f 在 $x = 0$ 处连续,得 $\lim\limits_{x \to 0} f(x) = f(0) = 0$。$\forall x$、$\Delta x \in \mathbf{R}$,因

$$\lim_{\Delta x \to 0} f(x + \Delta x) = \lim_{\Delta x \to 0} [f(x) + f(\Delta x)] = f(x) + f(0) = f(x),$$

由 x 的任意性知 f 在 **R** 上连续。

例 3-2　设函数 $f(x)$ 在 $(0,1)$ 内有定义,且函数 $\mathrm{e}^x f(x)$ 与函数 $\mathrm{e}^{-f(x)}$ 在 $(0,1)$ 上都是单调递增的,证明 $f(x)$ 在 $(0,1)$ 内连续。

分析　由单调性导出关于 $f(x)$ 的不等式,利用夹挤准则考虑 $f(x)$ 在 $(0,1)$ 内任意一点 x_0 的连续性。

证明　对 $\forall x_0 \in (0,1)$,当 $0 < x_0 < x < 1$ 时,由条件

$$e^{x_0}f(x_0)\leqslant e^x f(x)\Rightarrow e^{x_0-x}f(x_0)\leqslant f(x),$$

同时　　　　　$$e^{-f(x_0)}\leqslant e^{-f(x)}\Rightarrow \frac{1}{e^{f(x_0)}}\leqslant \frac{1}{e^{f(x)}}\Rightarrow f(x_0)\geqslant f(x),$$

所以 $e^{x_0-x}f(x_0)\leqslant f(x)\leqslant f(x_0)$，于是当 $x\rightarrow x_0^+$ 时，$e^{x_0-x}\rightarrow 1$，由夹挤准则得 $\lim\limits_{x\rightarrow x_0^+}f(x)=f(x_0)$，从而 $f(x)$ 在 x_0 处右连续。

同理，当 $0<x<x_0<1$ 时，可证 $\lim\limits_{x\rightarrow x_0^-}f(x)=f(x_0)$。由 x_0 的任意性得 $f(x)$ 在 $(0,1)$ 上连续。

例 3-3　设 $A(x)=\begin{cases}\left(\dfrac{a^x+b^x}{2}\right)^{\frac{1}{x}}, & x\neq 0,\\ c, & x=0,\end{cases}$ 其中 $a>0,b>0,c>0$ 为常数。

(1) 讨论 $A(x)$ 在 $x=0$ 处的连续性；

(2) 讨论 $\lim\limits_{x\rightarrow +\infty}A(x)$、$\lim\limits_{x\rightarrow -\infty}A(x)$、$\lim\limits_{x\rightarrow 0}A(x)$、$A(-1)$、$A(1)$ 之间的大小关系。

分析　用定义讨论 $A(x)$ 在 $x=0$ 处的连续性。

解　(1) $\lim\limits_{x\rightarrow 0}A(x)=\lim\limits_{x\rightarrow 0}\exp\left(\dfrac{1}{x}\ln\dfrac{a^x+b^x}{2}\right)=\lim\limits_{x\rightarrow 0}\exp\dfrac{1}{x}\left[\dfrac{a^x+b^x}{2}-1\right]$

$$=\lim\limits_{x\rightarrow 0}\exp\dfrac{1}{2}\left[\dfrac{(a^x-1)+(b^x-1)}{x}\right]=\exp\dfrac{1}{2}(\ln a+\ln b)=\sqrt{ab},$$

所以，当 $c=\sqrt{ab}$ 时，$A(x)$ 在 $x=0$ 处连续。

(2) 容易求得 $A(1)=\dfrac{a+b}{2}$，$A(-1)=\dfrac{2ab}{a+b}$，由(1)知 $\lim\limits_{x\rightarrow 0}A(x)=\sqrt{ab}$，而

$$\lim\limits_{x\rightarrow +\infty}A(x)=\lim\limits_{x\rightarrow +\infty}\exp\dfrac{\ln(a^x+b^x)-\ln 2}{x}=\lim\limits_{x\rightarrow +\infty}\exp\dfrac{a^x\ln a+b^x\ln b}{a^x+b^x}=\max\{a,b\},$$

同理，可求得 $\lim\limits_{x\rightarrow -\infty}A(x)=\min\{a,b\}$，于是

$$\max\{a,b\}\geqslant\dfrac{a+b}{2}\geqslant\sqrt{ab}\geqslant\dfrac{2ab}{a+b}\geqslant\min\{a,b\},$$

即 $\lim\limits_{x\rightarrow +\infty}A(x)\geqslant A(1)\geqslant\lim\limits_{x\rightarrow 0}A(x)\geqslant A(-1)\geqslant\lim\limits_{x\rightarrow -\infty}A(x)$。

例 3-4　研究函数 $f(x)=\lim\limits_{n\rightarrow\infty}\dfrac{x+x^2 e^{nx}}{1+e^{nx}}$ 的连续性。

分析　首先通过求极限把 $f(x)$ 的表达式写出来，再讨论连续性。注意在 $\lim\limits_{n\rightarrow\infty}\dfrac{x+x^2 e^{nx}}{1+e^{nx}}$ 中，x 应视为常数。

解　(1) 当 $x>0$ 时，$e^{nx}\rightarrow +\infty(n\rightarrow\infty)$，因此 $\lim\limits_{n\rightarrow\infty}\dfrac{x+x^2 e^{nx}}{1+e^{nx}}=x^2$；

(2) 当 $x<0$ 时，$e^{nx}\rightarrow 0(n\rightarrow\infty)$，因此 $\lim\limits_{n\rightarrow\infty}\dfrac{x+x^2 e^{nx}}{1+e^{nx}}=x$；

(3) 当 $x=0$ 时，$\lim\limits_{n\rightarrow\infty}\dfrac{x+x^2 e^{nx}}{1+e^{nx}}=0$。

所以
$$f(x)=\begin{cases}x^2, & x>0,\\ x, & x\leqslant 0,\end{cases}$$

当 $x\neq 0$ 时，$f(x)=x^2$ 及 $f(x)=x$ 均为幂函数，连续。

当 $x=0$ 时，$\lim\limits_{n\to\infty^+}f(x)=0=\lim\limits_{n\to\infty^-}f(x)$，且 $f(0)=0$，故 $f(x)$ 在 $x=0$ 处连续，从而 $f(x)$ 在 $(-\infty,+\infty)$ 上处处连续。

【题型 3-2】　连续函数的介值问题

策略　将问题归结于利用下列结论之一。

(1) 若 $f(x)$ 在 $[a,b]$ 上连续，则对于介于 $f(a)$ 与 $f(b)$ 之间的任一实数 C，存在 $\xi\in(a,b)$，使 $f(\xi)=C$。

(2) 若 $f(x)$ 在 $[a,b]$ 上连续且 $f(a)\cdot f(b)<0$，则存在 $\xi\in(a,b)$，使 $f(\xi)=0$。

(3) 若 $f(x)$ 在 $[a,b]$ 上连续，则存在最大值 M 与最小值 m，对于介于 M 与 m 的任一实数 C，存在 $\xi\in(a,b)$，使 $f(\xi)=C$。

例 3-5　设 $f(x)$ 在 (a,b) 内连续，$x_1,x_2,\cdots,x_n$ 为 (a,b) 内任意 n 个点，证明存在 $\xi\in(a,b)$，使 $f(\xi)=\dfrac{1}{n}\sum\limits_{i=1}^{n}f(x_i)$。

分析　将问题归结于证明 $\dfrac{1}{n}\sum\limits_{i=1}^{n}f(x_i)$ 介于最大值 M 与最小值 m 之间。

证明　不妨设 $a<x_1<x_2<\cdots<x_n<b$，由题设知 $f(x)$ 在 $[x_1,x_n]$ 上连续，因此存在最大值 M 与最小值 m，于是

$$nm\leqslant\sum_{i=1}^{n}f(x_i)\leqslant nM,\quad\text{即}\quad m\leqslant\frac{1}{n}\sum_{i=1}^{n}f(x_i)\leqslant M,$$

所以存在 $\xi\in(x_1,x_n)\subset(a,b)$，使 $f(\xi)=\dfrac{1}{n}\sum\limits_{i=1}^{n}f(x_i)$。

注　请读者自行证明：

(1) 若 $f(x)$ 在 (a,b) 内连续且值恒正，$x_1,x_2,\cdots,x_n$ 为 (a,b) 内任意 n 个点，则存在 $\xi\in(a,b)$，使 $f(\xi)=\sqrt[n]{f(x_1)f(x_2)\cdots f(x_n)}$。

(2) 若 $f(x)$ 在 (a,b) 内连续，$x_1,x_2,\cdots,x_n$ 为 (a,b) 内任意 n 个点，$t_1+t_2+\cdots+t_n=1,t_i>0\ (i=1,2,\cdots,n)$，则存在 $\xi\in(a,b)$，使 $f(\xi)=\sum\limits_{i=1}^{n}t_if(x_i)$。

例 3-6　设 n 为自然数，函数 $f(x)$ 是 $[0,n]$ 上的连续函数且 $f(0)=f(n)$，证明存在 $a,a+1\in[0,n]$，使 $f(a)=f(a+1)$。

分析　构造函数 $F(x)=f(x+1)-f(x)$，则问题转化为证明存在 $a\in[0,n-1]$（从而 $a+1\in[1,n]$），使 $F(a)=0$。

证明　令 $F(x)=f(x+1)-f(x)$，则 $F(x)$ 在 $[0,n-1]$ 上连续，因此 $F(x)$ 在 $[0,n-1]$ 上有最大值 M 与最小值 m，且 $m\leqslant\dfrac{1}{n}\sum\limits_{k=0}^{n-1}F(k)\leqslant M$，于是存在 $a\in[0,n-1]$，

使 $F(a) = \dfrac{1}{n}\sum\limits_{k=0}^{n-1}F(k)$，而

$$\sum_{k=0}^{n-1}F(k) = \sum_{k=0}^{n-1}\left[f(k+1)-f(k)\right] = f(n)-f(0) = 0,$$

所以使 $F(a)=0$，即 $f(a+1)-f(a)=0$，亦即 $f(a)=f(a+1)$。

例 3-7　设 $f(x)$ 在 $(-\infty,+\infty)$ 内连续，且 $f[f(x)]=x$。证明存在 $x_0\in(-\infty,+\infty)$，使 $f(x_0)=x_0$。

分析　只要能证明存在 $x_1,x_2\in(-\infty,+\infty)$，使 $f(x_1)-x_1\geqslant0$，$f(x_2)-x_2\leqslant0$，则由介值定理知，至少存在一点 $x_0\in(-\infty,+\infty)$，使 $f(x_0)=x_0$。

证明　用反证法。设在 $(-\infty,+\infty)$ 内恒有 $f(x)-x>0$，即 $f(x)>x$，则由 x 的任意性，以 $f(x)$ 代 x，得 $f[f(x)]>f(x)>x$，与题设 $f[f(x)]=x$ 矛盾。

同理，若在 $(-\infty,+\infty)$ 内恒有 $f(x)-x<0$，亦与题设矛盾。

因此，存在 $x_1,x_2\in(-\infty,+\infty)$，使 $f(x_1)-x_1\geqslant0$，$f(x_2)-x_2\leqslant0$。若能取得等号，则证毕。否则，存在 x_0 介于 x_1 与 x_2 之间，使 $f(x_0)=x_0$。

例 3-8　设 $f(x)$ 在 $[\alpha,\beta]$ $(\alpha<\beta)$ 上连续，在 (α,β) 内可导，当 $x\in(\alpha,\beta)$ 时，$0<f(x)<1$ 且 $f'(x)>0$（或 $f'(x)<0$）。令

$$F_n(x) = f(x)+f^2(x)+\cdots+f^n(x)-1,$$

证明若 $F(\alpha),F(\beta)$ 异号，则方程 $F_n(x)=0$ 在 (α,β) 内有唯一实根 x_n，且 $\lim\limits_{n\to\infty}x_n = f^{-1}\left(\dfrac{1}{2}\right)$，其中 $f^{-1}(x)$ 是 $f(x)$ 的反函数。

分析　先用介值定理证明 $F_n(x)=0$ 的根的存在性，用单调性（或反证法）证明根的唯一性。然后由单调有界原理证明数列 $\{x_n\}$ 极限存在，并由 $F_n(x_n)=0$ 两边取极限可求得 $\lim\limits_{n\to\infty}x_n$。

证明　易知 $F_n(x)$ 在 $[\alpha,\beta]$ 上连续，又 $F_n(\alpha),F_n(\beta)$ 异号，故由零点定理知 $F_n(x)=0$ 在 (α,β) 内至少有一个实根。由于

$$
\begin{aligned}
F'_n(x) &= f'(x)+2f(x)f'(x)+\cdots+nf^{n-1}(x)f'(x)\\
&= f'(x)\left[1+2f(x)+\cdots+nf^{n-1}(x)\right],
\end{aligned}
$$

故由 $0<f(x)<1$ 且 $f'(x)>0$（或 $f'(x)<0$）知，当 $x\in(\alpha,\beta)$ 时，$F'_n(x)>0$（或 $F'_n(x)<0$），从而 $F_n(x)$ 在 $[\alpha,\beta]$ 上严格单调增（或严格单调减），因此方程 $F_n(x)=0$ 在 (α,β) 内有唯一实根 x_n。由 $F_n(x_n)=0$ 以及

$$
\begin{aligned}
F_n(x_{n-1}) &= f(x_{n-1})+f^2(x_{n-1})+\cdots+f^n(x_{n-1})-1\\
&= F_{n-1}(x_{n-1})+f^n(x_{n-1}) = f^n(x_{n-1})>0 = F_n(x_n),
\end{aligned}
$$

结合 $F_n(x)$ 在 $[\alpha,\beta]$ 上严格单调增（或严格单调减），得

$$x_{n-1}>x_n \quad (\text{或 } x_{n-1}<x_n), \quad n=2,3,\cdots,$$

即数列 $\{x_n\}$ 单调减（或单调增）。又 $x_n>\alpha$（或 $x_n<\beta$）$(n=1,2,\cdots)$，即数列 $\{x_n\}$ 有下界（或有上界），因此 $\lim\limits_{n\to\infty}x_n$ 存在，设其值为 l，由于

$$F_n(x_n) = f(x_n) + f^2(x_n) + \cdots + f^n(x_n) - 1 = \frac{f(x_n)[1 - f^n(x_n)]}{1 - f(x_n)} - 1 = 0,$$

令 $n \to \infty$，注意到 $\lim\limits_{n \to \infty} f^n(x_n) = 0$ 以及 $f(x)$ 的连续性，所以

$$\frac{f(l)}{1 - f(l)} - 1 = 0,$$

解得 $f(l) = \dfrac{1}{2}$，即 $l = f^{-1}\left(\dfrac{1}{2}\right)$，亦即 $\lim\limits_{n \to \infty} x_n = f^{-1}\left(\dfrac{1}{2}\right)$。

例 3-8 是此类问题的一般情况。比如取 $f(x) = x, \alpha = 0, \beta = 1$，问题就转化为，设 $f_n(x) = x + x^2 + \cdots + x^n - 1 (n \geqslant 2)$，证明方程 $f_n(x) = 0$ 在区间 $(0, 1)$ 内有唯一的实根 x_n，并求 $\lim\limits_{n \to \infty} x_n$。

【题型 3-3】　可导性的判断与按定义求导数的有关问题

策略　函数 $f(x)$ 在 x_0 处的导数定义有 3 种等价形式：

$$f'(x_0) = \lim_{\Delta x \to 0} \frac{f(x_0 + \Delta x) - f(x_0)}{\Delta x},$$

$$f'(x_0) = \lim_{\Delta x \to 0} \frac{\Delta y}{\Delta x}, \quad \text{其中 } \Delta y = f(x_0 + \Delta x) - f(x_0),$$

$$f'(x_0) = \lim_{x \to x_0} \frac{f(x) - f(x_0)}{x - x_0}.$$

$f(x)$ 在 x_0 处可导就是上述极限存在，也等价于左、右极限存在且相等。

例 3-9　设 $f(0) = 0$，则 $f(x)$ 在点 $x = 0$ 可导的一个充分条件是（　　　）。

(A) $\lim\limits_{h \to 0} \dfrac{1}{h^2} f(1 - \cosh)$ 存在　　　　(B) $\lim\limits_{h \to 0} \dfrac{1}{h} f(1 - e^h)$ 存在

(C) $\lim\limits_{h \to 0} \dfrac{1}{h^2} f(h - \sinh)$ 存在　　　　(D) $\lim\limits_{h \to 0} \dfrac{1}{h}[f(2h) - f(h)]$ 存在

分析　将所给极限化为 $f(x)$ 在 $x = 0$ 处的导数定义形式。

解　(A) 因 $\lim\limits_{h \to 0} \dfrac{1}{h^2} f(1 - \cosh) = \lim\limits_{h \to 0} \dfrac{f(1 - \cosh) - f(0)}{1 - \cosh} \cdot \dfrac{1 - \cosh}{h^2}$

$$= \frac{1}{2} \lim_{t \to 0^+} \frac{f(t) - f(0)}{t} \quad (\text{令 } t = 1 - \cosh),$$

因此，$\lim\limits_{h \to 0} \dfrac{1}{h^2} f(1 - \cosh)$ 存在只能得到 $f(x)$ 在点 $x = 0$ 的右导数存在，故 A 不正确。

(B) 因 $\lim\limits_{h \to 0} \dfrac{1}{h} f(1 - e^h) = \lim\limits_{h \to 0} \dfrac{f(1 - e^h) - f(0)}{1 - e^h} \cdot \dfrac{1 - e^h}{h} = -\lim\limits_{t \to 0} \dfrac{f(t) - f(0)}{t}$（令 $t = 1 - e^h$），因此，$\lim\limits_{h \to 0} \dfrac{1}{h} f(1 - e^h)$ 存在可得到 $\lim\limits_{t \to 0} \dfrac{f(t) - f(0)}{t}$ 存在，即 $f(x)$ 在点 $x = 0$ 处可导，故 B 正确。

(C) 因 $\lim\limits_{h \to 0} \dfrac{1}{h^2} f(h - \sinh) = \lim\limits_{h \to 0} \dfrac{f(h - \sinh) - f(0)}{h - \sinh} \cdot \dfrac{h - \sinh}{h^2},$

而 $\lim\limits_{h \to 0} \dfrac{h - \sinh h}{h^2} = \lim\limits_{h \to 0} \dfrac{1 - \cosh h}{2h} = 0$，因此只需 $\dfrac{f(h - \sinh h)}{h - \sinh h}$ 有界就可推出 $\lim\limits_{h \to 0} \dfrac{1}{h^2} f(h - \sinh h)$

存在，也就是说，$\lim\limits_{h \to 0} \dfrac{1}{h^2} f(h - \sinh h)$ 存在不能保证 $\lim\limits_{h \to 0} \dfrac{f(h - \sinh h) - f(0)}{h - \sinh h}$ 存在，故 C 不

正确。

（D）作恒等变形：$\lim\limits_{h \to 0} \dfrac{f(2h) - f(h)}{h} = \lim\limits_{h \to 0} \left[2 \cdot \dfrac{f(2h) - f(0)}{2h} - \dfrac{f(h) - f(0)}{h} \right]$，但

左边极限存在说明不了右边的两个极限之一存在，故 D 不正确。

例 3-10　设函数 $f(x)$ 在 $(-\infty, +\infty)$ 内有定义，对任意 x，都有 $f(x+1) = 2f(x)$，且当 $0 \leqslant x \leqslant 1$ 时，$f(x) = x(1 - x^2)$，试判断在 $x = 0$ 处，函数 $f(x)$ 是否可导。

分析　首先利用 $f(x+1) = 2f(x)$ 导出 $x < 0$ 时 $f(x)$ 的表达式，然后用定义考虑可导性。

解　当 $-1 \leqslant x < 0$ 时，$0 \leqslant x+1 < 1$，于是

$$f(x) = \frac{1}{2} f(x+1) = \frac{1}{2}(x+1)[1 - (x+1)^2] = -\frac{1}{2} x(x+1)(x+2),$$

所以
$$f'_+(0) = \lim_{x \to 0^+} \frac{f(x) - f(0)}{x} = \lim_{x \to 0^+} \frac{x(1 - x^2)}{x} = 1,$$

$$f'_-(0) = \lim_{x \to 0^-} \frac{f(x) - f(0)}{x} = \lim_{x \to 0^-} \frac{-\dfrac{1}{2} x(x+1)(x+2)}{x} = -1,$$

因此 $f(x)$ 在 $x = 0$ 处不可导。

例 3-11　设函数 $f(x)$ 对实数 a, b 满足 $f(a+b) = e^a f(b) + e^b f(a)$，$f'(0) = e$，求 $f'(x)$ 及 $f(x)$。

分析　由已知恒等式的形式确定按 $f'(x) = \lim\limits_{\Delta x \to 0} \dfrac{f(x + \Delta x) - f(x)}{\Delta x}$ 讨论 $f(x)$ 在

任意一点 x 的可导性。

解　取 $a = b = 0$，得 $f(0) = 0$。$\forall x, \Delta x \in \mathbf{R}$，由定义得

$$f'(x) = \lim_{\Delta x \to 0} \frac{f(x + \Delta x) - f(x)}{\Delta x} = \lim_{\Delta x \to 0} \frac{e^x f(\Delta x) + e^{\Delta x} f(x) - f(x)}{\Delta x}$$

$$= \lim_{\Delta x \to 0} \left[e^x \frac{f(\Delta x) - f(0)}{\Delta x} + f(x) \frac{e^{\Delta x} - 1}{\Delta x} \right] = e^x f'(0) + f(x)$$

$$= e^{x+1} + f(x),$$

即 $f'(x) - f(x) = e^{x+1}$，所以

$$f(x) = e^{\int \mathrm{d}x} \left[\int e^{x+1} e^{-\int \mathrm{d}x} \, \mathrm{d}x + C \right] = e^x (ex + C),$$

由 $f(0) = 0$ 得 $C = 0$，所以 $f(x) = x e^{x+1}$。

例 3-12　设 $f(x)$ 在点 $x = 0$ 处有定义，$f(0) = 1$，且 $\lim\limits_{x \to 0} \dfrac{\ln(1 - x) + \sin x \cdot f(x)}{e^{x^2} - 1}$

$= 0$，证明：$f(x)$ 在 $x = 0$ 处可导，并求 $f'(0)$。

分析 设法从极限式中导出 $\lim\limits_{x\to 0}\dfrac{f(x)-f(0)}{x-1}=\lim\limits_{x\to 0}\dfrac{f(x)-1}{x-1}$。

证明 因 $\ln(1-x)=-x-\dfrac{x^2}{2}+o(x^2)$，所以

$$0=\lim_{x\to 0}\frac{-x-\dfrac{x^2}{2}+o(x^2)+\sin x(f(x)-1)+\sin x}{x^2}=\lim_{x\to 0}\left(-\frac{1}{2}+\frac{f(x)-1}{x}+\frac{\sin x-x}{x^2}\right),$$

于是 $f'(0)=\lim\limits_{x\to 0}\dfrac{f(x)-1}{x}=\dfrac{1}{2}$。

例 3-13 设 $f(x)=\begin{cases}ax^2+b\sin x+c, & x\leqslant 0,\\ \ln(1+x), & x>0,\end{cases}$ 问 a,b,c 为何值时，$f(x)$ 在点 $x=0$ 处一阶导数连续，但二阶导数不存在？

分析 因 $f'(x)$ 在 $x=0$ 处连续，从而 $f'(0)$ 存在，$f(x)$ 在 $x=0$ 处连续。由 $f(x)$ 在 $x=0$ 处连续，便有 $\lim\limits_{x\to 0^+}f(x)=\lim\limits_{x\to 0^-}f(x)=f(0)=0$，于是得 $c=0$。由 $f'(0)$ 存在，应有 $f'_-(0)=f'_+(0)$。因为

$$f'_+(0)=\lim_{x\to 0^+}\frac{f(x)-f(0)}{x-0}=\lim_{x\to 0^+}\frac{\ln(1+x)-0}{x-0}=1,$$

$$f'_-(0)=\lim_{x\to 0^-}\frac{f(x)-f(0)}{x-0}=\lim_{x\to 0^-}\frac{ax^2+b\sin x-0}{x-0}=b,$$

故得 $b=1=f'(0)$，因此

$$f'(x)=\begin{cases}2ax+\cos x, & x<0,\\ 1, & x=0,\\ \dfrac{1}{1+x}, & x>0,\end{cases}$$

因 $\lim\limits_{x\to 0^+}f'(x)=\lim\limits_{x\to 0^-}f'(x)=f'(0)=1$，所以 $f'(x)$ 在 $x=0$ 处连续。又

$$f''_+(0)=\lim_{x\to 0^+}\frac{f'(x)-f'(0)}{x-0}=\lim_{x\to 0^+}\frac{\dfrac{1}{1+x}-1}{x}=-1,$$

$$f''_-(0)=\lim_{x\to 0^-}\frac{f'(x)-f'(0)}{x-0}=\lim_{x\to 0^-}\frac{2ax+\cos x-1}{x}=2a,$$

从而当 $2a\neq -1$，即 $a\neq -\dfrac{1}{2}$ 时，$f(x)$ 在点 $x=0$ 处二阶导数不存在。

综上，$a\neq -\dfrac{1}{2}$，$b=1$，$c=0$ 为所求。

【题型 3-4】 反函数、隐函数、由参数方程确定的函数的高阶导数

例 3-14 设 $y=y(x)$ 存在单值反函数 $x=\varphi(x)$，且 $y'\neq 0$，$y''\neq 0$，求 $\dfrac{d^2 x}{dy^2}$，$\dfrac{d^3 x}{dy^3}$。

分析 从 $x'(y)=\dfrac{1}{y'(x)}$ 入手求导，注意 $y'(x)$ 是 x 的函数。

解　$\dfrac{\mathrm{d}^2 x}{\mathrm{d}y^2} = \dfrac{\mathrm{d}}{\mathrm{d}y}\left(\dfrac{1}{y'}\right) = \dfrac{\mathrm{d}}{\mathrm{d}x}\left(\dfrac{1}{y'}\right) \cdot \dfrac{\mathrm{d}x}{\mathrm{d}y} = -\dfrac{y''}{(y')^2} \cdot \dfrac{1}{y'} = -\dfrac{y''}{(y')^3}$,

$\dfrac{\mathrm{d}^3 x}{\mathrm{d}y^3} = \dfrac{\mathrm{d}}{\mathrm{d}y}\left(-\dfrac{y''}{(y')^3}\right) = \dfrac{\mathrm{d}}{\mathrm{d}x}\left(-\dfrac{y''}{(y')^3}\right) \cdot \dfrac{\mathrm{d}x}{\mathrm{d}y}$

$= -\dfrac{(y')^3 y''' - y'' \cdot 3(y')^2 \cdot y''}{(y')^6} \cdot \dfrac{1}{y'} = -\dfrac{3(y'')^2 - y'y'''}{(y')^5}$。

例 3-15　设函数 $y=y(x)$ 由方程 $x\mathrm{e}^{f(y)} = \mathrm{e}^y \ln 29$ 确定,其中 f 具有二阶导数,

$f' \neq 1$,当 $x \neq 0$ 时,求 $\dfrac{\mathrm{d}^2 y}{\mathrm{d}x^2}$。

分析　方程两边取对数,化简后再求导。

解　由原方程有　　　　　$\ln|x| + f(y) = y + \ln\ln 29$,

两边对 x 求导,得　　　　　　　　$\dfrac{1}{x} + f'(y)y' = y'$,

再对 x 求导,得　　　　$-\dfrac{1}{x^2} + f''(y)(y')^2 + f'(y)y'' = y''$,

将 $y' = \dfrac{1}{x(1-f'(y))}$ 代入,整理得

$$y'' = -\dfrac{[1-f'(y)]^2 - f''(y)}{x^2[1-f'(y)]^3}。$$

例 3-16　设函数 $y=f(x)$ 由参数方程 $\begin{cases} x=2t+t^2 \\ y=\psi(t) \end{cases}$ $(t>-1)$ 所确定,其中 $\psi(t)$ 具

有二阶导数,且 $\psi(1) = \dfrac{5}{2}$,$\psi'(1)=6$,已知 $\dfrac{\mathrm{d}^2 y}{\mathrm{d}x^2} = \dfrac{3}{4(1+t)}$,求函数 $\psi(t)$。

分析　对参数方程求二阶导数,利用恒等式得到含 $\psi(t)$ 的微分方程,通过解微分方程求出 $\psi(t)$。

解　因为

$$\dfrac{\mathrm{d}y}{\mathrm{d}x} = \dfrac{\psi'(t)}{2+2t}, \quad \dfrac{\mathrm{d}^2 y}{\mathrm{d}x^2} = \dfrac{\dfrac{(2+2t)\psi''(t) - 2\psi'(t)}{(2+2t)^2}}{2+2t} = \dfrac{(1+t)\psi''(t) - \psi'(t)}{4(1+t)^3},$$

由题设 $\dfrac{\mathrm{d}^2 y}{\mathrm{d}x^2} = \dfrac{3}{4(1+t)}$,有 $\dfrac{(1+t)\psi''(t) - \psi'(t)}{4(1+t)^3} = \dfrac{3}{4(1+t)}$,从而

$(1+t)\psi''(t) - \psi'(t) = 3(1+t)^2$, 　即　$\psi''(t) - \dfrac{1}{(1+t)}\psi'(t) = 3(1+t)$

$$\psi'(t) = \mathrm{e}^{\int \frac{1}{1+t}\mathrm{d}t}\left[\int 2(1+t)\mathrm{e}^{-\int \frac{1}{1+t}\mathrm{d}t}\mathrm{d}t + C_1\right] = (1+t)(3t + C_1),$$

由 $\psi'(1)=6$,知 $C_1=0$,于是

$$\psi'(t) = 3t(1+t), \quad \psi(t) = 3\int(t+t^2)\mathrm{d}t = \dfrac{3}{2}t^2 + t^3 + C_2,$$

由 $\psi(1) = \dfrac{5}{2}$,知 $C_2=0$,于是 $\psi(t) \dfrac{3}{2}t^2 + t^3 \ (t>-1)$。

【题型 3-5】　一般显函数的 n 阶导数

策略　求 n 阶导数主要有以下几种方法：

（1）先求前几阶导数，总结并找出规律，再利用数学归纳法加以证明。

（2）对 $f(x)$ 在 x_0 点处的 n 阶导数可考虑将 $f(x)$ 展开成幂级数 $f(x)=\sum\limits_{n=0}^{\infty}a_n(x-x_0)^n$，另一方面 $f(x)=\sum\limits_{n=0}^{\infty}\dfrac{f^{(n)}(x_0)}{n!}(x-x_0)^n$，通过比较系数得 $a_n=\dfrac{f^{(n)}(x_0)}{n!}$，从而 $f^{(n)}(x_0)=a_n n!$。

（3）将目标函数转化为已知 n 阶导数公式的函数。

几个常用的 n 阶导数公式如下：

（1）$(x^n)^{(m)}=\begin{cases}n!,&m=n,\\0,&m>n,\end{cases}$（$m,n$ 为正整数）。

（2）$(x^\alpha)^{(n)}=\alpha(\alpha-1)(\alpha-2)\cdots(\alpha-n+1)x^{\alpha-n}$，$n=1,2,\cdots$。

（3）$(a^x)^{(n)}=a^x\ln^n a$，特别地，$(e^x)^{(n)}=e^x$，$n=1,2,\cdots$。

（4）$\left(\dfrac{1}{ax+b}\right)^{(n)}=\dfrac{(-1)^n a^n n!}{(ax+b)^{n+1}}$，$n=1,2,\cdots$。

（5）$(\ln(1+x))^{(n)}=\dfrac{(-1)^{n-1}(n-1)!}{(1+x)^n}$，$n=1,2,\cdots$。

（6）$(\sin x)^{(n)}=\sin\left(x+\dfrac{n\pi}{2}\right)$，$n=1,2,\cdots$。

（7）$(\cos x)^{(n)}=\cos\left(x+\dfrac{n\pi}{2}\right)$，$n=1,2,\cdots$。

（8）$[u(ax+b)]^{(n)}=a^n u^{(n)}(ax+b)$，$n=1,2,\cdots$。

（9）$(uv)^{(n)}=\sum\limits_{k=0}^{n}C_n^k u^{(n-k)}v^{(k)}$，$n=1,2,\cdots$。（莱布尼茨公式）

例 3-17　设 $f(x)$ 有任意阶导数，且 $f'(x)=f^2(x)$，求 $f^{(n)}(x)(n>2)$。

解　因 $f'(x)=f^2(x)$，所以 $f''(x)=2f(x)f'(x)=2f^3(x)$。

假设 $f^{(n-1)}(x)=(n-1)!\,f^{(n)}(x)$，则

$$f^{(n)}(x)=n(n-1)!\,f^{(n-1)}(x)f'(x)=n!\,f^{(n+1)}(x)\qquad(n\geqslant2)。$$

例 3-18　设 $y=\dfrac{2x-1}{(x-1)(x^2-x-2)}$，求 $y^{(n)}$。

分析　用待定系数法将 $\dfrac{2x-1}{(x-1)(x^2-x-2)}$ 分解为简单分式之和再求导。

解　因 $\dfrac{2x-1}{(x-1)(x^2-x-2)}=\dfrac{1}{x-2}-\dfrac{1}{2(x-1)}-\dfrac{1}{2(x+1)}$，所以

$$y^{(n)}=\left(\dfrac{1}{x-2}\right)^n-\dfrac{1}{2}\left(\dfrac{1}{x-1}\right)^n-\dfrac{1}{2}\left(\dfrac{1}{x+1}\right)^n=\dfrac{(-1)^n n!}{(x-2)^{n+1}}-\dfrac{(-1)^n n!}{2(x-1)^{n+1}}-\dfrac{(-1)^n n!}{2(x+1)^{n+1}}。$$

注　令　　$\dfrac{2x-1}{(x-1)(x^2-x-2)}=\dfrac{A}{x-2}+\dfrac{B}{x-1}+\dfrac{C}{x+1}$，

两边同乘 $(x-1)(x^2-x-2)$，得

$$2x-1=A(x-1)(x+1)+B(x-2)(x+1)+C(x-2)(x-1),$$

比较系数，得 $A=1, B=C=-\dfrac{1}{2}$。

例 3-19 设 $f(x)=\arctan\dfrac{1-x}{1+x}$，求 $f^{(n)}(0)$。

分析 将 $f(x)$ 展开成泰勒级数，通过比较系数，求 $f^{(n)}(0)$。

解 因 $f'(x)=-\dfrac{1}{1+x^2}=\sum\limits_{n=0}^{\infty}(-1)^{n+1}x^{2n}$，所以

$$f(x)=f(0)+\int_0^x f'(x)\mathrm{d}x=f(0)+\sum_{n=0}^{\infty}\frac{(-1)^{n+1}}{2n+1}x^{2n+1},$$

于是

$$f^{(n)}(0)=\begin{cases}\dfrac{\pi}{4}, & n=0,\\[2mm] 0, & n=2k,\\[2mm] (-1)^{\frac{n+1}{2}}(n-1)!, & n=2k+1。\end{cases}$$

例 3-20 已知 $f(x)$ 在点 $x=0$ 的某个邻域内可展成泰勒级数，且 $f\left(\dfrac{1}{n}\right)=\dfrac{1}{n^2}$ $(n=1,2,\cdots)$，求 $f''(0)$。

解 在 $x=0$ 的某个邻域内，$f(x)=\sum\limits_{k=0}^{\infty}\dfrac{f^{(k)}(0)}{k!}x^k$，所以当 n 充分大时，

$$\frac{1}{n^2}=f\left(\frac{1}{n}\right)=\sum_{k=0}^{\infty}\frac{f^{(k)}(0)}{k!}\left(\frac{1}{n}\right)^k,$$

比较系数得 $\dfrac{f''(0)}{2!}=1$，从而 $f''(0)=2$。

例 3-21 设 $f(x)=x^2\sin x$，求 $f^{(99)}(0)$。

解 取 $u(x)=\sin x, v(x)=x^2$，利用莱布尼兹公式，得

$$f^{(99)}(x)=(\sin x)^{(99)}x^2+99\cdot(\sin x)^{(98)}\cdot 2x+\frac{99\times 98}{2}\cdot(\sin x)^{(97)}\cdot 2$$

因

$$(\sin x)^{(97)}\big|_{x=0}=\sin\left[0+97\cdot\frac{\pi}{2}\right]=\sin(96+1)\frac{\pi}{2}=1,$$

于是

$$f^{(99)}(0)=99\times 98(\sin x)^{(97)}\big|_{x=0}=99\times 98。$$

思考 如果 $f(x)=x^3\sin x$，如何求 $f^{(99)}(0)$？

【题型 3-6】 导函数的相关性质

例 3-22 设 $f(x)$ 在 x_0 的某邻域内有定义，在该点的去心邻域内可导，试回答下列问题。若结论成立，请给出证明；若结论不成立，请给出反例。

(1) 若 $\lim\limits_{x\to x_0}f'(x)=A$（$A$ 为常数），则 $f'(x_0)$ 必存在且等于 A。

(2) 若 $f'(x_0)=A$，则 $\lim\limits_{x\to x_0}f'(x)=A$。

（3）若 $\lim\limits_{x \to x_0} f'(x) = \infty$，则 $f'(x_0)$ 必不存在。

（4）若 $f'(x_0)$ 不存在，则 $\lim\limits_{x \to x_0} f'(x)$ 必不存在。

分析 （1）结论不成立。如 $f(x) = \begin{cases} 1, & x \neq x_0, \\ 0, & x = x_0, \end{cases}$

当 $x \neq x_0$ 时，$f'(x) = 0$，$\lim\limits_{x \to x_0} f'(x) = 0$，但 $f(x)$ 在 x_0 处不连续，所以 $f'(x_0)$ 不存在。

注 若条件加强为 $f(x)$ 在 x_0 的某邻域内连续，在该点的去心邻域内可导，则由 $\lim\limits_{x \to x_0} f'(x) = A$，可推出 $f'(x_0) = A$（见例 3-23）。

（2）结论不成立。如

$$f(x) = \begin{cases} (x - x_0)^2 \sin \dfrac{1}{x - x_0}, & x \neq x_0, \\ 0, & x = x_0, \end{cases}$$

有 $\qquad f'(x) = \begin{cases} 2(x - x_0) \sin \dfrac{1}{x - x_0} - \cos \dfrac{1}{x - x_0}, & x \neq x_0, \\ 0, & x = x_0, \end{cases}$

$f'(x_0) = 0$，但 $\lim\limits_{x \to x_0} f'(x)$ 不存在。

（3）结论成立。用反证法。假设 $f'(x_0)$ 存在，则 $f(x)$ 在 x_0 处连续。由导数定义及洛必达法则，得 $f'(x_0) = \lim\limits_{x \to x_0} \dfrac{f(x) - f(x_0)}{x - x_0} = \lim\limits_{x \to x_0} f'(x) = \infty$。与 $f'(x_0)$ 存在矛盾。

（4）结论不成立。如 $f(x) = \begin{cases} 1, & x \neq x_0, \\ 0, & x = x_0, \end{cases}$ $f(x)$ 在 x_0 处不连续，所以 $f'(x_0)$ 不存在，但 $\lim\limits_{x \to x_0} f'(x) = 0$。

例 3-23（导数极限定理） 设 $f(x)$ 在 x_0 的某邻域内连续，在该点的去心邻域内可导。若导函数在 x_0 处有极限 A，则 $f(x)$ 在点 x_0 可导，且 $f'(x)$ 在 x_0 处连续。

证明 因 $\lim\limits_{x \to x_0} f'(x) = A$，所以 $\lim\limits_{x \to x_0^+} f'(x) = A$，于是，$\forall \varepsilon > 0$，$\exists \delta > 0$，当 $x_0 < x < x_0 + \delta$ 时，$|f'(x) - A| < \varepsilon$。设 $0 < \Delta x = x - x_0 < \delta$，在 $[x_0, x_0 + \Delta x]$ 上用拉格朗日中值定理，有

$$\Delta y = f(x_0 + \Delta x) - f(x_0) = f'(x_0 + \theta \Delta x) \Delta x, \quad 0 < \theta < 1,$$

因此 $\qquad \dfrac{\Delta y}{\Delta x} = f'(x_0 + \theta \Delta x), \quad$ 且 $\quad x_0 < x_0 + \theta \Delta x < x < x_0 + \delta$

于是 $\qquad \left| \dfrac{\Delta y}{\Delta x} - A \right| = |f'(x_0 + \theta \Delta x) - A| < \varepsilon,$

即 $\lim\limits_{x \to x_0^+} \dfrac{\Delta y}{\Delta x} = A$。同理可证 $\lim\limits_{x \to x_0^-} \dfrac{\Delta y}{\Delta x} = A$。因此 $\lim\limits_{x \to x_0} \dfrac{\Delta y}{\Delta x} = A$，即 $f(x)$ 在点 x_0 可导。由于

$\lim\limits_{x \to x_0} f'(x) = A = f'(x_0)$，所以 $f'(x)$ 在 x_0 处连续。

由此可知，若导函数在某点有极限，则它就在该点连续，甚至可以事先不假设函数在该点可导。对比一般函数在某点有极限但不一定连续，就可明白导函数该性质的独特。

例 3-24　若 $f(x)$ 在 (a,b) 内可导，则其导函数 $f'(x)$ 在 (a,b) 内不会有第一类间断点。

证明　用反证法。假设 $x = x_0$ 为 $f'(x)$ 在 (a,b) 内的第一类间断点，则导函数 $f'(x)$ 在 x_0 处存在两个单侧极限 $f'(x_0^-)$ 与 $f'(x_0^+)$。又因为 $f'(x_0)$ 存在，所以 $f(x)$ 在 x_0 处连续。由例 3-23 知，成立下列两个等式：

$$f'(x_0^-) = f'_-(x_0) \quad \text{和} \quad f'(x_0^+) = f'_+(x_0)。$$

由于 $f(x)$ 在 x_0 处可导，因此有

$$f'_-(x_0) = f'(x_0) = f'_+(x_0)，$$

合并这些结果得　　　　　　$$f'(x_0^-) = f'(x_0) = f'(x_0^+)。$$

这表明 $f'(x)$ 在 x_0 处连续。矛盾。

例 3-24 告诉我们定义在 (a,b) 上的可微函数的导函数 $f'(x)$ 要么在 (a,b) 内处处连续，要么在同一区间内存在第二类间断点。如

$$f(x) = \begin{cases} x^n \sin \dfrac{1}{x}, & x \neq 0 \\ 0, & x = 0 \end{cases} \quad (n \geqslant 2 \text{ 为整数})，$$

易得 $f'(0) = 0$。当 $n = 2$ 时，$f'(x)$ 在 $x = 0$ 处有第二类间断点；当 $n \geqslant 3$ 时，$f'(x)$ 处处连续。

例 3-25（达布定理）　设函数 $f(x)$ 在 $[a,b]$ 上可导，则

(1) 若 $f'_+(a)$，$f'_-(b)$ 异号，则存在 $c \in (a,b)$ 使得 $f'(c) = 0$；

(2) 若 $f'_+(a) \neq f'_-(b)$，k 为介于 $f'_+(a)$ 与 $f'_-(b)$ 之间的任一实数，则至少存在一点 $c \in (a,b)$，使得 $f'(c) = k$。

证明　(1) 不妨设 $f'_+(a) > 0, f'_-(b) < 0$。由

$$f'_+(a) = \lim\limits_{x \to a^+} \frac{f(x) - f(a)}{x - a} > 0, \quad f'_-(b) = \lim\limits_{x \to b^-} \frac{f(x) - f(b)}{x - b} < 0，$$

以及极限的保号性知，$\exists \delta > 0$，使得 $a + \delta < b - \delta$，且

$$f(a + \delta) > f(a), \quad f(b - \delta) < f(b)。$$

因此连续函数 $f(x)$ 在 $[a,b]$ 上的最大值一定在 (a,b) 内取得，因此存在 $c \in (a,b)$，使得 $f'(c) = 0$。

(2) 不妨设 $f'_+(a) > k > f'_-(b)$，作辅助函数 $\varphi(x) = f(x) - kx$，则 $\varphi(x)$ 在 $[a,b]$ 上可导且 $\varphi'(x) = f'(x) - k$，因 $\varphi'_+(a) = f'_+(a) - k > 0$，$\varphi'_-(b) = f'_-(b) - k < 0$，故由 (1) 知，存在 $c \in (a,b)$，使得 $\varphi'(c) = f'(c) - k = 0$，即 $f'(c) = k$。

注　(1) 达布定理又称为导函数的介值定理。对比"闭区间上连续函数的介值

性"可明白该性质的独特。

（2）一个不满足介值性的函数不可能是某个函数的导函数。例如不可能有一个处处可导的函数，其导数等于符号函数：

$$f(x)=\begin{cases} 1, & x>0,\\ 0, & x=0,\\ -1, & x<0。 \end{cases}$$

（3）如果在某个区间上导函数 $f'(x)$ 处处存在且无零点，则函数 $f(x)$ 一定是该区间上的严格单调函数。

3.3 精选备赛练习

3.1 设 $f(x)$ 在 $[0,1]$ 上连续，$f(0)=f(1)$，证明：对于任意正整数 n，必存在 $x_n\in[0,1]$，使 $f(x_n)=f\left(x_n+\dfrac{1}{n}\right)$。

3.2 若 $f(x)$ 在 (a,b) 内连续且值恒正，$x_1,x_2,\cdots,x_n$ 为 (a,b) 内任意 n 个点，证明：存在 $\xi\in(a,b)$，使 $f(\xi)=\sqrt[n]{f(x_1)f(x_2)\cdots f(x_n)}$。

3.3 若 $f(x)$ 在 (a,b) 内连续，$x_1,x_2,\cdots,x_n$ 为 (a,b) 内任意 n 个点，$t_1+t_2+\cdots+t_n=1$，$t_i>0(i=1,2,\cdots,n)$，证明：存在 $\xi\in(a,b)$，使 $f(\xi)=\displaystyle\sum_{i=1}^{n}t_i f(x_i)$。

3.4 设 $f_n(x)=C_n^1\cos x-C_n^2\cos^2 x+\cdots+(-1)^{n-1}C_n^n\cos^n x$，证明：

（1）对于任何自然数 n，方程 $f_n(x)=\dfrac{1}{2}$ 在区间 $\left(0,\dfrac{\pi}{2}\right)$ 中仅有一根；

（2）设 $x_n\in\left(0,\dfrac{\pi}{2}\right)$ 满足 $f_n(x_n)=\dfrac{1}{2}$，则 $\displaystyle\lim_{n\to\infty}x_n=\dfrac{\pi}{2}$。

3.5 设 $f(x)$ 在 $(-\infty,+\infty)$ 内有定义，对 $\forall x_1,x_2$ 有 $f(x_1+x_2)=f(x_1)\cdot f(x_2)$，又 $f'(0)=1$，证明：$f'(x)=f(x)$。

3.6 设 $f(x)=\arcsin x\sqrt{\dfrac{1-\sin x}{1+\sin x}}$，求 $f'(0)$。

3.7 设 $g(x)$ 在 $x=0$ 处存在二阶导数，且 $g''(0)=1$，$g(0)=1$，$g'(0)=2$。又设

$$f(x)=\begin{cases} 0, & x=0,\\ \dfrac{g(x)-e^{2x}}{x}, & x\neq0, \end{cases}$$

求 $f'(0)$，并讨论 $f'(x)$ 在 $x=0$ 处的连续性。

3.8 求 $f(x)=\arctan x$ 在 $x=0$ 处的 n 阶导数。

3.9 设 $f(x)=\sin^6 x+\cos^6 x$，求 $f^{(n)}(x)$。

3.10 已知 $f(x)$ 是周期为 5 的连续函数，它在 $x=0$ 的某个邻域内满足关系式

$$f(1+\sin x)-3f(1-\sin x)=8x+\alpha(x)，$$

其中 $\alpha(x)$ 是当 $x\to 0$ 时比 x 高阶的无穷小,且 $f(x)$ 在 $x=1$ 处可导,求曲线 $y=f(x)$ 在 $(6,f(6))$ 处的切线方程。

3.4　答案与提示

3.1　提示:构造函数 $\varphi(x)=f(x)-f\left(x+\dfrac{1}{n}\right)$,用介值性证明。

3.2　提示:由 $m\leqslant\sqrt[n]{f(x_1)f(x_2)\cdots f(x_n)}\leqslant M$ 可得结论。

3.3　提示:因 $t_i>0$,所以 $t_i m\leqslant t_i f(x_i)\leqslant t_i M$,于是 $m=m\displaystyle\sum_{i=1}^{n}t_i\leqslant\sum_{i=1}^{n}t_i f(x_i)\leqslant$

$M\displaystyle\sum_{i=1}^{n}t_i=M$。

3.4　提示:变形 $f_n(x)$ 为 $f_n(x)=1-(1-\cos x)^n$。

3.6　1。提示:用导数定义。

3.7　$-\dfrac{3}{2},f'(x)$ 在 $x=0$ 处连续。

3.8　$f^{(n)}(0)=\begin{cases}0, & n=2k,\\(-1)^{\frac{n-1}{2}}(n-1)!, & n=2k+1。\end{cases}$ 提示:由 $f'(x)=\dfrac{1}{1+x^2}=$

$\displaystyle\sum_{n=0}^{\infty}(-1)^n x^{2n}$,将 $f(x)$ 展成幂级数。

3.9　$\dfrac{3}{8}\cdot 4^n\cos\left(4x+n\cdot\dfrac{\pi}{2}\right)$。提示:$\sin^6 x+\cos^6 x=\dfrac{5}{8}+\dfrac{3}{8}\cos 4x$。

3.10　$y=2(x-6)$。提示:由条件知 $f(x)$ 即 $f'(x)$ 均为周期为 5 的函数,故 $f(6)=f(1)=0,f'(6)=f'(1)=2$。

第4讲　微分中值定理与导数的应用

4.1　内容概述

微分中值定理包括罗尔定理、拉格朗日中值定理、柯西中值定理以及泰勒公式（指带有拉格朗日型余项的泰勒公式）。这一讲的重点是如何选择微分中值定理以及怎么用微分中值定理证明函数中值的存在（或方程的根的存在）、证明等式和不等式以及对函数性态的研究。

4.2　典型例题分析

【题型 4-1】　中值的存在性问题

策略　（1）证明与一阶导函数相关的中值的存在性问题，可考虑用罗尔定理。使用罗尔定理的关键是构造辅助函数，以及验证该函数在某两点值相等（连续性与可导性往往由条件可以直接得到）。通常可以通过解微分方程（或直接积分）或用"待定常数法"构造辅助函数；而寻找使得函数值相等的两点可以借助于连续函数的介值定理。

（2）对涉及函数值之差的中值问题，用拉格朗日中值定理十分有效。

（3）若结论涉及含一个中值的两个不同函数，则需考虑用柯西中值定理；若结论涉及双中值和不同函数，则需将柯西中值定理与其他中值定理配合使用。

（4）证明含有二阶及以上的导函数的中值问题，可考虑用带拉格朗日型余项的泰勒公式（或多次使用罗尔定理）。使用泰勒公式的关键是找准展开中心 x_0（在 x_0 处应该已知函数值以及导数值），可充分利用极值点、拐点等信息。

例 4-1　设 $f(x)$ 可导，$g(x)$ 连续，证明：在 $f(x)$ 的两个零点之间一定有 $f'(x) - kf(x)g(x)$ 的零点。

分析　将问题用数学符号表示：设 $f(x_1) = f(x_2) = 0$，则在 x_1 与 x_2 之间至少存在一点 x，使 $f'(x) - kf(x)g(x) = 0$。对 $\dfrac{f'(x)}{f(x)} = kg(x)$ 两边积分求出满足关系式的原函数 $F(x)$，并验证 $F(x)$ 在 $f(x)$ 两个零点构成的区间上满足罗尔中值定理条件。

证明　不妨设 $x_1 < x_2$，$f(x_1) = f(x_2) = 0$。作辅助函数

$$F(x) = f(x)e^{-\int_0^x kg(t)\,dt},$$

则 $F(x)$ 在 $[x_1, x_2]$ 上可导，$F(x_1) = F(x_2) = 0$，由罗尔定理知 $\exists x_0 \in (x_1, x_2)$，使

$$F'(x_0) = f'(x_0)e^{-\int_0^{x_0} kg(t)\,dt} - kf(x_0)g(x_0)e^{-\int_0^{x_0} kg(t)\,dt} = 0,$$

即
$$f'(x_0) - kf(x_0)g(x_0) = 0。$$

例 4-2 设 $f(x)$ 在 $[0,1]$ 上连续，在 $(0,1)$ 内可导，且 $f(0)=0$，证明：至少存在一点 $\xi \in (0,1)$，使 $\xi f'(\xi) + kf(\xi) = f'(\xi)$。

分析 将所证的等式变形为 $\dfrac{f'(\xi)}{f(\xi)} = \dfrac{-k}{\xi-1}$，对 $\dfrac{f'(x)}{f(x)} = \dfrac{-k}{x-1}$ 两边积分，求得使关系式成立的原函数，并用罗尔定理证明。

证明 设 $F(x) = (x-1)^k f(x)$，则 $F(x)$ 在 $[0,1]$ 上连续，在 $(0,1)$ 内可导，且 $F(0)=F(1)=0$，由罗尔定理知，$\exists \xi \in (0,1)$，使 $F'(\xi) = k(x-1)^{k-1}f(\xi) + (x-1)^k f'(\xi) = 0$，即

$$(\xi-1)f'(\xi) + kf(\xi) = 0。$$

例 4-3 设 $f(x)$ 在 $[0,1]$ 上连续，在 $(0,1)$ 内可导，且 $f(0)=0$，当 $x \in (0,1)$ 时，$f(x) \neq 0$，证明：至少存在一点 $\xi \in (0,1)$，使 $\dfrac{f'(\xi)}{f(\xi)} = \dfrac{f'(1-\xi)}{f(1-\xi)}$。

分析 将表达式变形为 $\dfrac{f'(\xi)}{f(\xi)} = \dfrac{f'(1-\xi)}{f(1-\xi)}$，对 $\dfrac{f'(x)}{f(x)} = \dfrac{f'(1-x)}{f(1-x)}$ 两边积分，求得辅助函数，并用罗尔定理证明。

证明 设 $F(x) = f(x)f(1-x)$，则 $F(x)$ 在 $[0,1]$ 上连续，在 $(0,1)$ 内可导，且 $F(0)=F(1)=0$，由罗尔定理知，$\exists \xi \in (0,1)$，使 $F'(\xi) = f'(\xi)f(1-\xi) - f(\xi)f'(1-\xi) = 0$，即

$$\frac{f'(\xi)}{f(\xi)} = \frac{f'(1-\xi)}{f(1-\xi)}。$$

例 4-4 设 $f(x)$ 在 $[a,b]$ 上连续，在 (a,b) 内可导，且 $f(a)f(b)>0$，$f(a)f\left(\dfrac{a+b}{2}\right)<0$。证明：对任意实数 k，存在 $\xi \in (a,b)$，使 $f'(\xi) = kf(\xi)$。

分析 此题为与导函数相关的等式，但缺乏端点条件。应根据 $f'(\xi) = kf(\xi)$ 构造辅助函数 $F(x)$，由介值定理找到 $F(x)$ 在区间内两个函数值相等的点，使其满足罗尔定理条件即可证明。

证明 由 $f(a)f(b)>0$ 且 $f(a)f\left(\dfrac{a+b}{2}\right)<0$ 知，$f(a)$ 与 $f(b)$ 同号，与 $f\left(\dfrac{a+b}{2}\right)$ 异号。由介值定理，存在 $x_1 \in \left(a, \dfrac{a+b}{2}\right)$，$x_2 \in \left(\dfrac{a+b}{2}, b\right)$，使 $f(x_1)=f(x_2)=0$。

作辅助函数 $F(x) = f(x)e^{-kx}$，则 $F(x)$ 在 $[x_1, x_2]$ 上可导，且 $F(x_1)=F(x_2)=0$，由罗尔定理知，$\exists \xi \in (x_1, x_2) \subset (a,b)$，使 $F'(\xi) = f'(\xi)e^{-k\xi} - kf(\xi)e^{-k\xi} = 0$，即 $f'(\xi) = kf(\xi)$。

例 4-5 设 $f(x)$ 在 (a,b) 内二阶可导，$f'(x)$ 在 $[a,b]$ 上连续，$a \neq b$，又 $f(a) = f(b)=0$，$\displaystyle\int_a^b f(x)\,dx = 0$。证明：

（1）至少存在一点 $\xi \in (a,b)$，使得 $f'(\xi)=f(\xi)$；

（2）至少存在一点 $\eta \in (a,b)$，$\eta \neq \xi$，使得 $f''(\eta)=f(\eta)$。

分析　第（1）问是与一阶导函数相关的等式，从条件观察可知属于典型的罗尔定理应用问题。构造辅助函数 $G(x)=e^{-x}f(x)$，直接使用罗尔定理可得结论。但考虑到第（2）问是与二阶导函数相关的等式，因此应设法寻找 $G(x)$ 指定区间上的第 3 个零点，用罗尔定理则可得到 $G'(x)$ 的 2 个零点。再利用第（1）问的结论构造辅助函数 $F(x)$，用罗尔定理可得结果。

证明　（1）因 $f'(x)$ 在 $[a,b]$ 上连续，所以 $f(x)$ 在 $[a,b]$ 上连续，由积分中值定理知，$\exists c \in (a,b)$，使 $\int_a^b f(x)\mathrm{d}x = f(c)(b-a)=0$（注：$c$ 必在 (a,b) 内取得，否则与题设矛盾），从而 $f(c)=0$。

设 $G(x)=e^{-x}f(x)$，则 $G(x)$ 在 $[a,b]$ 上连续，在 (a,b) 内可导，且 $G(a)=G(b)=G(c)=0$，由罗尔定理知，存在 $\xi_1 \in (a,c)$，$\xi_2 \in (c,b)$，使 $G'(\xi_1)=G'(\xi_2)=0$。由于 $G'(x)=e^{-x}[f'(x)-f(x)]$，所以 $f'(\xi_1)=f(\xi_1)$，$f'(\xi_2)=f(\xi_2)$。

（2）设 $F(x)=e^x[f'(x)-f(x)]$，则 $F(x)$ 在 $[a,b]$ 上连续，在 (a,b) 内可导，且 $F(\xi_1)=F(\xi_2)$，由罗尔定理知，$\exists \eta \in (\xi_1,\xi_2)$，使

$$F'(\eta)=e^{\eta}[f''(\eta)-f'(\eta)+f'(\eta)-f(\eta)]=e^{\eta}[f''(\eta)-f(\eta)]=0,$$

所以 $f''(\eta)=f(\eta)$，$\eta \neq \xi$。

例 4-6　设 $f(x)$ 在 $[0,+\infty)$ 上可导，且 $f(0)=0$，$\lim\limits_{x \to +\infty}f(x)=2$。证明：

（1）存在 $a>0$，使得 $f(a)=1$；

（2）对（1）中 a，存在 $\xi \in (0,a)$，使得 $f'(\xi)=\dfrac{1}{a}$。

分析　第（1）问是函数的介值问题，且已知 $f(0)=0$，从极限式中可找到满足介值定理要求的条件。结合第（1）问结论运用罗尔中值定理或拉格朗日中值定理可得第（2）问结果。

证明　（1）因 $\lim\limits_{x \to +\infty}f(x)=2>\dfrac{3}{2}$，由极限的保号性知，$\exists X>0$，当 $x>X$ 时，$f(x)>\dfrac{3}{2}$。因 $f(x)$ 在 $[0,X]$ 上连续，由介值定理知，$\exists a \in (0,X)$，使 $f(a)=1$。

（2）因 $f(x)$ 在 $[0,a]$ 上可导，由拉格朗日中值定理知，$\exists \xi \in (0,a)$，使

$$f(a)=f(a)-f(0)=f'(\xi)a=1, \quad 即 \quad f'(\xi)=\dfrac{1}{a}。$$

例 4-7　设奇函数 $f(x)$ 在 $[-1,1]$ 上具有二阶导数，且 $f(1)=1$。证明：

（1）存在一点 $\xi \in (0,1)$，使 $f'(\xi)=1$；

（2）存在一点 $\eta \in (-1,1)$，使 $f''(\eta)+f'(\eta)=1$。

分析　第（1）问是与导函数相关的等式，根据奇函数的特点构造辅助函数 $F(x)$，用罗尔定理证明。第（2）问是与二阶导数相关的等式，根据奇函数的导函数是偶函

数这一特性，构造与一阶导函数相关的辅助函数 $G(x)$，用罗尔定理证明得结果。

证明 (1) 因 $f(x)$ 是奇函数，所以 $f(0)=0$。

设 $F(x)=f(x)-x$，则 $F(x)$ 在 $[0,1]$ 上可导，且 $F(0)=F(1)=0$，由罗尔定理知，$\exists \xi \in (0,1)$，使 $F'(\xi)=f'(\xi)-1=0$，即 $f'(\xi)=1$。

(2) 因 $f(x)$ 是奇函数且可导，所以 $f'(x)$ 是偶函数。由(1)知 $f'(-\xi)=1(-\xi \in (-1,0))$。

设 $G(x)=e^x[f'(x)-1]$，则 $G(x)$ 在 $[-1,1]$ 可导，且 $G(-\xi)=G(\xi)=0$，于是由罗尔定理知，$\exists \eta \in (-\xi,\xi) \subset (-1,1)$，使 $G'(\eta)=0$，即 $f''(\eta)+f'(\eta)=1$。

例 4-8 设 $f(x)$ 在区间 $[a,b]$ 上具有二阶导数，$f(a)=f(b)=0$，$f'(a)f'(b)>0$。证明：存在 $\xi,\eta \in (a,b)(\xi \neq \eta)$，使得 $f(\xi)=0$，$f''(\eta)=0$。

分析 满足罗尔定理条件的函数若有 3 个零点，则必有二阶导函数的 1 个零点。因此，证明存在 $\xi \in (a,b)$，使得 $f(\xi)=0$ 是关键。可由导数定义和介值定理证明 ξ 的存在，然后连续两次用罗尔定理得结论。

证明 不妨设 $f'(a)>0$，$f'(b)>0$，由导数定义及极限的保号性，得 $\lim\limits_{x \to a^+} \dfrac{f(x)}{x-a}>0$，于是当 $x \in (a,a+\delta)$ 时，$f(x)>0$；同理，由 $\lim\limits_{x \to b^-} \dfrac{f(x)}{x-b}>0$ 可得，当 $x \in (b-\delta,b)$ 时，$f(x)<0$，于是，由介值定理知，$\exists \xi \in (a,b)$，使 $f(\xi)=0$。

因此，由罗尔定理知，$\exists \xi_1 \in (a,\xi)$，$\xi_2 \in (\xi,b)$，使 $f'(\xi_1)=f'(\xi_2)=0$。又 $F'(x)$ 在 $[\xi_1,\xi_2]$ 可导，再由罗尔定理知，$\exists \eta \in (\xi_1,\xi_2) \subset (a,b)$，使 $f''(\eta)=0$。

例 4-9 设 $f(x),g(x)$ 在 $[a,b]$ 上连续，在 (a,b) 内具有二阶导数，且存在相等的最大值，又 $f(a)=g(a)$，$f(b)=g(b)$。证明：存在 $\xi \in (a,b)$，使得 $f''(\xi)=g''(\xi)$。

分析 构造辅助函数 $F(x)$ 并不困难，关键是寻找 $F(x)$ 在 (a,b) 内的第 3 个零点。

证明 令 $F(x)=f(x)-g(x)$，则 $F(x)$ 在 $[a,b]$ 上连续，在 (a,b) 内可导，$F(a)=F(b)=0$。设 $f(x),g(x)$ 在 (a,b) 内的最大值 M 分别在 $\alpha \in (a,b)$，$\beta \in (a,b)$ 处取得。

(1) 若 $\alpha=\beta$，于是 $F(a)=F(\alpha)=F(b)=0$，由罗尔定理知，$\exists \xi_1 \in (a,\alpha)$，$\xi_2 \in (\alpha,b)$，使

$$F'(\xi_1)=F'(\xi_2)=0。$$

又 $F'(x)$ 在 $[\xi_1,\xi_2]$ 可导，再由罗尔定理知，$\exists \xi \in (\xi_1,\xi_2) \subset (a,b)$，使 $F''(\xi)=0$。

(2) 若 $\alpha \neq \beta$，则

$$F(\alpha)=f(\alpha)-g(\alpha)=M-g(\alpha)>0, \quad F(\beta)=f(\beta)-g(\beta)=f(\beta)-M<0,$$

由介值定理知，存在 η 介于 α,β 之间，使 $F(\eta)=0$。同上可证，$\exists \xi \in (a,b)$，使得 $f''(\xi)=g''(\xi)$。

例 4-10 设 $f(x)$ 在 $[a,b]$ 上二阶可导，$f(a)=f(b)=0$。证明：对每个 $x \in (a,b)$，存在 $\xi \in (a,b)$，使得 $f(x)=\dfrac{f''(\xi)}{2}(x-a)(x-b)$。

分析　用"待定常数法"构造函数：将与 ξ 无关的部分设为 λ，建立相应的辅助函数，用罗尔定理证明。

证明　固定 $x\in(a,b)$，令 $\lambda=\dfrac{f(x)}{(x-a)(x-b)}$。于是只需证 $f''(\xi)=2\lambda$。设
$$F(t)=f(t)-\lambda(t-a)(t-b),$$
则 $F(t)$ 在 $[a,b]$ 上二阶可导，且由条件 $f(a)=f(b)=0$ 可得 $F(a)=F(b)=0$，同时从 λ 的定义可得 $F(x)=0$。于是由罗尔定理知，存在 $a<\eta_1<x<\eta_2<b$，使得
$$F'(\eta_1)=F'(\eta_2)=0,$$
再对 $F'(t)$ 在 (η_1,η_2) 用罗尔定理，存在 $\xi\in(\eta_1,\eta_2)\subset(a,b)$，使得 $F''(\xi)=0$，即 $f''(\xi)=2\lambda$，所以
$$f(x)=\frac{f''(\xi)}{2}(x-a)(x-b)。$$

例 4-11　设 $f(x)$ 在 $[0,1]$ 上单调连续，在 $(0,1)$ 内可导，且 $f(0)=0,f(1)=1$，证明：对任意正整数 n，在 $(0,1)$ 内存在 n 个不同的点 $\xi_1,\xi_2,\cdots,\xi_n$，使 $\displaystyle\sum_{i=1}^{n}\frac{1}{f'(\xi_i)}=n$。

分析　由拉格朗日中值定理，有 $f'(\xi_i)=\dfrac{f(x_i)-f(x_{i-1})}{x_i-x_{i-1}}$，因此
$$\sum_{i=1}^{n}\frac{1}{f'(\xi_i)}=\sum_{i=1}^{n}\frac{x_i-x_{i-1}}{f(x_i)-f(x_{i-1})},$$
如果上式右端分母能取成公分母 $\dfrac{1}{n}$，问题将有望解决，为此将值域 $[0,1]$ 进行 n 等分，由介值定理找到函数值对应的分点即可证明。

证明　对值域 $[0,1]$ 进行 n 等分，分点为 $y_i=\dfrac{i}{n},i=1,2,\cdots,n-1$。由连续函数的介值定理知，$\exists x_i$，使 $f(x_i)=\dfrac{i}{n},i=1,2,\cdots,n-1$，且由函数的单调性可知，$0=x_0<x_1<x_2<\cdots<x_{n-1}<x_n=1$，在 $[x_{i-1},x_i](i=1,2,\cdots,n)$ 上运用拉格朗日中值定理，有
$$f(x_i)-f(x_{i-1})=f'(\xi_i)(x_i-x_{i-1}),\quad x_{i-1}<\xi_i<x_i,\quad i=1,2,\cdots,n,$$
即
$$\frac{1}{f'(\xi_i)}=n(x_i-x_{i-1}),\quad x_{i-1}<\xi_i<x_i,\quad i=1,2,\cdots,n,$$
所以
$$\sum_{i=1}^{n}\frac{1}{f'(\xi_i)}=n\sum_{i=1}^{n}(x_i-x_{i-1})=n。$$

例 4-12　设 $f(x)$ 在 $[-2,2]$ 上二阶可导，且 $|f(x)|\leqslant1$，又 $f^2(0)+f'^2(0)=4$。证明：至少存在一点 $x_0\in(-2,2)$，使得 $f(x_0)+f''(x_0)=0$。

分析　结合条件 $f^2(0)+f'^2(0)=4$ 与欲证结论 $f(x_0)+f''(x_0)=0$，可构造辅助函数 $F(x)=f^2(x)+f'^2(x)$。但 $F(x)$ 不具备使用罗尔定理的条件。由于
$$F'(x)=2f'(x)[f(x)+f''(x)],$$

因此可考虑(1)$F(x)$在$x=0$附近有极值点,(2)$f'(x)$在该点不为 0。

证明　分别在$[-2,0]$和$[0,2]$上对$f(x)$运用拉格朗日中值定理,则

$$f'(\xi)=\frac{f(0)-f(-2)}{2}, \quad f'(\eta)=\frac{f(2)-f(0)}{2}, \quad -2<\xi<0<\eta<2,$$

因此　　$|f'(\xi)|\leqslant\frac{|f(0)|+|f(-2)|}{2}\leqslant 1, \quad |f'(\eta)|=\frac{|f(2)|+|f(0)|}{2}\leqslant 1。$

设$F(x)=f^2(x)+f'^2(x)$,则$F(x)$在$[\xi,\eta]$上连续、可导,$F(\xi)\leqslant 2,F(\eta)\leqslant 2$。因此$F(x)$在$(\xi,\eta)$内部应有最大值点$x=x_0$,且

$$F'(x_0)=2f'(x_0)[f(x_0)+f''(x_0)]=0,$$

由于　　　　　　$F(x_0)=f^2(x_0)+f'^2(x_0)\geqslant F(0)=f^2(0)+f'^2(0)=4,$

因此$f'(x_0)\neq 0$(否则$F(x_0)=f^2(x_0)\leqslant 1$),这样就有$f(x_0)+f''(x_0)=0$。

例 4-13　设$f(x)$在$[a,b]$上连续,在(a,b)内可导。证明:至少存在一点$\xi\in(a,b)$,使得$f'(\xi)=\frac{f(\xi)-f(a)}{b-\xi}$。

分析　从条件与欲证结论知,可以考虑用微分中值定理。下面说明对欲证等式变形不同,可以构造不同的辅助函数,从而产生不同的证明。

证明　**方法一**　设$F(x)=f(x)(b-x)+f(a)x$,则$F(x)$在$[a,b]$上连续,在(a,b)内可导,且$F(a)=F(b)=f(a)b$,由罗尔定理知,$\exists\xi\in(a,b)$,使得

$$F'(\xi)=f'(\xi)(b-\xi)-f(\xi)+f(a)=0,$$

即　　　　　　　　　　　$f'(\xi)=\frac{f(\xi)-f(a)}{b-\xi}。$

方法二　设$F(x)=[f(x)-f(a)](b-x)$,则$F(x)$在$[a,b]$上连续,在(a,b)内可导,且$F(a)=F(b)=0$。由罗尔定理知,$\exists\xi\in(a,b)$,使得

$$F'(\xi)=f'(\xi)(b-\xi)-[f(\xi)-f(a)]=0,$$

即　　　　　　　　　　　$f'(\xi)=\frac{f(\xi)-f(a)}{b-\xi}。$

方法三　设$F(x)=f(x)(b-x)$,则$F(x)$在$[a,b]$上连续,在(a,b)内可导,由拉格朗日中值定理知,$\exists\xi\in(a,b)$,使得$F(b)-F(a)=F'(\xi)(b-a)$,即

$$-f(a)(b-a)=[f'(\xi)(b-\xi)-f(\xi)](b-a)$$

从而　　　　　　　　　　$f'(\xi)=\frac{f(\xi)-f(a)}{b-\xi}。$

例 4-14　设$f(x)$在$[0,+\infty)$上可导,且$\lim\limits_{x\to+\infty}f(x)=f(0)$,证明:至少存在一点$\xi\in(0,+\infty)$,使得$f'(\xi)=0$。

分析　作相应代换,将无穷区间$[0,+\infty)$变为有限区间,然后用罗尔定理。

证明　令$t=\arctan x$,则$t\in\left[0,\frac{\pi}{2}\right]$,$F(t)=f(x)=f(\tan t)$。由$f(x)$在$[0,+\infty)$上可导,可得$F(t)$在$\left[0,\frac{\pi}{2}\right]$上连续,在$\left(0,\frac{\pi}{2}\right)$内可导。又

$$F(0)=f(\tan 0)=f(0), \qquad F\left(\frac{\pi}{2}\right)=\lim_{x\to+\infty}f(x)=f(0),$$

于是由罗尔定理知, $\exists\,\eta\in\left(0,\dfrac{\pi}{2}\right)$, 使得 $F'(\eta)=f'(\tan\eta)\cdot\sec^2\eta=0$, 从而 $f'(\xi)=0$, 其中 $\xi=\tan\eta$。

注　此题可认为是罗尔定理的推广形式, 称之为广义罗尔定理。读者还可以自行证明广义罗尔定理的其他形式:

(1) 设 $f(x)$ 在 (a,b) 内可导, 且 $\lim\limits_{x\to a^+}f(x)=\lim\limits_{x\to b^-}f(x)=A\,(A$ 为有限或 $\pm\infty)$, 证明: 至少存在一点 $\xi\in(a,b)$, 使得 $f'(\xi)=0$。

(2) 设 $f(x)$ 在 $(-\infty,+\infty)$ 上可导, 且 $\lim\limits_{x\to+\infty}f(x)=\lim\limits_{x\to-\infty}f(x)=\pm\infty$, 证明: 至少存在一点 $\xi\in(-\infty,+\infty)$, 使得 $f'(\xi)=0$。

例 4-15　设 $f(x)$ 在 $[a,b]$ $(b>a>0)$ 上连续, 在 (a,b) 内可导, 证明: 存在 $\xi,\eta\in(a,b)$, 使得 $f'(\xi)=\dfrac{\eta^2 f'(\eta)}{ab}$。

分析　此题涉及两个中值。将 $\eta^2 f'(\eta)$ 变形为 $\dfrac{f'(\eta)}{1/\eta^2}$, 则可找到两个函数 $f(x)$ 与 $g(x)=\dfrac{1}{x}$, 用柯西中值定理证明其中一个中值的存在性, 再用拉格朗日中值定理证明另一个中值的存在性。

证明　设 $g(x)=\dfrac{1}{x}$, 则由 $b>a>0$ 知, $g(x)$ 在 $[a,b]$ 上连续, 在 (a,b) 内可导, $g'(x)\neq 0$, 由柯西中值定理知, $\exists\,\eta\in(a,b)$, 使得

$$\frac{f(b)-f(a)}{g(b)-g(a)}=\frac{f(b)-f(a)}{1/b-1/a}=\frac{f'(\eta)}{-1/\eta^2},$$

即

$$\frac{f(b)-f(a)}{b-a}=\frac{\eta^2 f'(\eta)}{ab}。$$

而由拉格朗日中值定理知　　$\dfrac{f(b)-f(a)}{b-a}=f'(\xi)\quad(a<\xi<b)$

所以　　　　　　　　　　　　$f'(\xi)=\dfrac{\eta^2 f'(\eta)}{ab}。$

例 4-16　设 $f(x)$ 在 $[a,b]$ 上连续, 在 (a,b) 内可导, 且 $f'(x)\neq 0$。证明: 存在 $\xi,\eta\in(a,b)$, 使得 $\dfrac{f'(\xi)}{f'(\eta)}=\dfrac{e^b-e^a}{b-a}e^{-\eta}$。

分析　与上题类似, 由欲证等式中的 $\dfrac{e^\eta}{f'(\eta)}$ 可找到两个函数 $f(x)$ 与 $g(x)=e^x$, 用柯西中值定理证明一个中值的存在性, 再用拉格朗日中值定理证明另一个中值的存在性。

证明　令 $g(x)=e^x$, 则 $g(x)$ 与 $f(x)$ 在 $[a,b]$ 上连续, 在 (a,b) 内可导, 且 $f'(x)$

$\neq 0$，由柯西中值定理知，$\exists \eta \in (a,b)$，使得 $\dfrac{\mathrm{e}^b - \mathrm{e}^a}{f(b)-f(a)} = \dfrac{\mathrm{e}^\eta}{f'(\eta)}$。

又因为 $f(x)$ 在 $[a,b]$ 上连续，在 (a,b) 内可导，且 $f'(x) \neq 0$，所以由拉格朗日中值定理知，$\exists \xi \in (a,b)$，使得

$$f(b) - f(a) = f'(\xi)(b-a)$$

代入上式，得

$$\frac{\mathrm{e}^b - \mathrm{e}^a}{f'(\xi)(b-a)} = \frac{\mathrm{e}^\eta}{f'(\eta)},$$

即

$$\frac{f'(\xi)}{f'(\eta)} = \frac{\mathrm{e}^b - \mathrm{e}^a}{b-a} \mathrm{e}^{-\eta}。$$

例 4-17　设 $f(x)$ 在闭区间 $[a,b]$ 上连续，在开区间 (a,b) 内可导，且 $f'(x) > 0$。若极限 $\lim\limits_{x \to a^+} \dfrac{f(2x-a)}{x-a}$ 存在，证明：

(1) 在 (a,b) 内 $f(x) > 0$；

(2) 至少存在一点 $\xi \in (a,b)$，使 $\dfrac{b^2 - a^2}{\int_a^b f(x)\mathrm{d}x} = \dfrac{2\xi}{f(\xi)}$；

(3) 至少存在一点 $\eta \in (a,b)$，$\eta \neq \xi$，使 $f'(\eta)(b^2 - a^2) = \dfrac{2\xi}{\xi - a}\int_a^b f(x)\mathrm{d}x$。

分析　(1) 由极限条件可知 $f(a) = 0$，从而根据函数的单调性可得 $f(x) > 0$；

(2) 根据欲证等式，考虑对 $F(x) = x^2$，$G(x) = \int_a^x f(t)\mathrm{d}t$ 用柯西中值定理；

(3) 对比 (2)，将欲证等式变形为 $\dfrac{b^2 - a^2}{\int_a^b f(x)\mathrm{d}x} = \dfrac{2\xi}{f'(\eta)(\xi - a)}$，可以发现要对 $f(x)$ 在 $[a,\xi]$ 上用拉格朗日中值定理。

证明　(1) $\lim\limits_{x \to a^+} \dfrac{f(2x-a)}{x-a}$ 存在以及 $f(x)$ 在 $x = a$ 处右连续可知，$\lim\limits_{x \to a^+} f(2x-a) = 0 = f(a)$，又在 (a,b) 内 $f'(x) > 0$，所以 $f(x) > f(a) = 0$。

(2) 设 $F(x) = x^2$，$G(x) = \int_a^x f(t)\mathrm{d}t$，则 $F(x)$，$G(x)$ 在闭区间 $[a,b]$ 上连续，在开区间 (a,b) 内可导，且 $G'(x) = f(x) > 0$，由柯西中值定理知，$\exists \xi \in (a,b)$，使

$$\frac{b^2 - a^2}{\int_a^b f(x)\mathrm{d}x} = \frac{2\xi}{f(\xi)}。$$

(3) 显然 $f(x)$ 在 $[a,\xi]$ 上连续，在 (a,ξ) 内可导，于是由拉格朗日中值定理，$\exists \eta \in (a,\xi)$，使

$$f(\xi) = f(\xi) - f(a) = f'(\eta)(\xi - a),$$

代入上式，得

$$f'(\eta)(b^2 - a^2) = \frac{2\xi}{\xi - a}\int_a^b f(x)\mathrm{d}x。$$

例 4-18　设 $f(x)$ 在 $[a,b]$ 上连续，在 (a,b) 内可导，$0 \leqslant a < b \leqslant \dfrac{\pi}{2}$。证明：在 (a,b)

内至少存在两点 ξ_1,ξ_2，使 $f'(\xi_2)\tan\dfrac{a+b}{2}=f'(\xi_1)\dfrac{\sin\xi_2}{\cos\xi_1}$。

分析　此题涉及三个函数两个中值，因此可分别先用柯西中值定理，再设法通过变形得到结果。

证明　设 $G_1(x)=\sin x,G_2(x)=\cos x$，则 $G_1(x)$、$G_2(x)$、$f(x)$ 在 $[a,b]$ 上连续，在 (a,b) 内可导，且 $G'_1(x)=\cos x\neq0$，$G'_2(x)=-\sin x\neq0$。由柯西中值定理，$\exists\,\xi_1,\xi_2\in(a,b)$，使

$$\frac{f(b)-f(a)}{\sin b-\sin a}=\frac{f'(\xi_1)}{\cos\xi_1},\quad\frac{f(b)-f(a)}{\cos b-\cos a}=-\frac{f'(\xi_2)}{\sin\xi_2}。$$

比较两式，得

$$\frac{\sin\xi_2}{\cos\xi_1}f'(\xi_1)=-\frac{\cos b-\cos a}{\sin b-\sin a}f'(\xi_2)，$$

所以

$$f'(\xi_2)\tan\frac{a+b}{2}=f'(\xi_1)\frac{\sin\xi_2}{\cos\xi_1}。$$

例 4-19　设 $f(x)$ 在 $[-1,1]$ 上具有三阶连续导数，且 $f(-1)=0,f(1)=1$，$f'(0)=0$，证明：至少存在一点 $\xi\in(-1,1)$，使 $f'''(\xi)=3$。

分析　此题为三阶导函数的中值问题，故用泰勒公式。注意到函数具有三阶导数，所以可将 $f(x)$ 展开成二阶泰勒公式；同时题设有 $f'(0)=0$，所以将 $f(x)$ 在 $x=0$ 处展开，令 $x=1,x=-1$，两式相减后，再利用连续函数的性质处理余项。

证明　将 $f(x)$ 在 $x=0$ 处展开：

$$f(x)=f(0)+f'(0)x+\frac{f''(0)}{2!}x^2+\frac{f'''(\eta)}{3!}x^3,\quad 0<\eta<x,\quad-1\leqslant x\leqslant1,$$

分别取 $x=-1,x=1$，得

$$\begin{cases}0=f(-1)=f(0)+\dfrac{f''(0)}{2!}-\dfrac{f'''(\eta_1)}{3!},\\[2mm]1=f(1)=f(0)+\dfrac{f''(0)}{2!}+\dfrac{f'''(\eta_2)}{3!},\end{cases}\quad-1<\eta_1<0<\eta_2<1。$$

后两式相减得 $f'''(\eta_1)+f'''(\eta_2)=6$。

因为 $f'''(x)$ 在 $[-1,1]$ 上连续，所以 $f'''(x)$ 在 $[\eta_1,\eta_2]$ 上连续，故 $f'''(x)$ 在 $[\eta_1,\eta_2]$ 上存在最大值 M 与最小值 m，于是

$$m\leqslant\frac{1}{2}[f'''(\eta_1)+f'''(\eta_2)]\leqslant M。$$

由介值定理知，$\exists\,\xi\in[\eta_1,\eta_2]\subset(-1,1)$，使 $f'''(\xi)=\dfrac{1}{2}[f'''(\eta_1)+f'''(\eta_2)]=3$。

【题型 4-2】　**不等式的证明**

策略　不等式大致可分为普通不等式与含中值的不等式两类。普通的不等式可以利用单调性、极值或最值、凸性、中值定理以及泰勒公式证明；而含中值的不等式则

利用中值定理或泰勒公式证明。

例 4-20 设 $f(x)$ 在区间 $[0,c]$ 上具有单调减少的导函数 $f'(x)$，且 $f(0)=0$。证明：对满足不等式 $0<a<b<a+b<c$ 的 a,b，恒有 $f(a)+f(b)>f(a+b)$。

分析 本题可以用两种方法证明，一是构造函数用单调性；二是考虑到条件中给出了导函数单调减少，因此可利用拉格朗日中值定理得到欲证的不等关系。

证明 **方法一** 设 $F(x)=f(a)+f(x)-f(a+x)$，则 $F(x)$ 在 $(0,b]$ 上可导，由 $f'(x)$ 单调减少，知

$$F'(x)=f'(x)-f'(a+x)>0,$$

所以 $F(x)$ 单调增，又 $F(0)=0$，于是

$$F(x)>F(0)=0。$$

取 $x=b$，得 $f(a)+f(b)-f(a+b)>0$，即 $f(a)+f(b)>f(a+b)$。

方法二 由拉格朗日中值定理知，存在 $\xi\in(0,a),\eta\in(b,a+b)$，使得

$$f(a)-f(0)=f'(\xi)a,\quad f(a+b)-f(b)=f'(\eta)a,$$

因 $f(0)=0,0<a<b<a+b,f'(x)$ 单调减少，所以

$$f(a+b)-f(b)+f(a)=[f'(\eta)-f'(\xi)]a<0,$$

即

$$f(a)+f(b)>f(a+b)。$$

例 4-21 设 $f(x)$ 在包含原点的某个区间 (a,b) 内二阶可导，且 $\lim\limits_{x\to0}\dfrac{f(x)}{x}=1$，$f''(x)>0$。证明：$f(x)\geqslant x,x\in(a,b)$。

分析 由 $\lim\limits_{x\to0}\dfrac{f(x)}{x}=1$，可得 $f(0)=0,f'(0)=1$，结合 $f''(x)>0$，可以考虑用泰勒公式；还可考虑用单调性、最大值与最小值证明。

证明 **方法一** 由条件 $\lim\limits_{x\to0}\dfrac{f(x)}{x}=1$，可得 $f(0)=0,f'(0)=1$。将 $f(x)$ 在 $x=0$ 处展开：

$$f(x)=f(0)+f'(0)x+\frac{f''(\xi)}{2}x^2,\quad \xi\text{ 介于 }0\text{ 与 }x\text{ 之间},\quad x\in(a,b),$$

因 $f(0)=0,f'(0)=1,f''(x)>0$，所以 $f(x)=x+\dfrac{f''(x)}{2}x^2\geqslant x$。

方法二 由条件 $\lim\limits_{x\to0}\dfrac{f(x)}{x}=1$，可得 $f(0)=0,f'(0)=1$。因为 $f''(x)>0$，所以 $f'(x)$ 单调增加，故当 $a<x<0$ 时，$f'(x)<f'(0)=1$；当 $0<x<b$ 时，$f'(x)>f'(0)=1$。

设 $F(x)=f(x)-x$，则 $F'(x)=f'(x)-1$，于是

当 $a<x<0$ 时，$F'(x)<0$，从而 $F(x)$ 单调减少，$F(x)\geqslant F(0)=0$，即 $f(x)\geqslant x$。

当 $0<x<b$ 时，$F'(x)>0$，从而 $F(x)$ 单调增加，$F(x)\geqslant F(0)=0$，即 $f(x)\geqslant x$。

综上可得，$f(x)\geqslant x,x\in(a,b)$。

方法三　由条件 $\lim\limits_{x\to 0}\dfrac{f(x)}{x}=1$,可得 $f(0)=0$,$f'(0)=1$。

设 $F(x)=f(x)-x$,则 $F'(x)=f'(x)-1$,$F'(0)=0$。所以 $x=0$ 为 $F(x)$ 在 (a,b) 内的驻点,又 $F''(0)=f''(0)>0$,所以 $x=0$ 为 $F(x)$ 在 (a,b) 内的极小值点。

又 $F''(x)=f''(x)>0$,所以 $F'(x)$ 单调增加,故 $x=0$ 为 $F(x)$ 在 (a,b) 区间内的最小值点。所以 $\forall x\in(a,b)$,有 $F(x)\geqslant F(0)=0$。从而有 $f(x)\geqslant x$,$x\in(a,b)$。

例 4-22　设函数 $f(x)$ 在 $[a,b]$ 上连续,且 $f(a)=f(b)=0$,又设 $f(x)$ 在 (a,b) 内存在二阶导数,且 $f''(x)\leqslant 0$,求证在 $[a,b]$ 上 $f(x)\geqslant 0$。

证明　由 $f(x)$ 在 (a,b) 内存在二阶导数,且 $f''(x)\leqslant 0$ 知,$f(x)$ 是 $[a,b]$ 上的上凸函数,从而对任意 $x\in[a,b]$,有

$$\frac{f(x)-f(a)}{x-a}\geqslant\frac{f(b)-f(a)}{b-a},$$

又因 $f(a)=f(b)=0$,因此 $[a,b]$ 上 $f(x)\geqslant 0$。

例 4-23　设 $f(x)$ 是二次可微的函数,满足 $f(0)=1$,$f'(0)=0$,且对任意的 $x\geqslant 0$ 有

$$f''(x)-5f'(x)+6f(x)\geqslant 0,$$

证明:对每个 $x\geqslant 0$,都有 $f(x)\geqslant 3\mathrm{e}^{2x}-2\mathrm{e}^{3x}$。

证明　由题设 $[f''(x)-2f'(x)]-3[f'(x)-2f(x)]\geqslant 0$,令 $g(x)=f'(x)-2f(x)$,则

$$g'(x)-3g(x)\geqslant 0,$$

于是,当 $x\geqslant 0$ 时,$(g(x)\mathrm{e}^{-3x})'\geqslant 0$,$g(x)\mathrm{e}^{-3x}$ 单调增,故 $g(x)\mathrm{e}^{-3x}\geqslant g(0)=-2$,即

$$f'(x)-2f(x)\geqslant -2\mathrm{e}^{3x},$$

于是有 $(f(x)\mathrm{e}^{-2x})'\geqslant -2\mathrm{e}^{x}$,即 $(f(x)\mathrm{e}^{-2x}+2\mathrm{e}^{x})'\geqslant 0$,所以 $f(x)\mathrm{e}^{-2x}+2\mathrm{e}^{x}\geqslant f(0)+2=3$,即 $f(x)\geqslant 3\mathrm{e}^{2x}-2\mathrm{e}^{3x}$。

例 4-24　设函数 $f(x)$ 在 (a,b) 内具有二阶导数,且 $f''(x)\geqslant 0$,又 $x_i\in(a,b)$,$p_i\geqslant 0$ $(i=1,2,\cdots,n)$,$\sum\limits_{i=1}^{n}p_i=1$。证明:$f\left(\sum\limits_{i=1}^{n}p_ix_i\right)\leqslant\sum\limits_{i=1}^{n}p_if(x_i)$。

分析　由于 $f''(x)\geqslant 0$,因此对 $f(x)$ 用泰勒公式可以导出不等式。结论中出现了 $f\left(\sum\limits_{i=1}^{n}p_ix_i\right)$,于是令 $\bar{x}=\sum\limits_{i=1}^{n}p_ix_i$,并将 $f(x)$ 在 $\bar{x}$ 展开。

证明　令 $\bar{x}=\sum\limits_{i=1}^{n}p_ix_i(i=1,2,\cdots,n)$,由条件知 $\bar{x}\in(a,b)$。将 $f(x)$ 在 $\bar{x}$ 点展开得

$$f(x)=f(\bar{x})+f'(\bar{x})(x-\bar{x})+\frac{f''(\xi)}{2!}(x-\bar{x})^2,$$

取 $x=x_i(i=1,2,\cdots,n)$,有

$$f(x_i)=f(\bar{x})+f'(\bar{x})(x_i-\bar{x})+\frac{f''(\xi_i)}{2!}(x_i-\bar{x})^2\quad(i=1,2,\cdots,n)$$

上式两端分别乘以 $p_i(i=1,2,\cdots,n)$，再将 n 个式子相加，有

$$\sum_{i=1}^{n} p_i f(x_i) = f(\overline{x}) \sum_{i=1}^{n} p_i + \sum_{i=1}^{n} f'(\overline{x}) p_i (x_i - \overline{x}) + \sum_{i=1}^{n} \frac{f''(\xi_i)}{2} p_i (x_i - \overline{x})^2$$

$$\geqslant f(\overline{x}) \sum_{i=1}^{n} p_i + \sum_{i=1}^{n} f'(\overline{x}) p_i (x_i - \overline{x}) \quad （因 f''(\xi_i) \geqslant 0）。$$

又因 $\sum_{i=1}^{n} p_i = 1$，所以 $\sum_{i=1}^{n} f'(\overline{x}) p_i (x_i - \overline{x}) = f'(\overline{x}) \Big[\sum_{i=1}^{n} p_i x_i - \overline{x} \sum_{i=1}^{n} p_i \Big] = 0$，所以

$$\sum_{i=1}^{n} p_i f(x_i) \geqslant f(\overline{x}) = f\Big(\sum_{i=1}^{n} p_i x_i \Big)。$$

注　当 $i=2$ 和 $p_i = \frac{1}{n}$ 两种特殊情形时可分别得到下列不等式：

$$p_1 f(x_1) + p_2 f(x_2) \geqslant f(p_1 x_1 + p_2 x_2), \quad \sum_{i=1}^{n} \frac{f(x_i)}{n} \geqslant f\Big(\sum_{i=1}^{n} \frac{x_i}{n} \Big)。$$

例 4-25　设函数 $f(x)$ 在 $[a,\infty)$ 上二阶可导，且有常数 $A,B>0$ 使得

$$|f(x)| \leqslant A, \quad |f''(x)| \leqslant B, \quad x \in [a,\infty)。$$

证明 $\forall x \in [a,\infty)$，有 $|f'(x)| \leqslant 2\sqrt{AB}$。

分析　利用泰勒公式联系条件与结论中的 $f(x), f'(x), f''(x)$。

证明　由已知，对任意 $x_0 \in [a,\infty)$，有

$$f(x) = f(x_0) + f'(x_0)(x - x_0) + \frac{1}{2} f''(\xi)(x - x_0)^2, \quad \xi 介于 x 与 x_0 之间。$$

所以　　　　$|f'(x_0)| = \left| \dfrac{f(x) - f(x_0)}{x - x_0} - \dfrac{1}{2} f''(\xi)(x - x_0) \right| \leqslant \dfrac{2}{h} A + \dfrac{1}{2} Bh$，

此处 $h = |x - x_0|$。令 $g(h) = \dfrac{2}{h} A + \dfrac{1}{2} Bh$，则

$$g'(h) = -\frac{2}{h^2} A + \frac{1}{2} B = 0$$

有唯一解 $h_0 = 2\sqrt{\dfrac{A}{B}}$，又 $g''(h_0) = \dfrac{4}{h_0^3} A > 0$，所以 $g(h)$ 的最小值是 $g(h_0) = 2\sqrt{AB}$，于是

$$|f'(x_0)| \leqslant \min\Big\{ \frac{2}{h} A + \frac{1}{2} Bh \Big\} = 2\sqrt{AB},$$

由 x_0 的任意性知，对任意 $x \in [a,\infty)$，有 $|f'(x)| \leqslant 2\sqrt{AB}$。

例 4-26　设 $f(x)$ 在 $[a,b]$ 上连续，在 (a,b) 内二阶可导，且对 $x \in (a,b)$，$|f''(x)| \geqslant m > 0$（m 为常数），又 $f(a) = f(b) = 0$，证明：$\max\limits_{a \leqslant x \leqslant b} |f(x)| \geqslant \dfrac{m}{8}(b-a)^2$。

分析　由于题设中有 $f''(x)$，所以应从 $f(x)$ 在 $x = x_0$ 处的泰勒公式入手，这里 x_0 可以取为 $|f(x)|$ 的最大值点。

证明　由于 $f(x)$ 在 $[a,b]$ 上连续，因而 $|f(x)|$ 在 $[a,b]$ 上连续，故必存在 $x_0 \in$

$[a,b]$，使得

$$\max_{a\leqslant x\leqslant b}|f(x)|=|f(x_0)|。$$

又由 $|f''(x)|\geqslant m>0$ 知，$f(x)$ 不是常数，因此由 $f(a)=f(b)=0$ 知，$|f(x)|$ 的最大值在 (a,b) 内取得，即 $x_0\in(a,b)$。显然 x_0 也是 $f(x)$ 的最大值，因此 $f'(x_0)=0$。由泰勒公式知，对任意 $x\in[a,b]$，有

$$f(x)=f(x_0)+f'(x_0)(x-x_0)+\frac{1}{2}f''(\xi)(x-x_0)^2=f(x_0)+\frac{1}{2}f''(\xi)(x-x_0)^2，$$

其中 ξ 介于 x 与 x_0 之间，故 $\forall x\in(a,b)$，有

$$|f(x_0)-f(x)|\geqslant\frac{m}{2}(x-x_0)^2，$$

取 $x=a,x=b$，得

$$|f(x_0)|\geqslant\frac{m}{2}(x_0-a)^2，\quad |f(x_0)|\geqslant\frac{m}{2}(b-x_0)^2，$$

从而

$$|f(x_0)|\geqslant\max\left\{\frac{m}{2}(x_0-a)^2,\frac{m}{2}(b-x_0)^2\right\}\geqslant\frac{m}{8}(b-a)^2。$$

最后一个不等号是因为 $a<x_0\leqslant\dfrac{b+a}{2}$ 或 $\dfrac{b+a}{2}<x_0<b$ 时，有

$$(b-x_0)^2\geqslant\frac{(b-a)^2}{4}\quad\text{或}\quad(x_0-a)^2>\frac{(b-a)^2}{4}。$$

例 4-27　设 $f(x)$ 在 $[a,b]$ 上连续，在 (a,b) 内二阶可导，且对 $x\in(a,b)$，$|f''(x)|\geqslant 1$。证明：在曲线 $y=f(x),a\leqslant x\leqslant b$ 上，存在三个点 $A、B、C$，使 $\triangle ABC$ 的面积 $S_{\triangle ABC}\geqslant\dfrac{(b-a)^3}{16}$。

分析　记 $F(x)=\dfrac{1}{2}\begin{vmatrix}1 & 1 & 1\\a & b & x\\f(a) & f(b) & f(x)\end{vmatrix}$，则由 $y=f(x)$ 上三点 $A(a,f(a))$，

$B(b,f(b)),M(x,f(x))$ 构成的 $\triangle ABM$ 的面积 $S_{\triangle ABM}=|F(x)|$。故只需验证 $F(x)$ 在 $[a,b]$ 上连续，在 (a,b) 内二阶可导，且 $F(a)=F(b)=0$，$|F''(x)|\geqslant m>0$，就可利用例 4-24 的结论。

证明　由矢量知识，构造面积函数

$$F(x)=\frac{1}{2}\begin{vmatrix}1 & 1 & 1\\a & b & x\\f(a) & f(b) & f(x)\end{vmatrix}$$

$$=\frac{1}{2}\{(b-a)[f(x)-f(a)]-(x-a)[f(b)-f(a)]\}，$$

则 $\triangle ABM$ 的面积 $S_{\triangle ABM}=|F(x)|$，其中 $M=(x,f(x))$。

由于 $F(x)$ 在 $[a,b]$ 上连续，在 (a,b) 内二阶可导，且对 $x\in(a,b)$，

$$|F''(x)| = \frac{1}{2}(b-a)|f''(x)| \geqslant \frac{1}{2}(b-a),$$

利用例 4-24 结论知，$\exists x_0 \in (a,b)$，使得 $F(x_0) \geqslant \frac{(b-a)^3}{16}$，即存在三个点

$A(a, f(a))$、$B(b, f(b))$、$C(x_0, f(x_0))$，使 $\triangle ABC$ 的面积 $S_{\triangle ABC} \geqslant \frac{(b-a)^3}{16}$。

【题型 4-3】 函数的性态以及方程的根的讨论

策略 利用导数可以判定可导函数的单调性、凹凸性，可以求函数的极值、最值与拐点，由此可引申出利用导数判定方程的根的存在性以及方程的根的个数问题。判定根的唯一性通常用函数的单调性，判定根的个数有些问题也常用最大值与最小值的判定来实现。

例 4-28 设 $f(x)$ 在 $[0, +\infty)$ 上单调增加且有界连续，在 $(0, +\infty)$ 内 $f''(x) < 0$，证明：$\lim\limits_{x \to +\infty} f'(x) = 0$。

证明 由 $f(x)$ 单调增加知 $f'(x) \geqslant 0$，又由 $f''(x) < 0$ 知 $f'(x)$ 单调减少，故 $f'(x)$ 单调减少且有下界 0，从而 $\lim\limits_{x \to +\infty} f'(x)$ 存在且非负。

若 $\lim\limits_{x \to +\infty} f'(x) = l > 0$，则存在 $X > 0$，当 $x \geqslant X$ 时，$f'(x) > \frac{l}{2}$。而 $\forall x > X$，由拉格朗日中值定理，有

$$f(x) - f(X) = f'(\xi)(x - X) > \frac{l}{2}(x - X),$$

由此推得 $\lim\limits_{x \to +\infty} f(x) = +\infty$ 与函数有界矛盾。故 $\lim\limits_{x \to +\infty} f'(x) = 0$。

例 4-29 设 $f(x)$ 在区间 (a, b) 内可导，证明以下三条等价：

(1) 曲线 $y = f(x)$ 下凸，则其上任一点处切线在曲线的下方；

(2) $f'(x)$ 在 (a, b) 内单增；

(3) $\forall x_1, x_2 \in (a, b)$ 及 $t \in [0, 1]$，有 $f[tx_1 + (1-t)x_2] \leqslant tf(x_1) + (1-t)f(x_2)$。

分析 按 $(1) \Rightarrow (2) \Rightarrow (3) \Rightarrow (1)$ 的次序证明。

证明 $(1) \Rightarrow (2)$

不妨设 $a < x_1 < x_2 < b$，则过点 $(x_1, f(x_1))$ 的切线方程为

$$y = f(x_1) + f'(x_1)(x - x_1),$$

由(1)知它在 $y = f(x)$ 的下方，当 $x = x_2$ 时有

$$f(x_2) \geqslant f(x_1) + f'(x_1)(x_2 - x_1),$$

同理，由曲线 $y = f(x)$ 在过点 $(x_2, f(x_2))$ 的切线下方得

$$f(x_1) \geqslant f(x_2) + f'(x_2)(x_1 - x_2),$$

两式相加，得

$$f(x_1) + f(x_2) \geqslant f(x_2) + f(x_1) + [f'(x_2) - f'(x_1)](x_1 - x_2),$$

即

$$[f'(x_2) - f'(x_1)](x_2 - x_1) \geqslant 0,$$

由 $x_1 < x_2$ 可推得 $f'(x_2) \geqslant f'(x_1)$，因此 (a, b) 内 $f'(x)$ 单调增加。

(2)$\Rightarrow$(3)

设 $a<x_1<x_2<b$ 及 $t\in[0,1]$,记 $x_3=tx_1+(1-t)x_2$,显然 $x_1\leqslant x_3\leqslant x_2$,由中值定理知,存在 $\xi_1\in(x_1,x_3),\xi_2\in(x_3,x_2)$,使

$$f(x_3)-f(x_1)=f'(\xi_1)(x_3-x_1)=f'(\xi_1)(tx_1+(1-t)x_2-x_1)$$
$$=(1-t)f'(\xi_1)(x_2-x_1),$$

所以
$$t[f(x_3)-f(x_1)]=t(1-t)f'(\xi_1)(x_2-x_1),$$
$$f(x_2)-f(x_3)=f'(\xi_2)(x_2-x_3)=f'(\xi_2)(x_2-tx_1-(1-t)x_2)$$
$$=tf'(\xi_2)(x_2-x_1),$$

所以
$$(1-t)[f(x_2)-f(x_3)]=t(1-t)f'(\xi_2)(x_2-x_1),$$

由 $\xi_1<\xi_2$ 及 $f'(x)$ 的单调性,得

$$(1-t)[f(x_2)-f(x_3)]\geqslant t[f(x_3)-f(x_1)],$$

整理可得
$$f(x_3)=f[tx_1+(1-t)x_2]\leqslant tf(x_1)+(1-t)f(x_2).$$

(3)$\Rightarrow$(1)

由 $f(x_3)=tf(x_3)+(1-t)f(x_3)$ 及 $f(x_3)\leqslant tf(x_1)+(1-t)f(x_2)$,得

$$(1-t)[f(x_2)-f(x_3)]\geqslant t[f(x_3)-f(x_1)],$$

或
$$\frac{f(x_2)-f(x_3)}{t}=\frac{f(x_2)-f[tx_1+(1-t)x_2]}{t}$$
$$\geqslant\frac{f(x_3)-f(x_1)}{1-t}=\frac{f[tx_1+(1-t)x_2]-f(x_1)}{1-t},$$

在上式中令 $t\rightarrow0^+$,得

$$-f(x_2)(x_1-x_2)\geqslant f(x_2)-f(x_1),$$

即
$$f(x_1)\geqslant f(x_2)+f'(x_2)(x_1-x_2)$$

由 x_1,x_2 的任意性,即证明了过点 $(x_2,f(x_2))$ 的切线在曲线 $y=f(x)$ 的下方。

注 本例证明的几个下凸函数的等价关系,其几何意义很明显,借助几何意义容易证明。若 $f(x)$ 二阶可导,就是教材上的判别定理。本例安排几个条件顺序是为了方便证明。

例 4-30 若 $q(x)<0$,证明:方程 $y''+q(x)y=0$ 的任一非零解至多只有一个零点。

分析 设 $y(x)$ 是微分方程 $y''+q(x)y=0$ 的非零解。由 $y''=-q(x)y>0$ 知 $y'(x)$ 单调增加。以下用反证法,利用 $y'(x)$ 单调性找出矛盾。

证明 设 x_1,x_2 是 $y(x)$ 的两个相邻的零点,且 $x_1<x_2$。不妨设在 (x_1,x_2) 内 $y(x)>0$,由导数定义,有

$$y'(x_1)=\lim_{x\rightarrow x_1^+}\frac{y(x)-y(x_1)}{x-x_1}=\lim_{x\rightarrow x_1^+}\frac{y(x)}{x-x_1}\geqslant0,$$
$$y'(x_2)=\lim_{x\rightarrow x_2^-}\frac{y(x)-y(x_2)}{x-x_2}=\lim_{x\rightarrow x_2^-}\frac{y(x)}{x-x_2}\leqslant0,$$

而由 $y''=-q(x)y>0$ 知,$y'(x)$ 在 (x_1,x_2) 内单调增,矛盾。所以 $y(x)$ 至多只有一

零点。

例 4-31　设 $f(x)$ 在 $[a,+\infty)$ 上二阶可导,且 $f(x)$ 在 $[a,+\infty)$ 上是严格上凸函数,又 $f(a)=A>0$,$f'(a)<0$。证明:(1) $f\left(a-\dfrac{f(a)}{f'(a)}\right)<0$;(2) 方程 $f(x)=0$ 在 $[a,+\infty)$ 内有且仅有一个实根。

分析　由于 $f(x)$ 二阶可导,于是由凸性可知 $f''(x)<0$,从而 $f'(x)$ 严格单调减少。利用泰勒公式或拉格朗日中值定理可判断 $f\left(a-\dfrac{f(a)}{f'(a)}\right)$ 的符号,并用零点定理讨论根的存在性。

证明　(1) 由条件知 $f''(x)<0$,利用泰勒公式,有

$$f\left(a-\frac{f(a)}{f'(a)}\right)=f(a)+f'(a)\left[\left(a-\frac{f(a)}{f'(a)}\right)-a\right]+\frac{f''(\xi_1)}{2!}\left[\left(a-\frac{f(a)}{f'(a)}\right)-a\right]^2$$

$$=\frac{1}{2}f''(\xi_1)\left[\frac{f(a)}{f'(a)}\right]^2<0。$$

(2) 由 $f(x)$ 在 $[a,+\infty)$ 上连续,$f(a)=A>0$,$f\left(a-\dfrac{f(a)}{f'(a)}\right)<0$ 以及 $-\dfrac{f(a)}{f'(a)}>0$,利用零点定理,$\exists\,\xi\in\left(a,a-\dfrac{f(a)}{f'(a)}\right)$,使 $f(\xi)=0$。

又由 $f''(x)<0$ 知 $f'(x)$ 严格单调减少,从而,$\forall\,x>a$,$f'(x)<f'(a)<0$,因此 $f(x)$ 严格单调减少,所以方程 $f(x)=0$ 在 $[a,+\infty)$ 内有且仅有一个实根。

例 4-32　设函数 $f(x)$ 在 $(-\infty,+\infty)$ 上具有二阶导数,并且 $f''(x)>0$,$\lim\limits_{x\to+\infty}f'(x)=a>0$,$\lim\limits_{x\to-\infty}f'(x)=\beta<0$,且存在一点 x_0,使得 $f(x_0)<0$。证明 $f(x)=0$ 在 $(-\infty,+\infty)$ 上恰有两实根。

分析　由几何意义可知,$f(x)$ 是下凸函数,又 $f(x_0)<0$,于是设法证明 $f(x)$ 在 x 轴左侧从上到下穿过 x 轴,然后在 x 轴右侧从下到上穿过 x 轴。

证明　先证 $f(x)=0$ 在 $(-\infty,+\infty)$ 上至少有两实根。

由 $\lim\limits_{x\to+\infty}f'(x)=a>0$ 知,必有一个充分大的 $a>x_0$,使得 $f'(a)>0$。又由泰勒公式以及 $f''(x)>0$,知

$$f(x)=f(a)+f'(a)(x-a)+\frac{1}{2}f''(\xi)(x-a)^2>f(a)+f'(a)(x-a)。$$

因 $f'(a)>0$,所以当 $x\to+\infty$ 时,$f(a)+f'(a)(x-a)\to+\infty$,于是,存在 $b>a>x_0$,使得

$$f(b)>f(a)+f'(a)(b-a)>0;$$

已知 $f(x_0)<0$,故由零点定理知,存在 $x_1\in(x_0,b)$,使得 $f(x_1)=0$,即 $f(x)=0$ 在 $(x_0,+\infty)$ 上至少有一根。同理可证 $f(x)=0$ 在 $(-\infty,x_0)$ 上至少有一根。

再证 $f(x)=0$ 在 $(-\infty,+\infty)$ 上只有两实根。

假设 $f(x)=0$ 在 $(-\infty,+\infty)$ 上有三个实根 x_1、x_2、x_3,且 $x_1<x_2<x_3$。

对 $f(x)$ 在 $[x_1,x_2]$ 和 $[x_2,x_3]$ 上分别用罗尔定理,可知存在 $\xi_1\in(x_1,x_2),\xi_2\in(x_2,x_3)$,使得 $f(\xi_1)=f(\xi_2)=0$;再对 $f'(x)$ 在 (ξ_1,ξ_2) 上用罗尔定理,可知存在 $\xi\in(\xi_1,\xi_2)$,使得 $f''(\xi)=0$,这与 $f''(x)>0$ 矛盾。从而 $f(x)=0$ 在 $(-\infty,+\infty)$ 上只有两实根。

例 4-33 设 $f(x)$ 在 $(x_0,+\infty)$ 内二阶可导,且 $\lim\limits_{x\to x_0^+}f(x)=0$,$\lim\limits_{x\to+\infty}f(x)=0$,证明:至少存在一点 $\xi\in(x_0,+\infty)$,使得 $f''(\xi)=0$。

分析 这是导函数的零点问题,但若用罗尔定理,则需找到一阶导函数的两个零点,而题目没有相应的条件可用,故考虑用反证法。

证明 不妨设 $(x_0,+\infty)$ 内 $f''(x)>0$。因 $\lim\limits_{x\to x_0^+}f(x)=0$,$\lim\limits_{x\to+\infty}f(x)=0$,由广义的罗尔定理知,$\exists c_1\in(x_0,+\infty)$,使得 $f'(c_1)=0$。

由 $f''(x)>0$ 知,$f'(x)$ 在 $(x_0,+\infty)$ 内严格单调增加,于是取 $c_2>c_1$,有 $f'(c_2)>0$,过点 $(c_2,f(c_2))$ 作 $y=f(x)$ 的切线 $w=f(c_2)+f'(c_2)(x-c_2)$,因此 $\lim\limits_{x\to+\infty}w=+\infty$。

再由 $f''(x)>0$ 知,$f(x)$ 下凸,有 $f(x)-w(x)>0$,所以 $\lim\limits_{x\to+\infty}f(x)=+\infty$。这与题设 $\lim\limits_{x\to+\infty}f(x)=0$ 矛盾。所以一定存在 $\xi\in(x_0,+\infty)$ 使得 $f''(\xi)=0$。

例 4-34 设曲线 $y=f(x)$ 有渐近线,且 $f''(x)>0$,证明:函数 $y=f(x)$ 的图像从上方趋近于此渐近线。

证明 由题意知,此渐近线为水平渐近线或斜渐近线,设其方程为 $y=ax+b$。令 $F(x)=f(x)-ax-b$,不妨设 $x\in(0,+\infty)$,则

$$\lim_{x\to+\infty}F(x)=\lim_{x\to+\infty}[f(x)-ax-b]=0,$$

且 $F''(x)=f''(x)>0$,所以 $F'(x)$ 在 $[0,+\infty)$ 上严格单调增加。

$\forall x_0\in(0,+\infty)$,若 $F'(x_0)>0$,在 $[x_0,x]$ 上用拉格朗日中值定理知,$\exists\xi\in(x_0,x)$,使得

$$F(x)=F(x_0)+F'(\xi)(x-x_0)>F(x_0)+F'(x_0)(x-x_0)$$

令 $x\to+\infty$,得 $\lim\limits_{x\to+\infty}F(x)=+\infty$,与 $\lim\limits_{x\to+\infty}F(x)=0$ 矛盾,所以,对 $\forall x\in(0,+\infty)$,有 $F'(x)\leqslant0$,因此,$F(x)$ 在 $(0,+\infty)$ 上单调减少。

又对 $\forall x_1\in(0,+\infty)$,若 $F(x_1)<0$,则 $x>x_1$ 时 $F(x)\leqslant F(x_1)<0$,故 $\lim\limits_{x\to+\infty}F(x)\leqslant F(x_1)<0$,这与 $\lim\limits_{x\to+\infty}F(x)=0$ 矛盾;若 $F(x_1)=0$,因为 $\lim\limits_{x\to+\infty}F(x)=0$,所以,当 $x>x_0$ 时,$F(x)\equiv0$,此时,$F'(x)=0$,这与 $F''(x)>0$ 矛盾。故对 $\forall x\in(0,+\infty)$,$F(x)>0$,即 $f(x)>ax+b$,因此,函数 $y=f(x)$ 的图像从上方趋近于此渐近线。

例 4-35 求方程 $x^2\sin\dfrac{1}{x}=2x-501$ 的近似解,精确到 0.001。

分析 用泰勒公式找到非幂函数线性主部,用不等式对泰勒公式中的余项缩放,找到满足条件的近似解。

解　泰勒公式 $\sin t = t - \dfrac{\sin\theta t}{2}t^2 (0<\theta<1)$。令 $t = \dfrac{1}{x}$，得

$$\sin\frac{1}{x} = \frac{1}{x} - \frac{\sin\dfrac{\theta}{x}}{2x^2},$$

代入原方程得 $x - \dfrac{1}{2}\sin\dfrac{\theta}{x} = 2x - 501$，即

$$x = 501 - \frac{1}{2}\sin\frac{\theta}{x},$$

由此可知

$$x>500, \quad 0<\frac{\theta}{x}<\frac{1}{500}, \quad |x-501| = \frac{1}{2}\left|\sin\frac{\theta}{x}\right| \leqslant \frac{1}{2}\cdot\frac{\theta}{x}<\frac{1}{1000} = 0.001,$$

所以 $x=501$ 即为题设条件的解。

4.3　精选备赛练习

4.1　设 $f(x)$ 在 $[0,1]$ 上连续，在 $(0,1)$ 内可导，且 $f(0)=f(1)=0$，证明：至少存在一点 $\xi\in(0,1)$，使 $\xi f'(\xi)+nf(\xi)=0$。

4.2　设 $f(x)$ 在 $[0,1]$ 上连续，在 $(0,1)$ 内可导，且 $f(0)=f(1)=0$，证明：至少存在一点 $\xi\in(0,1)$，使 $\xi f'(\xi)+\dfrac{1}{n}f(\xi)=0$。

4.3　(1) 设 $f(x)$ 在 (a,b) 内可导，且 $\lim\limits_{x\to a^+}f(x)=\lim\limits_{x\to b^-}f(x)=A$（$A$ 为有限或 $\pm\infty$），证明：至少存在一点 $\xi\in(a,b)$，使得 $f'(\xi)=0$。

(2) 设 $f(x)$ 在 $(-\infty,+\infty)$ 上可导，且 $\lim\limits_{x\to+\infty}f(x)=\lim\limits_{x\to-\infty}f(x)=\pm\infty$，证明：至少存在一点 $\xi\in(-\infty,+\infty)$，使得 $f'(\xi)=0$。

4.4　设 $f(x)$ 在 $[a,b]$ 上连续，在 (a,b) 内可导，$f(a)=0$，证明：至少存在一点 $\xi\in(a,b)$，使得 $kf(\xi)-(b-\xi)f'(\xi)=0$。

4.5　设 $f(x)$ 在 $[0,1]$ 上有连续的二阶导数，$f'(0)=f'(1)=0$，证明：至少存在一点 $\xi\in(0,1)$，使 $\xi f''(\xi)+\dfrac{1}{n}f'(\xi)=0$。

4.6　设 $f(x)$ 在 $[0,1]$ 上可导，且 $f(0)=0, f(x)>0 (0<x<1)$，证明：至少存在一点 $\xi\in(0,1)$，使得 $\dfrac{2f'(\xi)}{f(\xi)} = \dfrac{3f'(1-\xi)}{f(1-\xi)}$。

4.7　设 $f(x)$ 在区间 $[a,b]$ 上具有二阶导数，且 $f'(a)=f'(b)=0, f(x)>0$，证明：至少存在一点 $\xi\in(a,b)$，使得 $f(\xi)f''(\xi)-2[f'(\xi)]^2=0$。

4.8　设 $f(x)$ 在 $[0,1]$ 上有二阶导数，且 $f(0)=f(1)=0$，证明：至少存在一点 $\xi\in(0,1)$，使 $f''(\xi)=\dfrac{2f'(\xi)}{1-\xi}$。

4.9 设 $f(x)$ 在 $[0,1]$ 上二次可导,且 $f'(0)=0$,证明:至少存在一点 $\xi\in(0,1)$,使得 $f'(\xi)-(\xi-1)^2 f''(\xi)=0$。

4.10 若 $f(x)$ 可导,证明在 $f(x)$ 的两个零点之间必有 $f(x)+f'(x)$ 的零点。

4.11 设 $f(x),g(x)$ 都为可导函数,试证在 $f(x)$ 的两个零点之间必有 $f(x)g'(x)+f'(x)$ 的零点。

4.12 设 $f(x)$ 在 $[0,1]$ 上可导,且 $f(1)=2\displaystyle\int_0^{\frac{1}{2}}e^{1-x^2}f(x)\mathrm{d}x$,证明:至少存在一点 $\xi\in(0,1)$,使得 $f'(\xi)=2\xi f(\xi)$。

4.13 设 $f(x)$ 在 $[a,b]$ 上连续,在 (a,b) 内二阶可导,证明:对每个 $x\in(a,b)$,$\exists\xi\in(a,b)$,使得 $\dfrac{1}{2}f''(\xi)=\dfrac{\dfrac{f(x)-f(a)}{x-a}-\dfrac{f(b)-f(a)}{b-a}}{x-b}$。

4.14 设 $f(x)$ 在 $[a,b]$ 上三阶可导,$f(a)=f'(a)=f(b)=0$,证明:对每个 $x\in(a,b)$,存在 $\xi\in(a,b)$,使得

$$f(x)=\frac{f'''(\xi)}{3!}(x-a)^2(x-b)。$$

4.15 设函数 $f(x)$ 在 $[0,+\infty)$ 上可导,且 $0\leqslant f(x)\leqslant\dfrac{x}{1+x^2}$,证明:至少存在一点 $\xi\in(0,+\infty)$,使得 $f'(\xi)=\dfrac{1-\xi^2}{(1+\xi^2)^2}$。

4.16 设 $f(x)$ 在 $[0,1]$ 上连续,在 $(0,1)$ 内可导,且 $f(0)=f(1)=0$,$f\left(\dfrac{1}{2}\right)=1$,证明:(1) $\exists\eta\in\left(\dfrac{1}{2},1\right)$,使 $f(\eta)=\eta$;(2) 对任意实数 λ,$\exists\xi\in(0,\eta)$,使得 $f'(\xi)-\lambda[f(\xi)-\xi]=1$。

4.17 设 $a_1<a_2<a_3<\cdots<a_n$ 为 n 个不同的实数,函数 $f(x)$ 在 $[a_1,a_n]$ 上有 n 阶导数,且满足 $f(a_1)=f(a_2)=f(a_3)=\cdots=f(a_n)=0$,则对每个 $c\in[a_1,a_n]$,都相应地存在 $\xi\in(a_1,a_n)$ 满足等式 $f(c)=\dfrac{(c-a_1)(c-a_2)\cdots(c-a_n)}{n!}f^{(n)}(\xi)$。

4.18 设函数 $f(x)$ 在 $[0,1]$ 上二阶可导,$f(0)=f(1)=0$,证明:至少存在一点 $\xi\in(0,1)$,使得 $\xi^2 f''(\xi)+4\xi f'(\xi)+2f(\xi)=0$。

4.19 设 $f(x)$ 在 $[a,b]$ 上连续,在 (a,b) 内可导,证明:至少存在一点 $\xi\in(a,b)$,使得 $\dfrac{bf(b)-af(a)}{b-a}=f(\xi)+\xi f'(\xi)$。

4.20 设 $f(x)$ 在 (a,b) 内具有二阶导数,且存在 $x_0\in(a,b)$,使 $f''(x_0)>0$,证明:存在 $\xi,\eta\in(a,b)$,使得 $f'(x_0)=\dfrac{f(\xi)-f(\eta)}{\xi-\eta}$。

4.21 设不恒为常数的函数 $f(x)$ 在 $[a,b]$ 上连续,在 (a,b) 内可导,且 $f(a)=f(b)$,证明:至少存在一点 $\xi\in(a,b)$,使得 $f'(\xi)>0$。

4.22　设函数 $f(x)$ 在 $[0,1]$ 上连续,在 $(0,1)$ 内可导,且 $f(0)=0,f(1)=1$,证明:(1) 存在 $\xi\in(0,1)$,使得 $f(\xi)=1-\xi$;(2) 存在 $\eta,\zeta\in(0,1)$,使得 $f'(\eta)f'(\zeta)=1$。

4.23　设函数 $f(x)$ 在 $[0,1]$ 上可微,且 $0<f(x)<1,f'(x)\neq1$,证明:方程 $f(x)=x$ 在 $(0,1)$ 内有且仅有一个根。

4.24　设函数 $f(x)$ 在实数 **R** 上可微,且满足 $f(0)=0,|f'(x)|\leqslant p|f(x)|$,其中 $0<p<1$,证明:$f(x)\equiv0,x\in\mathbf{R}$。

4.25　已知函数 $g(x)$ 在区间 $[a,b]$ 上连续,且函数 $f(x)$ 在区间 $[a,b]$ 上满足 $f''(x)+g(x)f'(x)-f(x)=0$,又 $f(a)=f(b)=0$,证明:$f(x)$ 在区间 $[a,b]$ 上恒为一常数。

4.26　设函数 $f(x),g(x)$ 在 $[a,b]$ 上二阶可导,且 $g''(x)\neq0,f(a)=f(b)=g(a)=g(b)=0$,证明:(1) 在开区间 (a,b) 内 $g(x)\neq0$;(2) 至少存在一点 $\xi\in(a,b)$,使 $\dfrac{f(\xi)}{g(\xi)}=\dfrac{f''(\xi)}{g''(\xi)}$。

4.27　设 $f(x)$ 在 $[0,\infty)$ 上连续,在 $(0,\infty)$ 上可导,$f(0)=0$,证明:对任意 $x\in(0,\infty)$,存在 $\xi\in(0,x)$,使得 $f(x)=(1+\xi)\ln(1+x)f'(\xi)$。

4.28　设 $f(x)$ 在闭区间 $[0,1]$ 上连续,开区间 $(0,1)$ 内可导,且 $f(0)=0,f(1)=1$,证明:对任意正数 a,b,存在不同的 $\xi,\eta\in(0,1)$,使得 $\dfrac{a}{f'(\xi)}+\dfrac{b}{f'(\eta)}=a+b$。

4.29　设函数 $f(x)$ 在 $[a,b]$ 上连续,在 (a,b) 内可导,且 $0<a$,证明:$\exists\xi,\eta\in(a,b)$,使得 $f'(\xi)=\dfrac{a+b}{2\eta}f'(\eta)$。

4.30　设 $f(x),g(x)$ 都可导,且 $|f'(x)|<g'(x)$,证明:当 $x>a$ 时,$|f(x)-f(a)|<g(x)-g(a)$。

4.31　设 $x_1x_2>0$,证明:$\exists\xi\in(x_1,x_2)$,使得 $x_1\mathrm{e}^{x_2}-x_2\mathrm{e}^{x_1}=(1-\xi)\mathrm{e}^\xi(x_1-x_2)$。

4.32　设函数 $f(x)$ 在 $[x_1,x_2]$ 上可导,且 $x_1x_2>0$,证明:$\exists\xi\in(x_1,x_2)$,使得
$$\frac{1}{x_1-x_2}\begin{vmatrix}x_1&x_2\\f(x_1)&f(x_2)\end{vmatrix}=f(\xi)-\xi f'(\xi)。$$

4.33　设 $f(x)$ 在区间 $[-1,1]$ 上三次连续可微,证明:$\exists\xi\in(-1,1)$,使得
$$\frac{f'''(\xi)}{6}=\frac{f(1)-f(-1)}{2}-f'(0)。$$

4.34　设 $f(x)$ 是一定义于长度不小于 2 的闭区间 I 上的实函数,满足对于 $x\in I,|f(x)|\leqslant1,|f''(x)|\leqslant1$,证明:对于 $x\in I,|f'(x)|\leqslant2$,且有函数使得等式成立。

4.35　设 $f(x)$ 在区间 $[a,b]$ 上具有二阶导数,且 $f'(a)=f'(b)=0$,证明:至少存在一点 $\xi\in(a,b)$,使得 $|f''(\xi)|\geqslant4\dfrac{|f(b)-f(a)|}{(b-a)^2}$。

4.36　证明:$\sin1$ 是无理数。

4.37　设函数 $f(x)$ 在区间 $[0,1]$ 上具有二阶导数,且 $|f(x)|\leqslant a,|f''(x)|\leqslant b,$

其中 a,b 是非负常数,证明:存在 $c\in(0,1)$,使得 $|f'(c)|\leqslant 2a+\dfrac{b}{2}$。

4.38　证明: $x\ln\dfrac{1+x}{1-x}+\cos x\geqslant 1+\dfrac{x^2}{2}$ $(-1<x<1)$。

4.39　设 $f(x)$ 在整个数轴上二次可微且有界,证明存在一点 x_0,使得 $f''(x_0)=0$。

4.40　求方程 $k\arctan x-x=0$ 不同实根的个数,其中 k 为参数。

4.41　已知方程 $\log_a x=x^b$ 存在实根,常数 $a>1,b>0$,求 a,b 应满足的条件。

4.4　答案与提示

4.1　提示:作辅助函数 $F(x)=x^n f(x)$,用罗尔定理。

4.2　提示:作辅助函数 $F(x)=xf^n(x)$,用罗尔定理。

4.4　提示:作辅助函数 $F(x)=(b-x)^k f(x)$,用罗尔定理。

4.5　提示:作辅助函数 $F(x)=xf'^{(n)}(x)$,用罗尔定理。

4.6　提示:作辅助函数 $F(x)=f^2(x)f^3(1-x)$,用罗尔定理。

4.7　提示:作辅助函数 $F(x)=\dfrac{f'(x)}{f^2(x)}$,用罗尔定理。

4.8　提示:作辅助函数 $F(x)=(x-1)^2 f'(x)$,用罗尔定理。

4.9　提示:作辅助函数 $F(x)=f'(x)\mathrm{e}^{\frac{1}{x-1}}$,用广义罗尔定理。

4.10　提示:作辅助函数 $F(x)=\mathrm{e}^x f(x)$,用罗尔定理。

4.11　提示:作辅助函数 $F(x)=\mathrm{e}^{g(x)}f(x)$,在 $f(x)$ 的两个零点之间用罗尔定理。

4.12　提示:由积分中值定理知,$\exists\alpha\in\left[0,\dfrac{1}{2}\right]$,使得 $f(1)=\mathrm{e}^{1-\alpha^2}f(\alpha)$,作辅助函数 $F(x)=\mathrm{e}^{1-x^2}f(x)$,在 $[\alpha,1]$ 上用罗尔定理。

4.13　提示:固定 $x\in(a,b)$,令 $\lambda=\dfrac{f(x)-f(a)-\dfrac{(x-a)(f(b)-f(a))}{b-a}}{(x-b)(x-a)}$,作辅助函数 $F(t)=f(t)-\lambda(t-a)(t-b)-f(a)-\dfrac{(t-a)[f(b)-f(a)]}{b-a}$,在 $[a,b]$ 上用罗尔定理。

4.14　提示:固定 $x\in(a,b)$,令 $\lambda=\dfrac{f(x)}{(x-a)^2(x-b)}$,并令 $F(t)=f(t)-\lambda(t-a)^2(t-b)$,在 $[a,b]$ 上用罗尔定理。

4.15　提示:作辅助函数 $F(x)=\dfrac{x}{1+x^2}-f(x)$,用广义罗尔定理。

4.16　提示:(1) 用零点定理证明;(2) 作辅助函数 $G(x)=\mathrm{e}^{-\lambda x}[f(x)-x]$,用罗

尔定理。

4.17 提示:作辅助函数 $F(x)=f(x)-\dfrac{f(c)}{(c-a_1)(c-a_2)\cdots(c-a_n)}(x-a_1)(x-a_2)\cdots(x-a_n)$,用罗尔定理。

4.18 提示:作辅助函数 $F(x)=x^2f(x)$,用罗尔定理。

4.19 提示:作辅助函数 $F(x)=xf(x)$,用拉格朗日中值定理。

4.20 提示:令 $F(x)=f(x)-xf'(x_0)$,证明 $F(x_0)$ 为极小值。在区间 $[x_0-\delta,x_0]$ 及 $[x_0,x_0+\delta]$ 上,$F(x)$ 分别有最大值 M_1,M_2 和最小值 $F(x_0)$,取 $M=\min\{M_1,M_2\}$,由介值定理知,存在 $\xi\in(x_0-\delta,x_0)\subset(a,b)$,$\eta\in(x_0,x_0+\delta)\subset(a,b)$,使得 $F(\xi)=F(\eta)=M$。

4.21 提示:取 $c\in(a,b)$,$f(c)\neq f(a)=f(b)$,不妨设 $f(c)>f(a)$,在 $[a,c]$ 上用拉格朗日中值定理。

4.22 提示:(1) 令 $G(x)=f(x)+x-1$,用零点定理;(2) 在区间 $[0,\xi]$ 及 $[\xi,1]$ 上分别用拉格朗日中值定理。

4.24 提示:设 $|f(x)|$ 在 $x_0\in[0,1]$ 处取得最大值 M,由拉格朗日中值定理可得 $M=0$,再从 $x=1$ 出发,考查闭区间 $[1,2]$ 上 $f(x)\equiv0$,依此类推在 $x\geqslant0$ 上 $f(x)\equiv0$。同理可证在 $x\leqslant0$ 上 $f(x)\equiv0$,所以 $f(x)\equiv0$,$x\in\mathbf{R}$。

4.25 提示:用反证法。如果 $f(x)\neq$ 常数,必在 $[a,b]$ 内产生最大(小)值,从而导出矛盾。

4.26 提示:(1) 用反证法。如果 $\exists c\in(a,b)$,使 $f(c)=0$,由罗尔定理知与 $g''(x)\neq0$ 矛盾;(2) 作辅助函数 $F(x)=f(x)g'(x)-f'(x)g(x)$,用罗尔定理。

4.27 提示:$f(t)$ 与 $g(t)=\ln(1+t)$ 在 $[0,x]$ 上用柯西中值定理。

4.28 提示:由介值定理知,$\exists c\in(0,1)$ 使 $f(c)=\dfrac{a}{a+b}$,在区间 $[0,c]$,$[c,1]$ 上用拉格朗日中值定理。

4.29 提示:先对 $F(x)=f(x)$,$G(x)=x^2$ 用柯西中值定理,再对 $f(x)$ 用拉格朗日中值定理。

4.30 提示:先说明 $g(x)$ 单调增,从而 $g(x)-g(a)>0$,再用柯西中值定理证明。

4.31 提示:设 $f(x)=\dfrac{\mathrm{e}^x}{x}$,$g(x)=\dfrac{1}{x}$,在区间 $[x_1,x_2]$ 上用柯西中值定理。

4.32 提示:设 $F(x)=\dfrac{f(x)}{x}$,$G(x)=\dfrac{1}{x}$,在区间 $[x_1,x_2]$ 上用柯西中值定理。

4.33 提示:将函数在 $x=0$ 处用泰勒公式。

4.34 提示:在 $I=[a,a+2]$ 上将 $f(x)(\forall x\in I)$ 作泰勒展开可得结果。

4.35 提示:将 $f(x)$ 在点 a,b 处用泰勒公式,取 $x=\dfrac{a+b}{2}$ 即可。

4.36　提示:用反证法。将 $\sin x$ 用泰勒公式后得到矛盾。

4.37　提示:将函数在点 c 处用泰勒公式,代入 $x=0,x=1$ 后,再作放大处理。

4.39　提示:用反证法。由函数的凸性说明函数无界,矛盾。

4.40　答案:当 $k>1$ 时,方程 $f(x)=0$ 有且仅有三个不同的实根 $x=-\xi,x=0$, $x=\xi$。

4.41　答案:$0<\ln a<\dfrac{1}{be}$。

第5讲 不定积分

5.1 内容概述

这一讲包含四种基本积分法(直接积分法、凑微分法(即第一换元积分法)、换元积分法(即第二换元积分法)、分部积分法)和三种类型函数(有理函数、三角函数的有理式、无理函数)的积分。

一般而言,大多数积分需要综合运用以上方法,而积分之前对被积函数进行变形尤为重要,通常的变形方法有:增减分子法(分子加 1 项减 1 项)、缩分母法、"1"的妙用法、有理化法、三角函数恒等式变形法、常用函数代换法、抵消法、还原法、递推公式等,对技巧性特别强且不易把握的积分题,还需要多看例题做较多的练习题。

5.2 典型例题分析

【题型 5-1】 概念性题目

策略 正确理解原函数与不定积分的概念,充分运用积分运算与微分运算的互逆性,熟练掌握各种积分计算方法。

例 5-1 已知 $f'(e^x) = xe^{-x}$,且 $f(1) = 0$,求 $f(x)$。

分析 此题是求原函数,可先将 $f'(t)$ 表达式写出来,然后对其积分。

解 令 $t = e^x$,则 $x = \ln t$,$f'(t) = \dfrac{\ln t}{t}$。于是

$$f(t) = \int f'(t) dt = \int \frac{\ln t}{t} dt = \int \ln t d\ln t = \frac{1}{2}\ln^2 t + C,$$

即
$$f(x) = \frac{1}{2}\ln^2 x + C。$$

由 $f(1) = 0$,得 $C = 0$,故 $f(x) = \dfrac{1}{2}\ln^2 x$。

例 5-2 设 $f(x)$ 的原函数 $F(x) > 0$,且 $F(0) = 1$,当 $x \geqslant 0$ 时,$f(x)F(x) = \sin^2 2x$,求 $f(x)$。

分析 此题是求原函数 $F(x)$ 的导数 $f(x)$,利用积分法求出 $F(x)$,然后求导即为所求。

解 因为 $\displaystyle\int f(x)F(x)dx = \int \sin^2 2x dx = \int \frac{1}{2}(1 - \cos 4x)dx$

$$= \frac{1}{2}x - \frac{1}{8}\sin 4x + C_1,$$

又 $$\int f(x)F(x)\mathrm{d}x = \int F(x)\mathrm{d}F(x) = \frac{1}{2}F^2(x) + C_2,$$

从而 $$F^2(x) = x - \frac{1}{4}\sin 4x + C \quad (C = 2C_1 - 2C_2)。$$

由 $F(0) = 1$，得 $C = 1$，于是

$$F(x) = \sqrt{x - \frac{1}{4}\sin 4x + 1}, \quad 即 \quad f(x) = F'(x) = \frac{1 - \cos 4x}{2\sqrt{x - \frac{1}{4}\sin 4x + 1}}。$$

例 5-3 设 $f(x)$ 连续可导，导数不为零，存在反函数 $f^{-1}(x)$，$F(x)$ 是 $f(x)$ 的原函数，证明：

$$\int f^{-1}(x)\mathrm{d}x = xf^{-1}(x) - F(f^{-1}(x)) + C。$$

分析 此题建立了反函数的不定积分公式。为了证明此公式，必须用分部积分法以及反函数的一个性质：$x = f(f^{-1}(x))$。

证明 $$\int f^{-1}(x)\mathrm{d}x \xrightarrow{\text{分部积分}} xf^{-1}(x) - \int x\mathrm{d}f^{-1}(x)$$

$$= xf^{-1}(x) - \int f(f^{-1}(x))\mathrm{d}f^{-1}(x)$$

$$= xf^{-1}(x) - \int F'(f^{-1}(x))\mathrm{d}f^{-1}(x)$$

$$= xf^{-1}(x) - F(f^{-1}(x)) + C。$$

例 5-4 求 $\int \max(1, x^2, x^3)\mathrm{d}x$。

分析 分段函数的积分应分段积分。因为分段积分的积分常数不止一个，所以要在分界点处利用不定积分（原函数族）是连续的性质建立各积分常数之间的关系，最后，不定积分只用一个积分常数 C 来表示。

解 因为

$$f(x) = \max(1, x^2, x^3) = \begin{cases} x^3, & x \geqslant 1, \\ x^2 & x \leqslant -1, \\ 1, & |x| < 1。 \end{cases}$$

当 $x \geqslant 1$ 时，$\int f(x)\mathrm{d}x = \int x^3\mathrm{d}x = \frac{1}{4}x^4 + C_1$；当 $x \leqslant -1$ 时，$\int f(x)\mathrm{d}x = \int x^2\mathrm{d}x = \frac{1}{3}x^3 + C_2$；当 $|x| < 1$ 时，$\int f(x)\mathrm{d}x = \int 1\mathrm{d}x = x + C_3$。

由原函数的连续性，有

$$\lim_{x \to 1^+}\left(\frac{1}{4}x^4 + C_1\right) = \lim_{x \to 1^-}(x + C_3),$$

即 $$\frac{1}{4}+C_1=1+C_3，\qquad\qquad ①$$

又 $$\lim_{x\to-1^+}(x+C_3)=\lim_{x\to-1^-}\left(\frac{1}{3}x^3+C_2\right)，$$

即 $$-\frac{1}{3}+C_2=-1+C_3。\qquad\qquad ②$$

解方程式①、②，并令 $C_3=C$，则

$$C_1=\frac{3}{4}+C，\quad C_2=-\frac{2}{3}+C。$$

所以 $$\int\max(1,x^2,x^3)\mathrm{d}x=\begin{cases}\dfrac{1}{4}x^4+\dfrac{3}{4}+C，& x\geqslant 1，\\[2mm]\dfrac{1}{3}x^3-\dfrac{2}{3}+C，& x\leqslant-1，\\[2mm]x+C，& -1<x<1。\end{cases}$$

【题型 5-2】　用直接积分法计算不定积分

策略　熟记常用不定积分公式，通过变形将被积函数分拆为若干个较易积分的函数之和，然后依分项积分公式积分。分拆被积函数的手段是多种多样的，其中增减分子法、缩分母法、"1"的妙用法、展开法、有理化法等方法是常用和行之有效的方法。直接积分法是积分过程的最终方法。

例 5-5　求 $\displaystyle\int\frac{1}{\sin x\cos^4 x}\mathrm{d}x$。

分析　此题不好凑微分，也不能直接套用积分公式，这里正好展示"1"的妙用。

解
$$\int\frac{1}{\sin x\cos^4 x}\mathrm{d}x=\int\frac{\sin^2 x+\cos^2 x}{\sin x\cos^4 x}\mathrm{d}x=\int\frac{\sin^2 x}{\sin x\cos^4 x}\mathrm{d}x+\int\frac{\cos^2 x}{\sin x\cos^4 x}\mathrm{d}x$$
$$=-\int\frac{1}{\cos^4 x}\mathrm{d}\cos x+\int\frac{1}{\sin x\cos^2 x}\mathrm{d}x$$
$$=\frac{1}{3\cos^3 x}+\int\frac{\sin^2 x+\cos^2 x}{\sin x\cos^2 x}\mathrm{d}x$$
$$=\frac{1}{3\cos^3 x}+\frac{1}{\cos x}+\ln\left(\tan\frac{x}{2}\right)+C。$$

例 5-6　求下列不定积分：

(1) $\displaystyle\int\frac{x^4}{1+x^2}\mathrm{d}x$；　　　(2) $\displaystyle\int\frac{1}{x(x^6+1)}\mathrm{d}x$。

分析　若用换元法或用有理函数积分法将会比较麻烦，下面用增减分子法（分子加 1 项减 1 项法）求解。

解　(1) $\displaystyle\int\frac{x^4}{1+x^2}\mathrm{d}x=\int\frac{x^4-1+1}{1+x^2}\mathrm{d}x=\int(x^2-1)\mathrm{d}x+\int\frac{1}{1+x^2}\mathrm{d}x$

$$=\frac{1}{3}x^3-x+\arctan x+C。$$

(2) $\displaystyle\int \frac{1}{x(x^6+1)}\mathrm{d}x = \int \frac{1+x^6-x^6}{x(x^6+1)}\mathrm{d}x = \int\left(\frac{1}{x}-\frac{x^5}{x^6+1}\right)\mathrm{d}x$

$\displaystyle\qquad\quad = \int \frac{1}{x}\mathrm{d}x - \frac{1}{6}\int \frac{\mathrm{d}(x^6+1)}{x^6+1} = \ln|x| - \frac{1}{6}\ln(x^6+1)+C_{\circ}$

例 5-7　求 $\displaystyle\int \frac{1}{1+\sin x}\mathrm{d}x$。

分析　此题简单的方法是用缩分母法。

解　$\displaystyle\int \frac{1}{1+\sin x}\mathrm{d}x = \int \frac{1-\sin x}{\cos^2 x}\mathrm{d}x = \tan x + \int \frac{\mathrm{d}\cos x}{\cos^2 x} = \tan x - \frac{1}{\cos x}+C_{\circ}$

例 5-8　求 $\displaystyle\int \sin^4 x\cos^4 x\mathrm{d}x$。

分析　利用公式 $\cos^2\dfrac{x}{2}=\dfrac{1}{2}(1+\cos x)$，$\sin^2\dfrac{x}{2}=\dfrac{1}{2}(1-\cos x)$ 对被积函数进行降次，然后直接积分。

解　$\displaystyle\int \sin^4 x\cos^4 x\mathrm{d}x = \int \frac{1}{2^4}\sin^4 2x\mathrm{d}x = \frac{1}{2^4}\int\left(\frac{1-\cos 4x}{2}\right)^2\mathrm{d}x$

$\displaystyle\qquad\quad = \frac{1}{2^6}\int(1-2\cos 4x)\mathrm{d}x + \frac{1}{2^6}\int \frac{1+\cos 8x}{2}\mathrm{d}x$

$\displaystyle\qquad\quad = \frac{1}{128}\left(3x-\sin 4x+\frac{\sin 8x}{8}\right)+C_{\circ}$

注　对于三角函数有理式的积分，一般很少用万能代换公式，主要是计算量大。在大多数情况下是用三角公式对被积函数进行变形，然后直接积分。

【题型 5-3】　用凑微分法计算不定积分

策略　利用变形将被积函数转化为 $f(\varphi(x))\varphi'(x)$ 的形式，通过代换 $u=\varphi(x)$ 将积分 $\displaystyle\int f(\varphi(x))\varphi'(x)\mathrm{d}x$ 转化为 $\displaystyle\int f(\varphi(x))\mathrm{d}\varphi(x) = \int f(u)\mathrm{d}u$，求出 $\displaystyle\int f(u)\mathrm{d}u$ 后将 $u=\varphi(x)$ 代回即可。

例 5-9　求 $\displaystyle\int \frac{\mathrm{d}x}{x^5\sqrt[3]{1+x^6}}$。

分析　从根式中提出 x^6 就有收获了。

解　$\displaystyle\int \frac{\mathrm{d}x}{x^5\sqrt[3]{1+x^6}} = \int \frac{\mathrm{d}x}{x^7\sqrt[3]{x^{-6}+1}} = -\frac{1}{6}\int \frac{\mathrm{d}(x^{-6}+1)}{\sqrt[3]{x^{-6}+1}} = -\frac{1}{4}(1+x^{-6})^{\frac{2}{3}}+C_{\circ}$

例 5-10　求 $\displaystyle\int \frac{1+x}{x(1+x\mathrm{e}^x)}\mathrm{d}x$。

分析　因 $(x\mathrm{e}^x)'=\mathrm{e}^x(x+1)$，故分子、分母同乘以 e^x 后，再凑微分。

解　$\displaystyle\int \frac{1+x}{x(1+x\mathrm{e}^x)}\mathrm{d}x = \int \frac{(1+x)\mathrm{e}^x}{x(1+x\mathrm{e}^x)\mathrm{e}^x}\mathrm{d}x = \int \frac{\mathrm{d}(x\mathrm{e}^x)}{x\mathrm{e}^x(1+x\mathrm{e}^x)}$

$\displaystyle\qquad\quad = \int\left(\frac{1}{x\mathrm{e}^x}-\frac{1}{1+x\mathrm{e}^x}\right)\mathrm{d}(x\mathrm{e}^x) = \ln\left|\frac{x\mathrm{e}^x}{1+x\mathrm{e}^x}\right|+C_{\circ}$

例 5-11　求 $\displaystyle\int \frac{x+\sin x\cos x}{(\cos x-x\sin x)^2}\mathrm{d}x$。

分析　将分母中 $\cos^2 x$ 提出，使其中一项为 1，另一项 $x\tan x$ 的导数恰好是分子 $x\sec^2 x+\tan x$，从而可以凑微分。

解　$\displaystyle\int \frac{x+\sin x\cos x}{(\cos x-x\sin x)^2}\mathrm{d}x=\int \frac{x\sec^2 x+\tan x}{(1-x\tan x)^2}\mathrm{d}x=\int \frac{1}{(x\tan x-1)^2}\mathrm{d}(x\tan x-1)$

$$=-\frac{1}{x\tan x-1}+C。$$

例 5-12　求下列不定积分：

(1) $\displaystyle\int \sqrt{\frac{\mathrm{e}^x-1}{\mathrm{e}^x+1}}\,\mathrm{d}x$；

(2) $\displaystyle\int \frac{\mathrm{e}^{\sin 2x}\sin^2 x}{\mathrm{e}^{2x}}\mathrm{d}x$；

(3) $\displaystyle\int \frac{1}{\sin^6 x+\cos^6 x}\mathrm{d}x$；

(4) $\displaystyle\int \frac{\sin^2 x-\cos^2 x}{\sin^4 x+\cos^4 x}\mathrm{d}x$；

(5) $\displaystyle\int \frac{1-x^7}{x(1+x^7)}\mathrm{d}x$；

(6) $\displaystyle\int \frac{\sqrt{\ln(x+\sqrt{1+x^2})+5}}{\sqrt{1+x^2}}\mathrm{d}x$。

解　(1) $\displaystyle\int \sqrt{\frac{\mathrm{e}^x-1}{\mathrm{e}^x+1}}\,\mathrm{d}x=\int \frac{\mathrm{e}^x-1}{\sqrt{\mathrm{e}^{2x}-1}}\mathrm{d}x=\int \frac{\mathrm{d}\mathrm{e}^x}{\sqrt{\mathrm{e}^{2x}-1}}-\int \frac{\mathrm{d}x}{\mathrm{e}^x\sqrt{1-\mathrm{e}^{-2x}}}$

$$=\ln|\mathrm{e}^x+\sqrt{\mathrm{e}^{2x}-1}|+\int \frac{\mathrm{d}\mathrm{e}^{-x}}{\sqrt{1-(\mathrm{e}^{-x})^2}}$$

$$=\ln|\mathrm{e}^x+\sqrt{\mathrm{e}^{2x}-1}|+\arcsin\mathrm{e}^{-x}+C。$$

(2) $\displaystyle\int \frac{\mathrm{e}^{\sin 2x}\sin^2 x}{\mathrm{e}^{2x}}\mathrm{d}x=\int \mathrm{e}^{\sin 2x-2x}\sin^2 x\,\mathrm{d}x=\int \mathrm{e}^{\sin 2x-2x}\cdot\frac{1}{2}(1-\cos 2x)\mathrm{d}x$

$$=\int \mathrm{e}^{\sin 2x-2x}\Big[-\frac{1}{4}\mathrm{d}(\sin 2x-2x)\Big]=-\frac{1}{4}\mathrm{e}^{\sin 2x-2x}+C。$$

(3) 首先用三角公式化简，然后凑微分。

因为　$\sin^6 x+\cos^6 x=(\sin^2 x+\cos^2 x)(\sin^4 x-\sin^2 x\cos^2 x+\cos^4 x)$

$$=(\sin^2 x+\cos^2 x)^2-3\sin^2 x\cos^2 x=1-\frac{3}{4}\sin^2 2x$$

$$=\frac{1}{4}(1+3\cos^2 2x)，$$

所以　$\displaystyle\int \frac{1}{\sin^6 x+\cos^6 x}\mathrm{d}x=\int \frac{4}{1+3\cos^2 2x}\mathrm{d}x=\int \frac{2\sec^2(2x)}{3+\sec^2(2x)}\mathrm{d}(2x)$

$$=\int \frac{2\mathrm{d}(\tan 2x)}{4+\tan^2(2x)}=\arctan\Big(\frac{\tan 2x}{2}\Big)+C。$$

(4) $\displaystyle\int \frac{\sin^2 x-\cos^2 x}{\sin^4 x+\cos^4 x}\mathrm{d}x=-\int \frac{\cos 2x}{1-\frac{1}{2}\sin^2 2x}\mathrm{d}x$

$$=-\frac{1}{2\sqrt{2}}\int \Big(\frac{2\cos 2x}{\sqrt{2}-\sin 2x}+\frac{2\cos 2x}{\sqrt{2}+\sin 2x}\Big)\mathrm{d}x=\frac{1}{2\sqrt{2}}\ln\frac{\sqrt{2}-\sin 2x}{\sqrt{2}+\sin 2x}+C。$$

(5) $\displaystyle\int \frac{1-x^7}{x(1+x^7)}\mathrm{d}x = \int \frac{(1-x^7)x^6}{x^7(1+x^7)}\mathrm{d}x = \frac{1}{7}\int \frac{1-x^7}{x^7(1+x^7)}\mathrm{d}x^7$

$$= \frac{1}{7}\int\left(\frac{1}{x^7} - \frac{2}{1+x^7}\right)\mathrm{d}x^7 = \ln|x| - \frac{2}{7}\ln|1+x^7| + C。$$

(6) 因为 $\left[\ln(x+\sqrt{1+x^2})\right]' = \dfrac{1}{\sqrt{1+x^2}}$，所以

$$\int \frac{\sqrt{\ln(x+\sqrt{1+x^2})+5}}{\sqrt{1+x^2}}\mathrm{d}x = \int \sqrt{\ln(x+\sqrt{1+x^2})+5}\,\mathrm{d}\left[\ln(x+\sqrt{1+x^2})+5\right]$$

$$= \frac{2}{3}\left[\ln(x+\sqrt{1+x^2})+5\right]^{\frac{3}{2}} + C。$$

【题型 5-4】 用换元积分法计算不定积分

策略　换元积分法实际上是将凑微分公式反过来用，即 $\displaystyle\int f(x)\mathrm{d}x =$ $\displaystyle\int f(\varphi(t))\mathrm{d}\varphi(t)$，其中代换 $x=\varphi(t)$ 是关键。常用的代换如下：

(1) 若被积函数含有因子 $\sqrt{a^2-x^2}$、$\sqrt{a^2+x^2}$、$\sqrt{x^2-a^2}$，一般可作相应的三角代换，如 $x=a\sin t, t\in\left(-\dfrac{\pi}{2},\dfrac{\pi}{2}\right)$；$x=a\tan t, t\in\left(-\dfrac{\pi}{2},\dfrac{\pi}{2}\right)$；$x=a\sec t, t\in\left(0,\dfrac{\pi}{2}\right)$。

(2) 若分母中 x 的次数比分子中 x 的次数高，可用倒代换 $x=\dfrac{1}{t}$，并且当积分遇到困难时，也可用倒代换试一试，或许出现奇效。

(3) 若被积函数为 $x^n(ax^m+b)^p$，且 m,n 满足关系 $n=km-1$，则可直接令 $(ax^m+b)^p=t$，或 $ax^m+b=t$。

(4) 若被积函数含有因子 $\sqrt[n]{ax+b}$ 或 $\sqrt[n]{\dfrac{ax+b}{cx+d}}$，则可用根式代换：$t=\sqrt[n]{ax+b}$ 或 $t=\sqrt[n]{\dfrac{ax+b}{cx+d}}$。

例 5-13　求下列不定积分：

(1) $\displaystyle\int \frac{1}{(1+x^2)\sqrt{1-x^2}}\mathrm{d}x$；

(2) $\displaystyle\int \frac{\mathrm{d}x}{(2x^2+1)\sqrt{x^2+1}}$。

分析　利用三角代换进行计算。

解　(1) 令 $x=\sin t, -\dfrac{\pi}{2}<t<\dfrac{\pi}{2}$，则 $\mathrm{d}x=\cos t\,\mathrm{d}t$，如图 5-1 所示，有

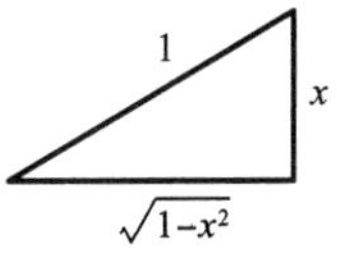

$$\int \frac{1}{(1+x^2)\sqrt{1-x^2}}\mathrm{d}x = \int \frac{1}{1+\sin^2 t}\mathrm{d}t = \int \frac{1}{2\sin^2 t+\cos^2 t}\mathrm{d}t$$

图 5-1

$$= \frac{1}{\sqrt{2}}\int \frac{\mathrm{d}\sqrt{2}\tan t}{2\tan^2 t+1} = \frac{1}{\sqrt{2}}\arctan(\sqrt{2}\tan t) + C$$

$$= \frac{1}{\sqrt{2}}\arctan\frac{\sqrt{2}x}{\sqrt{1-x^2}}+C。$$

(2) 令 $x=\tan t$，$-\frac{\pi}{2}<t<\frac{\pi}{2}$，则 $\mathrm{d}x=\sec^2 t\mathrm{d}t=\frac{1}{\cos^2 t}\mathrm{d}t$，如图

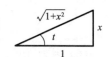

5-2 所示，有

$$\int\frac{\mathrm{d}x}{(2x^2+1)\sqrt{x^2+1}}=\int\frac{1}{\cos t(1+2\tan^2 t)}\mathrm{d}t$$

图 5-2

$$=\int\frac{\cos t}{\cos^2 t+2\sin^2 t}\mathrm{d}t=\int\frac{\mathrm{d}\sin t}{1+\sin^2 t}$$

$$=\arctan(\sin t)+C=\arctan\frac{x}{\sqrt{1+x^2}}+C。$$

例 5-14　求下列不定积分：

(1) $\displaystyle\int\frac{x+1}{x^2\sqrt{x^2-1}}\mathrm{d}x$；　　(2) $\displaystyle\int\frac{1-\ln x}{(x-\ln x)^2}\mathrm{d}x$；　　(3) $\displaystyle\int\frac{1}{(1+x+x^2)^{3/2}}\mathrm{d}x$。

分析　利用倒代换 $x=\dfrac{1}{t}$ 进行计算。

解　(1) 令 $x=\dfrac{1}{t}$，则 $\mathrm{d}x=-\dfrac{1}{t^2}\mathrm{d}t$，于是

$$\int\frac{x+1}{x^2\sqrt{x^2-1}}\mathrm{d}x=\int\frac{\frac{1}{t}+1}{\frac{1}{t^2}\sqrt{\left(\frac{1}{t}\right)^2-1}}\left(-\frac{1}{t^2}\right)\mathrm{d}t=-\int\frac{1+t}{\sqrt{1-t^2}}\mathrm{d}t$$

$$=-\int\frac{1}{\sqrt{1-t^2}}\mathrm{d}t+\int\frac{\mathrm{d}(1-t^2)}{2\sqrt{1-t^2}}$$

$$=-\arcsin t+\sqrt{1-t^2}+C=\frac{\sqrt{x^2-1}}{x}-\arcsin\frac{1}{x}+C。$$

(2) **方法一**　令 $x=\dfrac{1}{t}$，则 $\mathrm{d}x=-\dfrac{1}{t^2}\mathrm{d}t$，于是

$$\int\frac{1-\ln x}{(x-\ln x)^2}\mathrm{d}x=\int\frac{1+\ln t}{\left(\frac{1}{t}+\ln t\right)^2}\left(-\frac{1}{t^2}\right)\mathrm{d}t=-\int\frac{1+\ln t}{(1+t\ln t)^2}\mathrm{d}t$$

$$=-\int\frac{\mathrm{d}(1+t\ln t)}{(1+t\ln t)^2}=\frac{1}{1+t\ln t}+C=\frac{x}{x-\ln x}+C。$$

方法二　用凑微分法。

$$\int\frac{1-\ln x}{(x-\ln x)^2}\mathrm{d}x=\int\frac{\frac{1-\ln x}{x^2}}{\left(1-\frac{\ln x}{x}\right)^2}\mathrm{d}x=-\int\frac{\mathrm{d}\left(1-\frac{\ln x}{x}\right)}{\left(1-\frac{\ln x}{x}\right)^2}$$

$$=\frac{1}{1-\frac{\ln x}{x}}+C=\frac{x}{x-\ln x}+C。$$

(3) $\displaystyle\int \frac{1}{(1+x+x^2)^{3/2}}\mathrm{d}x = \int \frac{1}{\left[\left(x+\dfrac{1}{2}\right)^2+\dfrac{3}{4}\right]^{3/2}}\mathrm{d}x\left(\diamondsuit\ x+\dfrac{1}{2}=\dfrac{1}{t}\right)$

$$= \int \frac{1}{\left(\dfrac{1}{t^2}+\dfrac{3}{4}\right)^{3/2}}\left(-\frac{1}{t^2}\right)\mathrm{d}t = -\int \frac{t}{\left(1+\dfrac{3}{4}t^2\right)^{3/2}}\mathrm{d}t$$

$$= -\frac{2}{3}\int \frac{\mathrm{d}\left(1+\dfrac{3}{4}t^2\right)}{\left(1+\dfrac{3}{4}t^2\right)^{3/2}} = \frac{4}{3}\left(1+\frac{3}{4}t^2\right)^{-1/2}+C$$

$$= \frac{2}{3}\frac{2x+1}{\sqrt{1+x+x^2}}+C。$$

例 5-15 求下列不定积分

(1) $\displaystyle\int \frac{x^5\,\mathrm{d}x}{\sqrt[4]{x^3+1}}$；　　　　　(2) $\displaystyle\int x^3(1-5x^2)^{10}\,\mathrm{d}x。$

分析　因被积函数形如 $x^n(ax^m+b)^p$，且 m,n 均满足关系 $n=km-1$，故令 $\sqrt[4]{x^3+1}=t$ 和 $1-5x^2=t$。

解　(1) 令 $\sqrt[4]{x^3+1}=t$，则 $x^3=t^4-1,x^2\mathrm{d}x=\dfrac{4}{3}t^3\mathrm{d}t$，于是

$$\int \frac{x^5\,\mathrm{d}x}{\sqrt[4]{x^3+1}} = \int \frac{(t^4-1)}{t}\cdot\frac{4}{3}t^3\mathrm{d}t = \frac{4}{3}\int(t^6-t^2)\mathrm{d}t = \frac{4}{3}\left(\frac{1}{7}t^7-\frac{1}{3}t^3\right)+C$$

$$= \frac{4}{21}(x^3+1)^{\frac{7}{4}}-\frac{4}{9}(x^3+1)^{\frac{3}{4}}+C。$$

(2) 令 $1-5x^2=t$，则 $x\mathrm{d}x=-\dfrac{1}{10}\mathrm{d}t$，于是

$$\int x^3(1-5x^2)^{10}\mathrm{d}x = \int \frac{1}{5}(1-t)\cdot t^{10}\cdot\left(-\frac{1}{10}\right)\mathrm{d}t = -\frac{1}{50}\int(t^{10}-t^{11})\mathrm{d}t$$

$$= -\frac{1}{50}\left(\frac{1}{11}t^{11}-\frac{1}{12}t^{12}\right)+C = \frac{1}{600}(1-5x^2)^{12}-\frac{1}{550}(1-5x^2)^{11}+C。$$

例 5-16　求 $\displaystyle\int \ln\left(1+\sqrt{\frac{1+x}{x}}\right)\mathrm{d}x\ (x>0)。$

分析　因被积函数含 $\sqrt{\dfrac{1+x}{x}}$，令 $t=\sqrt{\dfrac{1+x}{x}}$ 即可。

解　令 $t=\sqrt{\dfrac{1+x}{x}}$，则 $x=\dfrac{1}{t^2-1}$，于是

$$\int \ln\left(1+\sqrt{\frac{1+x}{x}}\right)\mathrm{d}x = \int \ln(1+t)\mathrm{d}\left(\frac{1}{t^2-1}\right) = \frac{\ln(1+t)}{t^2-1}-\int \frac{1}{t^2-1}\frac{1}{t+1}\mathrm{d}t$$

$$= \frac{\ln(1+t)}{t^2-1}-\frac{1}{4}\int\left(\frac{1}{t-1}-\frac{1}{t+1}-\frac{2}{(t+1)^2}\right)\mathrm{d}t$$

$$= \frac{\ln(1+t)}{t^2-1} - \frac{1}{4}\ln(t-1) + \frac{1}{4}\ln(t+1) - \frac{1}{2(t+1)} + C$$

$$= x\ln\left(1+\sqrt{\frac{1+x}{x}}\right) + \frac{1}{2}\ln(\sqrt{1+x}+\sqrt{x}) - \frac{1}{2} \cdot \frac{\sqrt{x}}{\sqrt{1+x}+\sqrt{x}} + C。$$

例 5-17　求 $\displaystyle\int \frac{1}{1+e^{x/2}+e^{x/3}+e^{x/6}}dx$。

分析　被积函数中出现了几个指数函数,故用指数函数代换进行计算。

解　令 $t = e^{x/6}$,则 $x = 6\ln t, dx = \dfrac{6}{t}dt$,于是

$$\int \frac{1}{1+e^{x/2}+e^{x/3}+e^{x/6}}dx = \int \frac{1}{1+t^3+t^2+t} \cdot \frac{6}{t}dt = \int\left(\frac{6}{t} - \frac{3}{1+t} - \frac{3t+3}{1+t^2}\right)dt$$

$$= 6\ln t - 3\ln(1+t) - \frac{3}{2}\ln(1+t^2) - 3\arctan t + C$$

$$= x - 3\ln(1+e^{x/6}) - \frac{3}{2}\ln(1+e^{x/3}) - 3\arctan(e^{x/6}) + C。$$

例 5-18　求下列不定积分:

(1) $\displaystyle\int \frac{\ln x}{x\sqrt{1+\ln x}}dx$;　(2) $\displaystyle\int \frac{1}{\sin x\sqrt{1+\cos x}}dx$;　(3) $\displaystyle\int \frac{x^{3n-1}dx}{(x^{2n}+1)^2}$ $(n \neq 0)$。

分析　从消除积分难点考虑选择适当的代换。

解　(1) 令 $t = \sqrt{1+\ln x}$,则 $x = e^{t^2-1}, dx = 2te^{t^2-1}dt$,于是

$$\int \frac{\ln x}{x\sqrt{1+\ln x}}dx = \int \frac{t^2-1}{e^{t^2-1}t}2te^{t^2-1}dt = \int 2(t^2-1)dt = \frac{2}{3}t^3 - 2t + C$$

$$= \frac{2}{3}(1+\ln x)^{3/2} - 2\sqrt{1+\ln x} + C。$$

(2) 令 $t = \sqrt{1+\cos x}$,则 $\cos x = t^2-1, -\sin x dx = 2tdt, \dfrac{dx}{\sin x} = \dfrac{2t}{-\sin^2 x}dt$

$$= \frac{2t}{\cos^2 x-1}dt = \frac{2t}{t^2(t^2-2)}dt,于是$$

$$\int \frac{1}{\sin x\sqrt{1+\cos x}}dx = 2\int \frac{dt}{t^2(t^2-2)} = -\int\left(\frac{1}{t^2} - \frac{1}{t^2-2}\right)dt$$

$$= \frac{1}{t} - \frac{1}{2\sqrt{2}}\ln\left|\frac{\sqrt{2}+t}{\sqrt{2}-t}\right| + C$$

$$= \frac{1}{\sqrt{1+\cos x}} - \frac{1}{2\sqrt{2}}\ln\left|\frac{\sqrt{2}+\sqrt{1+\cos x}}{\sqrt{2}-\sqrt{1+\cos x}}\right| + C。$$

(3) 令 $x^n = \tan t$,则 $nx^{n-1}dx = d\tan t, x^{3n-1}dx = \dfrac{1}{n}\tan^2 t d\tan t$,于是

$$\int \frac{x^{3n-1}dx}{(x^{2n}+1)^2} = \frac{1}{n}\int \frac{\tan^2 t \cdot \sec^2 t}{\sec^4 t}dt = \frac{1}{n}\int \sin^2 t dt = \frac{1}{n}\int \frac{1-\cos 2t}{2}dt$$

$$= \frac{1}{2n}\left(\arctan x^n - \frac{x^n}{1+x^{2n}}\right) + C_\circ$$

【题型 5-5】 用分部积分法计算不定积分

策略 通过变形和凑微分尽量把被积函数写成乘积形式 $u(x)v'(x)$，若 $u'(x)$ 较 $u(x)$ 简单，$v'(x)$ 不比 $v(x)$ 复杂，且 $\int v(x)u'(x)\mathrm{d}x$ 容易积分，则 $\int u(x)v'(x)\mathrm{d}x = \int u(x)\mathrm{d}v(x) = u(x)v(x) - \int v(x)u'(x)\mathrm{d}x_\circ$ 一般地，不同类型函数相乘时，可考虑用分部积分法。

例 5-19 求下列不定积分：

(1) $\displaystyle\int \frac{\arcsin\sqrt{x} + \ln x}{\sqrt{x}}\mathrm{d}x$；

(2) $\displaystyle\int \frac{x\ln(1+\sqrt{1+x^2})}{\sqrt{1+x^2}}\mathrm{d}x$；

(3) $\displaystyle\int x^2\arccos x\,\mathrm{d}x$；

(4) $\displaystyle I_n = \int \frac{1}{x^n\sqrt{1+x^2}}\mathrm{d}x_\circ$

分析 直接用分部积分法。

解 (1) $\displaystyle\int \frac{\arcsin\sqrt{x} + \ln x}{\sqrt{x}}\mathrm{d}x = 2\int(\arcsin\sqrt{x} + \ln x)\mathrm{d}\sqrt{x}$

$$= 2\sqrt{x}(\arcsin\sqrt{x} + \ln x) - 2\int\sqrt{x}(\arcsin\sqrt{x} + \ln x)'\mathrm{d}x$$

$$= 2\sqrt{x}(\arcsin\sqrt{x} + \ln x) - \int \frac{1}{\sqrt{1-x}}\mathrm{d}x - 2\int \frac{1}{\sqrt{x}}\mathrm{d}x$$

$$= 2\sqrt{x}(\arcsin\sqrt{x} + \ln x) + \int \frac{\mathrm{d}(1-x)}{\sqrt{1-x}} - 4\sqrt{x}$$

$$= 2\sqrt{x}(\arcsin\sqrt{x} + \ln x) + 2\sqrt{1-x} - 4\sqrt{x} + C_\circ$$

(2) $\displaystyle\int \frac{x\ln(1+\sqrt{1+x^2})}{\sqrt{1+x^2}}\mathrm{d}x = \int\ln(1+\sqrt{1+x^2})\mathrm{d}(1+\sqrt{1+x^2})$

$$= (1+\sqrt{1+x^2})\ln(1+\sqrt{1+x^2}) - \int\mathrm{d}(\sqrt{1+x^2}+1)$$

$$= (1+\sqrt{1+x^2})\ln(1+\sqrt{1+x^2}) - \sqrt{1+x^2} + C_\circ$$

(3) $\displaystyle\int x^2\arccos x\,\mathrm{d}x = \frac{1}{3}\int\arccos x\,\mathrm{d}x^3 = \frac{1}{3}x^3\arccos x - \frac{1}{3}\int x^3\left(-\frac{1}{\sqrt{1-x^2}}\right)\mathrm{d}x$

$$= \frac{1}{3}x^3\arccos x + \frac{1}{6}\int \frac{x^2}{\sqrt{1-x^2}}\mathrm{d}x^2 = \frac{1}{3}x^3\arccos x - \frac{1}{6}\int \frac{1-x^2-1}{\sqrt{1-x^2}}\mathrm{d}x^2$$

$$= \frac{1}{3}x^3\arccos x - \frac{1}{6}\int\sqrt{1-x^2}\,\mathrm{d}x^2 + \frac{1}{6}\int \frac{1}{\sqrt{1-x^2}}\mathrm{d}x^2$$

$$= \frac{1}{3}x^3\arccos x + \frac{1}{9}(1-x^2)^{3/2} - \frac{1}{3}\sqrt{1-x^2} + C_\circ$$

（4）此题是建立 I_n 的递推公式，用分部积分法。

因为

$$I_n = \int \frac{1}{x^{n+1}} \mathrm{d}\sqrt{1+x^2} = \frac{\sqrt{1+x^2}}{x^{n+1}} + (n+1) \int \frac{\sqrt{1+x^2}}{x^{n+2}} \mathrm{d}x$$

$$= \frac{\sqrt{1+x^2}}{x^{n+1}} + (n+1) \int \frac{1+x^2}{x^{n+2}\sqrt{1+x^2}} \mathrm{d}x$$

$$= \frac{\sqrt{1+x^2}}{x^{n+1}} + (n+1)(I_n + I_{n+2})。$$

所以

$$I_{n+2} = -\frac{n}{n+1}I_n - \frac{1}{n+1}\frac{\sqrt{1+x^2}}{x^{n+1}} + C,$$

即

$$I_n = -\frac{n-2}{n-1}I_{n-2} - \frac{1}{n-1}\frac{\sqrt{1+x^2}}{x^{n-1}} + C,$$

其中

$$I_0 = \ln(x+\sqrt{1+x^2}) + C, \quad I_1 = \ln\frac{\sqrt{1+x^2}-1}{|x|} + C。$$

例 5-20　求 $\int \frac{x+\sin x}{1+\cos x} \mathrm{d}x$。

分析　从缩分母入手进行恒等变形，然后对其中一项作分部积分法。积分过程中，符号相反的两个积分可以抵消，但需添上积分常数。

解

$$\int \frac{x+\sin x}{1+\cos x}\mathrm{d}x = \int \frac{x+2\sin\frac{x}{2}\cos\frac{x}{2}}{2\cos^2\frac{x}{2}}\mathrm{d}x = \int \frac{x}{2\cos^2\frac{x}{2}}\mathrm{d}x + \int \tan\frac{x}{2}\mathrm{d}x$$

$$= \int x\mathrm{d}\tan\frac{x}{2} + \int \tan\frac{x}{2}\mathrm{d}x$$

$$= x\tan\frac{x}{2} - \int \tan\frac{x}{2}\mathrm{d}x + \int \tan\frac{x}{2}\mathrm{d}x = x\tan\frac{x}{2} + C。$$

【题型 5-6】　有理函数、三角函数的有理式、无理函数的积分

策略　有理函数、三角函数的有理式的积分可根据被积函数的特点灵活采用各种积分方法。必要时，可采用下面的方法，但计算量较大。

（1）若有理函数是假分式，先用分式除法将其化为多项式与真分式之和，再用待定系数法将真分式分解为简单分式的和，然后积分。

（2）用万能代换或其他特殊的代换将三角函数的有理式的积分化为有理函数积分。

无理函数的积分主要使用换元法。

例 5-21　求 $\int \frac{1+x^2}{1+x^4} \mathrm{d}x$。

分析　直接化为简单分式之和，再积分；也可采用凑微分法计算。

解　**方法一**　化为简单分式。

由于 $\dfrac{1+x^2}{1+x^4}=\dfrac{1+x^2}{(1+x^2)^2-(\sqrt{2}x)^2}=\dfrac{1+x^2}{(x^2+\sqrt{2}x+1)(x^2-\sqrt{2}x+1)}$

故设 $\dfrac{1+x^2}{1+x^4}=\dfrac{Ax+B}{x^2+\sqrt{2}x+1}+\dfrac{Cx+D}{x^2-\sqrt{2}x+1}$,

等式两端同乘以 $1+x^4$,得

$$1+x^2=(Ax+B)(x^2-\sqrt{2}x+1)+(Cx+D)(x^2+\sqrt{2}x+1)$$

$$=(A+C)x^3+(B-\sqrt{2}A+\sqrt{2}C+D)x^2+(A-\sqrt{2}B+C+\sqrt{2}D)x+(B+D),$$

比较等式两边系数后得关于 A、B、C、D 的一元四次方程,解之,有 $A=C=0,B=D=$

$\dfrac{1}{2}$,于是

$$\int\dfrac{1+x^2}{1+x^4}\mathrm{d}x=\dfrac{1}{2}\int\dfrac{1}{x^2+\sqrt{2}x+1}\mathrm{d}x+\dfrac{1}{2}\int\dfrac{1}{x^2-\sqrt{2}x+1}\mathrm{d}x$$

$$=\dfrac{1}{2}\int\dfrac{1}{\dfrac{1}{2}+\left(x+\dfrac{\sqrt{2}}{2}\right)^2}\mathrm{d}\left(x+\dfrac{\sqrt{2}}{2}\right)+\dfrac{1}{2}\int\dfrac{1}{\dfrac{1}{2}+\left(x-\dfrac{\sqrt{2}}{2}\right)^2}\mathrm{d}\left(x-\dfrac{\sqrt{2}}{2}\right)$$

$$=\dfrac{\sqrt{2}}{2}\arctan\sqrt{2}\left(x+\dfrac{\sqrt{2}}{2}\right)+\dfrac{\sqrt{2}}{2}\arctan\sqrt{2}\left(x-\dfrac{\sqrt{2}}{2}\right)+C。$$

方法二 如果 $x=0$,则 $\int\dfrac{1+x^2}{1+x^4}\mathrm{d}x=\int\mathrm{d}x=x+C$。当 $x\neq0$ 时,变形后用凑微分法:

$$\int\dfrac{1+x^2}{1+x^4}\mathrm{d}x=\int\dfrac{1+\dfrac{1}{x^2}}{x^2+\dfrac{1}{x^2}}\mathrm{d}x=\int\dfrac{1+\dfrac{1}{x^2}}{\left(x-\dfrac{1}{x}\right)^2+2}\mathrm{d}x=\int\dfrac{1}{\left(x-\dfrac{1}{x}\right)^2+2}\mathrm{d}\left(x-\dfrac{1}{x}\right)$$

$$=\dfrac{1}{\sqrt{2}}\arctan\dfrac{x-\dfrac{1}{x}}{\sqrt{2}}+C。$$

例 5-22 求 $\int\dfrac{x^2}{(1-x^2)^3}\mathrm{d}x$。

分析 用分部积分法。

解 $\int\dfrac{x^2}{(1-x^2)^3}\mathrm{d}x=-\dfrac{1}{2}\int\dfrac{x}{(1-x^2)^3}\mathrm{d}(1-x^2)=\dfrac{1}{4}\int x\mathrm{d}\dfrac{1}{(1-x^2)^2}$

$$=\dfrac{1}{4}\dfrac{x}{(1-x^2)^2}-\dfrac{1}{4}\int\dfrac{1}{(1-x^2)^2}\mathrm{d}x。$$

又 $\int\dfrac{1}{(1-x^2)^2}\mathrm{d}x=\int\dfrac{x^2-x^2+1}{(1-x^2)^2}\mathrm{d}x=\int\dfrac{x^2}{(1-x^2)^2}\mathrm{d}x+\int\dfrac{1}{1-x^2}\mathrm{d}x$

$$=-\dfrac{1}{2}\int\dfrac{x}{(1-x^2)^2}\mathrm{d}(1-x^2)+\dfrac{1}{2}\ln\left|\dfrac{1+x}{1-x}\right|$$

$$= \frac{1}{2}\int x \mathrm{d}\left(\frac{1}{1-x^2}\right) + \frac{1}{2}\ln\left|\frac{1+x}{1-x}\right|$$

$$= \frac{1}{2}\left(\frac{x}{1-x^2} - \int \frac{1}{1-x^2}\mathrm{d}x\right) + \frac{1}{2}\ln\left|\frac{1+x}{1-x}\right|$$

$$= \frac{x}{2(1-x^2)} + \frac{1}{4}\ln\left|\frac{1+x}{1-x}\right| + C_1$$

故　　　$\displaystyle \int \frac{x^2}{(1-x^2)^3}\mathrm{d}x = \frac{x}{4(1-x^2)^2} - \frac{x}{8(1-x^2)} - \frac{1}{16}\ln\left|\frac{1+x}{1-x}\right| + C_{\circ}$

例 5-23　求下列不定积分：

(1) $\displaystyle \int \frac{1}{\sin^4 x}\mathrm{d}x$；　　　　　　(2) $\displaystyle \int \frac{\mathrm{d}x}{\sin 2x + 2\sin x}_{\circ}$

分析　以下采用多种方法求解，注意比较。

解　(1) **方法一**　作万能代换。设 $t = \tan\dfrac{x}{2}$，则 $\sin x = \dfrac{2t}{1+t^2}$，$\mathrm{d}x = \dfrac{2}{1+t^2}\mathrm{d}t$，于是

$$\int \frac{1}{\sin^4 x}\mathrm{d}x = \int \frac{1+3t^2+3t^4+t^6}{8t^4}\mathrm{d}t = \frac{1}{8}\left(-\frac{1}{3t^3} - \frac{3}{t} + 3t + \frac{t^3}{3}\right) + C$$

$$= -\frac{1}{24\left(\tan\dfrac{x}{2}\right)^3} - \frac{3}{8\tan\dfrac{x}{2}} + \frac{3}{8}\tan\frac{x}{2} + \frac{1}{24}\left(\tan\frac{x}{2}\right)^3 + C_{\circ}$$

方法二　作代换。设 $t = \tan x$，则 $\sin^2 x = \dfrac{t^2}{1+t^2}$，$\mathrm{d}x = \dfrac{1}{1+t^2}\mathrm{d}t$，于是

$$\int \frac{1}{\sin^4 x}\mathrm{d}x = \int \frac{1}{\left(\dfrac{t^2}{1+t^2}\right)^2}\frac{1}{1+t^2}\mathrm{d}t = \int \frac{1+t^2}{t^4}\mathrm{d}t = -\frac{1}{3t^3} - \frac{1}{t} + C$$

$$= -\frac{1}{3}\cot^3 x - \cot x + C_{\circ}$$

方法三　用恒等变形及凑微分法计算。

$$\int \frac{1}{\sin^4 x}\mathrm{d}x = \int \csc^4 x \mathrm{d}x = \int \csc^2 x(1+\cot^2 x)\mathrm{d}x = \int \csc^2 x \mathrm{d}x - \int \cot^2 x \mathrm{d}(\cot x)$$

$$= -\cot x - \frac{1}{3}\cot^3 x + C_{\circ}$$

(2) **方法一**　作万能代换。设 $t = \tan\dfrac{x}{2}$，则 $\sin x = \dfrac{2t}{1+t^2}$，$\mathrm{d}x = \dfrac{2}{1+t^2}\mathrm{d}t$，于是

$$\int \frac{\mathrm{d}x}{\sin 2x + 2\sin x} = \frac{1}{4}\int\left(\frac{1}{t} + t\right)\mathrm{d}t = \frac{1}{4}\ln|t| + \frac{1}{8}t^2 + C$$

$$= \frac{1}{4}\ln\left|\tan\frac{x}{2}\right| + \frac{1}{8}\tan^2\frac{x}{2} + C_{\circ}$$

方法二　用恒等变形及凑微分法计算。

$$\int \frac{\mathrm{d}x}{\sin 2x + 2\sin x} = \int \frac{\mathrm{d}x}{2\sin x(\cos x + 1)} = \frac{1}{4}\int \frac{1}{\sin\dfrac{x}{2}\cos^3\dfrac{x}{2}}\mathrm{d}\left(\frac{x}{2}\right)$$

$$= \frac{1}{4} \int \frac{1}{\tan \frac{x}{2} \cos^2 \frac{x}{2}} \mathrm{d}\left(\tan \frac{x}{2}\right) = \frac{1}{4} \int \frac{1 + \tan^2 \frac{x}{2}}{\tan \frac{x}{2}} \mathrm{d}\left(\tan \frac{x}{2}\right)$$

$$= \frac{1}{8} \tan^2 \frac{x}{2} + \frac{1}{4} \ln \left| \tan \frac{x}{2} \right| + C_\circ$$

方法三 利用 $1 = \sin^2 \frac{x}{2} + \cos^2 \frac{x}{2}$ 作恒等变形。

$$\int \frac{\mathrm{d}x}{\sin 2x + 2\sin x} = \int \frac{\sin^2 \frac{x}{2} + \cos^2 \frac{x}{2}}{8 \sin \frac{x}{2} \cos^3 \frac{x}{2}} \mathrm{d}x = \frac{1}{8} \int \frac{\sin \frac{x}{2}}{\cos^3 \frac{x}{2}} \mathrm{d}x + \frac{1}{4} \int \frac{\mathrm{d}x}{\sin x}$$

$$= \frac{1}{8} \sec^2 \frac{x}{2} + \frac{1}{4} \ln |\csc x - \cot x| + C_\circ$$

例 5-24 求 $\int \frac{1}{x} \sqrt{\frac{1+x}{x}} \mathrm{d}x$。

分析 作换元：$\sqrt{\frac{1+x}{x}} = t$。

解 令 $\sqrt{\frac{1+x}{x}} = t$，则 $x = \frac{1}{t^2 - 1}$，$\mathrm{d}x = -\frac{2t \mathrm{d}t}{(t^2 - 1)^2}$，于是

$$\int \frac{1}{x} \sqrt{\frac{1+x}{x}} \mathrm{d}x = -\int (t^2 - 1) t \frac{2t}{(t^2 - 1)^2} \mathrm{d}t = -2 \int \frac{t^2 \mathrm{d}t}{t^2 - 1} = -2 \int \left(1 + \frac{1}{t^2 - 1}\right) \mathrm{d}t$$

$$= -2t - \ln \left| \frac{t-1}{t+1} \right| + C = -2 \sqrt{\frac{1+x}{x}} - \ln \left| 1 + 2x - 2x \sqrt{\frac{1+x}{x}} \right| + C_\circ$$

【题型 5-7】 综合例题

策略 在熟练掌握求积分的基本方法基础上，将这些方法综合运用。求一道较难积分题，往往同时要用到多种积分方法，大致过程是：先尽可能地将被积函数变形、凑出一些微分形式，然后用分部积分法，将复杂的积分变为稍微简单一点的积分，然后用换元法、有理函数积分法等方法对其进行求解。

例 5-25 求下列不定积分：

(1) $\int \frac{x \ln(x + \sqrt{1 + x^2})}{(1 - x^2)^2} \mathrm{d}x$；　(2) $\int \arctan(1 + \sqrt{x}) \mathrm{d}x$；

(3) $\int \mathrm{e}^{-\frac{x}{2}} \frac{\cos x - \sin x}{\sqrt{\sin x}} \mathrm{d}x$；　　　(4) $\int \frac{\arctan \mathrm{e}^{x/2}}{\mathrm{e}^{\frac{x}{2}}(1 + \mathrm{e}^x)} \mathrm{d}x$；　(5) $\int \frac{\mathrm{e}^{-\sin x} \sin 2x}{\sin^4 \left(\frac{\pi}{4} - \frac{x}{2}\right)} \mathrm{d}x_\circ$

解 (1) $\int \frac{x \ln(x + \sqrt{1 + x^2})}{(1 - x^2)^2} \mathrm{d}x = \frac{1}{2} \int \ln(x + \sqrt{1 + x^2}) \mathrm{d}\left(\frac{1}{1 - x^2}\right)$

$$= \frac{\ln(x + \sqrt{1 + x^2})}{2(1 - x^2)} - \frac{1}{2} \int \frac{1}{1 - x^2} \frac{1}{\sqrt{1 + x^2}} \mathrm{d}x_\circ$$

令 $x = \tan t$，则 $t = \arctan x$，$\mathrm{d}x = \sec^2 t \mathrm{d}t$，于是

$$\int \frac{1}{1-x^2} \frac{1}{\sqrt{1+x^2}} \mathrm{d}x = \int \frac{\sec^2 t \mathrm{d}t}{(1-\tan^2 t)\sec t} = \int \frac{\cos t}{\cos^2 t - \sin^2 t} \mathrm{d}t = \int \frac{\mathrm{d}\sin t}{1-2\sin^2 t}$$

$$= \frac{1}{2\sqrt{2}} \ln \left| \frac{1+\sqrt{2}\sin t}{1-\sqrt{2}\sin t} \right| + C = \frac{\sqrt{2}}{4} \ln \left| \frac{\sqrt{2}x + \sqrt{1+x^2}}{\sqrt{2}x - \sqrt{1+x^2}} \right| + C,$$

故　$\displaystyle\int \frac{x\ln(x+\sqrt{1+x^2})}{(1-x^2)^2} \mathrm{d}x = \frac{\ln(x+\sqrt{1+x^2})}{2(1-x^2)} - \frac{\sqrt{2}}{8} \ln \left| \frac{\sqrt{2}x + \sqrt{1+x^2}}{\sqrt{2}x - \sqrt{1+x^2}} \right| + C_{\circ}$

(2) $\displaystyle\int \arctan(1+\sqrt{x}) \mathrm{d}x = x\arctan(1+\sqrt{x}) - \int \frac{x}{1+(1+\sqrt{x})^2} \cdot \frac{1}{2\sqrt{x}} \mathrm{d}x$

$$= x\arctan(1+\sqrt{x}) - \frac{1}{2} \int \frac{\sqrt{x}}{x+2\sqrt{x}+2} \mathrm{d}x_{\circ}$$

令 $t = \sqrt{x}$，则

$$\int \frac{\sqrt{x}}{x+2\sqrt{x}+2} \mathrm{d}x = \int \frac{2t^2}{t^2+2t+2} \mathrm{d}t = 2 \int \frac{(t^2+2t+2)-2t-2}{t^2+2t+2} \mathrm{d}t$$

$$= 2t - 2\ln|t^2+2t+2| + C$$

$$= 2\sqrt{x} - 2\ln|x+2\sqrt{x}+2| + C_{\circ}$$

故　$\displaystyle\int \arctan(1+\sqrt{x}) \mathrm{d}x = x\arctan(1+\sqrt{x}) - \sqrt{x} + \ln|x+2\sqrt{x}+2| + C_{\circ}$

(3) $\displaystyle\int \mathrm{e}^{-\frac{x}{2}} \frac{\cos x - \sin x}{\sqrt{\sin x}} \mathrm{d}x = \int \mathrm{e}^{-\frac{x}{2}} \frac{\cos x}{\sqrt{\sin x}} \mathrm{d}x - \int \mathrm{e}^{-\frac{x}{2}} \frac{\sin x}{\sqrt{\sin x}} \mathrm{d}x$

$$= \int \mathrm{e}^{-\frac{x}{2}} \frac{\mathrm{d}\sin x}{\sqrt{\sin x}} - \int \mathrm{e}^{-\frac{x}{2}} \sqrt{\sin x} \mathrm{d}x$$

$$= 2\int \mathrm{e}^{-\frac{x}{2}} \mathrm{d}\sqrt{\sin x} - \int \mathrm{e}^{-\frac{x}{2}} \sqrt{\sin x} \mathrm{d}x$$

$$= 2\mathrm{e}^{-\frac{x}{2}} \sqrt{\sin x} - 2 \cdot \left(-\frac{1}{2}\right) \int \mathrm{e}^{-\frac{x}{2}} \sqrt{\sin x} \mathrm{d}x - \int \mathrm{e}^{-\frac{x}{2}} \sqrt{\sin x} \mathrm{d}x$$

$$= 2\mathrm{e}^{-\frac{x}{2}} \sqrt{\sin x} + C_{\circ}$$

(4) 令 $t = \mathrm{e}^{\frac{x}{2}}$，则

$$\int \frac{\arctan \mathrm{e}^{x/2}}{\mathrm{e}^{\frac{x}{2}}(1+\mathrm{e}^x)} \mathrm{d}x = 2\int \frac{\arctan t}{t^2(1+t^2)} \mathrm{d}t = 2\int \left(\frac{1}{t^2} - \frac{1}{1+t^2}\right) \arctan t \mathrm{d}t$$

$$= -2\int \arctan t \mathrm{d}\left(\frac{1}{t}\right) - 2\int \arctan t \mathrm{d}\arctan t$$

$$= -2 \cdot \frac{1}{t} \arctan t + 2\int \frac{1}{t(t^2+1)} \mathrm{d}t - (\arctan t)^2_{\circ}$$

又　$\displaystyle\int \frac{\mathrm{d}t}{t(1+t^2)} = \int \left(\frac{1}{t} - \frac{t}{1+t^2}\right) \mathrm{d}t = \ln|t| - \frac{1}{2}\ln|1+t^2| + C_1,$

故 $\displaystyle\int \frac{\arctan \mathrm{e}^{\frac{x}{2}}}{\mathrm{e}^{\frac{x}{2}}(1+\mathrm{e}^{x})}\mathrm{d}x = -2\mathrm{e}^{-\frac{x}{2}}\arctan \mathrm{e}^{\frac{x}{2}} + x - \ln(1+\mathrm{e}^{x}) - (\arctan \mathrm{e}^{\frac{x}{2}})^{2} + C。$

$$(5)\ \int \frac{\mathrm{e}^{-\sin x}\sin 2x}{\sin^{4}\left(\frac{\pi}{4}-\frac{x}{2}\right)}\mathrm{d}x = \int \mathrm{e}^{-\sin x}\frac{2\sin x\cos x}{\left[\sin^{2}\left(\frac{\pi}{4}-\frac{x}{2}\right)\right]^{2}}\mathrm{d}x$$

$$= \int \mathrm{e}^{-\sin x}\frac{2\sin x\cos x}{\left[\dfrac{1-\cos\left(\frac{\pi}{2}-x\right)}{2}\right]^{2}}\mathrm{d}x$$

$$= 8\int \mathrm{e}^{-\sin x}\frac{-\sin x\,\mathrm{d}(-\sin x)}{(1-\sin x)^{2}}\mathrm{d}x$$

$$\xrightarrow{\diamondsuit\, u=-\sin x}\ 8\int \mathrm{e}^{u}\frac{u\,\mathrm{d}u}{(1+u)^{2}} = 8\int \mathrm{e}^{u}\frac{u+1-1}{(1+u)^{2}}\mathrm{d}u$$

$$= 8\int \mathrm{e}^{u}\frac{1}{1+u}\mathrm{d}u - 8\int \mathrm{e}^{u}\frac{1}{(1+u)^{2}}\mathrm{d}u$$

$$= 8\int \mathrm{e}^{u}\frac{1}{1+u}\mathrm{d}u + 8\int \mathrm{e}^{u}\mathrm{d}\frac{1}{(1+u)}$$

$$= 8\int \mathrm{e}^{u}\frac{1}{1+u}\mathrm{d}u + \frac{8\mathrm{e}^{u}}{1+u} - 8\int \mathrm{e}^{u}\frac{1}{1+u}\mathrm{d}u = \frac{8\mathrm{e}^{u}}{1+u} + C。$$

5.3　精选备赛练习

5.1　设 $F(x)$ 是 $\dfrac{\sin x}{x}$ 的一个原函数，求 $\mathrm{d}F(x^{2})$。

5.2　设 $f(x)$ 满足 $f'(x)=\ln x^{\frac{1}{3}}$，$f(1)=0$，求 $\displaystyle\int f(x^{2})\mathrm{d}x$。

5.3　设 y 是由方程 $y^{3}(x+y)=x^{3}$ 所确定的隐函数，求 $I=\displaystyle\int \frac{\mathrm{d}x}{y^{3}}$。

5.4　设当 $x\neq 0$ 时，$f'(x)$ 连续，求 $I=\displaystyle\int \frac{xf'(x)-(1+x)f(x)}{x^{2}\mathrm{e}^{x}}\mathrm{d}x$。

5.5　求 $I=\displaystyle\int \frac{x^{7}}{(1+x^{4})^{3}}\mathrm{d}x$。

5.6　求 $I=\displaystyle\int \frac{1}{(1+x^{4})\sqrt[4]{1+x^{4}}}\mathrm{d}x$。

5.7　求 $I=\displaystyle\int x(x-1)^{2011}\mathrm{d}x$。

5.8　求 $I=\displaystyle\int \frac{\arctan \sqrt{x-1}}{x\sqrt{x-1}}\mathrm{d}x$。

5.9　求 $I=\displaystyle\int \frac{\cos^{2}x}{\tan x\sqrt[3]{\sin^{2}x}}\mathrm{d}x$。

5.10 求 $I = \int \dfrac{\sqrt{\ln(1+x) - \ln x}}{x(x+1)} \mathrm{d}x$。

5.11 求 $I = \int \arctan(1 + \sqrt{x}) \mathrm{d}x$。

5.12 求 $I = \int \dfrac{1}{x\sqrt{x^2 + 2x + 2}} \mathrm{d}x$。

5.13 求 $I = \int \dfrac{1 + \sin x}{\sin 3x + \sin x} \mathrm{d}x$。

5.14 求 $I = \int \dfrac{\arcsin \mathrm{e}^x}{\mathrm{e}^x} \mathrm{d}x$。

5.15 求 $I = \int \dfrac{1}{2^x(1 + 4^x)} \mathrm{d}x$。

5.16 求 $I = \int \dfrac{\sqrt{x-1}\arctan\sqrt{x-1}}{x} \mathrm{d}x$。

5.17 求 $I = \int \dfrac{5 + 4\cos x}{(2 + \cos x)^2 \sin x} \mathrm{d}x$。

5.18 求 $I = \int \ln(\sqrt{1+x} + \sqrt{1-x}) \mathrm{d}x$。

5.19 求 $I = \int \mathrm{e}^x \left(\dfrac{1-x}{1+x^2}\right)^2 \mathrm{d}x$。

5.20 求 $I = \int \dfrac{1}{x\sqrt{1+x^4}} \mathrm{d}x$。

5.4　答案与提示

5.1 $2\dfrac{\sin x^2}{x}\mathrm{d}x$。

5.2 $\dfrac{2}{9}x^3 \ln x - \dfrac{5}{27}x^3 + \dfrac{1}{3}x + C$。

5.3 $I = -\left(\dfrac{y^3}{x^3} + \dfrac{7}{4}\dfrac{y^4}{x^4} + \dfrac{4}{5}\dfrac{y^5}{x^5}\right) + C$（将隐函数 $y = y(x)$ 用参数方程表示）。

5.4 $\mathrm{e}^{-x}\dfrac{f(x)}{x} + C$（用凑微分法）。

5.5 $\dfrac{1}{8(1+x^4)^2} - \dfrac{1}{4(1+x^4)} + C$（用凑微分法）。

5.6 $\dfrac{x}{\sqrt[4]{1+x^4}} + C$（用凑微分法）。

5.7 $\dfrac{1}{2013}(x-1)^{2013} + \dfrac{1}{2012}(x-1)^{2012} + C$（用加一减一法和凑微分法）。

5.8 $(\arctan\sqrt{x-1})^2 + C$（用凑微分法）。

5.9　$-\dfrac{3}{2}\sin^{-\frac{2}{3}}x-\dfrac{3}{4}\sin^{\frac{4}{3}}x+C$（用凑微分法）。

5.10　$-\dfrac{2}{3}(\ln(x+1)-\ln x)^{\frac{3}{2}}+C$（用凑微分法）。

5.11　$x\arctan(1+\sqrt{x})-\sqrt{x}+\ln|x+2\sqrt{x}+2|+C$（先分部积分,后作代换：$t=\sqrt{x}$）。

5.12　$-\dfrac{1}{\sqrt{2}}\ln\left|\dfrac{x+2+\sqrt{2}\cdot\sqrt{x^2+2x+2}}{x}\right|+C$ $\left(\text{令 } x=\dfrac{1}{t}\right)$。

5.13　$\dfrac{1}{4\cos x}+\dfrac{1}{4}\ln\left|\tan\dfrac{x}{2}\right|+\dfrac{1}{4}\tan x+C$（与例 5-23(2)的解题方法类似）。

5.14　$-\dfrac{\arcsin e^x}{e^x}+\ln(1-\sqrt{1-e^{2x}})-x+C$（令 $t=\arcsin e^x$,然后用分部积分法）。

5.15　$-\dfrac{1}{\ln 2}(2^{-x}+\arctan 2^x)+C$（令 $t=2^x$）。

5.16　$2\sqrt{x-1}\arctan\sqrt{x-1}-\ln|x|-(\arctan\sqrt{x-1})^2+C$（令 $t=\sqrt{x-1}$）。

5.17　$\dfrac{1}{2}\ln\left|\dfrac{\cos x-1}{\cos x+1}\right|+\dfrac{1}{2+\cos x}+C$（令 $t=\cos x$）。

5.18　$x\ln(\sqrt{1+x}+\sqrt{1-x})-\dfrac{1}{2}x+\dfrac{1}{2}\arcsin x+C$ $\left(\text{记 } I_1=\displaystyle\int\ln(\sqrt{1+x}-\sqrt{1-x})\mathrm{d}x,\text{考虑 }I\pm I_1\right)$。

5.19　$\dfrac{e^x}{1+x^2}+C$（分拆、分部积分、抵消法）。

5.20　$-\dfrac{1}{2}\ln\dfrac{1+\sqrt{1+x^4}}{x^2}+C$ $\left(\text{先令 } x=\dfrac{1}{t},\text{后令 }t^2=\tan u\right)$。

第6讲 定积分与反常积分

6.1 内容概述

定积分的内容非常丰富,既有概念和理论,又有计算和应用;不仅与不定积分关系密切,同时还涉及许多微分学问题。

熟练掌握定积分的计算是参赛者必须具备的能力。定积分的基本计算方法有:牛顿-莱布尼兹公式,定积分的换元法、分部积分法。在计算中,还要充分利用被积函数的奇偶性、周期性以及其他重要积分等式。

变限积分函数的引入,拓展了我们对函数概念的理解。由此也产生了许多题型,如求有关变上限定积分的导数问题、有关极限问题、有关方程根的问题、定积分等式与不等式的证明以及微分方程等,其本身是定积分问题,但又涉及微分学知识,是微分学和积分学知识的综合运用。

定积分的应用包括求平面图形的面积、平面曲线的弧长、旋转体的体积、旋转体的侧面积、平行截面面积为已知函数的立体的体积和变力沿直线做功、液体对平面的静压力等问题。在求上述几何量和物理量时可以用已有的基本公式,同时熟练运用微元法建立实际问题的积分表达式也非常重要。

反常积分简单地讲就是变限积分的极限。定积分里的许多性质和计算方法在大多数情况下是可以推广到反常积分的,但对收敛性不明的反常积分则需慎重。若要求判别反常积分的敛散性,则应按反常积分的定义或反常积分的审敛法来判别。最后,对欧拉积分应有所了解,它对某些反常积分的计算有帮助。

6.2 典型例题分析

【题型 6-1】 定积分的计算

策略 熟练掌握运用牛顿-莱布尼兹公式,定积分的换元法、分部积分法,关注被积函数与积分区间! 注意各公式中的有关条件是否满足。

例 6-1 求 $I = \int_0^\pi \sqrt{\sin^3 x - \sin^5 x}\, dx$。

分析 直接套用牛顿-莱布尼兹公式,但一定要注意 $\sqrt{x^2} = |x|$。

解 由 $f(x) = \sqrt{\sin^3 x - \sin^5 x} = |\cos x|(\sin x)^{\frac{3}{2}}$,得

$$I = \int_0^\pi |\cos x|(\sin x)^{\frac{3}{2}}dx = \int_0^{\frac{\pi}{2}} \cos x(\sin x)^{\frac{3}{2}}dx - \int_{\frac{\pi}{2}}^\pi \cos x(\sin x)^{\frac{3}{2}}dx$$

$$= \int_0^{\frac{\pi}{2}}(\sin x)^{\frac{3}{2}}d(\sin x) - \int_{\frac{\pi}{2}}^\pi (\sin x)^{\frac{3}{2}}d(\sin x)$$

$$= \frac{2}{5}(\sin x)^{\frac{5}{2}}\Big|_0^{\frac{\pi}{2}} - \frac{2}{5}(\sin x)^{\frac{5}{2}}\Big|_{\frac{\pi}{2}}^\pi = \frac{4}{5}.$$

例 6-2　求 $I = \int_0^\pi \dfrac{x\sin x}{1+\cos^2 x}dx$。

分析　因为 $\int \dfrac{x\sin x}{1+\cos^2 x}dx$ 是"积不出来"的,所以牛顿-莱布尼兹公式不能直接使用,此时可用定积分换元法。

解　令 $x = \pi - t$,则

$$I = -\int_\pi^0 \frac{(\pi-t)\sin t}{1+\cos^2 t}dt = \int_0^\pi \frac{\pi\sin t}{1+\cos^2 t}dt - \int_0^\pi \frac{t\sin t}{1+\cos^2 t}dt,$$

于是 $I = \dfrac{\pi}{2}\displaystyle\int_0^\pi \dfrac{\sin x}{1+\cos^2 x}dx = -\dfrac{\pi}{2}\int_0^\pi \dfrac{d(\cos x)}{1+\cos^2 x} = -\dfrac{\pi}{2}(\arctan\cos x)\Big|_0^\pi = \dfrac{\pi^2}{4}$。

例 6-3　求 $I = \int_0^\pi \dfrac{1}{1+\sin^2 x}dx$。

分析　由于 $\dfrac{1}{1+\sin^2 x} = \dfrac{\sec^2 x}{1+2\tan^2 x}$,若令 $t = \tan x$,则 $t = \tan x$ 在 $[0,\pi]$ 上有间断点 $x = \dfrac{\pi}{2}$,故行不通,因此分段积分。

解　由于 $\qquad I = \int_0^{\frac{\pi}{2}} \dfrac{1}{1+\sin^2 x}dx + \int_{\frac{\pi}{2}}^\pi \dfrac{1}{1+\sin^2 x}dx$,

对于第二个积分,令 $x = \pi - t$,于是

$$I = \int_0^{\frac{\pi}{2}} \frac{1}{1+\sin^2 x}dx - \int_{\frac{\pi}{2}}^0 \frac{1}{1+\sin^2 t}dt = 2\int_0^{\frac{\pi}{2}} \frac{1}{1+\sin^2 x}dx \ (\diamondsuit\ t = \tan x)$$

$$= 2\int_0^{+\infty} \frac{dt}{1+2t^2} = \frac{2}{\sqrt{2}}\int_0^{+\infty} \frac{d(\sqrt{2}t)}{1+2t^2} = \frac{2}{\sqrt{2}}\arctan\sqrt{2}t\Big|_0^{+\infty} = \frac{\sqrt{2}}{2}\pi.$$

注　例 6-2 与例 6-3 也可直接利用积分公式

$$\int_0^\pi xf(\sin x)dx = \frac{\pi}{2}\int_0^\pi f(\sin x)dx$$

及

$$\int_0^\pi f(\sin x)dx = 2\int_0^{\frac{\pi}{2}} f(\sin x)dx$$

计算。常用的积分公式还有

$$\int_0^{\frac{\pi}{2}} f(\sin x)dx = \int_0^{\frac{\pi}{2}} f(\cos x)dx,$$

$$\int_0^a f(x)dx = \int_0^a f(a-x)dx,$$

它们对定积分的计算很有用。

例 6-4 求下列定积分：

(1) $I = \int_a^{2a} \dfrac{\sqrt{x^2 - a^2}}{x^4} \mathrm{d}x \ (a > 0)$；　　　　(2) $I = \int_0^1 \dfrac{\ln(1+x)}{1+x^2} \mathrm{d}x$；

(3) $I = \int_0^{\frac{\pi}{2}} \ln\sin x \mathrm{d}x \Big($注：因为 $\lim\limits_{x \to 0^+} \sqrt{x} \ln\sin x = 0$，所以 $I = \int_0^{\frac{\pi}{2}} \ln\sin x \mathrm{d}x$ 收敛$\Big)$。

分析 用定积分的换元法计算。

解 (1) 令 $x = \dfrac{1}{t}$，$\mathrm{d}x = -\dfrac{1}{t^2}\mathrm{d}t$，则

$$I = \int_{\frac{1}{a}}^{\frac{1}{2a}} \sqrt{\frac{1}{t^2} - a^2} \cdot t^4 \left(-\frac{1}{t^2}\right)\mathrm{d}t = -\int_{\frac{1}{a}}^{\frac{1}{2a}} \sqrt{1 - a^2 t^2}\, t \mathrm{d}t$$

$$= \frac{1}{2a^2}\int_{\frac{1}{a}}^{\frac{1}{2a}} \sqrt{1 - a^2 t^2}\, \mathrm{d}(1 - a^2 t^2) = \frac{\sqrt{3}}{8a^2}。$$

(2) **方法一** 令 $x = \tan t$，则 $\mathrm{d}x = \sec^2 t \mathrm{d}t$，于是

$$I = \int_0^{\frac{\pi}{4}} \frac{\ln(1 + \tan t)}{\sec^2 t} \sec^2 t \mathrm{d}t = \int_0^{\frac{\pi}{4}} \ln(1 + \tan t)\mathrm{d}t$$

$$= \int_0^{\frac{\pi}{4}} \ln(\sin t + \cos t)\mathrm{d}t - \int_0^{\frac{\pi}{4}} \ln\cos t \mathrm{d}t$$

$$= \int_0^{\frac{\pi}{4}} \ln\left(\sqrt{2}\cos\left(\frac{\pi}{4} - t\right)\right)\mathrm{d}t - \int_0^{\frac{\pi}{4}} \ln\cos t \mathrm{d}t$$

$$= \int_0^{\frac{\pi}{4}} \ln\sqrt{2}\mathrm{d}t + \int_0^{\frac{\pi}{4}} \ln\cos\left(\frac{\pi}{4} - t\right)\mathrm{d}t - \int_0^{\frac{\pi}{4}} \ln\cos t \mathrm{d}t = \frac{\pi}{8}\ln 2。$$

注 最后一个等号用了公式 $\int_0^a f(x)\mathrm{d}x = \int_0^a f(a - x)\mathrm{d}x$。

方法二 令 $x = \dfrac{1 - t}{1 + t}$（不太容易想到），则

$$I = \int_1^0 \frac{\ln\dfrac{2}{1+t}}{\dfrac{2(1 + t^2)}{(1 + t)^2}} \left(-\frac{2}{(1+t)^2}\right)\mathrm{d}t = \int_0^1 \frac{\ln 2 - \ln(1 + t)}{1 + t^2}\mathrm{d}t = \int_0^1 \frac{\ln 2}{1 + t^2}\mathrm{d}t - I,$$

所以　　　　　　　　　　$I = \dfrac{\ln 2}{2}\int_0^1 \dfrac{1}{1 + t^2}\mathrm{d}t = \dfrac{\pi}{8}\ln 2$。

(3) 缩小区间积分。因为

$$I = \int_0^{\frac{\pi}{4}} \ln\sin x \mathrm{d}x + \int_{\frac{\pi}{4}}^{\frac{\pi}{2}} \ln\sin x \mathrm{d}x,$$

对第二个积分，令 $x = \dfrac{\pi}{2} - t$，于是

$$I = \int_0^{\frac{\pi}{4}} \ln\sin x \mathrm{d}x + \int_0^{\frac{\pi}{4}} \ln\cos x \mathrm{d}x = \int_0^{\frac{\pi}{4}} \ln(\sin x \cos x)\mathrm{d}x$$

$$= \int_0^{\frac{\pi}{4}} \ln\left(\frac{1}{2}\sin 2x\right)\mathrm{d}x = -\frac{\pi}{4}\ln 2 + \int_0^{\frac{\pi}{4}} \ln\sin 2x\,\mathrm{d}x$$

$$= -\frac{\pi}{4}\ln 2 + \frac{1}{2}\int_0^{\frac{\pi}{2}} \ln\sin t\,\mathrm{d}t = -\frac{\pi}{4}\ln 2 + \frac{1}{2}I,$$

所以
$$I = -\frac{\pi}{2}\ln 2。$$

例 6-5　证明不等式：$\displaystyle\int_0^{\frac{\pi}{2}} \frac{\sin x}{1+x^2}\mathrm{d}x < \int_0^{\frac{\pi}{2}} \frac{\cos x}{1+x^2}\mathrm{d}x$。

分析　因为 $\sin x$ 在 $\left[0,\dfrac{\pi}{4}\right]$ 上小于 $\cos x$，但在 $\left[\dfrac{\pi}{4},\dfrac{\pi}{2}\right]$ 上 $\sin x$ 又大于 $\cos x$，故两个定积分不能直接比较大小。首先应把它们化为同一区间 $\left[0,\dfrac{\pi}{4}\right]$ 上的积分，然后再比较大小。

证明　因为　$\displaystyle\int_0^{\frac{\pi}{2}} \frac{\cos x - \sin x}{1+x^2}\mathrm{d}x = \int_0^{\frac{\pi}{4}} \frac{\cos x - \sin x}{1+x^2}\mathrm{d}x + \int_{\frac{\pi}{4}}^{\frac{\pi}{2}} \frac{\cos x - \sin x}{1+x^2}\mathrm{d}x$，

对第二个积分，令 $x = \dfrac{\pi}{2} - t$，于是

$$\int_0^{\frac{\pi}{2}} \frac{\cos x - \sin x}{1+x^2}\mathrm{d}x = \int_0^{\frac{\pi}{4}} \frac{\cos x - \sin x}{1+x^2}\mathrm{d}x + \int_0^{\frac{\pi}{4}} \frac{\sin t - \cos t}{1+\left(\frac{\pi}{2}-t\right)^2}\mathrm{d}t$$

$$= \pi\int_0^{\frac{\pi}{4}} \frac{(\cos x - \sin x)\left(\frac{\pi}{4}-x\right)}{(1+x^2)\left[1+\left(\frac{\pi}{4}-x\right)^2\right]}\mathrm{d}x > 0。$$

所以不等式成立。

例 6-6　求下列定积分：

（1）$I = \displaystyle\int_{\mathrm{e}^{-2}}^{\mathrm{e}^2} \frac{|\ln x|}{\sqrt{x}}\mathrm{d}x$；　　　（2）$I = \displaystyle\int_0^1 \ln(x + \sqrt{1+x^2})\mathrm{d}x$；

（3）$I = \displaystyle\int_0^3 \arcsin\sqrt{\frac{x}{1+x}}\,\mathrm{d}x$。

分析　因被积函数含对数函数及反三角函数，故用分部积分法计算。

解　（1）$I = -\displaystyle\int_{\mathrm{e}^{-2}}^1 \frac{\ln x}{\sqrt{x}}\mathrm{d}x + \int_1^{\mathrm{e}^2} \frac{\ln x}{\sqrt{x}}\mathrm{d}x = -2\int_{\mathrm{e}^{-2}}^1 \ln x\,\mathrm{d}\sqrt{x} + 2\int_1^{\mathrm{e}^2} \ln x\,\mathrm{d}\sqrt{x}$

$$= -2\big[\sqrt{x}\ln x - 2\sqrt{x}\big]\Big|_{\mathrm{e}^{-2}}^1 + 2\big[\sqrt{x}\ln x - 2\sqrt{x}\big]\Big|_1^{\mathrm{e}^2} = 8\left(1 - \frac{1}{\mathrm{e}}\right)。$$

（2）$I = x\ln(x + \sqrt{1+x^2})\Big|_0^1 - \displaystyle\int_0^1 x\,\mathrm{d}\ln(x + \sqrt{1+x^2})$

$$= \ln(1+\sqrt{2}) - \int_0^1 \frac{x}{\sqrt{1+x^2}}\mathrm{d}x = \ln(1+\sqrt{2}) - \frac{1}{2}\int_0^1 \frac{\mathrm{d}(1+x^2)}{\sqrt{1+x^2}}$$

$$= \ln(1+\sqrt{2}) - \sqrt{1+x^2}\Big|_0^1 = \ln(1+\sqrt{2}) - \sqrt{2} + 1。$$

（3）令 $u=\arcsin\sqrt{\dfrac{x}{1+x}}$，则

$$I=\int_0^{\frac{\pi}{3}}u\mathrm{d}(\tan^2 u)=u\tan^2 u\Big|_0^{\frac{\pi}{3}}-\int_0^{\frac{\pi}{3}}\tan^2 u\mathrm{d}u$$

$$=\frac{\pi}{3}(\sqrt{3})^2-\int_0^{\frac{\pi}{3}}(\sec^2 u-1)\mathrm{d}u=\pi-[\tan u-u]\Big|_0^{\frac{\pi}{3}}$$

$$=\frac{4\pi}{3}-\sqrt{3}。$$

例 6-7　设 $f(x)=\displaystyle\int_0^x\frac{\sin t}{\pi-t}\mathrm{d}t$，求 $I=\displaystyle\int_0^\pi f(x)\mathrm{d}x$。

分析　若被积函数是变上限的定积分，则通常可用两种方法做：一是分部积分，二是交换积分次序。

解　方法一　$I=xf(x)\Big|_0^\pi-\displaystyle\int_0^\pi xf'(x)\mathrm{d}x=\pi\int_0^\pi\frac{\sin t}{\pi-t}\mathrm{d}t-\int_0^\pi x\frac{\sin x}{\pi-x}\mathrm{d}x$

$$=\int_0^\pi\pi\frac{\sin x}{\pi-x}\mathrm{d}x-\int_0^\pi x\frac{\sin x}{\pi-x}\mathrm{d}x=\int_0^\pi(\pi-x)\frac{\sin x}{\pi-x}\mathrm{d}x$$

$$=\int_0^\pi\sin x\mathrm{d}x=2。$$

方法二　$I=\displaystyle\int_0^\pi\left[\int_0^x\frac{\sin t}{\pi-t}\mathrm{d}t\right]\mathrm{d}x=\int_0^\pi\mathrm{d}x\int_0^x\frac{\sin t}{\pi-t}\mathrm{d}t$

$$=\int_0^\pi\mathrm{d}t\int_t^\pi\frac{\sin t}{\pi-t}\mathrm{d}x=\int_0^\pi\sin x\mathrm{d}x=2。$$

例 6-8　求 $I=\displaystyle\int_0^1\frac{x^b-x^a}{\ln x}\mathrm{d}x\ (a,b>0)$。

分析　表面看这是一个反常积分，但由于

$$\lim_{x\to 0^+}\frac{x^b-x^a}{\ln x}=0,\quad\lim_{x\to 1^-}\frac{x^b-x^a}{\ln x}=b-a,$$

因此，属于普通定积分问题。本题的关键是根据被积函数的特点，将被积函数表达为定积分，然后交换积分次序再计算。

解　由于 $\dfrac{x^b-x^a}{\ln x}=\displaystyle\int_a^b x^t\mathrm{d}t$，于是

$$I=\int_0^1\left[\int_a^b x^t\mathrm{d}t\right]\mathrm{d}x=\int_a^b\left[\int_0^1 x^t\mathrm{d}x\right]\mathrm{d}t=\int_a^b\frac{1}{t+1}x^{t+1}\Big|_0^1\mathrm{d}t=\int_a^b\frac{1}{t+1}\mathrm{d}t=\ln\frac{1+b}{1+a}。$$

例 6-9　设 $f(x)=\begin{cases}1+x^2,&x<0,\\ \mathrm{e}^{-x},&x\geqslant 0,\end{cases}$ 求 $I=\displaystyle\int_1^3 f(x-2)\mathrm{d}x$。

分析　分段函数的积分一般需要分段计算。此处由于被积函数是分段函数，一种方法是作换元 $t=x-2$，变为 $f(t)$ 的积分；另一种方法是求出 $f(x-2)$ 的表达式后分段计算。

解　方法一　令 $t=x-2$，则

$$\int_1^3 f(x-2)\,\mathrm{d}x = \int_{-1}^1 f(t)\,\mathrm{d}t = \int_{-1}^0 (1+t^2)\,\mathrm{d}t + \int_0^1 \mathrm{e}^{-t}\,\mathrm{d}t$$

$$= \left[t + \frac{t^3}{3}\right]\Big|_{-1}^0 - \mathrm{e}^{-t}\Big|_0^1 = \frac{7}{3} - \mathrm{e}^{-1}。$$

方法二　由于 $f(x-2) = \begin{cases} 1+(x-2)^2, & x-2<0, \\ \mathrm{e}^{-(x-2)}, & x-2\geqslant 0, \end{cases} = \begin{cases} 1+(x-2)^2, & x<2, \\ \mathrm{e}^{-(x-2)}, & x\geqslant 2。 \end{cases}$ 于是

$$\int_1^3 f(x-2)\,\mathrm{d}x = \int_1^2 f(x-2)\,\mathrm{d}x + \int_2^3 f(x-2)\,\mathrm{d}x$$

$$= \int_1^2 [1+(x-2)^2]\,\mathrm{d}x + \int_2^3 \mathrm{e}^{-(x-2)}\,\mathrm{d}x$$

$$= 1 + \frac{(x-2)^3}{3}\Big|_1^2 - \mathrm{e}^{-(x-2)}\Big|_2^3 = \frac{7}{3} - \mathrm{e}^{-1}。$$

例 6-10　求 $\int_0^1 t\,|\,t-x\,|\,\mathrm{d}t$。

分析　此题是含参变量 x 的积分。为去掉绝对值,应分 $x<0$, $x>1$ 及 $0\leqslant x\leqslant 1$ 三种情况讨论。

解　当 $x<0$ 时,因 $0\leqslant t\leqslant 1$,故 $t>x$,于是

$$\int_0^1 t\,|\,t-x\,|\,\mathrm{d}t = \int_0^1 t(t-x)\,\mathrm{d}t = \frac{1}{3} - \frac{x}{2};$$

当 $0\leqslant x\leqslant 1$ 时,区间 $[0,1]$ 被 x 分成两部分,所以

$$\int_0^1 t\,|\,t-x\,|\,\mathrm{d}t = \int_0^x t(x-t)\,\mathrm{d}t + \int_x^1 t(t-x)\,\mathrm{d}t = \frac{1}{3}x^3 - \frac{1}{2}x + \frac{1}{3};$$

当 $x>1$ 时,有 $x>t$,所以

$$\int_0^1 t\,|\,t-x\,|\,\mathrm{d}t = \int_0^1 t(x-t)\,\mathrm{d}t = \frac{1}{2}x - \frac{1}{3}。$$

故　$f(x) = \int_0^1 t\,|\,t-x\,|\,\mathrm{d}t = \begin{cases} \dfrac{1}{3} - \dfrac{1}{2}x, & x<0, \\[2mm] \dfrac{1}{3}x^3 - \dfrac{1}{2}x + \dfrac{1}{3}, & 0\leqslant x\leqslant 1, \\[2mm] \dfrac{1}{2}x - \dfrac{1}{3}, & x>1。 \end{cases}$

【题型 6-2】　利用某些积分公式计算定积分

策略　利用某些积分公式能够简化定积分的计算。应牢记和灵活使用下列公式:

(1) 若 $f(x)$ 在关于原点对称的区间 $[-a,a]$ 上连续,则

$$\int_{-a}^a f(x)\,\mathrm{d}x = \begin{cases} 0, & f(x) \text{ 为奇函数}, \\ 2\int_0^a f(x)\,\mathrm{d}x, & f(x) \text{ 为偶函数}, \end{cases}$$

(2) 若 $f(x)$ 为非奇非偶函数,则

$$\int_{-a}^{a} f(x)\mathrm{d}x = \frac{1}{2}\int_{-a}^{a} [f(x)+f(-x)]\mathrm{d}x = \int_{0}^{a} [f(x)+f(-x)]\mathrm{d}x;$$

$$\int_{a}^{b} f(x)\mathrm{d}x = \int_{a}^{b} f(a+b-x)\mathrm{d}x \quad \text{或} \quad \int_{a}^{b} f(x)\mathrm{d}x = \frac{1}{2}\int_{a}^{b} [f(x)+f(a+b-x)]\mathrm{d}x。$$

（3）设函数 $f(x)$ 是以 T 为周期的连续函数，则

$$\int_{T}^{a+T} f(x)\mathrm{d}x = \int_{0}^{T} f(x)\mathrm{d}x = \int_{-\frac{T}{2}}^{\frac{T}{2}} f(x)\mathrm{d}x \quad (a \text{ 为任意常数});$$

$$\int_{0}^{nT} f(x)\mathrm{d}x = n\int_{0}^{T} f(x)\mathrm{d}x \quad (n \text{ 为正整数})。$$

（4）瓦里斯公式：

$$I_n = \int_{0}^{\frac{\pi}{2}} \sin^n x\,\mathrm{d}x = \int_{0}^{\frac{\pi}{2}} \cos^n x\,\mathrm{d}x = \begin{cases} \dfrac{(n-1)!!}{n!!} \cdot \dfrac{\pi}{2}, & n = 2m, \\[3mm] \dfrac{(n-1)!!}{n!!}, & n = 2m+1。 \end{cases}$$

例 6-11　求 $I = \displaystyle\int_{-\frac{\pi}{4}}^{\frac{\pi}{4}} \frac{\sin^2 x}{1+\mathrm{e}^{-x}}\mathrm{d}x$。

分析　积分区间是对称区间，被积函数为非奇非偶函数，故用策略中的公式（2）求解。

解　由于 $f(x)+f(-x) = \dfrac{\sin^2 x}{1+\mathrm{e}^{-x}} + \dfrac{\sin^2 x}{1+\mathrm{e}^{x}} = \left[\dfrac{1}{1+\mathrm{e}^{-x}}+\dfrac{1}{1+\mathrm{e}^{x}}\right]\sin^2 x = \sin^2 x$，

于是

$$I = \int_{0}^{\frac{\pi}{4}} [f(x)+f(-x)]\mathrm{d}x = \int_{0}^{\frac{\pi}{4}} \sin^2 x\,\mathrm{d}x = \int_{0}^{\frac{\pi}{4}} \frac{1-\cos 2x}{2}\mathrm{d}x$$

$$= \frac{1}{2}\left(x-\frac{1}{2}\sin 2x\right)\Big|_{0}^{\frac{\pi}{4}} = \frac{1}{8}(\pi-2)。$$

例 6-12　求下列定积分：

（1）$I = \displaystyle\int_{0}^{\pi} x\sin^6 x\,\mathrm{d}x$；　　　　　　　　（2）$I = \displaystyle\int_{100}^{100+\pi} \sin^2 2x(\tan x+1)\mathrm{d}x$；

（3）$I = \displaystyle\int_{\mathrm{e}^{-2n\pi}}^{1} \left|\frac{\mathrm{d}}{\mathrm{d}x}\cos\left(\ln\frac{1}{x}\right)\right|\mathrm{d}x$。

解　（1）利用积分公式 $\displaystyle\int_{0}^{\pi} xf(\sin x)\mathrm{d}x = \frac{\pi}{2}\int_{0}^{\pi} f(\sin x)\mathrm{d}x$ 及瓦里斯公式，得

$$I = \frac{\pi}{2}\int_{0}^{\pi} \sin^6 x\,\mathrm{d}x = 2\times\frac{\pi}{2}\int_{0}^{\pi/2} \sin^6 x\,\mathrm{d}x = \pi\times\frac{5}{6}\times\frac{3}{4}\times\frac{1}{2}\times\frac{\pi}{2} = \frac{5}{32}\pi^2。$$

（2）$\sin^2 2x$ 及 $\tan x$ 均是以 π 为周期的函数。利用策略中的公式（3）及对称性，得

$$I = \int_{-\frac{\pi}{2}}^{\frac{\pi}{2}} \sin^2 2x(\tan x+1)\mathrm{d}x = \int_{-\frac{\pi}{2}}^{\frac{\pi}{2}} \sin^2 2x\tan x\,\mathrm{d}x + \int_{-\frac{\pi}{2}}^{\frac{\pi}{2}} \sin^2 2x\,\mathrm{d}x$$

$$= 0 + 2\int_{0}^{\frac{\pi}{2}} \sin^2 2x\,\mathrm{d}x = 2\int_{0}^{\frac{\pi}{2}} \frac{1-\cos 4x}{2}\mathrm{d}x = \frac{\pi}{2}。$$

（3）由于 $I = \int_{e^{-2n\pi}}^{1} \left| -\sin\left(\ln\frac{1}{x}\right) \cdot x \cdot \left(-\frac{1}{x^2}\right) \right| dx = \int_{e^{-2n\pi}}^{1} |\sin\ln x| \, d\ln x,$

令 $t = \ln x$，注意到 $|\sin t|$ 的周期为 π，则

$$I = \int_{-2n\pi}^{0} |\sin t| \, dt = 2n \int_{-\pi}^{0} |\sin t| \, dt = -2n \int_{-\pi}^{0} \sin t \, dt = 4n。$$

例 6-13　设 $f(x)$ 是周期为 T 的连续周期函数，证明：

$$\lim_{x \to +\infty} \frac{1}{x} \int_{0}^{x} f(t) \, dt = \frac{1}{T} \int_{0}^{T} f(t) \, dt。$$

分析　利用周期函数的性质和定积分的性质证明。

证明　**方法一**　首先，对 $\forall n \forall \mathbf{N}$，有 $\int_{0}^{nT} f(t) \, dt = n \int_{0}^{T} f(t) \, dt$。由于对 $\forall x > T$，

$\exists n \in \mathbf{N}, \theta \in [0, T)$，使 $x = nT + \theta, x \to +\infty$ 时，$n \to \infty$。则

$$\lim_{x \to +\infty} \frac{1}{x} \int_{0}^{x} f(t) \, dt = \lim_{n \to \infty} \frac{1}{nT + \theta} \int_{0}^{nT+\theta} f(t) \, dt$$

$$= \lim_{n \to \infty} \frac{1}{nT + \theta} \left[\int_{0}^{nT} f(t) \, dt + \int_{nT}^{nT+\theta} f(t) \, dt \right] \text{（对第二个积分，令 } t = nT + s\text{）}$$

$$= \lim_{n \to \infty} \frac{1}{nT + \theta} \left[n \int_{0}^{T} f(t) \, dt + \int_{0}^{\theta} f(nT + s) \, ds \right]$$

$$= \lim_{n \to \infty} \frac{n}{nT + \theta} \int_{0}^{T} f(t) \, dt + \lim_{n \to \infty} \frac{1}{nT + \theta} \int_{0}^{\theta} f(s) \, ds = \frac{1}{T} \int_{0}^{T} f(t) \, dt。$$

方法二　令 $F(x) = \int_{0}^{x} f(t) \, dt - \frac{x}{T} \int_{0}^{T} f(t) \, dt$。因为

$$F(x + T) = \int_{0}^{x+T} f(t) \, dt - \frac{x + T}{T} \int_{0}^{T} f(t) \, dt$$

$$= \int_{0}^{x} f(t) \, dt + \int_{x}^{x+T} f(t) \, dt - \frac{x + T}{T} \int_{0}^{T} f(t) \, dt$$

$$= \int_{0}^{x} f(t) \, dt + \int_{0}^{T} f(t) \, dt - \frac{x}{T} \int_{0}^{T} f(t) \, dt - \int_{0}^{T} f(t) \, dt$$

$$= \int_{0}^{x} f(t) \, dt - \frac{x}{T} \int_{0}^{T} f(t) \, dt = F(x)。$$

所以 $F(x)$ 是以 T 为周期的周期函数，故 $F(x)$ 在 $[0, T]$ 上有界，即 $F(x)$ 在 $(-\infty,$

$+\infty)$ 上有界，于是 $\lim_{x \to +\infty} \dfrac{F(x)}{x} = 0$，即

$$\lim_{x \to +\infty} \frac{1}{x} \int_{0}^{x} f(t) \, dt = \frac{1}{T} \int_{0}^{T} f(t) \, dt。$$

【题型 6-3】　定积分概念的有关问题

策略　这里主要讨论定积分中值定理的推广、定积分估值问题和利用定积分求积分的极限。

定积分的估值可用两种方法讨论：一是求出 $f(x)$ 在区间 $[a, b]$ 上的最大值 M 和最小值 m，然后用估值性即可得出积分值的范围；二是若 M 和 m 不容易求，或者定

积分值的不等式要求精度高,则可用幂级数讨论。

对积分极限,以前讨论的求极限的方法原则上都是适用的,所不同的是要充分利用定积分的各种特性和运算性质。

例 6-14 设 $f(x)$ 在 $[a,b]$ 上连续,证明存在 $\xi \in (a,b)$,使得 $\int_a^b f(x)\mathrm{d}x = f(\xi)(b-a)$。

分析 积分中值定理已证 $\xi \in [a,b]$,这里需要证明 $\xi \in (a,b)$。此结果使得定积分中值定理应用更为方便、有效。

证明 因为 $f(x)$ 在 $[a,b]$ 上连续,所以 $\exists M = \max\limits_{x \in [a,b]} f(x), m = \min\limits_{x \in [a,b]} f(x)$。

(1) 若 $M = m$,则结论显然成立。

(2) 若 $M > m$,设 $f(x_1) = M, f(x_2) = m$,则有

$$M - f(x_2) > 0, \quad M - f(x) \geqslant 0, \quad x \in [a,b],$$

$$M(b-a) - \int_a^b f(x)\mathrm{d}x = \int_a^b [M - f(x)]\mathrm{d}x > 0,$$

也就是 $$M(b-a) - f(\xi)(b-a) > 0,$$

从而有 $$f(x) < M。$$

同理 $$\int_a^b f(x)\mathrm{d}x - m(b-a) = \int_a^b [f(x) - m]\mathrm{d}x > 0,$$

即 $$f(\xi)(b-a) - m(b-a) > 0,$$

或者 $$f(\xi) > m。$$

于是 $$m < f(\xi) < M。$$

由于 $\xi \neq x_1, \xi \neq x_2$,故由介值定理知 $\xi \in (x_1, x_2)$ 或 $\xi \in (x_2, x_1)$;又 $(x_1, x_2) \subseteq [a,b]$)或 $(x_2, x_1) \subseteq [a,b]$,故 $\xi \in (a,b)$。

例 6-15 证明不等式:(1) $\dfrac{1}{2} \leqslant \int_{\frac{\pi}{4}}^{\frac{\pi}{2}} \dfrac{\sin x}{x}\mathrm{d}x \leqslant \dfrac{\sqrt{2}}{2}$;(2) $\dfrac{5\pi}{2} < \int_0^{2\pi} \mathrm{e}^{\sin x}\mathrm{d}x < 2\pi \mathrm{e}^{\frac{1}{4}}$。

分析 用定积分的性质或者用幂级数方法证明。

证明 (1) 因为 $f'(x) = \dfrac{x\cos x - \sin x}{x^2} = \dfrac{\cos x(x - \tan x)}{x^2} < 0$,所以 $f(x)$ 在 $\left[\dfrac{\pi}{4}, \dfrac{\pi}{2}\right]$ 上单调递减,故 $f(x)$ 在 $\left[\dfrac{\pi}{4}, \dfrac{\pi}{2}\right]$ 上的最大值 M 和最小值 m 分别为:$M = f\left(\dfrac{\pi}{4}\right) = \dfrac{2\sqrt{2}}{\pi}, m = f\left(\dfrac{\pi}{2}\right) = \dfrac{2}{\pi}$。由定积分的性质,有

$$\dfrac{1}{2} = \dfrac{2}{\pi}\left(\dfrac{\pi}{2} - \dfrac{\pi}{4}\right) \leqslant \int_{\frac{\pi}{4}}^{\frac{\pi}{2}} \dfrac{\sin x}{x}\mathrm{d}x \leqslant \dfrac{2\sqrt{2}}{\pi}\left(\dfrac{\pi}{2} - \dfrac{\pi}{4}\right) = \dfrac{\sqrt{2}}{2}。$$

(2) 若用(1)的方法得不到所要证明的结果,下面用幂级数方法证明。

因为 $$\mathrm{e}^{\sin x} = 1 + \sin x + \dfrac{1}{2!}\sin^2 x + \cdots + \dfrac{1}{n!}\sin^n x + \cdots,$$

当 n 为奇数时，$\displaystyle\int_0^{2\pi}\sin^n x\,\mathrm{d}x=0$，

当 n 为偶数时，$\displaystyle\int_0^{2\pi}\sin^{2n}x\,\mathrm{d}x=4\int_0^{\frac{\pi}{2}}\sin^{2n}x\,\mathrm{d}x=\frac{4(2n-1)!!}{(2n)!!}\cdot\frac{\pi}{2}$，$n=1,2,\cdots$，

于是　　　$\displaystyle\int_0^{2\pi}\mathrm{e}^{\sin x}\,\mathrm{d}x=2\pi+\sum_{n=1}^{\infty}\frac{1}{(2n)!}\int_0^{2\pi}\sin^{2n}x\,\mathrm{d}x$

$$=2\pi\left[1+\sum_{n=1}^{\infty}\frac{(2n-1)!!}{(2n)!(2n)!!}\right]=2\pi\left[1+\sum_{n=1}^{\infty}\frac{\frac{1}{4^n}}{(n!)^2}\right],$$

故　　　$\displaystyle\frac{5\pi}{2}=2\pi\left(1+\frac{1}{4}\right)<\int_0^{2\pi}\mathrm{e}^{\sin x}\,\mathrm{d}x<2\pi\left(1+\sum_{n=1}^{\infty}\frac{\frac{1}{4^n}}{n!}\right)=2\pi\mathrm{e}^{\frac{1}{4}}$。

例 6-16　求下列极限：

（1）$\displaystyle\lim_{x\to+\infty}\sqrt[3]{x}\int_x^{x+1}\frac{\sin t}{\sqrt{t+\cos t}}\mathrm{d}t$；（2）$\displaystyle\lim_{n\to\infty}\int_0^{\frac{\pi}{2}}\sin^n x\,\mathrm{d}x$。

分析　含有定积分的极限问题是综合性题目，既运用了求极限的方法，也涉及定积分的计算以及估值。

解　（1）当 $x>1$ 时，因为

$$\left|\sqrt[3]{x}\int_x^{x+1}\frac{\sin t}{\sqrt{t+\cos t}}\mathrm{d}t\right|\leqslant\sqrt[3]{x}\int_x^{x+1}\frac{\mathrm{d}t}{\sqrt{t-1}}=2\sqrt[3]{x}(\sqrt{x}-\sqrt{x-1})$$

$$=\frac{2\sqrt[3]{x}}{\sqrt{x}+\sqrt{x-1}}\to 0\quad(x\to+\infty)$$

所以由夹挤准则，得　　　$\displaystyle\lim_{x\to+\infty}\sqrt[3]{x}\int_x^{x+1}\frac{\sin t}{\sqrt{t+\cos t}}\mathrm{d}t=0$。

（2）对于任意固定的 $0<\varepsilon<\dfrac{\pi}{2}$，因为

$$0\leqslant\int_0^{\frac{\pi}{2}}\sin^n x\,\mathrm{d}x=\int_0^{\frac{\pi}{2}-\frac{\varepsilon}{2}}\sin^n x\,\mathrm{d}x+\int_{\frac{\pi}{2}-\frac{\varepsilon}{2}}^{\frac{\pi}{2}}\sin^n x\,\mathrm{d}x$$

$$\leqslant\int_0^{\frac{\pi}{2}-\frac{\varepsilon}{2}}\sin^n\left(\frac{\pi}{2}-\frac{\varepsilon}{2}\right)\mathrm{d}x+\int_{\frac{\pi}{2}-\frac{\varepsilon}{2}}^{\frac{\pi}{2}}1\,\mathrm{d}x$$

$$=\left(\frac{\pi}{2}-\frac{\varepsilon}{2}\right)\sin^n\left(\frac{\pi}{2}-\frac{\varepsilon}{2}\right)+\frac{\varepsilon}{2},$$

又 $0<\sin\left(\dfrac{\pi}{2}-\dfrac{\varepsilon}{2}\right)<1$，所以 $\left(\dfrac{\pi}{2}-\dfrac{\varepsilon}{2}\right)\sin^n\left(\dfrac{\pi}{2}-\dfrac{\varepsilon}{2}\right)\to 0\ (n\to\infty)$，故 $\exists N>0$，当 $n>N$ 时，$\left(\dfrac{\pi}{2}-\dfrac{\varepsilon}{2}\right)\sin^n\left(\dfrac{\pi}{2}-\dfrac{\varepsilon}{2}\right)<\dfrac{\varepsilon}{2}$，于是 $\displaystyle\int_0^{\frac{\pi}{2}}\sin^n x\,\mathrm{d}x<\varepsilon$，因此 $\displaystyle\lim_{n\to\infty}\int_0^{\frac{\pi}{2}}\sin^n x\,\mathrm{d}x=0$。

注　该题解法十分典型：将区间分为两段，一段函数 $\sin^n x$ 有界，可将区间长度取得任意小，由此固定分点；另一段区间长度有限，而函数一致趋于 0，因而两段上的

积分都任意小,所以整个积分趋于 0。

【题型 6-4】 变限积分的相关问题

策略 作为一个函数,变限积分以独特形式出现在许多微分和积分问题中。这其中往往要涉及变限积分的导数与其他知识综合运用。关于变限积分的求导,有以下方法:

(1) 若被积函数不含求导变量 x,直接利用下列公式求导:

$$\frac{\mathrm{d}}{\mathrm{d}x}\int_{v(x)}^{u(x)}f(t)\mathrm{d}t = f[u(x)]u'(x) - f[v(x)]v'(x),$$

其中 $f(x)$ 连续,$u(x)$、$v(x)$ 可导;

(2) 若被积函数含求导变量,为应用(1)中的公式,则需移去变量,其手段有因式提出、变量代换和交换积分次序。

例 6-17 设函数 $f(x)$ 连续,且 $f(0)\neq0$,求 $l = \lim\limits_{x\to0}\dfrac{\displaystyle\int_0^x(x-t)f(t)\mathrm{d}t}{x\displaystyle\int_0^x f(x-t)\mathrm{d}t}$。

分析 此极限是 "$\dfrac{0}{0}$" 未定式。为运用洛必达法则,先将分子、分母变形:

$$\int_0^x(x-t)f(t)\mathrm{d}t = x\int_0^x f(t)\mathrm{d}t - \int_0^x tf(t)\mathrm{d}t;$$

对 $\int_0^x f(x-t)\mathrm{d}t$,令 $x-t=u$,则 $x\int_0^x f(x-t)\mathrm{d}t = x\int_x^0 f(u)(-\mathrm{d}u)$。

解 $l = \lim\limits_{x\to0}\dfrac{x\displaystyle\int_0^x f(t)\mathrm{d}t - \int_0^x tf(t)\mathrm{d}t}{x\displaystyle\int_x^0 f(u)(-\mathrm{d}u)} = \lim\limits_{x\to0}\dfrac{\displaystyle\int_0^x f(t)\mathrm{d}t}{\displaystyle\int_0^x f(u)\mathrm{d}u + xf(x)}$(运用洛必达法则)

$= \lim\limits_{x\to0}\dfrac{xf(\xi)}{xf(\xi)+xf(x)}$(利用积分中值定理,$\xi$ 介于 0 与 x 之间,注意,此时不能再用洛必达法则!)

$= \dfrac{f(0)}{f(0)+f(0)} = \dfrac{1}{2}$。

例 6-18 设 $f(x)$ 连续,且 $\displaystyle\int_0^x tf(2x-t)\mathrm{d}t = \dfrac{1}{2}\arctan x^2$,已知 $f(1)=1$,求 $\displaystyle\int_1^2 f(x)\mathrm{d}x$。

分析 方程中的积分参数 x 出现在积分的上限和被积函数中,故先换元,然后对 x 求导。

解 令 $2x-t=u$,则

$$\int_0^x tf(2x-t)\mathrm{d}t = -\int_{2x}^x(2x-u)f(u)\mathrm{d}u = 2x\int_x^{2x}f(u)\mathrm{d}u - \int_x^{2x}uf(u)\mathrm{d}u$$

$$= \frac{1}{2}\arctan x^2.$$

两边对 x 求导：

$$2\int_x^{2x} f(u)\mathrm{d}u + 2x[2f(2x)-f(x)] - [2xf(2x)\cdot 2 - xf(x)] = \frac{x}{1+x^4},$$

即
$$2\int_x^{2x} f(u)\mathrm{d}u = \frac{x}{1+x^4} + xf(x)_\circ$$

令 $x=1$，则
$$\int_1^2 f(x)\mathrm{d}x = \frac{3}{4}_\circ$$

例 6-19　设函数 $f(x)$ 连续，$\varphi(x)=\int_0^1 f(xt)\mathrm{d}t$，且 $\lim\limits_{x\to 0}\dfrac{f(x)}{x}=A$（$A$ 为常数），求 $\varphi'(x)$，并讨论 $\varphi'(x)$ 在 $x=0$ 处的连续性。

分析　积分 $\int_0^1 f(xt)\mathrm{d}t$ 中有参数 x，用换元法将 x 变到积分的上限或下限，然后依微分理论讨论 $\varphi'(x)$ 在 $x=0$ 处的连续性。

解　当 $x\neq 0$ 时，令 $u=tx$，则 $\mathrm{d}u=x\mathrm{d}t$，所以

$$\varphi(x) = \frac{1}{x}\int_0^x f(u)\mathrm{d}u,$$

当 $x=0$ 时，由 $f(x)$ 的连续性及 $\lim\limits_{x\to 0}\dfrac{f(x)}{x}=A$ 知，$f(0)=0$，故 $\varphi(0)=0$，即

$$\varphi(x) = \begin{cases} \dfrac{1}{x}\int_0^x f(u)\mathrm{d}u, & x\neq 0, \\[2mm] 0, & x=0_\circ \end{cases}$$

当 $x\neq 0$ 时，$\varphi'(x) = \dfrac{xf(x)-\int_0^x f(u)\mathrm{d}u}{x^2}$；

当 $x=0$ 时，$\varphi'(0) = \lim\limits_{x\to 0}\dfrac{\varphi(x)-\varphi(0)}{x} = \lim\limits_{x\to 0}\dfrac{\int_0^x f(u)\mathrm{d}u}{x^2} = \lim\limits_{x\to 0}\dfrac{f(x)}{2x} = \dfrac{A}{2}_\circ$

由于 $\lim\limits_{x\to 0}\varphi'(x) = \lim\limits_{x\to 0}\dfrac{xf(x)-\int_0^x f(u)\mathrm{d}u}{x^2} = \lim\limits_{x\to 0}\left[\dfrac{f(x)}{x} - \dfrac{\int_0^x f(u)\mathrm{d}u}{x^2}\right] = \dfrac{A}{2} = \varphi'(0)$，所以 $\varphi'(x)$ 在 $x=0$ 处连续。

例 6-20　设 $y=f(x)$ 在 $(-\infty,+\infty)$ 内连续，且 $F(x)=\int_0^x (x-2t)f(t)\mathrm{d}t$，证明：若 $f(x)$ 为非增函数，则 $F(x)$ 为非减函数。

分析　要证明 $F(x)$ 为非减函数，只要证明 $F'(x)\geqslant 0$ 即可。

证明　因为　$F(x) = \int_0^x (x-2t)f(t)\mathrm{d}t = x\int_0^x f(t)\mathrm{d}t - 2\int_0^x tf(t)\mathrm{d}t$，

所以　$F'(x) = \int_0^x f(t)\mathrm{d}t + xf(x) - 2xf(x) = \int_0^x f(t)\mathrm{d}t - xf(x)$

$$= \int_0^x f(t)\mathrm{d}t - \int_0^x f(x)\mathrm{d}t = \int_0^x [f(t)-f(x)]\mathrm{d}t_\circ$$

由于 $f(x)$ 为非增函数，所以，当 $0<t<x$ 时，$f(t)-f(x)\geqslant 0$，则 $F'(x)\geqslant 0$；当 $x<t<0$ 时，$F'(x)=-\displaystyle\int_x^0[f(t)-f(x)]dt\geqslant 0$；又 $F'(0)=0$，故 $F'(x)\geqslant 0$，$x\in(-\infty,+\infty)$，即 $F(x)$ 为非减函数。

例 6-21　证明方程 $F(x)=-\dfrac{1}{2}(1+e^{-1})+\displaystyle\int_{-1}^1|x-t|e^{-t^2}dt=0$ 在 $[-1,1]$ 上有且仅有两个实根。

分析　在对称区间 $[-1,1]$ 上证明方程 $F(x)=0$ 有且仅有两个实根，只要证明 $F(x)$ 为偶函数且 $F(x)=0$ 在 $[0,1]$ 上有且仅有一个实根即可。

证明　对 $\forall x\in[-1,1]$，因为

$$F(-x)=-\frac{1}{2}(1+e^{-1})+\int_{-1}^1|-x-t|e^{-t^2}dt=0\quad(\text{令} -t=u)$$

$$=-\frac{1}{2}(1+e^{-1})+\int_{-1}^1|-x+u|e^{-u^2}dt=F(x),$$

所以 $F(x)$ 是 $[-1,1]$ 上的偶函数，又

$$F(0)=-\frac{1}{2}(1+e^{-1})+\int_{-1}^1|t|e^{-t^2}dt=-\frac{1}{2}(1+e^{-1})+2\int_0^1 te^{-t^2}dt=\frac{1}{2}-\frac{3}{2e}<0,$$

$$F(1)=-\frac{1}{2}(1+e^{-1})+\int_{-1}^1|1-t|e^{-t^2}dt$$

$$=-\frac{1}{2}(1+e^{-1})+\int_{-1}^1(1-t)e^{-t^2}dt=-\frac{1}{2}(1+e^{-1})+2\int_0^1 e^{-t^2}dt$$

$$\geqslant-\frac{1}{2}(1+e^{-1})+2e^{-1}=\frac{3}{2e}-\frac{1}{2}>0。$$

由介值定理知方程 $F(x)=0$ 在 $[0,1]$ 上有一个实根，下面证明根是唯一的。$F(x)$ 对 x 求导有

$$F'(x)=\left(\int_{-1}^1|x-t|e^{-t^2}dt\right)'=\left(\int_{-1}^x(x-t)e^{-t^2}dt\right)'+\left(\int_x^1(t-x)e^{-t^2}dt\right)'$$

$$=\left(x\int_{-1}^x e^{-t^2}dt-\int_{-1}^x te^{-t^2}dt\right)'+\left(\int_x^1 te^{-t^2}dt-x\int_x^1 e^{-t^2}dt\right)'$$

$$=\left(\int_{-1}^x e^{-t^2}dt+xe^{-x^2}-xe^{-x^2}\right)+\left(-xe^{-x^2}-\int_x^1 e^{-t^2}dt+xe^{-x^2}\right)$$

$$=\int_{-1}^x e^{-t^2}dt-\int_x^1 e^{-t^2}dt(\text{令}-t=u)=\int_{-1}^x e^{-t^2}dt+\int_{-x}^{-1}e^{-u^2}dt$$

$$=\int_{-x}^x e^{-t^2}dt=2\int_0^x e^{-t^2}dt>0\ (0<x<1),$$

因此，$F(x)$ 在 $[0,1]$ 上单调递增，即方程 $F(x)=0$ 在 $[0,1]$ 上仅有一个实根，从而方程 $F(x)=0$ 在 $[-1,1]$ 上有且仅有两个实根。

例 6-22　设可积函数 $f(x)$ 对任意的 x 及 a 满足

$$f(x)=\frac{1}{2a}\int_{x-a}^{x+a}f(t)dt,\quad a\neq 0。$$

证明:$f(x)$是线性函数。

分析　因为函数 $f(x)$ 是线性函数的充分必要条件是 $f''(x)=0$ 或 $f'(x)$ 恒为一常数,此题只要证明 $f'(x)$ 恒为一常数即可。

证明　由于 $f(x)$ 是可积的,所以变限积分 $\dfrac{1}{2a}\displaystyle\int_{x-a}^{x+a}f(t)\mathrm{d}t$ 是连续的,即 $f(x)$ 连续,从而 $\dfrac{1}{2a}\displaystyle\int_{x-a}^{x+a}f(t)\mathrm{d}t$ 是可导的,即 $f(x)$ 是可导的。重复上面过程可知 $f(x)$ 具有无穷阶导数,对等式变形,有

$$2af(x)=\int_{x-a}^{x+a}f(t)\mathrm{d}t。$$

若等式两边直接对 x 求导,则不好证明。现在,因为等式对 $\forall a\neq0$ 均成立,故两边对 a 求导,得

$$2f(x)=f(x+a)+f(x-a)。$$

两边再对 a 求导,有

$$f'(x+a)-f'(x-a)=0,\quad\text{即}\quad f'(x+a)=f'(x-a)。$$

令 $a=x\neq0$,则 $f'(2x)=f'(0)$,这表明,对 $\forall x\neq0$,$f'(2x)$ 是一常数。由于 $f'(x)$ 连续,所以对任意 x,$f'(x)$ 恒为一常数,即 $f(x)$ 是线性函数。

【题型 6-5】　定积分等式与不等式的证明

策略　证明定积分等式的基本思路:用换元法或分部积分法,因为定积分的换元公式和分部积分公式本身就是具有高度普遍性的积分等式,可用来推出其他积分等式;视欲证明问题为变限积分问题,转化为导数的应用问题(最为常用的方法);用介值定理、中值定理、泰勒公式和积分中值定理证明。

证明定积分不等式的基本思路:通过定积分估值性质比较定积分大小;借助于变限积分,将欲证不等式转化为导数的应用问题,用单调性证明;先用介值定理、微分或积分中值定理、泰勒公式得到等式含中值的等式,然后导出不等式;利用已有的重要不等式,如柯西-施瓦茨不等式

$$\left[\int_a^b f(x)g(x)\mathrm{d}x\right]^2\leqslant\int_a^b f^2(x)\mathrm{d}x\int_a^b g^2(x)\mathrm{d}x$$

和一些代数公式,如 $a^2+b^2\geqslant2|a||b|$,$a+\dfrac{1}{a}\geqslant2(a>0)$ 等证明。

例 6-23　设 $f(x)$ 连续,证明下列等式:

(1) $\displaystyle\int_0^x\left[\int_0^u f(t)\mathrm{d}t\right]\mathrm{d}u=\int_0^x(x-u)f(u)\mathrm{d}u$;

(2) $\left[\displaystyle\int_a^b f(x)\mathrm{d}x\right]^2=2\int_a^b f(x)\left(\int_x^b f(t)\mathrm{d}t\right)\mathrm{d}x$。

分析　用分部积分法、变限积分法等方法证明。

证明　(1) $\displaystyle\int_0^x\left[\int_0^u f(t)\mathrm{d}t\right]\mathrm{d}u=\left[u\int_0^u f(t)\mathrm{d}t\right]\Big|_0^x-\int_0^x u\mathrm{d}\left[\int_0^u f(t)\mathrm{d}t\right]$

$$= x\int_0^x f(t)\mathrm{d}t - \int_0^x uf(u)\mathrm{d}u$$

$$= \int_0^x xf(u)\mathrm{d}u - \int_0^x uf(u)\mathrm{d}u$$

$$= \int_0^x (x-u)f(u)\mathrm{d}u。$$

（2）**方法一**　设 $g(u) = \left[\int_u^b f(x)\mathrm{d}x\right]^2 - 2\int_u^b f(x)\left(\int_x^b f(t)\mathrm{d}t\right)\mathrm{d}x \ (a \leqslant u \leqslant b)$，则

$$g'(u) = 2\int_u^b f(x)\mathrm{d}x \cdot (-f(u)) + 2f(u)\int_u^b f(t)\mathrm{d}t = 0,$$

于是，在 $[a,b]$ 上 $g(u) = C$（C 为常数），令 $u=b$，得 $C=0$，故有 $g(a)=0$，因此等式成立。

方法二　设 $F(x) = \int_x^b f(t)\mathrm{d}t$，则 $F'(x) = -f(x)$，于是

$$右边 = -2\int_a^b F'(x)F(x)\mathrm{d}x = -2\int_a^b F(x)\mathrm{d}F(x) = F^2(a) = 左边。$$

例 6-24　设 $f(x), g(x)$ 在 $[a,b]$ 上连续，证明至少存在一个 $\xi \in (a,b)$，使得

$$f(\xi)\int_\xi^b g(x)\mathrm{d}x = g(\xi)\int_a^\xi f(x)\mathrm{d}x。$$

分析　将欲证等式中 ξ 换为 x，则 $f(x)\int_x^b g(x)\mathrm{d}x - g(x)\int_a^x f(x)\mathrm{d}x = 0$。由此构造辅助函数并用罗尔定理证明。

证明　令 $F(x) = \int_a^x f(x)\mathrm{d}x \cdot \int_x^b g(x)\mathrm{d}x$，且

$$F'(x) = f(x)\int_x^b g(x)\mathrm{d}x - g(x)\int_a^x f(x)\mathrm{d}x。$$

因为 $f(x), g(x)$ 在 $[a,b]$ 上连续，所以 $F(x)$ 在 $[a,b]$ 上连续，在 (a,b) 内可导，又 $F(a)=F(b)=0$，则由罗尔定理，$\exists \xi \in (a,b)$，使得，$F'(\xi)=0$，即

$$f(\xi)\int_\xi^b g(x)\mathrm{d}x = g(\xi)\int_a^\xi f(x)\mathrm{d}x。$$

例 6-25　设 $f(x)$ 在 $[a,b]$ 上可导，且 $f'(x)>0$，$f(a)>0$，证明：对于如图 6-1 所示的两个面积函数 $A(x)$ 和 $B(x)$，存在唯一 $\xi \in (a,b)$，使得 $\dfrac{A(\xi)}{B(\xi)} = 2014$。

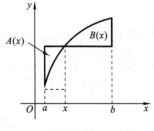

图 6-1

分析　该题属于函数的零点问题。将 ξ 换为 x，则得 $A(x) = 2014B(x)$，由此构造辅助函数并用介值定理及单调性证明。

证明　由 $f(x)$ 在 $[a,b]$ 上可导，$f'(x)>0$，$f(a)>0$ 得，$f(x)$ 在 $[a,b]$ 上单调增加，$f(x)>0$。依题设

$$A(x) = (x-a)f(x) - \int_a^x f(t)\mathrm{d}t, \quad B(x) = \int_x^b f(t)\mathrm{d}t - (b-x)f(x)。$$

令 $F(x) = A(x) - 2014B(x)$，则 $F(x)$ 在 $[a,b]$ 上连续。因

$$F(a) = -2014\left[\int_a^b f(t)\mathrm{d}t - (b-a)f(a)\right] = -2014\int_a^b [f(t)-f(a)]\mathrm{d}t < 0,$$

$$F(b) = (b-a)f(b) - \int_a^b f(t)\mathrm{d}t = \int_a^b [f(b)-f(t)]\mathrm{d}t > 0,$$

则由介值定理，存在 $\xi \in (a,b)$，使得

$$f(\xi) = 0。$$

又 $F'(x) = f'(x)(x-a) + 2014f'(x)(b-x) > 0, x \in (a,b)$，故 $F(x)$ 在 $[a,b]$ 严格单调增，于是，存在唯一 $\xi \in (a,b)$，使得 $F(\xi) = 0$，即 $A(\xi) = 2014B(\xi)$。

例 6-26　设函数 $f(x)$ 在 $[a,b]$ 上是非负的连续函数，且严格单调递增，由积分中值定理，对任意的正整数 n，存在唯一的 $x_n \in (a,b)$，使得

$$(f(x_n))^n = \frac{1}{b-a}\int_a^b (f(x))^n \mathrm{d}x。$$

证明：$\lim_{n\to\infty} x_n = b$。

分析　由积分中值定理的几何意义知，曲边梯形的面积 $\int_a^b (f(x))^n \mathrm{d}x$ 等于以 $(b-a)$ 为底、$(f(x_n))^n$ 为高的矩形的面积，由于 $f(x)$ 严格单调递增，所以数列 $\{(f(x_n))^n\}$ 严格单调递增，从而点列 $\{x_n\}$ 严格单调递增，故 $\lim_{n\to\infty} x_n = b$ 应该是正确的。以下建立一个关于 $b-x_n$ 的不等式，并用夹挤准则证明。

证明　由等式 $(f(x_n))^n = \dfrac{1}{b-a}\int_a^b (f(x))^n \mathrm{d}x \ (a < b)$

得
$$1 = \frac{1}{b-a}\int_a^b \left(\frac{f(t)}{f(x_n)}\right)^n \mathrm{d}t \geqslant \frac{1}{b-a}\int_{\frac{x_n+b}{2}}^b \left(\frac{f(t)}{f(x_n)}\right)^n \mathrm{d}t。$$

因为 $f(x)$ 是严格单调递增的，所以

$$1 \geqslant \frac{1}{b-a}\int_{\frac{x_n+b}{2}}^b \left(\frac{f(t)}{f(x_n)}\right)^n \mathrm{d}t \geqslant \frac{b-x_n}{2(b-a)}\left[\frac{f\left(\frac{x_n+b}{2}\right)}{f(x_n)}\right]^n,$$

即
$$b - x_n \leqslant 2(b-a)\left[\frac{f(x_n)}{f\left(\frac{x_n+b}{2}\right)}\right]^n。$$

由于 $x_n \leqslant \dfrac{x_n+b}{2}$，$f(x)$ 又严格单调递增，所以 $\dfrac{f(x_n)}{f\left(\frac{x_n+b}{2}\right)} < 1$。至此，可以断言：$\lim_{n\to\infty}(b-x_n) = 0$，即 $\lim_{n\to\infty} x_n = b$。

以下用反证法证明 $\lim_{n\to\infty}(b-x_n) = 0$ 成立。假设 $\lim_{n\to\infty}(b-x_n) \neq 0$，则存在子列 $\{x_{n_k}\} \subset \{x_n\}$ 和正整数 k_0，当 $k \geqslant k_0$ 时，$b - x_{n_k} > b_0$（b_0 为常数），于是有

$$1 = \frac{1}{b-a}\int_a^b \left(\frac{f(t)}{f(x_{n_k})}\right)^{n_k} dt \geqslant \frac{1}{b-a}\int_{b-\frac{b_0}{2}}^b \left(\frac{f(t)}{f(x_{n_k})}\right)^{n_k} dt$$

$$\geqslant \frac{b_0}{2(b-a)}\left[\frac{f\left(b-\frac{b_0}{2}\right)}{f(x_{n_k})}\right]^{n_k} \geqslant \frac{b_0}{2(b-a)}\left[\frac{f\left(b-\frac{b_0}{2}\right)}{f(b-b_0)}\right]^{n_k} \quad (\text{注}: x_{n_k} < b - b_0)$$

由于 $f\left(b-\dfrac{b_0}{2}\right) > f(b-b_0)$，所以 $\dfrac{f\left(b-\frac{b_0}{2}\right)}{f(b-b_0)} > 1$，$\left[\dfrac{f\left(b-\frac{b_0}{2}\right)}{f(b-b_0)}\right]^{n_k} \to +\infty \ (n\to\infty)$，即有

$1 \geqslant +\infty$，故矛盾，因此假设不对，即 $\lim\limits_{n\to\infty} x_n = b$。

　　注　虽然 $\dfrac{f(x_n)}{f\left(\frac{x_n+b}{2}\right)} < 1$，但不能推出 $\left[\dfrac{f(x_n)}{f\left(\frac{x_n+b}{2}\right)}\right]^n \to 0 \ (n\to\infty)$，如 $\left(1-\dfrac{1}{n}\right)^n \to$

$\dfrac{1}{e} \neq 0 \ (n\to\infty)$。

　　例 6-27　设 $f(t)$ 在 $[a,x]$ 上连续，在点 $t=a$ 处可导，$f'(a)\neq 0$，$g(t)$ 在 $[a,x]$ 上连续且不变号，并且 $g(a)\neq 0$。若

$$\int_a^x f(t)g(t)\mathrm{d}t = f(\xi)\int_a^x g(t)\mathrm{d}t, \quad \xi \in (a,x)$$

则

$$\lim_{x\to a^+} \frac{\xi-a}{x-a} = \frac{1}{2}。$$

　　分析　公式 $\displaystyle\int_a^x f(t)g(t)\mathrm{d}t = f(\xi)\int_a^x g(t)\mathrm{d}t$ 是推广的积分中值定理。当区间 $[a,x]$ 的右端点 x 变化时，ξ 也在变化，所以 ξ 是 x 的函数，因此极限 $\lim\limits_{x\to a^+}\dfrac{\xi-a}{x-a}$ 是有意义的。为了证明 $\lim\limits_{x\to a^+}\dfrac{\xi-a}{x-a} = \dfrac{1}{2}$，关键是作辅助函数，然后求极限。

　　证明　令 $h(x) = \dfrac{\displaystyle\int_a^x f(t)g(t)\mathrm{d}t - f(a)\int_a^x g(t)\mathrm{d}t}{\left(\displaystyle\int_a^x g(t)\mathrm{d}t\right)^2}$，一方面，由推广的积分中值定理，有

$$\lim_{x\to a^+} h(x) = \lim_{x\to a^+} \frac{f(\xi)\displaystyle\int_a^x g(t)\mathrm{d}t - f(a)\int_a^x g(t)\mathrm{d}t}{\left(\displaystyle\int_a^x g(t)\mathrm{d}t\right)^2} = \lim_{x\to a^+} \frac{f(\xi)-f(a)}{\displaystyle\int_a^x g(t)\mathrm{d}t}$$

$$= \lim_{x\to a^+} \frac{f(\xi)-f(a)}{\xi-a} \cdot \frac{1}{\dfrac{\displaystyle\int_a^x g(t)\mathrm{d}t}{x-a}} \cdot \frac{\xi-a}{x-a} = \frac{f'(a)}{g(a)}\lim_{x\to a^+}\frac{\xi-a}{x-a};$$

另一方面，由洛必达法则，有

$$\lim_{x \to a^+} h(x) = \lim_{x \to a^+} \frac{\int_a^x f(t)g(t)\mathrm{d}t - f(a)\int_a^x g(t)\mathrm{d}t}{\left(\int_a^x g(t)\mathrm{d}t\right)^2} = \lim_{x \to a^+} \frac{f(x)g(x) - f(a)g(x)}{2g(x)\int_a^x g(t)\mathrm{d}t}$$

$$= \lim_{x \to a^+} \frac{f(x) - f(a)}{x - a} \cdot \frac{x - a}{2\int_a^x g(t)\mathrm{d}t} = \frac{f'(a)}{2g(a)}。$$

由于 $f'(a) \neq 0, g(a) \neq 0$，因此 $\lim_{x \to a^+} \dfrac{\xi - a}{x - a} = \dfrac{1}{2}$。

例 6-28　设 $f(x)$ 在 $[-a, a]$ $(a > 0)$ 上具有二阶连续导数，$f(0) = 0$。证明在 $[-a, a]$ 上至少存在一点 η，使得 $a^3 f''(\eta) = 3\int_{-a}^a f(x)\mathrm{d}x$。

分析　因为 $f(x)$ 在 $[-a, a]$ $(a > 0)$ 上具有二阶连续导数，又 $f(0) = 0$，所以先将 $f(x)$ 在 $x = 0$ 处展开，然后积分。为了完成等式 $a^3 f''(\eta) = 3\int_{-a}^a f(x)\mathrm{d}x$ 的证明，还必须对 $f''(x)$ 在 $[-a, a]$ 上用推广的介值定理。

证明　由泰勒公式，对 $\forall x \in [-a, a]$，有

$$f(x) = f(0) + f'(0)x + \frac{f''(\xi)}{2!}x^2 = f'(0)x + \frac{f''(\xi)}{2!}x^2 \ (\xi \text{ 在 } 0 \text{ 与 } x \text{ 之间}),$$

两边对 x 在 $[-a, a]$ 上积分，于是

$$\int_{-a}^a f(x)\mathrm{d}x = \int_{-a}^a f'(0)x\mathrm{d}x + \frac{1}{2}\int_{-a}^a f''(\xi)x^2\mathrm{d}x = \frac{1}{2}\int_{-a}^a f''(\xi)x^2\mathrm{d}x。$$

因为 $f''(x)$ 在 $[-a, a]$ 上连续，$\exists M = \max_{x \in [-a,a]} f''(x), m = \min_{x \in [-a,a]} f''(x)$，所以有

$$m\int_0^a x^2\mathrm{d}x \leqslant \int_{-a}^a f(x)\mathrm{d}x = \frac{1}{2}\int_{-a}^a f''(\xi)x^2\mathrm{d}x \leqslant M\int_0^a x^2\mathrm{d}x$$

又 $\int_0^a x^2\mathrm{d}x = \dfrac{1}{3}a^3$，于是

$$m \leqslant \frac{3}{a^3}\int_{-a}^a f(x)\mathrm{d}x \leqslant M。$$

根据 $f''(x)$ 在 $[-a, a]$ 上的连续性，知 $\exists \eta \in [-a, a]$，使得

$$\frac{3}{a^3}\int_{-a}^a f(x)\mathrm{d}x = f''(\eta), \quad \text{即} \quad a^3 f''(\eta) = 3\int_{-a}^a f(x)\mathrm{d}x。$$

例 6-29　设 $f(x)$ 在 $[a, b]$ 上连续，且满足 $\int_a^b f(x)\mathrm{d}x = 0, \int_a^b x f(x)\mathrm{d}x = 0$，证明：存在两个不同的实数 $\xi_1, \xi_2 \in (a, b)$，使得 $f(\xi_1) = f(\xi_2) = 0$。

分析　由 $\int_a^b f(x)\mathrm{d}x = 0$ 易知方程 $f(x) = 0$ 在 (a, b) 上有一根 ξ_1。要证 $f(x) = 0$ 在 (a, b) 有另外一根 ξ_2，则可由另一条件 $\int_a^b x f(x)\mathrm{d}x = 0$ 推出。当然，要证方程 $f(x) = 0$ 在 (a, b) 有两个根，也可以用罗尔定理，只需知道 $f(x)$ 的原函数在 $[a, b]$ 上有三点的值相等即可。

证明　方法一　因积分中值定理

$$0 = \int_a^b f(x)\mathrm{d}x = f(\xi_1)(b-a)\,(\xi_1 \in (a,b)),$$

所以方程 $f(x)=0$ 在 (a,b) 上有一根 ξ_1。下面用反证法：假设方程 $f(x)=0$ 在 (a,b) 上只有一根 ξ_1，则 $f(x)$ 在 (a,ξ_1) 与 (ξ_1,b) 上异号（否则与条件 $\int_a^b f(x)\mathrm{d}x = 0$ 矛盾）。不妨设在 (a,ξ_1) 上 $f(x)>0$，在 (ξ_1,b) 上 $f(x)<0$，由 $\int_a^b xf(x)\mathrm{d}x = 0$ 以及 $\xi_1 \int_a^b f(x)\mathrm{d}x = 0$，一方面得

$$\int_a^b (x-\xi_1)f(x)\mathrm{d}x = 0,$$

另一方面，由可加性得

$$\int_a^b (x-\xi_1)f(x)\mathrm{d}x = \int_a^{\xi_1}(x-\xi_1)f(x)\mathrm{d}x + \int_{\xi_1}^b (x-\xi_1)f(x)\mathrm{d}x < 0,$$

故产生矛盾，因此假设不对，所以方程 $f(x)=0$ 在 (a,b) 内除 ξ_1 之外还有另外一根 ξ_2。

方法二　因 $f(x)$ 在 $[a,b]$ 上连续，故 $F(x) = \int_a^x f(t)\mathrm{d}t$ 是 $f(x)$ 的原函数，显然有 $F(a)=F(b)=0$；又

$$0 = \int_a^b xf(x)\mathrm{d}x = \int_a^b x\mathrm{d}F(x) = xF(x)\Big|_a^b - \int_a^b F(x)\mathrm{d}x = -(b-a)F(\eta),$$

其中 $\eta \in (a,b)$，因此 $F(\eta)=0$。对 $F(x)$ 在 $[a,\eta]$ 与 $[\eta,b]$ 上分别用罗尔定理，则存在 $\xi_1 \in (a,\eta)$，$\xi_2 \in (\eta,b)$，使得 $F(\xi_1)=F(\xi_2)=0$，即 $f(\xi_1)=f(\xi_2)=0$。

例 6-30　设 $f(x)$ 在 $[a,b]$ 上存在二阶导数，证明：存在 $\xi \in (a,b)$，使得

$$\int_a^b f(x)\mathrm{d}x = \frac{1}{2}(f(a)+f(b))(b-a) - \frac{1}{12}f''(\xi)(b-a)^3。$$

分析　将与 ξ 无关的部分设为 K，然后将等式中的 b 或者 a 换为 x，构造相应的辅助函数，用罗尔定理证明。

证明　记 $K = \dfrac{\int_a^b f(x)\mathrm{d}x - \frac{1}{2}(f(a)+f(b))(b-a)}{(b-a)^3}$，作辅助函数

$$F(x) = \int_a^x f(t)\mathrm{d}t - \frac{1}{2}(f(a)+f(x))(x-a) - K(x-a)^3。$$

则 $F(x)$ 在 $[a,b]$ 上可导，且 $F(a)=F(b)=0$，由罗尔定理知，存在 $\eta \in (a,b)$，使得 $F'(\eta)=0$，即

$$f(\eta) - \frac{1}{2}f'(\eta)(\eta-a) - \frac{1}{2}(f(a)+f(\eta)) - 3K(\eta-a)^2 = 0,$$

也就是　　　　　$$f(\eta) - f(a) - f'(\eta)(\eta-a) - 6K(\eta-a)^2 = 0。\qquad ①$$

将 $f(x)$ 在 $x=\eta$ 处展开，然后令 $x=a$，有

$$f(a) = f(\eta) + f'(\eta)(a-\eta) + \frac{1}{2}f''(\xi)(a-\eta)^2, \xi \text{ 在 } a \text{ 与 } \eta \text{ 之间。} \qquad ②$$

将式①与式②相减,有

$$f''(\xi) = -12K_\circ$$

即　　　$$\int_a^b f(x)\mathrm{d}x = \frac{1}{2}(f(a)+f(b))(b-a) - \frac{1}{12}f''(\xi)(b-a)^3_\circ$$

例 6-31　设 $f(x)$ 在 $[a,b]$ 上连续,且严格单调增加,证明:

$$(a+b)\int_a^b f(x)\mathrm{d}x < 2\int_a^b xf(x)\mathrm{d}x_\circ$$

分析　作辅助函数,用单调性证明。

证明　将等式中 b 换为 x,令 $F(x) = (a+x)\int_a^x f(t)\mathrm{d}t - 2\int_a^x tf(t)\mathrm{d}t_\circ$ 则

$$F'(x) = \int_a^x f(t)\mathrm{d}t + (a+x)f(x) - 2xf(x) = \int_a^x f(t)\mathrm{d}t + (a-x)f(x)$$

$$= \int_a^x f(t)\mathrm{d}t - \int_a^x f(x)\mathrm{d}t = \int_a^x [f(t)-f(x)]\mathrm{d}t,$$

由于 $f(x)$ 在 $[a,b]$ 上严格单调增加,于是 $t \leqslant x$ 时,$f(t)-f(x) < 0$,则 $F'(x) < 0$,从而 $F(x)$ 在 $[a,b]$ 上严格单调减少,又 $F(a)=0$,故 $F(b) < F(a) = 0$,即

$$(a+b)\int_a^b f(x)\mathrm{d}x < 2\int_a^b xf(x)\mathrm{d}x_\circ$$

例 6-32　设 $f(x)$ 在 $[a,b]$ 上不恒为零,且 $f'(x)$ 连续,并有 $f(a)=f(b)=0$,证明:$\exists \xi \in [a,b]$,使得

$$|f'(\xi)| \geqslant \frac{4}{(b-a)^2}\left|\int_a^b f(x)\mathrm{d}x\right|_\circ$$

分析　因为不等式涉及定积分与被积函数的导数,所以先用拉格朗日中值定理建立 $f(x)$ 与其导数 $f'(x)$ 之间的关系,然后通过积分估计出不等式。

证明　**方法一**　因为 $f'(x)$ 在 $[a,b]$ 上连续,所以 $|f'(x)|$ 在 $[a,b]$ 上连续,则存在 $\xi \in [a,b]$,使得 $|f'(\xi)| = M = \max\limits_{x \in [a,b]}|f'(x)|$。由拉格朗日中值定理,有

$$f(x) = f(x) - f(a) = f'(\xi_1)(x-a) \quad (a < \xi_1 < x),$$

$$f(x) = f(x) - f(b) = f'(\xi_2)(x-b) \quad (x < \xi_2 < b),$$

从而　　　$$|f(x)| \leqslant M(x-a), \quad |f(x)| \leqslant M(b-x)_\circ$$

由于　　　$$\int_a^b |f(x)|\mathrm{d}x = \int_a^{\frac{a+b}{2}} |f(x)|\mathrm{d}x + \int_{\frac{a+b}{2}}^b |f(x)|\mathrm{d}x$$

$$\leqslant M\int_a^{\frac{a+b}{2}}(x-a)\mathrm{d}x + M\int_{\frac{a+b}{2}}^b (b-x)\mathrm{d}x = \frac{(b-a)^2}{4}M,$$

$$\left|\int_a^b f(x)\mathrm{d}x\right| \leqslant \int_a^b |f(x)|\mathrm{d}x \leqslant \frac{(b-a)^2}{4}M,$$

故　　　$$|f'(\xi)| \geqslant \frac{4}{(b-a)^2}\left|\int_a^b f(x)\mathrm{d}x\right|_\circ$$

方法二　下面用分部积分法证明。

取 c，使 $a \leqslant c \leqslant b$，因为

$$\int_a^b f(x)\mathrm{d}x = \int_a^b f(x)\mathrm{d}(x-c) = \left[(x-c)f(x)\right]\Big|_a^b - \int_a^b (x-c)f'(x)\mathrm{d}x$$

$$= -\int_a^b (x-c)f'(x)\mathrm{d}x,$$

所以　$\left| \int_a^b f(x)\mathrm{d}x \right| \leqslant \int_a^b |x-c||f'(x)|\mathrm{d}x \leqslant \max_{a \leqslant x \leqslant b}|f'(x)| \int_a^b |x-c|\mathrm{d}x$

$$= M\int_a^b |x-c|\mathrm{d}x。$$

由于　$\int_a^b |x-c|\mathrm{d}x = \int_a^c (c-x)\mathrm{d}x + \int_c^b (x-c)\mathrm{d}x = c^2 - (a+b)c + \frac{1}{2}(a^2+b^2)$

$$= \left(c - \frac{a+b}{2}\right)^2 + \frac{(b-a)^2}{4} \geqslant \frac{(b-a)^2}{4},$$

于是　　　$\left| \int_a^b f(x)\mathrm{d}x \right| \leqslant M\int_a^b |x-c|\mathrm{d}x = \frac{(b-a)^2}{4}M,$

即　　　　　$|f'(\xi)| \geqslant \frac{4}{(b-a)^2}\left| \int_a^b f(x)\mathrm{d}x \right|。$

例 6-33　设 $f(x)$ 在 $[a,b]$ 上具有连续的导数，$f(a)=0$，证明：

$$\int_a^b f^2(x)\mathrm{d}x \leqslant \frac{(b-a)^2}{2}\int_a^b [f'(x)]^2\mathrm{d}x。$$

分析　因为被积函数出现 $f^2(x)$，所以先将 $f(x)$ 用 $f'(x)$ 的积分表示，然后用柯西-施瓦茨不等式证明。同样，也可以用单调性证明。

证明　**方法一**　由于 $f(x) = f(x) - f(a) = \int_a^x f'(t)\mathrm{d}t$，由柯西-施瓦茨不等式，有

$$f^2(x) = \left[\int_a^x 1 \cdot f'(t)\mathrm{d}t\right]^2 \leqslant \int_a^x 1^2\mathrm{d}t \cdot \int_a^x [f'(t)]^2\mathrm{d}t \leqslant (x-a)\int_a^b [f'(t)]^2\mathrm{d}t,$$

所以 $\int_a^b f^2(x)\mathrm{d}x \leqslant \int_a^b \left[(x-a)\int_a^b [f'(t)]^2\mathrm{d}t\right]\mathrm{d}x = \left(\int_a^b [f'(t)]^2\mathrm{d}t\right)\int_a^b (x-a)\mathrm{d}x$

$$= \frac{(b-a)^2}{2}\int_a^b [f'(t)]^2\mathrm{d}t。$$

方法二　将不等式中的 b 换为 x，令

$$F(x) = \frac{(x-a)^2}{2}\int_a^x [f'(t)]^2\mathrm{d}t - \int_a^x f^2(t)\mathrm{d}t。$$

因为　　　$F'(x) = (x-a)\int_a^x [f'(t)]^2\mathrm{d}t + \frac{(x-a)^2}{2}[f'(x)]^2 - f^2(x)$

$$\geqslant (x-a)\int_a^x [f'(t)]^2\mathrm{d}t - f^2(x)$$

$$\geqslant (x-a)\int_a^x [f'(t)]^2\mathrm{d}t - \left[\int_a^x 1 \cdot f'(t)\mathrm{d}t\right]^2$$

$$\geqslant (x-a)\int_a^x [f'(t)]^2 dt - \int_a^x 1^2 dt \cdot \int_a^x [f'(t)]^2 dt = 0,$$

所以 $F(b) \geqslant F(a) = 0$，即

$$\int_a^b f^2(x) dx \leqslant \frac{(b-a)^2}{2} \int_a^b [f'(x)]^2 dx.$$

例 6-34 设 $f(x)$ 在 $[0,1]$ 上具有一阶连续导数，且当 $x \in (0,1)$ 时，$0 < f'(x) < 1$，$f(0) = 0$，证明：

$$\int_0^1 f^2(x) dx > \left[\int_0^1 f(x) dx\right]^2 > \int_0^1 f^3(x) dx.$$

分析 由左边不等式的特点就会想到用柯西-施瓦茨不等式证明；右边不等式用单调性证明。

证明 左边不等式由柯西-施瓦茨不等式，有

$$\left[\int_0^1 f(x) dx\right]^2 = \left[\int_0^1 f(x) \cdot 1 dx\right]^2 < \int_0^1 f^2(x) dx \cdot \int_0^1 1 dx$$

$$= \int_0^1 f^2(x) dx \left(\text{因为} \frac{f}{g} = f \neq 常数，所以等号不成立\right).$$

对于右边不等式，令 $F(x) = \left[\int_0^x f(t) dt\right]^2 - \int_0^x f^3(t) dt$，则 $F(0) = 0$，且

$$F'(x) = 2f(x)\int_0^x f(t) dt - f^3(x) = f(x)\left[2\int_0^x f(t) dt - f^2(x)\right],$$

由于 $f'(x) > 0$，$f(0) = 0$，所以 $f(x) > f(0) = 0$。

再令 $G(x) = 2\int_0^x f(t) dt - f^2(x)$，则 $G(0) = 0$，且

$$G'(x) = 2f(x) - 2f(x)f'(x) = 2f(x)[1 - f'(x)] > 0,$$

从而 $G(x) > G(0) = 0$，因此，$F'(x) > 0$，$x \in [0,1]$。于是，当 $x \in [0,1]$ 时，$F(x) > F(0) = 0$，特别地，$F(1) > 0$，即

$$\left[\int_0^1 f(t) dt\right]^2 > \int_0^1 f^3(t) dt.$$

例 6-35（康托洛维奇不等式） 设 $f(x)$ 在 $[a,b]$ 上是一正值的连续函数，记 $m = \min\limits_{x \in [a,b]} f(x)$，$M = \max\limits_{x \in [a,b]} f(x)$，则

$$\int_a^b f(x) dx \cdot \int_a^b \frac{1}{f(x)} dx \leqslant \frac{(m+M)^2}{4mM}(b-a)^2.$$

分析 建立 $f(x)$ 与 M、m 之间的不等式，积分后利用几何平均小于或等于算术平均不等式讨论。

证明 因为

$$\frac{(f(x)-m)(f(x)-M)}{f(x)} \leqslant 0,$$

所以

$$(f(x)-m)\left(1 - \frac{M}{f(x)}\right) \leqslant 0,$$

或者

$$f(x) + \frac{mM}{f(x)} \leqslant m+M.$$

两边对 x 积分,有

$$\int_a^b f(x)\mathrm{d}x + mM\int_a^b \frac{1}{f(x)}\mathrm{d}x \leqslant (m+M)(b-a)\,.$$

利用算术-几何平均值不等式,有

$$\int_a^b f(x)\mathrm{d}x + mM\int_a^b \frac{1}{f(x)}\mathrm{d}x \geqslant 2\left[mM\int_a^b f(x)\mathrm{d}x\int_a^b \frac{1}{f(x)}\mathrm{d}x\right]^{\frac{1}{2}},$$

故　　　　　　$$2\left[mM\int_a^b f(x)\mathrm{d}x\int_a^b \frac{1}{f(x)}\mathrm{d}x\right]^{\frac{1}{2}} \leqslant (m+M)(b-a)\,,$$

即　　　　　　$$\int_a^b f(x)\mathrm{d}x\int_a^b \frac{1}{f(x)}\mathrm{d}x \leqslant \frac{(m+M)^2}{4mM}(b-a)^2\,.$$

注　$\int_a^b f(x)\mathrm{d}x\int_a^b \frac{1}{f(x)}\mathrm{d}x \geqslant (b-a)^2\,.$

例 6-36　设 $f(x)$ 在 $(-\infty,+\infty)$ 上具有二阶导数,且 $f''(x)\geqslant 0$,$g(x)$ 在 $[0,a]$ $(a>0)$ 上连续,$0\leqslant g\leqslant a$,证明:

$$\frac{1}{a}\int_0^a f[g(t)]\mathrm{d}t \geqslant f\left[\frac{1}{a}\int_0^a g(t)\mathrm{d}t\right]\,.$$

分析　因为 $f''(x)\geqslant 0$,所以曲线 $y=f(x)$ 是凹曲线,即曲线 $y=f(x)$ 上任一点处的切线在该曲线的下方,这样就可以得到关于 $f(x)$ 的一个不等式(也可直接从泰勒公式导出),然后积分加以讨论。

证明　由泰勒公式,有

$$f(x)=f(x_0)+f'(x_0)(x-x_0)+\frac{1}{2}f''(\xi)(x-x_0)^2\,,$$

其中 ξ 在 x_0 与 x 之间。因为 $f''(x)\geqslant 0$,所以

$$f(x)\geqslant f(x_0)+f'(x_0)(x-x_0)\,.$$

令 $x=g(t)$,$x_0=\frac{1}{a}\int_0^a g(t)\mathrm{d}t$,代入上式,有

$$f(g(t))\geqslant f(x_0)+f'(x_0)(g(t)-x_0)\,.$$

两边对 t 积分,有

$$\int_0^a f(g(t))\mathrm{d}t \geqslant af(x_0)+f'(x_0)\int_0^a g(t)\mathrm{d}t-x_0 af'(x_0)=af(x_0)\,.$$

即　　　　　　$$\frac{1}{a}\int_0^a f[g(t)]\mathrm{d}t \geqslant f\left[\frac{1}{a}\int_0^a g(t)\mathrm{d}t\right]\,.$$

注　一般公式为 $\frac{1}{b-a}\int_a^b f[g(t)]\mathrm{d}t \geqslant f\left[\frac{1}{b-a}\int_a^b g(t)\mathrm{d}t\right]\,.$

【题型 6-6】 反常积分的计算

策略　如果是要求直接计算反常积分,则可以将定积分的计算方法应用于反常积分的计算(此话虽然不严格,但是方法很实用)。若要求判别反常积分的敛散性,则应按反常积分的定义或反常积分的审敛法来判别。

例 6-37　求 $I = \displaystyle\int_1^{+\infty} \dfrac{\arctan x}{x^2}\mathrm{d}x$。

分析　这是无穷区间上的反常积分,用分部积分法计算。

解　$I = \displaystyle\int_1^{+\infty} \arctan x \,\mathrm{d}\left(-\dfrac{1}{x}\right) = \left(-\dfrac{1}{x}\arctan x\right)\Big|_1^{+\infty} + \int_1^{+\infty} \dfrac{1}{x(1+x^2)}\mathrm{d}x$

$\quad = \dfrac{\pi}{4} + \displaystyle\int_1^{+\infty}\left(\dfrac{1}{x} - \dfrac{x}{1+x^2}\right)\mathrm{d}x = \dfrac{\pi}{4} + \left[\ln x - \dfrac{1}{2}\ln(1+x^2)\right]\Big|_1^{+\infty}$

$\quad = \dfrac{\pi}{4} + \dfrac{1}{2}\ln 2$。

例 6-38　求 $I = \displaystyle\int_0^1 \dfrac{x^2\arcsin x}{\sqrt{1-x^2}}\mathrm{d}x$。

分析　因为 $\lim\limits_{x\to 1^-} \dfrac{x^2\arcsin x}{\sqrt{1-x^2}} = +\infty$,所以 $x=1$ 为瑕点,用换元法计算。

解　令 $t = \arcsin x$,则

$$I = \int_0^{\frac{\pi}{2}} \dfrac{t\sin^2 t}{\cos t}\cos t\,\mathrm{d}t = \int_0^{\frac{\pi}{2}} t\sin^2 t\,\mathrm{d}t = \int_0^{\frac{\pi}{2}} t\left(\dfrac{1}{2} - \dfrac{\cos 2t}{2}\right)\mathrm{d}t$$

$$= \dfrac{t^2}{4}\Big|_0^{\frac{\pi}{2}} - \dfrac{1}{4}\int_0^{\frac{\pi}{2}} t\,\mathrm{d}\sin 2t = \dfrac{\pi^2}{16} - \dfrac{t\sin 2t}{4}\Big|_0^{\frac{\pi}{2}} + \dfrac{1}{4}\int_0^{\frac{\pi}{2}}\sin 2t\,\mathrm{d}t$$

$$= \dfrac{\pi^2}{16} - \dfrac{1}{8}\cos 2t\Big|_0^{\frac{\pi}{2}} = \dfrac{\pi^2}{16} + \dfrac{1}{4}。$$

例 6-39　求 $I = \displaystyle\int_0^{+\infty} \dfrac{1}{x^3(\mathrm{e}^{\frac{\pi}{x}}-1)}\mathrm{d}x$。

分析　此题是无穷区间上的反常积分,若用上面的方法是不容易积分的。我们先作换元,然后将被积函数用幂级数表示,则反常积分的计算化为级数计算。

解　$I = \displaystyle\int_0^{+\infty} \dfrac{1}{x(\mathrm{e}^{\frac{\pi}{x}}-1)}\mathrm{d}\left(-\dfrac{1}{x}\right) \xlongequal{u=\frac{1}{x}} \int_0^{+\infty} \dfrac{u}{\mathrm{e}^{\pi u}-1}\mathrm{d}u = \int_0^{+\infty} \dfrac{\mathrm{e}^{-\pi u}}{1-\mathrm{e}^{-\pi u}}u\,\mathrm{d}u$

$\quad = \displaystyle\int_0^{+\infty} u\sum_{n=0}^{+\infty}\mathrm{e}^{-(n+1)\pi u}\mathrm{d}u = \sum_{n=0}^{+\infty}\int_0^{+\infty} u\mathrm{e}^{-(n+1)\pi u}\mathrm{d}u$

$\quad = \displaystyle\sum_{n=0}^{\infty} \dfrac{-1}{(n+1)\pi}\int_0^{+\infty} u\,\mathrm{d}\mathrm{e}^{-(n+1)\pi u} = \dfrac{1}{\pi^2}\sum_{n=0}^{\infty}\dfrac{1}{(n+1)^2} = \dfrac{1}{\pi^2}\cdot\dfrac{\pi^2}{6} = \dfrac{1}{6}$。

例 6-40(伏茹兰尼积分公式)　设 $f(x)$ 在 $[0,+\infty)$ 上连续,$0 < a < b$。若 $\lim\limits_{x\to+\infty} f(x) = k$,则

$$\int_0^{+\infty} \dfrac{f(ax) - f(bx)}{x}\mathrm{d}x = (f(0) - k)\ln\dfrac{b}{a}。$$

分析　用反常积分的定义证明。

证明　$\displaystyle\int_0^{+\infty} \dfrac{f(ax) - f(bx)}{x}\mathrm{d}x = \lim_{\varepsilon\to 0^+}\int_\varepsilon^1 \dfrac{f(ax)-f(bx)}{x}\mathrm{d}x + \lim_{u\to+\infty}\int_1^u \dfrac{f(ax)-f(bx)}{x}\mathrm{d}x$

$$= \lim_{\varepsilon \to 0^+} \left(\int_\varepsilon^1 \frac{f(ax)}{x} \mathrm{d}x - \int_\varepsilon^1 \frac{f(bx)}{x} \mathrm{d}x \right) + \lim_{u \to +\infty} \left(\int_1^u \frac{f(ax)}{x} \mathrm{d}x - \int_1^u \frac{f(bx)}{x} \mathrm{d}x \right)$$

$$\xrightarrow[\substack{s = bx}]{\substack{令\ t = ax}} \lim_{\varepsilon \to 0^+} \left(\int_{a\varepsilon}^a \frac{f(t)}{t} \mathrm{d}t - \int_{b\varepsilon}^b \frac{f(s)}{s} \mathrm{d}s \right) + \lim_{u \to +\infty} \left(\int_a^{au} \frac{f(t)}{t} \mathrm{d}t - \int_b^{bu} \frac{f(s)}{s} \mathrm{d}s \right)$$

$$= \lim_{\varepsilon \to 0^+} \left(\int_{a\varepsilon}^{b\varepsilon} \frac{f(t)}{t} \mathrm{d}t - \int_a^b \frac{f(s)}{s} \mathrm{d}s \right) + \lim_{u \to +\infty} \left(\int_a^b \frac{f(t)}{t} \mathrm{d}t - \int_{au}^{bu} \frac{f(s)}{s} \mathrm{d}s \right)$$

$$= \lim_{\varepsilon \to 0^+} \int_{a\varepsilon}^{b\varepsilon} \frac{f(t)}{t} \mathrm{d}t - \lim_{u \to +\infty} \int_{au}^{bu} \frac{f(s)}{s} \mathrm{d}s = \lim_{\varepsilon \to 0^+} f(\xi) \int_{a\varepsilon}^{b\varepsilon} \frac{1}{t} \mathrm{d}t - \lim_{u \to +\infty} f(\eta) \int_{au}^{bu} \frac{1}{s} \mathrm{d}s$$

$$= \ln \frac{b}{a} \left[\lim_{\varepsilon \to 0^+} f(\xi) - \lim_{u \to +\infty} f(\eta) \right] = (f(0) - k) \ln \frac{b}{a}.$$

其中，$\xi \in [a\varepsilon, b\varepsilon]$，$\eta \in [au, bu]$。

例 6-41　证明反常积分 $\int_0^{+\infty} \dfrac{x}{1 + x^6 \sin^2 x} \mathrm{d}x$ 收敛。

分析　将反常积分的敛散性化为级数的敛散性来证明。

证明　因为 $\dfrac{x}{1 + x^6 \sin^2 x}$ 在 $[0, +\infty]$ 上非负，故只需证明级数

$\sum\limits_{k=0}^{+\infty} \int_{k\pi}^{(k+1)\pi} \dfrac{x}{1 + x^6 \sin^2 x} \mathrm{d}x$ 收敛。为此，先作估计。因为

$$\int_{k\pi}^{(k+1)\pi} \frac{x}{1 + x^6 \sin^2 x} \mathrm{d}x \leqslant \int_{k\pi}^{(k+1)\pi} \frac{(k+1)\pi}{1 + (k\pi)^6 \sin^2 x} \mathrm{d}x$$

$$= \int_{k\pi}^{k\pi + \pi/2} \frac{(k+1)\pi \mathrm{d}\tan x}{1 + [(k\pi)^6 + 1]\tan^2 x} + \int_{k\pi + \pi/2}^{(k+1)\pi} \frac{(k+1)\pi \mathrm{d}\tan x}{1 + [(k\pi)^6 + 1]\tan^2 x}$$

$$= \frac{(k+1)\pi}{\sqrt{(k\pi)^6 + 1}} \left[\arctan\left(\sqrt{(k\pi)^6 + 1} \tan x \right) \right] \Big|_{k\pi}^{(k\pi + \pi/2) - 0}$$

$$\quad + \frac{(k+1)\pi}{\sqrt{(k\pi)^6 + 1}} \left[\arctan\left(\sqrt{(k\pi)^6 + 1} \tan x \right) \right] \Big|_{(k\pi + \pi/2) + 0}^{(k+1)\pi}$$

$$= \frac{(k+1)\pi}{\sqrt{(k\pi)^6 + 1}} \left(\frac{\pi}{2} - 0 \right) + \frac{(k+1)\pi}{\sqrt{(k\pi)^6 + 1}} \left(0 - \left(-\frac{\pi}{2} \right) \right)$$

$$= \frac{(k+1)\pi}{\sqrt{(k\pi)^6 + 1}} \cdot \pi \leqslant \frac{(k+1)\pi^2}{(k\pi)^3} \leqslant \frac{2}{\pi} \frac{1}{k^2}.$$

而级数 $\sum\limits_{k=1}^{\infty} \dfrac{2}{\pi k^2}$ 收敛，所以 $\sum\limits_{k=0}^{+\infty} \int_{k\pi}^{(k+1)\pi} \dfrac{x}{1 + x^6 \sin^2 x} \mathrm{d}x$ 收敛，从而反常积分

$\int_0^{+\infty} \dfrac{x}{1 + x^6 \sin^2 x} \mathrm{d}x$ 收敛。

例 6-42　(1) 举例说明：$\int_a^{+\infty} f(x) \mathrm{d}x$ 收敛且 $f(x)$ 在 $[a, +\infty]$ 上连续时，不一定

有 $\lim\limits_{x \to +\infty} f(x) = 0$；

(2) 证明：若 $\int_a^{+\infty} f(x) \mathrm{d}x$ 收敛，且存在极限 $\lim\limits_{x \to +\infty} f(x) = A$，则 $A = 0$。

分析　此例主要是为了澄清一个错误概念:若 $\displaystyle\int_a^{+\infty} f(x)\mathrm{d}x$ 收敛,则 $\displaystyle\lim_{x\to+\infty} f(x)=0$。

证明　(1) 如 $\displaystyle\int_1^{+\infty}\sin x^2\mathrm{d}x$ 是收敛的,$\sin x^2$ 在 $[1,+\infty)$ 上是连续的,但极限 $\displaystyle\lim_{x\to+\infty}\sin x^2$ 是不存在的。

下面证明 $\displaystyle\int_1^{+\infty}\sin x^2\mathrm{d}x$ 收敛。这里要用到狄利克雷判别法:若 $F(u)=\displaystyle\int_a^u f(x)\mathrm{d}x$ 在 $[a,+\infty)$ 上有界,$g(x)$ 在 $[a,+\infty)$ 上当 $x\to+\infty$ 时单调趋向于 0,则 $\displaystyle\int_a^{+\infty} f(x)g(x)\mathrm{d}x$ 收敛。

首先用狄利克雷判别法证明 $\displaystyle\int_1^{+\infty}\frac{\sin x}{x^p}\mathrm{d}x\ (p>0)$ 是收敛的。

因为对 $\forall\,p>0,u\geqslant 1$,有 $\left|\displaystyle\int_1^u\sin x\mathrm{d}x\right|=|\cos 1-\cos u|\leqslant 2$,而 $\dfrac{1}{x^p}$ 当 $p>0$ 时单调趋向于 $0(x\to+\infty)$,故由狄利克雷判别法知 $\displaystyle\int_1^{+\infty}\frac{\sin x}{x^p}\mathrm{d}x$ 收敛。

对于反常积分 $\displaystyle\int_1^{+\infty}\sin x^2\mathrm{d}x$,令 $t=x^2$,则 $\displaystyle\int_1^{+\infty}\sin x^2\mathrm{d}x=\int_1^{+\infty}\frac{\sin t}{2\sqrt t}\mathrm{d}t$ 是收敛的。

(2) 反证法。假设 $\displaystyle\lim_{x\to+\infty} f(x)=A\neq 0$,不妨设 $\displaystyle\lim_{x\to+\infty} f(x)=A>0$,则对于 $\varepsilon=\dfrac{A}{2}>0$,存在 $M>a$,当 $x>M$ 时,有 $f(x)\geqslant\dfrac{A}{2}$,从而

$$\int_M^{+\infty} f(x)\mathrm{d}x\geqslant\int_M^{+\infty}\frac{A}{2}\mathrm{d}x。$$

而 $\displaystyle\int_M^{+\infty}\frac{A}{2}\mathrm{d}x$ 发散,故 $\displaystyle\int_a^{+\infty} f(x)\mathrm{d}x$ 发散,这与已知条件 $\displaystyle\int_a^{+\infty} f(x)\mathrm{d}x$ 收敛矛盾,因此 $\displaystyle\lim_{x\to+\infty} f(x)=0$。

例 6-43　计算下列反常积分:

(1) $I=\displaystyle\int_0^1\left(\ln\frac{1}{x}\right)^n\mathrm{d}x$;　(2) $I=\displaystyle\int_0^{+\infty}\frac{1}{1+x^4}\mathrm{d}x$;　(3) $I=\displaystyle\int_0^{\frac{\pi}{2}}\sin^3 x\cos^5 x\,\mathrm{d}x$。

分析　用欧拉积分计算。

解　(1) 令 $t=\ln\dfrac{1}{x}$,$x=\mathrm{e}^{-t}$,$\mathrm{d}x=-\mathrm{e}^{-t}\mathrm{d}t$,则

$$I=-\int_{+\infty}^0 t^n\mathrm{e}^{-t}\mathrm{d}t=\int_0^{+\infty} t^{(n+1)-1}\mathrm{e}^{-t}\mathrm{d}t=\Gamma(n+1)=n!。$$

(2) 令 $\dfrac{1}{t}=1+x^4$,$4x^3\mathrm{d}x=-\dfrac{1}{t^2}\mathrm{d}t$,则

$$I=\int_0^{+\infty}\frac{1}{1+x^4}\mathrm{d}x=\int_1^0\frac{t}{4}\left(\frac{1}{t}-1\right)^{-\frac{3}{4}}\left(-\frac{1}{t^2}\right)\mathrm{d}t$$

$$= \frac{1}{4} \int_0^1 t^{-\frac{1}{4}} (1-t)^{-\frac{3}{4}} \mathrm{d}t = \frac{1}{4} \int_0^1 t^{\frac{3}{4}-1} (1-t)^{\frac{1}{4}-1} \mathrm{d}t$$

$$= \frac{1}{4} \mathrm{B}\left(\frac{3}{4}, \frac{1}{4}\right) = \frac{1}{4} \frac{\Gamma\left(\frac{3}{4}\right)\Gamma\left(\frac{1}{4}\right)}{\Gamma(1)} = \frac{1}{4} \frac{\Gamma\left(\frac{1}{4}\right)\Gamma\left(1-\frac{1}{4}\right)}{\Gamma(1)}$$

$$= \frac{1}{4} \frac{\pi}{\sin\frac{\pi}{4}} = \frac{\pi}{2\sqrt{2}}.$$

(3) 在 $\mathrm{B}(\alpha,\beta)$ 中,令 $x = \cos^2\theta$,则有

$$\mathrm{B}(\alpha,\beta) = \int_0^1 x^{\alpha-1}(1-x)^{\beta-1}\mathrm{d}x = 2\int_0^{\frac{\pi}{2}} \sin^{2\beta-1}\theta\cos^{2\alpha-1}\theta\mathrm{d}\theta.$$

于是　　$I = \int_0^{\frac{\pi}{2}} \sin^3 x\cos^5 x\mathrm{d}x = \frac{1}{2}\int_0^{\frac{\pi}{2}} 2[\sin x]^{2\left(\frac{3+1}{2}\right)-1}[\cos x]^{2\left(\frac{5+1}{2}\right)-1}\mathrm{d}x$

$$= \frac{1}{2}\mathrm{B}\left(\frac{3+1}{2}, \frac{5+1}{2}\right) = \frac{1}{2}\mathrm{B}(2,3) = \frac{\Gamma(2)\Gamma(3)}{\Gamma(5)} = \frac{1\cdot 2!}{4!} = \frac{1}{12}.$$

【题型 6-7】　定积分的应用

策略　无论是定积分的几何应用,还是物理应用,核心问题都是理解和掌握定积分的微元法思想:若所求量 U 具有可加性,则根据实际问题建立适当的坐标系,选择好积分变量和积分变量分布区间 $[a,b]$,在微区间 $[x, x+\mathrm{d}x]$ 上确定所求量 U 的微元素 $\mathrm{d}U$,则所求量 U 表示为 $U = \int_a^b \mathrm{d}U$,最后计算此积分。

例 6-44　求曲线 $y = 2\mathrm{e}^{-x}\sin x(x \geq 0)$ 与 x 轴所围平面图形的面积。

分析　因为曲线 $y = 2\mathrm{e}^{-x}\sin x(x \geq 0)$ 与 x 轴所围平面图形是向右边无限伸展的,所以面积公式里的积分应为无穷区间上的反常积分。

解　面积　$A = \int_0^{+\infty} |2\mathrm{e}^{-x}\sin x| \mathrm{d}x = \int_0^{\pi} 2\mathrm{e}^{-x}\sin x\mathrm{d}x - \int_{\pi}^{2\pi} 2\mathrm{e}^{-x}\sin x\mathrm{d}x + \cdots$

$$= \lim_{n\to\infty} \sum_{k=0}^n (-1)^k \int_{k\pi}^{(k+1)\pi} 2\mathrm{e}^{-x}\sin x\mathrm{d}x$$

$$= \lim_{n\to\infty} \sum_{k=0}^n (-1)^k \left[-\mathrm{e}^{-x}(\cos x + \sin x)\right]\Big|_{k\pi}^{(k+1)\pi}$$

$$= \lim_{n\to\infty} \sum_{k=0}^n (-1)^k \left[\mathrm{e}^{-(k+1)\pi}(-1)^{k+1} - \mathrm{e}^{-k\pi}(-1)^k\right]$$

$$= \lim_{n\to\infty} \sum_{k=0}^n \left[\mathrm{e}^{-(k+1)\pi} + \mathrm{e}^{-k\pi}\right] = \lim_{n\to\infty}\left[1 + 2\sum_{k=1}^n \mathrm{e}^{-k\pi} + \mathrm{e}^{-(n+1)\pi}\right]$$

$$= 1 + 2\sum_{k=1}^{\infty} \mathrm{e}^{-k\pi} = 1 + \frac{2}{\mathrm{e}^{\pi}-1}.$$

例 6-45　求由曲线 $y(x) = \int_0^x \mathrm{e}^{-t^2}\mathrm{d}t$ 和它的渐近线及 y 轴所围成平面图形的面积。

分析　用微分学的知识先大致画出曲线 $y(x)=\int_0^x \mathrm{e}^{-t^2}\,\mathrm{d}t$ 的图形,求出其渐近线,就可以用积分表达平面图形的面积。

解　因为 $\lim\limits_{x\to+\infty}y(x)=\int_0^{+\infty}\mathrm{e}^{-t^2}\,\mathrm{d}t=\dfrac{\sqrt{\pi}}{2}$，$\lim\limits_{x\to-\infty}y(x)=\int_0^{-\infty}\mathrm{e}^{-t^2}\,\mathrm{d}t=-\dfrac{\sqrt{\pi}}{2}$,

所以 $y=\pm\dfrac{\sqrt{\pi}}{2}$ 为水平渐近线。显然,曲线无铅垂渐近线和斜渐近线。

又 $y(-x)=\int_0^{-x}\mathrm{e}^{-t^2}\,\mathrm{d}t\xrightarrow{u=-t}-\int_0^x\mathrm{e}^{-u^2}\,\mathrm{d}u=-y(x)$,

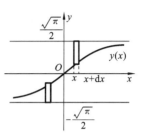

图 6-2

故 $y(x)$ 为奇函数;由 $y'(x)=\mathrm{e}^{-x^2}>0$，$y''(x)=-2x\mathrm{e}^{-x^2}$ $<0,x\in(0,+\infty)$,知曲线 $y(x)=\int_0^x\mathrm{e}^{-t^2}\,\mathrm{d}t$ 在 $(-\infty,+\infty)$ 上严格单调递增,在 $(-\infty,0)$ 上是凹的,在 $[0,+\infty)$ 上是凸的(见图 6-2)。

由定积分的微元法,得面积 A 为

$$A=2\int_0^{+\infty}\left[\frac{\sqrt{\pi}}{2}-\int_0^x\mathrm{e}^{-t^2}\,\mathrm{d}t\right]\mathrm{d}x=2x\left[\frac{\sqrt{\pi}}{2}-\int_0^x\mathrm{e}^{-t^2}\,\mathrm{d}t\right]\Big|_0^{+\infty}+2\int_0^{+\infty}x\mathrm{e}^{-x^2}\,\mathrm{d}x$$

$$=2\lim_{x\to+\infty}\left(\frac{\sqrt{\pi}}{2}-\int_0^x\mathrm{e}^{-t^2}\,\mathrm{d}t\right)\Big/(1/x)-(\mathrm{e}^{-x^2})\Big|_0^{+\infty}=1。$$

例 6-46　过坐标原点作曲线 $y=\ln x$ 的切线,该切线与曲线 $y=\ln x$ 及 x 轴围成平面图形 D,求 D 绕直线 $x=\mathrm{e}$ 旋转一周所得旋转体的体积。

分析　先求切线方程,旋转体的体积等于圆锥体的体积和曲线 $y=\ln x$ 与 x 轴及直线 $x=\mathrm{e}$ 所围图形绕直线 $x=\mathrm{e}$ 旋转所得旋转体的体积之差,如图 6-3 所示。

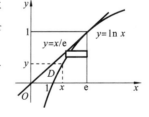

图 6-3

解　容易求出过原点且与曲线 $y=\ln x$ 相切的切线方程为 $y=\dfrac{x}{\mathrm{e}}$。

切线 $y=x/\mathrm{e}$ 与 x 轴及直线 $x=\mathrm{e}$ 所围三角形绕直线 $x=\mathrm{e}$ 旋转所得圆锥体的体积为 $V_1=\dfrac{1}{3}\pi\mathrm{e}^2$。

曲线 $y=\ln x$ 与 x 轴及直线 $x=\mathrm{e}$ 所围图形绕直线 $x=\mathrm{e}$ 旋转得旋转体的体积为

$$V_2=\int_0^1\pi(\mathrm{e}-x)^2\,\mathrm{d}y=\int_0^1\pi(\mathrm{e}-\mathrm{e}^y)^2\,\mathrm{d}y=\pi\left(2\mathrm{e}-\frac{1}{2}\mathrm{e}^2-\frac{1}{2}\right),$$

故

$$V=V_1-V_2=\frac{\pi(5\mathrm{e}^2-12\mathrm{e}+3)}{6}。$$

例 6-47　设 $y=f(x)$ 在 $[a,b]$ 上有连续的导数,曲线 $y=f(x)$ 在直线 $y=kx+c$ 的上方且在 (a,b) 内无交点,$f(a)\leqslant f(b)$。求由曲线 $y=f(x)$、直线 $y=kx+c$、AC、BD 所围图形绕 $y=kx+c$ 旋转一周而成的旋转体的体积。

分析 如图 6-4 所示,由定积分的微元法,知体积微元 $\mathrm{d}V=\pi|QP(x)|^2\mathrm{d}l$。问题的关键是建立 $\mathrm{d}l$ 与 $\mathrm{d}x$ 之间的关系,这可由 CP 的微分得到,于是问题可得到解决。

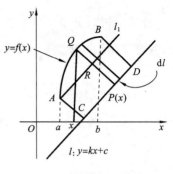

图 6-4

解 任取 $x\in[a,b]$,则曲线上的点 $Q(x,f(x))$ 到直线 $y=kx+c$ 的距离为

$$\rho(x,f(x))=d(Q,P)=\frac{|f(x)-kx-c|}{\sqrt{1+k^2}}。$$

则体积微元为

$$\mathrm{d}V=\pi\rho^2\,\mathrm{d}l=\frac{\pi(f(x)-kx-c)^2}{1+k^2}\mathrm{d}l。$$

过 A 点作平行于直线 l 的直线 l_1:$y=k(x-a)+f(a)$,l_1 交 QP 于 R 点,于是

$$CP^2=AR^2=AQ^2-QR^2$$

$$=(x-a)^2+(f(x)-f(a))^2-\left(\frac{|f(x)-f(a)-k(x-a)|}{\sqrt{1+k^2}}\right)^2,$$

即

$$CP=\frac{|(x-a)+k(f(x)-f(a))|}{\sqrt{1+k^2}}。$$

又因为

$$\mathrm{d}l=\mathrm{d}(CP)=\frac{|1+kf'(x)|}{\sqrt{1+k^2}}\mathrm{d}x,$$

故

$$V=\pi\int_a^b\frac{(f(x)-kx-c)^2\,|1+kf'(x)|}{(1+k^2)^{\frac{3}{2}}}\mathrm{d}x。$$

例 6-48 求由曲线 $y=x^2$ 与直线 $y=mx(m>0)$ 在第一象限内所围平面图形绕该直线旋转一周所产生的旋转体的体积。

分析 可以套用例 6-47 的公式,以下用旋转坐标轴的方法。

解 如图 6-5 所示,因为 $\tan\theta=\dfrac{y}{x}=\dfrac{m^2}{m}=m$,所以

$$\cos\theta=\frac{1}{\sqrt{1+m^2}},\quad\sin\theta=\frac{m}{\sqrt{1+m^2}}。$$

由旋转公式 $\begin{cases}x'=x\cos\theta+y\sin\theta,\\ y'=-x\sin\theta+y\cos\theta,\end{cases}$ 有

$$\begin{cases}x'=x\dfrac{1}{\sqrt{1+m^2}}+y\dfrac{m}{\sqrt{1+m^2}},\\[2mm] y'=-x\dfrac{m}{\sqrt{1+m^2}}+y\dfrac{1}{\sqrt{1+m^2}}。\end{cases}$$

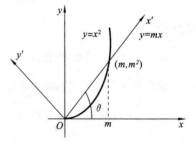

图 6-5

由于 $\mathrm{d}V=\pi\cdot y'^2\mathrm{d}x'=\pi\left(-x\dfrac{m}{\sqrt{1+m^2}}+y\dfrac{1}{\sqrt{1+m^2}}\right)^2\mathrm{d}\left(x\dfrac{1}{\sqrt{1+m^2}}+y\dfrac{m}{\sqrt{1+m^2}}\right)$

$$= \pi (1+m^2)^{-\frac{3}{2}} (x^2-mx)^2 (1+2mx) \mathrm{d}x,$$

于是　　　　$V = \dfrac{\pi}{(1+m^2)^{\frac{3}{2}}} \displaystyle\int_0^m (x^2-mx)^2 (1+2mx) \mathrm{d}x = \dfrac{\pi m^5}{30\sqrt{1+m^2}}$。

例 6-49　如图 6-6 所示,两个相互外切的小圆同时内切于半径为 R 的大圆,三圆的圆心均在 y 轴上,大圆圆心到 x 轴的距离为 $2R$,求阴影部分图形绕 x 轴旋转所得体积当两个小圆半径为何时达到最大?

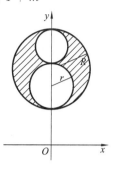

图 6-6

分析　只要得出圆心在 y 上的圆绕 x 轴旋转一周所产生旋转体的体积的一般公式,则三圆绕 x 轴旋转一周所产生旋转体的体积都可以计算,故阴影部分图形绕 x 轴旋转所得体积也很容易计算,最后的问题是求最大值。

解　一般地,圆心在 y 轴上的圆 $x^2+(y-\rho)^2=a^2$ 绕 x 轴旋转所得体积为

$$V = \pi \int_{-a}^a \left[(\rho+\sqrt{a^2-x^2})^2 - (\rho-\sqrt{a^2-x^2})^2 \right] \mathrm{d}x$$

$$= 8\pi\rho \int_0^a \sqrt{a^2-x^2}\,\mathrm{d}x = 2\pi^2 a^2 \rho。$$

现在设小圆半径为 r,则另一小圆半径为 $R-r$,三圆圆心在 y 轴上的坐标分别为 $2R, r+R, 2R+r$,于是阴影部分图形绕 x 轴旋转所得体积为

$$V = 2\pi^2 R^2 (2R) - 2\pi^2 r^2 (R+r) - 2\pi^2 (R-r)^2 (2R+r)$$

$$= 2\pi^2 \left[-2r^3 - Rr^2 + 3R^2 r \right]。$$

由　　　　　　　$$\dfrac{\mathrm{d}V}{\mathrm{d}r} = 2\pi^2 \left[-6r^2 - 2Rr + 3R^2 \right] = 0$$

得　　　　　　　　　　$$r = \dfrac{\sqrt{19}-1}{6} R。$$

根据问题的实际背景,知当两个小圆半径分别为 $r = \dfrac{\sqrt{19}-1}{6} R, R-r = \dfrac{7-\sqrt{19}}{6} R$ 时,体积 V 最大。

例 6-50　一容器的内侧是由图 6-6 中的曲线绕 y 轴旋转一周而成的曲面,该曲线由 $x^2+y^2 = 2y \left(y \geqslant \dfrac{1}{2} \right)$ 与 $x^2+y^2 = 1 \left(y \leqslant \dfrac{1}{2} \right)$ 连接而成。(1) 求容器的容积;(2) 若将容器内盛满的水从容器的顶部抽出,至少需要做多少功?

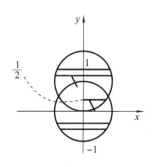

图 6-7

分析　用定积分的微元法求解。容积即为旋转体的体积,注意到容器的形状,则知容器中不同地方的水抽到

顶部所经过的距离是不一样的。

解　建立如图 6-7 所示的坐系系。

(1) 由对称性知,容器的容积为

$$V = 2\int_{-1}^{\frac{1}{2}} \pi x^2 \mathrm{d}y = 2\pi \int_{-1}^{\frac{1}{2}} (1 - y^2) \mathrm{d}y = \frac{9\pi}{4}。$$

(2) 因为在区间 $\left[-1, \frac{1}{2}\right]$ 上,微功 $\mathrm{d}W_1 = (2 - y) \cdot \pi x^2 \mu g \mathrm{d}y, x^2 = 1 - y^2$;在区间 $\left[\frac{1}{2}, 2\right]$ 上,$\mathrm{d}W_2 = (2 - y) \cdot \pi x^2 \mu g \mathrm{d}y, x^2 = 2y - y^2$。所以所求功为

$$W = \int_{-1}^{\frac{1}{2}} (2 - y) \cdot \pi x^2 \mu g \,\mathrm{d}y + \int_{\frac{1}{2}}^{2} (2 - y) \cdot \pi x^2 \mu g \,\mathrm{d}y$$

$$= \pi \int_{-1}^{\frac{1}{2}} (2 - y)(1 - y^2) \mu g \,\mathrm{d}y + \pi \int_{\frac{1}{2}}^{2} (2 - y)(2y - y^2) \mu g \,\mathrm{d}y$$

$$= \frac{27\pi}{8} \mu g = \frac{27 \cdot 10^3 \pi}{8} g\,(焦耳)。$$

6.3　精选备赛练习

6.1　求 $I = \int_0^{\ln 2} \sqrt{1 - \mathrm{e}^{-2x}} \mathrm{d}x$。

6.2　求 $I = \int_0^{\frac{\pi}{4}} \ln(1 + \tan x) \mathrm{d}x$。

6.3　求 $I = \int_0^1 \frac{\ln(1 + x)}{(2 - x)^2} \mathrm{d}x$。

6.4　求 $I = \int_0^{\frac{\pi}{2}} \frac{\mathrm{d}x}{1 + (\tan x)^{\sqrt{2}}}$。

6.5　求 $I = \int_{\frac{\pi}{6}}^{\frac{\pi}{3}} \frac{\cos^2 x}{x(\pi - 2x)} \mathrm{d}x$。

6.6　求 $I = \int_{\frac{\pi}{3}}^{\frac{2\pi}{3}} (\mathrm{e}^{\cos x} - \mathrm{e}^{-\cos x}) \mathrm{d}x$。

6.7　求 $I = \int_0^{\frac{\pi}{2}} \frac{\mathrm{e}^{\sin x}}{\mathrm{e}^{\sin x} + \mathrm{e}^{\cos x}} \mathrm{d}x$。

6.8　求 $I = \int_0^{n\pi} x \mid \sin x \mid \mathrm{d}x$ (n 为正整数)。

6.9　求 $I = \int_0^{2n\pi} \frac{\mathrm{d}x}{\sin^4 x + \cos^4 x}$。

6.10　求 $I = \int_{-2}^{3} \min\left\{x, x^2, \frac{1}{\sqrt{\mid x \mid}}\right\} \mathrm{d}x$。

6.11　求 $I = \int_0^{\pi} x \ln \sin x \mathrm{d}x$。

6.12　设函数 $f(x)$ 和 $g(x)$ 有连续的导数,且 $f'(x)=g(x)$,$g'(x)=2\mathrm{e}^x-f(x)$,$f(0)=0$,$g(0)=2$,求 $I=\displaystyle\int_0^\pi\Big[\dfrac{g(x)}{1+x}-\dfrac{f(x)}{(1+x)^2}\Big]\mathrm{d}x$。

6.13　设 $f(x)$ 在 $[0,\pi]$ 上可积,证明:不能同时有

$$\int_0^\pi(f(x)-\sin x)^2\mathrm{d}x\leqslant\frac{3}{4},\qquad\int_0^\pi(f(x)-\cos x)^2\mathrm{d}x\leqslant\frac{3}{4}。$$

6.14　证明:$0<\displaystyle\int_0^{\sqrt{2\pi}}\sin x^2\mathrm{d}x<\sqrt{2\pi}(\sqrt{2}-1)$。

6.15　证明:$\displaystyle\int_0^{\frac{\pi}{2}}(\mathrm{e}^{\sin x}+\mathrm{e}^{-\sin x})\mathrm{d}x>\dfrac{81}{64}\pi$。

6.16　证明:$\dfrac{3}{5}<\displaystyle\int_0^1\mathrm{e}^{-x^2}\mathrm{d}x<\dfrac{4}{5}$。

6.17　证明极限 $\displaystyle\lim_{n\to\infty}\int_{n^2}^{n^2+n}\dfrac{1}{\sqrt{x}}\mathrm{e}^{-\frac{1}{x}}\mathrm{d}x=1$。

6.18　求极限 $\displaystyle\lim_{n\to\infty}\Big[\int_0^1\Big(1+\sin\dfrac{\pi x}{2}\Big)^n\mathrm{d}x\Big]^{\frac{1}{n}}$。

6.19　设 $f(x)=\displaystyle\int_0^x\cos\dfrac{1}{t}\mathrm{d}t$,求 $f'(0)$。

6.20　求 $I=\displaystyle\int_0^{+\infty}\dfrac{x\mathrm{e}^{-x}}{(1+\mathrm{e}^{-x})^2}\mathrm{d}x$。

6.21　求 $I=\displaystyle\int_0^{+\infty}\dfrac{\arctan x}{(1+x^2)^{5/2}}\mathrm{d}x$。

6.22　求 $I=\displaystyle\int_0^{+\infty}\dfrac{\ln x}{a^2+x^2}\mathrm{d}x(a>0)$。

6.23 求 $I=\displaystyle\int_{\frac{1}{2}}^{\frac{3}{2}}\dfrac{1}{\sqrt{|x-x^2|}}\mathrm{d}x$。

6.24　求 $I=\displaystyle\int_{-\infty}^{+\infty}x^2\mathrm{e}^{-x^2}\mathrm{d}x$。

6.25　证明反常积分 $\displaystyle\int_0^{+\infty}(-1)^{[x^2]}\mathrm{d}x$ 收敛。

6.26　证明广义积分 $\displaystyle\int_0^{+\infty}\dfrac{1}{1+x^2\sin^2x}\mathrm{d}x$ 发散。

6.27　证明反常积分 $\displaystyle\int_0^{+\infty}\dfrac{1}{1+x^4\cos^2x}\mathrm{d}x$ 收敛。

6.28　设 $f(x)$ 在 $[a,b]$ 上具有连续导数,证明

$$\lim_{n\to\infty}n\Big(\int_a^b f(x)\mathrm{d}x-\dfrac{b-a}{n}\sum_{i=1}^n f\Big(a+\dfrac{b-a}{n}i\Big)\Big)=\dfrac{b-a}{2}(f(a)-f(b))。$$

6.29　设 $f(x)$ 在 $[-1,1]$ 上连续,证明 $\displaystyle\lim_{h\to0}\int_{-1}^1\dfrac{h}{h^2+x^2}f(x)\mathrm{d}x=\pi f(0)$。

6.30 设 $f(x)$ 在 $[0,\pi]$ 上连续,证明 $\lim\limits_{n\to\infty}\int_0^\pi |\sin nx| f(x)\mathrm{d}x = \dfrac{2}{\pi}\int_0^\pi f(x)\mathrm{d}x$。

6.31 设 $f(x)$ 在 $[a,b]$ 上连续,且对任一满足 $\int_a^b g(x)\mathrm{d}x = 0$ 的连续函数 $g(x)$ 都有 $\int_a^b f(x)g(x)\mathrm{d}x = 0$,证明 $f(x)$ 恒为常数。

6.32 设 $f(x)$ 在 $(0,+\infty)$ 上连续,且对任意 $x>0$ 有
$$\int_x^{x^2} f(t)\mathrm{d}t = \int_1^x f(t)\mathrm{d}t,$$
求满足上述条件的一切函数 $f(x)$。

6.33 设函数 $f(x)$ 在 $[a,b]$ 上连续,在 (a,b) 内二阶可导,且
$$\frac{1}{b-a}\int_a^b f(x)\mathrm{d}x = \frac{1}{2}[f(a) + f(b)]。$$
证明:存在 $\xi\in(a,b)$,使得 $f''(\xi)=0$。

6.34 设 $f(x)$ 在 $[a,b]$ 上存在二阶导数。证明:存在 $\xi\in(a,b)$,使得
$$\int_a^b f(x)\mathrm{d}x = f\left(\frac{a+b}{2}\right)(b-a) + \frac{1}{24}f''(\xi)(b-a)^3。$$

6.35 证明方程 $\int_0^x \sqrt{1+t^4}\,\mathrm{d}t + \int_{\cos x}^0 \mathrm{e}^{-t^2}\mathrm{d}t = 0$ 在 $(-\infty,+\infty)$ 上有且仅有一实根。

6.36 设 $f(x)$ 在 $(-a,a)$ 上连续,在 $x=0$ 处可导,且 $f'(0)\neq0$。

(1) 证明:对 $\forall\, 0<x<a$,$\exists\, 0<\theta<1$,使得 $\int_0^x f(t)\mathrm{d}t + \int_0^{-x} f(t)\mathrm{d}t = x[f(\theta x) - f(-\theta x)]$。

(2) 求 $\lim\limits_{x\to 0^+}\theta(x)$。

6.37 设 $f(x)$ 在 $[a,b]$ 上连续,且满足
$$\int_a^b f(x)\mathrm{d}x = \int_a^b xf(x)\mathrm{d}x = \cdots = \int_a^b x^{n-1}f(x)\mathrm{d}x = 0,$$
证明:$f(x)$ 或者恒为 0 或者在 (a,b) 内至少改变 n 次符号,且存在 n 个不同的实数 $x_1,x_2,\cdots,x_n\in(a,b)$,使得 $f(x_1)=f(x_2)=\cdots=f(x_n)=0$。

6.38 证明不等式 $\int_{-1}^1 (1-x^2)^n\mathrm{d}x \geqslant \dfrac{4}{3\sqrt{n}}$,$n\in\mathbf{N}$,且当 $n\geqslant2$ 时,严格不等式成立。

6.39 设 $f(x)$ 在 $[0,1]$ 上连续,且 $f(x)>0$,证明 $\ln\int_0^1 f(x)\mathrm{d}x \geqslant \int_0^1 \ln f(x)\mathrm{d}x$。

6.40 设 $a,b>0$,f 在 $[-a,b]$ 上连续,又设 $f>0$,且 $\int_{-a}^b xf(x)\mathrm{d}x = 0$。证明:
$$\int_{-a}^b x^2 f(x)\mathrm{d}x \leqslant ab\int_{-a}^b f(x)\mathrm{d}x。$$

6.41　设 $f(x)$ 在 $[0,1]$ 上连续, $0 \leqslant f(x) \leqslant 1$, 证明:

$$\int_0^1 \frac{f(x)}{1-f(x)} \mathrm{d}x \geqslant \frac{\displaystyle\int_0^1 f(x)\mathrm{d}x}{1-\displaystyle\int_0^1 f(x)\mathrm{d}x}。$$

6.42　设 $f(x)$ 在 $[0,a]$ 上具有二阶导数, 且 $f''(x) \geqslant 0, a>0$, 证明:

$$\int_0^a f(x)\mathrm{d}x \geqslant af\left(\frac{a}{2}\right)。$$

6.43　设 $f(x)$ 在 $[a,b]$ 上二次可导, 且 $f''(x) \geqslant 0$, 证明

$$(b-a)f\left(\frac{a+b}{2}\right) \leqslant \int_a^b f(x)\mathrm{d}x \leqslant \frac{b-a}{2}[f(a)+f(b)]。$$

6.44　设 $f(x)$ 在 $[a,b]$ 上连续, 且对任意 $t \in [0,1]$ 及 $x_1, x_2 \in [a,b]$, 满足

$$f(tx_1+(1-t)x_2) \leqslant tf(x_1)+(1-t)f(x_2)。$$

证明: $(b-a)f\left(\dfrac{a+b}{2}\right) \leqslant \displaystyle\int_a^b f(x)\mathrm{d}x \leqslant \dfrac{b-a}{2}[f(a)+f(b)]。$

6.45　设 $0<x<\dfrac{\pi}{2}$, 证明 $(\sin x)^{1-\cos 2x}+(\cos x)^{1+\cos 2x} \geqslant \sqrt{2}$。

6.46　(杨格不等式)设 $y=f(x)$ 是 $[0,+\infty)$ 上的严格单调递增的连续函数, $f(0)=0, x=f^{-1}(y)$ 是它的反函数, 对任意的 $a>0, b>0$, 证明 $\displaystyle\int_0^a f(x)\mathrm{d}x +$
$\displaystyle\int_0^b f^{-1}(y)\mathrm{d}y \geqslant ab$。

6.47　给定平面上一个三角形, 求证在任意方向上都存在一条直线, 能将三角形分成面积相等的两份。

6.48　已知点 A 和点 B 的直角坐标分别为 $(1,0,0)$ 和 $(0,1,1)$。线段 AB 绕 z 轴旋转一周所成的旋转曲面为 S。求由 S 及两平面 $z=0, z=1$ 所围成的立体的体积。

6.49　求由直线 $l: x+y=1$, 曲线 $m: \sqrt{x}+\sqrt{y}=1$ 所围平面图形绕直线 l 旋转所得旋转体的体积。

6.4　答案与提示

6.1　$\ln(2+\sqrt{3})-\dfrac{\sqrt{3}}{2}$ (令 $\mathrm{e}^{-x}=\sin t$)。

6.2　$\dfrac{\pi}{8}\ln 2$ (利用三角公式变形后化简合并)。

6.3　$\dfrac{1}{3}\ln 2$ (用分部积分法)。

6.4　$\dfrac{\pi}{4}$（用换元法）。

6.5　$\dfrac{\ln 2}{\pi}$（用题型 6-2 中的公式做）。

6.6　0（作代换 $t=\cos x$，然后利用奇偶性）。

6.7　$\dfrac{\pi}{4}$（用题型 6-2 中的公式）。

6.8　$n^2\pi$（分段积分）。

6.9　$2\sqrt{2}n\pi$（利用周期函数的积分公式，然后换元）。

6.10　$2\sqrt{3}-\dfrac{11}{3}$（写出分段函数的表达式，然后分段积分）。

6.11　$-\dfrac{\pi^2}{2}\ln 2$（缩小积分区间后用例 6-4(3)的结果）。

6.12　$\dfrac{1+\mathrm{e}^\pi}{1+\pi}$（分开积分，对第二个积分用分部积分法，消去第一个积分）。

6.13　利用不等式 $\displaystyle\int_0^\pi (\sin x-\cos x)^2\,\mathrm{d}x=\int_0^\pi(1-\sin 2x)\,\mathrm{d}x=\pi>3$ 证明。

6.14　作代换 $t=x^2$，然后考虑在区间 $[0,\pi]$ 上的积分。

6.15　用泰勒级数。

6.16　用泰勒级数。

6.17　用积分中值定理进行估计。

6.18　利用不等式 $x<\sin\dfrac{\pi}{2}x,x\in(0,1)$ 对被积函数进行放缩。

6.19　0（用导数的定义计算）。

6.20　$\ln 2$（用分部积分法）。

6.21　$\dfrac{\pi}{3}-\dfrac{7}{9}$（令 $x=\tan t$）。

6.22　$\dfrac{\pi}{2a}\ln a\left(\text{令 }x=\dfrac{1}{t}\text{ 或 }x=a\tan t\right)$。

6.23　$\dfrac{\pi}{2}+\ln(2+\sqrt{3})$（注意：$x=1$ 为瑕点，分段积分）。

6.24　$\dfrac{\sqrt{\pi}}{2}$（令 $t=x^2$，然后用欧拉积分）。

6.25　化为级数的敛散性讨论。

6.26　化为级数的敛散性讨论。

6.27　化为级数的敛散性讨论。

6.28　把 $\displaystyle\int_a^b f(x)\,\mathrm{d}x$ 等分成 n 个小区间上的积分之和，然后在相同的形式下讨论。

6.29　本题是"核"积分的极限问题,直接计算是困难的,可将积分区间分为:$[-1,-\sqrt{h}]$、$[-\sqrt{h},\sqrt{h}]$、$[\sqrt{h},1]$,然后对每个积分进行估计。

6.30　将$[0,\pi]$n 等分,积分化为 n 个小区间上的积分,用第一积分中值定理讨论。

6.31　考虑 $g(x)=f(x)-\dfrac{1}{b-a}\displaystyle\int_a^b f(x)\mathrm{d}x$。

6.32　等式两边求导得等式,然后递推。

6.33　考虑由直线 $y=0,x=a,x=b,y=f(a)+\dfrac{f(b)-f(a)}{b-a}(x-a)$ 所围梯形的面积,将所给条件转化为另外形式,然后用积分中值定理和罗尔定理证明。

6.34　将 $\varphi(x)=\displaystyle\int_{x_0}^x f(t)\mathrm{d}t$ 在 $x_0=\dfrac{a+b}{2}$ 处展开即可。

6.35　用介值定理证明根的存在性,用单调性证明根的唯一性。

6.36　(2) $\dfrac{1}{2}$((1) 式就是 $F(x)=\displaystyle\int_0^x f(t)\mathrm{d}t+\displaystyle\int_0^{-x} f(t)\mathrm{d}t$ 的拉格朗日中值公式;在(1) 式两边除以 x^2 后求极限)。

6.37　仿例 6-29。

6.38　利用不等式$(1-x^2)^n>1-nx^2,n\geqslant 2$ 证明。

6.39　仿例 6-36。

6.40　利用不等式 $x^2-(b-a)x\leqslant ab,x\in[-a,b]$ 证明。

6.41　利用例 6-36 中的不等式证明。

6.42　将 $f(x)$ 在 $x_0=\dfrac{a}{2}$ 展开证。

6.43　利用单调性证。

6.44　利用 $f\left(\dfrac{a+b}{2}\right)=f\left[\dfrac{1}{2}\left(\dfrac{a+b}{2}-t\right)+\dfrac{1}{2}\left(\dfrac{a+b}{2}+t\right)\right]$,放大后对 t 从 0 到 $\dfrac{b-a}{2}$积分;右边不等式类似证明。

6.45　利用题 6.44 的结论证明。

6.46　画图后就知不等式成立,分 $b=f(a)$、$b>f(a)$、$b<f(a)$ 三种情况证明。

6.47　将多边形的面积用变上限的定积分表示,然后用介值定理证明。

6.48　$\dfrac{2\pi}{3}$ (先求截面的面积,然后求体积)。

6.49　$\dfrac{\sqrt{2}\pi}{15}$(仿例 6-47)。

第7讲 微分方程

7.1 内容概述

微分方程来源非常丰富,它可能是没有任何背景的纯粹微分方程,也可能是由其他关系式转换而得到的微分方程,抑或是通过几何关系,物理、生物等定律以及其他特殊条件建立的微分方程。

本讲的重点是根据所给方程的特点,通过适当变换(如自变量代换、未知函数代换或者两者互换等)将其化为标准类型以及根据条件建立微分方程,然后求解。在高等数学范畴内,微分方程的标准类型是指:可分离变量的微分方程、齐次微分方程、一阶线性微分方程、伯努利方程、全微分方程、可降阶的 3 类微分方程;常系数线性微分方程及欧拉方程,读者对标准类型微分方程的求解应有相当的熟练程度。

7.2 典型例题分析

【题型 7-1】 通过变换解微分方程

策略 解微分方程的关键是将其化为标准类型,然后用固定的方法求解,最后注意代回原变量。常用的变换有自变量代换、未知函数代换,以及自变量和函数两者互换等。

例 7-1 求解微分方程 $y^3 dx + 2(x^2 - xy^2) dx = 0, y(1) = 1$。

分析 式中 x, y 的方幂之和不相等,故考虑通过方幂代换 $x = u^a$,将方程化为齐次微分方程。将 $x = u^a$ 代入原方程,有 $ay^3 u^{a-1} du + 2(u^{2a} - u^a y^2) dx = 0$,要 u, y 的方幂之和相等,应有 $2a = a + 2$(或 $3 + (a-1) = 2a$),所以取 $a = 2$。

解 令 $x = u^2$,则原方程变为

$$\frac{dy}{du} = \frac{uy^3}{u^2 y^2 - u^4} = \frac{(y/u)^3}{(y/u)^2 - 1}。$$

这是齐次微分方程。令 $\frac{y}{u} = v$,有

$$v + u\frac{dv}{du} = \frac{v^3}{v^2 - 1}, \quad 即 \quad \frac{v^2 - 1}{v}dv = \frac{du}{u},$$

所以 $\frac{1}{2}v^2 - \ln v = \ln u + C_1$,即 $v^2 = \ln(Cu^2 v^2)$。代回 $v = \frac{y}{u} = \frac{y}{\sqrt{x}}$,得原微分方程的通解为

$$\frac{y^2}{x}=\ln(Cy^2), \quad 即 \quad y^2=x\ln(Cy^2)。$$

由初始条件 $y(1)=1$，得 $C=e$，所以，所求特解为 $y^2=x(1+2\ln y)$。

例 7-2 求微分方程 $y'=e^y-\dfrac{2}{x}$ 的通解。

分析 因原方程可以写成

$$e^{-y}y'=1-\frac{2}{x}e^{-y} \quad 或 \quad (e^{-y})'=-1+\frac{2}{x}e^{-y},$$

故考虑作函数代换。

解 令 $u=e^{-y}$，则原方程变为 $u'-\dfrac{2}{x}u=-1$，这是一阶线性微分方程，故

$$u=e^{\int\frac{2}{x}dx}\left(\int -e^{\int\frac{2}{x}dx}dx+C\right)=x^2\left(-\int\frac{dx}{x^2}+C\right)=Cx^2+x,$$

所以，原微分方程的通解为 $e^{-y}=Cx^2+x$。

例 7-3 求微分方程 $y''+(4x+e^{2y})(y')^3=0$（其中 $y'\neq 0$）的通解。

分析 所给方程是函数 y 关于自变量 x 的非线性变系数微分方程，直接求解行不通，故考虑互换函数和自变量。

解 因
$$\frac{dy}{dx}=\frac{1}{\dfrac{dx}{dy}}=\frac{1}{x'}, \quad \frac{d^2y}{dx^2}=\frac{d\left(\dfrac{1}{x'}\right)}{dx}=\frac{-\dfrac{x''}{(x')^2}}{x'}=-\frac{x''}{(x')^3},$$

所以，原微分方程变为

$$-\frac{x''}{(x')^3}+(4x+e^{2y})\frac{1}{(x')^3}=0, \quad 即 \quad x''-4x=e^{2y}。 \qquad ①$$

显然，对应齐次方程通解为

$$X=C_1e^{-2y}+C_2e^{2y}。$$

设其特解形式为 $x^*=Aye^{2y}$，代入①，得 $A=\dfrac{1}{4}$，所以 $x^*=\dfrac{1}{4}ye^{2y}$，故原方程的通解为

$$x=C_1e^{-2y}+C_2e^{2y}+\frac{1}{4}xe^{2y}。$$

例 7-4 求微分方程 $y'^2+xy'+x^2y-x^2y^2=0$ 的通解。

分析 为将方程转化为一阶微分方程的标准形式，可以试试分解因式。

解 因
$$\begin{aligned}
y'^2+xy'+x^2y-x^2y^2 &=(y'^2-x^2y^2)+x(y'+xy)\\
&=(y'-xy)(y'+xy)+x(y'+xy)\\
&=(y'-xy+x)(y'+xy),
\end{aligned}$$

故原方程变为 $\qquad y'+xy=0 \quad 或 \quad y'-xy+x=0。$

于是其通解为 $\qquad y=C_1e^{-\frac{1}{2}x^2} \quad 或 \quad y=C_2e^{\frac{1}{2}x^2}+1。$

【题型 7-2】 **能够化为欧拉方程的问题**

策略 所谓欧拉方程，是指形如

$$x^n y^{(n)} + a_1 x^{n-1} y^{(n-1)} + \cdots + a_{n-1} x y' + a_n y = f(x)$$

的线性微分方程。这种方程可以通过代换 $x = e^t$ 化为以 t 为自变量的常系数微分方程求解。最后注意代回原变量。

例 7-5 设函数 $y = f(x)$ 由参数方程 $\begin{cases} x = t^2, \\ y = \psi(t) \end{cases}$ $(t > 0)$ 所确定，其中 $\psi(t)$ 具有 2 阶导数，且 $\psi(1) = 3, \psi'(1) = 1$，已知 $\dfrac{d^2 y}{dx^2} = \dfrac{3\psi(t)}{4t^4}$，求函数 $\psi(t)$。

分析 利用对参数方程求导将 $\dfrac{d^2 y}{dx^2} = \dfrac{3\psi(t)}{4t^4}$ 化为关于未知函数 $\psi(t)$ 的欧拉方程。

解 因为 $\dfrac{dy}{dx} = \dfrac{\psi'(t)}{2t}$，$\dfrac{d^2 y}{dx^2} = \dfrac{\dfrac{2t\psi''(t) - 2\psi'(t)}{(2t)^2}}{2t} = \dfrac{t\psi''(t) - \psi'(t)}{4t^3}$，由题设 $\dfrac{d^2 y}{dx^2} = \dfrac{3\psi(t)}{4t^4}$，知 $\dfrac{t\psi''(t) - \psi'(t)}{4t^3} = \dfrac{3\psi(t)}{4t^4}$，从而

$$t^2 \psi''(t) - t\psi'(t) - 3\psi(t) = 0。$$

令 $t = e^u$，为方便，仍设 ψ 为 u 的函数，则方程可化为 $\psi''(u) - 2\psi'(u) - 3\psi(u) = 0$，其通解为

$$\psi = C_1 e^{3u} + C_2 e^{-u} = C_1 t^3 + \dfrac{C_2}{t}。$$

由 $\psi(1) = 3, \psi'(1) = 1$，得 $\begin{cases} C_1 + C_2 = 3, \\ 3C_1 - C_2 = 1, \end{cases}$ 从而 $C_1 = 1, C_2 = 2$，于是 $\psi(t) = t^3 + \dfrac{2}{t}$ $(t > 0)$。

例 7-6 设 $f(t)$ 在 $[1, +\infty)$ 上有连续的二阶导数，$f(1) = 0, f'(1) = 1$，且二元函数 $z = (x^2 + y^2) f(x^2 + y^2)$ 满足 $\dfrac{\partial^2 u}{\partial x^2} + \dfrac{\partial^2 u}{\partial y^2} = 0$。求 $f(t)$ 在 $[1, +\infty)$ 上的最大值。

分析 所给方程是偏微分方程，一般不能直接求解，可利用变量替换转化为欧拉方程再求解。

解 令 $t = x^2 + y^2$，则 $z = t f(t)$，$t_x = 2x, t_y = 2y$，所以

$$\dfrac{\partial z}{\partial x} = t_x f(t) + t f'(t) t_x = 2x f(t) + 2xt f'(t)，$$

$$\dfrac{\partial^2 z}{\partial x^2} = 2f(t) + 8x^2 f'(t) + 2t f'(t) + 4x^2 t f''(t)；$$

类似可得

$$\dfrac{\partial^2 z}{\partial y^2} = 2f(t) + 8y^2 f'(t) + 2t f'(t) + 4y^2 t f''(t)。$$

于是

$$\dfrac{\partial^2 z}{\partial x^2} + \dfrac{\partial^2 z}{\partial y^2} = 4f(t) + 12t f'(t) + 4t^2 f''(t) = 0，$$

对上式化简，得欧拉方程 $t^2 f''(t) + 3t f'(t) + f(t) = 0$。

令 $s = \ln t$，并记 $h(s) = f(t) = f(e^s)$，则原方程化为

$$h''(s)+2h'(s)+h=0。 \qquad ①$$

方程①的通解为 $h(s)=(C_1+C_2s)\mathrm{e}^{-s}$ 或 $f(t)=(C_1+C_2\ln t)\dfrac{1}{t}$。

再由初始条件 $f(1)=0,f'(1)=1$，可解得 $C_1=0,C_2=1$，故 $f(t)=\dfrac{\ln t}{t}$。从而不难用

微分的方法求得其最大值 $f_{\max}=f(\mathrm{e})=\dfrac{1}{\mathrm{e}}$。

【题型 7-3】 **能够化为可降阶的二阶微分方程的问题**

策略 熟悉可降阶的微分方程 $y''=f(x),y''=f(x,y'),y''=f(y,y')$ 的解法，特殊情形的二阶非线性微分方程也可以用降阶的方法求解。

例 7-7 设函数 $y(x)$ 具有二阶导数，且曲线 $l:y=y(x)$ 与直线 $y=x$ 相切于原点。记 α 为曲线 l 在点 (x,y) 处切线的倾角，若 $\dfrac{\mathrm{d}\alpha}{\mathrm{d}x}=\dfrac{\mathrm{d}y}{\mathrm{d}x}$，求 $y(x)$ 的表达式。

分析 将几何条件转化为可降阶的二阶微分方程，从而求出 $y(x)$ 的表达式。

解 由于 $y'=\tan\alpha$，即 $\alpha=\arctan y'$，所以 $\dfrac{\mathrm{d}\alpha}{\mathrm{d}x}=\dfrac{y''}{1+y'^2}$。于是有

$$\frac{y''}{1+y'^2}=y', \quad 即 \quad y''=y'(1+y'^2)。$$

令 $y'=p$，则 $y''=p'$，代入上式得 $p(1+p^2)=p'$，分离变量得

$$\frac{\mathrm{d}p}{p(1+p^2)}=\mathrm{d}x,$$

两边积分得

$$\ln\frac{p^2}{1+p^2}=2x+\ln C_1。$$

由题意 $y'(0)=1$，即 $x=0$ 时，$p=1$，代入上式得 $C_1=\dfrac{1}{2}$，于是有

$$y'=p=\frac{\dfrac{\mathrm{e}^x}{\sqrt{2}}}{\sqrt{1-\dfrac{1}{2}\mathrm{e}^{2x}}},$$

两边积分得

$$y=\arcsin\frac{\mathrm{e}^x}{\sqrt{2}}+C_2,$$

由 $y(0)=0$，得 $C_2=-\dfrac{\pi}{4}$，所以

$$y=\arcsin\frac{\mathrm{e}^x}{\sqrt{2}}-\frac{\pi}{4}。$$

例 7-8 设函数 $f(t)$ 具有连续二阶导数，且 $f(1)=2,f'(1)=1$。试确定函数

$f\left(\dfrac{y}{x}\right)$，使$\oint_L\left[\dfrac{y^2}{x}+xf\left(\dfrac{y}{x}\right)\right]\mathrm{d}x+\left[y-xf'\left(\dfrac{y}{x}\right)\right]\mathrm{d}y=0$，其中 L 是不与 y 轴相交的任意简单正向闭曲线。

分析　由条件：平面曲线积分与路径无关，由此导出一个可降阶的二阶齐次方程。

解　由积分与路径无关知 $P_y=Q_x$，而

$$P_y=\frac{2y}{x}+xf'\left(\frac{y}{x}\right)\frac{1}{x},\quad Q_x=-f'\left(\frac{y}{x}\right)-xf''\left(\frac{y}{x}\right)\left(-\frac{y}{x^2}\right),$$

所以

$$\frac{y}{x}f''\left(\frac{y}{x}\right)-2f'\left(\frac{y}{x}\right)-\frac{2y}{x}=0。$$

令 $t=\dfrac{y}{x}$，得

$$f''(t)-\frac{2}{t}f'(t)=2,$$

所以

$$f'(t)=\mathrm{e}^{\int\frac{2}{t}\mathrm{d}t}\left[\int 2\mathrm{e}^{-\int\frac{2}{t}\mathrm{d}t}\mathrm{d}t+C_1\right]=-2t+C_1t^2,$$

由 $f'(1)=1$，可推得 $C_1=3$，于是 $f'(t)=3t^2-2t$。故

$$f(t)=\int(3t^2-2t)\mathrm{d}t=t^3-t^2+C_2,$$

再由 $f(1)=2$ 可推得 $C_2=2$，所以

$$f(t)=t^3-t^2+2,\quad\text{即}\quad f\left(\frac{y}{x}\right)=\left(\frac{y}{x}\right)^3-\left(\frac{y}{x}\right)^2+2。$$

例 7-9　设函数 $y(x)$ 满足 $y(x)=x^3-x\displaystyle\int_1^x\frac{y(t)}{t^2}\mathrm{d}t+y'(x)\ (x>0)$，并且 $\lim\limits_{x\to+\infty}\dfrac{y(x)}{x^3}$ 存在，求 $y(x)$。

分析　先化积分微分方程为可降阶的二阶微分方程，再求极限。

解　改写等式为 $\dfrac{y(x)}{x}=x^2-\displaystyle\int_1^x\frac{y(t)}{t^2}\mathrm{d}t+\frac{y'(x)}{x}$，两边求导，得

$$\frac{xy'(x)-y}{x^2}=2x-\frac{y(x)}{x^2}+\frac{xy''(x)-y'(x)}{x^2},$$

化简，得

$$y''(x)-\frac{x+1}{x}y'(x)=-2x^2\quad(x>0)。$$

这是以 $y'(x)$ 为未知函数的一阶线性微分方程，所以

$$y'(x)=\mathrm{e}^{\int\frac{x+1}{x}\mathrm{d}x}\left[\int(-2x^2)\mathrm{e}^{-\int\frac{x+1}{x}\mathrm{d}x}\mathrm{d}x+C_1\right]=x\mathrm{e}^x\left[-2\int x\mathrm{e}^{-x}\mathrm{d}x+C_1\right]$$

$$=C_1x\mathrm{e}^x+2x^2+2x,$$

$$y(x)=\int(C_1x\mathrm{e}^x+2x^2+2x)\mathrm{d}x=C_1(x-1)\mathrm{e}^x+\frac{2}{3}x^3+x^2+C_2。$$

由已知 $\lim\limits_{x\to+\infty}\dfrac{y(x)}{x^3}=\lim\limits_{x\to+\infty}\dfrac{C_1(x-1)\mathrm{e}^x+\dfrac{2}{3}x^3+x^2+C_2}{x^3}$ 存在，得 $C_1=0$。所以

$$y(x) = \frac{2}{3}x^3 + x^2 + C_2。$$

显然,由所给等式易得 $y(1) = 1 + y'(1)$,代入上式,得 $C_2 = \frac{10}{3}$,故

$$y(x) = \frac{2}{3}x^3 + x^2 + \frac{10}{3}。$$

例 7-10 求微分方程 $(x^2 \ln x)y'' - xy' + y = 0$ 的通解。

分析 所给的方程既不是常系数线性微分方程,也不是欧拉方程。但注意到方程中含 $\ln x$,所以考虑作代换 $t = \ln x$。

解 令 $t = \ln x$,即 $x = e^t$,则

$$y' = \frac{dy}{dx} = \frac{1}{x}\frac{dy}{dt}, \quad y'' = \frac{d}{dx}\left(\frac{1}{x}\frac{dy}{dt}\right) = -\frac{1}{x^2}\frac{dy}{dt} + \frac{1}{x}\frac{d^2y}{dt^2}\frac{dt}{dx} = \frac{1}{x^2}\left(\frac{d^2y}{dt^2} - \frac{dy}{dt}\right),$$

所以原方程变为 $\qquad t\left(\dfrac{d^2y}{dt^2} - \dfrac{dy}{dt}\right) - \left(\dfrac{dy}{dt} - y\right) = 0。$

令 $\dfrac{dy}{dt} - y = u$,则上述方程变为 $t\dfrac{du}{dt} - u = 0$,它的通解为 $u = C_1 t$,即 $\dfrac{dy}{dt} - y = C_1 t$,其通解为

$$y = e^{\int dt}\left(\int C_1 t e^{\int -dt} dt + C_2\right) = e^t\left(C_1 \int t e^{-t} dt + C_2\right) = C_1(t+1) + C_2 e^t,$$

所以,原方程的通解为

$$y = C_1(\ln x + 1) + C_2 x。$$

【题型 7-4】 综合题

例 7-11 已知函数 $y(x)$ 满足方程 $(x+1)y'' = y'$,$y(0) = 3$,$y'(0) = -2$。试证:当 $x \geqslant 0$ 时,$\displaystyle\int_0^x y(t)(\sin t)^{2n-2} dt \leqslant \frac{4n+1}{n(4n^2-1)}$。

分析 先求得满足初始条件的函数 $y(x)$,再求变上限积分的极值点,最后证明不等式。

证明 将 $(x+1)y'' = y'$ 变形为 $\dfrac{y''}{y'} = \dfrac{1}{x+1}$,两边积分,得

$$\ln y' = \ln C_1(x+1), \quad 即 \quad y' = C_1(x+1),$$

由 $y'(0) = -2$ 解得 $C_1 = -2$,所以 $y' = -2(x+1)$。两边再积分,得 $y = -(x+1)^2 + C$,由 $y(0) = 3$,解得 $C = 4$,所以

$$y(x) = (1-x)(3+x)。$$

设 $\qquad f(x) = \displaystyle\int_0^x y(t)(\sin t)^{2n-2} dt = \int_0^x (1-t)(3+t)(\sin t)^{2n-2} dt,$

所以 $\qquad f'(x) = (1-x)(3+x)(\sin x)^{2n-2},$

当 $n > 1$ 时,$0 \leqslant x \leqslant 1$,$f'(x) \geqslant 0$;$x \geqslant 1$,$f'(x) \leqslant 0$,故 $f(x)$ 在 $x = 1$ 处取得最大值,于是有

$$\int_0^x y(t)(\sin t)^{2n-2}\,\mathrm{d}t \leqslant \int_0^1 (1-t)(3+t)(\sin t)^{2n-2}\,\mathrm{d}t$$

$$\leqslant \int_0^1 (1-t)(3+t)t^{2n-2}\,\mathrm{d}t = \frac{4n+1}{n(4n^2-1)}.$$

例 7-12　找出所有的可微函数 $f:(0,\infty)\to(0,\infty)$，对于这样的函数，存在一个正实数 a，使得对于所有的 $x>0$，有 $f'\left(\dfrac{a}{x}\right)=\dfrac{x}{f(x)}$。

分析　关键是化复合函数的微分方程为常规函数的微分方程。

解　对于 $x\in(0,\infty)$，定义 $g(x)=f(x)f\left(\dfrac{a}{x}\right)$。在所给条件中对 x 作代换 a/x，得 $f\left(\dfrac{a}{x}\right)f'(x)=\dfrac{a}{x}$。由此

$$g'(x)=f'(x)f\left(\frac{a}{x}\right)+f(x)f'\left(\frac{a}{x}\right)\left(-\frac{a}{x^2}\right)=\frac{a}{x}-\frac{a}{x}=0.$$

令 $g(x)=b(b>0)$。从原来 f 满足的条件可知

$$b=g(x)=f(x)f\left(\frac{a}{x}\right)=f(x)\left[\frac{a}{x}\frac{1}{f'(x)}\right],$$

即

$$\frac{f'(x)}{f(x)}=\frac{a}{bx},$$

两边积分得

$$\ln f(x)=\frac{a}{b}\ln x+\ln c \quad (c>0),$$

所以

$$f(x)=cx^{a/b},$$

代回原来的条件中，得到

$$c\,\frac{a}{b}\frac{a^{a/b-1}}{x^{a/b-1}}=\frac{x}{cx^{a/b}}, \quad 即 \quad c^2 a^{a/b}=b,$$

消去 c 后，得一族解

$$f_b(x)=\sqrt{b}\left(\frac{x}{\sqrt{a}}\right)^{a/b}, \quad (b>0).$$

例 7-13　对于给定的 $b>0$，选取这样的 a，使含初始条件 $y(0)=1, y'(0)=0$ 的方程 $y''+ay'+by=0$ 的解当 $x\to+\infty$ 时可能更快趋于 0。

分析　利用微分方程的特征方程 $\lambda^2+a\lambda+b=0$ 的解和微分方程的解的关系，分三种情况进行讨论。

解　(1) 如果 $a^2=4b$，特征根为 $\lambda_1=\lambda_2=-\dfrac{a}{2}$，则满足初始条件的解为

$$y_1(x)=\left(1+\frac{a}{2}x\right)\mathrm{e}^{-\frac{a}{2}x}.$$

显然，a 应该是正的，否则当 $x\to+\infty$ 时，$y_1(x)$ 不趋于 0。因此 $a=2\sqrt{b}$，所以有

$$y_1(x)=(1+\sqrt{b}x)\mathrm{e}^{-\sqrt{b}x}. \qquad ①$$

（2）如果 $a>2\sqrt{b}$，特征根为 $\lambda_1=-\dfrac{a}{2}+\sqrt{\dfrac{a^2}{4}-b}$，$\lambda_2=-\dfrac{a}{2}-\sqrt{\dfrac{a^2}{4}-b}$，则可解得满足初始条件的解为

$$y_2(x)=\frac{1}{2\beta}(-\lambda_2\mathrm{e}^{\beta x}+\lambda_1\mathrm{e}^{-\beta x})\mathrm{e}^{-\frac{a}{2}x}，其中 \beta=\sqrt{\frac{a^2}{4}-b}。 \qquad ②$$

（3）如果 $0<a<2\sqrt{b}$，特征根为 $\lambda_{1,2}=-\dfrac{a}{2}\pm\mathrm{i}\sqrt{b-\dfrac{a^2}{4}}$，则可解得满足初始条件的解为

$$y_3(x)=\left(\cos\beta_1 x+\frac{a}{2\beta_1}\sin\beta_1 x\right)\mathrm{e}^{-\frac{a}{2}x}，其中 \beta_1=\sqrt{b-\frac{a^2}{4}}。 \qquad ③$$

下面再就充分大 $x>0$ 时，比较解①～③式。

当 $x\to+\infty$ 时，对于解①～③式，不难得到

$$y_1(x)=O(x\mathrm{e}^{-\sqrt{b}x})，\quad y_2(x)=O(\mathrm{e}^{(\beta-\frac{a}{2})x})，\quad y_3(x)=O(\mathrm{e}^{-\frac{a}{2}x})。 \qquad ④$$

当 $0<a<2\sqrt{b}$ 时，由洛必达法则

$$\lim_{x\to+\infty}\frac{x\mathrm{e}^{-\sqrt{b}x}}{\mathrm{e}^{-\frac{a}{2}x}}=\lim_{x\to+\infty}\frac{x}{\mathrm{e}^{(\sqrt{b}-\frac{a}{2})x}}=0,$$

所以 $x\mathrm{e}^{-\sqrt{b}x}\to0$ 比 $\mathrm{e}^{-\frac{a}{2}x}\to0$ 快。

当 $a>2\sqrt{b}$ 时，由洛必达法则

$$\lim_{x\to+\infty}\frac{x\mathrm{e}^{-\sqrt{b}x}}{\mathrm{e}^{(\beta-\frac{a}{2})x}}=\lim_{x\to+\infty}\frac{x}{\mathrm{e}^{(\sqrt{b}+\beta-\frac{a}{2})x}}=0,$$

所以 $x\mathrm{e}^{-\sqrt{b}x}\to0$ 也比 $\mathrm{e}^{(\beta-\frac{a}{2})x}\to0$ 快。

因此从式④得，在 $a=2\sqrt{b}$ 时得出的解①，当 $x\to+\infty$ 时趋于 0 的速度比其他的解快。

例 7-14 设 $u_0=0,u_1=1,u_{n+1}=au_n+bu_{n-1},n=1,2,\cdots$，其中 a,b 为实常数。又设 $f(x)=\displaystyle\sum_{n=1}^{\infty}\frac{u_n}{n!}x^n$。（1）试导出 $f(x)$ 满足的微分方程；（2）求证 $f(x)=-\mathrm{e}^{ax}f(-x)$。

解 （1）因 $f'(x)=\displaystyle\sum_{n=1}^{\infty}\frac{u_n}{n!}nx^{n-1}=\sum_{n=1}^{\infty}\frac{u_n}{(n-1)!}x^{n-1}$，

$$f''(x)=\sum_{n=1}^{\infty}\frac{u_{n+1}}{(n-1)!}x^{n-1}=\sum_{n=1}^{\infty}\frac{au_n+bu_{n-1}}{(n-1)!}x^{n-1}=af'(x)+bf(x),$$

即得 $f(x)$ 满足的微分方程

$$f''(x)-af'(x)-bf(x)=0。 \qquad ①$$

（2）**方法一** 解方程①可得一个包含两个任意常数的通解，又因为方程①有初值条件 $f(0)=u_0=0,f'(0)=u_1=1$，由此可确定其任意常数，从而必定唯一解 $f(x)$。

设 $f_1(x) = -e^{ax}f(-x)$，则
$$f_1'(x) = -ae^{ax}f(-x) + e^{ax}f'(-x),$$
$$f_1''(x) = -a^2 e^{ax}f(-x) + 2ae^{ax}f'(-x) - e^{ax}f''(-x)。$$

易验证 $f_1(x)$ 满足方程①及初值条件。故由解的唯一性，有 $f_1(x) = f(x)$，从而 $f(x) = -e^{ax}f(-x)$。

方法二　式①的特征方程 $r^2 - ar - b = 0$ 有共轭复根 $r_{1,2} = \dfrac{a \pm \sqrt{a^2 + 4b^2}}{2}$。

若 $b^2 + 4a > 0$，则通解为
$$f(x) = e^{\frac{a}{2}x}\left(C_1 e^{\frac{\sqrt{a^2+4b}}{2}x} + C_2 e^{-\frac{\sqrt{a^2+4b}}{2}x}\right),$$

由 $f(0) = 0, f'(0) = 1$ 可解得 $C_1 = -C_2 = \dfrac{1}{\sqrt{a^2+4b}}$，故解为
$$f(x) = \frac{e^{\frac{a}{2}x}}{\sqrt{a^2+4b}}\left(e^{\frac{\sqrt{a^2+4b}}{2}x} - e^{-\frac{\sqrt{a^2+4b}}{2}x}\right),$$

易验证
$$f(x) = -e^{ax}f(-x)。$$

若 $a^2 + 4b = 0$ 或 $a^2 + 4b < 0$，可进行类似讨论，结果仍然成立。

【题型 7-5】　应用题

策略　首先根据条件建立相应微分方程，再将其化为标准形式求解。

例 7-15　我潜艇在我国领海巡航时，在距离坐标原点 Ox 轴正向 2 单位处发现一艘敌舰沿 Oy 轴正向以匀速入侵我领海，需立即向敌舰发射反舰导弹。若导弹始终指向敌舰，且速率是敌舰的 $\lambda(\lambda > 1)$ 倍。求导弹的飞行轨迹方程以及敌舰行驶多远将被导弹击中。

分析　利用条件"导弹的运动方向始终指向敌舰"，即导弹飞行轨迹的斜率 $\dfrac{\mathrm{d}y}{\mathrm{d}x}$ 与任意时刻导弹和敌舰所处的位置之间连线的斜率相等建立微分方程。

解　由已知，可设敌舰的速率为常数 a，导弹的运动轨迹为 $y = y(x)$，其速率 $v = \lambda a$。开始时刻敌舰位于原点，我潜艇位于 x 正半轴上距原点 2 单位处；时刻 t 时，敌舰在 $(0, at)$ 处，导弹在 $M(x, y)$ 处（见图 7-1），由于在追赶过程中导弹的运动方向始终朝向敌舰，故有
$$\frac{\mathrm{d}y}{\mathrm{d}x} = \frac{at - y}{0 - x} \Rightarrow -x\frac{\mathrm{d}y}{\mathrm{d}x} = at - y,$$

上式两边对 x 求导，得
$$-\frac{\mathrm{d}y}{\mathrm{d}x} - x\frac{\mathrm{d}^2 y}{\mathrm{d}x^2} = a\frac{\mathrm{d}t}{\mathrm{d}x} - \frac{\mathrm{d}y}{\mathrm{d}x} \Rightarrow -x\frac{\mathrm{d}^2 y}{\mathrm{d}x^2} = a\frac{\mathrm{d}t}{\mathrm{d}x};　①$$

又 $v = \sqrt{\left(\dfrac{\mathrm{d}x}{\mathrm{d}t}\right)^2 + \left(\dfrac{\mathrm{d}y}{\mathrm{d}t}\right)^2} = \sqrt{1 + \left(\dfrac{\mathrm{d}y}{\mathrm{d}x}\right)^2}\ \left(-\dfrac{\mathrm{d}x}{\mathrm{d}t}\right)$

（注：取负号是因为 $\dfrac{\mathrm{d}x}{\mathrm{d}t}$ 为负值，很关键！）

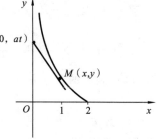

图 7-1

所以 $\dfrac{\mathrm{d}t}{\mathrm{d}x} = -\dfrac{1}{v}\sqrt{1+\left(\dfrac{\mathrm{d}y}{\mathrm{d}x}\right)^2}$，代入式①得

$$-x\frac{\mathrm{d}^2 y}{\mathrm{d}x^2} = \frac{a}{v}\sqrt{1+\left(\frac{\mathrm{d}y}{\mathrm{d}x}\right)^2} = \frac{1}{\lambda}\sqrt{1+\left(\frac{\mathrm{d}y}{\mathrm{d}x}\right)^2},$$

令 $p = \dfrac{\mathrm{d}y}{\mathrm{d}x}$，代入上式并分离变量，得

$$\frac{\mathrm{d}p}{\sqrt{1+p^2}} = \frac{\mathrm{d}x}{\lambda x},$$

两边积分，得

$$\ln(p+\sqrt{1+p^2}) = \ln x^{\frac{1}{\lambda}} + \ln C,$$

即

$$p + \sqrt{1+p^2} = Cx^{\frac{1}{\lambda}}。$$

由 $p(2)=y'(2)=0$，解得 $C = 2^{-\frac{1}{\lambda}}$，故 $p+\sqrt{1+p^2}=\left(\dfrac{x}{2}\right)^{\frac{1}{\lambda}}$，即

$$p = \frac{1}{2}\left[\left(\frac{x}{2}\right)^{\frac{1}{\lambda}} - \left(\frac{x}{2}\right)^{-\frac{1}{\lambda}}\right]。$$

所以 $y = \dfrac{1}{2}\displaystyle\int\left[\left(\dfrac{x}{2}\right)^{\frac{1}{\lambda}} - \left(\dfrac{x}{2}\right)^{-\frac{1}{\lambda}}\right]\mathrm{d}x = \dfrac{\lambda}{\lambda+1}\left(\dfrac{x}{2}\right)^{1+\frac{1}{\lambda}} - \dfrac{\lambda}{\lambda-1}\left(\dfrac{x}{2}\right)^{1-\frac{1}{\lambda}} + C,$

又由 $y(2)=0$，得 $C = \dfrac{2\lambda}{\lambda^2-1}$，故导弹的运动轨迹为

$$y = \frac{\lambda}{\lambda+1}\left(\frac{x}{2}\right)^{1+\frac{1}{\lambda}} - \frac{\lambda}{\lambda-1}\left(\frac{x}{2}\right)^{1-\frac{1}{\lambda}} + \frac{2\lambda}{\lambda^2-1},$$

令 $x \to 0+$，得 $y = \dfrac{2\lambda}{\lambda^2-1}$，即敌舰在航行了 $\dfrac{2\lambda}{\lambda^2-1}$ 单位时，被导弹击中。

例 7-16 在一个桶中盛有 100 L 溶液，其中包含 10 kg 盐。将水以 5 L/min 的速度注入桶内，而把混合液以相同的速度转注入另一容积为 100 L 的桶内，这个桶起初盛满纯水，过剩的液体从这个桶中流出。什么时候第二桶中的盐量最大？它等于多少？

分析 利用任意微小时间间隔内液体中含盐量的改变量建立微分方程。

解 设开始转注后，时刻 t 第一、二桶的盐量分别为 $x(t)$ 和 $y(t)$。

每分钟第一桶流入的盐量为 0，流出的盐量为 $5 \times \dfrac{x(t)}{100} = 0.05x(t)$；每分钟第二桶流入的盐量为 $5 \times \dfrac{x(t)}{100} = 0.05x(t)$，流出的盐量为 $5 \times \dfrac{y(t)}{100} = 0.05y(t)$。在微小的时间间隔 $[t, t+\mathrm{d}t]$ 内，第一桶盐量的改变量为

$$\mathrm{d}x = (0-0.05x)\mathrm{d}t, \quad 且 \quad x(0)=10, \qquad\qquad ①$$

第二桶盐量的改变量为

$$\mathrm{d}y = (0.05x-0.05y)\mathrm{d}t, \quad 且 \quad y(0)=0, \qquad\qquad ②$$

解方程①，得 $x = 10\mathrm{e}^{-0.05t}$。代入式②，得方程

$$\frac{\mathrm{d}y}{\mathrm{d}t}=-0.05y+0.5\mathrm{e}^{-0.05t}, \qquad\qquad ③$$

解方程③并代入初始条件,得 $y=0.5t\mathrm{e}^{-0.05t}$。

令 $y'=0.5(1-0.05t)\mathrm{e}^{-0.05t}=0 \Rightarrow t=20$,当 $t<20$ 时,$y'>0$;$t>20$ 时,$y'<0$,故 $t=20$ 时,y 达到最大值,最大值为

$$y(20)=\frac{10}{\mathrm{e}}\ \mathrm{kg}\approx 3.68\ \mathrm{kg}。$$

例 7-17　一个冬季的早晨开始下雪,且雪花以恒定速度不停地下。一台扫雪机从上午 8 点开始在公路上扫雪,到 9 点时前进了 2 km,到 10 点时前进了 3 km。假定扫雪机每小时扫去的积雪的体积为常数,问何时开始下雪的?

分析　利用两个条件:下雪的速度恒定和扫雪机每小时扫雪的体积不变,建立与此相关的微分方程组。

解　以 $h(t)$ 表示到时刻 t 时的积雪深度,以 $x(t)$ 表示到时刻 t 时扫雪机扫过的距离,则

$$\frac{\mathrm{d}h}{\mathrm{d}t}=C\ (常数),\qquad \frac{\mathrm{d}x}{\mathrm{d}t}=\frac{k}{h}。$$

设 T 为开始下雪到扫雪机开始工作这段时间,则

$$x(T)=0,\quad x(T+1)=2,\quad x(T+2)=3 \qquad\qquad ①$$

由 $\frac{\mathrm{d}h}{\mathrm{d}t}=C$ 可解得 $h=Ct+C_1$,利用 $h(0)=0$ 得 $C_1=0$,因此 $h=Ct$。所以

$$\mathrm{d}x=\frac{k}{h}\mathrm{d}t=\frac{k}{Ct}\mathrm{d}t=\frac{A}{t}\mathrm{d}t\left(A=\frac{k}{C}\right)。$$

从而 $x=A\ln t+B$,代入条件①,得

$$\begin{cases} A\ln T+B=0,\\ A\ln(T+1)+B=2,\\ A\ln(T+2)+B=3, \end{cases}$$

由此解得 $T=\dfrac{\sqrt{5}-1}{2}\approx 0.618h\approx 37'5''$,即雪是从早上 7 点 22 分 55 秒开始下的。

例 7-18　根据经验,一架水平飞行的飞机,其降落曲线为一条三次抛物线(见图 7-2)。已知飞机的飞行高度为 h,飞机的着落点为原点 O,且在整个降落过程中飞机的水平速度始终保持常数 u。出于安全考虑,飞机垂直加速度的最大绝对值不得超过 $\dfrac{g}{10}$,g 为重力加速度。

(1) 若飞机从 $x=x_0$ 处开始下降,试确定其降落曲线;

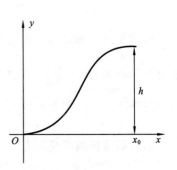

图 7-2

（2）求开始下降点 x_0 所能容许的最小值。

分析 （1）利用待定系数法求出飞机的降落曲线（三次抛物线）；（2）注意 x,y 都是时间 t 的函数,而飞机垂直加速度是 y 关于 t 的二阶导数。

解 （1）设飞机的降落曲线为
$$y=ax^3+bx^2+cx+d,$$
由题设知 $y(0)=0,y(x_0)=h$；由于飞机的飞行曲线是光滑的,即 $y(x)$ 有连续一阶导数,所以 $y'(0)=y'(x_0)=0$。故 $y(x)$ 满足

$$\begin{cases} y(0)=d=0, \\ y'(0)=c=0, \\ y(x_0)=ax_0^3+bx_0^2=h, \\ y'(x_0)=3ax_0^2+2bx_0=0, \end{cases} \quad 由此解得 \begin{cases} a=-\dfrac{2h}{x_0^3}, \\ b=\dfrac{3h}{x_0^2}, \\ c=d=0, \end{cases}$$

即飞机的飞行曲线为
$$y=-\frac{2h}{x_0^3}x^3+\frac{3h}{x_0^2}x^2=-\frac{h}{x_0^2}\left(\frac{2}{x_0}x^3-3x^2\right)。$$

（2）飞机的垂直加速度是 y 关于时间 t 的二阶导数,故
$$\frac{\mathrm{d}y}{\mathrm{d}t}=\frac{\mathrm{d}y}{\mathrm{d}x}\frac{\mathrm{d}x}{\mathrm{d}t}=-\frac{h}{x_0^2}\left(\frac{6}{x_0}x^2-6x\right)\frac{\mathrm{d}x}{\mathrm{d}t}=-\frac{h}{x_0^2}\left(\frac{6}{x_0}x^2-6x\right)u=-\frac{6hu}{x_0^2}\left(\frac{x^2}{x_0}-x\right)$$

$$\frac{\mathrm{d}^2y}{\mathrm{d}t^2}=\frac{\mathrm{d}y'}{\mathrm{d}x}\frac{\mathrm{d}x}{\mathrm{d}t}=-\frac{6hu}{x_0^2}\left(\frac{2x}{x_0}-1\right)u=-\frac{6hu^2}{x_0^2}\left(\frac{2x}{x_0}-1\right),$$

所以当 $0\leqslant x\leqslant x_0$ 时, $\left|\dfrac{\mathrm{d}^2y}{\mathrm{d}x^2}\right|=\dfrac{6hu^2}{x_0^2}\left|\dfrac{2x}{x_0}-1\right|\leqslant\dfrac{6hu^2}{x_0^2}$,

根据设计要求,令 $\dfrac{6hu^2}{x_0^2}\leqslant\dfrac{g}{10}$,所以 $x_0\geqslant u\sqrt{\dfrac{60h}{g}}$。

7.3 精选备赛练习

7.1 设函数 $u=f(\ln\sqrt{x^2+y^2})$ 满足 $\dfrac{\partial^2 u}{\partial x^2}+\dfrac{\partial^2 u}{\partial y^2}=(x^2+y^2)^{\frac{3}{2}}$,试求函数 f 的表达式。

7.2 设 $u=u(\sqrt{x^2+y^2})$ 具有连续二阶导数,且满足 $\dfrac{\partial^2 u}{\partial x^2}+\dfrac{\partial^2 u}{\partial y^2}-\dfrac{1}{x}\dfrac{\partial u}{\partial x}+u=x^2+y^2$。试求 u 的表达式。

7.3 函数 $f(x,y)$ 二阶偏导数连续,满足 $\dfrac{\partial^2 f}{\partial x\partial y}=0$,且在极坐标系下可表示为 $f(x,y)=h(r)$,其中 $r=\sqrt{x^2+y^2}$,求 $f(x,y)$。

7.4 设 f 是可导函数,对于任意实数 s,t,有 $f(s+t)=f(s)+f(t)+2st$,且 $f'(0)=1$。求函数 f 的表达式。

7.5 求方程 $4x^4 y''' - 4x^3 y'' + 4x^2 y' = 1$ 的通解。

7.6 已知 $f(x)$ 在 $[0, +\infty)$ 上可导，$f(0) = 1$，且满足 $f'(x) + f(x) - \dfrac{1}{x+1} \int_0^x f(t) \mathrm{d}t = 0$，求 $f'(x)$。

7.7 设 $f(x)$ 在 $(0, +\infty)$ 上连续，$f(1) = 5/2$，且对所有 $x, t \in (0, +\infty)$，满足条件 $\int_1^{xt} f(u) \mathrm{d}u = t \int_1^x f(u) \mathrm{d}u + x \int_1^t f(u) \mathrm{d}u$，求 $f(x)$。

7.8 求微分方程 $y'' + a^2 y = \sin x \, (a > 0)$ 的通解。

7.9 设 $f(x)$ 为连续函数。(1) 求初值问题 $\begin{cases} y' + ay = f(x), \\ y|_{x=0} = 0 \end{cases}$ 的解 $y(x)$，其中 a 是正常数；(2) 若 $|f(x)| \leqslant k$ (k 为常数)，证明当 $x \geqslant 0$ 时，有 $|y(x)| \leqslant \dfrac{k}{a}(1 - \mathrm{e}^{-ax})$。

7.10 设级数 $\dfrac{x^4}{2 \cdot 4} + \dfrac{x^6}{2 \cdot 4 \cdot 6} + \dfrac{x^8}{2 \cdot 4 \cdot 6 \cdot 8} + \cdots \, (-\infty < x < +\infty)$ 的和函数为 $S(x)$。求：(1) $S(x)$ 满足的微分方程；(2) $S(x)$ 的表达式。

7.11 求解 $\dfrac{y}{\sqrt{y^2+1}} \dfrac{\mathrm{d}y}{\mathrm{d}x} + \sqrt{y^2+1} = x^2 + 1$。

7.12 求解 $\dfrac{\sqrt{\ln y}}{y} \dfrac{\mathrm{d}y}{\mathrm{d}x} + \dfrac{2}{3(x+1)} \sqrt{(\ln y)^3} = 1$。

7.13 求解 $(y'+1)\ln\dfrac{y+x}{x+3} = \dfrac{y+x}{x+3}$。

7.14 用初等函数及它们的不定积分表示微分方程 $y'' - xy' - y = 0$ 的通解。

7.15 证明方程 $y' = \dfrac{1}{1+x^2+y^2}$ 的全部解在整个数轴上有界。

7.16 一小船 A 从原点出发以匀速 v_0 沿 y 轴正向行驶，另一小船 B 从 x 轴上点 $(x_0, 0)$ $(x_0 < 0)$ 出发朝 A 追去，其速度方向始终指向 A，速度为常数 v_1。(1) 求船 B 的运动方程；(2) 如果 $v_1 > v_0$，问船 B 需要多少时间才能追上船 A。

7.17 设炮弹以初始速度 v_0 且与水平线成 α 角从炮口射出，若空气阻力与速度成正比，求炮弹的运动轨迹。

7.18 设物体 A 从点 $(0,1)$ 以匀速 v 沿 y 轴正向运动，物体 B 从点 $(-1,0)$ 与 A 同时出发，速度为 $2v$，方向始终指向 A。试建立物体 B 的运动轨迹所满足的微分方程，并写出初始条件。

7.19 A, B, C, D 四个动点开始分别位于一个正方形的四个顶点，然后 A 点向着 B 点，B 点向着 C 点，C 点向着 D 点，D 点向着 A 点同时以相同的速率运动。求每一点的运动轨迹，并画出这运动轨迹的大致图形。

7.20 设 $y(x)$ $(x \geqslant 0)$ 二阶可导且 $y'(x) > 0$，$y(0) = 1$。过曲线 $y = y(x)$ 上任意一点 $P(x, y)$ 作该曲线的切线及 x 轴的垂线，上述两直线与 x 轴围成的三角形面积记为 S_1；在区间 $[0, x]$ 上以 $y = y(x)$ 为曲边的曲边梯形面积记为 S_2，并设 $2S_1 - S_2 \equiv$

1。求此曲线 $y = y(x)$ 的方程。

7.21　设曲线 L 的极坐标方程为 $r = r(\theta)$，$M(r, \theta)$ 为 L 上任一点，$M_0(2, 0)$ 为 L 上一定点。若极径 OM_0，OM 与曲线 L 所围成的曲边扇形面积值等于 L 上 M_0，M 两点间弧长的一半。求此曲线 L 的方程。

7.22　从船上向海中沉放某种探测仪器，按探测要求需确定仪器的下沉深度 y（从海平面算起）与下沉速度 v 之间的函数关系。设仪器在重力作用下从海平面由静止开始铅直下沉，在下沉过程中还受阻力和浮力的作用。设仪器的质量为 m，体积为 B，海水比重为 ρ，仪器所受的阻力与下沉速度成正比，比例系数为 $k(k > 0)$。试建立 y 与 v 所满足的微分方程，并求出函数关系式 $y = y(v)$。

7.23　某湖泊的水量为 V，每年排入湖泊内含污染物 A 的污水量为 $\dfrac{V}{6}$，流入湖泊内不含 A 的水量为 $\dfrac{V}{6}$，流出湖泊的水量为 $\dfrac{V}{3}$。已知 1999 年年底湖中 A 的含量为 $5m_0$，超过了国家规定指标。为了治理污染，从 2000 年年初起限定排入湖泊中含 A 的污水浓度不超过 $\dfrac{m_0}{V}$。问至多需要经过多少年，湖泊中污染物 A 的含量降至 m_0 内？（注：设湖水中 A 的浓度是均匀的。）

7.24　表面为旋转曲面的镜子应该具有怎样的形状，才能使它将所有平行于其轴的光线反射到一点？求出旋转曲面的方程。

7.25　设 $x(t)$ 是微分方程 $x'' + 2mx' + n^2 x = 0$，$x(0) = x_1$，$x'(0) = x_2$，的解，其中 $m > n > 0$。证明：$\displaystyle\int_0^{+\infty} x(t)\mathrm{d}t = \dfrac{x_2 + 2mx_1}{n^2}$。

7.26　(1) 验证 $y(x) = 1 + \dfrac{x^3}{3!} + \dfrac{x^6}{6!} + \dfrac{x^9}{9!} + \cdots$，$(-\infty, +\infty)$ 满足微分方程 $y'' + y' + y = \mathrm{e}^x$。

(2) 利用上式求幂级数 $\displaystyle\sum_{n=0}^{\infty} \dfrac{x^{3n}}{(3n)!}$ 的和函数。

7.27　设 $y = \mathrm{e}^{2x} + (1 + x)\mathrm{e}^x$ 是二阶常系数微分方程 $y'' + \alpha y' + \beta y = \gamma \mathrm{e}^x$ 的一个特解，则 $\alpha^2 + \beta^2 + \gamma^2 = $ _____。

7.28　飞机在机场开始滑行着落。在开始着落时刻已失去垂直速度，水平速度为 v_0 m/s。飞机与地面的摩擦系数为 μ，且飞机运动时所受空气的阻力与速度的平方成正比，在水平方向的比例系数为 k_x kg·s²/m²，在垂直方向的比例系数为 k_y kg·s²/m²。设飞机的质量为 m kg，求飞机从着落到停止所需要的时间。

7.29　容器内有 100 L 的盐水，含 10 kg 的盐，现在以 3 L/min 的均匀速率往容器内注入净水（假定净水与盐水立即调和），又以 2 L/min 的均匀速率从容器中抽出盐水，问 60 min 后，容器内盐水的含量是多少？

7.30　一容器内盛有 50 L 的盐水溶液，其中含有 10 g 的盐。先将每升含 2 g 盐的溶液以每分钟 5 L 的速率注入容器,并不断进行搅拌,使混合液迅速达到均匀,同时混合液以每分钟 3 L 的速率流出容器。问在任意时刻 t 容器中的含盐量是多少?

7.31　在某一人群中推广新技术是通过其中已掌握新技术的人进行。设该人群的总人数为 N,在 $t=0$ 时刻已掌握新技术的人数为 x_0,在任意时刻 t 已掌握新技术的人数为 $x(t)$(将 $x(t)$ 视为可微变量),其变化率与已掌握新技术的人数和未掌握新技术人数之积成正比,比例系数 $k>0$,求 $x(t)$。

7.32　有一盛满了水的圆锥形漏斗。高为 10 cm,顶角为 60°,漏斗下面有面积为 0.5 cm^2 的小孔,水可从小孔流出。由水力学知道,水从孔口流出的流量(即通过孔口横截面的水的体积 V 对时间 t 的变化率)Q 可用下列公式计算:$Q=\dfrac{\mathrm{d}V}{\mathrm{d}t}=kS\sqrt{2gh}$,其中 $k=0.62$ 为流量系数,S 为孔口横截面面积,g 为重力加速度。求水面高度 h(水面与孔口中心间的距离)随时间 t 的变化规律及水流完所需要的时间。

7.33　研究肿瘤细胞增殖动力学,能为肿瘤的临床治疗提供一定的理论依据。试按照下述两种假设分别建立肿瘤生长的数学模型,并求解。

(1)设肿瘤体积 V 随时间 t 增大的速率与 V^b 成正比,其中 b 为常数(称为形状参数)。开始测得肿瘤体积为 V_0,试分别求当 $b=\dfrac{2}{3}$ 和 $b=1$ 时,V 随时间变化的规律,以及当 $b=1$ 时,肿瘤体积增大一倍所需的时间(称为倍增时间)。

(2)设肿瘤体积随时间 t 增大的速率与 V 成正比,但比例系数 k 不是常数,它随时间 t 的增大而减小,并且减小的速率与比例系数 k 的值成正比,比例系数为常数。试求 V 随时间 t 的变化规律、倍增时间及肿瘤体积的理论上限值。

7.34(冷却定律与破案问题)　按照牛顿冷却定律,温度为 T 的物体在温度为 T_0($T_0<T$)的环境中冷却的速度与温差 $T-T_0$ 成正比。你能用该定律确定张某是下面案件中的犯罪嫌疑人吗?某公安局于晚上 7:30 发现一具女尸,当晚 8:20 法医测得尸体温度为 32.6 ℃,一小时后尸体抬走时又测得尸体温度为 31.4 ℃,假定室温在这几个小时内均为 21.1 ℃。由案情分析得知张某是此案的主要犯罪嫌疑人,但是张某矢口否认,并有证人说:"下午张某一直在办公室,下午 5:00 打了一个电话才离开办公室。"从办公室到凶案现场步行需 5 min。问张某是否能排除在犯罪嫌疑人之外?

7.35　一车间体积为 10800 m^3,开始时空气中含有 0.12% 的 CO_2。为了保证工人健康,用一台风量为 1500 m^3/min 的鼓风机抽进新鲜空气,它含有 0.04% 的 CO_2。设抽进的空气与原有空气混合均匀后以相同的风量排出,问鼓风机开动 10 min 后,车间中含有 CO_2 的百分比降到多少?

7.36　一链条悬挂在一钉子上,启动时一端离开钉子 8 m,另一端离开钉子 12 m。分别在以下两种情况下求链条滑下所需要的时间:(1)若不计钉子对链条产生的摩擦力;(2)若摩擦力为 1 m 长的链条的重量。

7.37　设函数 $y=y(x)$ 在 $(-\infty,+\infty)$ 内具有二阶导数,且 $y'\neq0$,$x=x(y)$ 是 $y=y(x)$ 的反函数。(1) 试将 $x=x(y)$ 所满足的微分方程 $\dfrac{d^2x}{dy^2}+(y+\sin x)\left(\dfrac{dx}{dy}\right)^3=0$ 变换为 $y=y(x)$ 满足的微分方程;(2) 求变换后的方程满足初始条件 $y(0)=0,y'(0)=3/2$ 的解。

7.38　证明:方程 $y''+py'+qy=0$ 的一切解 $y(x)$ 当 $x\to\infty$ 时均趋于零的充要条件是 $p>0,q>0$。

7.39　当 a 和 $b(a,b\in\mathbf{Z})$ 取何值时,方程 $y''+ay'+by=0$ 的所有解在 $-\infty<x<+\infty$ 上是有界的?

7.40　求方程 $y''-\dfrac{4}{x}y'+\dfrac{6}{x^2}y=x^2-1$ 的通解,已知对应齐次方程的一个特解 $y_1=x^2$。

7.4　答案与提示

7.1　$f(t)=\dfrac{1}{25}e^{5t}+C_1t+C_2$。提示:令 $t=\ln\sqrt{x^2+y^2}$。

7.2　$u=C_1\cos\sqrt{x^2+y^2}+C_2\sin\sqrt{x^2+y^2}+x^2+y^2-2$。提示:令 $t=\sqrt{x^2+y^2}$,然后化简。

7.3　$f(x,y)=C_1(x^2+y^2)+C_2$。提示:令 $r=\sqrt{x^2+y^2}$,然后化简。

7.4　$f(x)=x^2+x$。提示:利用导数定义。

7.5　$C_1+(C_2+C_3\ln x)x^2-\dfrac{1}{36x}$。提示:化为欧拉方程。

7.6　$f'(x)=-\dfrac{e^{-x}}{x+1}$。提示:化为可降阶微分方程。

7.7　$f(x)=\dfrac{5}{2}(\ln x+1)$。

7.8　$y=C_1\cos ax+C_2\sin ax+\begin{cases}\dfrac{\sin x}{a^2-1}, & a\neq1,\\[2mm]-\dfrac{1}{2}x\cos x, & a=1。\end{cases}$

7.9　$y(x)=e^{-ax}\left[\int f(x)e^{ax}dx+C\right]$。

7.10　$y'-xy=\dfrac{x^3}{2},y(0)=0;S(x)=y=e^{\frac{x^2}{2}}-\dfrac{x^2}{2}-1$。

7.11　$\sqrt{y^2+1}=x^2-3x+3+Ce^{-x}$。提示:令 $z=\sqrt{y^2+1}$。

7.12　$\dfrac{2}{3}\sqrt{(\ln y)^3}=\dfrac{1}{2}(x+1)+\dfrac{C}{x+1}$。提示:$z=\dfrac{2}{3}\sqrt{(\ln y)^3}$。

7.13 $\ln\dfrac{x+y}{x+3}=1+\dfrac{C}{x+y}$。提示:令 $x=X-3,y=Y+3$,转化为齐次方程。

7.14 $\mathrm{e}^{\frac{1}{2}x^2}\left(\displaystyle\int C_1\mathrm{e}^{-\frac{1}{2}x^2}\,\mathrm{d}x+C_2\right)$。提示:$y''-xy'-y=(y'-xy)'$。

7.15 提示:原方程等价于积分方程 $y(x)-y(0)=\displaystyle\int_0^x\dfrac{1}{1+x^2+y^2}\mathrm{d}x$。

7.16 (1) 当 $k\neq1$ 时,$y=-\dfrac{x_0}{2}\left[\dfrac{1}{1+k}\left(\dfrac{x}{x_0}\right)^{1+k}-\dfrac{1}{1-k}\left(\dfrac{x}{x_0}\right)^{1-k}\right]+\dfrac{kx_0}{k^2-1}$;

当 $k=1$ 时,$y(x)=-\dfrac{x_0}{2}\left[\ln\dfrac{x_0}{x}+\dfrac{1}{2}\left(\dfrac{x}{x_0}\right)^2-\dfrac{1}{2}\right]$。

(2) $T=\dfrac{s}{v_0}=\dfrac{v_1x_0}{v_0^2-v_1^2}$ $(x_0<0)$。

7.17 $x(t)=\dfrac{v_0m}{k}\cos\alpha(1-\mathrm{e}^{-\frac{k}{m}t})$,$y(t)=\dfrac{m}{k}\left(v_0\sin\alpha+\dfrac{mg}{k}\right)(1-\mathrm{e}^{-\frac{k}{m}t})-\dfrac{mg}{k}t$。

7.18 $x\dfrac{\mathrm{d}^2y}{\mathrm{d}x^2}=-\dfrac{1}{2}\sqrt{1+\left(\dfrac{\mathrm{d}y}{\mathrm{d}x}\right)^2}$,且 $y|_{x=-1}=0,y'|_{x=-1}=1$。

7.19 $\arctan\dfrac{y}{x}=\dfrac{\pi}{4}+\ln\dfrac{\sqrt{x^2+y^2}}{\sqrt{2}a}$。

7.20 $y=\mathrm{e}^x$。

7.21 $r\cos\theta\mp\sqrt{3}r\sin\theta=2$,或 $x\mp\sqrt{3}y=2$。

7.22 $y=-\dfrac{m}{k}v-\dfrac{m(mg-B\rho)}{k^2}\ln\dfrac{mg-B\rho-kv}{mg-B\rho}$。

7.23 $m=\dfrac{m_0}{2}(1+9\mathrm{e}^{-\frac{t}{3}})$,$t=6\ln3$。提示:考虑微小的时间间隔 $[t,t+\mathrm{d}t]$ 内,污染物的微小改变量。

7.24 $y^2+z^2=2Cx+C^2$。提示:考虑光的反射定律。

7.25 提示:通解 $x(t)=C_1\mathrm{e}^{(-m+\sqrt{m^2-n^2})t}+C_2\mathrm{e}^{(-m-\sqrt{m^2-n^2})t}$,$\displaystyle\lim_{t\to+\infty}x(t)=0$,$\displaystyle\lim_{t\to+\infty}x'(t)=0$。

7.26 (2) $\dfrac{2}{3}\mathrm{e}^{-\frac{x}{2}}\cos\dfrac{\sqrt{3}}{2}x+\dfrac{1}{3}\mathrm{e}^x$。

7.27 14。

7.28 当 $v=0$ 时,$t=\dfrac{1}{\sqrt{AB}}\arctan\left(\sqrt{\dfrac{A}{B}}v_0\right)=\sqrt{\dfrac{m}{(k_x-\mu k_y)\mu g}}\arctan\sqrt{\dfrac{k_x-\mu k_y}{m\mu g}}v_0$ (s)。

7.29 $x(60)\approx3.9$ kg。提示:考虑微小的时间间隔 $[t,t+\mathrm{d}t]$ 内,溶液中的盐量的微小改变量 $\mathrm{d}x(t)$。

7.30 $x(t)=4(50+t)-190\left(\dfrac{50}{50+t}\right)^{\frac{3}{2}}$。提示:考虑微小的时间间隔 $[t,t+\mathrm{d}t]$

内,溶液中盐的增加量。

7.31 $x(t) = \dfrac{x_0 N e^{kNt}}{N - x_0 + x_0 e^{kNt}}$。

7.32 $t = \dfrac{2\pi}{15kS\sqrt{2g}}(10^{\frac{5}{2}} - h^{\frac{5}{2}})$;约 10 s。

7.33 (1) $b = \dfrac{2}{3}$ 时,$V = \left(\dfrac{1}{3}kt + V_0^{\frac{1}{3}}\right)^3$;$b = 1$ 时,$V = V_0 e^{kt}$;$b = 1$ 时,$t = \dfrac{\ln 2}{k}$;

(2) $V = C e^{-\frac{k_0}{\lambda} e^{-\lambda t}}$;$t = -\dfrac{1}{\lambda}\ln\left(1 - \dfrac{\lambda}{k_0}\ln 2\right)$;$V_0 e^{\frac{k_0}{\lambda}}$。

7.34 被害人死亡时间约为 5 点 24 分,因此张某不能排除在犯罪嫌疑人之外。提示:设死者被害时刻体温正常为 37 ℃。

7.35 $x(t) = 4.32 + 8.64 e^{-\frac{5}{36}t}$,0.06%。提示:考虑微小的时间间隔$[t, t + dt]$内,$CO_2$ 含量的微小改变量。

7.36 (1) 2.315 s;(2) 2.558 s。

7.37 (1) $y'' - y = \sin x$;(2) $y = -e^{-x} + e^x - \dfrac{1}{2}\sin x$。

7.38 根据不同特征根讨论通解。

7.39 提示:根据不同特征根讨论通解。

7.40 $y = \overline{C}_1 x^2 + \overline{C}_2 x^3 + \dfrac{1}{2}x^4 + x^2 \ln x$。

第8讲　矢量代数与空间解析几何

8.1　内容概述

本讲的重点是矢量的计算、平面与直线以及曲面与曲线,除高等数学教材中"矢量代数与空间解析几何"的内容外,还涉及梯度、散度、旋度,曲线的切线与法平面、曲面的切平面与法线等内容。

8.2　典型例题分析

【题型 8-1】　矢量的运算

策略　熟练掌握矢量的数量积、矢量积、混合积以及三重矢积的定义、性质、几何意义,掌握梯度、散度、旋度的定义以及用矢量乘积表示的形式。

例 8-1　设 $a=\{1,0,0\}$,$b=\{0,1,-2\}$,$c=\{2,-2,1\}$。试求一模为 3 的矢量 q,使其与 a,b 共面,且 $q\perp c$。

分析　本题分别从矢量的定义与矢量的几何特征切入,给出 3 种解法。

解　方法一　设 $q=3\{\cos\alpha,\cos\beta,\cos\gamma\}$,由 q,a,b 共面,有

$$\begin{vmatrix} \cos\alpha & \cos\beta & \cos\gamma \\ 1 & 0 & 0 \\ 0 & 1 & -2 \end{vmatrix}=0,$$

即

$$2\cos\beta+\cos\gamma=0, \tag{①}$$

又 $q\perp c$,所以

$$2\cos\alpha-2\cos\beta+\cos\gamma=0, \tag{②}$$

且

$$\cos^2\alpha+\cos^2\beta+\cos^2\gamma=1, \tag{③}$$

联立①~③三个方程,可解得

$$\cos\alpha=\pm\frac{2}{3}, \quad \cos\beta=\pm\frac{1}{3}, \quad \cos\gamma=\mp\frac{2}{3},$$

即

$$q=3\left\{\pm\frac{2}{3},\pm\frac{1}{3},\mp\frac{2}{3}\right\}=\pm\{2,1,-2\}.$$

方法二　因 q 与 a,b 共面,故 $q=\lambda a+\mu b=\{\lambda,\mu,-2\mu\}$,又 $q\perp c$,所以

$$2\lambda-2\mu-2\mu=0, \quad 即 \lambda=2\mu.$$

再由 $|q|=3$,得 $\lambda^2+\mu^2+4\mu^2=9$,将 $\lambda=2\mu$ 代入,得 $\mu=\pm1$,故 $q=\pm\{2,1,-2\}$。

方法三　因 q 与 a,b 共面,所以 $q\perp(a\times b)$,又 $q\perp c$,所以 $q/\!/(a\times b)\times c$。而

$$(a\times b)\times c = \begin{vmatrix} i & j & k \\ 1 & 0 & 0 \\ 0 & 1 & -2 \end{vmatrix} \times \{2,-2,1\} = \begin{vmatrix} i & j & k \\ 0 & 2 & 1 \\ 2 & -2 & 1 \end{vmatrix} = \{4,2,-4\},$$

设 $q = \lambda\{4,2,-4\}$，则 $|q| = 3$，得 $\lambda = \pm\dfrac{1}{2}$，所以 $q = \pm\{2,1,-2\}$。

例 8-2　设 $(a\times b)\cdot c = 2$，求 $[(a+b)\times(b+c)]\cdot(c+a)$。

解　$[(a+b)\times(b+c)]\cdot(c+a)$

$= [a\times(b+c)+b\times(b+c)]\cdot(c+a)$

$= [a\times b+a\times c+b\times b+b\times c]\cdot(c+a)$

$= (a\times b)\cdot c+(a\times c)\cdot c+(b\times c)\cdot c+(a\times b)\cdot a+(a\times c)\cdot a+(b\times c)\cdot a$

$= (a\times b)\cdot c+(b\times c)\cdot a = 4$。

例 8-3　设 $r = \sqrt{x^2+y^2+z^2}$，求 $\mathrm{div}(\mathrm{grad}\,r)|_{(1,-2,2)}$。

解　因 $\mathrm{grad}\,r = \left\{\dfrac{\partial r}{\partial x},\dfrac{\partial r}{\partial y},\dfrac{\partial r}{\partial z}\right\}$，所以 $\mathrm{div}(\mathrm{grad}\,r) = \dfrac{\partial^2 r}{\partial x^2}+\dfrac{\partial^2 r}{\partial y^2}+\dfrac{\partial^2 r}{\partial z^2}$。而

$$\frac{\partial r}{\partial x} = \frac{x}{\sqrt{x^2+y^2+z^2}} = \frac{x}{r}, \quad \frac{\partial r}{\partial y} = \frac{y}{\sqrt{x^2+y^2+z^2}} = \frac{y}{r}, \quad \frac{\partial r}{\partial z} = \frac{z}{\sqrt{x^2+y^2+z^2}} = \frac{z}{r},$$

$$\frac{\partial^2 r}{\partial x^2} = \frac{r^2-x^2}{r^3}, \quad \frac{\partial^2 r}{\partial y^2} = \frac{r^2-y^2}{r^3}, \quad \frac{\partial^2 r}{\partial z^2} = \frac{r^2-z^2}{r^3},$$

于是　　　　　　$$\mathrm{div}(\mathrm{grad}\,r)|_{(1,-2,2)} = \frac{3r^2-(x^2+y^2+z^2)}{r^3} = \frac{2}{3}。$$

例 8-4　设 $f(x,y,z),g(x,y,z)$ 具有二阶连续偏导数，证明 $\mathrm{div}(\mathrm{grad}\,f\times\mathrm{grad}\,g)=0$。

证明　因 $\mathrm{grad}\,f = \{f_x,f_y,f_z\}$，$\mathrm{grad}\,g = \{g_x,g_y,g_z\}$，所以

$$\mathrm{grad}\,f\times\mathrm{grad}\,g = \begin{vmatrix} i & j & k \\ f_x & f_y & f_z \\ g_x & g_y & g_z \end{vmatrix} = \{(f_yg_z-f_zg_y),(f_zg_x-f_xg_z),(f_xg_y-f_yg_x)\},$$

于是　$\mathrm{div}(\mathrm{grad}\,f\times\mathrm{grad}\,g) = (f_yg_z-f_zg_y)'_x+(f_zg_x-f_xg_z)'_y+(f_xg_y-f_yg_x)'_z = 0$。

【题型 8-2】　**平面与直线**

策略　（1）如果要求的是一些量，如角的大小、线段的长度、某方向等，常以矢量为工具讨论。下面列出几个常用的距离公式，以备查用。

（i）点 $M_0(x_0,y_0,z_0)$ 到平面 $\pi: Ax+By+Cz+D=0$ 的距离 $d = \dfrac{|Ax_0+By_0+Cz_0+D|}{\sqrt{A^2+B^2+C^2}}$。

（ii）点 $M_0(x_0,y_0,z_0)$ 到直线 $L:\dfrac{x-x_1}{l}=\dfrac{y-y_1}{m}=\dfrac{z-z_1}{n}$ 的距离 $d = \dfrac{|\overrightarrow{M_1M_0}\times s|}{|s|}$；其中 $M_1(x_1,y_1,z_1)$ 为直线 L 上一定点，$s=\{l,m,n\}$ 为直线 L 的方向矢量。

（iii）设两异面直线 L_1,L_2 分别过点 M_1,M_2；L_1,L_2 的方向矢量分别为 s_1,s_2，则

L_1,L_2 之间的距离 $d=\dfrac{|[\overrightarrow{M_1M_2}\,\boldsymbol{s}_1\boldsymbol{s}_2]|}{|\boldsymbol{s}_1\times\boldsymbol{s}_2|}$。

（2）如果要求的是平面或直线的方程，则首先应从寻找"点"与"方向"入手，然后套用"点法式"或"点向式"方程求解；求过已知直线 $L:\begin{cases}A_1x+B_1y+C_1z+D_1=0,\\A_2x+B_2y+C_2z+D_2=0\end{cases}$ 的平面方程时，可采用平面束方法求解；若能求得通过直线的两个不平行平面，则采用直线的一般式方程。

例 8-5 求直线 $L_1:\begin{cases}x-y=0,\\z=0\end{cases}$，与直线 $L_2:\dfrac{x-2}{4}=\dfrac{y-1}{-2}=\dfrac{z-3}{-1}$ 的距离，以及公垂线 L 的方程。

分析 （1）首先判断 L_1 与 L_2 为异面直线，然后套用公式求距离；（2）公垂线是既与 L_1 垂直相交又与 L_2 垂直相交的直线。因此，需求得过 L 与 L_1 的平面 π_1，过 L 与 L_2 的平面 π_2，联立 π_1、π_2 即为所求。

解 （1）L_1 变形为 $L_1:\dfrac{x}{1}=\dfrac{y}{1}=\dfrac{z}{0}$，可知 L_1 过 $M_1(0,0,0)$，以 $\boldsymbol{s}_1=\{1,1,0\}$ 为方向矢量；L_2 过 $M_2(2,1,3)$，以 $\boldsymbol{s}_2=\{4,-2,-1\}$ 为方向矢量。因

$$(\boldsymbol{s}_1\times\boldsymbol{s}_2)\cdot\overrightarrow{M_1M_2}=\begin{vmatrix}1&1&0\\4&-2&-1\\2&1&3\end{vmatrix}=-19\neq0,$$

所以 L_1 与 L_2 为异面直线。套用距离公式得

$$d=\frac{|[\overrightarrow{M_1M_2}\,\boldsymbol{s}_1\boldsymbol{s}_2]|}{|\boldsymbol{s}_1\times\boldsymbol{s}_2|}=\frac{19}{\sqrt{38}}=\sqrt{\frac{19}{2}}。$$

（2）公垂线的方向矢量 $\boldsymbol{s}=\boldsymbol{s}_1\times\boldsymbol{s}_2=\{-1,1,-6\}$。

过 L 与 L_1 的平面 π_1 经过点 $M_1(0,0,0)$，且法矢量 $\boldsymbol{n}_1=\boldsymbol{s}\times\boldsymbol{s}_1=\{6,-6,-2\}/\!/$ $\{3,-3,-1\}$，故 π_1 的方程为 $3x-3y-z=0$。

过 L 与 L_2 的平面 π_2 经过点 $M_2(2,1,3)$，且法矢量 $\boldsymbol{n}_2=\boldsymbol{s}\times\boldsymbol{s}_2=\{-13,-25,-2\}$，故 π_2 的方程为 $13x+25y+2z+57=0$。所以公垂线方程为

$$\begin{cases}3x-3y-z=0,\\13x+25y+2z+57=0。\end{cases}$$

例 8-6 设曲线 $\begin{cases}xyz=2,\\x-y-z=0\end{cases}$ 上点 $(2,1,1)$ 处的一个切矢量与 z 轴正向夹角为锐角，求此矢量与 y 轴正向夹角 β。

分析 先求曲线满足条件的切矢量，切矢量与 y 轴的单位矢量 $\boldsymbol{j}$ 的夹角即为所求的角。

解 设 $F(x,y,z)=xyz-2=0$，$G(x,y,z)=x-y-z=0$，则

$$\boldsymbol{n}_1=\{yz,xz,xy\}|_{(2,1,1)}=\{1,2,2\},\quad \boldsymbol{n}_2=\{1,-1,-1\}。$$

曲线在点 $(2,1,1)$ 处的一个切矢量 $\boldsymbol{s}=\boldsymbol{n}_1\times\boldsymbol{n}_2=\{0,3,-3\}$，由于该矢量与 z 轴正向夹角为锐角，故满足条件的切矢量为 $\boldsymbol{s}_0=\{0,-1,1\}$，所以

$$\beta=\arccos\frac{-\sqrt{2}}{2}=\frac{3\pi}{4}。$$

例 8-7　过直线 $\begin{cases}10x+2y-2z=27,\\ x+y-z=0\end{cases}$ 作曲面 $3x^2+y^2-z^2=27$ 的切平面，求此切平面方程。

分析　先求过直线的平面束方程，再求曲面在切点的法矢量，根据题设条件找到切点得到相应的切平面方程。

解　设 $F(x,y,z)=3x^2+y^2-z^2-27$，则曲面的法矢量为

$$\boldsymbol{n}_1=\{F_1,F_2,F_3\}=2\{3x,y,-z\}。$$

过直线 $\begin{cases}10x+2y-2z=27,\\ x+y-z=0\end{cases}$ 的平面束方程为

$$10x+2y-2z-27+\lambda(x+y-z)=0,$$

即

$$(10+\lambda)x+(2+\lambda)y-(2+\lambda)z-27=0,$$

其法矢量为

$$\boldsymbol{n}_2=\{10+\lambda,2+\lambda,-(2+\lambda)\}。$$

设切点为 $P_0(x_0,y_0,z_0)$，则

$$\begin{cases}\dfrac{10+\lambda}{3x_0}=\dfrac{2+\lambda}{y_0}=\dfrac{2+\lambda}{z_0},\\[2mm] 3x_0^2+y_0^2-z_0^2-27=0,\\[2mm] (10+\lambda)x_0+(2+\lambda)y_0-(2+\lambda)z_0-27=0,\end{cases}$$

解得 $x_0=3,y_0=1,z_0=1,\lambda=-1$；或 $x_0=-3,y_0=-17,z_0=-17,\lambda=-19$。所求切平面方程为

$$9x+y-z-27=0\quad \text{或}\quad 9x+17y-17z+27=0。$$

例 8-8　求通过直线 $\begin{cases}2x+y-2z+2=0,\\ 5x+5y-4z+3=0\end{cases}$ 的两个相互垂直的平面 π_1 和 π_2，使其中一个平面过点 $(4,-3,1)$。

分析　先求过直线的平面束方程，在平面束方程中找到过点的平面方程；再在平面束方程中找到与已知平面垂直的平面方程。

解　过直线 $\begin{cases}2x+y-2z+2=0,\\ 5x+5y-4z+3=0\end{cases}$ 的平面束方程为

$$(2x+y-2z+2)+\lambda(5x+5y-4z+3)=0,$$

由平面 π_1 过点 $(4,-3,1)$，代入得 $\lambda=-1$，从而平面 π_1 的方程为

$$3x+4y-z+1=0。$$

由平面 π_2 与 π_1 垂直，得

$$3\cdot(2+5\lambda)+4\cdot(1+5\lambda)+(-1)\cdot(-3-4\lambda)=0,$$

解得 $\lambda=-\dfrac{1}{3}$，从而平面 π_2 的方程为 $x-2y-5z+3=0$。

例 8-9 设直线 $L:\begin{cases}x+y+b=0,\\x+ay-z-3=0\end{cases}$ 在平面 π 上，而平面 π 与曲面 $z=x^2+y^2$ 相切于点 $(1,-2,5)$，求 a,b 的值。

分析 先求出曲面在点 $(1,-2,5)$ 处的切平面方程，将直线中的变量 y,z 由变量 x 表示，并代入切平面方程求出参数 a,b。

解 切平面在点 $(1,-2,5)$ 处的法矢量 $\boldsymbol{n}=\{2x,2y,-1\}|_{(1,-2,5)}=\{2,-4,-1\}$，所以切平面方程为 $\pi:2x-4y-z=5$。将 $L:\begin{cases}x+y+b=0,\\x+ay-z-3=0\end{cases}$ 代入 π 中，得
$$(5+a)x+4b+ab-2=0,$$
由 $\begin{cases}a+5=0,\\4b+ab-2=0\end{cases}$ 解得 $a=-5,b=-2$。

【题型 8-3】 曲面与曲线

策略 熟练掌握标准型或经坐标平移后的二次曲面方程及图形，了解锥面、柱面、旋转曲面的几何特点。

例 8-10 设锥面顶点在原点，准线为 $\begin{cases}12y^2+8z^2=4,\\x=1,\end{cases}$ 求锥面方程。

分析 在准线上任取一点，求出过该点与顶点连线的参数方程。将参数方程代入准线方程并消去参数即可得锥面方程。

解 设 $M_0(x_0,y_0,z_0)$ 为准线上任一点。连接原点与 M_0 点的母线方程为 $\dfrac{x}{x_0}=\dfrac{y}{y_0}=\dfrac{z}{z_0}$，其参数形式为 $\begin{cases}x=x_0t,\\y=y_0t,\\z=z_0t,\end{cases}$ 因 M_0 在准线上，所以 $x=t,y_0=\dfrac{y}{t},z_0=\dfrac{z}{t}$ 适合准线方程，于是 $12y^2+8z^2=4t^2$，所以锥面方程为 $4x^2=12y^2+8z^2$。

例 8-11 已知某柱面的准线为抛物线 $\begin{cases}y=x^2,\\z=0,\end{cases}$ 且母线的方向数为 m,n,p，求此柱面方程。

分析 在准线上任取一点，过该点求出母线的参数方程。将参数方程代入准线方程并消去参数可得柱面方程。

解 在准线上任取一点 $Q(x_0,y_0,z_0)$，过 Q 点的母线方程为
$$\begin{cases}x=x_0+mt,\\y=y_0+nt,\\z=z_0+pt。\end{cases}$$
因为 Q 在准线上，所以 $y_0=x_0^2,z_0=0$，因此，$y-nt=(x-mt)^2,t=\dfrac{z}{p}$，所以柱面方

程为

$$y - \frac{n}{p}z = \left(x - \frac{m}{p}z\right)^2 。$$

例 8-12　求直线 $L: \dfrac{x-1}{1} = \dfrac{y}{1} = \dfrac{z-1}{-1}$ 在平面 $\pi: x - y + 2z = 1$ 上的投影直线 L_0 的方程,并求 L_0 绕 Oy 轴旋转一周所成的曲面方程。

分析　先求出投影直线的参数方程。根据直线绕 Oy 轴旋转时,直线方程中 y 不变、直线上的点与 y 轴的距离不变这一几何特征,得到所求的曲面方程。

解　过直线 L 的平面束方程为 $x - y - 1 + \lambda(z + y - 1) = 0$,化简得

$$x + (\lambda - 1)y + \lambda z - (1 + \lambda) = 0 。$$

利用所求平面与平面 π 垂直,可得 $1 + 1 - \lambda + 2\lambda = 0$,从而 $\lambda = -2$。因此过直线 L 且垂直于平面 π 的平面方程为 $x - 3y - 2z + 1 = 0$。于是投影直线方程 L_0 为 $\begin{cases} x - 3y - 2z + 1 = 0, \\ x - y + 2z - 1 = 0。 \end{cases}$ 在 L_0 上取点 $\left(0, 0, \dfrac{1}{2}\right)$,方向矢量 $\boldsymbol{s} = \boldsymbol{n}_1 \times \boldsymbol{n}_2 = \{2, 2, -1\}$,得 L_0

的参数方程为 $\begin{cases} x = 2t, \\ y = 2t, \\ z = \dfrac{1}{2} - t。 \end{cases}$　因

$$x^2 + z^2 = (2t)^2 + \left(\frac{1}{2} - t\right)^2 , \quad 即 \quad x^2 + z^2 = 5t^2 - t + \frac{1}{4} ,$$

将 $t = \dfrac{y}{2}$ 代入并整理得旋转曲面方程

$$4x^2 - 5y^2 + 4z^2 + 2y - 1 = 0 。$$

例 8-13　求曲线 $L: \begin{cases} x^2 + y^2 + z^2 = a^2, \\ y = C \quad (|C| < a) \end{cases}$ 关于平面 $\pi: x + y + z = 0$ 的投影柱面及投影曲线方程。

分析　在准线上任取一点,求过该点与平面 π 垂直的母线的参数方程。代入准线方程即得到相应的柱面方程。

解　设 $M_0(x_0, y_0, z_0)$ 为曲线 L 上任意一点,则 $y_0 = C, x_0^2 + y_0^2 + z_0^2 = a^2$。过 M_0 垂直于 π 的直线方程为

$$l: \frac{x - x_0}{1} = \frac{y - y_0}{1} = \frac{z - z_0}{1} ,$$

将 $x_0 = x - y + C, z_0 = z - y + C$ 代入方程,得

$$(x - y + C)^2 + C^2 + (z - y + C)^2 = a^2 。$$

注:将柱面方程与平面方程联立得到空间曲线在指定平面上的投影曲线。

例 8-14　求过两球面的交线 $L: \begin{cases} x^2 + y^2 + z^2 = 5, \\ (x - 1)^2 + y^2 + (z - 1)^2 = 1 \end{cases}$ 的正圆柱面方程。

分析　题设中的曲线 L 是所求圆柱面的准线。先求出 L 所在的平面,再求出圆心、圆半径以及过圆心与平面垂直的直线方程,该直线是正圆柱面中轴线。在正圆柱面上任取一动点,由动点到中轴线的距离等于圆半径可得所求圆柱面方程。

解　L 的方程也可以表示为 $\begin{cases} x^2+y^2+z^2=5, \\ x+z=3。 \end{cases}$ 由于交线 L 是一个圆,故可设其圆心为 O,半径为 R,显然,O 在两个球面 $x^2+y^2+z^2=5$ 和 $(x-1)^2+y^2+(z-1)^2=1$ 的球心的连线上,同时 O 又在平面 $x+z=3$ 上,而两个球面的球心连线方程为 $\dfrac{x}{1}=\dfrac{y}{0}=\dfrac{z}{1}$,联立

$$\begin{cases} \dfrac{x}{1}=\dfrac{y}{0}=\dfrac{z}{1}, \\ x+z=3, \end{cases}$$

得圆心坐标 $O\left(\dfrac{3}{2},0,\dfrac{3}{2}\right)$。在 L 上任取一点 $M_0(2,0,1)$,圆 L 的半径 $R=|OM_0|=\dfrac{\sqrt{2}}{2}$。所求正圆柱面的中心线是过点 O 且与 $x+z=3$ 垂直的直线 Γ,Γ 的方向矢量 $s=\{1,0,1\}$。

设 $M(x,y,z)$ 为正圆柱面上任意一点,则 M 到 Γ 的距离为 R,即 $\dfrac{|\overrightarrow{OM}\times s|}{|s|}=\dfrac{\sqrt{2}}{2}$。由 $\overrightarrow{OM}\times s=\{y,x-z,y\}$,可得 $|\overrightarrow{OM}\times s|=\sqrt{2y^2+(x-z)^2}=1$,所以正圆柱面方程为

$$2y^2+(x-z)^2=1。$$

例 8-15　已知曲面 $e^{2x-z}=f(\pi y-\sqrt{2}z)$,且 f 可微,证明该曲面为柱面。

分析　只需证明此曲面上任意一点的切平面都平行于同一条定直线。

证明　设 $F(x)=e^{2x-z}-f(\pi y-\sqrt{2}z)$,则

$$F'_x=2e^{2x-z},\quad F'_y=-\pi f'(\pi y-\sqrt{2}z),\quad F'_z=-e^{2x-z}+\sqrt{2}f'(\pi y-\sqrt{2}z),$$

故曲面上任意一点 (x,y,z) 处切平面的法矢量为

$$n=\{2e^{2x-z},-\pi f'(\pi y-\sqrt{2}z),-e^{2x-z}+\sqrt{2}f'(\pi y-\sqrt{2}z)\}。$$

设定直线的方向矢量为 $s=\{m,n,p\}$,要使该直线与切平面平行,则需 $s\cdot n=0$,即

$$2me^{2x-z}-\pi n f'-pe^{2x-z}+\sqrt{2}pf'=0,$$

故只需 $2m=p,\pi n=\sqrt{2}p$,取 $m=\pi,n=2\sqrt{2},p=2\pi$,则切平面与方向为 $s=\{\pi,2\sqrt{2},2\pi\}$ 的定直线平行,所以曲面 $e^{2x-z}=f(\pi y-\sqrt{2}z)$ 为柱面。

8.3　精选备赛练习

8.1　设矢量 $\overrightarrow{AB}$ 的模为 d,$\overrightarrow{AB}$ 在三个坐标面上的投影线段的长度依次为 $d_1,d_2,$

d_3,证明:$2d^2=d_1^2+d_2^2+d_3^2$。

8.2　证明$(a-b)\times(a+b)=2(a\times b)$,并说明几何意义。

8.3　已知$a\times b+3b\times c+4c\times a=0$,试证明矢量$a,b,c$共面。

8.4　证明$(a\times b)\times c=b(a\cdot c)-a(b\cdot c)$。

8.5　证明$\mathrm{rot}(a+b)=\mathrm{rot}a+\mathrm{rot}b$。

8.6　设$u=u(x,y,z)$具有二阶连续的偏导数,求$\mathrm{rot}(\mathrm{grad}u)$。

8.7　设$A=A_x i+A_y j+A_z k$,其中A_x,A_y,A_z都具有二阶连续的偏导数。证明$\mathrm{div}(\mathrm{rot}A)=0$。

8.8　证明直线$\dfrac{x}{1}=\dfrac{y-5}{2}=\dfrac{z-2}{1}$与直线$\dfrac{x-2}{3}=\dfrac{y-4}{1}=\dfrac{z-2}{1}$相交,并求两直线确定的平面方程。

8.9　求两直线$L_1:\begin{cases}y=2x,\\z=x-1,\end{cases}$ $L_2:\begin{cases}y=x+3,\\z=x\end{cases}$之间的最短距离。

8.10　一直线过点 $A(-3,5,-9)$ 且与两直线 $L_1:\begin{cases}y=3x+5,\\z=2x-3,\end{cases}$ $L_2:\begin{cases}y=4x-7,\\z=5x+10\end{cases}$相交。求此直线方程。

8.11　求旋转曲面$z=f(\sqrt{x^2+y^2})$(f可微且$f'\neq0$)的法线与旋转轴的交点及夹角。

8.12　设锥面顶点在原点,准线为$\begin{cases}y^2+z^2=4,\\x=1,\end{cases}$求锥面方程。

8.13　求顶点为原点,母线与z轴正向夹角保持$\dfrac{\pi}{6}$的锥面方程。

8.14　设锥面顶点为$A(0,0,c)$,准线方程为$\begin{cases}\dfrac{x^2}{a^2}+\dfrac{y^2}{b^2}=1,\\z=0,\end{cases}$求锥面方程。

8.15　由椭球面$\dfrac{x^2}{a^2}+\dfrac{y^2}{b^2}+\dfrac{z^2}{c^2}=1$的中心$O(0,0,0)$引三条相互垂直的射线,分别交曲面于$M_1,M_2,M_3$三点,设$|OM_1|=r_1,|OM_2|=r_2,|OM_3|=r_3$,证明:$\dfrac{1}{r_1^2}+\dfrac{1}{r_2^2}+\dfrac{1}{r_3^2}=\dfrac{1}{a^2}+\dfrac{1}{b^2}+\dfrac{1}{c^2}$。

8.16　求球心在直线$\dfrac{x-4}{2}=\dfrac{y+8}{-4}=\dfrac{z-2}{1}$上且过点$(2,-3,6)$与$(6,3,-2)$的球面方程。

8.17　已知锐角$\triangle ABC$,若取点$P(x,y)$,令$f(x,y)=|AP|+|BP|+|CP|$。证明:在$f(x,y)$取极值的点P_0处矢量$\overrightarrow{P_0A},\overrightarrow{P_0B},\overrightarrow{P_0C}$两两间的夹角相等。

8.18 设 $f(u)$ 可导,证明 $z = x f\left(\dfrac{y}{x}\right)$ 的任一切平面均过原点。

8.19 设 $u = F(x, y, z)$ 具有连续的偏导数,证明曲面 $F\left(\dfrac{z}{y}, \dfrac{x}{z}, \dfrac{y}{x}\right) = 0$ 的切平面过一定点。

8.20 设 $F(x, y)$ 具有一阶连续偏导数,a, b, c 为非零常数。证明:曲面 $F(ax + bz, by + cz) = 0$ 为柱面。

8.21 已知平面 $lx + my + nz = p$ 与椭球面 $\dfrac{x^2}{a^2} + \dfrac{y^2}{b^2} + \dfrac{z^2}{c^2} = 1$ 相切。证明:$a^2 l^2 + b^2 m^2 + c^2 n^2 = p^2$。

8.22 证明:锥面 $z = \sqrt{x^2 + y^2} + 3$ 的所有切平面都通过锥面的顶点。

8.4　答案与提示

8.3 提示:证明三个矢量的混合积为零。

8.4 提示:$(\boldsymbol{a} \times \boldsymbol{b}) \times \boldsymbol{c}$ 与 $\boldsymbol{a}, \boldsymbol{b}$ 共面。

8.6 $\mathrm{rot}(\mathrm{grad}\, u) = \boldsymbol{0}$(可用此结论说明梯度场无旋)

8.8 提示:证明两直线共面。平面方程为 $x + 2y - 5z = 0$。

8.9 $\dfrac{\sqrt{2}}{2}$。

8.10 $\begin{cases} 2x - z - 3 = 0, \\ 34x - y - 6z + 53 = 0。 \end{cases}$

8.11 $x = y = 0, z = z_0 + \dfrac{\sqrt{x_0^2 + y_0^2}}{f'}$,夹角 $\cos\gamma = \dfrac{1}{\sqrt{1 + f'^2}}$。

8.12 $4x^2 = y^2 + z^2$。

8.13 $z^2 = 3x^2 + 3y^2$。

8.14 $\dfrac{x^2}{a^2} + \dfrac{y^2}{b^2} = \dfrac{(z - c)^2}{c^2}$。

8.15 提示:设 $\overrightarrow{OM_i} = r_i\{\cos\alpha_i, \cos\beta_i, \cos\gamma_i\}, i = 1, 2, 3$,以 $\overrightarrow{OM_i}$ 为新的坐标轴,原点不变,则

$$\begin{cases} x \\ y \\ z \end{cases} = \begin{bmatrix} \cos\alpha_1 & \cos\beta_1 & \cos\gamma_1 \\ \cos\alpha_2 & \cos\beta_2 & \cos\gamma_2 \\ \cos\alpha_3 & \cos\beta_3 & \cos\gamma_3 \end{bmatrix} \begin{bmatrix} x_1 \\ y_1 \\ z_1 \end{bmatrix} = A \begin{bmatrix} x_1 \\ y_1 \\ z_1 \end{bmatrix},$$

其中 $\boldsymbol{A}$ 为正交矩阵,从而 $\boldsymbol{A}\boldsymbol{A}^{\mathrm{T}} = \boldsymbol{E}$,将 M_i 的坐标代入椭球面方程可得结果。

8.16 $x^2 + y^2 + z^2 = 49$。

8.17 矢量 $\overrightarrow{P_0 A_1}, \overrightarrow{P_0 B_2}, \overrightarrow{P_0 C_3}$ 两两间的角度皆为 $\dfrac{2\pi}{3}$。

8.18　提示：验证所有切平面方程中的常数项为零。

8.19　提示：验证所有切平面方程中的常数项为零。

8.20　提示：证明任一切平面平行于某定直线。

8.21　提示：曲面过一点的切平面的法矢量相等。

8.22　提示：锥面在点 (x_0, y_0, z_0) 处的切平面方程为 $x_0 x + y_0 y - (z_0 - 3)(z - 3) = 0$。

第9讲 多元函数微分学

9.1 内容概述

这一讲的主要内容是求二重极限或证明二重极限不存在,判断二元函数的连续性,求显式和隐式所确定的函数的一阶或高阶偏导数,用定义或公式求方向导数,判断二元函数的可微性,讨论函数连续、偏导数存在、函数可微、偏导函数连续之间的关系,多元函数的极值与最值等。

9.2 典型例题分析

【题型 9-1】 求二重极限或证明二重极限不存在

策略 求二重极限时,一元函数中关于求极限的下列方法(法则)可以搬过来使用:(1)四则运算及复合函数运算法则;(2)极限与无穷小的关系,等价无穷小替换;(3)夹挤准则;(4)极限的保号性以及极限存在则局部有界。

特别要注意的是,一元函数中单调有界准则、洛必达法则不能用于求二重极限。

证明二重极限不存在通常的方法是:(1)函数沿两条不同路径的极限不相等;(2)函数沿某条路径的极限不存在。证明的关键是特殊路径的选取。

例 9-1 求下列二重极限:

(1) 求 $\lim\limits_{\substack{x\to 0 \\ y\to 0}}\dfrac{x^2 y^2}{x^2+y^4}$;

(2) $\lim\limits_{\substack{x\to 0 \\ y\to 0}}x^2 y^2\ln(x^2+y^2)$。

分析 (1)结合分母的形式,将分子变形为 $xy^2\cdot x$,对 xy^2 用平均值不等式,再用夹挤准则。

(2)由于 $\lim\limits_{u\to 0}u\ln u=0$,于是将原式变形:

$$\lim\limits_{\substack{x\to 0 \\ y\to 0}}x^2 y^2\ln(x^2+y^2)=\lim\limits_{\substack{x\to 0 \\ y\to 0}}\frac{x^2 y^2}{x^2+y^2}(x^2+y^2)\ln(x^2+y^2)。$$

解 (1)因 $0\leqslant\left|\dfrac{x^2 y^2}{x^2+y^4}\right|\leqslant\dfrac{\frac{1}{2}(x^2+y^4)|x|}{x^2+y^4}=\dfrac{1}{2}|x|$,当 $x\to 0$ 时,$\dfrac{1}{2}|x|\to 0$,由夹挤准则知,$\lim\limits_{\substack{x\to 0 \\ y\to 0}}\dfrac{x^2 y^2}{x^2+y^4}=0$。

(2)因 $x^2 y^2\ln(x^2+y^2)=\dfrac{x^2 y^2}{x^2+y^2}(x^2+y^2)\ln(x^2+y^2)$,

由
$$\lim_{\substack{x \to 0 \\ y \to 0}}(x^2 + y^2)\ln(x^2 + y^2) = 0,$$

而
$$0 \leqslant \left| \frac{x^2 y^2}{x^2 + y^2} \right| \leqslant \frac{\frac{1}{4}(x^2 + y^2)^2}{x^2 + y^2} = \frac{1}{4}(x^2 + y^2) \to 0 \quad (x \to 0, y \to 0),$$

所以
$$\lim_{\substack{x \to 0 \\ y \to 0}} x^2 y^2 \ln(x^2 + y^2) = 0。$$

例 9-2 证明下列二重极限不存在:

(1) $\lim\limits_{\substack{x \to 0 \\ y \to 0}} \dfrac{xy^2}{x^2 + y^4}$;　　　　(2) $\lim\limits_{\substack{x \to 0 \\ y \to 0}} \dfrac{xy}{x + y}$;　　　　(3) $\lim\limits_{\substack{x \to 0 \\ y \to 0}} \dfrac{x^3 + y^3}{x^2 + y}$。

证明 (1) 取 $x = ky^2$,则 $\dfrac{xy^2}{x^2 + y^4} = \dfrac{ky^4}{k^2 y^4 + y^4} = \dfrac{k}{k^2 + 1}$,故 $\lim\limits_{\substack{x \to 0 \\ y \to 0}} \dfrac{xy^2}{x^2 + y^4} = \dfrac{k}{k^2 + 1}$,极限

值因 k 而异,所以 $\lim\limits_{\substack{x \to 0 \\ y \to 0}} \dfrac{xy^2}{x^2 + y^4}$ 不存在。

(2) 沿 $y = 0, \lim\limits_{\substack{x \to 0 \\ y \to 0}} \dfrac{xy}{x + y} = 0$;沿 $y = x^2 - x, \lim\limits_{\substack{x \to 0 \\ y \to 0}} \dfrac{xy}{x + y} = \lim\limits_{x \to 0} \dfrac{x(x^2 - x)}{x + (x^2 - x)} = \lim\limits_{x \to 0} \dfrac{x^3 - x^2}{x^2}$

$= -1$。所以 $\lim\limits_{\substack{x \to 0 \\ y \to 0}} \dfrac{xy}{x + y}$ 不存在。

(3) 沿 $y = x, \lim\limits_{\substack{x \to 0 \\ y \to 0}} \dfrac{x^3 + y^3}{x^2 + y} = 0$;沿 $y = x^3 - x^2, \lim\limits_{\substack{x \to 0 \\ y \to 0}} \dfrac{x^3 + y^3}{x^2 + y} = \lim\limits_{x \to 0} \dfrac{x^3 - x^6(x - 1)^3}{x^3} =$

$\lim\limits_{x \to 0}[1 + x^2(x - 1)^3] = 1$。所以 $\lim\limits_{\substack{x \to 0 \\ y \to 0}} \dfrac{x^2 y}{x^2 + y^2}$ 不存在。

注 从上述几题中要认识到二重极限的复杂性,如(1)即使沿任何直线 $y = kx$ 让 $(x, y) \to (0, 0)$,有 $f(x, y) \to 0$,二重极限仍不存在;其次,(2)、(3)的解法较好地示范了如何选择两条不同路径,使得极限值不相等。

【题型 9-2】 判断函数连续、偏导数存在、可微以及方向导数存在的问题

策略 主要是应用定义进行判定,所以清楚定义以及概念的相互关系非常重要。定义简述如下:

$f(x, y)$ 在点 (x_0, y_0) 连续 $\Leftrightarrow \lim\limits_{(x,y) \to (x_0, y_0)} f(x, y) = f(x_0, y_0)$;

$f_x(x_0, y_0)$ 存在 $\Leftrightarrow \lim\limits_{\Delta x \to 0} \dfrac{f(x_0 + \Delta x, y_0) - f(x_0, y_0)}{\Delta x}$ 存在;

$f_y(x_0, y_0)$ 存在 $\Leftrightarrow \lim\limits_{\Delta y \to 0} \dfrac{f(x_0, y_0 + \Delta y) - f(x_0, y_0)}{\Delta y}$ 存在;

$f(x, y)$ 在点 (x_0, y_0) 可微 $\Leftrightarrow \lim\limits_{\rho \to 0} \dfrac{\Delta z - f_x(x_0, y_0)\Delta x + f_y(x_0, y_0)\Delta y}{\rho} = 0$,

$\rho = \sqrt{\Delta x^2 + \Delta y^2}$;

$f(x, y)$ 在点 $P_0(x_0, y_0)$ 沿方向 l 的方向导数 $\dfrac{\partial f(x_0, y_0)}{\partial l}$ 存在 $\Leftrightarrow$

$\lim\limits_{\rho\to0}\dfrac{f(P)-f(P_0)}{\rho}$，其中 $P(x+\Delta x,y+\Delta y)$ 是射线 l 上的一点，$\rho=\sqrt{\Delta x^2+\Delta y^2}$。

例 9-3　设二元函数 $f(x,y)=|x-y|\varphi(x,y)$，其中 $\varphi(x,y)$ 在点 $(0,0)$ 的一个邻域内连续。试证明函数 $f(x,y)$ 在点 $(0,0)$ 处可微的充要条件是 $\varphi(0,0)=0$。

证明　**必要性**　设 $f(x,y)$ 在点 $(0,0)$ 处可微，则 $f_x(0,0)$、$f_y(0,0)$ 存在，由于

$$f_x(0,0)=\lim\limits_{x\to0}\dfrac{f(x,0)-f(0,0)}{x}=\lim\limits_{x\to0}\dfrac{|x|\varphi(x,0)}{x},$$

且　　　　$\lim\limits_{x\to0^+}\dfrac{|x|\varphi(x,0)}{x}=\varphi(0,0)$，　　$\lim\limits_{x\to0^-}\dfrac{|x|\varphi(x,0)}{x}=-\varphi(0,0)$，

因此 $f_x(0,0)$ 存在 $\Leftrightarrow\varphi(0,0)=0$，同理，$f_y(0,0)$ 存在 $\Leftrightarrow\varphi(0,0)=0$。

充分性　若 $\varphi(0,0)=0$，则 $f_x(0,0)=f_y(0,0)=0$，于是

$$\lim\limits_{\rho\to0}\dfrac{f(x,y)-f(0,0)-[f_x(0,0)x+f_y(0,0)y]}{\rho}=\lim\limits_{\substack{x\to0\\y\to0}}\dfrac{|x-y|\varphi(x,y)}{\sqrt{x^2+y^2}},$$

因　　$\lim\limits_{\substack{x\to0\\y\to0}}\varphi(x,y)=\varphi(0,0)=0$，　且　$\dfrac{|x-y|}{\sqrt{x^2+y^2}}\leqslant\dfrac{|x|}{\sqrt{x^2+y^2}}+\dfrac{|y|}{\sqrt{x^2+y^2}}\leqslant2$，

所以 $\lim\limits_{\substack{x\to0\\y\to0}}\dfrac{|x-y|\varphi(x,y)}{\sqrt{x^2+y^2}}=0$，即 $f(x,y)$ 在点 $(0,0)$ 处可微。

例 9-4　讨论以下函数在点 $(0,0)$ 处的连续性、可微性、偏导数与方向导数的存在性、偏导数的连续性。

(1) $f(x,y)=|x+y|$；

(2) $f(x,y)=\begin{cases}\dfrac{xy}{x^2+y^2}, & (x,y)\neq(0,0);\\[2mm] 0, & (x,y)=(0,0);\end{cases}$

(3) $f(x,y)=\begin{cases}\dfrac{xy}{\sqrt{x^2+y^2}}, & (x,y)\neq(0,0);\\[2mm] 0, & (x,y)=(0,0);\end{cases}$

(4) $f(x,y)=\begin{cases}(x^2+y^2)\sin\dfrac{1}{x^2+y^2}, & (x,y)\neq(0,0);\\[2mm] 0, & (x,y)=(0,0)。\end{cases}$

证明　(1) 因 $\lim\limits_{\substack{x\to0\\y\to0}}f(x,y)=\lim\limits_{\substack{x\to0\\y\to0}}|x+y|=0=f(0,0)$，所以 $f(x,y)$ 在点 $(0,0)$ 处连续；由 $\lim\limits_{\Delta x\to0}\dfrac{f(0+\Delta x,0)-f(0,0)}{\Delta x}=\lim\limits_{\Delta x\to0}\dfrac{|\Delta x|}{\Delta x}$ 知，$f_x(0,0)$ 不存在；同理 $f_y(0,0)$ 不存在，从而不可微；

设 α 是 x 轴正向到方向 l 的转角 $(0\leqslant\alpha\leqslant2\pi)$，在 l 上任取一点 $P(\rho\cos\alpha,\rho\sin\alpha)$，有 $\lim\limits_{\rho\to0}\dfrac{f(\rho\cos\alpha,\rho\sin\alpha)-f(0,0)}{\rho}=\lim\limits_{\rho\to0}\dfrac{\rho|\cos\alpha+\sin\alpha|}{\rho}=|\sin\alpha+\cos\alpha|$。

可见，$f(x,y)$ 在点 $(0,0)$ 处沿任意方向 l 的方向导数存在，且等于 $|\sin\alpha+\cos\alpha|$。

（2）令 $y(x)=x$，则 $y(x)\to0(x\to0)$，于是

$$\lim_{x\to0}f(x,y(x))=\lim_{x\to0}\frac{x^2}{2x^2}=\frac{1}{2}\neq f(0,0)。$$

故 $f(x,y)$ 在点 $(0,0)$ 处不连续，从而不可微。

由 $f(x,0)=0$ 得 $f_x(0,0)=\lim_{x\to0}\frac{f(x,0)-f(0,0)}{x}=0$；同理 $f_y(0,0)=0$。

设 α 是 x 轴正向到方向 l 的转角，且 $\alpha\neq0,\frac{\pi}{2},\pi,\frac{3\pi}{2}$，在 l 上任取一点 $P(\rho\cos\alpha,\rho\sin\alpha)$，有

$$\lim_{\rho\to0}\frac{f(\rho\cos\alpha,\rho\sin\alpha)-f(0,0)}{\rho}=\lim_{\rho\to0}\frac{\dfrac{\rho^2\sin\alpha\cos\alpha}{\rho^2}}{\rho}=\lim_{\rho\to0}\frac{\sin\alpha\cos\alpha}{\rho}=\infty。$$

这说明 $f(x,y)$ 在点 $(0,0)$ 处除坐标轴外，沿任意方向 l 的方向导数都不存在。

（3）由 $\left|\dfrac{y}{\sqrt{x^2+y^2}}\right|\leqslant1$ 及 $x\to0$ 得 $\lim_{\substack{x\to0\\y\to0}}f(x,y)=0=f(0,0)$，所以 $f(x,y)$ 在点 $(0,0)$ 处连续。

由 $f(x,0)=0$ 得 $f_x(0,0)=\lim_{x\to0}\frac{f(x,0)-f(0,0)}{x}=0$；同理 $f_y(0,0)=0$。

设 α 是 x 轴正向到方向 l 的转角（$0\leqslant\alpha\leqslant2\pi$），在 l 上任取一点 $P(\rho\cos\alpha,\rho\sin\alpha)$，有

$$\lim_{\rho\to0}\frac{f(\rho\cos\alpha,\rho\sin\alpha)-f(0,0)}{\rho}=\lim_{\rho\to0}\frac{\dfrac{\rho^2\sin\alpha\cos\alpha}{\rho}}{\rho}=\sin\alpha\cos\alpha，$$

即 $f(x,y)$ 在点 $(0,0)$ 处沿任意方向 l 的方向导数存在。

因

$$\Delta z-[f_x(0,0)\Delta x+f_y(0,0)\Delta y]=\frac{\Delta x\Delta y}{\sqrt{(\Delta x)^2+(\Delta y)^2}}，$$

且

$$\lim_{\rho\to0}\frac{\Delta z-[f_x(0,0)\Delta x+f_y(0,0)\Delta y]}{\rho}=\lim_{\substack{\Delta x\to0\\\Delta y\to0}}\frac{\Delta x\Delta y}{(\Delta x)^2+(\Delta y)^2}，$$

由（2）知，当点 $(0+\Delta x,0+\Delta y)$ 沿着直线 $y=x$ 趋于点 $(0,0)$ 时，有

$$\lim_{\rho\to0}\frac{\dfrac{\Delta x\Delta y}{\sqrt{(\Delta x)^2+(\Delta y)^2}}}{\rho}=\frac{1}{2}\neq0。$$

可见，$\rho\to0$ 时，$\Delta z-[f_x(0,0)\Delta x+f_y(0,0)\Delta y]$ 并不是比 ρ 高阶的无穷小量，即函数在点 $(0,0)$ 处是不可微的。

（4）由 $f(x,0)=x^2\sin\dfrac{1}{x^2}$，得 $f_x(0,0)=\lim_{x\to0}\frac{f(x,0)-f(0,0)}{x}=\lim_{x\to0}\frac{x^2\sin\dfrac{1}{x^2}}{x}=0$；

同理 $f_y(0,0)=0$。

因 $\Delta z-[f_x(0,0)\Delta x+f_y(0,0)\Delta y]=[(\Delta x)^2+(\Delta y)^2]\sin\dfrac{1}{(\Delta x)^2+(\Delta y)^2}$,

且 $\lim\limits_{\rho\to 0}\dfrac{\Delta z-[f_x(0,0)\Delta x+f_y(0,0)\Delta y]}{\rho}=\lim\limits_{\substack{\Delta x\to 0\\ \Delta y\to 0}}[(\Delta x)^2+(\Delta y)^2]^{\frac{1}{2}}\sin\dfrac{1}{(\Delta x)^2+(\Delta y)^2}=0$,

所以,$f(x,y)$ 在点 $(0,0)$ 处可微,由此可知 $f(x,y)$ 在点 $(0,0)$ 处连续、沿任意方向 l 的方向导数存在。

因 $(x,y)\neq(0,0)$ 时,$f_x(x,y)=2x\sin\dfrac{1}{x^2+y^2}-\dfrac{2x}{x^2+y^2}\cos\dfrac{1}{x^2+y^2}$,

令 $y(x)=x$,则 $y(x)\to 0(x\to 0)$。由

$$\lim_{x\to 0}f(x,y(x))=\lim_{x\to 0}\left(2x\sin\dfrac{1}{2x^2}-\dfrac{1}{x}\cos\dfrac{1}{2x^2}\right)$$

不存在,得 $f_x(x,y)$ 在点 $(0,0)$ 处不连续。同理,$f_y(x,y)$ 在点 $(0,0)$ 处不连续。

例 9-5 （1）证明:若函数 $f(x,y)$ 的两个偏导数在点 (x_0,y_0) 的某一邻域内存在且有界,$f(x,y)$ 在 (x_0,y_0) 处连续。

（2）设函数 $f(x,y)$ 对每个固定的 y 是变量 x 的连续函数,且有有界的偏导 $f_y(x,y)$,证明:$f(x,y)$ 是变量 x,y 的连续函数。

证明 （1）由于 $f(x,y)$ 在点 $P(x_0,y_0)$ 的某一邻域内 $N(P)$ 偏导数存在且有界,即 $\exists M>0$,使当 $(x,y)\in N(P)$ 时,有

$$|f_x(x,y)|\leqslant M,\quad |f_y(x,y)|\leqslant M。$$

又　　　$\Delta z=f(x,y)-f(x_0,y_0)=f(x,y)-f(x_0,y)+f(x_0,y)-f(x_0,y_0)$

$\qquad\quad=f_x(\xi,y)(x-x_0)+f_y(x_0,\eta)(y-y_0)$,

其中 ξ 介于 x 与 x_0 之间,η 介于 y 与 y_0 之间,于是

$$|\Delta z|\leqslant M(|x-x_0|+|y-y_0|),$$

所以 $\lim\limits_{\substack{x\to x_0\\ y\to y_0}}|\Delta z|=0$,从而 $\lim\limits_{\substack{x\to x_0\\ y\to y_0}}\Delta z=0$。

（2）因　　$\Delta z=f(x+\Delta x,y+\Delta y)-f(x,y)$

$\qquad\quad=f(x+\Delta x,y+\Delta y)-f(x,y+\Delta y)+f(x,y+\Delta y)-f(x,y)$

$\qquad\quad=f(x+\Delta x,y+\Delta y)-f(x,y+\Delta y)+f_y(x,\eta)\Delta y$,

其中 η 介于 y 与 $y+\Delta y$ 之间,由 $f(x,y)$ 是变量 x 的连续函数,得 $\forall\varepsilon>0$,$\exists\delta_1>0$,当 $|\Delta x|<\delta_1$ 时,

$$|f(x+\Delta x,y+\Delta y)-f(x,y+\Delta y)|<\dfrac{\varepsilon}{2};$$

又 $\exists M>0$,使得 $|f_y(x,y)|\leqslant M$,所以对上述 $\varepsilon>0$,$\exists 0<\delta_2<\dfrac{\varepsilon}{2M}$,当 $|\Delta y|<\delta_2<\dfrac{\varepsilon}{2M}$ 时,

$$|f_y(x,\eta)\Delta y|<M\cdot\dfrac{\varepsilon}{2M}=\dfrac{\varepsilon}{2}。$$

取 $\delta=\min\{\delta_1,\delta_2\}$，当 $\sqrt{(\Delta x)^2+(\Delta y)^2}<\delta$ 时，有 $|\Delta x|<\delta_1$ 且 $|\Delta y|<\delta_2$，从而

$$|\Delta z|\leqslant|f(x+\Delta x,y+\Delta y)-f(x,y+\Delta y)|+|f_y(x,\eta)\Delta y|<\varepsilon,$$

所以 $f(x,y)$ 在 (x,y) 处连续。

【题型 9-3】　求偏导数问题

策略　求多元复合函数的导数时最好画出函数关系图，做到不遗漏、不缺项。

多元函数隐函数的求导运算的关键在于分清自变量与因变量，然后方程两边求导或微分，解出所求导数，如要求高阶导数则继续上述过程。

例 9-6　设 $u=u(x,y)$ 是由方程组 $u=f(x,y,z,t)$，$g(y,z,t)=0$ 和 $h(z,t)=0$ 确定的函数，其中 f,g,h 具有连续偏导数，$\dfrac{\partial(g,h)}{\partial(z,t)}\neq0$，求 $\dfrac{\partial u}{\partial y}$。

分析　(1) 设 $F(x,y,z,t,u)=u-f(x,y,z,t)$，由于 $\dfrac{\partial(F,g,h)}{\partial(u,z,t)}=\dfrac{\partial(g,h)}{\partial(z,t)}\neq0$，从而可视 x,y 为自变量，u,z,t 为 x,y 的函数，在方程组 $u=f(x,y,z,t)$，$g(y,z,t)=0$，$h(z,t)=0$ 两边对 y 求导即可。

(2) 由 $\dfrac{\partial(g,h)}{\partial(z,t)}\neq0$ 可知，方程 $g(y,z,t)=0$，$h(z,t)=0$ 确定了 z,t 为 y 的函数，故 $u=f(x,y,z(y),t(y))$，于是可以按复合函数求导法则求导。

解　**方法一**　在方程组

$$\begin{cases}u-f(x,y,z,t)=0,\\ g(y,z,t)=0,\\ h(z,t)=0,\end{cases}$$

两边对 y 求导，得

$$\begin{cases}u_y-f_y-f_z z_y-f_t t_y=0,\\ g_y+g_z z_y+g_t t_y=0,\\ h_z z_y+h_t t_y=0,\end{cases}$$

解此方程，可得

$$\frac{\partial u}{\partial y}=f_y-g_y(f_z h_t-f_t h_z)\left(\frac{\partial(g,h)}{\partial(z,t)}\right)^{-1}。$$

方法二　由于 $u=f(x,y,z(y),t(y))$，利用复合函数求导法则，得

$$\frac{\partial u}{\partial y}=f_y-f_z z'(y)-f_t t'(y)。 \qquad\qquad ①$$

在方程组 $\begin{cases}g(y,z,t)=0,\\ h(z,t)=0\end{cases}$ 两边对 y 求导，得

$$\begin{cases}g_y+g_z z'(y)+g_t t'(y)=0,\\ h_z z'(y)+h_t t'(y)=0,\end{cases}$$

由此得到 $z'(y)=-g_y h_t\left(\dfrac{\partial(g,h)}{\partial(z,t)}\right)^{-1}$，$t'(y)=g_y h_z\left(\dfrac{\partial(g,h)}{\partial(z,t)}\right)^{-1}$，

代入式①得 $\qquad \dfrac{\partial u}{\partial y}=f_y-g_y(f_z h_t-f_t h_z)\left(\dfrac{\partial(g,h)}{\partial(z,t)}\right)^{-1}$。

例 9-7 设 $x=\cos\varphi\cos\theta,y=\cos\varphi\sin\theta,z=\sin\varphi$，求 $\dfrac{\partial^2 z}{\partial x^2}$。

分析 （1）由前两个方程可确定 $\varphi=\varphi(x,y),\theta=\theta(x,y)$，故 $z=\sin\varphi(x,y)$，于是可以按复合函数求导法则求导。

（2）由条件可得 $x^2+y^2+z^2=1$，其中 x,y 相互独立，利用隐函数求导即可。

解 方法一 因为 $z=\sin\varphi(x,y)$，所以

$$z_x=\varphi_x\cos\varphi。 \qquad\qquad ①$$

在 $x=\cos\varphi\cos\theta,y=\cos\varphi\sin\theta$ 两边对 x 求导，得

$$\begin{cases} 1=-\varphi_x\sin\varphi\cos\theta-\theta_x\cos\varphi\sin\theta,\\ 0=-\varphi_y\sin\varphi\sin\theta+\theta_y\cos\varphi\cos\theta, \end{cases}$$

解得 $\qquad\qquad \varphi_x=-\dfrac{\cos\theta}{\sin\varphi}, \quad \theta_x=-\dfrac{\sin\theta}{\cos\varphi},$

代入式①，得 $\qquad\qquad z_x=-\cot\varphi\cos\theta,$

所以 $\qquad z_{xx}=\varphi_x\csc^2\varphi\cos\theta+\theta_x\cot\varphi\sin\theta=\dfrac{\cos^2\varphi\sin^2\theta-1}{\sin^3\varphi}$。

方法二 在 $x^2+y^2+z^2=1$ 两边对 x 求导两次，得

$$x+zz_x=0, \quad 1+z_x^2+zz_{xx}=0,$$

于是 $\qquad z_x=-\dfrac{z}{x}, \quad z_{xx}=-\dfrac{z^2+x^2}{z^3}=\dfrac{y^2-1}{z^3}=\dfrac{\cos^2\varphi\sin^2\theta-1}{\sin^3\varphi}$。

例 9-8 设函数 $z=f(x,y)$ 具有二阶连续偏导数，变换 $\begin{cases}u=x+a\sqrt{y}\\ v=x+2\sqrt{y}\end{cases}$，将方程

$\dfrac{\partial^2 z}{\partial x^2}-y\dfrac{\partial^2 z}{\partial y^2}-\dfrac{1}{2}\cdot\dfrac{\partial z}{\partial y}=0$ 化为 $\dfrac{\partial^2 z}{\partial u\partial v}=0$，试确定 a，并解这个方程。

解 $\dfrac{\partial z}{\partial x}=\dfrac{\partial z}{\partial u}+\dfrac{\partial z}{\partial v}, \quad \dfrac{\partial z}{\partial y}=\dfrac{\partial z}{\partial u}\dfrac{a}{2\sqrt{y}}+\dfrac{\partial z}{\partial v}\dfrac{1}{\sqrt{y}}, \quad \dfrac{\partial^2 z}{\partial x^2}=\dfrac{\partial^2 z}{\partial u^2}+2\dfrac{\partial^2 z}{\partial u\partial v}+\dfrac{\partial^2 z}{\partial v^2},$

$\dfrac{\partial^2 z}{\partial y^2}=-\dfrac{1}{2}y^{-\frac{3}{2}}\left(\dfrac{a}{2}\dfrac{\partial z}{\partial u}+\dfrac{\partial z}{\partial v}\right)+\dfrac{1}{\sqrt{y}}\left(\dfrac{\partial^2 z}{\partial u^2}\dfrac{a^2}{4\sqrt{y}}+\dfrac{\partial^2 z}{\partial u\partial v}\dfrac{a}{\sqrt{y}}+\dfrac{\partial^2 z}{\partial v^2}\dfrac{1}{\sqrt{y}}\right),$

代入方程得

$$\begin{cases} 1-\dfrac{a^2}{4}=0\\ 2-a\neq 0 \end{cases} \Rightarrow a=-2。$$

在 $\dfrac{\partial^2 z}{\partial u\partial v}=0$ 两边对 v 积分，得 $z_u=\varphi(u)$，其中 $\varphi(u)$ 为 u 的任意可微函数。于是

$$z=\int\varphi(u)\mathrm{d}u+g(v)=f(u)+g(v),$$

其中 f、g 为任意可微函数，因此

$$z = f(x - 2\sqrt{y}) + g(x + 2\sqrt{y})。$$

例 9-9 设函数 $u = f(x,y)$ 具有二阶连续偏导数,且满足等式 $4\dfrac{\partial^2 u}{\partial x^2} + 12\dfrac{\partial^2 u}{\partial x \partial y} + 5\dfrac{\partial^2 u}{\partial y^2} = 0$。

试确定 a,b 的值,使等式在变换 $\xi = x + ay$, $\eta = x + by$ 下简化为 $\dfrac{\partial^2 u}{\partial \xi \partial \eta} = 0$。

解
$$\frac{\partial u}{\partial x} = \frac{\partial u}{\partial \xi} + \frac{\partial u}{\partial \eta}, \qquad \frac{\partial^2 u}{\partial x^2} = \frac{\partial^2 u}{\partial \xi^2} + 2\frac{\partial^2 u}{\partial \xi \partial \eta} + \frac{\partial^2 u}{\partial \eta^2},$$

$$\frac{\partial u}{\partial y} = a\frac{\partial u}{\partial \xi} + b\frac{\partial u}{\partial \eta}, \qquad \frac{\partial^2 u}{\partial y^2} = a^2\frac{\partial^2 u}{\partial \xi^2} + 2ab\frac{\partial^2 u}{\partial \xi \partial \eta} + b^2\frac{\partial^2 u}{\partial \eta^2},$$

$$\frac{\partial^2 u}{\partial x \partial y} = a\frac{\partial^2 u}{\partial \xi^2} + (a+b)\frac{\partial^2 u}{\partial \xi \partial \eta} + b\frac{\partial^2 u}{\partial \eta^2},$$

将以上各式代入原等式得

$$(5a^2 + 12a + 4)\frac{\partial^2 u}{\partial \xi^2} + [10ab + 12(a+b) + 8]\frac{\partial^2 u}{\partial \xi \partial \eta} + (5b^2 + 12b + 4)\frac{\partial^2 u}{\partial \eta^2} = 0。$$

由 $\begin{cases} 5a^2 + 12a + 4 = 0, \\ 5b^2 + 12b + 4 = 0, \end{cases}$ 解得

$$\begin{cases} a = -2, \\ b = -\dfrac{2}{5}, \end{cases} \quad \begin{cases} a = -\dfrac{2}{5}, \\ b = -2, \end{cases} \quad \begin{cases} a = -2, \\ b = -2, \end{cases} \quad \begin{cases} a = -\dfrac{2}{5}, \\ b = -\dfrac{2}{5}。 \end{cases}$$

再由 $10ab + 12(a+b) + 8 \neq 0$,舍去 $\begin{cases} a = -2, \\ b = -2, \end{cases} \quad \begin{cases} a = -\dfrac{2}{5}, \\ b = -\dfrac{2}{5}。 \end{cases}$

所以 $\begin{cases} a = -2, \\ b = -\dfrac{2}{5}, \end{cases}$ 或 $\begin{cases} a = -\dfrac{2}{5}, \\ b = -2。 \end{cases}$

【题型 9-4】 极值及最值问题

策略 (1) 求极值:理解极值的定义,综合利用已知条件及极值的定义判断极值;求显函数或隐函数的驻点,然后用极值的充分条件判断驻点是否为极大(小)值点,在偏导数不存在或不能用充分条件判断的点处,用极值的定义讨论。

(2) 求连续函数 $f(x,y)$ 有界闭区域 D 上的最大值与最小值:先求出 $f(x,y)$ 在 D 内部的所有驻点和偏导数不存在的点,称这些点为受检点;然后求出 $f(x,y)$ 在 D 边界上的最大值 M_1 与最小值 m_1;通过比较受检点处函数值及 M_1、m_1 的大小求出最大值 M 与最小值 m,以上解法无需考虑受检点是否为极值点,而求 M_1 与 m_1 可归结于求条件极值。

(3) 最大(小)值的应用问题涉及面广,通常需要根据题设先求出目标函数,再利

用拉格朗日乘数法求解。

例 9-10 设函数 $f(x,y)$ 在点 $(0,0)$ 及其邻域内连续,且 $\lim\limits_{\substack{x\to0\\y\to0}}\dfrac{f(x,y)-f(0,0)}{x^2+1-x\sin y-\cos^2 y}=$
$A<0$,讨论函数 $f(x,y)$ 在点 $(0,0)$ 是否取得极值。

分析 利用极限的保号性导出 $f(x,y)-f(0,0)$ 的符号。

解 在点 $(0,0)$ 的充分小的去心邻域内

$$x^2+1-x\sin^2 y-\cos^2 y=x^2-x\sin y+\sin^2 y=\left(x-\frac{1}{2}\sin y\right)^2+\frac{3}{4}\sin^2 y>0,$$

而 $\lim\limits_{\substack{x\to0\\y\to0}}\dfrac{f(x,y)-f(0,0)}{x^2+1-x\sin y-\cos^2 y}=A<0$,故 $\exists\delta>0$,当 $0<x^2+y^2<\delta$ 时,有

$$\frac{f(x,y)-f(0,0)}{x^2+1-x\sin y-\cos^2 y}<0,$$

因而 $f(x,y)-f(0,0)<0$,这说明 $f(x,y)$ 在点 $(0,0)$ 处取得极大值。

例 9-11 在曲面 $2x^2+2y^2+z^2=1$ 上求一点 P,使函数 $f(x,y,z)=x^2+y^2+z^2$ 在该点沿方向 $\boldsymbol{l}=\{1,-1,0\}$ 的方向导数最大。

分析 首先求出函数 f 在 P 处的方向导数,再运用拉格朗日乘数法即可。

解 $\qquad\qquad \boldsymbol{l}^\circ=\dfrac{1}{\sqrt{2}}\{1,-1,0\},\qquad \dfrac{\partial f}{\partial l}=\sqrt{2}(x-y)$ 。

构造拉格朗日函数
$$L(x,y,z,\lambda)=x-y+\lambda(2x^2+2y^2+z^2-1),$$

令 $\qquad\qquad\begin{cases}L_x=1+4\lambda x=0,\\ L_y=-1+4\lambda y=0,\\ L_z=2\lambda z=0,\\ L_\lambda=2x^2+2y^2+z^2-1=0,\end{cases}$

可求得驻点 $P_1\left(\dfrac{1}{2},-\dfrac{1}{2},0\right)$,$P_2\left(-\dfrac{1}{2},\dfrac{1}{2},0\right)$,因 $\dfrac{\partial f(P_1)}{\partial l}=\sqrt{2}$,$\dfrac{\partial f(P_2)}{\partial l}=-\sqrt{2}$,
所以 $P_1\left(\dfrac{1}{2},-\dfrac{1}{2},0\right)$ 为所求。

例 9-12 设 $z=f(x,y)$ 在有界闭区域 D 上具有二阶连续偏导数,且 $\dfrac{\partial^2 z}{\partial x^2}+\dfrac{\partial^2 z}{\partial y^2}=0$,
$\dfrac{\partial^2 z}{\partial x\partial y}\neq0$。证明 z 的最大值与最小值在 D 的边界上取得。

分析 由于 $z=f(x,y)$ 在有界闭区域 D 上连续,因而 $z=f(x,y)$ 在 D 上必有最大值与最小值。用反证法证明 z 的最大值与最小值不能在 D 内取得。

证明 因为 $z=f(x,y)$ 在有界闭区域 D 上连续,所以 $z=f(x,y)$ 在 D 上必有最大值与最小值。设 $z=f(x,y)$ 在 D 内某一点取得最大值或最小值,则该点必为极大值或极小值。由于条件 $z=f(x,y)$ 在有界闭区域 D 上的二阶偏导数满足 $\dfrac{\partial^2 z}{\partial x^2}+\dfrac{\partial^2 z}{\partial y^2}$

$=0, \dfrac{\partial^2 z}{\partial x \partial y} \neq 0$，所以 $\dfrac{\partial^2 z}{\partial x^2} \cdot \dfrac{\partial^2 z}{\partial y^2} \leqslant 0 \left(\dfrac{\partial^2 z}{\partial x^2}, \dfrac{\partial^2 z}{\partial y^2} \right.$ 异号 $\left. \right)$，且 $\dfrac{\partial^2 z}{\partial x^2} \cdot \dfrac{\partial^2 z}{\partial y^2} - \left(\dfrac{\partial^2 z}{\partial x \partial y} \right)^2 < 0$，这与该点取得极值的条件矛盾，因此 $z = f(x, y)$ 在 D 内无极值点，所以最大值与最小值只能在 D 的边界上取得。

例 9-13　设 $f(x, y)$ 是定义在 $x^2 + y^2 \leqslant 1$ 上具有连续偏导数的实函数，且 $|f(x, y)| \leqslant 1$。证明在单位圆内存在一点 (x_0, y_0)，使得 $[f'_x(x, y)]^2 + [f'_y(x, y)]^2 \leqslant 16$。

分析　若 $f(x, y)$ 在单位圆内某一点 (x_0, y_0) 取得极值，则结论成立。若 $f(x, y)$ 的最大、最小值都在单位圆周上取得，则考查函数 $F(x, y) = f(x, y) + 2(x^2 + y^2)$，设法证明其极小值点必在圆内部即可。

证明　若 $f(x, y)$ 在单位圆内点 (x_0, y_0) 处取得极值，则 $f'_x(x_0, y_0) = 0, f'_y(x_0, y_0) = 0$，于是

$$[f'_x(x_0, y_0)]^2 + [f'_y(x_0, y_0)]^2 = 0 \leqslant 16 \ 。$$

若 $f(x, y)$ 在单位圆内不存在极值点，因为 $f(x, y)$ 在 $x^2 + y^2 \leqslant 1$ 上连续，所以其最大值与最小值在边界上。设

$$g(x, y) = f(x, y) + 2(x^2 + y^2)，$$

则在 $x^2 + y^2 = 1$ 上有 $g(x, y) = f(x, y) + 2 \geqslant 1$。而 $g(0, 0) = f(0, 0) \leqslant 1$，所以 $g(x, y)$ 必在 $x^2 + y^2 < 1$ 内有最小值，记最小值点为 (x_0, y_0)，则由

$$f'_x(x_0, y_0) + 4x_0 = 0, \quad f'_y(x_0, y_0) + 4y_0 = 0，$$

得　　$$[f'_x(x_0, y_0)]^2 + [f'_y(x_0, y_0)]^2 = 16(x_0^2 + y_0^2) \leqslant 16。$$

例 9-14　设二元函数 $f(x, y)$ 具有一阶连续偏导数，$r = \sqrt{x^2 + y^2}$，证明：若 $\lim\limits_{r \to \infty} \left(x \dfrac{\partial f}{\partial x} + y \dfrac{\partial f}{\partial y} \right) = 1$，则 $f(x, y)$ 有最小值。

分析　由题设条件可知，(x, y) 取值为全平面，因此，不能用闭区间上连续函数的性质。由于条件中出现 $x \dfrac{\partial f}{\partial x} + y \dfrac{\partial f}{\partial y}$，故考虑用极坐标。

证明　利用极坐标 $x = r\cos\theta, y = r\sin\theta$，将函数变换为

$$u = f(x, y) = f(r\cos\theta, r\sin\theta)，$$

则　　　　　　　　$$u_r = f_x \cos\theta + f_y \sin\theta，$$

从而　　　　　　　$$r u_r = x f_x + y f_y \to 1 \ (r \to \infty)。$$

由极限的保号性知必存在 $R > 0$，当 $r \geqslant R$ 时，$r u_r > 0$，从而 $u_r > 0$。故 $r \geqslant R$ 时，$u(r) \geqslant u(R)$。又在 $0 \leqslant r \leqslant R$ 内，闭区域上连续函数 f 必存在最小值 m，则 $f(x, y)$ 在 xOy 平面有最小值 m。

【题型 9-5】　综合问题

例 9-15　设函数 $z = f(x, y)$ 具有二阶连续偏导数，且 $\dfrac{\partial f}{\partial y} \neq 0$，证明对任意常数 $C, f(x, y) = C$ 为一直线的充分必要条件是 $f'^2_y f''_{xx} - 2f'_x f'_y f''_{xy} + f''_{xy} f'^2_x = 0$。

分析　本题的难点在于证明充分性。由于 $f(x,y)$ 具有二阶连续偏导数,因此当 $\dfrac{\partial f}{\partial y}\neq 0$ 时,$f(x,y)=C$ 确定函数 $y=y(x)$,于是即证 $\dfrac{\mathrm{d}^2 y}{\mathrm{d}x^2}=0$。

证明　**必要性**　当 $f(x,y)=C$ 为直线时,f_x,f_y 均为常数,所以 $f_{xx}=f_{yy}=f_{xy}=0$,故等式成立。

充分性　方程 $f(x,y)=C$ 两边对 x 求导,得 $f_x+f_y\dfrac{\mathrm{d}y}{\mathrm{d}x}=0$;再对 x 求导,得

$$f_{xx}+f_{xy}\frac{\mathrm{d}y}{\mathrm{d}x}+\left(f_{yx}+f_{yy}\frac{\mathrm{d}y}{\mathrm{d}x}\right)\frac{\mathrm{d}y}{\mathrm{d}x}+f_y\frac{\mathrm{d}^2 y}{\mathrm{d}x^2}=0,$$

将 $\dfrac{\mathrm{d}y}{\mathrm{d}x}=-\dfrac{f_x}{f_y}$ 代入,整理得

$$f_{xx}-\frac{2f_x f_{xy}}{f_y}+\frac{f_{yy}f_x^2}{f_y^2}+f_y\frac{\mathrm{d}^2 y}{\mathrm{d}x^2}=0,$$

由条件得 $f_y\dfrac{\mathrm{d}^2 y}{\mathrm{d}x^2}=0$,即 $\dfrac{\mathrm{d}^2 y}{\mathrm{d}x^2}=0$,从而 $f(x,y)=C$ 为一直线。

例 9-16　设函数 $u=f(\ln\sqrt{x^2+y^2})$ 满足 $\dfrac{\partial^2 u}{\partial x^2}+\dfrac{\partial^2 u}{\partial y^2}=(x^2+y^2)^{\frac{3}{2}}$,且极限

$$\lim_{x\to 0}\frac{\displaystyle\int_0^1 f(xt)\mathrm{d}t}{x}=-1,$$

求函数 f 的表达式。

解　设 $t=\ln\sqrt{x^2+y^2}$,则 $x^2+y^2=\mathrm{e}^{2t}$,且

$$\frac{\partial u}{\partial x}=f'(t)\frac{x}{x^2+y^2},\qquad \frac{\partial^2 u}{\partial x^2}=f''(t)\left(\frac{x}{x^2+y^2}\right)^2+f'(t)\frac{x^2+y^2-2x^2}{(x^2+y^2)^2},$$

由轮换性,得　$\dfrac{\partial^2 u}{\partial y^2}=f''(t)\left(\dfrac{y}{x^2+y^2}\right)^2+f'(t)\dfrac{x^2+y^2-2y^2}{(x^2+y^2)^2}$,

于是　$\dfrac{\partial^2 u}{\partial x^2}+\dfrac{\partial^2 u}{\partial y^2}=f''(t)\dfrac{x^2+y^2}{(x^2+y^2)^2}+f'(t)\dfrac{y^2-x^2+x^2-y^2}{(x^2+y^2)^2}=f''(t)\dfrac{1}{x^2+y^2}$

由 $\dfrac{\partial^2 u}{\partial x^2}+\dfrac{\partial^2 u}{\partial y^2}=(x^2+y^2)^{\frac{3}{2}}$ 可得 $f''(t)=(x^2+y^2)^{\frac{5}{2}}=\mathrm{e}^{5t}$,经两次积分得

$$f(t)=\frac{1}{25}\mathrm{e}^{5t}+C_1 t+C_2。\qquad\qquad ①$$

又 $\lim\limits_{x\to 0}\dfrac{\displaystyle\int_0^1 f(xt)\mathrm{d}t}{x}=\lim\limits_{x\to 0}\dfrac{\displaystyle\int_0^x f(u)\mathrm{d}u}{x^2}=\lim\limits_{x\to 0}\dfrac{f(x)}{2x}=-1$,从而 $f(0)=0,f'(0)=-2$,代入式①可确定 $C_1=-\dfrac{11}{5},C_2=-\dfrac{1}{25}$,故所求 f 的表达式为

$$f(x)=\frac{1}{25}\mathrm{e}^{5x}-\frac{11}{5}x-\frac{1}{25}。$$

9.3　精选备赛练习

9.1　求 $\lim\limits_{\substack{x\to 0 \\ y\to 0}}(x+y)\sin\dfrac{1}{x}\sin\dfrac{1}{y}$。

9.2　讨论以下函数在 $(0,0)$ 处的连续性、偏导数性、可微性。

(1) $f(x,y)=\begin{cases}\dfrac{y(x-y)}{x+y}, & (x,y)\neq(0,0),\\[3mm] 0, & (x,y)=(0,0);\end{cases}$

(2) $f(x,y)=\begin{cases}xy\sin\dfrac{1}{x^2+y^2}, & (x,y)\neq(0,0),\\[3mm] 0, & (x,y)=(0,0)。\end{cases}$

9.3　设函数 $f(t)$ 具有二阶连续导数，$r=\sqrt{x^2+y^2}$，$g(x,y)=f\left(\dfrac{1}{r}\right)$，求 $\dfrac{\partial^2 g}{\partial x^2}+\dfrac{\partial^2 g}{\partial y^2}$。

9.4　设函数 $z=z(x,y)$ 由方程 $x^2+y^2+z^2=xyf(z^2)$ 所确定，其中 f 为可微函数，试计算 $x\dfrac{\partial z}{\partial x}+y\dfrac{\partial z}{\partial y}$ 并化成最简形式。

9.5　已知函数 $z=u(x,y)\mathrm{e}^{ax+by}$，且 $\dfrac{\partial^2 u}{\partial x\partial y}=0$，试确定常数 a 和 b，使 $z=z(x,y)$ 满足方程 $\dfrac{\partial^2 z}{\partial x\partial y}-\dfrac{\partial z}{\partial x}-\dfrac{\partial z}{\partial y}+z=0$。

9.6　设 $f(x,y)$ 为二次齐次函数，即对任何 x,y,t 有 $f(tx,ty)=t^2 f(x,y)$ 成立。若 $f(x,y)$ 具有二阶连续偏导数，证明：$x^2 f_{xx}(x,y)+2xy f_{xy}(x,y)+y^2 f_{yy}(x,y)=2f(x,y)$。

9.7　若 $z=f(x,y)$ 的二阶混合偏导数 $f''_{xy}(x,y)$ 和 $f''_{yx}(x,y)$ 在点 (x_0,y_0) 连续，证明：$f''_{xy}(x_0,y_0)=f''_{yx}(x_0,y_0)$。

9.8　证明曲面 $z+\sqrt{x^2+y^2+z^2}=x^3 f\left(\dfrac{y}{x}\right)$ 任意点处的切平面在 Oz 轴上的截距与切点到坐标原点的距离之比为常数，并求此常数。

9.9　已知曲线 $c:\begin{cases}x^2+y^2-2z^2=0,\\ x+y+3z=5,\end{cases}$ 求 c 上距离 xOy 面最远的点和最近的点。

9.10　设函数 $f(x)$ 在 $[1,+\infty)$ 内有二阶连续导数，$f(1)=0$，$f'(1)=1$，且 $z=(x^2+y^2)f(x^2+y^2)$ 满足 $\dfrac{\partial^2 z}{\partial x^2}+\dfrac{\partial^2 z}{\partial y^2}=0$，求 $f(x)$ 在 $[1,+\infty)$ 上的最大值。

9.11　在球面 $x^2+y^2+z^2=1$ 上求一点，使该点到 n 个已知点 $M_i(x_i,y_i,z_i)(i=1,2,\cdots,n)$ 距离的平方和为最小。

9.12 设正数 x,y 的和为定值，$n \geqslant 1$，证明：$\dfrac{x^n+y^n}{2} \geqslant \left(\dfrac{x+y}{2}\right)^n$。

9.13 设 $f(x),g(x)$ 为连续可微函数，且 $w=yf(xy)\mathrm{d}x+xg(xy)\mathrm{d}y$。

(1) 若存在 u，使得 $\mathrm{d}u=w$，求 $f-g$；

(2) 若 $f(x)=\varphi'(x)$，求 u 使得 $\mathrm{d}u=w$。

9.14 设椭球面 $\dfrac{x^2}{a^2}+\dfrac{y^2}{b^2}+\dfrac{z^2}{c^2}=1$ 被通过原点的平面 $lx+my+nz=0$ 截成一个椭圆，求这个椭圆的面积。

9.15 设 $u(x,y)$ 有二阶连续偏导数，且满足 $\mathrm{div}(\mathrm{grad}u)-2\dfrac{\partial^2 u}{\partial y^2}=0$。

(1) 用代换 $\xi=x-y,\eta=x+y$ 将上述方程化为以 ξ、η 为自变量的方程；

(2) 已知 $u(x,2x)=x,u_x(x,2x)=x^2$，求 $u(x,y)$。

9.16 若三元函数 $u=f(x,y,z)$ 具有一阶连续偏导数，$r=\sqrt{x^2+y^2+z^2}$ 且 $\lim\limits_{r\to\infty}(xf_x+yf_y+zf_z)=1$，证明：函数 $f(x,y,z)$ 有最小值。

9.4　答案与提示

9.1 0。提示：用夹挤准则。

9.2 （1）不连续，可偏导，不可微；（2）连续，可偏导，可微。

9.3 $\dfrac{1}{r^4}f''\left(\dfrac{1}{r}\right)+\dfrac{1}{r^3}f'\left(\dfrac{1}{r}\right)$。

9.4 $\dfrac{z}{1-xyf'(z^2)}$。

9.5 $a=b=1$。

9.8 -2。

9.9 $x=-5,y=-5,z=5;x=1,y=1,z=1$，分别为最近点和最远点。

9.10 $f(t)=\dfrac{\ln t}{t}$，　$f(\mathrm{e})=\dfrac{1}{\mathrm{e}}$ 为最大值。

9.11 $\left(\dfrac{\overline{x}}{\sqrt{\overline{x}^2+\overline{y}^2+\overline{z}^2}},\dfrac{\overline{y}}{\sqrt{\overline{x}^2+\overline{y}^2+\overline{z}^2}},\dfrac{\overline{z}}{\sqrt{\overline{x}^2+\overline{y}^2+\overline{z}^2}}\right)$ 为所求距离平方和最小值点。

另：$\left(\dfrac{-\overline{x}}{\sqrt{\overline{x}^2+\overline{y}^2+\overline{z}^2}},\dfrac{-\overline{y}}{\sqrt{\overline{x}^2+\overline{y}^2+\overline{z}^2}},\dfrac{-\overline{z}}{\sqrt{\overline{x}^2+\overline{y}^2+\overline{z}^2}}\right)$ 为距离平方和最大值点。

9.12 提示：求函数 $f(x,y)=\dfrac{x^n+y^n}{2}$ 在条件 $x+y=a$ 下的极值，通过与端点 $f(a,0),f(0,a)$ 比较得到不等式。

9.13 （1）$f(xy)-g(xy)=\dfrac{C}{xy}$；（2）$u=\varphi(xy)-C\ln y+C_1$

9.14　椭圆的面积 $S = \pi abc \dfrac{\sqrt{l^2 + m^2 + n^2}}{\sqrt{l^2 a^2 + m^2 b^2 + n^2 c^2}}$。

9.15　(1) $u_{\xi\eta} = 0$；(2) $u(x, y) = \dfrac{1}{4}(x - y)^3 + \dfrac{1}{108}(x + y)^3 + \dfrac{1}{2}y$。

第10讲 重 积 分

10.1 内容概述

本讲的主要内容是重积分的计算与应用。

重积分的计算归结于累次计算定积分,它依赖于坐标系的选择、积分次序和积分限的正确确定。读者对此应有相当的熟练程度。积分区域的多样性与被积函数的复杂性(或不确定性)将增加重积分计算的难度。即使被积函数很简单,但在一个不规则区域上,计算重积分可能并不容易;同样,即使积分区域很简单,如果被积函数为抽象函数,重积分计算也不容易。因此,常常会根据积分区域的形状和被积函数的特点,利用区域的对称性、函数的奇偶性、轮换对称性以及一般坐标变换来简化重积分的计算(一般坐标变换在教材上是可选内容,但对于参加竞赛的学生来说,应当掌握)。

重积分的应用主要涉及求平面图形的面积、空间立体的体积、曲面的表面积以及重心问题、转动惯量问题,微元法仍然是建立积分表达式的重要方法。大多数情况下求上述几何量和物理量可用已有的基本公式。

10.2 典型例题分析

【题型 10-1】 在直角坐标系和极坐标系下计算二重积分

策略 熟练掌握在直角坐标系和极坐标系下化二重积分为累次积分;根据被积函数的特点和积分区域的形状,选择适当坐标系或积分次序;充分利用区域对称性、被积函数的奇偶性和轮换对称性化简二重积分,最后做出正确的计算。

对称性的公式如下:设被积函数 $f(x,y)$ 在区域 D 上连续。

若积分区域分成对称的两部分 $D=D_1 \bigcup D_2(D_1,D_2$ 可以是关于坐标轴(x 轴和 y 轴)对称,关于原点对称,也可以关于直线 $y=x$(或 $y=-x$)对称),且在对称点上被积函数的绝对值 $|f|$ 相等,则

$$(1) \iint\limits_{D} f(x,y)\mathrm{d}\sigma = \begin{cases} 0, & \text{当对称点上 } f(x,y) \text{ 异号时,} \\ 2\iint\limits_{D_1} f(x,y)\mathrm{d}\sigma, & \text{当对称点上 } f(x,y) \text{ 同号时。} \end{cases}$$

轮换对称性公式如下:设被积函数 $f(x,y)$ 在区域 D 上连续。

若积分区域 D 关于 x 与 y 轮换对称,即若点 $(x,y) \in D$,则点 $(y,x) \in D$,则

$$(2) \iint\limits_D f(x,y) \mathrm{d}\sigma = \iint\limits_D f(y,x) \mathrm{d}\sigma = \frac{1}{2} \iint\limits_D [f(x,y) + f(y,x)] \mathrm{d}x\mathrm{d}y;$$

特别地, $$\iint\limits_D f(x) \mathrm{d}\sigma = \iint\limits_D f(y) \mathrm{d}\sigma = \frac{1}{2} \iint\limits_D [f(x) + f(y)] \mathrm{d}\sigma。$$

例 10-1 求 $\iint\limits_D |x - |y||^{\frac{1}{2}} \mathrm{d}x\mathrm{d}y$,其中 $D:0 \leqslant x \leqslant 2$, $|y| \leqslant 1$。

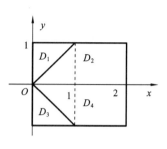

图 10-1

分析 首先利用 $x = |y|$ 对区域进行划分,以此消除绝对值记号,然后利用对称性计算。

解 利用 $x = |y|$ 将 D 分成如图 10-1 所示的四个区域:D_1,D_2,D_3,D_4。因为 D_1 和 D_3、D_2 和 D_4 分别关于 x 轴对称,被积函数是 y 的偶函数,所以

$$\iint\limits_D |x - |y||^{\frac{1}{2}} \mathrm{d}x\mathrm{d}y = 2\iint\limits_{D_1} |x - |y||^{\frac{1}{2}} \mathrm{d}x\mathrm{d}y + 2\iint\limits_{D_2} |x - |y||^{\frac{1}{2}} \mathrm{d}x\mathrm{d}y$$

$$= 2\int_0^1 \mathrm{d}y \int_0^y \sqrt{y-x} \mathrm{d}x + 2\int_0^1 \mathrm{d}y \int_y^2 \sqrt{x-y} \mathrm{d}x$$

$$= \frac{32\sqrt{2}}{15}。$$

例 10-2 交换积分 $\int_0^{2a} \mathrm{d}x \int_{\sqrt{2ax-x^2}}^{\sqrt{2ax}} f(x,y) \mathrm{d}y (a > 0)$ 的积分次序。

分析 先由累次积分得用不等式组表示的积分区域 D,画出积分区域 D 的图形(在不等式中取等号,即得区域 D 的边界曲线),将累次积分还原为二重积分,然后写出另一种积分次序。

解 因为 $D:\begin{cases} 0 \leqslant x \leqslant 2a, \\ \sqrt{2ax-x^2} \leqslant y \leqslant \sqrt{2ax}, \end{cases}$ 所以区域 D 如图 10-2 所示。

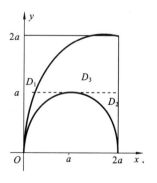

图 10-2

又由 $y = \sqrt{2ax}$ 得 $x = y^2/(2a)$;由 $y = \sqrt{2ax-x^2}$ 得 $x = a \pm \sqrt{a^2 - y^2}$,于是

$$\int_0^{2a} \mathrm{d}x \int_{\sqrt{2ax-x^2}}^{\sqrt{2ax}} f(x,y) \mathrm{d}y = \iint\limits_D f(x,y) \mathrm{d}x\mathrm{d}y$$

$$= \iint\limits_{D_1} f(x,y) \mathrm{d}x\mathrm{d}y + \iint\limits_{D_2} f(x,y) \mathrm{d}x\mathrm{d}y + \iint\limits_{D_3} f(x,y) \mathrm{d}x\mathrm{d}y$$

$$= \int_0^a \mathrm{d}y \int_{\frac{y^2}{2a}}^{a-\sqrt{a^2-y^2}} f(x,y) \mathrm{d}x + \int_0^a \mathrm{d}y \int_{a+\sqrt{a^2-y^2}}^{2a} f(x,y) \mathrm{d}x + \int_a^{2a} \mathrm{d}y \int_{\frac{y^2}{2a}}^{2a} f(x,y) \mathrm{d}x。$$

例 10-3 求 $I = \int_0^a \mathrm{d}x \int_{\frac{x^2}{a}}^{\sqrt{2ax-x^2}} \frac{1}{\sqrt{x^2+y^2}} \mathrm{d}y (a>0)$。

分析 因被积函数中含 $\sqrt{x^2+y^2}$，直接积分复杂。由被积函数的特点及积分区域边界含圆 $y = \sqrt{2ax-x^2}$，故先还原为二重积分（积分区域如图 10-3 所示），再用极坐标计算。

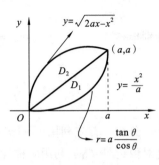

图 10-3

解 因为

$$D : \begin{cases} 0 \leqslant x \leqslant a, \\ \dfrac{x^2}{a} \leqslant y \leqslant \sqrt{2ax-x^2}, \end{cases}$$

作直线 $y=x$，则区域 D 分为

$$D_1 : \begin{cases} 0 \leqslant \theta \leqslant \dfrac{\pi}{4}, \\ 0 \leqslant y \leqslant \dfrac{a\tan\theta}{\cos\theta}, \end{cases} \quad 和 \quad D_2 : \begin{cases} \dfrac{\pi}{4} \leqslant \theta \leqslant \dfrac{\pi}{2}, \\ 0 \leqslant y \leqslant 2a\cos\theta。 \end{cases}$$

于是

$$I = \iint_D \frac{1}{\sqrt{x^2+y^2}} \mathrm{d}x\mathrm{d}y = \iint_{D_1} \frac{1}{\sqrt{x^2+y^2}} \mathrm{d}x\mathrm{d}y + \iint_{D_2} \frac{1}{\sqrt{x^2+y^2}} \mathrm{d}x\mathrm{d}y$$

$$= \int_0^{\frac{\pi}{4}} \mathrm{d}\theta \int_0^{\frac{a\tan\theta}{\cos\theta}} \frac{1}{r} \cdot r \mathrm{d}r + \int_{\frac{\pi}{4}}^{\frac{\pi}{2}} \mathrm{d}\theta \int_0^{2a\cos\theta} \frac{1}{r} \cdot r \mathrm{d}r$$

$$= \int_0^{\frac{\pi}{4}} \frac{a\sin\theta}{\cos\theta} \mathrm{d}\theta + \int_{\frac{\pi}{4}}^{\frac{\pi}{2}} 2a\cos\theta \mathrm{d}\theta = a。$$

例 10-4 求 $I = \iint_D r^2\sin\theta \sqrt{1-r^2\cos2\theta} \mathrm{d}\theta\mathrm{d}r$，其中 $D = \left\{ (r,\theta) \mid 0 \leqslant r \leqslant \sec\theta, 0 \leqslant \theta \leqslant \dfrac{\pi}{4} \right\}$。

分析 此题与例 10-3 类似，不过问题相反，即直接用极坐标不易计算，故考虑在直角坐标系下计算。

解 由 $r = \sec\theta = \dfrac{1}{\cos\theta}$ 推得 $x=1$，所以，在直角坐标系下，区域 D 可表示为 $0 \leqslant x \leqslant 1, 0 \leqslant y \leqslant x$。于是

$$I = \iint_D r^2\sin\theta \sqrt{1-r^2\cos^2\theta+r^2\sin^2\theta} \mathrm{d}\theta\mathrm{d}r = \iint_D y \sqrt{1-x^2+y^2} \mathrm{d}x\mathrm{d}y$$

$$= \frac{1}{2}\int_0^1 \mathrm{d}x \int_0^x \sqrt{1-x^2+y^2} \mathrm{d}(1-x^2+y^2) = \frac{1}{3}\int_0^1 (1-x^2+y^2)^{\frac{3}{2}} \Big|_0^x \mathrm{d}x$$

$$= \frac{1}{3}\int_0^1 [1-(1-x^2)^{\frac{3}{2}}] \mathrm{d}x = \frac{1}{3} - \frac{1}{3}\int_0^{\frac{\pi}{2}} \cos^4 t \mathrm{d}t \quad (令 x = \sin t)$$

$$= \frac{1}{3} - \frac{\pi}{16}.$$

例 10-5　求 $\iint\limits_{D} \frac{1}{xy}\mathrm{d}x\mathrm{d}y$，其中 D：$\begin{cases} 2 \leqslant \dfrac{x}{x^2+y^2} \leqslant 4, \\ 2 \leqslant \dfrac{y}{x^2+y^2} \leqslant 4. \end{cases}$

分析　因为积分区域 D 由四条圆弧围成（见图 10-4），所以采用极坐标计算，其关键是 D 如何用极坐标表示。

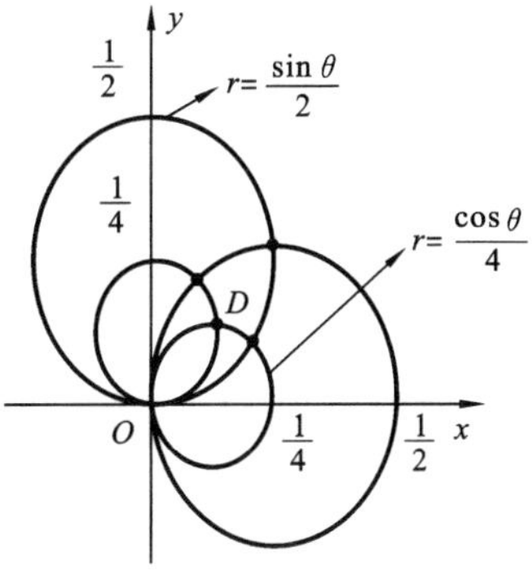

解　由四个圆方程

$$2(x^2+y^2)=x, \quad 4(x^2+y^2)=x,$$
$$2(x^2+y^2)=y, \quad 4(x^2+y^2)=y$$

得四个交点坐标

$$\left(\frac{\sqrt{2}}{4}, \frac{\pi}{4}\right), \quad \left(\frac{\sqrt{2}}{8}, \frac{\pi}{4}\right), \quad \left(\frac{\sqrt{5}}{10}, \arctan\frac{1}{2}\right), \quad \left(\frac{\sqrt{5}}{10}, \arctan 2\right),$$

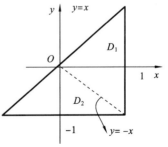

图 10-4

在极坐标下区域 D 可表示为

$$D = \left\{ (r, \theta) \,\middle|\, \frac{\cos\theta}{4} \leqslant r \leqslant \frac{\cos\theta}{2}, \frac{\sin\theta}{4} \leqslant r \leqslant \frac{\sin\theta}{2} \right\}.$$

利用对称性，得

$$\iint\limits_{D} \frac{\mathrm{d}x\mathrm{d}y}{xy} = 2\int_{\arctan\frac{1}{2}}^{\frac{\pi}{4}} \mathrm{d}\theta \int_{\frac{\cos\theta}{4}}^{\frac{\sin\theta}{2}} \frac{1}{r\sin\theta\cos\theta}\mathrm{d}r = 2\int_{\arctan\frac{1}{2}}^{\frac{\pi}{4}} \frac{1}{\sin\theta\cos\theta}\ln(2\tan\theta)\,\mathrm{d}\theta$$

$$= 2\int_{\arctan\frac{1}{2}}^{\frac{\pi}{4}} \frac{1}{\tan\theta}(\ln 2 + \ln\tan\theta)\,\mathrm{d}\tan\theta = \ln^2 2.$$

例 10-6　求 $I = \iint\limits_{D} y\left[1 + x\mathrm{e}^{\max\{x^2, y^2\}}\right]\mathrm{d}x\mathrm{d}y$，其中 D 由直线 $y=-1$，$x=1$ 及 $y=x$ 围成。

分析　本题被积函数含有分段函数 $\mathrm{e}^{\max\{x^2, y^2\}}$，若直接计算则比较烦琐。但因为被积函数分项后具有奇偶性，因此，引入辅助线 $y=-x$ 对区域进行划分，使得部分区域出现对称性，从而简化计算。

解　作直线 $y=-x$，将区域 D 分成 D_1、D_2 两部分（见图 10-5），D_1 关于 x 轴对称，且被积函数是 y 的奇函数，于是被积函数在 D_1 上的积分为零；D_2 关于 y 轴对称，且 $xy\mathrm{e}^{\max\{x^2, y^2\}}$ 是 x 的奇函数，于是它在 D_2 上的积分亦为零，故

图 10-5

$$I = \iint\limits_{D} y\mathrm{d}x\mathrm{d}y = \int_{-1}^{0} y\mathrm{d}y\int_{y}^{-y}\mathrm{d}x = -\int_{-1}^{0} 2y^2\mathrm{d}y = -\frac{2}{3}.$$

例 10-7　设 $D: x^2 + y^2 \leqslant R^2$，求 $I = \iint\limits_{D} \left(\dfrac{x^2}{a^2} + \dfrac{y^2}{b^2} \right) \mathrm{d}x\mathrm{d}y$。

分析　本题被积函数不够简单，但积分区域 D 关于直线 $y = x$ 对称，因此考虑利用轮换对称性化简计算。当然，也可以用广义极坐标变换或一般代换公式计算，但用轮换对称性最简单。

解　因为区域 D 关于直线 $y = x$ 对称，故由轮换对称性，有

$$\iint\limits_{D} \left(\frac{x^2}{a^2} + \frac{y^2}{b^2} \right) \mathrm{d}x\mathrm{d}y = \frac{1}{2} \left[\iint\limits_{D} \left(\frac{x^2}{a^2} + \frac{y^2}{b^2} \right) \mathrm{d}x\mathrm{d}y + \iint\limits_{D} \left(\frac{y^2}{a^2} + \frac{x^2}{b^2} \right) \mathrm{d}x\mathrm{d}y \right]$$

$$= \frac{1}{2} \left(\frac{1}{a^2} + \frac{1}{b^2} \right) \iint\limits_{D} (x^2 + y^2) \mathrm{d}x\mathrm{d}y$$

$$= \frac{1}{2} \left(\frac{1}{a^2} + \frac{1}{b^2} \right) \int_0^{2\pi} \mathrm{d}\theta \int_0^R r^2 \cdot r\mathrm{d}r = \frac{\pi R^4}{4} \left(\frac{1}{a^2} + \frac{1}{b^2} \right).$$

例 10-8　设 $f(x, y)$ 在单位圆域上有连续的偏导数，且在边界上的值恒为零。证明：

$$f(0, 0) = \lim_{\varepsilon \to 0^+} \frac{-1}{2\pi} \iint\limits_{D} \frac{x f_x' + y f_y'}{x^2 + y^2} \mathrm{d}x\mathrm{d}y,$$

其中 $D: \varepsilon^2 \leqslant x^2 + y^2 \leqslant 1$。

分析　由于 $f(x, y)$ 是抽象函数，不宜直接求二重积分。而积分区域为环形区域，所以采用极坐标，为此先把 f_x' 和 f_y' 化为 f 对极坐标 r 和 θ 的偏导数，然后求出二重积分，再求极限。

解　令 $x = r\cos\theta, y = r\sin\theta$，因为

$$\frac{\partial f}{\partial r} = \frac{\partial f}{\partial x} \cdot \frac{\partial x}{\partial r} + \frac{\partial f}{\partial y} \cdot \frac{\partial y}{\partial r} = \frac{\partial f}{\partial x}\cos\theta + \frac{\partial f}{\partial y}\sin\theta,$$

所以

$$r\frac{\partial f}{\partial r} = \frac{\partial f}{\partial x} r\cos\theta + \frac{\partial f}{\partial y} r\sin\theta = x\frac{\partial f}{\partial x} + y\frac{\partial f}{\partial y}.$$

于是

$$I = \iint\limits_{D} \frac{x f_x' + y f_y'}{x^2 + y^2} \mathrm{d}x\mathrm{d}y = \iint\limits_{D} \frac{1}{r^2} \cdot r\frac{\partial f}{\partial r} \cdot r\mathrm{d}r\mathrm{d}\theta$$

$$= \int_0^{2\pi} \mathrm{d}\theta \int_\varepsilon^1 \frac{\partial f}{\partial r} \mathrm{d}r = \int_0^{2\pi} f(r\cos\theta, r\sin\theta) \mid_\varepsilon^1 \mathrm{d}\theta$$

$$= \int_0^{2\pi} f(\cos\theta, \sin\theta) \mathrm{d}\theta - \int_0^{2\pi} f(\varepsilon\cos\theta, \varepsilon\sin\theta) \mathrm{d}\theta$$

$$= -\int_0^{2\pi} f(\varepsilon\cos\theta, \varepsilon\sin\theta) \mathrm{d}\theta.$$

由定积分中值定理，有

$$I = -2\pi f(\varepsilon\cos\theta_1, \varepsilon\sin\theta_1), \text{其中} 0 \leqslant \theta_1 \leqslant 2\pi.$$

故

$$\lim_{\varepsilon \to 0^+} \frac{-1}{2\pi} \iint\limits_{D} \frac{x f_x' + y f_y'}{x^2 + y^2} \mathrm{d}x\mathrm{d}y = \lim_{\varepsilon \to 0^+} f(\varepsilon\cos\theta_1, \varepsilon\sin\theta_1) = f(0, 0).$$

例 10-9　设 $f(x)$ 是 $[a, b]$ 上的正值连续函数，证明 $\iint\limits_{D} \dfrac{f(x)}{f(y)} \mathrm{d}x\mathrm{d}y \geqslant (b - a)^2$，其

中 $D : a \leqslant x \leqslant b, a \leqslant y \leqslant b$。

分析 由于 $f(x,y)$ 是抽象函数，不宜直接求二重积分。而积分区域 D 关于直线 $y=x$ 对称，所以用轮换对称性处理。

证明 因为 $f(x)>0$ 且连续，所以 $f(x)$ 与 $\dfrac{1}{f(x)}$ 在 $[a,b]$ 上可积。又区域 D 关于直线 $y=x$ 对称，于是 $\iint\limits_{D} \dfrac{f(x)}{f(y)} \mathrm{d}x\mathrm{d}y = \iint\limits_{D} \dfrac{f(y)}{f(x)} \mathrm{d}x\mathrm{d}y$，故有

$$\iint\limits_{D} \frac{f(x)}{f(y)} \mathrm{d}x\mathrm{d}y = \frac{1}{2}\iint\limits_{D}\left[\frac{f(x)}{f(y)} + \frac{f(y)}{f(x)}\right]\mathrm{d}x\mathrm{d}y$$
$$= \iint\limits_{D} \frac{f^2(x) + f^2(y)}{2f(x)f(y)} \mathrm{d}x\mathrm{d}y \geqslant \iint\limits_{D}\mathrm{d}x\mathrm{d}y$$
$$= (b-a)^2。$$

例 10-10 设 $D : x^2 + y^2 \leqslant 1$，证明不等式：$\dfrac{61}{165}\pi \leqslant \iint\limits_{D} \sin\sqrt{(x^2 + y^2)^3}\,\mathrm{d}x\mathrm{d}y \leqslant \dfrac{2}{5}\pi$。

分析 本题是二重积分的估值问题。若直接用二重积分的估值性，则达不到题目的精度要求，因此先将二重积分用极坐标表示，然后由 $\sin t = t - \dfrac{t^3}{3!} + \dfrac{t^5}{5!} - \cdots$ 得，当 $t>0$ 时，$t - \dfrac{t^3}{3!} < \sin t < t$，由此导出估值。

证明 令 $x = r\cos\theta, y = r\sin\theta$，则

$$I = \iint\limits_{D} \sin\sqrt{(x^2 + y^2)^3}\,\mathrm{d}x\mathrm{d}y = \int_0^{2\pi}\mathrm{d}\theta\int_0^1 r\sin r^3\,\mathrm{d}r = 2\pi\int_0^1 r\sin r^3\,\mathrm{d}r。$$

因 $r\left(r^3 - \dfrac{r^9}{6}\right) < r\sin r^3 < r^4$，且

$$2\pi\int_0^1 r\left(r^3 - \frac{r^9}{6}\right)\mathrm{d}r = \frac{61}{165}\pi, \quad 2\pi\int_0^1 r^4\,\mathrm{d}r = \frac{2}{5}\pi,$$

于是

$$\frac{61}{165}\pi = 2\pi\int_0^1 r\left(r^3 - \frac{r^9}{6}\right)\mathrm{d}r \leqslant I \leqslant 2\pi\int_0^1 r^4\,\mathrm{d}r = \frac{2}{5}\pi。$$

例 10-11 设 $f(x), g(x)$ 均为 $[a,b]$ 上的连续且单调增函数 $(a, b>0)$。证明

$$\int_a^b f(x)\mathrm{d}x\int_a^b g(x)\mathrm{d}x \leqslant (b-a)\int_a^b f(x)g(x)\mathrm{d}x。$$

分析 有关定积分的不等式也可以利用二重积分来证明，其方法是通过对二重积分不等式的计算得到定积分的不等式。

证明 因为 $f(x), g(x)$ 在 $[a,b]$ 上单调递增，所以对 $\forall x, y \in [a,b]$，有

$$[f(x) - f(y)][g(x) - g(y)] \geqslant 0,$$

从而

$$I = \iint\limits_{D} [f(x) - f(y)][g(x) - g(y)] \mathrm{d}x\mathrm{d}y \geqslant 0 。$$

其中 $D: a \leqslant x \leqslant b, a \leqslant y \leqslant b$。于是

$$0 \leqslant I = \iint\limits_{D} f(x)g(x)\mathrm{d}x\mathrm{d}y - \iint\limits_{D} f(x)g(y)\mathrm{d}x\mathrm{d}y - \iint\limits_{D} f(y)g(x)\mathrm{d}x\mathrm{d}y + \iint\limits_{D} f(y)g(y)\mathrm{d}x\mathrm{d}y$$

$$= 2\iint\limits_{D} f(x)g(x)\mathrm{d}x\mathrm{d}y - 2\iint\limits_{D} f(x)g(y)\mathrm{d}x\mathrm{d}y,$$

即

$$\int_a^b \mathrm{d}y \int_a^b f(x)g(x)\mathrm{d}x - \int_a^b f(x)\mathrm{d}x \int_a^b g(y)\mathrm{d}y \geqslant 0,$$

也就是

$$\int_a^b f(x)\mathrm{d}x \int_a^b g(x)\mathrm{d}x \leqslant (b-a)\int_a^b f(x)g(x)\mathrm{d}x。$$

注　用相同方法可证柯西-施瓦茨不等式。

例 10-12　设 $f(x)$ 在 $[0, +\infty)$ 上连续,且满足方程

$$f(t) = \mathrm{e}^{4\pi t^2} + \iint\limits_{x^2+y^2 \leqslant 4t^2} f\left(\frac{1}{2}\sqrt{x^2+y^2}\right)\mathrm{d}x\mathrm{d}y ,$$

求 $f(t)$。

分析　方程中的二重积分为变区域的二重积分,是 t 的函数。为求未知函数 $f(t)$,首先要将"积分方程"转化为 $f(t)$ 的微分方程。为此将二重积分用极坐标表示,然后在方程两边对 t 求导,得到 $f(t)$ 的微分方程后,解此方程即可。

解　因为

$$\iint\limits_{x^2+y^2 \leqslant 4t^2} f\left(\frac{1}{2}\sqrt{x^2+y^2}\right)\mathrm{d}x\mathrm{d}y = \int_0^{2\pi} \mathrm{d}\theta \int_0^{2t} f\left(\frac{r}{2}\right) r\mathrm{d}r$$

$$= 2\pi \int_0^{2t} rf\left(\frac{r}{2}\right)\mathrm{d}r ,$$

所以

$$f(t) = \mathrm{e}^{4\pi t^2} + 2\pi\int_0^{2t} rf\left(\frac{r}{2}\right)\mathrm{d}r。$$

方程两边对 t 求导,有

$$f'(t) = 8\pi t\mathrm{e}^{4\pi t^2} + 8\pi tf(t)。$$

这是一阶线性微分方程,其通解为

$$f(t) = (4\pi t^2 + C)\mathrm{e}^{4\pi t^2}。$$

由 $f(0) = 1$ 得 $C = 1$,故有

$$f(t) = (4\pi t^2 + 1)\mathrm{e}^{4\pi t^2}。$$

例 10-13　设 $\varphi(x, y) = \begin{cases} x^2 + \dfrac{1}{3}xy, & 0 \leqslant x \leqslant 1, 0 \leqslant y \leqslant 2, \\ 0, & \text{其他}, \end{cases}$　求 $F(x, y) = \int_{-\infty}^x \int_{-\infty}^y \varphi(u, v)\mathrm{d}u\mathrm{d}v$。

分析　此题属于概率论中已知二元分布密度 $\varphi(x, y)$,求分布函数 $F(x, y)$ 的问题。虽然 $F(x, y)$ 是由变区域(且为无界区域)的二重积分表示的,但求法与求变上

限的定积分类似,即根据 x,y 在不同范围内 $\varphi(x,y)$ 的表达式,求出 $F(x,y)$。

解 下面分五种情况考虑:

(1) 当 $x \leqslant 0$ 或 $y \leqslant 0$ 时,因为 $\varphi(x,y)=0$,所以 $F(x,y)=0$;

(2) 当 $0<x \leqslant 1, 0<y \leqslant 2$ 时,即 $(x,y) \in D$ 时,有

$$F(x,y) = \int_{-\infty}^{x}\int_{-\infty}^{y} \varphi(u,v)\mathrm{d}u\mathrm{d}v = \int_{0}^{x}\int_{0}^{y} \varphi(u,v)\mathrm{d}u\mathrm{d}v$$

$$= \int_{0}^{x}\int_{0}^{y}\left(u^2 + \frac{1}{3}uv\right)\mathrm{d}u\mathrm{d}v = \frac{1}{3}x^3 y + \frac{1}{12}x^2 y^2 ;$$

(3) 当 $0<x \leqslant 1, y>2$ 时,有

$$F(x,y) = \int_{-\infty}^{x}\int_{-\infty}^{y} \varphi(u,v)\mathrm{d}u\mathrm{d}v = \int_{0}^{x}\int_{0}^{y} \varphi(u,v)\mathrm{d}u\mathrm{d}v$$

$$= \int_{0}^{x}\int_{0}^{2}\left(u^2 + \frac{1}{3}uv\right)\mathrm{d}u\mathrm{d}v = \frac{1}{3}(2x+1)x^2 ;$$

(4) 当 $x>1, 0<y \leqslant 2$ 时,有

$$F(x,y) = \int_{-\infty}^{x}\int_{-\infty}^{y} \varphi(u,v)\mathrm{d}u\mathrm{d}v = \int_{0}^{x}\int_{0}^{y} \varphi(u,v)\mathrm{d}u\mathrm{d}v$$

$$= \int_{0}^{1}\int_{0}^{y}\left(u^2 + \frac{1}{3}uv\right)\mathrm{d}u\mathrm{d}v = \frac{1}{12}(4+y)y ;$$

(5) 当 $x>1, y>1$ 时,有

$$F(x,y) = \int_{-\infty}^{x}\int_{-\infty}^{y} \varphi(u,v)\mathrm{d}u\mathrm{d}v = \int_{0}^{x}\int_{0}^{y} \varphi(u,v)\mathrm{d}u\mathrm{d}v$$

$$= \int_{0}^{1}\int_{0}^{2}\left(u^2 + \frac{1}{3}uv\right)\mathrm{d}u\mathrm{d}v = 1 。$$

故

$$F(x,y) = \begin{cases} 0, & x \leqslant 0 \ \text{或} \ y \leqslant 0, \\ \dfrac{1}{3}x^2 y\left(x+\dfrac{y}{4}\right), & 0<x \leqslant 1, 0<y \leqslant 2, \\ \dfrac{1}{3}x^2(2x+1), & 0<x \leqslant 1, y>2, \\ \dfrac{1}{12}y(4+y), & x>1, 0<y \leqslant 2, \\ 1, & x>1, y>1。 \end{cases}$$

【题型 10-2】 **用二重积分的一般代换公式计算二重积分**

策略 二重积分的一般代换公式可采用如下定理:

定理 设 $f(x,y)$ 在 xOy 平面上的闭区域 D 上连续,变换

$$J: \begin{cases} x = x(u,v) \\ y = y(u,v) \end{cases}$$

将 uOv 平面上闭区域 G 变为 xOy 平面上闭区域 D(见图 10-6),且满足:

(1) $x(u,v), y(u,v)$ 在 G 上有一阶连续偏导数;

(2) 变换 J 是一对一的;

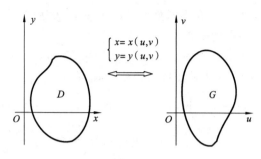

图 10-6

(3) 在 G 上，$J(u,v)=\begin{vmatrix} \dfrac{\partial x}{\partial u} & \dfrac{\partial x}{\partial v} \\[2mm] \dfrac{\partial y}{\partial u} & \dfrac{\partial y}{\partial v} \end{vmatrix}\neq 0$，

则 　　　　　　$\iint\limits_{D}f(x,y)\mathrm{d}x\mathrm{d}y=\iint\limits_{G}f(x(u,v),y(u,v))\,|\,J(u,v)\,|\,\mathrm{d}u\mathrm{d}v。$

用二重积分的一般代换公式计算二重积分的步骤是：(1) 根据被积函数的特点

和积分区域的形状，作变换 $\begin{cases} x=x(u,v), \\ y=y(u,v); \end{cases}$ (2) 求出 $J(u,v)=\begin{vmatrix} \dfrac{\partial x}{\partial u} & \dfrac{\partial x}{\partial v} \\[2mm] \dfrac{\partial y}{\partial u} & \dfrac{\partial y}{\partial v} \end{vmatrix}(\neq 0)$；(3) 求

区域 G：由 $\begin{cases} x=x(u,v) \\ y=y(u,v) \end{cases}$ 的逆变换 $\begin{cases} u=u(x,y), \\ v=v(x,y), \end{cases}$ 将区域 D 的边界曲线变为 G 的边界曲

线，并画出区域 G 的形状；(4) 求二重积分 $\iint\limits_{G}f(x(u,v),y(u,v))\,|\,J(u,v)\,|\,\mathrm{d}u\mathrm{d}v$。

例 10-14 求由抛物线 $y^2=x$，$y^2=4x$，$x^2=2y$，$x^2=4y$ 所围平面图形的面

积 $S(D)$。

分析 由二重积分的几何意义知 $S(D)=\iint\limits_{D}\mathrm{d}x\mathrm{d}y$，平面图形 D 如图 10-7 所示。

从区域的形状可以看出，无论是先对 x 积分后对 y 积分，还是先对 y 积分后对 x 积

分，都必须先将积分区域 D 分为三个小区域，然后计算二重积分，这非常烦琐。利用

二重积分一般代换可以将区域 D 变为 uOv 平面上的矩形区域 G，再计算二重积分就

简单了。

解 由抛物线 $y^2=x$，$y^2=4x$ 知 x 的系数从 1 到 4，由抛物线 $x^2=2y$，$x^2=4y$ 知

y 的系数从 2 到 4。故令

$$J:\begin{cases} y^2=ux, \\ x^2=vy; \end{cases}$$

变换 J 将 xOy 平面上的区域 D 的边界曲线 $y^2=x$、$y^2=2x$、$x^2=2y$、$x^2=4y$ 分

别变到 uOv 平面上的区域 G 的边界直线 $u=1$、$u=4$、$v=2$、$v=4$，即 $G:1\leqslant u\leqslant 4,2\leqslant v$

$\leqslant 4$(见图 10-8)。由 $\begin{cases} y^2 = ux, \\ x^2 = vy, \end{cases}$ 解出 $x = \sqrt[3]{uv^2}, y = \sqrt[3]{u^2 v}$，从而 $|J(u,v)| = \dfrac{1}{3}$。故

$$S(D) = \iint\limits_{D} \mathrm{d}x\mathrm{d}y = \iint\limits_{G} |J(u,v)| \, \mathrm{d}u\mathrm{d}v = \iint\limits_{G} \frac{1}{3}\mathrm{d}u\mathrm{d}v = 2。$$

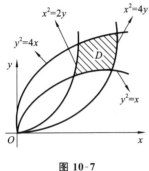 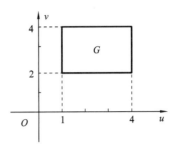

图 10-7   图 10-8

例 10-15 设 $f(x)$ 为偶函数且在 D 上连续，证明：$\iint\limits_{D} f(x-y)\mathrm{d}x\mathrm{d}y = 2\displaystyle\int_0^{2a}(2a-u)f(u)\mathrm{d}u$，其中 D：$|x| \leqslant a, |y| \leqslant a$，如图 10-9 所示。

分析 本题可用两种方法证明。一是对比左右两边，令 $u = x-y, v = x+y$（与 u 垂直）；二是将二重积分化为二次积分后，对内层积分换元，再交换积分次序。

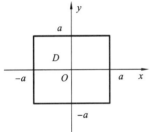

图 10-9   图 10-10

证明 **方法一** 令 $\begin{cases} x-y = u, \\ x+y = v, \end{cases}$ 则

$$x = \frac{u+v}{2}, y = \frac{v-u}{2}, |J| = \frac{1}{2}。$$

积分区域 D 变成 G：$|u| + |v| \leqslant 2a$，如图 10-10 所示。于是

$$\iint\limits_{D} f(x-y)\mathrm{d}x\mathrm{d}y = \frac{1}{2}\iint\limits_{G} f(u)\mathrm{d}u\mathrm{d}v = \iint\limits_{G_1} f(u)\mathrm{d}u\mathrm{d}v(f \text{ 为偶函数})$$

$$= \int_0^{2a} \mathrm{d}u \int_{u-2a}^{2a-u} f(u)\mathrm{d}v = 2\int_0^{2a}(2a-u)f(u)\mathrm{d}u。$$

方法二 $\displaystyle\iint\limits_{D} f(x-y)\mathrm{d}x\mathrm{d}y = \int_{-a}^{a} \mathrm{d}x \int_{-a}^{a} f(x-y)\mathrm{d}y$

$$\xlongequal{\text{令}\,u=x-y}\int_{-a}^{a}\mathrm{d}x\int_{x-a}^{x+a}f(u)\,\mathrm{d}u$$

$$\xlongequal{\text{交换积分次序}}\int_{-2a}^{0}\mathrm{d}u\int_{-a}^{u+a}f(u)\,\mathrm{d}x$$

$$+\int_{0}^{2a}\mathrm{d}u\int_{u-a}^{a}f(u)\,\mathrm{d}x\quad(\text{见图}\,10\text{-}11)$$

$$=\int_{-2a}^{0}(u+2a)f(u)\,\mathrm{d}u+\int_{0}^{2a}(2a-u)f(u)\,\mathrm{d}u$$

$$=2\int_{0}^{2a}(2a-u)f(u)\,\mathrm{d}u(\text{对第一项令}\,u=-v)。$$

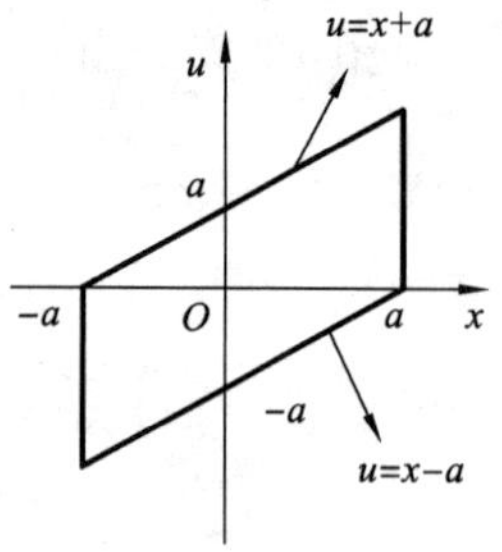

图 10-11

例 10-16 求 $\iint\limits_{\substack{0\leqslant x\leqslant 2\\0\leqslant y\leqslant 2}}[x+y]\mathrm{d}x\mathrm{d}y$。

分析 积分区域 D 虽然简单(见图 10-12),但由于被积函数是取整函数 $[x+y]$,若直接积分需将 $[x+y]$ 写为分段函数,但积分较为烦琐,故用二重积分一般代换求解。

解 令 $J:\begin{cases}u=x+y,\\v=y,\end{cases}$ 则 $\begin{cases}x=u-v,\\y=v,\end{cases}$, $|J|=1$。此变换将正方形区域 D 变为区域 G,其边界直线为 $u=v,u=2+v,v=0,v=2$(见图 10-13)。于是

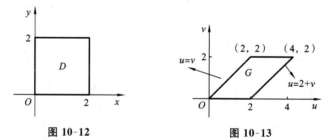

图 10-12　　　　　图 10-13

$$\iint\limits_{\substack{0\leqslant x\leqslant 2\\0\leqslant y\leqslant 2}}[x+y]\mathrm{d}x\mathrm{d}y=\iint\limits_{G}[u]\mathrm{d}u\mathrm{d}v=\int_{0}^{1}\mathrm{d}u\int_{0}^{u}0\mathrm{d}v+\int_{1}^{2}\mathrm{d}u\int_{0}^{u}1\mathrm{d}v+\int_{2}^{3}\mathrm{d}u\int_{u-2}^{2}2\mathrm{d}v+\int_{3}^{4}\mathrm{d}u\int_{u-3}^{2}3\mathrm{d}v$$

$$=6。$$

例 10-17 求 $I=\iint\limits_{D}\dfrac{(x+y)\ln\left(1+\dfrac{y}{x}\right)}{\sqrt{1-x-y}}\mathrm{d}x\mathrm{d}y$,其中 $D=\{(x,y)\,|\,0\leqslant x+y\leqslant 1,\ x\geqslant 0,y\geqslant 0\}$。

分析 此积分实际上是二重积分的反常积分,但因为是收敛的,所以可以按正常积分计算。下面用三种方法计算,读者可以体会哪种方法简单。

解 方法一 (用直角坐标) 积分区域 D 如图 10-14 所示。

$$I=\iint\limits_{D}\frac{(x+y)\ln\left(1+\dfrac{y}{x}\right)}{\sqrt{1-x-y}}\mathrm{d}x\mathrm{d}y=\iint\limits_{D}\frac{(x+y)\ln\left(\dfrac{x+y}{x}\right)}{\sqrt{1-x-y}}\mathrm{d}x\mathrm{d}y$$

$$= \iint\limits_{D} \frac{(x+y)\ln(x+y)}{\sqrt{1-x-y}}\mathrm{d}x\mathrm{d}y - \iint\limits_{D} \frac{(x+y)\ln x}{\sqrt{1-x-y}}\mathrm{d}x\mathrm{d}y$$

$$= \int_0^1 \mathrm{d}x \int_0^{1-x} \frac{(x+y)\ln(x+y)}{\sqrt{1-x-y}}\mathrm{d}y - \int_0^1 \ln x\mathrm{d}x \int_0^{1-x} \frac{x+y}{\sqrt{1-x-y}}\mathrm{d}y。$$

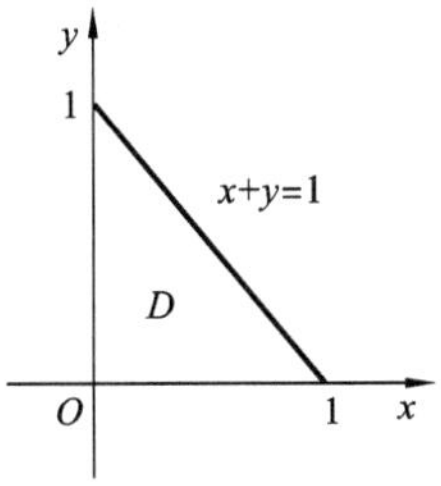

图 10-14 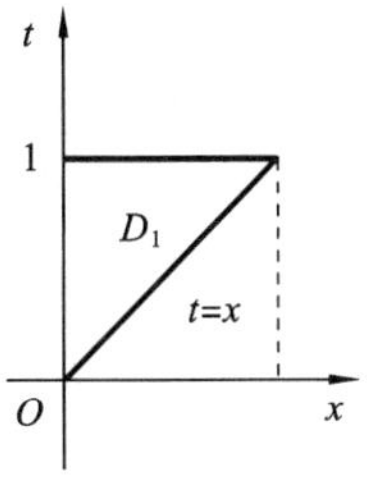　　　　　　　　图 10-15

对上面两个二次积分的内层积分，令 $t = x+y, \mathrm{d}t = \mathrm{d}y$，则

$$I = \int_0^1 \mathrm{d}x \int_x^1 \frac{t\ln t}{\sqrt{1-t}}\mathrm{d}t - \int_0^1 \ln x\mathrm{d}x \int_x^1 \frac{t}{\sqrt{1-t}}\mathrm{d}t（交换积分次序，积分区域见图 10-15）$$

$$= \int_0^1 \mathrm{d}t \int_0^t \frac{t\ln t}{\sqrt{1-t}}\mathrm{d}x - \int_0^1 \frac{t}{\sqrt{1-t}}\mathrm{d}t \int_0^t \ln x\mathrm{d}x$$

$$= \int_0^1 \frac{t^2\ln t}{\sqrt{1-t}}\mathrm{d}t - \int_0^1 \frac{t}{\sqrt{1-t}}(t\ln t - t)\mathrm{d}t = \int_0^1 \frac{t^2}{\sqrt{1-t}}\mathrm{d}t = \frac{16}{15}。$$

方法二　（用极坐标）　令 $x = r\cos\theta, y = r\sin\theta$，则

$$I = \int_0^{\frac{\pi}{2}} (\cos\theta + \sin\theta)\ln(1+\tan\theta)\mathrm{d}\theta \int_0^{\frac{1}{\cos\theta+\sin\theta}} \frac{r^2}{\sqrt{1-r(\cos\theta+\sin\theta)}}\mathrm{d}r。$$

对内层积分，令 $t = 1 - r(\cos\theta + \sin\theta), \mathrm{d}t = -(\cos\theta + \sin\theta)\mathrm{d}r$，于是

$$I = \int_0^{\frac{\pi}{2}} (\cos\theta + \sin\theta)\ln(1+\tan\theta)\mathrm{d}\theta \int_1^0 \frac{(1-t)^2}{\sqrt{t}} \frac{(-1)}{(\cos\theta+\sin\theta)^3}\mathrm{d}t$$

$$= \int_0^{\frac{\pi}{2}} \frac{\ln(1+\tan\theta)}{(\cos\theta+\sin\theta)^2}\mathrm{d}\theta \int_0^1 \frac{(1-t)^2}{\sqrt{t}}\mathrm{d}t = \frac{16}{15}\int_0^{\frac{\pi}{2}} \frac{\ln(1+\tan\theta)}{(\cos\theta+\sin\theta)^2}\mathrm{d}\theta（令 u = \tan\theta）$$

$$= \frac{16}{15}\int_0^{+\infty} \frac{\ln(1+u)}{(1+u)^2}\mathrm{d}u = \frac{16}{15}\left[-\frac{\ln(1+u)}{1+u}\Big|_0^{+\infty} + \int_0^{+\infty} \frac{1}{(1+u)^2}\mathrm{d}u \right]$$

$$= \frac{16}{15}\left[0 - \frac{1}{1+u}\Big|_0^{+\infty} \right] = \frac{16}{15}。$$

方法三　（用一般坐标代换）　令 $J : u = x+y, v = x$，则变换将区域 D 变为区域 $G : 0 \leqslant u \leqslant 1, 0 \leqslant v \leqslant u$（见图 10-16）。又 $|J| = 1$，于是

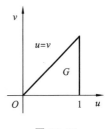

图 10-16

$$I = \iint\limits_{G} \frac{u(\ln u - \ln v)\mathrm{d}u\mathrm{d}v}{\sqrt{1-u}} = \int_0^1 \frac{u}{\sqrt{1-u}}\mathrm{d}u \int_0^u (\ln u - \ln v)\mathrm{d}v$$

$$= \int_0^1 \frac{u}{\sqrt{1-u}}\left[u\ln u - (v\ln v - v)\,|_{0^+}^u \right]\mathrm{d}u$$

$$= \int_0^1 \frac{u^2}{\sqrt{1-u}} \mathrm{d}u = \frac{16}{15}。$$

【题型 10-3】　三重积分的计算

策略　三重积分的计算比二重积分的计算更为复杂和烦琐,但是计算方法相似,也是先根据被积函数的特点和积分区域的形状选择适当的坐标系,然后确定积分次序(先单后重、先重后单),同时,也要充分利用区域的对称性、被积函数奇偶性和轮换对称性化简三重积分,最后做出正确的计算。

设 $f(x,y,z)$ 在有界闭区域 Ω 上连续,则有下列公式:

(1) 直角坐标系下三重积分化为累次积分(体积微元 $\mathrm{d}v = \mathrm{d}x\mathrm{d}y\mathrm{d}z$):

① 穿针法(先单后重法):设 Ω 为 xy 型区域:$\begin{cases} z_1(x,y) \leqslant z \leqslant z_2(x,y), \\ (x,y) \in D_{xy}, \end{cases}$ 则

$$\iiint\limits_{\Omega} f(x,y,z) \mathrm{d}v = \iint\limits_{D_{xy}} \mathrm{d}x\mathrm{d}y \int_{z_1(x,y)}^{z_2(x,y)} f(x,y,z) \mathrm{d}z,$$

其中 D_{xy} 是 Ω 在 xOy 面上的投影。

当 Ω 为 xz 型区域 $\begin{cases} y_1(x,z) \leqslant y \leqslant y_2(x,z), \\ (x,z) \in D_{xz} \end{cases}$ 以及 yz 型区域 $\begin{cases} x_1(y,z) \leqslant x \leqslant x_2(y,z), \\ (y,z) \in D_{yz} \end{cases}$ 时,有类似公式,其中 D_{xz}、D_{yz} 分别是 Ω 在 xOz、yOz 面上的投影。

② 切片法(先重后单法):设 Ω:$\begin{cases} (x,y) \in D_z, \\ a \leqslant z \leqslant b, \end{cases}$ 则

$$\iiint\limits_{\Omega} f(x,y,z) \mathrm{d}v = \int_a^b \mathrm{d}z \iint\limits_{D_z} f(x,y,z) \mathrm{d}x\mathrm{d}y,$$

其中 D_z 是 Ω 的竖坐标为 z 的截面在 xOy 面上的投影。

当 Ω 为 $\begin{cases} (x,z) \in D_y, \\ y_1 \leqslant y \leqslant y_2 \end{cases}$ 和 $\begin{cases} (y,z) \in D_x, \\ x_1 \leqslant x \leqslant x_2 \end{cases}$ 时,有类似公式。

(2) 柱面坐标系下三重积分化为累次积分(体积微元 $\mathrm{d}v = r\mathrm{d}r\mathrm{d}\theta\mathrm{d}z$):

设 $\begin{cases} x = r\cos\theta, \\ y = r\sin\theta, \\ z = z, \end{cases}$ 则　　$\iiint\limits_{\Omega} f(x,y,z)\mathrm{d}v = \iiint\limits_{\Omega} f(r\cos\theta, r\sin\theta, z) r\mathrm{d}r\mathrm{d}\theta\mathrm{d}z。$

(3) 球面坐标系下三重积分化为累次积分(体积微元 $\mathrm{d}v = \rho^2\sin\varphi\mathrm{d}\rho\mathrm{d}\varphi\mathrm{d}\theta$):

设 $\begin{cases} x = \rho\sin\varphi\cos\theta, \\ y = \rho\sin\varphi\sin\theta, \\ z = \rho\cos\varphi, \end{cases}$ 则

$$\iiint\limits_{\Omega} f(x,y,z)\mathrm{d}v = \iiint\limits_{\Omega} f(\rho\sin\varphi\cos\theta, \rho\sin\varphi\sin\theta, \rho\cos\varphi)\rho^2\sin\varphi\mathrm{d}\rho\mathrm{d}\varphi\mathrm{d}\theta。$$

三重积分关于区域的对称性、函数的奇偶性以及轮换对称性的公式与二重积分类似,请读者自己给出。

例 10-18 求 $I = \iiint\limits_{\Omega} y \sqrt{1-x^2}\mathrm{d}x\mathrm{d}y\mathrm{d}z$，其中 Ω 是由 $y = -\sqrt{1-x^2-z^2}, x^2+z^2 = 1, y = 1$ 所围成的立体。

分析 根据 Ω 的形状，将区域 Ω 投影到 xOy 平面上计算较为简单，即先对 y 积分，后对 x 和 z 积分。以下用直角坐标和柱面坐标两种方法计算。

解 方法一 （用直角坐标）

将区域 Ω 投影到 xOy 平面上，得投影区域（见图 10-17）$D_{zx}: x^2+z^2 \leqslant 1$，所以

$$I = \iint\limits_{D_{zx}} \mathrm{d}x\mathrm{d}z \int_{-\sqrt{1-x^2-z^2}}^{1} y \sqrt{1-x^2}\mathrm{d}y$$

$$= \int_{-1}^{1} \sqrt{1-x^2}\mathrm{d}x \int_{-\sqrt{1-x^2}}^{\sqrt{1-x^2}} \mathrm{d}z \int_{-\sqrt{1-x^2-z^2}}^{1} y\mathrm{d}y$$

$$= \int_{-1}^{1} \sqrt{1-x^2}\mathrm{d}x \int_{0}^{\sqrt{1-x^2}} (x^2+z^2)\mathrm{d}z$$

$$= 2\int_{0}^{1} \left[x^2(1-x^2) + \frac{1}{3}(1-x^2)^2 \right]\mathrm{d}x = \frac{28}{45}.$$

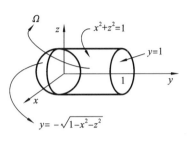

图 10-17

方法二 （用柱面坐标）

$$I = \iiint\limits_{\Omega} y \sqrt{1-x^2}\mathrm{d}x\mathrm{d}y\mathrm{d}z = \int_{0}^{2\pi}\mathrm{d}\theta \int_{0}^{1} r \sqrt{1-r^2\cos^2\theta}\mathrm{d}r \int_{-\sqrt{1-r^2}}^{1} y\mathrm{d}y = \frac{28}{45}.$$

例 10-19 设 $f(x,y,z)$ 连续，试将三次积分 $\int_{0}^{1}\mathrm{d}x \int_{0}^{1-x}\mathrm{d}y \int_{0}^{x+y} f(x,y,z)\mathrm{d}z$ 改变积分次序，变为先对 y 后对 x，最后对 z 的积分。

分析 三重积分交换积分次序的一般步骤与二重积分交换积分次序的一般步骤相同。此题是先对 y 后对 x，最后对 z 的积分，所以要将积分区域 Ω 投影到 zOx 平面上。注意，用穿针法时，对于投影区域不同的地方，穿过积分区域 Ω 的下底面是不同的！

解 由三次积分 $\int_{0}^{1}\mathrm{d}x \int_{0}^{1-x}\mathrm{d}y \int_{0}^{x+y} f(x,y,z)\mathrm{d}z$ 容易得到积区域 $\Omega: 0 \leqslant z \leqslant x+y$，$0 \leqslant y \leqslant 1-x, 0 \leqslant x \leqslant 1$（见图 10-18），将 Ω 投影到 zOx 平面上，得投影区域 $D_{zx}: 0 \leqslant x \leqslant 1, 0 \leqslant z \leqslant 1$，所以

$$\int_{0}^{1}\mathrm{d}x \int_{0}^{1-x}\mathrm{d}y \int_{0}^{x+y} f(x,y,z)\mathrm{d}z = \iint\limits_{D_{zx}} \mathrm{d}x\mathrm{d}z \int_{0}^{1-x} f(x,y,z)\mathrm{d}y + \iint\limits_{D_{zx}} \mathrm{d}x\mathrm{d}z \int_{z-x}^{1-x} f(x,y,z)\mathrm{d}y$$

$$= \int_{0}^{1}\mathrm{d}z \int_{z}^{1}\mathrm{d}x \int_{0}^{1-x} f(x,y,z)\mathrm{d}y + \int_{0}^{1}\mathrm{d}z \int_{0}^{z}\mathrm{d}x \int_{z-x}^{1-x} f(x,y,z)\mathrm{d}y.$$

例 10-20 求 $I = \iiint\limits_{\Omega} x\mathrm{d}x\mathrm{d}y\mathrm{d}z$，其中 Ω 是由曲面 $z = xy, x+y+z = 1, z = 0$ 所围成的立体。

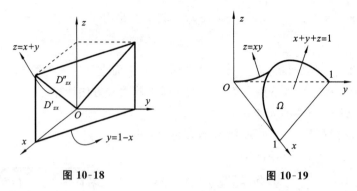

图 10-18   图 10-19

分析　由图 10-19 可以看出,积分次序应选择先对 z 积分,后对 x、y 积分。但是,用穿针法时,对于投影区域不同的地方,穿过积分区域 Ω 的上顶面是不同的!

解　由 $\begin{cases} z=xy, \\ x+y+z=1 \end{cases}$ 得交线在 xOy 平面上的投影曲线 $x+y+xy=1$,则投影区域为 $D=D_1 \bigcup D_2$(图形见图 10-20)。所以

$$I = \int_0^1 x\mathrm{d}x \int_0^{\frac{1-x}{1+x}} \mathrm{d}y \int_0^{xy} \mathrm{d}z + \int_0^1 x\mathrm{d}x \int_{\frac{1-x}{1+x}}^{1-x} \mathrm{d}y \int_0^{1-x-y} \mathrm{d}z$$

$$= \int_0^1 x^2 \mathrm{d}x \int_0^{\frac{1-x}{1+x}} y\mathrm{d}y + \int_0^1 x\mathrm{d}x \int_{\frac{1-x}{1+x}}^{1-x} (1-x-y)\mathrm{d}y = 2\ln 2 - \frac{11}{8}.$$

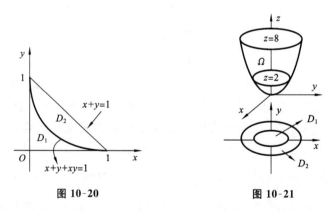

图 10-20   图 10-21

例 10-21　求 $I = \iiint\limits_{\Omega} (x^2 + y^2)\mathrm{d}x\mathrm{d}y\mathrm{d}z$,其中 Ω 是曲线 $\begin{cases} y^2=2z, \\ x=0 \end{cases}$,绕 Oz 轴旋转一周而成的曲面与两平面 $z=2,z=8$ 所围的立体。

分析　积分区域 Ω 的图形如图 10-21 所示。若用直角坐标计算,则向 z 轴方向"穿针"时,穿过积分区域 Ω 的下底面有两种情况值得注意;若用切片法则较为简单。

解　方法一　(穿针法)　曲线 $\begin{cases} y^2=2z, \\ x=0 \end{cases}$ 绕 z 轴旋转一周的旋转曲面方程为

$$x^2 + y^2 = 2z。$$

将 Ω 投影到 xOy 平面上得投影区域 $D_{xy}=D_1 \bigcup D_2$，其中

$$D_1: x^2+y^2 \leqslant 4, \quad D_2: 4 \leqslant x^2+y^2 \leqslant 16。$$

$$I = \iint\limits_{D_1} r\mathrm{d}r\mathrm{d}\theta \int_2^8 f\mathrm{d}z + \iint\limits_{D_2} r\mathrm{d}r\mathrm{d}\theta \int_{\frac{r^2}{2}}^8 f\mathrm{d}z$$

$$= \int_0^{2\pi}\mathrm{d}\theta \int_0^2 \mathrm{d}r \int_2^8 r \cdot r^2 \mathrm{d}z + \int_0^{2\pi}\mathrm{d}\theta \int_2^4 \mathrm{d}r \int_{\frac{r^2}{2}}^8 r \cdot r^2 \mathrm{d}z = 336\pi。$$

方法二 （切片法）

$$I = \iiint\limits_{\Omega}(x^2+y^2)\mathrm{d}x\mathrm{d}y\mathrm{d}z = \int_2^8 \mathrm{d}z \iint\limits_{D_z}(x^2+y^2)\mathrm{d}x\mathrm{d}y = \int_2^8 \mathrm{d}z \int_0^{2\pi}\mathrm{d}\theta \int_0^{\sqrt{2z}} r^3 \mathrm{d}r = 336\pi。$$

例 10-22 求 $I = \iiint\limits_{\Omega}(x+y+z)^2\mathrm{d}x\mathrm{d}y\mathrm{d}z$，其中 Ω 是由抛物面 $z=x^2+y^2$ 和球面 $x^2+y^2+z^2=2$ 所围成的立体。

分析 在 Ω 的边界曲面方程中，以 $-x$ 代 x，以 $-y$ 代 y，x,y 互换，方程不变，因此区域 Ω 关于 yOz 平面和 zOx 平面对称、关于 x,y 具有轮换性，故可以用对称性化简计算。

解 $(x+y+z)^2=x^2+y^2+z^2+2(xy+yz+zx)$，因区域 Ω 关于 zOx 平面对称，而 $xy+yz$ 是 y 的奇函数（见图 10-22），所以

$$\iiint\limits_{\Omega}(xy+yz)\mathrm{d}v = 0,$$

同理，有

$$\iiint\limits_{\Omega}xz\mathrm{d}v = 0,$$

由轮换性，知 $\iiint\limits_{\Omega}x^2\mathrm{d}v = \iiint\limits_{\Omega}y^2\mathrm{d}v$，所以

$$I = \iiint\limits_{\Omega}(x+y+z)^2\mathrm{d}x\mathrm{d}y\mathrm{d}z = \iiint\limits_{\Omega}(2x^2+z^2)\mathrm{d}x\mathrm{d}y\mathrm{d}z。$$

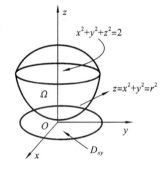

图 10-22

在柱面坐标下，$\Omega: 0 \leqslant \theta \leqslant 2\pi, 0 \leqslant r \leqslant 1, r^2 \leqslant z \leqslant \sqrt{2-r^2}$；投影区域 $D_{xy}: x^2+y^2 \leqslant 1$。于是

$$I = \int_0^{2\pi}\mathrm{d}\theta \int_0^1 \mathrm{d}r \int_{r^2}^{\sqrt{2-r^2}} r(2r^2\cos^2\theta+z^2)\mathrm{d}z = \frac{\pi}{60}(90\sqrt{2}-89)。$$

例 10-23 求 $I = \iiint\limits_{\Omega}(ax^2+by^2+cz^2)\mathrm{d}v$，$\Omega: x^2+y^2+z^2 \leqslant R^2$。

分析 用轮换对称性计算。

解

$$I = \iiint\limits_{\Omega}(ax^2+by^2+cz^2)\mathrm{d}v = \iiint\limits_{\Omega}(bx^2+cy^2+az^2)\mathrm{d}v$$

$$= \iiint\limits_{\Omega}(cx^2+ay^2+bz^2)\mathrm{d}v = \frac{1}{3}(a+b+c)\iiint\limits_{\Omega}(x^2+y^2+z^2)\mathrm{d}v$$

$$= \frac{1}{3}(a+b+c)\int_0^{2\pi}\mathrm{d}\theta\int_0^\pi\mathrm{d}\varphi\int_0^R\rho^4\sin\varphi\mathrm{d}\rho = \frac{4}{15}\pi R^5(a+b+c)。$$

例 10-24　设 $\Omega: x^2+y^2+z^2\leqslant1$，证明：$\dfrac{4^2\sqrt{2\pi}}{3}\leqslant\iiint\limits_{\Omega}\sqrt[3]{x+2y-2z+5}\mathrm{d}v\leqslant\dfrac{8\pi}{3}$。

分析　用三重积分值的估值性质证明。

证明　令 $f(x,y,z)=x+2y-2z+5$，因为

$$\frac{\partial f}{\partial x}=1\neq0,\quad \frac{\partial f}{\partial y}=2\neq0,\quad \frac{\partial f}{\partial z}=-2\neq0,$$

所以 f 在 Ω 内无驻点，必在 Ω 的边界上取得最大值与最小值。令

$$F(x,y,z,\lambda)=x+2y-2z+5+\lambda(x^2+y^2+z^2-1),$$

由 $\begin{cases}F'_x=1+2\lambda x=0,\\ F'_y=2+2\lambda y=0,\\ F'_z=-2+2\lambda z=0,\\ F'_\lambda=x^2+y^2+z^2=1,\end{cases}$ 得驻点：$P_1\left(\dfrac{1}{3},\dfrac{2}{3},-\dfrac{2}{3}\right)$，$P_2\left(-\dfrac{1}{3},-\dfrac{2}{3},\dfrac{2}{3}\right)$。

又 $f(P_1)=8$，$f(P_2)=2$，从而 $\sqrt[3]{f}$ 在 Ω 上的最大值与最小值分别为 $M=2$，$m=\sqrt[3]{2}$，而 $V=\dfrac{4\pi}{3}$，于是

$$\frac{4^2\sqrt{2\pi}}{3}=\sqrt[3]{2}\iiint\limits_{\Omega}\mathrm{d}v\leqslant\iiint\limits_{\Omega}\sqrt[3]{x+2y-2z+5}\mathrm{d}v\leqslant2\iiint\limits_{\Omega}\mathrm{d}v=\frac{8\pi}{3}。$$

例 10-25　设 $f(t)$ 在 $(-\infty,+\infty)$ 上连续，且满足

$$f(t)=3\iiint\limits_{x^2+y^2+z^2\leqslant t^2}f(\sqrt{x^2+y^2+z^2})\mathrm{d}x\mathrm{d}y\mathrm{d}z+|t^3|,$$

求 $f(t)$。

分析　这是被积函数满足含有变区域的三重积分的方程，为求未知函数 $f(t)$，先要将"积分方程"转化为 $f(t)$ 的微分方程。为此将三重积分用球面坐标表示，然后在方程两边对 t 求导，得到 $f(t)$ 的微分方程后，解此方程即可。

解　因为 $f(t)$ 为偶函数，$f(0)=0$，考虑 $t>0$，由球面坐标有

$$f(t)=3\int_0^{2\pi}\mathrm{d}\theta\int_0^\pi\sin\varphi\mathrm{d}\varphi\int_0^t f(\rho)\rho^2\mathrm{d}\rho+t^3 \quad 即 \quad f(t)=12\pi\int_0^t\rho^2f(\rho)\mathrm{d}\rho+t^3。$$

方程两边对 t 求导，得

$$f'(t)=12\pi t^2f(t)+3t^2。$$

这是关于 $f(t)$ 的一阶线性微分方程，解得

$$f(t)=\frac{1}{4\pi}(\mathrm{e}^{4\pi t^3}-1),\quad t>0,\quad 即\quad f(t)=\frac{1}{4\pi}(\mathrm{e}^{4\pi|t^3|}-1)。$$

【题型 10-4】　重积分的应用

策略　微元法仍然是建立积分表达式的重要方法。设所求量 Q 分布在平面区域 D（或空间区域 Ω），且 Q 关于区域具有可加性。若在包含点 (x,y)（或点 (x,y,z)）

处的任一微小区域 $d\sigma$(或 dv)上,Q 的部分量 ΔQ 可近似地用微元素 dQ 表示,即

$$\Delta Q \approx dQ = f(x,y)d\sigma \quad (或 \; \Delta Q \approx dQ = f(x,y,z)dv),$$

其中 $\Delta Q - dQ$ 是 $d\sigma$(或 dv)的高阶无穷小,则

$$Q = \iint\limits_{D} f(x,y)d\sigma \quad \left(或 \; Q = \iiint\limits_{\Omega} f(x,y,z)dv\right)。$$

在大多数情况下,求几何量和物理量可用已有的公式。

例 10-26　求由曲线 $\left(\dfrac{x}{a}+\dfrac{y}{b}\right)^{3} = xy$ 所围平面区域 D 的面积 $A(a>0,b>0)$。

分析　平面区域 D 的形状复杂且不易画出图形,因此先对曲线作分析:(1) 若 $x=0$,则由曲线方程知 $y=0$;同理,若 $y=0$,也可推得 $x=0$,因此,曲线与坐标轴无交点。(2) 任意一条直线 $y=kx(k>0)$ 与曲线交于点 $(0,0)$ 与 $(x(k),y(k)) = \left(\dfrac{k}{\left(\frac{1}{a}+\frac{k}{b}\right)^{3}},\dfrac{k^{2}}{\left(\frac{1}{a}+\frac{k}{b}\right)^{3}}\right)$,且 $\lim\limits_{k \to 0^{+}}x(k) = \lim\limits_{k \to +\infty}x(k) = 0$, $\lim\limits_{k \to 0^{+}}y(k) = \lim\limits_{k \to +\infty}y(k) = 0$,故知平面区域 D 位于第一象限内。下面用二重积分计算面积 A。

解　作变换 $J: x = ar\cos^{2}\theta, y = br\sin^{2}\theta$,则 $|J| = \left|\dfrac{\partial(x,y)}{\partial(r,\theta)}\right| = abr\sin2\theta$。将区域 D 变换为 $D' = \left\{(r,\theta) \;\middle|\; 0 \leqslant \theta \leqslant \dfrac{\pi}{2}, 0 \leqslant r \leqslant \dfrac{ab}{4}\sin^{2}2\theta\right\}$。于是

$$A = \iint\limits_{D}dxdy = \iint\limits_{D'}abr\sin2\theta\,drd\theta = ab\int_{0}^{\frac{\pi}{2}}\sin2\theta\,d\theta\int_{0}^{\frac{ab}{4}\sin^{2}2\theta}r\,dr = \dfrac{a^{3}b^{3}}{32}\int_{0}^{\frac{\pi}{2}}\sin2\theta\sin^{4}2\theta\,d\theta$$

$$= -\dfrac{a^{3}b^{3}}{64}\int_{0}^{\frac{\pi}{2}}(1-2\cos^{2}2\theta+\cos^{4}2\theta)\,d(\cos2\theta) = \dfrac{a^{3}b^{3}}{60}。$$

例 10-27　求椭圆柱面 $\dfrac{x^{2}}{5}+\dfrac{y^{2}}{9}=5$ 位于 xOy 平面上方和平面 $y=z$ 下方的那部分的面积 A。

分析　所求面积为图 10-23 中阴影部分的面积。根据椭球柱面 $\dfrac{x^{2}}{5}+\dfrac{y^{2}}{9}=5$ 不含 z 这一特点,将曲面投影到 zOx 平面上,然后依公式计算。

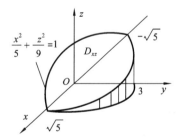

图 10-23

解　由 $\begin{cases}\dfrac{x^{2}}{5}+\dfrac{y^{2}}{9}=1 \\ y=z\end{cases}$,消去 y,得 $\dfrac{x^{2}}{5}+\dfrac{z^{2}}{9}=1$。

所以曲面在 zOx 平面上的投影区域为

$$D_{zx}: -\sqrt{5} \leqslant x \leqslant \sqrt{5}, 0 \leqslant z \leqslant \dfrac{3}{\sqrt{5}}\sqrt{5-x^{2}}。$$

又 $\dfrac{\partial y}{\partial x} = \dfrac{3}{\sqrt{5}}\dfrac{-x}{\sqrt{5-x^{2}}}, \dfrac{\partial y}{\partial z} = 0$,则由公式,有

$$A = \iint\limits_{D_{zx}} \sqrt{1 + \left(\frac{\partial y}{\partial x}\right)^2 + \left(\frac{\partial y}{\partial z}\right)^2} \mathrm{d}x\mathrm{d}z = \iint\limits_{D_{zx}} \sqrt{1 + \frac{9x^2}{5(5-x^2)}} \mathrm{d}x\mathrm{d}z$$

$$= \int_{-\sqrt{5}}^{\sqrt{5}} \mathrm{d}x \int_0^{\frac{3}{5}\sqrt{5-x^2}} \sqrt{\frac{25+4x^2}{5(5-x^2)}} \mathrm{d}z = \frac{3}{5} \int_{-\sqrt{5}}^{\sqrt{5}} \sqrt{25+4x^2} \, \mathrm{d}x$$

$$= 9 + \frac{15}{4}\ln 5 。$$

例 10-28 求曲面 $(x^2+y^2+z^2)^2 = x^2+y^2$ 所围区域 Ω 的体积 V。

分析 由于空间区域 Ω 的形状复杂且较难画出图形，因此先对曲面方程作分析：将 $-x, -y, -z$ 代入方程，方程不变，这说明 Ω 关于三个坐标面对称。设 V_1 是 Ω 在第一卦限部分 Ω_1 的体积，则 $V = 8V_1$。

解 若用球面坐标，则在第一卦限曲面方程成为 $\rho = \sin\varphi, 0 \leqslant \varphi \leqslant \frac{\pi}{2}$。因此

$$V = 8V_1 = 8\int_0^{\frac{\pi}{2}} \mathrm{d}\theta \int_0^{\frac{\pi}{2}} \mathrm{d}\varphi \int_0^{\sin\varphi} \rho^2 \sin\varphi \mathrm{d}\rho = 4\pi \cdot \frac{1}{3} \int_0^{\frac{\pi}{2}} \sin^4 y \mathrm{d}y$$

$$= \frac{4\pi}{3} \cdot \frac{3}{4} \cdot \frac{1}{2} \cdot \frac{\pi}{2} = \frac{1}{4}\pi^2 。$$

例 10-29 设一高度为 $h(t)$（t 为时间）的雪堆在融化中，雪堆侧面方程为 $z = h(t) - \frac{2(x^2+y^2)}{h(t)}$（长度单位为厘米，时间单位为小时）。已知体积减小的速率与侧面积成正比（比例系数 0.9），问高为 130 厘米的雪堆全部融化需多少小时？

分析 用三重积分和二重积分分别求出雪堆的体积 $V(t)$ 和侧面积 $A(t)$，然后，根据条件得 $V(t)$ 的微分方程，从而得雪堆高度 $h(t)$ 满足的微分方程，求解此方程后即可得问题的解。

解 因为

$$V(t) = \int_0^{h(t)} \mathrm{d}z \iint\limits_{x^2+y^2 \leqslant \frac{1}{2}[h^2(t)-h(t)z]} \mathrm{d}x\mathrm{d}y = \int_0^{h(t)} \frac{\pi}{2}\left[h^2(t) - h(t)z\right]\mathrm{d}z = \frac{\pi}{4}h^3(t),$$

$$A(t) = \iint\limits_{D_{xy}} \sqrt{1 + z_x'^2 + z_y'^2} \mathrm{d}x\mathrm{d}y = \iint\limits_{x^2+y^2 \leqslant \frac{h^2(t)}{2}} \sqrt{1 + \frac{16(x^2+y^2)}{h^2(t)}} \mathrm{d}x\mathrm{d}y$$

$$= \frac{2\pi}{h(t)} \int_0^{\frac{h(t)}{\sqrt{2}}} \sqrt{h^2(t) + 16r^2} \, r\mathrm{d}r = \frac{13}{12}\pi h^2(t) 。$$

由已知条件，有 $\frac{\mathrm{d}V}{\mathrm{d}t} = -0.9A$，即 $\frac{3\pi}{4}h^2(t)h'(t) = -\frac{9}{10} \cdot \frac{13}{12}\pi h^2(t)$，也就是

$$h'(t) = -\frac{13}{10} 。$$

积分有

$$h(t) = -\frac{13}{10}t + C 。$$

又 $h(0) = 130$，得 $C = 130$，所以 $h(t) = -\frac{13}{10}t + 130$。令 $h(t) \to 0$，得 $t = 100$（小时），故

高为 130 厘米的雪堆全部融化需 100 小时。

例 10-30 设 l 是过原点、方向为 (α, β, γ)（其中 $\alpha^2 + \beta^2 + \gamma^2 = 1$）的直线，均匀椭球体 $\Omega: \dfrac{x^2}{a^2} + \dfrac{y^2}{b^2} + \dfrac{z^2}{c^2} \leqslant 1$（其中 $0 < c < b < a$，密度为 1）绕直线 l 旋转。

（1）求其转动惯量；

（2）求其转动惯量关于方向 (α, β, γ) 的最大值和最小值。

分析 （1）因为质量为 m 的质点绕直线 l 旋转的转动惯量为 $J = d^2 m$，其中 d 为质点到直线 l 的距离。现在是求均匀椭球体 Ω 绕直线 l 旋转的转动惯量，正好可应用重积分的微元法思想来求解。

（2）此问题是条件极值问题，可用拉格朗日乘数法求解。

解 （1）任取体积微元 $\mathrm{d}v \subset \Omega, M(x, y, z) \in \mathrm{d}v$，点 M 到过原点的直线 l（方向矢量为 $\boldsymbol{\tau} = \{\alpha, \beta, \gamma\}$）的距离的平方为

$$d^2 = |\overrightarrow{OM}|^2 - (|\overrightarrow{OM}| \cdot \boldsymbol{\tau})^2 = (x^2 + y^2 + z^2) - (\alpha x + \beta y + \gamma z)^2$$
$$= (1 - \alpha^2) x^2 + (1 - \beta^2) y^2 + (1 - \gamma^2) z^2 - 2\alpha\beta xy - 2\beta\gamma yz - 2\alpha\gamma xz,$$

则微转动惯量为

$$\mathrm{d}J_l = d^2 \cdot 1 \cdot \mathrm{d}v = [(1 - \alpha^2) x^2 + (1 - \beta^2) y^2 + (1 - \gamma^2) z^2 - 2\alpha\beta xy - 2\beta\gamma yz - 2\alpha\gamma xz] \mathrm{d}v,$$

故均匀椭球体 Ω 绕直线 l 旋转的转动惯量为

$$J_l = \iiint\limits_{\Omega} [(1 - \alpha^2) x^2 + (1 - \beta^2) y^2 + (1 - \gamma^2) z^2 - 2\alpha\beta xy - 2\beta\gamma yz - 2\alpha\gamma xz] \mathrm{d}v.$$

由区域 Ω 的对称性，有

$$\iiint\limits_{\Omega} [2\alpha\beta xy + 2\beta\gamma yz + 2\alpha\gamma xz] \mathrm{d}v = 0,$$

又

$$\iiint\limits_{\Omega} x^2 \mathrm{d}v = \int_{-a}^{a} x^2 \mathrm{d}x \iint\limits_{\frac{y^2}{b^2} + \frac{z^2}{c^2} \leqslant 1 - \frac{x^2}{a^2}} \mathrm{d}y\mathrm{d}z = \int_{-a}^{a} x^2 \pi bc \left(1 - \frac{x^2}{a^2}\right) \mathrm{d}x = \frac{4a^3 bc\pi}{15},$$

同理，有

$$\iiint\limits_{\Omega} y^2 \mathrm{d}v = \frac{4ab^3 c\pi}{15}, \qquad \iiint\limits_{\Omega} z^2 \mathrm{d}v = \frac{4abc^3\pi}{15},$$

故

$$J_l = \iiint\limits_{\Omega} d^2 \mathrm{d}v = \frac{4abc\pi}{15} [(1 - \alpha^2) a^2 + (1 - \beta^2) b^2 + (1 - \gamma^2) c^2].$$

（2）因为求转动惯量关于方向 (α, β, γ) 的最大值和最小值即为求目标函数 $f(\alpha, \beta, \gamma) = (1 - \alpha^2) a^2 + (1 - \beta^2) b^2 + (1 - \gamma^2) c^2$ 在约束条件 $\alpha^2 + \beta^2 + \gamma^2 = 1$ 下的条件极值。

设拉格朗日函数为

$$L(\alpha, \beta, \gamma, \lambda) = (1 - \alpha^2) a^2 + (1 - \beta^2) b^2 + (1 - \gamma^2) c^2 + \lambda(\alpha^2 + \beta^2 + \gamma^2 - 1).$$

由 $\dfrac{\partial L}{\partial \alpha} = 2\alpha(\lambda - a^2) = 0, \dfrac{\partial L}{\partial \beta} = 2\beta(\lambda - b^2) = 0, \dfrac{\partial L}{\partial \gamma} = 2\gamma(\lambda - c^2) = 0, \dfrac{\partial L}{\partial \lambda} = \alpha^2 + \beta^2 + \gamma^2 - 1 = 0$，得极值点 $M_1(\pm 1, 0, 0), M_2(0, \pm 1, 0), M_3(0, 0, \pm 1)$。故当 $\alpha = 0, \beta = 0, \gamma = \pm 1$ 时绕 z 轴的转动惯量最大，为 $J_{z\text{轴}} = \dfrac{4abc\pi}{15}(a^2 + b^2)$；当 $\alpha = \pm 1, \beta = 0, \gamma = 0$ 时绕 x 轴的

转动惯量最小,为 $J_{x轴} = \dfrac{4abc\pi}{15}(b^2 + c^2)$。

10.3 精选备赛练习

10.1 求 $I = \displaystyle\int_1^2 \mathrm{d}x \int_{\sqrt{x}}^x \sin\dfrac{\pi x}{2y}\mathrm{d}y + \int_2^4 \mathrm{d}x \int_{\sqrt{x}}^2 \sin\dfrac{\pi x}{2y}\mathrm{d}y$。

10.2 求 $I = \displaystyle\iint_D |x - y|\,\mathrm{d}\sigma$,其中 $D = \{(x, y) \mid x^2 + y^2 \leqslant 2(x + y)\}$。

10.3 求 $I = \displaystyle\iint_D \mathrm{e}^{\frac{y}{x+y}}\mathrm{d}x\mathrm{d}y$,其中 $D = \{(x, y) \mid 0 \leqslant x \leqslant 1, 0 \leqslant y \leqslant 1 - x\}$。

10.4 求 $I = \displaystyle\iint_{x^2 + y^2 \leqslant 4} \mathrm{sgn}(x^2 - y^2 + 2)\mathrm{d}x\mathrm{d}y$。

10.5 求 $I = \displaystyle\int_0^a \mathrm{d}x \int_0^x \dfrac{f'(y)}{\sqrt{(a - x)(x - y)}}\mathrm{d}y$,其中 $f'(y)$ 连续。

10.6 设 $f(x, y, z)$ 连续, $\displaystyle\iiint_\Omega f(x, y, z)\mathrm{d}v = \int_0^1 \mathrm{d}x \int_0^1 \mathrm{d}y \int_0^{x^2 + y^2} f(x, y, z)\mathrm{d}z$,$\Omega$ 在 xOz 平面上的投影区域为 D_{xz}。

(1) 求 $I = \displaystyle\iint_{D_{xz}} \sqrt{|z - x^2|}\,\mathrm{d}\sigma$;

(2) 写出 $\displaystyle\iiint_\Omega f(x, y, z)\mathrm{d}v$ 积分次序为先对 y 后对 z 最后对 x 积分的三次积分。

10.7 求曲面 $(z + 1)^2 = (x - z - 1)^2 + y^2$ 与平面 $z = 0$ 所围立体的体积。

10.8 求由曲面 $z = x^2 + y^2$ 和平面 $z = x + y$ 所围立体的体积。

10.9 求 $I = \displaystyle\int_0^{2\pi} \mathrm{d}\theta \int_{\frac{\theta}{2}}^\pi (\theta^2 - 1)\mathrm{e}^{r^2}\mathrm{d}r$。

10.10 求由直线 $x + y = a, x + y = b, y = \alpha x, y = \beta x (0 < a < b, 0 < \alpha < \beta)$ 所围平面图形的面积。

10.11 证明: $\displaystyle\iint_{x^2 + y^2 \leqslant 1} f(x + y)\mathrm{d}x\mathrm{d}y = \int_{-\sqrt{2}}^{\sqrt{2}} \sqrt{2 - t^2} f(t)\mathrm{d}t$。

10.12 设函数 $u(x, y), v(x, y)$ 在闭区域 $D = \left\{(x, y) \,\middle|\, x^2 + \dfrac{y^2}{4} \leqslant 1\right\}$ 上具有一阶连续偏导数,在 D 的边界上有 $u(x, y) = 1, v(x, y) = y$,记

$$\boldsymbol{f}(x, y) = v\boldsymbol{i} + u\boldsymbol{j}, \quad \boldsymbol{g}(x, y) = \left(\dfrac{\partial u}{\partial x} - \dfrac{\partial u}{\partial y}\right)\boldsymbol{i} + \left(\dfrac{\partial v}{\partial x} - \dfrac{\partial v}{\partial y}\right)\boldsymbol{j},$$

求二重积分 $\displaystyle\iint_D \boldsymbol{f} \cdot \boldsymbol{g}\mathrm{d}\sigma$。

10.13 设 f 是 $D = \{(x, y) \mid x^2 + y^2 \leqslant 1\}$ 上的二次连续可微函数,且满足 $\dfrac{\partial^2 f}{\partial x^2} +$

$\dfrac{\partial^2 f}{\partial y^2} = x^2 + y^2$。计算二重积分 $I = \iint\limits_{D} \left(\dfrac{x}{\sqrt{x^2 + y^2}} \dfrac{\partial f}{\partial x} + \dfrac{y}{\sqrt{x^2 + y^2}} \dfrac{\partial f}{\partial y} \right) \mathrm{d}x\mathrm{d}y$。

10.14 求 $I = \displaystyle\int_0^1 \mathrm{d}x \int_0^x \mathrm{d}y \int_0^y \dfrac{\sin z}{1 - z} \mathrm{d}z$。

10.15 求 $\iiint\limits_{\Omega} (2y + \sqrt{x^2 + z^2}) \mathrm{d}x\mathrm{d}y\mathrm{d}z$，$\Omega$ 由 $x^2 + y^2 + z^2 = a^2$，$x^2 + y^2 + z^2 = 4a^2$，及 $x^2 - y^2 + z^2 = 0 (y \geqslant 0, a > 0)$ 所围成。

10.16 求 $I = \displaystyle\int_0^{2\pi} \mathrm{d}\theta \int_0^1 r \mathrm{d}r \int_0^{1-r^2} \mathrm{e}^{-(1-z)^2} \mathrm{d}z$。

10.17 设 a, b, c, A, B, C 均为正常数，$\Omega = \left\{ (x, y, z) \;\middle|\; \dfrac{x^2}{A^2} + \dfrac{y^2}{B^2} + \dfrac{z^2}{C^2} \leqslant 1 \right\}$，计算

$$I = \iiint\limits_{\Omega} \left(\dfrac{x}{a} + \dfrac{y}{b} + \dfrac{z}{c} \right)^2 \mathrm{d}x\mathrm{d}y\mathrm{d}z。$$

10.18 设抛物面 $S_1 : z = 1 + x^2 + y^2$ 及圆柱面 $S_2 : (x-1)^2 + y^2 = 1$。

(1) 求 S_1 的一个切平面 π_0，使得由它及 S_1 与 S_2 围成的立体 Ω 体积达到最小；

(2) 当由(1)确定的最小体积的立体 Ω_0 上有质量分布，其密度 $\rho = 1$，求 Ω_0 的质心坐标。

10.19 如图 10-24 所示，一均匀平面薄片是由抛物线 $y = a(1 - x^2) (a > 0)$ 及 x 轴所围成，现要求当此薄片以 $(1, 0)$ 为支点向右方倾斜时，只要 θ 角不超过 $45°$，则该薄片便不会向右翻倒，问参数 a 最大不能超过多少？

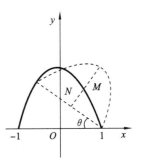

10.20 已知质量为 M，半径为 R 的球体上的任一点的密度与该点到球心的距离成正比，求球体关于切线的转动惯量。

图 10-24

10.4 答案与提示

10.1 $\dfrac{4}{\pi^3}(2 + \pi)$。提示:交换积分次序。

10.2 $\dfrac{16}{3}$。提示:利用对称性和极坐标计算。

10.3 $\dfrac{1}{2}(\mathrm{e} - 1)$。

10.4 $\dfrac{4\pi}{3} + 8\ln \dfrac{1 + \sqrt{3}}{\sqrt{2}}$。提示:分区域,用直角坐标计算。

10.5 $\pi(f(a) - f(0))$。提示:交换积分次序。

10.6 (1) $\dfrac{5}{6}$。提示:分区域,用直角坐标计算。

(2) $\int_0^1 \mathrm{d}x \int_0^{x^2} \mathrm{d}z \int_0^1 f(x,y,z)\mathrm{d}y + \int_0^1 \mathrm{d}x \int_{x^2}^{x^2+1} \mathrm{d}z \int_{\sqrt{z-x^2}}^1 f(x,y,z)\mathrm{d}y$。

10.7 $\dfrac{\pi}{3}$。

10.8 $\dfrac{\pi}{8}$。

10.9 $\dfrac{7}{3} + \dfrac{1}{3}\mathrm{e}^{\pi^2}(4\pi^2 - 7)$。提示：交换 r 和 θ 积分次序。

10.10 $\dfrac{b^2 - a^2}{2}\left(\dfrac{1}{1+\alpha} - \dfrac{1}{1+\beta}\right)$，提示：作代换，即 $x+y=u, \dfrac{y}{x}=v$。

10.11 提示：作代换，即 $x+y=u, x-y=v$。

10.12 -2π。提示：用格林公式化为线积分计算。

10.13 $\dfrac{\pi}{10}$。提示：先用极坐标化简，将其中对 θ 的定积分转换为第一型曲线积分，然后用格林公式化为二重积分。

10.14 $\dfrac{1}{2}(1-\sin1)$。提示：因为 $\int_0^y \dfrac{\sin z}{1-z}\mathrm{d}z$ 是"积不出来"的，故交换积分次序后计算。

10.15 $\dfrac{15a^4\pi}{16}(2+\pi)$。

10.16 $\dfrac{\pi}{2}(1-\mathrm{e}^{-1})$。提示：交换积分次序，先对 r 后对 θ 最后对 z 积分。

10.17 $\dfrac{4}{15}\pi ABC\left(\dfrac{A^2}{a^2} + \dfrac{B^2}{b^2} + \dfrac{C^2}{c^2}\right)$。提示：利用被积函数的奇偶性和区域的对称性计算。

10.18 (1) $\pi_0: z=2x$。提示：先求 S_1 在任一点 (α,β,γ) 处的切平面 π 的方程，并求它及 S_1 与 S_2 围成的立体 Ω 体积 $V(\alpha,\beta,\gamma)$，然后计算使得 $V(\alpha,\beta,\gamma)$ 为最小的 π_0；

(2) $\left(1,0,\dfrac{7}{3}\right)$。提示：利用质心公式计算 Ω_0 的质心坐标。

10.19 a 最大不超过 $\dfrac{5}{2}$。提示：先求质心 P 的坐标，P 到 $(1,0)$ 的距离为 d，则薄片不翻倒的临界位置的质心在点 $M(1,d)$，此时薄片底边的中心为 N，则由直线 MN 的斜率 $k_{MN}=\tan\dfrac{\pi}{4}=1$ 可求出 a 的值。

10.20 $\dfrac{13}{9}R^2M$，提示：仿例 10-30 计算。

第 11 讲　曲 线 积 分

11.1　内 容 概 述

曲线积分有两类:与曲线方向无关的第一型曲线积分和与曲线方向有关的第二型曲线积分。在两型曲线积分中又分别包含平面曲线积分和空间曲线积分。

无论是平面曲线积分还是空间曲线积分,也无论是第一型曲线积分还是第二型曲线积分,写出曲线的参数方程都是计算的关键部分。一般来说,一条曲线可以有多种参数方程形式,应视情况选择能为计算带来方便的参数方程。

设 $\{\cos\alpha, \cos\beta, \cos\gamma\}$ 是曲线的单位切矢量,则两类曲线积分的关系为

$$\int_\Gamma P\,\mathrm{d}x + Q\,\mathrm{d}y + R\,\mathrm{d}z = \int_\Gamma (P\cos\alpha + Q\cos\beta + R\cos\gamma)\,\mathrm{d}s。$$

该关系式的用处之一是简化曲线积分的计算:当某一类曲线积分计算复杂时,利用关系式转化为另一类曲线积分计算。需要注意的是,对于平面曲线,有时给的是法矢量,法矢量与切矢量的转换详见例 11-4。

格林公式、斯托克斯公式、积分与路径无关的条件都是计算第二型曲线积分的常用方法,解题公式成立的条件不可忽略。

11.2　典 型 例 题 分 析

【题型 11-1】　第一型曲线积分的计算

策略　无论是平面还是空间第一型曲线积分,一般算法是:选择合适的参数,将积分曲线用参数方程表示,变换相应的弧长微分 $\mathrm{d}s$,化第一型曲线积分为关于参变量的定积分。

需要注意的是,不管采用什么参数,也不管 L 是平面曲线还是空间曲线,总有 $\mathrm{d}s > 0$。因此在化第一型曲线积分为参数的定积分中,上限始终大于下限。

此外,在化曲线积分为定积分之前,要充分利用对称性、将积分曲线方程代入被积函数等对曲线积分进行化简。必要时需相互转换两类积分才易得到结果。

例 11-1　计算 $I = \oint_L (x^{\frac{4}{3}} + y^{\frac{4}{3}} + y - x)\,\mathrm{d}s$,其中 L 为内摆线 $x^{\frac{2}{3}} + y^{\frac{2}{3}} = a^{\frac{2}{3}}$。

分析　已知内摆线 L 的参数方程为

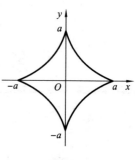

$$x = a\cos^3 t, \quad y = a\sin^3 t, \quad t \in [0, 2\pi],$$

利用被积函数与积分曲线的对称性,可简化计算过程。

解　如图 11-1 所示,L 关于 x 轴、y 轴对称,且 $x^{\frac{4}{3}} + y^{\frac{4}{3}}$ 关于 x, y 是偶函数;又 L 关于 $y = x$ 对称,所以,若记 L_1 为 L 在第一象限中的一段,则

$$I = 4\int_{L_1} (x^{\frac{4}{3}} + y^{\frac{4}{3}})\,\mathrm{d}s = 8\int_{L_1} x^{\frac{4}{3}}\,\mathrm{d}s$$

$$= 8\int_0^{\frac{\pi}{2}} a^{\frac{4}{3}}\cos^4 t \cdot 3a\sin t\cos t\,\mathrm{d}t = 4a^{\frac{7}{3}}。$$

图 11-1

例 11-2　求 $I = \oint_L \left[(x+2)^2 + (y-3)^2\right]\mathrm{d}s$,其中 $L: \begin{cases} x^2 + y^2 + z^2 = R^2 \\ x + y + z = 0 \end{cases}$ $(R > 0)$。

分析　在 L 方程中,x, y, z 依次轮换,方程不变,即 L 满足轮换对称的条件,于是

$$I = \oint_L x^2\,\mathrm{d}s = \oint_L y^2\,\mathrm{d}s = \oint_L z^2\,\mathrm{d}s。$$

对被积函数作恒等变形,使之能利用对称性以及 L 方程,则可简化积分。

解　利用对称性,

$$I = \oint_L (x^2 + y^2 + 4x - 6y + 13)\,\mathrm{d}s$$

$$= \frac{2}{3}\oint_L (x^2 + y^2 + z^2)\,\mathrm{d}s - \frac{2}{3}\oint_L (x + y + z)\,\mathrm{d}s + 13\oint_L \mathrm{d}s$$

$$= \frac{4\pi}{3}R^3 + 26\pi R。$$

例 11-3　求 $I = \oint_L \frac{|y|}{x^2 + y^2 + z^2}\,\mathrm{d}s$,其中 $L: \begin{cases} x^2 + y^2 + z^2 = 4a^2 \\ x^2 + y^2 = 2ax \end{cases}$ $(z \geqslant 0, a > 0)$。

分析　L 的图形如图 11-2 所示,它在 xOy 平面上的投影曲线为 $x^2 + y^2 = 2ax$,其参数方程为

$$x = a(1 + \cos t), \quad y = a\sin t, \quad t \in [0, 2\pi],$$

将参数方程代入 $x^2 + y^2 + z^2 = 4a^2$ 中,可得 $z = a\sin\frac{t}{2}$。利用对称性并将 L 的方程代入被积函数可化简积分。

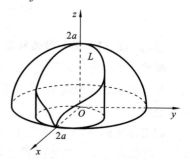

图 11-2

解　利用对称性并将 L 的方程代入被积函数,可得

$$I = \frac{2}{4a^2}\oint_{L_1} y\,\mathrm{d}s = \frac{1}{2a^2}\oint_{L_1} y\,\mathrm{d}s \ (L_1 \text{ 为 } L \text{ 在第一象限中的一段})。$$

因 L 的参数方程为

$$x = a(1+\cos t), \quad y = a\sin t, \quad z = a\sin\frac{t}{2}, \quad t \in [0, 2\pi],$$

所以
$$ds = \sqrt{x'^2(t) + y'^2(t) + z'^2(t)}\, dt = a\sqrt{1 + \cos^2\frac{t}{2}}\, dt,$$

于是
$$I = \frac{1}{2a^2}\oint_{L_1} y\, ds = \frac{1}{2a^2}\int_0^\pi a\sin t \cdot a\sqrt{1 + \cos^2\frac{t}{2}}\, dt$$

$$= -\int_0^\pi \sqrt{1 + \cos^2\frac{t}{2}}\, d\left(1 + \cos^2\frac{t}{2}\right) = \frac{2}{3}(2\sqrt{2} - 1).$$

例 11-4 设 L 是平面区域 D 的边界正向曲线,D 的面积为 σ,n 是 L 的单位外法矢量:$n = i\cos\alpha + j\sin\alpha$,求 $I = \oint_L (x\cos\alpha + y\sin\alpha)\, ds$。

分析 由于 L 为抽象曲线,因而该曲线积分无法直接利用参数式化为定积分计算。因条件中有 D 的面积,故先将第一型曲线积分改写为第二型曲线积分,再应用格林公式可得结论。

设 $\tau = \{\omega_1, \omega_2\}$ 是 L 的正向单位切矢量(见图 11-3),则第一型曲线积分与第二型曲线积分的转换公式为

图 11-3

$$\int_L \boldsymbol{F} \cdot \boldsymbol{\tau}\, ds = \int_L \boldsymbol{F} \cdot d\boldsymbol{r}$$

或
$$\int_L (P\omega_1 + Q\omega_2)\, ds = \int_L P\, dx + Q\, dy。$$

求解的关键是确定 L 的正向单位切矢量 τ。

解 将 $n = \{\cos\alpha, \sin\alpha\}$ 按逆时针方向转 $\frac{\pi}{2}$,便得 τ,即

$$\tau = \left\{\cos\left(\alpha + \frac{\pi}{2}\right), \sin\left(\alpha + \frac{\pi}{2}\right)\right\} = \{-\sin\alpha, \cos\alpha\}。$$

于是,
$$I = \oint_L (x\cos\alpha + y\sin\alpha)\, ds = \oint_L x\, dy - y\, dx = \iint_D 2\, dx\, dy = 2\sigma。$$

例 11-5 (1) 证明曲线积分的估计式

$$\left|\int_{AB} P\, dx + Q\, dy\right| \leqslant LM,$$

其中 L 为 AB 的弧长,$M = \max_{(x, y) \in AB} \sqrt{P^2 + Q^2}$。

(2) 利用上述不等式估计积分

$$I_R = \int_{x^2 + y^2 = R^2} \frac{y\, dx - x\, dy}{(x^2 + xy + y^2)^2},$$

并证明 $\lim_{R \to +\infty} I_R = 0$。

分析 M 表达式中含有 $\sqrt{P^2 + Q^2}$,这通常是矢量函数"取模"得到的,此外结果中含有弧长,故先将第二型曲线积分改写为第一型曲线积分的矢量形式,再应用柯西不等式 $(a_1 b_1 + a_2 b_2)^2 \leqslant (a_1^2 + a_2^2)(b_1^2 + b_2^2)$,易得到结果。

证明　（1）因 $\displaystyle\int_{AB}P\mathrm{d}x+Q\mathrm{d}y=\int_{AB}\Big(P\frac{\mathrm{d}x}{\mathrm{d}s}+Q\frac{\mathrm{d}y}{\mathrm{d}s}\Big)\mathrm{d}s$，而

$$\left|P\frac{\mathrm{d}x}{\mathrm{d}s}+Q\frac{\mathrm{d}y}{\mathrm{d}s}\right|\leqslant\sqrt{(P^2+Q^2)\Big[\Big(\frac{\mathrm{d}x}{\mathrm{d}s}\Big)^2+\Big(\frac{\mathrm{d}y}{\mathrm{d}s}\Big)^2\Big]}=\sqrt{P^2+Q^2}\ ,$$

从而　　　$$\left|\int_{AB}P\mathrm{d}x+Q\mathrm{d}y\right|\leqslant\int_{AB}\left|P\frac{\mathrm{d}x}{\mathrm{d}s}+Q\frac{\mathrm{d}y}{\mathrm{d}s}\right|\mathrm{d}s\leqslant\int_{AB}\sqrt{P^2+Q^2}\,\mathrm{d}s$$

$$\leqslant\int_{AB}M\mathrm{d}s=LM_\circ$$

（2）由于 $\displaystyle\max_{(x,y)\in AB}\sqrt{P^2+Q^2}=\max_{x^2+y^2=R^2}\sqrt{\frac{x^2+y^2}{(x^2+xy+y^2)^4}}=\frac{4}{R^3}$ ，

故　　　$$\left|\iint_{x^2+y^2=R^2}\frac{y\mathrm{d}x-x\mathrm{d}y}{(x^2+xy+y^2)^2}\right|\leqslant 2\pi R\cdot\frac{4}{R^3}=\frac{8\pi}{R^2}\ ;$$

由于 $|I_R|\leqslant\dfrac{8\pi}{R^2}$，故 $\displaystyle\lim_{R\to+\infty}I_R=0_\circ$

类似可证明空间曲线积分的估计式 $\left|\displaystyle\int_{AB}P\mathrm{d}x+Q\mathrm{d}y+R\mathrm{d}z\right|\leqslant LM$，其中 L 为 AB 的弧长，$M=\displaystyle\max_{(x,y,z)\in AB}\sqrt{P^2+Q^2+R^2}_\circ$

【题型 11-2】 **平面第二型曲线积分的计算**

策略　（1）利用曲线的参数式计算。参数式计算是基本方法，设 L 的参数方程为

$$x=x(t),\quad y=y(t),\quad t:\alpha\to\beta,$$

则　　$\displaystyle\int_L P(x,y)\mathrm{d}x+Q(x,y)\mathrm{d}y=\int_\alpha^\beta\big[P(x(t),y(t))x'(t)+Q(x(t),y(t))y'(t)\big]\mathrm{d}t$，

其关键是曲线参数式要容易找到，化成的关于参数的定积分要容易计算；注意定积分的下限和上限始终对应曲线的起点和终点。若所给的直角坐标方程含有乘积项 xy，可考虑用旋转变换（正交变换）找到相应参数方程。

（2）利用格林公式计算。设 L 为光滑且自身不相交的闭曲线，D 为 L 所围平面区域，若 $P(x,y)$、$Q(x,y)$ 在 D 上有连续偏导数，则

$$\oint_L P(x,y)\mathrm{d}x+Q(x,y)\mathrm{d}y=\pm\iint_D(Q_x-P_y)\mathrm{d}x\mathrm{d}y,$$

其中，L 为正向（反向）曲线时，符号取正（负）。若 L 非封闭，则采取补线的方式，使之封闭，然后再用格林公式。

（3）利用平面路径无关条件计算。若 $Q_x=P_y$，则可选择适当路径（如折线）计算。若原函数方便求出，直接用原函数求曲线积分。

（4）若封闭平面曲线内有"奇点"（即 Q_x、P_y 在该点不连续），先添加若干适当光滑的、充分小的封闭曲线"挖去"这些"奇点"，然后在去掉"奇点"的区域上重复前述方法。

例 11-6　设椭圆 $\dfrac{x^2}{4}+\dfrac{y^2}{9}=1$ 在点 $A\left(1,\dfrac{3\sqrt{3}}{2}\right)$ 处的切线交 y 轴于点 B，L 是从 A 到 B 的直线段，求 $I=\displaystyle\int_L\left(\dfrac{\sin y}{x+1}-\sqrt{3}\,y\right)\mathrm{d}x+[\cos y\ln(x+1)-\sqrt{3}\,]\mathrm{d}y$。

分析　首先求出切线方程。但直接化作定积分计算会导致计算过程十分复杂，于是考虑借助于格林公式化作二重积分计算。由于积分曲线不封闭，故采用添补线段法处理。通常添补的辅助线是坐标轴上的线段或与坐标轴平行的线段。这样沿辅助线段的积分至少有 $\mathrm{d}x=0$ 或 $\mathrm{d}y=0$，因此在补线上的曲线积分容易算出。

解　容易求得椭圆在点 A 处的切线方程为

$$y-\frac{3\sqrt{3}}{2}=-\frac{3}{2\sqrt{3}}(x-1),$$

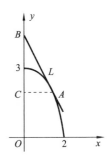

图 11-4

令 $x=0$，得点 B 的坐标 $(0,2\sqrt{3})$，取点 C 的坐标 $\left(0,\dfrac{3\sqrt{3}}{2}\right)$，补直线段 BC：$x=0$（y 从 $2\sqrt{3}$ 到 $\dfrac{3\sqrt{3}}{2}$）；CA：$y=\dfrac{3\sqrt{3}}{2}$（x 从 0 到 1），则 $L+BC+CA$ 封闭，且取逆时针方向（见图 11-4）。因

$$P_y=\frac{\cos y}{x+1}-\sqrt{3},\quad Q_x=\frac{\cos y}{x+1},\quad Q_x-P_y=\sqrt{3},$$

于是

$$\oint_{L+BC+CA}\left(\frac{\sin y}{x+1}-\sqrt{3}\,y\right)\mathrm{d}x+[\cos y\ln(x+1)-\sqrt{3}\,]\mathrm{d}y=\sqrt{3}\iint_D\mathrm{d}x\mathrm{d}y=\frac{3}{4},$$

而

$$\int_{BC}\left(\frac{\sin y}{x+1}-\sqrt{3}\,y\right)\mathrm{d}x+[\cos y\ln(x+1)-\sqrt{3}\,]\mathrm{d}y=\int_{2\sqrt{3}}^{\frac{3\sqrt{3}}{2}}(-\sqrt{3})\mathrm{d}y=\frac{3}{2};$$

$$\int_{CA}\left(\frac{\sin y}{x+1}-\sqrt{3}\,y\right)\mathrm{d}x+[\cos y\ln(x+1)-\sqrt{3}\,]\mathrm{d}y=\int_0^1\left(\frac{\sin\frac{3\sqrt{3}}{2}}{x+1}-\frac{9}{2}\right)\mathrm{d}x$$

$$=\sin\frac{3\sqrt{3}}{2}\ln2-\frac{9}{2},$$

所以

$$I=\frac{15}{4}-\sin\frac{3\sqrt{3}}{2}\ln2.$$

例 11-7　计算 $I=\displaystyle\int_{AmB}[\varphi(y)\mathrm{e}^x-my]\mathrm{d}x+[\varphi'(y)\mathrm{e}^x-m]\mathrm{d}y$，其中 φ,φ' 为连续函数，AmB 为连接点 $A(x_1,y_1)$，$B(x_2,y_2)$ 的任一路径，它与直线段 AB 围成的区域 D 的面积等于给定值 S。

分析　由于积分曲线段 AmB 方程未知，只好补充有向线段形成闭路；闭路上的积分可以借助格林公式计算，而减去的有向线段部分恰好可以改写为全微分而求出结果。

解　如图 11-5 所示,在曲线 AmB 上的积分可以写成闭路 $AmBA$ 上的积分与直线段 AB 上的积分之和,即 $I=I_1+I_2$,其中

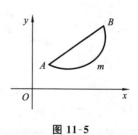

图 11-5

$$I_1=\oint_{AmBA}[\varphi(y)\mathrm{e}^x-my]\mathrm{d}x+[\varphi'(y)\mathrm{e}^x-m]\mathrm{d}y,$$

$$I_2=\int_{AB}[\varphi(y)\mathrm{e}^x-my]\mathrm{d}x+[\varphi'(y)\mathrm{e}^x-m]\mathrm{d}y,$$

由格林公式

$$I_1=\pm\iint_D\left\{\frac{\partial}{\partial x}[\varphi'(y)\mathrm{e}^x-m]-\frac{\partial}{\partial y}[\varphi(y)\mathrm{e}^x-my]\right\}\mathrm{d}x\mathrm{d}y$$

$$=\pm m\iint_D\mathrm{d}x\mathrm{d}y=\pm mS。$$

其中,当 $AmBA$ 为逆时针方向时,取"+",否则取"−"。

为计算 I_2,将被积函数表达式改写成

$$[\varphi(y)\mathrm{e}^x-my]\mathrm{d}x+[\varphi'(y)\mathrm{e}^x-m]\mathrm{d}y$$

$$=[\varphi(y)\mathrm{e}^x-my]\mathrm{d}x+[\varphi'(y)\mathrm{e}^x-mx]\mathrm{d}y+m(x-1)\mathrm{d}y$$

$$=\mathrm{d}[\varphi(y)\mathrm{e}^x-mxy]+m(x-1)\mathrm{d}y,$$

而

$$\int_{AB}\mathrm{d}[\varphi(y)\mathrm{e}^x-mxy]=[\varphi(y)\mathrm{e}^x-mxy]_A^B=\varphi(y_2)\mathrm{e}^{x_2}-\varphi(y_1)\mathrm{e}^{x_1}-m(x_2y_2-x_1y_1),$$

因为线段 AB 的方程为 $y=y_1+\dfrac{y_2-y_1}{x_2-x_1}(x-x_1)$,故 $\mathrm{d}y=\dfrac{y_2-y_1}{x_2-x_1}\mathrm{d}x$。于是

$$\int_{AB}m(x-1)\mathrm{d}y=m\frac{y_2-y_1}{x_2-x_1}\int_{x_1}^{x_2}(x-1)\mathrm{d}x=\frac{m}{2}\frac{y_2-y_1}{x_2-x_1}[(x_2-1)^2-(x_1-1)^2]$$

$$=\frac{m}{2}(y_2-y_1)(x_1+x_2-2)。$$

将所有结果相加,得

$$I=\pm mS+\varphi(y_2)\mathrm{e}^{x_2}-\varphi(y_1)\mathrm{e}^{x_1}-m(x_2y_2-x_1y_1)+\frac{m}{2}(y_2-y_1)(x_1+x_2-2)。$$

例 11-8　计算曲线积分 $I=\oint_L\dfrac{x\mathrm{d}y-y\mathrm{d}x}{[(\alpha x+\beta y)^2+(\gamma x+\delta y)^2]^n}(\alpha\delta-\beta\gamma>0)$,其中 L 为椭圆 $(\alpha x+\beta y)^2+(\gamma x+\delta y)^2=1$ 的逆时针方向。

分析　由于所给平面曲线非标准形式(一般指含有乘积项 xy,几何图形表现为曲线对称轴和坐标轴不重合),故采用两种方法,一种方法是选择适当的参数方程直接计算;另一种方法是用格林公式化为二重积分,再用一般变换公式求出结果。

解　**方法一**　由已知条件,先化简被积表达式,得

$$I=\oint_L x\mathrm{d}y-y\mathrm{d}x,$$

由所给的曲线方程形式,可设曲线 L 的参数方程为

$$\begin{cases} \alpha x + \beta y = \cos t \\ \gamma x + \delta y = \sin t \end{cases} (t:0 \to 2\pi)。$$

则

$$\begin{cases} x = \dfrac{1}{\alpha\delta - \beta\gamma}(\delta\cos t - \beta\sin t)，\\[2mm] y = \dfrac{1}{\alpha\delta - \beta\gamma}(\alpha\sin t - \gamma\cos t)，\end{cases}$$

所以

$$I = \int_0^{2\pi} \frac{1}{\alpha\delta - \beta\gamma}(\delta\cos t - \beta\sin t)\mathrm{d}\left[\frac{1}{\alpha\delta - \beta\gamma}(\alpha\sin t - \gamma\cos t)\right]$$
$$- \int_0^{2\pi} \frac{1}{\alpha\delta - \beta\gamma}(\alpha\sin t - \gamma\cos t)\mathrm{d}\left[\frac{1}{\alpha\delta - \beta\gamma}(\delta\cos t - \beta\sin t)\right]。$$

再由 $[0,2\pi]$ 上三角函数系 $1, \sin x, \cos x, \sin 2x, \cos 2x, \cdots$ 的正交性，可得

$$I = \frac{1}{(\alpha\delta - \beta\gamma)^2}\int_0^{2\pi}(\alpha\delta - \beta\gamma)\mathrm{d}t = \frac{2\pi}{\alpha\delta - \beta\gamma}。$$

方法二 由格林公式，得

$$I = \oint_L x\mathrm{d}y - y\mathrm{d}x = 2\iint_D \mathrm{d}x\mathrm{d}y，$$

其中 D 是曲线 L 所围区域，这是一个非标准椭圆区域。为求出其面积，需作下面的一般变换。

令 $\begin{cases} u = \alpha x + \beta y，\\ v = \gamma x + \delta y，\end{cases}$ 则

$$\frac{\partial(x,y)}{\partial(u,v)} = \frac{1}{\dfrac{\partial(u,v)}{\partial(x,y)}} = \frac{1}{\begin{vmatrix} \alpha & \beta \\ \gamma & \delta \end{vmatrix}} = \frac{1}{\alpha\delta - \beta\gamma}，$$

且将区域 D 化为圆域 $D': u^2 + v^2 \leqslant 1$，所以

$$\iint_D f(x,y)\mathrm{d}x\mathrm{d}y = \iint_{D'} f[x(u,v), y(u,v)]\left|\frac{\partial(x,y)}{\partial(u,v)}\right|\mathrm{d}u\mathrm{d}v，$$

于是

$$I = \frac{2}{\alpha\delta - \beta\gamma}\iint_{D'}\mathrm{d}u\mathrm{d}v = \frac{2\pi}{\alpha\delta - \beta\gamma}。$$

注 方法一是计算曲线积分的基本方法，但由于曲线方程是非标准方程，计算过程显得较复杂；而方法二通过格林公式转换后，积分化为很简单的形式，易通过一般变换求得其结果。

例 11-9 设 $I(r) = \oint_L \dfrac{x\mathrm{d}y - y\mathrm{d}x}{(x^2 + y^2)^k}$，其中 k 为常数，L 为曲线 $x^2 + xy + y^2 = r^2$，依逆时针方向，求 $\lim\limits_{r \to +\infty} I(r)$。

分析 因为所给积分曲线为非标准形式，故先作变换去掉乘积项后，易知曲线的参数方程，从而计算结果。

解　作变换 $x=u+v, y=u-v$,将 L 的方程化为

$$\frac{u^2}{\left(\dfrac{r}{\sqrt{3}}\right)^2}+\frac{v^2}{r^2}=1,$$

从而 L 的参数方程为 $u=\dfrac{r}{\sqrt{3}}\cos\theta, v=r\sin\theta, \theta\in[-\pi,\pi]$,故

$$x=\frac{r}{\sqrt{3}}\cos\theta+r\sin\theta, \quad y=\frac{r}{\sqrt{3}}\cos\theta-r\sin\theta,$$

于是　　$I(r)=\oint_L\dfrac{x\,\mathrm{d}y-y\,\mathrm{d}x}{(x^2+y^2)^k}=\dfrac{2^{1-k}3^{k-\frac{1}{2}}}{r^{2(k-1)}}\displaystyle\int_{-\pi}^{\pi}\dfrac{\mathrm{d}\theta}{(\cos^2\theta+3\sin^2\theta)^k}$

$$=\frac{2^{2-k}3^{k-\frac{1}{2}}}{r^{2(k-1)}}\int_0^{\pi}\frac{\mathrm{d}\theta}{(\cos^2\theta+3\sin^2\theta)^k}。$$

因此,当 $k>1$ 时,有

$$\lim_{r\to+\infty}I(r)=\lim_{r\to+\infty}\frac{2^{2-k}3^{k-\frac{1}{2}}}{r^{2(k-1)}}\int_0^{\pi}\frac{\mathrm{d}\theta}{(\cos^2\theta+3\sin^2\theta)^k}=0;$$

当 $k<1$ 时,有

$$\lim_{r\to+\infty}I(r)=\lim_{r\to+\infty}\frac{2^{2-k}3^{k-\frac{1}{2}}}{r^{2(k-1)}}\int_0^{\pi}\frac{\mathrm{d}\theta}{(\cos^2\theta+3\sin^2\theta)^k}=+\infty;$$

当 $k=1$ 时,有

$$\lim_{r\to+\infty}I(r)=2\sqrt{3}\int_0^{\pi}\frac{\mathrm{d}\theta}{\cos^2\theta+3\sin^2\theta}=4\sqrt{3}\int_0^{\frac{\pi}{2}}\frac{\mathrm{d}\theta}{\cos^2\theta+3\sin^2\theta}$$

$$=4\int_0^{\frac{\pi}{2}}\frac{\mathrm{d}(\sqrt{3}\tan\theta)}{1+(\sqrt{3}\tan\theta)^2}=4\arctan(\sqrt{3}\tan\theta)\Big|_0^{\frac{\pi}{2}}=2\pi。$$

【题型 11-3】　空间第二型曲线积分

策略　先考虑将积分曲线化为参数方程直接计算,其次考虑用斯托克斯公式或其他方法计算。对空间曲线 $\begin{cases}F(x,y,z)=0,\\ G(x,y,z)=0,\end{cases}$ 可用以下 3 种方法求得参数方程。

(1) 从 $\begin{cases}F(x,y,z)=0,\\ G(x,y,z)=0\end{cases}$ 中解出两个变量。不妨设可解出 y,z,则参数方程为

$$x=x, \quad y=y(x), \quad z=z(x)。$$

(2) 从 $\begin{cases}F(x,y,z)=0,\\ G(x,y,z)=0\end{cases}$ 中消去一个变量,如消去 z,得平面曲线 $f(x,y)=0$,这实际上是空间曲线在 xOy 平面上的投影。先写出 $f(x,y)=0$ 的参数方程 $x=x(t)$, $y=y(t)$,然后代入原方程中的某一个方程,得 $z=z(t)$。空间曲线的参数方程为

$$x=x(t), \quad y=y(t), \quad z=z(t)。$$

(3) 将柱面坐标或球面坐标代入,得

$$
\begin{cases}
F(r\cos\theta, r\sin\theta, z) = 0, \\
G(r\cos\theta, r\sin\theta, z) = 0,
\end{cases}
$$

或

$$
\begin{cases}
F(\rho\sin\varphi\cos\theta, \rho\sin\varphi\sin\theta, \rho\cos\varphi) = 0, \\
G(\rho\sin\varphi\cos\theta, \rho\sin\varphi\sin\theta, \rho\cos\varphi) = 0,
\end{cases}
$$

若能将其中两个变量表示成另一个变量的函数,也可得到参数方程。

若空间曲线方程为 $\begin{cases} F(x,y,z) = 0, \\ Ax + By + Cz + D = 0 (C \neq 0), \end{cases}$ 则可以通过其中的平面方程

解出 z,将原曲线积分化作 xOy 平面上的第二型曲线积分,简化计算。这种方法称为 "降维法"。

例 11-10 求 $I = \oint_L (z - y)dx + (x - z)dy + (x - y)dz$,其中 L: $\begin{cases} x^2 + y^2 = 1, \\ x - y + z = 2, \end{cases}$ 且从 z 轴正方向看,L 取顺时针方向。

解 方法一 用参数方程直接化作定积分。不难得到 L 的参数方程为

$$
\begin{cases}
x = \cos t \\
y = \sin t \qquad\qquad (t \text{ 从 } 2\pi \text{ 到 } 0), \\
z = 2 - \cos t + \sin t
\end{cases}
$$

所以

$$
I = -\int_0^{2\pi} \left[(2 - \cos t)(-\sin t) + (2\cos t - \sin t - 2)\cos t + (\cos t - \sin t)(\sin t + \cos t) \right] dt
$$

$$
= -\int_0^{2\pi} (-2\cos t - 2\sin t + 3\cos^2 t - \sin^2 t) dt = -\int_0^{2\pi} (1 + 2\cos 2t) dt = -2\pi。
$$

方法二 利用斯托克斯公式化为第一型曲面积分。由于从 z 轴正向看去,L 取顺时针方向,依右手规则,取 L 所围成的平面 $x - y + z = 2$ 的下侧为积分曲面 S,S 的单位法矢量为 $\boldsymbol{n} = \left\{ -\dfrac{1}{\sqrt{3}}, \dfrac{1}{\sqrt{3}}, -\dfrac{1}{\sqrt{3}} \right\}$。于是

$$
I = -\frac{1}{\sqrt{3}} \iint_S \begin{vmatrix} 1 & -1 & 1 \\ \dfrac{\partial}{\partial x} & \dfrac{\partial}{\partial y} & \dfrac{\partial}{\partial z} \\ z - y & x - z & x - y \end{vmatrix} dS = -\frac{1}{\sqrt{3}} \iint_{x^2 + y^2 \leqslant 1} 2\sqrt{3}\, dx dy
$$

$$
= -2\pi \quad (dS = \sqrt{3}\, dx dy)。
$$

方法三 代入平面方程,化成平面曲线积分。记 L_1 为 L 在 xOy 平面上的投影,取顺时针方向,将 $z = 2 - x + y$ 代入,得

$$
I = \oint_{L_1} (2 - x + y - y)dx + (x - 2 + x - y)dy + (x - y)(-dx + dy)
$$

$$
= \oint_{L_1} (2 - 2x + y)dx + (3x - 2 - 2y)dy = -\iint_{x^2 + y^2 \leqslant 1} (3 - 1)dx dy = -2\pi。
$$

例 11-11 设曲线 Γ 为曲面 $x^2+y^2+2z^2=a^2$ 和平面 $x+y+z=0$ 的交线。若曲线取逆时针方向,求力 $\boldsymbol{F}=\{x-y,y-z,z-x\}$ 绕 Γ 一周所做的功。

分析 该题的困难在于无论是用"降维法"还是用斯托克斯公式,最后都要涉及在坐标面的投影是非标准型方程的问题。需通过变换将平面曲线化为标准型再求其面积。

解 方法一 由功的定义,知

$$W = \oint_\Gamma \boldsymbol{F} \cdot \mathrm{d}\boldsymbol{s} = \oint_\Gamma (x-y)\mathrm{d}x + (y-z)\mathrm{d}y + (z-x)\mathrm{d}z ,$$

记 $L: \begin{cases} x^2+y^2+2(x+y)^2=a^2, \\ z=0 \end{cases}$ 为 Γ 在 xOy 平面上的投影且取逆时针方向,将 $z=-x-y, \mathrm{d}z=-\mathrm{d}x-\mathrm{d}y$ 代入,得

$$W = \oint_L 3x\mathrm{d}x + 3(x+y)\mathrm{d}y = 3\iint_D \mathrm{d}x\mathrm{d}y (D: 3x^2+4xy+3y^2 \leqslant a^2) 。$$

做代换 $\begin{cases} u=x+\dfrac{2}{3}y \\ v=\dfrac{\sqrt{5}}{3}y \end{cases}$ 或 $\begin{cases} x=u-\dfrac{2}{\sqrt{5}}y \\ y=\dfrac{3}{\sqrt{5}}v \end{cases}$,则 $|J|=\dfrac{3}{\sqrt{5}}$,积分区域 D 变为 $D': u^2+v^2 \leqslant \dfrac{a^2}{3}$,

所以

$$W = 3 \cdot \frac{3}{\sqrt{5}}\iint_{D'} \mathrm{d}u\mathrm{d}v = \frac{3}{\sqrt{5}}\pi a^2 。$$

注 对 $3x^2+4xy+3y^2=a^2$ 作正交变化也是不错的选择。

记 $f=3x^2+4xy+3y^2$,其对应矩阵为 $\boldsymbol{A}=\begin{pmatrix} 3 & 2 \\ 2 & 3 \end{pmatrix}$。由

$$|\boldsymbol{A}-\lambda\boldsymbol{E}| = \begin{vmatrix} 3-\lambda & 2 \\ 2 & 3-\lambda \end{vmatrix} = (1-\lambda)(5-\lambda),$$

得特征值为 $\lambda_1=5, \lambda_2=1$,对应的正交特征矢量为

$$\boldsymbol{\xi}_1 = \frac{1}{\sqrt{2}}\begin{pmatrix} 1 \\ 1 \end{pmatrix}, \quad \boldsymbol{\xi}_2 = \frac{1}{\sqrt{2}}\begin{pmatrix} -1 \\ 1 \end{pmatrix},$$

相应的正交变换为 $x=\dfrac{1}{\sqrt{2}}(u-v), y=\dfrac{1}{\sqrt{2}}(u+v)$,代入 f,得 $f=5u^2+v^2$,从而区域 D 的面积为 $\dfrac{1}{\sqrt{5}}\pi a^2$。

方法二 设 Σ 是由 Γ 张成的且以 Γ 为边界的曲面,方向朝上,由公式,得

$$W = \iint_\Sigma \begin{vmatrix} \mathrm{d}y\mathrm{d}z & \mathrm{d}z\mathrm{d}x & \mathrm{d}x\mathrm{d}y \\ \dfrac{\partial}{\partial x} & \dfrac{\partial}{\partial y} & \dfrac{\partial}{\partial z} \\ x-y & y-z & z-x \end{vmatrix} = \iint_\Sigma \mathrm{d}y\mathrm{d}z + \mathrm{d}z\mathrm{d}x + \mathrm{d}x\mathrm{d}y。$$

由 $z=-x-y$，得 $z'_x=-1, z'_y=-1$。用"统一投影法"得

$$W=\iint\limits_D(1+1+1)\mathrm{d}x\mathrm{d}y=3\iint\limits_D\mathrm{d}x\mathrm{d}y=\frac{3}{\sqrt 5}\pi a^2,$$

其中最后一个等号用了方法一关于 D 的面积的结论。

【题型 11-4】　曲线积分与路径无关的条件的应用

策略　先判断平面曲线积分是否与路径无关，若无关则可求出待定函数（如果存在）或选择合适的路径计算曲线积分。

例 11-12　已知曲线积分 $\displaystyle\int_L\frac{1}{\varphi(x)+y^2}(x\mathrm{d}y-y\mathrm{d}x)=A$（常数），其中 $\varphi(x)$ 是可导函数且 $\varphi(1)=1$，L 是绕原点 $(0,0)$ 一周的任意正向闭曲线，试求出 $\varphi(x), A$。

分析　原积分曲线所围区域含有奇点 $(0,0)$。故先证明题设条件下曲线积分与路径无关，从而求出 $\varphi(x)$，再取适当路径求出 A。

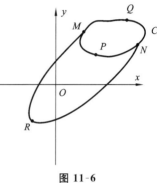

解　如图 11-6 所示，在平面上任取一条不经过原点，也不包含原点的正向闭曲线 C，在 C 上任取两点 M, N，分别作两条包含原点的曲线 $\overrightarrow{MRNPM}$ 和 $\overrightarrow{MRNQM}$。由于

$$\int_{\overrightarrow{MRNPM}}\frac{1}{\varphi(x)+y^2}(x\mathrm{d}y-y\mathrm{d}x)$$

$$=A=\int_{\overrightarrow{MRNQM}}\frac{1}{\varphi(x)+y^2}(x\mathrm{d}y-y\mathrm{d}x),$$

图 11-6

即

$$\int_{\overrightarrow{MRN}}\frac{1}{\varphi(x)+y^2}(x\mathrm{d}y-y\mathrm{d}x)+\int_{\overrightarrow{NPM}}\frac{1}{\varphi(x)+y^2}(x\mathrm{d}y-y\mathrm{d}x)$$

$$=\int_{\overrightarrow{MRN}}\frac{1}{\varphi(x)+y^2}(x\mathrm{d}y-y\mathrm{d}x)+\int_{\overrightarrow{NQM}}\frac{1}{\varphi(x)+y^2}(x\mathrm{d}y-y\mathrm{d}x),$$

所以

$$\int_{\overrightarrow{NPM}}\frac{1}{\varphi(x)+y^2}(x\mathrm{d}y-y\mathrm{d}x)-\int_{\overrightarrow{NQM}}\frac{1}{\varphi(x)+y^2}(x\mathrm{d}y-y\mathrm{d}x)$$

$$=\int_{\overrightarrow{NPMQN}}\frac{1}{\varphi(x)+y^2}(x\mathrm{d}y-y\mathrm{d}x)=\oint_C\frac{1}{\varphi(x)+y^2}(x\mathrm{d}y-y\mathrm{d}x)=0,$$

由 C 的任意性知，积分与路径无关，所以 $\dfrac{\partial P}{\partial y}=\dfrac{\partial Q}{\partial x}$，即

$$\frac{-\varphi(x)+y^2}{[\varphi(x)+y^2]^2}=\frac{\varphi(x)+y^2-x\varphi'(x)}{[\varphi(x)+y^2]^2},\text{得}-\varphi(x)+y^2=\varphi(x)+y^2-x\varphi'(x),$$

由此可解得 $\varphi(x)=x^2$。

为计算 A，可令 $L: x^2+y^2=1$，取正向，所围区域记为 D，则

$$A=\int_L\frac{x\mathrm{d}y-y\mathrm{d}x}{x^2+y^2}=\int_L x\mathrm{d}y-y\mathrm{d}x。$$

再由格林公式，得

$$A=2\iint\limits_D\mathrm{d}x\mathrm{d}y=2\pi。$$

例 11-13　设函数 $u(x,y),v(x,y)$ 具有一阶连续偏导数,且满足 $\dfrac{\partial u}{\partial x}=\dfrac{\partial v}{\partial y},\dfrac{\partial u}{\partial y}=$ $-\dfrac{\partial v}{\partial x}$,证明: $\oint_C \dfrac{1}{x^2+y^2}[(xv-yu)\mathrm{d}x+(xu+yv)\mathrm{d}y]=2\pi u(0,0)$,其中 C 为包围原点的正向闭曲线。

分析　因为所给积分曲线方程未知,故先证明题设条件下曲线积分与路径无关,再选择适当的积分路径计算。

证明　设 $P=\dfrac{xv-yu}{x^2+y^2},Q=\dfrac{xu+yv}{x^2+y^2}$,则

$$P_y=\frac{1}{(x^2+y^2)^2}[(xv_y-u-yu_y)(x^2+y^2)-2y(xv-yu)],$$

$$Q_x=\frac{1}{(x^2+y^2)^2}[(u+xu_x+yv_x)(x^2+y^2)-2x(xu+yv)],$$

将已知 $u_x=v_y,u_y=-v_x$ 代入上式,从而有,当 $(x,y)\neq(0,0)$时, $P_y=Q_x$,故当 $(x,y)\neq(0,0)$时,积分与路径无关。

取 $C_1:x^2+y^2=\varepsilon^2$,正向且含在 C 内, C,C_1 所围区域为 D,C_1 所围区域为 D_1(见图 11-7),由格林公式得

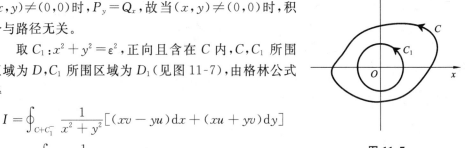

图 11-7

$$I=\oint_{C+C_1^-}\frac{1}{x^2+y^2}[(xv-yu)\mathrm{d}x+(xu+yv)\mathrm{d}y]$$
$$+\oint_{C_1}\frac{1}{x^2+y^2}[(xv-yu)\mathrm{d}x+(xu+yv)\mathrm{d}y]$$
$$=\iint_D 0\mathrm{d}x\mathrm{d}y+\oint_{C_1}\frac{1}{x^2+y^2}[(xv-yu)\mathrm{d}x+(xu+yv)\mathrm{d}y]$$
$$=\oint_{C_1}\frac{1}{x^2+y^2}[(xv-yu)\mathrm{d}x+(xu+yv)\mathrm{d}y]$$
$$=\frac{1}{\varepsilon^2}\iint_{D_1}[2u+x(u_x-v_y)+y(v_x+u_y)]\mathrm{d}x\mathrm{d}y$$
$$=\frac{1}{\varepsilon^2}\iint_{D_1}2u\mathrm{d}x\mathrm{d}y=\frac{2}{\varepsilon^2}\cdot u(\xi,\eta)\cdot\pi\varepsilon^2=2\pi u(\xi,\eta),$$

其中,(ξ,η) 为 D_1 内某一点。上式两边取极限,得

$$I=\lim_{\varepsilon\to 0}I=\lim_{\varepsilon\to 0}2\pi u(\xi,\eta)=2\pi u(0,0)。$$

【题型 11-5】 综合题

例 11-14　若 $\Delta u=\dfrac{\partial^2 u}{\partial x^2}+\dfrac{\partial^2 u}{\partial y^2}=0$,则称 $u=u(x,y)$ 为调和函数。

(1) 证明 $u=u(x,y)$ 为调和函数的充要条件是 $\oint_L \dfrac{\partial u}{\partial \boldsymbol{n}}\mathrm{d}s=0$,其中 L 为任意封闭

曲线，$\dfrac{\partial u}{\partial \boldsymbol{n}}$ 为沿曲线 L 的外法线方向的方向导数。

（2）设 $u=u(x,y)$ 在单连通区域 G 内是调和函数，记 $v(x,y)=\displaystyle\int_{(x_0,y_0)}^{(x,y)}\dfrac{\partial u}{\partial \boldsymbol{n}}\mathrm{d}s$，证明 $v(x,y)$ 在 G 内也是调和函数。

分析　本题关键是要将函数 $u=u(x,y)$ 沿曲线 L 的外法线方向的方向导数关于沿曲线 L 的第一型曲线积分化为第二型曲线积分，再由格林公式转换为二重积分。

证明　（1）由格林公式，得

$$\oint_L \frac{\partial u}{\partial \boldsymbol{n}}\mathrm{d}s = \oint_L u_x \mathrm{d}y - u_y \mathrm{d}x = \iint_D (u_{xx}+u_{yy})\mathrm{d}x\mathrm{d}y,$$

显然，由上式即知 $u=u(x,y)$ 为调和函数的充要条件是 $\displaystyle\oint_L \frac{\partial u}{\partial \boldsymbol{n}}\mathrm{d}s = 0$。

（2）由（1）知曲线积分 $\displaystyle\int_L \frac{\partial u}{\partial \boldsymbol{n}}\mathrm{d}s$ 与路径无关，可选积分路径为折线：$(x_0,y_0)\rightarrow(x,y_0)\rightarrow(x,y)$，于是

$$v(x,y)=\int_{(x_0,y_0)}^{(x,y)}\frac{\partial u}{\partial \boldsymbol{n}}\mathrm{d}s = \int_{(x_0,y_0)}^{(x,y)} u_x\mathrm{d}y - u_y\mathrm{d}x = \int_{x_0}^{x}-u_y\mathrm{d}x + \int_{y_0}^{y}u_x\mathrm{d}y,$$

所以 $v_x=-u_y,v_y=u_x$；$v_{xx}=-u_{yx},v_{yy}=u_{xy},v_{xx}+v_{yy}=-u_{yx}+u_{xy}=0$；故 $v(x,y)$ 在 G 内也是调和函数。

例 11-15　设函数 $f(x,y)$ 在区域 $D:x^2+y^2\leqslant 1$ 上有二阶连续偏导数，且 $\dfrac{\partial^2 f}{\partial x^2}+\dfrac{\partial^2 f}{\partial y^2}=\mathrm{e}^{-(x^2+y^2)}$。证明：$\displaystyle\iint_D\left(x\frac{\partial f}{\partial x}+y\frac{\partial f}{\partial y}\right)\mathrm{d}x\mathrm{d}y=\dfrac{\pi}{2\mathrm{e}}$。

分析　关键是要将条件等式左边 $\dfrac{\partial^2 f}{\partial x^2}+\dfrac{\partial^2 f}{\partial y^2}$ 理解为曲线积分 $\displaystyle\oint_C \frac{\partial f}{\partial x}\mathrm{d}y - \frac{\partial f}{\partial y}\mathrm{d}x$ 应用格林公式的结果。为此通过一系列的转换，将目标等式的左边导出含有形式 $\displaystyle\oint_C \frac{\partial f}{\partial x}\mathrm{d}y - \frac{\partial f}{\partial y}\mathrm{d}x$ 的积分。

证明　令 $x=r\cos\theta,y=r\sin\theta$，则

$$\iint_D\left(x\frac{\partial f}{\partial x}+y\frac{\partial f}{\partial y}\right)\mathrm{d}x\mathrm{d}y=\int_0^{2\pi}\mathrm{d}\theta\int_0^1\left(r\cos\theta\frac{\partial f}{\partial x}+r\sin\theta\frac{\partial f}{\partial y}\right)r\mathrm{d}r,$$

交换积分次序，得

$$\iint_D\left(x\frac{\partial f}{\partial x}+y\frac{\partial f}{\partial y}\right)\mathrm{d}x\mathrm{d}y=\int_0^1 r\mathrm{d}r\int_0^{2\pi}\left(r\cos\theta\frac{\partial f}{\partial x}+r\sin\theta\frac{\partial f}{\partial y}\right)\mathrm{d}\theta。$$

若记 L_r 为半径为 r 的正向圆周 $x^2+y^2=r^2$，D_r 为 L_r 所围区域（见图 11-8），则

$$\iint_D\left(x\frac{\partial f}{\partial x}+y\frac{\partial f}{\partial y}\right)\mathrm{d}x\mathrm{d}y=\int_0^1 r\mathrm{d}r\int_0^{2\pi}\left(r\cos\theta\frac{\partial f}{\partial x}+r\sin\theta\frac{\partial f}{\partial y}\right)\mathrm{d}\theta$$

$$=\int_0^1 r\mathrm{d}r\left[\oint_{L_r}\left(\frac{\partial f}{\partial x}\mathrm{d}y-\frac{\partial f}{\partial y}\mathrm{d}x\right)\right]$$

$$= \int_0^1 r \mathrm{d}r \iint\limits_{D_r} \left(\frac{\partial^2 f}{\partial x^2} + \frac{\partial^2 f}{\partial y^2} \right) \mathrm{d}x\mathrm{d}y$$

$$= \int_0^1 r \mathrm{d}r \iint\limits_{D_r} \mathrm{e}^{-(x^2+y^2)} \mathrm{d}x\mathrm{d}y$$

$$= \int_0^1 r \left(\int_0^{2\pi} \mathrm{d}t \int_0^r \mathrm{e}^{-s^2} s\mathrm{d}s \right) \mathrm{d}r$$

$$= 2\pi \int_0^1 r \left(\int_0^r \mathrm{e}^{-s^2} s\mathrm{d}s \right) \mathrm{d}r = \frac{\pi}{2\mathrm{e}}.$$

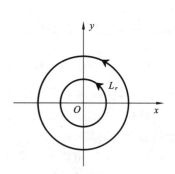

图 11-8

例 11-16 设 $f(x,y)$ 为具有二阶连续偏导数的二次齐次函数,即对任何 x,y,t 有 $f(tx,ty)=t^2 f(x,y)$ 成立。

(1) 证明:$\left(x \dfrac{\partial}{\partial x} + y \dfrac{\partial}{\partial y} \right)^2 f(x,y) = 2f(x,y)$;

(2) 设 D 是由 $L:x^2+y^2=4$ 所围成的闭区域,证明:

$$\oint_L f(x,y)\mathrm{d}s = \iint\limits_D \mathrm{div}(\mathrm{grad}f(x,y))\mathrm{d}\sigma.$$

分析 本题涉及齐次函数、梯度、方向导数、格林公式的综合应用。

证明 (1) 由方程 $f(tx,ty)=t^2 f(x,y)$ 两边对 t 求导,得

$$x f_1(tx,ty) + y f_2(tx,ty) = 2t f(x,y),$$

继续对 t 求导得

$$x^2 f_{11}(tx,ty) + 2xy f_{12}(tx,ty) + y^2 f_{22}(tx,ty) = 2f(x,y),$$

两边同乘 t^2 得

$$(tx)^2 f_{11}(tx,ty) + 2(tx)(ty) f_{12}(tx,ty) + (ty)^2 f_{22}(tx,ty) = 2t^2 f(x,y) = 2f(tx,ty),$$

由此得

$$x^2 f_{xx}(x,y) + 2xy f_{xy}(x,y) + y^2 f_{yy}(x,y) = 2f(x,y),$$

即

$$\left(x \frac{\partial}{\partial x} + y \frac{\partial}{\partial y} \right)^2 f(x,y) = 2f(x,y).$$

(2) 由式 $x f_1(tx,ty) + y f_2(tx,ty) = 2t f(x,y)$ 得

$$tx f_1(tx,ty) + ty f_2(tx,ty) = 2t^2 f(x,y) = 2f(tx,ty),$$

即

$$x f_x(x,y) + y f_y(x,y) = 2f(x,y),$$

而

$$\mathrm{div}(\mathrm{grad}f(x,y)) = f_{xx} + f_{yy}, \quad \oint_L f(x,y)\mathrm{d}s = \frac{1}{2}\oint_L [x f_x + y f_y]\mathrm{d}s,$$

由 $L:x^2+y^2=4$ 得单位外法矢量 $\boldsymbol{n}^\circ = \dfrac{1}{2}\{x,y\}$,故沿 L 正向的单位切矢量为 $\boldsymbol{\tau}^\circ = \dfrac{1}{2}\{-y,x\}$,又恒有 $\boldsymbol{\tau}^\circ = \left\{ \dfrac{\mathrm{d}x}{\mathrm{d}s}, \dfrac{\mathrm{d}y}{\mathrm{d}s} \right\}$,所以

$$\oint_L f(x,y)\mathrm{d}s = \frac{1}{2}\oint_L [x f_x + y f_y]\mathrm{d}s = \oint_L f_x \mathrm{d}y - f_y \mathrm{d}x,$$

再由格林公式得

$$\oint_L f(x,y)\mathrm{d}s = \oint_L f_x\mathrm{d}y - f_y\mathrm{d}x = \iint\limits_D (f_{xx} + f_{yy})\mathrm{d}\sigma = \iint\limits_D \mathrm{div}(\mathrm{grad}f(x,y))\mathrm{d}\sigma.$$

11. 3　精选备赛练习

11.1　(1) 设 $f(x,y)$ 为连续函数,且对任意平面曲线 C 都有 $\oint_C f(x,y)\mathrm{d}s = 0$,证明: $f(x,y) \equiv 0$。

(2) 设 $f(x,y,z)$ 为连续函数,且对任意空间曲面 Σ 都有 $\iint\limits_\Sigma f(x,y,z)\mathrm{d}\sigma = 0$。证明: $f(x,y,z) \equiv 0$。

(3) 设 $P(x,y)$, $Q(x,y)$ 有连续偏导数,且对任意封闭曲线 C,有 $\int_C P\mathrm{d}x + Q\mathrm{d}y = 0$。证明: $\dfrac{\partial P}{\partial y} - \dfrac{\partial Q}{\partial x} \equiv 0$。

11.2　(1) 设 Γ 为自点 $A(x_1,y_1,z_1)$ 到点 $B(x_2,y_2,z_2)$ 的有向光滑曲线弧,函数 $f(x)$, $g(y)$, $h(z)$ 连续。证明:

$$\int_\Gamma f(x)\mathrm{d}x = \int_{x_1}^{x_2} f(x)\mathrm{d}x; \quad \int_\Gamma g(y)\mathrm{d}y = \int_{y_1}^{y_2} g(y)\mathrm{d}y; \quad \int_\Gamma h(z)\mathrm{d}z = \int_{z_1}^{z_2} h(z)\mathrm{d}z.$$

(2) 设 L 为自点 $A(x_1,y_1)$ 到点 $B(x_2,y_2)$ 的有向光滑曲线,$f(u)$ 为连续函数,$u_1 = x_1 y_1$, $u_2 = x_2 y_2$。证明: $\int_L f(xy)(y\mathrm{d}x + x\mathrm{d}y) = \int_{u_1}^{u_2} f(u)\mathrm{d}u$。

(3) 设 L 为自点 $A(x_1,y_1)$ 到点 $B(x_2,y_2)$ 的有向光滑曲线,$\varphi(x,y)$ 有连续偏导数,$f(u)$ 为连续函数,$\varphi(x_1,y_1) = u_1$, $\varphi(x_2,y_2) = u_2$。证明:

$$\int_L f[\varphi(x,y)](\varphi'_x\mathrm{d}x + \varphi'_y\mathrm{d}y) = \int_{u_1}^{u_2} f(u)\mathrm{d}u。$$

11.3　设有向光滑曲线弧 Γ 在 xOy 平面上的投影曲线为 L,其正向与 Γ 的正向相应,且 Γ 在光滑曲面 $z = \varphi(x,y)$ 上,函数 $P(x,y,z)$, $Q(x,y,z)$, $R(x,y,z)$ 连续。证明:

(1) $\int_\Gamma P(x,y,z)\mathrm{d}x + Q(x,y,z)\mathrm{d}y = \int_L P[x,y,\varphi(x,y)]\mathrm{d}x + Q[x,y,\varphi(x,y)]\mathrm{d}y$;

(2) $\int_\Gamma R(x,y,z)\mathrm{d}z = \int_L R[x,y,\varphi(x,y)](\varphi'_x\mathrm{d}x + \varphi'_y\mathrm{d}y)$。

11.4　设当 $\alpha \to 0$ 时,$I_\alpha = \oint_C \dfrac{y\mathrm{d}x - x\mathrm{d}y}{(x^2 + y^2 + xy)^2}$ (其中 C 为有向圆周 $x^2 + y^2 = \dfrac{1}{\alpha^2}$)。证明: I_α 与 α^2 为同阶无穷小量。

11.5 设空间曲线 C 由立方体：$0 \leqslant x \leqslant 1, 0 \leqslant y \leqslant 1, 0 \leqslant z \leqslant 1$ 的表面与平面 $x+y+z=3/2$ 相截而成。计算：$\left| \oint_C (z^2-y^2)\mathrm{d}x + (x^2-z^2)\mathrm{d}y + (y^2-x^2)\mathrm{d}z \right|$。

11.6 设 $f(x)$ 在 $(-\infty, +\infty)$ 内具有连续导数，求 $I = \int_L \dfrac{1+y^2 f(xy)}{y}\mathrm{d}x +$ $\dfrac{x}{y^2}[y^2 f(xy)-1]\mathrm{d}y$，其中 L 是从点 $A(3, 2/3)$ 到点 $B(1,2)$ 的直线段。

11.7 求 $I = \oint_L (y^2+z^2)\mathrm{d}x + (z^2+x^2)\mathrm{d}y + (x^2+y^2)\mathrm{d}z$，其中 L 是球面 $x^2+y^2+z^2=2bx$ 与柱面 $x^2+y^2=2ax (b>a>0)$ 的交线 $(z \geqslant 0)$。L 的方向规定为沿 L 的方向运动时，从 z 轴正向往负向看，曲线 L 所围的部分总在左边。

11.8 设函数 $f(x), g(x)$ 具有二阶连续导数。曲线积分
$$\oint_C [y^2 f(x) + 2y\mathrm{e}^x + 2y g(x)]\mathrm{d}x + 2[y g(x) + f(x)]\mathrm{d}y = 0,$$
其中 C 为平面上任一简单封闭曲线。

(1) 求 $f(x), g(x)$ 使 $f(0)=g(0)=0$；

(2) 计算沿任一条曲线从点 $(0,0)$ 到点 $(1,1)$ 的积分。

11.9 设 $P(x,y), Q(x,y)$ 具有一阶连续偏导数，且对任意实数 x_0, y_0 和任意正实数 R 皆有 $\int_L P(x,y)\mathrm{d}x + Q(x,y)\mathrm{d}y = 0$，其中 L 是半圆：$y = y_0 + \sqrt{R^2-(x-x_0)^2}$。证明：$P(x,y) \equiv 0, \dfrac{\partial Q}{\partial x} \equiv 0$。

11.10 设 L 是不经过点 $(2,0), (-2,0)$ 的分段光滑简单闭曲线，试就 L 的不同情形计算曲线积分
$$I = \oint_L \left[\frac{y}{(2-x)^2+y^2} + \frac{y}{(2+x)^2+y^2} \right]\mathrm{d}x + \left[\frac{2-x}{(2-x)^2+y^2} - \frac{2+x}{(2+x)^2+y^2} \right]\mathrm{d}y。$$

11.11 已知函数 $f(x,y)$ 有一阶连续偏导数，曲线积分 $\int_{(0,0)}^{(t,t^2)} f(x,y)\mathrm{d}x + x\cos y\mathrm{d}y = t^2$ 与路径无关，求 $f(x,y)$。

11.12 设 φ, ψ 有连续导数，对平面上任意一条分段光滑曲线 L，积分 $I = \int_L 2[x\varphi(y) + \psi(y)]\mathrm{d}x + [x^2 \psi(y) + 2xy^2 - 2x\varphi(y)]\mathrm{d}y$ 与路径无关。

(1) 当 $\varphi(0)=-2, \psi(0)=1$ 时，求 $\varphi(x), \psi(x)$；

(2) 设 L 是从点 $(0,0)$ 到点 $(\pi, \pi/2)$ 的分段光滑曲线，求 I。

11.13 设 $f(x)$ 连续可导，$f(1)=1$，G 为不含原点的单连通区域。任取 $M, N \in G$，在 G 内曲线积分 $\int_M^N \dfrac{1}{2x^2+f(y)}(y\mathrm{d}x - x\mathrm{d}y)$ 与路径无关。

(1) 求 $f(x)$；

(2) 求 $\int_\Gamma \dfrac{1}{2x^2+f(y)}(y\mathrm{d}x - x\mathrm{d}y)$，其中 $\Gamma: x^{\frac{2}{3}} + y^{\frac{2}{3}} = a^{\frac{2}{3}}$，取正向。

11.14 设 $f(u)$ 为连续函数，C 为 xOy 平面上分段光滑闭曲线，证明：

$$\oint_C f(x^2 + y^2)(x\mathrm{d}x + y\mathrm{d}y) = 0 。$$

11.15 设曲线 $L: x^2 + y^2 + x + y = 0$ 的方向为逆时针，证明：

$$\frac{\pi}{2} < \int_L -y\sin x^2 \mathrm{d}x + x\cos y^2 \mathrm{d}y < \frac{\pi}{\sqrt{2}} 。$$

11.16 设 Γ 是两球 $x^2 + y^2 + z^2 = 1$ 与 $x^2 + y^2 + z^2 = 2z$ 的交线，其方向与 z 轴的正向满足右手法则，求 $I = \oint_\Gamma |y - x| \mathrm{d}y + z\mathrm{d}z$。

11.17 若对平面上任何简单闭曲线 C 恒有 $\oint_C 2xyf(x^2)\mathrm{d}x + [f(x^2) - x^4]\mathrm{d}y = 0$，其中 $f(x)$ 在 $(-\infty, +\infty)$ 上有连续的一阶导数，且 $f(0) = 2$，试求：

(1) $f(x)$；

(2) $\int_{(0,0)}^{(1,2)} 2xyf(x^2)\mathrm{d}x + [f(x^2) - x^4]\mathrm{d}y$。

11.18 设 $u(x, y)$ 在圆盘 $D: x^2 + y^2 < 1$ 内有二阶连续偏导数，且 $\dfrac{\partial^2 u}{\partial x^2} + \dfrac{\partial^2 u}{\partial y^2} = \mathrm{e}^{-(x^2+y^2)}$，证明：$\int_{C^+} \dfrac{\partial u}{\partial \boldsymbol{n}} \mathrm{d}s = \pi(1 - \mathrm{e}^{-1})$（$\boldsymbol{n}$ 是 C 的外单位法矢量）。

11.19 求 $I = \oint_C \dfrac{(x + y)\mathrm{d}x - (x - y)\mathrm{d}y}{x^2 + y^2}$，其中 C 是绕原点两周的正向闭曲线。

11.20 计算曲线积分 $I = \oint_C (z - y)\mathrm{d}x + (x - z)\mathrm{d}y + (x - y)\mathrm{d}z$，其中 C 是两曲面 $x^2 + y^2 = 1$，$x - y + z = 2$ 的交线，从 z 轴正向往负向看 C 是顺时针。

11.21 计算 $I = \oint_C (y^2 - z^2)\mathrm{d}x + (2z^2 - x^2)\mathrm{d}y + (3x^2 - y^2)\mathrm{d}z$，其中 C 是平面 $x + y + z = 2$ 与柱面 $|x| + |y| = 1$ 的交线，从 z 轴正向往负向看 C 是逆时针。

11.22 已知平面区域 $D = \{(x, y) \mid 0 \leqslant x \leqslant \pi, 0 \leqslant y \leqslant \pi\}$，$L$ 为 D 的边界，试证：

(1) $\oint_L x\mathrm{e}^{\sin y}\mathrm{d}y - y\mathrm{e}^{-\sin x}\mathrm{d}x = \oint_L x\mathrm{e}^{-\sin y}\mathrm{d}y - y\mathrm{e}^{\sin x}\mathrm{d}x$；

(2) $\oint_L x\mathrm{e}^{\sin y}\mathrm{d}y - y\mathrm{e}^{-\sin x}\mathrm{d}x \geqslant \dfrac{81}{32}\pi^2$。

11.23 已知方程 $(6y + x^2 y^2)\mathrm{d}x + (8x + x^3 y)\mathrm{d}y = 0$ 的两边乘以 $y^3 f(x)$ 后成为全微分方程。试求出可导函数 $f(x)$，并解此微分方程。

11.24 确定常数 λ，使在右半平面 $x > 0$ 上的矢量 $\boldsymbol{A}(x, y) = 2xy(x^4 + y^2)^\lambda \boldsymbol{i} - x^2(x^4 + y^2)^\lambda \boldsymbol{j}$ 为某二元函数 $u(x, y)$ 的梯度，并求 $u(x, y)$。

11.25 设 C 是圆周 $(x-1)^2 + (y-1)^2 = 1$ 的正向边界曲线，$f(x)$ 为大于零的连续函数。证明：$\oint_C xf(y)\mathrm{d}y - \dfrac{y}{f(x)}\mathrm{d}x \geqslant 2\pi$。

11.26 设 L 是以点 $(1,0)$ 为中心,以 R 为半径的圆周,取逆时针方向,$R>1$。证明:

(1) $I = \oint_L \dfrac{x\,\mathrm{d}y - y\,\mathrm{d}x}{4x^2 + y^2} = \pi$;

(2) $I = \oint_L \dfrac{x\,\mathrm{d}y - y\,\mathrm{d}x}{a^2 x^2 + b^2 y^2} = \dfrac{2\pi}{ab}$。

11.27 已知曲线积分 $I = \displaystyle\int_L \dfrac{(x-1)\,\mathrm{d}y - y\,\mathrm{d}x}{(x-1)^2 + f(y)} = A$(常数),其中 $f(y)$ 是可导函数且 $f(1)=4$,L 是绕点 $(1,0)$ 一周的任意正向闭曲线。试求 $f(y)$ 及常数 A。

11.28 设函数 $u(x,y)$ 在区域 $D: x^2 + y^2 \leqslant a^2 (a>0)$ 上有二阶连续偏导数,且 $\dfrac{\partial^2 u}{\partial x^2} + \dfrac{\partial^2 u}{\partial y^2} = \sin(x^2 + y^2)$,求 $I = \displaystyle\iint_D \left(x\,\dfrac{\partial u}{\partial x} + y\,\dfrac{\partial u}{\partial y} \right) \mathrm{d}x\mathrm{d}y$。

11. 4　答案与提示

11.1 (1) 提示:用反证法;(2) 提示:用反证法;(3) 提示:用格林公式 。

11.2 (1) 提示:化为参数方程;(2) 提示:利用全微分;(3) 提示:令 $u = \varphi(x,y)$,其他与上题类似。

11.3 (1) 提示:利用参数方程;(2) 证明同上,注意到 $\mathrm{d}z = \varphi'_x \mathrm{d}x + \varphi'_y \mathrm{d}y$,将左边化为参数方程的定积分即可。

11.4 提示:化为参数方程。

11.5 $\dfrac{9}{2}$。用斯托克斯公式。

11.6 -4。提示:先验证积分与路径无关。

11.7 $2a^2 b\pi$。提示:利用斯托克斯公式。

11.8 (1) $f(x) = \dfrac{1}{4}(\mathrm{e}^x - \mathrm{e}^{-x}) + \dfrac{1}{2} x\mathrm{e}^x$,$g(x) = -\dfrac{1}{4}(\mathrm{e}^x - \mathrm{e}^{-x}) + \dfrac{1}{2} x\mathrm{e}^x$;

(2) $I = 2\displaystyle\int_0^1 [yg(1) + f(1)]\mathrm{d}y = \dfrac{1}{4}(7\mathrm{e} - \mathrm{e}^{-1})$。

11.9 提示:作辅助线 $\overrightarrow{AB}: y = y_0 (x: x_0 - R \rightarrow x_0 + R)$。

11.10 重新组合,得

$$I = \oint_L \frac{y}{(2-x)^2 + y^2}\mathrm{d}x + \frac{2-x}{(2-x)^2 + y^2}\mathrm{d}y + \oint_L \frac{y}{(2+x)^2 + y^2}\mathrm{d}x - \frac{2+x}{(2+x)^2 + y^2}\mathrm{d}y$$

$$= I_1 + I_2$$

对 I_1,当 $(x,y) \neq (2,0)$ 时,易验证 $P_y = Q_x$,对 I_2,当 $(x,y) \neq (-2,0)$ 时,易验证 $P_y = Q_x$。

(1) 当 $(2,0)$,$(-2,0)$ 均在 L 所围区域 D 外部时,$I_1 = 0$,$I_2 = 0$,$\Rightarrow I = 0$。

(2) 当 $(2,0)$,$(-2,0)$ 均在 L 所围区域 D 内部时,$I_1 = -2\pi$,$I_2 = -2\pi \Rightarrow I =$

-4π。

(3) 当 $(2,0),(-2,0)$ 一个在 D 内，一个在 D 外时，综合(1),(2)得 $I=-2\pi$。

11.11　$f(x,y)=\sin y+2x-\sin x^2-2x^2\cos x^2$。

11.12　(1) $\varphi(x)=\sin x+x^2-2,\psi(x)=\cos x+2x$;(2) $I=\pi^2(1+\pi^2/4)$。

11.13　(1) $f(x)=x^2$;(2) $-\sqrt{2}\pi$。

11.14　提示:先验证曲线积分与路径无关。

11.15　提示:用格林公式及区域的轮换对称性。

11.16　0。提示:化 Γ 为参数方程。

11.17　(1) $f(x)=4e^x-2(x+1)$;(2) $8e-10$。

11.18　提示:考虑方向导数和格林公式。

11.19　-4π。提示:将 C 自其交点处分为两个闭路 $C=L_1+L_2$。

11.20　-2π。提示:用斯托克斯公式或化为参数方程。

11.21　-24。提示:考虑斯托克斯公式。

11.22　提示:(1) 区域具有轮换对称性,用格林公式即可;(2) 利用泰勒级数导出关于被积函数的不等式。

11.23　$10x^3y^4+x^5y^5=C$。

11.24　$-\arctan\dfrac{y}{x^2}+C$。提示:平面单连通区域内矢量 $\boldsymbol{A}=P\boldsymbol{i}+Q\boldsymbol{j}$ 为梯度$\Leftrightarrow$

$P_y=Q_x$,由此确定 λ。

11.25　提示:用格林公式和对称性。

11.26　提示:用格林公式。

11.27　$f(y)=4y^2,\pi$。提示:先由条件证明积分与路径无关,可参照例 11-12计算。

11.28　$\dfrac{\pi}{2}(a^2-\sin a^2)$。提示:可参照例 11-15 计算。

第12讲　曲面积分

12.1　内容概述

与曲线积分一样,曲面积分也有两类:与曲面的侧无关的第一型曲面积分和与曲面的侧有关的第二型曲面积分。

第一型曲面积分 $\iint\limits_{\Sigma} f(x,y,z)\mathrm{d}S$ 一般是用投影法化为二重积分计算,选择的投影坐标面应使二重积分便于计算。

"投影法"也是计算第二型曲面积分的基本方法,所不同的是,在组合形式的曲面积分

$$\iint\limits_{\Sigma} P(x,y,z)\mathrm{d}y\mathrm{d}z + Q(x,y,z)\mathrm{d}z\mathrm{d}x + R(x,y,z)\mathrm{d}x\mathrm{d}y$$

中,每一个积分有对应的投影坐标面,且与曲面的侧有关。当然,可以利用公式

$$\iint\limits_{\Sigma} P(x,y,z)\mathrm{d}y\mathrm{d}z + Q(x,y,z)\mathrm{d}z\mathrm{d}x + R(x,y,z)\mathrm{d}x\mathrm{d}y$$

$$= \iint\limits_{\Sigma} [P(x,y,z)(-z_x) + Q(x,y,z)(-z_y) + R(z,y,z)]\mathrm{d}x\mathrm{d}y$$

"统一投影"。

两类曲面积分的关系为

$$\iint\limits_{\Sigma} P(x,y,z)\mathrm{d}y\mathrm{d}z + Q(x,y,z)\mathrm{d}z\mathrm{d}x + R(x,y,z)\mathrm{d}x\mathrm{d}y$$

$$= \iint\limits_{\Sigma} [P(x,y,z)\cos\alpha + Q(x,y,z)\cos\beta + R(x,y,z)\cos\gamma]\mathrm{d}S,$$

其中 $n = \{\cos\alpha, \cos\beta, \cos\gamma\}$ 是曲面 Σ 指定侧的单位法矢量。该关系式的用处之一是简化曲面积分的计算。

高斯公式是计算第二型曲面积分的常用方法,公式成立的条件不可忽略,同时,化成的三重积分要容易计算。

12.2　典型例题分析

【题型 12-1】 第一型曲面积分的计算

策略　第一型曲面积分 $\iint\limits_{\Sigma} f(x,y,z)\mathrm{d}S$ 一般是用投影法化为二重积分计算。例

如,若 Σ 可表示为显函数：$z=z(x,y)$，$(x,y)\in D_{xy}$，将 Σ 投影到 xOy 坐标平面上得平面区域 D_{xy}，且 $z(x,y)$ 在 D_{xy} 上有一阶连续偏导数，则

$$\iint\limits_{\Sigma} f(x,y,z)\mathrm{d}S = \iint\limits_{D_{xy}} f[x,y,z(x,y)]\sqrt{1+z_x^2+z_y^2}\,\mathrm{d}x\mathrm{d}y\,,$$

要求 Σ 上任意两点在相应坐标面上的投影点不能重合（否则，应将 Σ 剖分），所得到的二重积分容易计算。

此外，在化曲面积分为二重积分之前，要充分利用对称性、将积分曲面方程代入被积函数等对曲面积分进行化简。必要时需相互转换两类积分才易得到结果。

例 12-1　求 $I = \oiint\limits_{\Sigma}(x+|\,y\,|)\mathrm{d}S$，其中 Σ：$|x|+|y|+|z|=1$。

分析　因曲面 Σ 关于坐标平面 yOz 对称，所以 $\oiint\limits_{\Sigma}x\mathrm{d}S=0$；又在 Σ 的方程中，x,y,z 依次轮换，方程不变，即 Σ 满足轮换对称的条件，于是

$$\oiint\limits_{\Sigma}|\,y\,|\,\mathrm{d}S = \oiint\limits_{\Sigma}|\,x\,|\,\mathrm{d}S = \oiint\limits_{\Sigma}|\,z\,|\,\mathrm{d}S\,。$$

因此利用对称性以及 L 的方程，可简化积分。

解　由对称性，有

$$I = \oiint\limits_{\Sigma}(x+|\,y\,|)\mathrm{d}S = \oiint\limits_{\Sigma}|\,y\,|\,\mathrm{d}S = \frac{1}{3}\oiint\limits_{\Sigma}(|\,x\,|+|\,y\,|+|\,z\,|)\mathrm{d}S = \frac{1}{3}\oiint\limits_{\Sigma}\mathrm{d}S$$

$$= \frac{1}{3}\cdot\frac{1}{2}\cdot 8\sqrt{3} = \frac{4}{3}\sqrt{3}\,。$$

例 12-2　设 P 为椭球面 S：$x^2+y^2+z^2-yz=1$ 上的动点。若 S 在点 P 处切平面与 xOy 垂直，求点 P 的轨迹 C，并计算

$$I = \iint\limits_{\Sigma}\frac{(x\sin y^2+\sqrt{3})\,|\,y-2z\,|}{\sqrt{4+y^2+z^2-4yz}}\mathrm{d}S\,,$$

其中 Σ 是椭球面 S 位于 C 上方的部分。

分析　先求点 P 的轨迹 C，然后利用曲面微分 $\mathrm{d}S=\sqrt{1+z_x^2+z_y^2}\,\mathrm{d}x\mathrm{d}y$ 化简被积函数，最后利用二重积分被积函数奇偶性易计算积分。

解　椭球面 S 上点 $P(x,y,z)$ 处的法矢量是 $\boldsymbol{n}=\{2x,2y-z,2z-y\}$，由点 P 处的切平面与 xOy 平面垂直得 $\boldsymbol{n}\cdot\boldsymbol{k}=0$，其中 $\boldsymbol{k}=\{0,0,1\}$，即 $2z-y=0$。所以，点 P 的轨迹 C 的方程为

$$\begin{cases}2z-y=0,\\ x^2+y^2+z^2-2yz=1,\end{cases}\qquad 即 \qquad \begin{cases}2z-y=0,\\ x^2+\dfrac{3}{4}y^2=1。\end{cases}$$

取 $D=\left\{(x,y)\,\middle|\,x^2+\dfrac{3}{4}y^2\leqslant 1\right\}$，设 Σ 的方程为 $z=z(x,y)$，$(x,y)\in D$，由 $x^2+y^2+z^2-yz=1$，得

$$z_x = \frac{2x}{y-2z}, \quad z_y = \frac{2y-z}{y-2z},$$

$$\sqrt{1+z_x^2+z_y^2} = \sqrt{1+\left(\frac{2x}{y-2z}\right)^2+\left(\frac{2y-z}{y-2z}\right)^2} = \frac{\sqrt{4+y^2+z^2-4yz}}{|y-2z|},$$

所以

$$I = \iint\limits_{D} \frac{(x\sin y^2+\sqrt{3})\,|\,y-2z\,|}{\sqrt{4+y^2+z^2-4yz}}\sqrt{1+z_x^2+z_y^2}\,\mathrm{d}x\mathrm{d}y = \iint\limits_{D}(x\sin y^2+\sqrt{3})\mathrm{d}x\mathrm{d}y$$

$$= \sqrt{3}\iint\limits_{D}\mathrm{d}x\mathrm{d}y = 2\pi_{\circ}$$

例 12-3 设曲面 Σ 的直角坐标方程为 $z=z(x,y),(x,y)\in D$,其面积元素和它在 D 上的投影元素 $\mathrm{d}x\mathrm{d}y$ 有关系式 $\mathrm{d}S=\sqrt{1+z_x^2+z_y^2}\,\mathrm{d}x\mathrm{d}y$。

(1) 若在 D 上采用极坐标,试给出曲面面积元素与 $\mathrm{d}r\mathrm{d}\theta$ 的关系式。

(2) 当动点 P 在曲线 $\Gamma: \begin{cases} x^2+y^2=4 \\ z=1 \end{cases}$ 上移动时,线段 OP 形成一个以原点 O 为顶点的锥面 Σ,试写出 Σ 的方程,并求 Σ 介于 $z=0$ 与 $z=1$ 之间的质量(面密度 $\mu(x,y,z)=|y|$,单位略)。

分析 (1) 根据极坐标和直角坐标的关系导出曲面面积元素与 $\mathrm{d}r\mathrm{d}\theta$ 的关系式; (2) 先求出锥面 Σ 的方程,再将所求质量表示为第一型曲面积分。

解 (1) 由直角坐标与极坐标的关系 $r=\sqrt{x^2+y^2}$,$\theta=\arctan\dfrac{y}{x}$,得

$$r_x = \frac{x}{r} = \cos\theta, \quad r_y = \frac{y}{r} = \sin\theta,$$

$$\theta_x = \frac{-\dfrac{y}{x^2}}{1+\left(\dfrac{y}{x}\right)^2} = \frac{-y}{x^2+y^2} = -\frac{\sin\theta}{r}, \quad \theta_y = \frac{\dfrac{1}{x}}{1+\left(\dfrac{y}{x}\right)^2} = \frac{x}{x^2+y^2} = \frac{\cos\theta}{r}_{\circ}$$

因此, $$z_x = z_r \cdot r_x + z_\theta \cdot \theta_x = z_r \cdot \cos\theta + z_\theta\left(-\frac{\sin\theta}{r}\right),$$

$$z_y = z_r \cdot r_y + z_\theta \cdot \theta_y = z_r \cdot \sin\theta + z_\theta \cdot \frac{\cos\theta}{r},$$

$$z_x^2 + z_y^2 = z_r^2 + \frac{1}{r^2}z_\theta^2,$$

因此 $$\mathrm{d}S = \sqrt{1+z_x^2+z_y^2}\,\mathrm{d}x\mathrm{d}y = \sqrt{1+z_r^2+\frac{1}{r^2}z_\theta^2}\,r\mathrm{d}r\mathrm{d}\theta_{\circ}$$

(2) 设 P 点的坐标为 $P(x_0,y_0,z_0)$,则连接 OP 两点的直线方程为 L:
$\begin{cases} x=x_0t, \\ y=y_0t, \\ z=z_0t, \end{cases}$ 由于 P 在曲线 Γ 上,所以满足其方程:$\begin{cases} \dfrac{x^2}{t^2}+\dfrac{y^2}{t^2}=4, \\ z=t, \end{cases}$ 即 $x^2+y^2=4z^2$。故

$$M = \iint\limits_{\Sigma} |y| \mathrm{d}S = \iint\limits_{x^2+y^2 \leqslant 4} |y| \sqrt{1 + z_x'^2 + z_y'^2} \mathrm{d}x\mathrm{d}y$$

$$= \frac{\sqrt{5}}{2} \iint\limits_{x^2+y^2 \leqslant 4} |y| \mathrm{d}x\mathrm{d}y = 2\sqrt{5} \int_0^{\frac{\pi}{2}} \sin\theta \mathrm{d}\theta \int_0^2 r^2 \mathrm{d}r = \frac{16\sqrt{5}}{3} .$$

例 12-4 求 $I = \oiint\limits_{\Sigma} h \mathrm{d}S$，其中 Σ 为椭球面 $\dfrac{x^2}{a^2} + \dfrac{y^2}{b^2} + \dfrac{z^2}{c^2} = 1$，$h$ 是原点到 Σ 的切平面的距离。

分析 关键是求 h 的表达式。

解 设 (x,y,z) 为椭球面上任意一点，在该点的单位外法矢量 $\boldsymbol{n} = \{\cos\alpha, \cos\beta, \cos\gamma\}$。又设 $\boldsymbol{r} = \{x,y,z\}$，则 h 为 $\boldsymbol{r}$ 在 $\boldsymbol{n}$ 上的投影，即

$$h = \boldsymbol{r} \cdot \boldsymbol{n} = x\cos\alpha + y\cos\beta + z\cos\gamma,$$

于是，记 Ω 是 Σ 所围区域，由高斯公式，得

$$I = \oiint\limits_{\Sigma} (x\cos\alpha + y\cos\beta + z\cos\gamma) \mathrm{d}S = 3 \iiint\limits_{\Omega} \mathrm{d}v = 4\pi abc .$$

【题型 12-2】 **第二型曲面积分的计算**

策略 假设 Σ 为分片光滑的有向曲面，P,Q,R 在 Σ 上连续，则

$$\iint\limits_{\Sigma} P(x,y,z)\mathrm{d}y\mathrm{d}z + Q(x,y,z)\mathrm{d}z\mathrm{d}x + R(x,y,z)\mathrm{d}x\mathrm{d}y$$

的计算方法如下：

(1) 分面投影法计算。将 Σ 分别向相应坐标面投影，化第二型曲面积分为三个二重积分。以计算 $\iint\limits_{\Sigma} R(x,y,z)\mathrm{d}x\mathrm{d}y$ 为例，将 Σ 投影到 xOy 坐标平面，得平面区域 D_{xy}，且 Σ 可表示为 $z = z(x,y)$，$(x,y) \in D_{xy}$，则

$$\iint\limits_{\Sigma} R(x,y,z)\mathrm{d}x\mathrm{d}y = \pm \iint\limits_{D_{xy}} R[x,y,z(x,y)]\mathrm{d}x\mathrm{d}y ,$$

曲面取上 (下) 侧时，符号为正 (负)。这里同样要求 Σ 上任意两点在相应坐标面上的投影点不能重合 (否则，应将 Σ 剖分)。

(2) 利用高斯公式计算。若 Σ 为封闭曲面，Ω 为 Σ 所围成的单连通区域，P,Q,R 在 Ω 内具有连续一阶偏导数，则

$$\oiint\limits_{\Sigma} P(x,y,z)\mathrm{d}y\mathrm{d}z + Q(x,y,z)\mathrm{d}z\mathrm{d}x + R(x,y,z)\mathrm{d}x\mathrm{d}y = \pm \iiint\limits_{\Omega} (P_x + Q_y + R_z)\mathrm{d}v,$$

其中 Σ 取外侧 (内侧) 时，符号为正 (负)。若 Σ 不是封闭曲面，则可添加一块适当曲面 Σ_1，使得 $\Sigma + \Sigma_1$ 为封闭曲面，然后再用高斯公式计算。

(3) 化为第一型曲面积分计算。若曲面 Σ 指向定侧的单位法矢量 $\boldsymbol{n} = \{\cos\alpha, \cos\beta, \cos\gamma\}$，则

$$\iint\limits_{\Sigma} P(x,y,z)\mathrm{d}y\mathrm{d}z + Q(x,y,z)\mathrm{d}z\mathrm{d}x + R(x,y,z)\mathrm{d}x\mathrm{d}y$$

$$= \iint\limits_{\Sigma} [P(x,y,z)\cos\alpha + Q(x,y,z)\cos\beta + R(x,y,z)\cos\gamma]dS。$$

余下同题型 12-1。

（4）统一投影法计算。将 Σ 向某一个坐标面投影，化第二型曲面积分为一个二重积分。如将 Σ 投影到 xOy 坐标面，得平面区域 D_{xy}，Σ 可表示为 $z=z(x,y)$，(x,y) $\in D_{xy}$，且 $z(x,y)$ 存在连续偏导数，则

$$\iint\limits_{\Sigma} P(x,y,z)dydz + Q(x,y,z)dzdx + R(x,y,z)dxdy$$

$$= \pm \iint\limits_{D_{xy}} [P(x,y,z(x,y))(-z_x) + Q(x,y,z(x,y))(-z_y)$$

$$+ R(x,y,z(x,y))]dxdy。$$

曲面取上（下）侧时，符号为正（负）。这里同样要求 Σ 上任意两点在 xOy 坐标平面上的投影点不能重合（否则，应将 Σ 剖分）。

（5）若 Σ 所围区域为空间复连通区域，其上的曲面积分较为复杂，可参考例 12-10(11)、例 12-11、例 12-12 处理。

例 12-5　计算曲面积分 $I = \iint\limits_{\Sigma} xz^2 dydz - \sin x dxdy$，其中 Σ 是曲线 $\begin{cases} y=\sqrt{1+z^2} \\ x=0 \end{cases}$ $(1 \leqslant z \leqslant 2)$ 绕 z 轴旋转一周而成的曲面，其法矢量与 z 轴的正向夹角为锐角。

分析　首先要写出旋转曲面方程，再添加曲面使之封闭，利用高斯公式计算或利用"统一投影法"计算。

解　**方法一**　旋转曲面方程为
$$x^2 + y^2 - z^2 = 1。$$

补 $\Sigma_1: z=1(x^2+y^2 \leqslant 2)$ 取上侧，$\Sigma_2: z=2(x^2+y^2 \leqslant 5)$ 取下侧，则 $\Sigma+\Sigma_1+\Sigma_2$ 封闭，且取内侧，如图 12-1 所示，所以

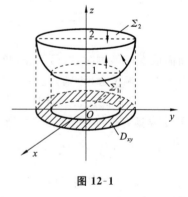

图 12-1

$$I = \oiint\limits_{\Sigma+\Sigma_1+\Sigma_2} - \iint\limits_{\Sigma_1} - \iint\limits_{\Sigma_2}$$

$$= -\iiint\limits_{\Omega} z^2 dv - \iint\limits_{D_1} \sin x dxdy + \iint\limits_{D_2} \sin x dxdy$$

$$= -\int_1^2 z^2 \pi(1+z^2)dz = -\frac{128}{15}\pi。$$

方法二　将 $x^2+y^2-z^2=1(1 \leqslant z \leqslant 2)$ 统一投影到 xOy 平面上。因 $z=\sqrt{x^2+y^2-1}$，所以 $\dfrac{\partial z}{\partial x} = \dfrac{x}{z}$，$\dfrac{\partial z}{\partial y} = \dfrac{y}{z}$，投影区域 $D_{xy}: 2 \leqslant x^2+y^2 \leqslant 5$，故

$$I = \iint\limits_{D_{xy}} \left[xz^2 \left(-\frac{x}{z} \right) - \sin x \right] \mathrm{d}x\mathrm{d}y = -\iint\limits_{D_{xy}} x^2 \sqrt{x^2 + y^2 - 1}\,\mathrm{d}x\mathrm{d}y$$

$$= -\int_0^{2\pi} \mathrm{d}\theta \int_{\sqrt{2}}^{\sqrt{5}} (r\cos\theta)^2 \sqrt{r^2 - 1}\,r\mathrm{d}r = -\frac{128}{15}\pi.$$

例 12-6 设 Σ 为平面 $x-y+z=1$ 介于三坐标面之间的有限部分,其法矢量与 z 轴交角为锐角,$f(x,y,z)$ 连续,求

$$I = \iint\limits_{\Sigma} [f(x,y,z) + 2x]\mathrm{d}y\mathrm{d}z + [2f(x,y,z) + y]\mathrm{d}z\mathrm{d}x + [f(x,y,z) + z]\mathrm{d}x\mathrm{d}y.$$

分析 因被积表达式含有未知函数 $f(x,y,z)$,所以不能用分面投影计算,也不能补面后用高斯公式,因为条件只告诉了 $f(x,y,z)$ 连续。因此只能将三个积分合并为一个积分,才可能简化计算。

解 方法一 化为第一型曲面积分计算。

由 Σ 方程 $x-y+z=1$ 得其法矢量为 $\boldsymbol{n}=\{1,-1,1\}$,$\boldsymbol{n}^{\circ}=\frac{1}{\sqrt{3}}\{1,-1,1\}$,所以

$$I = \iint\limits_{\Sigma} \left\{ [f(x,y,z) + 2x]\frac{1}{\sqrt{3}} + [2f(x,y,z) + y]\left(-\frac{1}{\sqrt{3}}\right) + [f(x,y,z) + z]\frac{1}{\sqrt{3}} \right\}\mathrm{d}S$$

$$= \frac{1}{\sqrt{3}}\iint\limits_{\Sigma} (2x - y + z)\mathrm{d}S = \frac{1}{\sqrt{3}}\iint\limits_{\Sigma}(x+1)\mathrm{d}S.$$

改写 Σ 方程为 $z=1-x+y$,将其投影到 xOy 平面,其投影区域(见图 12-2)为

$$D = \{(x,y)\,|\,x-y<1, x\geqslant0, y\leqslant0\},$$

又 $z'_x=-1, z'_y=1$,则

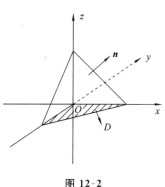

$$I = \frac{1}{\sqrt{3}}\iint\limits_{D} x\sqrt{1 + (z'_x)^2 + (z'_y)^2}\,\mathrm{d}x\mathrm{d}y$$

$$= \iint\limits_{D}(x+1)\mathrm{d}x\mathrm{d}y = \int_0^1 \mathrm{d}x \int_{x-1}^0 (x+1)\mathrm{d}y$$

$$= \frac{2}{3}.$$

图 12-2

方法二 利用"统一投影法"化为二重积分计算。

利用公式 $I = \pm\iint\limits_{D_{xy}}[P(-z_x) + Q(-z_y) + R]\mathrm{d}x\mathrm{d}y$,并由 Σ 法矢量与 z 轴交角为锐角,应取"$+$",可得

$$I = \iint\limits_{D} \{[f+2x](-z_x) + [2f+y](-z_y) + [f+z]\}\mathrm{d}x\mathrm{d}y = \iint\limits_{D} x\mathrm{d}x\mathrm{d}y$$

$$= \int_0^1 \mathrm{d}x \int_{x-1}^0 x\mathrm{d}y = \frac{1}{6}.$$

例 12-7 设 Σ 是空间有界闭区域 Ω 的整个边界曲面,$u(x,y,z)$,$v(x,y,z)$ 在 Ω

上有二阶连续的偏导数,$\dfrac{\partial u}{\partial \boldsymbol{n}}$、$\dfrac{\partial v}{\partial \boldsymbol{n}}$分别表示 $u(x,y,z)$、$v(x,y,v)$ 沿 Σ 的外法线的方向导数。证明:

(1) $\displaystyle\iiint\limits_{\Omega} u\Delta v \mathrm{d}x\mathrm{d}y\mathrm{d}z = \oiint\limits_{\Sigma} u\,\dfrac{\partial v}{\partial \boldsymbol{n}}\mathrm{d}S - \iiint\limits_{\Omega}(\nabla u \cdot \nabla v)\mathrm{d}x\mathrm{d}y\mathrm{d}z$（格林第一公式）;

(2) $\displaystyle\iiint\limits_{\Omega}(u\Delta v - v\Delta u)\mathrm{d}x\mathrm{d}y\mathrm{d}z = \oiint\limits_{\Sigma}\left(u\,\dfrac{\partial v}{\partial \boldsymbol{n}} - v\,\dfrac{\partial u}{\partial \boldsymbol{n}}\right)\mathrm{d}S$（格林第二公式）。

其中 $\Delta = \dfrac{\partial^2}{\partial x^2} + \dfrac{\partial^2}{\partial y^2} + \dfrac{\partial^2}{\partial z^2}$ 为三维拉普拉斯算子。

证明 （1）　　　$\dfrac{\partial v}{\partial \boldsymbol{n}} = \dfrac{\partial v}{\partial x}\cos\alpha + \dfrac{\partial v}{\partial y}\cos\beta + \dfrac{\partial v}{\partial z}\cos\gamma = \nabla v \cdot \boldsymbol{n}$,

所以　　　$\displaystyle\oiint\limits_{\Sigma} u\,\dfrac{\partial v}{\partial \boldsymbol{n}}\mathrm{d}S = \oiint\limits_{\Sigma} u\,\nabla v \cdot \boldsymbol{n}\mathrm{d}S = \iiint\limits_{\Omega}\mathrm{div}(u\,\nabla v)\mathrm{d}x\mathrm{d}y\mathrm{d}z$

$$= \iiint\limits_{\Omega}[u\,\mathrm{div}(\nabla v) + \nabla v \cdot \nabla u]\mathrm{d}x\mathrm{d}y\mathrm{d}z$$

$$= \iiint\limits_{\Omega} u\Delta v\mathrm{d}x\mathrm{d}y\mathrm{d}z + \iiint\limits_{\Omega}(\nabla u \cdot \nabla v)\mathrm{d}x\mathrm{d}y\mathrm{d}z,$$

即　　　$\displaystyle\iiint\limits_{\Omega} u\Delta v\mathrm{d}x\mathrm{d}y\mathrm{d}z = \oiint\limits_{\Sigma} u\,\dfrac{\partial v}{\partial \boldsymbol{n}}\mathrm{d}S - \iiint\limits_{\Omega}(\nabla u \cdot \nabla v)\mathrm{d}x\mathrm{d}y\mathrm{d}z。$

（2）　　$\displaystyle\oiint\limits_{\Sigma}\left(u\,\dfrac{\partial v}{\partial \boldsymbol{n}} - v\,\dfrac{\partial u}{\partial \boldsymbol{n}}\right)\mathrm{d}S = \oiint\limits_{\Sigma}(u\,\nabla v - v\,\nabla u) \cdot \boldsymbol{n}\mathrm{d}S$

$$= \iiint\limits_{\Omega}\mathrm{div}(u\,\nabla v - v\,\nabla u)\mathrm{d}x\mathrm{d}y\mathrm{d}z$$

$$= \iiint\limits_{\Omega}(\nabla u \cdot \nabla v + u\Delta v - \nabla u \cdot \nabla v - v\Delta u)\mathrm{d}x\mathrm{d}y\mathrm{d}z$$

$$= \iiint\limits_{\Omega}(u\Delta v - v\Delta u)\mathrm{d}x\mathrm{d}y\mathrm{d}z。$$

例 12-8　设有向曲面 Σ 关于 xOy 平面对称,在 $z \geqslant 0$ 部分记为 Σ_1,在 $z < 0$ 部分记为 Σ_2,又 Σ_1 与 Σ_2 的侧相反,即若 Σ_1 在某点的法矢量指向与 z 轴正向交角为锐（钝）角,则 Σ_2 在对应点的法矢量指向与 z 轴正向交角为钝（锐）角,证明:

$$\iint\limits_{\Sigma} R(x,y,z)\mathrm{d}x\mathrm{d}y = \begin{cases} 0, & \text{当 } R(x,y,-z) = R(x,y,z), \\ 2\iint\limits_{\Sigma_1} R(x,y,z)\mathrm{d}x\mathrm{d}y, & \text{当 } R(x,y,-z) = -R(x,y,z)。 \end{cases}$$

分析　结合函数的奇偶性,分片计算即可。

证明　不妨设 Σ_1 在某点的法矢量指向与 z 轴正向交角为锐角,若 Σ_1 的方程为 $z = z(x,y)$,$(x,y) \in D_{xy}$,则 Σ_1 在 xOy 坐标平面的投影为平面区域 D_{xy}。由此可得,Σ_2 在某点的法矢量指向与 z 轴正向交角为钝角,Σ_2 的方程为 $z = -z(x,y)$,$(x,y) \in D_{xy}$,Σ_2 在 xOy 坐标平面的投影也为 D_{xy}。于是

$$\iint\limits_{\Sigma} R(x,y,z)\mathrm{d}x\mathrm{d}y = \iint\limits_{\Sigma_1} R(x,y,z)\mathrm{d}x\mathrm{d}y + \iint\limits_{\Sigma_2} R(x,y,z)\mathrm{d}x\mathrm{d}y$$

$$= \iint\limits_{D_{xy}} R(x,y,z(x,y))\mathrm{d}x\mathrm{d}y + \iint\limits_{D_{xy}} R(x,y,-z(x,y))(-\mathrm{d}x\mathrm{d}y)$$

$$= \begin{cases} 0, & \text{当 } R(x,y,-z) = R(x,y,z), \\ 2\iint\limits_{\Sigma_1} R(x,y,z)\mathrm{d}x\mathrm{d}y, & \text{当 } R(x,y,-z) = -R(x,y,z)。 \end{cases}$$

注　该结论是第二型曲面积分积分区域的对称性与函数的奇偶性定理。其他两个积分 $\iint\limits_{\Sigma} P(x,y,z)\mathrm{d}y\mathrm{d}z$ 与 $\iint\limits_{\Sigma} Q(x,y,z)\mathrm{d}z\mathrm{d}x$ 有类似结论。

例 12-9　求 $I = \oiint\limits_{\Sigma}\left(\dfrac{\mathrm{d}y\mathrm{d}z}{x} + \dfrac{\mathrm{d}z\mathrm{d}x}{y} + z^5\mathrm{d}x\mathrm{d}y\right)$，其中 Σ 为椭球面 $\dfrac{x^2}{a^2} + \dfrac{y^2}{b^2} + \dfrac{z^2}{c^2} = 1$ 外侧。

分析　虽然此题积分曲面是封闭的,但不直接使用高斯公式为好,因为偏导数之和 $-\dfrac{1}{x^2} - \dfrac{1}{y^2} + 5z^4$ 并不能简化计算。根据被积函数的特点,分项计算反而更容易,其中第一、二项的计算要用到例 12-8 中的结论。

解　$I_1 = \oiint\limits_{\Sigma} \dfrac{\mathrm{d}y\mathrm{d}z}{x} = 2\iint\limits_{D_{yz}} \dfrac{\mathrm{d}y\mathrm{d}z}{a\sqrt{1 - \dfrac{y^2}{b^2} - \dfrac{z^2}{c^2}}}$，其中 $D_{yz}:\dfrac{y^2}{b^2} + \dfrac{z^2}{c^2} \leqslant 1$。

令 $\begin{cases} y = br\cos\theta, \\ z = cr\sin\theta, \end{cases}$ 则区域 D_{yz} 变为 $\begin{cases} 0 \leqslant r \leqslant 1, \\ 0 \leqslant \theta \leqslant 2\pi, \end{cases} |J| = abr$，所以

$$I_1 = 2\int_0^{2\pi}\mathrm{d}\theta\int_0^1 \dfrac{bcr\,\mathrm{d}r}{a\sqrt{1-r^2}} = \dfrac{4bc\pi}{a}\int_0^1 \dfrac{r\mathrm{d}r}{\sqrt{1-r^2}} = \dfrac{4bc\pi}{a}。$$

同理可得

$$I_2 = \oiint\limits_{\Sigma} \dfrac{\mathrm{d}z\mathrm{d}x}{y} = \dfrac{4ac\pi}{b}。$$

由高斯公式,有

$$I_3 = \oiint\limits_{\Sigma} z^5 \mathrm{d}x\mathrm{d}y = \iiint\limits_{\Omega} 5z^4\mathrm{d}x\mathrm{d}y\mathrm{d}z = 10\int_0^c z^4 \cdot \pi ab\left(1 - \dfrac{z^2}{c^2}\right)\mathrm{d}z = \dfrac{4}{7}\pi abc^5。$$

将三个结果加起来,有

$$I = \dfrac{4\pi bc}{a} + \dfrac{4\pi ac}{b} + \dfrac{4\pi abc^5}{7} = 4\pi abc\left(\dfrac{1}{a^2} + \dfrac{1}{b^2} + \dfrac{c^4}{7}\right)。$$

【题型 12-3】　综合题

例 12-10　设曲面 $\Sigma_1:z = \sqrt{4a^2 - x^2 - y^2}$，$\Sigma_2:x^2 + y^2 = 2ax(0 \leqslant z \leqslant 2a)$。

(1) 求 Σ_1, Σ_2 及 $z = 0$ 所围立体的体积;

(2) 求 Σ_1 被 Σ_2 所截部分的表面积;

(3) 求 Σ_2 被 Σ_1 所截部分的侧面积;

(4) 若 S 表示 Σ_1 被 Σ_2 所截的部分曲面，求 $I = \iint\limits_{S}(x^2 + y^2 + z^2)\mathrm{d}S$；

(5) 若 S 表示 Σ_1 被 Σ_2 所截的部分曲面，求 $I = \iint\limits_{S}x^2\mathrm{d}S$；

(6) 若 S 表示 Σ_1 被 Σ_2 所截的部分曲面，密度为常数 ρ，求其位于原点、质量为 m 的质点的引力；

(7) 若 S 表示 Σ_2 被 Σ_1 所截的部分曲面，求 $I = \iint\limits_{S}(x^2 + y^2 - 2ax + 3)\mathrm{d}S$；

(8) 若 Σ 表示 Σ_1 被 Σ_2 所截曲面的上侧部分，求 $I = \iint\limits_{\Sigma}x\,\mathrm{d}y\mathrm{d}z + y\,\mathrm{d}z\mathrm{d}x + z\,\mathrm{d}x\mathrm{d}y$；

(9) 若 Γ 表示曲面 Σ_1，Σ_2 的交线在第一卦限的部分曲线，从 z 轴正向往负向看是逆时针，设力 $\boldsymbol{F} = x\boldsymbol{i} + y\boldsymbol{j} + 2z\boldsymbol{k}$，求该力沿曲线 Γ 从 $A(2a,0,0)$ 到 $B(0,0,2a)$ 所做的功。

(10) 若其他条件同(9)，力为 $\boldsymbol{F} = x\boldsymbol{i} + y\boldsymbol{j} + z\boldsymbol{k}$，此时所做的功为多少？若 B 点为 Γ 上任一点，所做的功又为多少？如何从物理上解释？

(11) 求 $I = \iint\limits_{\Sigma_1} \dfrac{(x-a)\mathrm{d}y\mathrm{d}z + y\mathrm{d}z\mathrm{d}x + z\mathrm{d}x\mathrm{d}y}{\left[(x-a)^2 + y^2 + z^2\right]^{\frac{3}{2}}}$，其中 Σ_1 取上侧。

分析　本题涉及曲面面积、曲面所围立体体积；第一、第二型曲线积分；第一、第二型曲面积分，以及其相关应用问题。希望通过在相同曲面或曲线背景下，解答不同角度的问题，从而熟悉和掌握曲线和曲面积分涉及的基本概念与基本方法。

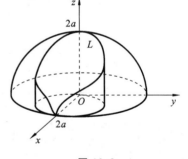

图 12-3

解　(1) Σ_1，Σ_2 及 $z=0$ 所围立体的体积如图 12-3 所示。由二重积分的几何意义，得

$$V = \iint\limits_{D_{xy}} \sqrt{4a^2 - x^2 - y^2}\,\mathrm{d}x\mathrm{d}y, \quad D_{xy}:x^2 + y^2 \leqslant 2ax.$$

利用极坐标并结合对称性，有

$$V = 2\int_0^{\frac{\pi}{2}}\mathrm{d}\theta\int_0^{2a\cos\theta} r\,\sqrt{4a^2 - r^2}\,\mathrm{d}r = \frac{16a^3}{3}\left(\frac{\pi}{2} - \frac{2}{3}\right).$$

(2) 记所截部分曲面为 Σ，其面积为 S，则 $\Sigma:z = \sqrt{4a^2 - x^2 - y^2}$，在 xOy 平面上的投影为 $D_{xy}:x^2 + y^2 \leqslant 2ax$，所以

$$S = \iint\limits_{\Sigma}\mathrm{d}S = \iint\limits_{\Sigma}\sqrt{1 + z_x^2 + z_y^2}\,\mathrm{d}x\mathrm{d}y = \iint\limits_{D_{xy}}\frac{2a}{\sqrt{4a^2 - x^2 - y^2}}\mathrm{d}x\mathrm{d}y,$$

利用极坐标并结合对称性，有

$$S = 4a\int_0^{\frac{\pi}{2}}\mathrm{d}\theta\int_0^{2a\cos\theta}\frac{r\mathrm{d}r}{\sqrt{4a^2 - r^2}} = 8a^2\left(\frac{\pi}{2} - 1\right).$$

注 由(1)、(2)结果易知,若用两个圆柱面 $x^2 + y^2 = \pm 2ax$ 截球面 $x^2 + y^2 + z^2$ $\leqslant 4a^2$,则所剩立体的表面积为 $32a^2$,体积为 $\dfrac{128}{9}a^3$,都与 π 无关。从而否定了"由球面组成的曲面的表面积必与 π 有关"和"边界曲面含有部分球面的立体的体积必与 π 有关"的两个猜测。这类立体(被圆柱面截得的部分球体)常冠以它的发现者意大利数学家维维安尼之名。

(3) **方法一** 利用第一类曲线积分之几何意义来计算。

$$S = \int_L f(x, y) \mathrm{d}S,$$

其中 L 是平面曲线 $x^2 + y^2 = 2ax$,$f(x, y) = \sqrt{4a^2 - x^2 - y^2}$。将 L 化为参数方程 $\begin{cases} x = a + a\cos t \\ y = a\sin t \end{cases}$ $(0 \leqslant t \leqslant 2\pi)$,并利用对称性,得

$$S = \int_L \sqrt{4a^2 - x^2 - y^2}\,\mathrm{d}S = 2\int_0^\pi \sqrt{4a^2 - a^2(1 + \cos t)^2 - a^2\sin^2 t}\,a\,\mathrm{d}t$$

$$= 2a^2 \int_0^\pi \sqrt{2(1 - \cos t)}\,\mathrm{d}t = 4a^2 \int_0^\pi \sin\frac{t}{2}\,\mathrm{d}t = 8a^2。$$

方法二 直接计算。

曲面方程为 $y = \sqrt{2ax - x^2}$,在 xOz 平面的投影曲线为 $z^2 + 2ax = 4a^2$,由于公式 $S = \iint\limits_{D_{xz}} \sqrt{1 + y_x^2 + y_z^2}\,\mathrm{d}x\mathrm{d}z$,这里 $y_x = \dfrac{a - x}{\sqrt{2ax - x^2}}$,$y_z = 0$,所以,由对称性,有

$$S = 2\iint\limits_{D_{xz}} \sqrt{1 + \left(\frac{a - x}{\sqrt{2ax - x^2}}\right)^2}\,\mathrm{d}x\mathrm{d}z = 2\iint\limits_{D_{xz}} \frac{a}{\sqrt{2ax - x^2}}\,\mathrm{d}x\mathrm{d}z$$

$$= 2\int_0^{2a} \mathrm{d}x \int_0^{\sqrt{4a^2 - 2ax}} \frac{a}{\sqrt{2ax - x^2}}\,\mathrm{d}x\mathrm{d}z = 2a\int_0^{2a} \sqrt{\frac{4a^2 - 2ax}{2ax - x^2}}\,\mathrm{d}x$$

$$= 2a\int_0^{2a} \frac{\sqrt{2a}}{\sqrt{x}}\,\mathrm{d}x = 8a^2。$$

(4) 因为 S 是 Σ_1 被 Σ_2 所截的部分曲面,而在 Σ_1 上总有 $x^2 + y^2 + z^2 = 4a^2$,因此,

$$I = \iint\limits_S 4a^2\,\mathrm{d}S = 4a^2 \iint\limits_S \mathrm{d}S = 4a^2 \times 8a^2\left(\frac{\pi}{2} - 1\right) = 32a^4\left(\frac{\pi}{2} - 1\right)。$$

(5) 这题很容易误以为 $I = \iint\limits_S x^2\,\mathrm{d}S = \dfrac{1}{3}\iint\limits_S (x^2 + y^2 + z^2)\,\mathrm{d}S$,实际上积分曲面 S 关于坐标面并不对称,故应该按常规方法计算。

$$I = \iint\limits_S x^2\,\mathrm{d}S = \iint\limits_{D_{xy}} x^2\sqrt{1 + z_x^2 + z_y^2}\,\mathrm{d}x\mathrm{d}y = 2a\iint\limits_{D_{xy}} \frac{x^2}{\sqrt{4a^2 - x^2 - y^2}}\,\mathrm{d}x\mathrm{d}y$$

$$= 4a\int_0^{\frac{\pi}{2}} \mathrm{d}\theta \int_0^{2a\cos\theta} \frac{(r\cos\theta)^2}{\sqrt{4a^2 - r^2}}\,r\mathrm{d}r$$

$$= 4a\int_0^{\frac{\pi}{2}} \cos^2\theta \left[\frac{1}{2}\sqrt{4a^2-r^2}\left(-\frac{16}{3}a^2-\frac{2r^2}{3}\right)\right]_0^{2a\cos\theta} \mathrm{d}\theta$$

$$= \frac{32a^4}{3}\int_0^{\frac{\pi}{2}}(2\cos^2\theta - 2\sin\theta\cos^2\theta - \sin\theta\cos^4\theta)\mathrm{d}\theta = \frac{32a^4}{3}\left(\frac{\pi}{2}-\frac{13}{15}\right)。$$

(6) 由牛顿引力定律,引力元素大小为 $|\mathrm{d}F| = k\dfrac{m \cdot \rho \mathrm{d}S}{r^2}$,所以

$$\mathrm{d}F_x = km\rho\frac{x\mathrm{d}S}{r^3}, \quad \mathrm{d}F_y = km\rho\frac{y\mathrm{d}S}{r^3}, \quad \mathrm{d}F_z = km\rho\frac{z\mathrm{d}S}{r^3};$$

由对称性知,$F_y = 0$,则

$$F_x = km\rho\iint\limits_{S}\frac{x\mathrm{d}S}{r^3} = \frac{km\rho}{8a^3}\iint\limits_{D_{xy}}\frac{2ax}{\sqrt{4a^2-x^2-y^2}}\mathrm{d}x\mathrm{d}y$$

$$= 2 \cdot \frac{km\rho}{4a^2}\int_0^{\frac{\pi}{2}}\mathrm{d}\theta\int_0^{2a\cos\theta}\frac{r\cos\theta}{\sqrt{4a^2-r^2}}r\mathrm{d}r$$

$$= \frac{km\rho}{2a^2}\int_0^{\frac{\pi}{2}}\cos\theta\left[-\frac{r}{2}\sqrt{4a^2-r^2}+2a^2\arcsin\frac{r}{2a}\right]_0^{2a\cos\theta}\mathrm{d}\theta$$

$$= \frac{km\rho}{2a^2}\int_0^{\frac{\pi}{2}}\cos\theta\left[-2a^2\sin\theta\cos\theta+2a^2\left(\frac{\pi}{2}-\theta\right)\right]\mathrm{d}\theta$$

$$= \frac{km\rho}{2a^2} \cdot \frac{4a^2}{3} = \frac{2km\rho}{3},$$

$$F_z = km\rho\iint\limits_{S}\frac{z\mathrm{d}S}{r^3} = \frac{km\rho}{8a^3}\iint\limits_{D_{xy}}z \cdot \frac{2a}{z}\mathrm{d}x\mathrm{d}y = \frac{km\rho}{8a^3} \cdot 2a \cdot \pi a^2 = \frac{km\rho\pi}{4},$$

故引力为
$$\boldsymbol{F} = \left\{\frac{2km\rho}{3}, 0, \frac{km\rho\pi}{4}\right\}。$$

(7) 因 S 是 Σ_2 的部分曲面,而在 Σ_2 上恒有 $x^2+y^2=2ax$,所以

$$I = \iint\limits_{S}(x^2+y^2-2ax+3)\mathrm{d}S = \iint\limits_{S}(0+3)\mathrm{d}S = 3\iint\limits_{S}\mathrm{d}S,$$

利用(3)的结论,得
$$I = 3\times 8a^2 = 24a^2。$$

(8) 利用"统一投影法",化为 xOy 平面上的二重积分。

因 $z = \sqrt{4a^2-x^2-y^2}, z_x' = -\dfrac{x}{z}, z_y' = -\dfrac{y}{z}$,且曲面取上侧部分,所以

$$I = \iint\limits_{\Sigma}x\mathrm{d}y\mathrm{d}z + y\mathrm{d}z\mathrm{d}x + z\mathrm{d}x\mathrm{d}y = \iint\limits_{D_{xy}}\left[x\left(\frac{x}{z}\right)+y\left(\frac{y}{z}\right)+z\right]\mathrm{d}x\mathrm{d}y$$

$$= 4a^2\iint\limits_{D_{xy}}\frac{\mathrm{d}x\mathrm{d}y}{\sqrt{4a^2-x^2-y^2}},$$

利用(2)的结论,得
$$I = 16a^3\left(\frac{\pi}{2}-1\right)。$$

(9) 所做的功
$$W = \int_{\Gamma}\boldsymbol{F} \cdot \mathrm{d}\boldsymbol{r} = \int_{\Gamma}x\mathrm{d}x + y\mathrm{d}y + 2z\mathrm{d}z$$

将 Γ 化为参数方程 Γ：$\begin{cases} x = a + a\cos t, \\ y = a\sin t, \\ z = 2a\sin\dfrac{t}{2}, \end{cases}$ $t : 0 \to \pi$，所以

$$W = \int_0^\pi \left[a(1+\cos t)(-a\sin t) + a\sin t \cdot a\cos t + 2 \cdot 2a\sin\frac{t}{2} \cdot 2a\cos\frac{t}{2} \cdot \frac{1}{2} \right] \mathrm{d}t$$

$$= a^2 \int_0^\pi \sin t \, \mathrm{d}t = 2a^2 。$$

（10）**方法一**　同（9）$W = \displaystyle\int_\Gamma x\mathrm{d}x + y\mathrm{d}y + z\mathrm{d}z = \int_0^\pi 0\mathrm{d}t = 0。$

方法二　因 $\mathrm{rot}\boldsymbol{F} = \begin{vmatrix} \boldsymbol{i} & \boldsymbol{j} & \boldsymbol{k} \\ \dfrac{\partial}{\partial x} & \dfrac{\partial}{\partial y} & \dfrac{\partial}{\partial z} \\ x & y & z \end{vmatrix} = \boldsymbol{0}$，故 W 与路径无关，只与起始点有关；又

$$x\mathrm{d}x + y\mathrm{d}y + z\mathrm{d}z = \frac{1}{2}\mathrm{d}(x^2 + y^2 + z^2) = \mathrm{d}U,$$

所以　　　　　$W = \displaystyle\int_A^B \mathrm{d}U = U(B) - U(A) = 2a^2 - 2a^2 = 0。$

若 B 点为 Γ 上任一点，功为 0，这是因为 $W = \displaystyle\int_\Gamma \boldsymbol{F} \cdot \boldsymbol{e}_\tau \mathrm{d}S$，由所给的 Γ 方程，得

$$2x + 2yy_x' + 2zz_x' = 0,$$

即 $\{x, y, z\}\{1, y_x', z_x'\} = 0$ 或 $\boldsymbol{F} \cdot \boldsymbol{e}_\tau = 0$，亦即力 $\boldsymbol{F}$ 的方向始终垂直于运动方向（切线方向）$\boldsymbol{e}_\tau$，从而 $W = 0$。

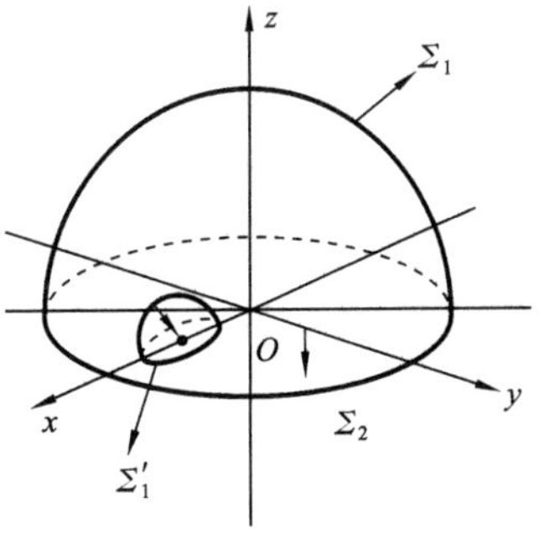

（11）作辅助面 $\Sigma_1' : (x-a)^2 + y^2 + z^2 = \varepsilon^2 \, (z \geqslant 0)$，且半径 ε 足够小使 Σ_1' 完全包含在 Σ_1 内，取内侧；Σ_2 表示在 xOy 平面上介于曲面 Σ_1 和 Σ_1' 之间并取下侧的曲面（见图 12-4），记 $\Sigma_1, \Sigma_1', \Sigma_2$ 所围空间区域为 Ω，则

$$I = \oiint_{\Sigma_1 + \Sigma_1' + \Sigma_2} - \iint_{\Sigma_1'} - \iint_{\Sigma_2} 。$$

图 12-4

由高斯公式，有

$$\oiint_{\Sigma_1 + \Sigma_1' + \Sigma_2} = \iiint_\Omega \left\{ \frac{\partial}{\partial x} \frac{x-a}{[(x-a)^2 + y^2 + z^2]^{\frac{3}{2}}} + \frac{\partial}{\partial y} \frac{y}{[(x-a)^2 + y^2 + z^2]^{\frac{3}{2}}} \right.$$

$$\left. + \frac{\partial}{\partial z} \frac{x-a}{[(x-a)^2 + y^2 + z^2]^{\frac{3}{2}}} \right\} \mathrm{d}v$$

$$= \iiint_\Omega 0\mathrm{d}v = 0;$$

由于 Σ_2 的方程为 $z=0$，所以 $\iint\limits_{\Sigma_2}=0$，故

$$I=-\iint\limits_{\Sigma_1}=\frac{1}{\varepsilon^3}\iint\limits_{-\Sigma_1}(x-a)\mathrm{d}y\mathrm{d}z+y\mathrm{d}z\mathrm{d}x+z\mathrm{d}x\mathrm{d}y。$$

作曲面 $\Sigma_3:z=0((x-a)^2+y^2\leqslant\varepsilon^2)$，取下侧，$-\Sigma_1'$ 和 Σ_3 所围区域为 Ω_1，再由高斯公式，有

$$I=\frac{1}{\varepsilon^3}\Big[\oiint\limits_{-\Sigma_1+\Sigma_3}-\iint\limits_{\Sigma_3}\Big]=\frac{1}{\varepsilon^3}\Big[\iiint\limits_{\Omega_1}3\mathrm{d}v-0\Big]=2\pi。$$

例 12-11 设函数 f 在空间区域 Ω 上有二阶连续偏导数，且为调和函数，即满足关系式：$\Delta f=\dfrac{\partial^2 f}{\partial x^2}+\dfrac{\partial^2 f}{\partial y^2}+\dfrac{\partial^2 f}{\partial z^2}=0$；$S$ 为 Ω 内的封闭曲面。

(1) 证明：$\iint\limits_S\dfrac{\partial f}{\partial \boldsymbol{n}}\mathrm{d}S=0$（$\boldsymbol{n}$ 为 S 的外法线方向）；

(2) 对于 S 内的任意点 A，证明：$f(A)=\dfrac{1}{4\pi}\iint\limits_S\Big[\dfrac{1}{r}\dfrac{\partial f}{\partial \boldsymbol{n}}-f\dfrac{\partial}{\partial \boldsymbol{n}}\Big(\dfrac{1}{r}\Big)\Big]\mathrm{d}S$，

其中 $\boldsymbol{n}$ 为 S 的外法线方向，r 为 S 内的动点 P 与 A 的距离。

证明 (1) **方法一** 由第一、第二型曲面积分关系及高斯公式，得

$$\iint\limits_S\frac{\partial f}{\partial \boldsymbol{n}}\mathrm{d}S=\iint\limits_S(f_x\cos\alpha+f_y\cos\beta+f_z\cos\gamma)\mathrm{d}S$$

$$=\iint\limits_S(f_x\mathrm{d}y\mathrm{d}z+f_y\mathrm{d}z\mathrm{d}x+f_z\mathrm{d}x\mathrm{d}y)$$

$$=\iiint\limits_V(f_{xx}+f_{yy}+f_{zz})\mathrm{d}v=0。$$

其中 V 是 S 所包围的空间区域。

方法二 在格林第一公式

$$\oiint\limits_S v\frac{\partial u}{\partial \boldsymbol{n}}\mathrm{d}S=\iiint\limits_\Omega\nabla u\cdot\nabla v\mathrm{d}x\mathrm{d}y\mathrm{d}z+\iiint\limits_\Omega v\Delta u\mathrm{d}x\mathrm{d}y\mathrm{d}z$$

中，令 $v=1,u=f$，并注意到 $\Delta u=0,\nabla v=\boldsymbol{0}$，很快得到结果。

(2) 在 S 内作一个以 A 为中心，半径为 ε 的球面 S_ε，取外侧；S 和 S_ε^- 之间的空间区域为 V_ε，则

$$\iint\limits_S\Big[\frac{1}{r}\frac{\partial f}{\partial \boldsymbol{n}}-f\frac{\partial}{\partial \boldsymbol{n}}\Big(\frac{1}{r}\Big)\Big]\mathrm{d}S=\iint\limits_{S+S_\varepsilon^-}\Big[\frac{1}{r}\frac{\partial f}{\partial \boldsymbol{n}}-f\frac{\partial}{\partial \boldsymbol{n}}\Big(\frac{1}{r}\Big)\Big]\mathrm{d}S+\iint\limits_{S_\varepsilon}\Big[\frac{1}{r}\frac{\partial f}{\partial \boldsymbol{n}}-f\frac{\partial}{\partial \boldsymbol{n}}\Big(\frac{1}{r}\Big)\Big]\mathrm{d}S$$

$$=I_1+I_2$$

对 I_1 可用两种方法计算：

① 利用高斯公式。设点为 $A(x_0,y_0,z_0)$，$r=\sqrt{(x-x_0)^2+(y-y_0)^2+(z-z_0)^2}$，$\boldsymbol{n}=\{\cos\alpha,\cos\beta,\cos\gamma\}$ 为外法线矢量，则

$$I_1 = \iint\limits_{S+S_\varepsilon} \left[\left(\frac{f_x}{r} + \frac{(x-x_0)f}{r^3} \right)\cos\alpha + \left(\frac{f_y}{r} + \frac{(y-y_0)f}{r^3} \right)\cos\beta + \left(\frac{f_z}{r} + \frac{(z-z_0)f}{r^3} \right)\cos\gamma \right] dS$$

$$= \iint\limits_{S+S_\varepsilon} \left(\frac{f_x}{r} + \frac{(x-x_0)f}{r^3} \right) dydz + \left(\frac{f_y}{r} + \frac{(z-z_0)f}{r^3} \right) dzdx + \left(\frac{f_z}{r} + \frac{(z-z_0)f}{r^3} \right) dxdy$$

$$= \iiint\limits_{V_\varepsilon} \left[\frac{\partial}{\partial x}\left(\frac{f_x}{r} + \frac{(x-x_0)f}{r^3} \right) + \frac{\partial}{\partial y}\left(\frac{f_y}{r} + \frac{(y-y_0)f}{r^3} \right) + \frac{\partial}{\partial z}\left(\frac{f_z}{r} + \frac{(z-z_0)f}{r^3} \right) \right] dv$$

$$= \iiint\limits_{V_\varepsilon} \left[\left(\frac{f_{xx}}{r} + \frac{r^2 - 3(x-x_0)^2}{r^5}f \right) + \left(\frac{f_{yy}}{r} + \frac{r^2 - 3(y-y_0)^2}{r^5}f \right) \right.$$

$$\left. + \left(\frac{f_{zz}}{r} + \frac{r^2 - 3(z-z_0)^2}{r^5}f \right) \right] dv$$

$$= \iiint\limits_{V_\varepsilon} \left[\frac{f_{xx} + f_{yy} + f_{zz}}{r} + \frac{3r^2 - 3r^2}{r^5}f \right] dv = 0。$$

② 在格林第二公式 $\oiint\limits_{\Sigma} \left(v\dfrac{\partial u}{\partial \boldsymbol{n}} - u\dfrac{\partial v}{\partial \boldsymbol{n}} \right) dS = \iiint\limits_{\Omega} (v\Delta u - u\Delta v) dxdydz$ 中，令 $v = \dfrac{1}{r}$，

$u = f, \Sigma = S + S_\varepsilon, \Omega = V_\varepsilon$，且 $\Delta f = 0, \Delta\left(\dfrac{1}{r} \right) = 0$，即可推得 $I_1 = 0$。

下面计算 I_2。

在 S_ε 上 $r = \varepsilon, \dfrac{\partial}{\partial \boldsymbol{n}}\left(\dfrac{1}{r} \right) = -\dfrac{1}{r^2}$，所以有 $I_2 = \dfrac{1}{\varepsilon} \iint\limits_{S_\varepsilon} \dfrac{\partial f}{\partial \boldsymbol{n}} dS + \dfrac{1}{\varepsilon^2} \iint\limits_{S_\varepsilon} f dS$。

由(1)的结果知第一个积分为 0，再由积分中值定理，得

$$I_2 = \frac{1}{\varepsilon^2} \times 4\pi\varepsilon^2 f(\xi,\eta) = 4\pi f(\xi,\eta)，$$

其中 (ξ,η) 为 S_ε 所围区域内某一点。综上有

$$\iint\limits_{S} \left[\frac{1}{r}\frac{\partial f}{\partial \boldsymbol{n}} - f\frac{\partial}{\partial \boldsymbol{n}}\left(\frac{1}{r} \right) \right] dS = 4\pi f(\xi,\eta)。$$

然后令 $\varepsilon \to 0 \Rightarrow f(\xi,\eta) \to f(A)$，故有

$$f(A) = \frac{1}{4\pi} \iint\limits_{S} \left[\frac{1}{r}\frac{\partial f}{\partial \boldsymbol{n}} - f\frac{\partial}{\partial \boldsymbol{n}}\left(\frac{1}{r} \right) \right] dS。$$

例 12-12 证明：$\oiint\limits_{\Sigma} \cos(\boldsymbol{r},\boldsymbol{n}) dS = \iiint\limits_{\Omega} \dfrac{2}{r} d\xi d\eta d\zeta$，其中 Σ 为包围空间区域 Ω 的封闭曲面，$\boldsymbol{n}$ 为封闭曲面 Σ 上动点 (ξ, η, ζ) 处的外法线，而 $r = \sqrt{(\xi-x)^2 + (\eta-y)^2 + (\zeta-z)^2}$，$r$ 为从点 (x,y,z) 到点 (ξ,η,ζ) 的矢径。

证明 分两种情形。

(1) 若曲面 Σ 不包围点 (x,y,z)，则有

$$\cos(\boldsymbol{r},\boldsymbol{n}) = \cos(\boldsymbol{r},x)\cos\alpha + \cos(\boldsymbol{r},y)\cos\beta + \cos(\boldsymbol{r},z)\cos\gamma，$$

其中 $\cos\alpha, \cos\beta, \cos\gamma$ 为 $\boldsymbol{n}$ 的方向余弦。由于

$$\cos(\boldsymbol{r},x)=\frac{\xi-x}{r},\quad \cos(\boldsymbol{r},y)=\frac{\eta-y}{r},\quad \cos(\boldsymbol{r},z)=\frac{\zeta-z}{r},$$

故由高斯公式,得

$$\oiint_{\Sigma}\cos(\boldsymbol{r},\boldsymbol{n})\mathrm{d}S=\oiint_{\Sigma}\left(\frac{\xi-x}{r}\cos\alpha+\frac{\eta-y}{r}\cos\beta+\frac{\zeta-z}{r}\cos\gamma\right)\mathrm{d}S$$

$$=\iiint_{\Omega}\left[\frac{\partial}{\partial\xi}\left(\frac{\xi-x}{r}\right)+\frac{\partial}{\partial\eta}\left(\frac{\eta-y}{r}\right)+\frac{\partial}{\partial\zeta}\left(\frac{\zeta-z}{r}\right)\right]\mathrm{d}\xi\mathrm{d}\eta\mathrm{d}\zeta$$

$$=\iiint_{\Omega}\frac{2}{r}\mathrm{d}\xi\mathrm{d}\eta\mathrm{d}\zeta。$$

(2) 若曲面 Σ 包围点(x,y,z),则不能对 Ω 应用高斯公式。必须用一小区域将点(x,y,z)挖掉,即以点(x,y,z)为中心,ε 为半径作一开球域 Ω_{ε}(ε 充分小),其边界(球面)以 Σ_{ε} 表示,取内侧。因为

$$\oiint_{\Sigma}\cos(\boldsymbol{r},\boldsymbol{n})\mathrm{d}S=\oiint_{\Sigma+\Sigma_{\varepsilon}}\cos(\boldsymbol{r},\boldsymbol{n})\mathrm{d}S-\oiint_{\Sigma_{\varepsilon}}\cos(\boldsymbol{r},\boldsymbol{n})\mathrm{d}S,$$

再对闭域 $\Omega-\Omega_{\varepsilon}$ 应用高斯公式,仿照情形(1)的解法,得

$$\oiint_{\Sigma+\Sigma_{\varepsilon}}\cos(\boldsymbol{r},\boldsymbol{n})\mathrm{d}S=\iiint_{\Omega-\Omega_{\varepsilon}}\left[\frac{\partial}{\partial\xi}\left(\frac{\xi-x}{r}\right)+\frac{\partial}{\partial\eta}\left(\frac{\eta-y}{r}\right)+\frac{\partial}{\partial\zeta}\left(\frac{\zeta-z}{r}\right)\right]\mathrm{d}\xi\mathrm{d}\eta\mathrm{d}\zeta$$

$$=\iiint_{\Omega-\Omega_{\varepsilon}}\frac{2}{r}\mathrm{d}\xi\mathrm{d}\eta\mathrm{d}\zeta,$$

但在 Σ_{ε} 上,$\boldsymbol{n}$ 的方向与 $\boldsymbol{r}$ 的方向相反,故 $\cos(\boldsymbol{r},\boldsymbol{n})=-1$,于是

$$\oiint_{\Sigma_{\varepsilon}}\cos(\boldsymbol{r},\boldsymbol{n})\mathrm{d}S=-4\pi\varepsilon^{2}。$$

所以

$$\oiint_{\Sigma}\cos(\boldsymbol{r},\boldsymbol{n})\mathrm{d}S=\iiint_{\Omega-\Omega_{\varepsilon}}\frac{2}{r}\mathrm{d}\xi\mathrm{d}\eta\mathrm{d}\zeta+4\pi\varepsilon^{2},$$

在上式中令 $\varepsilon\to+0$,取极限,得

$$\oiint_{\Sigma}\cos(\boldsymbol{r},\boldsymbol{n})\mathrm{d}S=\iiint_{\Omega}\frac{2}{r}\mathrm{d}\xi\mathrm{d}\eta\mathrm{d}\zeta。$$

12.3 精选备赛练习

12.1 设 $f(x,y,z)$为连续函数,且对任意空间曲面 Σ 都有$\iint_{\Sigma}f(x,y,z)\mathrm{d}S=0$。证明:$f(x,y,z)\equiv0$。

12.2 设 $P(x,y,z),Q(x,y,z),R(x,y,z)$有连续偏导数,且对任意封闭曲面 Σ 都有$\oiint_{\Sigma}P\mathrm{d}y\mathrm{d}z+Q\mathrm{d}z\mathrm{d}x+R\mathrm{d}x\mathrm{d}y=0$。证明:$\dfrac{\partial P}{\partial x}+\dfrac{\partial Q}{\partial y}+\dfrac{\partial R}{\partial z}\equiv0$。

12.3 设对于半空间 $x>0$ 内任意的光滑有向封闭曲面 Σ,都有

$$\oiint\limits_{\Sigma} \frac{x^2}{2} f(x) \mathrm{d}y\mathrm{d}z - xy f(x) \mathrm{d}z\mathrm{d}x - \frac{x^2}{z} z \mathrm{d}x\mathrm{d}y = 0,$$

其中 $f(x)$ 在 $(0,+\infty)$ 内具有连续的一阶导数,证明:$f'(x)=1$。

12.4 计算 $I = \oiint\limits_{\Sigma} \dfrac{2\mathrm{d}y\mathrm{d}z}{x\cos^2 x} + \dfrac{\mathrm{d}z\mathrm{d}x}{\cos^2 y} - \dfrac{\mathrm{d}x\mathrm{d}y}{z\cos^2 z}$,其中 $\Sigma: x^2 + y^2 + z^2 = 1$ 取外侧。

12.5 计算 $I = \iint\limits_{\Sigma} 2(1-x^2)\mathrm{d}y\mathrm{d}z + 8xy\mathrm{d}z\mathrm{d}x - 4xz\mathrm{d}x\mathrm{d}y$,其中 Σ 是由曲线 $x = \mathrm{e}^y$ $(0\leqslant y\leqslant a)$ 绕 x 轴旋转而成的旋转曲面外侧。

12.6 求 $I = \iint\limits_{\Sigma} \dfrac{x\mathrm{d}y\mathrm{d}z + y\mathrm{d}z\mathrm{d}x + z\mathrm{d}x\mathrm{d}y}{(x^2 + y^2 + z^2)^{3/2}}$,其中 Σ 是曲面 $1 - \dfrac{z}{7} = \dfrac{(x-2)^2}{25} + \dfrac{(y-1)^2}{16}$ $(z\geqslant 0)$ 的上侧。

12.7 设 $f(u)$ 有连续导数,计算 $I = \iint\limits_{\Sigma} \dfrac{1}{y} f\left(\dfrac{x}{y}\right)\mathrm{d}y\mathrm{d}z + \dfrac{1}{x} f\left(\dfrac{x}{y}\right)\mathrm{d}z\mathrm{d}x + z\mathrm{d}x\mathrm{d}y$,其中 Σ 是 $y = x^2 + z^2 + 6, y = 8 - x^2 - z^2$ 所围立体的外侧。

12.8 求 $I = \iint\limits_{\Sigma} (x^3\cos\alpha + y^3\cos\beta + z^3\cos\gamma)\mathrm{d}S$,其中 $\Sigma: z^2 = x^2 + y^2 (-1\leqslant z\leqslant 0)$,$\cos\alpha, \cos\beta, \cos\gamma$ 是 Σ 上任一点 (x,y,z) 的法矢量的方向余弦,且 $\cos\gamma < 0$。

12.9 求 $I = \iint\limits_{\Sigma} 4xz\mathrm{d}y\mathrm{d}z - 2z\mathrm{d}z\mathrm{d}x + (1-z^2)\mathrm{d}x\mathrm{d}y$,其中 Σ 为 $z = a^y (0\leqslant y\leqslant 2, a>0, a\neq 1)$ 绕 z 轴旋转所成的曲面下侧。

12.10 计算 $I = \iint\limits_{\Sigma} \dfrac{ax\mathrm{d}y\mathrm{d}z + (z+a)^2\mathrm{d}x\mathrm{d}y}{\sqrt{x^2 + y^2 + z^2}}$,其中 Σ 为下半球面 $z = -\sqrt{a^2 - x^2 - y^2}$ 的上侧,a 为大于零的常数。

12.11 求 $I = \iint\limits_{\Sigma} 2x^3\mathrm{d}y\mathrm{d}z + 2y^3\mathrm{d}z\mathrm{d}x + 3(z^2-1)\mathrm{d}x\mathrm{d}y$,其中 $\Sigma: z = 1 - x^2 - y^2$ $(z\geqslant 0)$ 上侧。

12.12 设 S 为椭球面 $\dfrac{x^2}{2} + \dfrac{y^2}{2} + z^2 = 1$ 的上半部分,点 $P(x,y,z) \in S$,π 为 S 在点 P 的切平面,$\rho(x,y,z)$ 为点 $O(0,0,0)$ 到平面 π 的距离。求 $I = \iint\limits_{S} \dfrac{z}{\rho(x,y,z)}\mathrm{d}S$。

12.13 设曲面 Σ 为 $x^2 + y^2 + (z-1)^2 = r^2$ 的外侧面,$f(x)$ 为连续函数,且 $f(0) = a \neq 0$,又知当 $r\to 0$ 时,曲面积分 $\iint\limits_{\Sigma} xf(yz)\mathrm{d}y\mathrm{d}z + yf(xz)\mathrm{d}z\mathrm{d}x + zf(xy)\mathrm{d}x\mathrm{d}y$ 与 r^k 是同阶无穷小,求 k,并证明:

$$\lim_{r\to 0} \frac{1}{r^k}\left[\iint\limits_{\Sigma} xf(yz)\mathrm{d}y\mathrm{d}z + yf(xz)\mathrm{d}z\mathrm{d}x + zf(xy)\mathrm{d}x\mathrm{d}y\right] = 4\pi a。$$

12.14 设 Σ 是球面 $x^2 + y^2 + z^2 - 2ax - 2ay - 2az + a^2 = 0$(常数 $a > 0$)。证明:

$$I = \oiint\limits_{\Sigma} (x+y+z-\sqrt{3}a)\mathrm{d}S \leqslant 12\pi a^3.$$

12.15 计算 $I = \iint\limits_{\Sigma} x^2\mathrm{d}y\mathrm{d}z + y^2\mathrm{d}z\mathrm{d}x + z^2\mathrm{d}x\mathrm{d}y$，其中 Σ：$(x-1)^2 + (y-1)^2 +$

$\dfrac{z^2}{4} = 1 \ (y \geqslant 1)$ 外侧。

12.4　答案与提示

12.1　提示：用反证法。

12.2　提示：用高斯公式。

12.3　提示：利用高斯公式。

12.4　$4\pi\tan 1$。提示：考虑对称性及奇偶性。

12.5　$2\pi a^2(\mathrm{e}^{2a}-1)$。提示：作辅助面 Σ_1：$x = \mathrm{e}^a(y^2+z^2 \leqslant a^2)$，取前侧，再用高斯公式。

12.6　2π。提示：见例 12-10(11)。

12.7　π。提示：直接用高斯公式计算。

12.8　$\dfrac{\pi}{10}$。提示：作辅助曲面 Σ_1：$z = -1(x^2+y^2 \leqslant 1)$ 取上侧，再用高斯公式。

12.9　$2\pi\left[2a^4 - \dfrac{a^4}{\ln a} + \dfrac{1}{4(\ln a)^2}(a^4-1)\right] + 4\pi(a^4-1)$。提示：旋转曲面方程为 $z = a^{\sqrt{x^2+y^2}}$，作 Σ_1：$z = a^2(x^2+y^2 \leqslant 4)$，取上侧，再用高斯公式。

12.10　$-\dfrac{1}{2}\pi a^3$。提示：作辅助曲面 Σ_1：$z = 0(x^2+y^2 \leqslant a^2)$，取下侧，再用高斯公式。

12.11　$-\pi$。提示：作辅助曲面 Σ_1：$z = 0(x^2+y^2 \leqslant 1)$，取下侧。

12.12　$\dfrac{3}{2}\pi$。提示：先求切平面 π 的方程，再求点 $O(0,0,0)$ 到平面 π 的距离。

12.13　$k = 3$。提示：考虑高斯公式和积分中值定理。

12.14　提示：将球面方程化为标准形式，考虑对称性。

12.15　$\dfrac{25}{3}\pi$。

第 13 讲　无穷级数

13. 1　内容概述

这一讲的主要内容是数项级数的判敛、幂级数的求和、函数展开成幂级数。数项级数的判敛包括使用比较判别法、比值判别法、根值判别法对正项级数判敛;使用莱布尼兹判别法以及条件收敛与绝对收敛对变号级数的判敛,含有抽象通项的级数的敛散性证明是一个重点,柯西收敛准则的使用成为关键。幂级数部分包括求收敛半径、收敛域,函数展开为泰勒级数,求幂级数的和函数,利用幂级数求数项级数的和,以及用幂级数考虑反常积分的敛散与计算。

13. 2　典型例题分析

【题型 13-1】　**通过计算数项级数的部分和求级数的和**

策略　将通项写成某数列相邻项之差以利于计算部分和时求和抵消。

例 13-1　若 $a > 1$,求级数 $\sum_{n=0}^{\infty} \dfrac{2^n}{a^{2^n}+1}$ 的和。

分析　通项的分子分母同乘 $a^{2^n}-1$ 后,可写成数列 $\dfrac{2^n}{a^{2^n}-1}$ 相邻两项之差。

解　$\dfrac{2^n}{a^{2^n}+1} = \dfrac{2^n(a^{2^n}-1)}{a^{2^{n+1}}-1} = \dfrac{2^n(a^{2^n}+1)-2^{n+1}}{a^{2^{n+1}}-1} = \dfrac{2^n}{a^{2^n}-1} - \dfrac{2^{n+1}}{a^{2^{n+1}}-1}$,

级数的前 n 项部分和为

$$S_n = \sum_{k=0}^{n-1} \frac{2^k}{a^{2^k}+1} = \sum_{k=0}^{n-1}\left(\frac{2^k}{a^{2^k}-1} - \frac{2^{k+1}}{a^{2^{k+1}}-1}\right) = \frac{1}{a-1} - \frac{2^n}{a^{2^n}-1}。$$

因为 $a > 1$,$\lim\limits_{n \to \infty} \dfrac{2^n}{a^{2^n}-1} = 0$,从而级数的和为 $S = \lim\limits_{n \to \infty} S_n = \dfrac{1}{a-1}$。

例 13-2　求级数 $\sum_{n=1}^{\infty} \arctan \dfrac{2}{n^2}$ 的和。

分析　利用恒等式 $\arctan \dfrac{a-b}{1+ab} = \arctan a - \arctan b$,将通项写成反三角之差。

解　因为

$$\arctan \frac{2}{n^2} = \arctan \frac{(n+1)-(n-1)}{1+(n+1)(n-1)} = \arctan(n+1) - \arctan(n-1)$$

级数的部分和为

$$S_n = (\arctan2 - \arctan0) + (\arctan3 - \arctan1) + \cdots + (\arctan(n+1) - \arctan(n-1))$$
$$= \arctan(n+1) + \arctan n - \arctan1,$$

所以级数的和为　　　　　$S = \lim_{n \to \infty} S_n = \dfrac{\pi}{2} + \dfrac{\pi}{2} - \dfrac{\pi}{4} = \dfrac{3\pi}{4}$。

例 13-3　求级数 $\displaystyle\sum_{n=1}^{\infty} \dfrac{1 + \dfrac{1}{2} + \cdots + \dfrac{1}{n}}{(n+1)(n+2)}$ 的和。

分析　注意到 $\dfrac{1}{(n+1)(n+2)} = \dfrac{1}{n+1} - \dfrac{1}{n+2}$，可将通项写成差式。

解　记 $b_n = 1 + \dfrac{1}{2} + \cdots + \dfrac{1}{n} (= \ln n + C + \varepsilon)$，则级数部分和为

$$S_n = \sum_{k=1}^{n} \left(\frac{b_k}{k+1} - \frac{b_k}{k+2} \right) = \sum_{k=1}^{n} \left(\frac{b_k}{k+1} - \frac{b_{k+1}}{k+2} \right) + \sum_{k=1}^{n} \frac{b_{k+1} - b_k}{k+2}$$

$$= \frac{b_1}{2} - \frac{b_{n+1}}{n+2} + \sum_{k=1}^{n} \frac{1}{(k+2)(k+1)} = \frac{1}{2} - \frac{b_{n+1}}{n+2} + \frac{1}{2} - \frac{1}{n+2},$$

所以级数的和为　　　　　$S = \lim_{n \to \infty} S_n = 1$

注　这里级数不能写成 $\displaystyle\sum_{n=1}^{\infty} \dfrac{b_n}{n+1} - \sum_{n=1}^{\infty} \dfrac{b_n}{n+2}$，因为相减的两个级数都是发散的。

例 13-4　设 $a_n - a_{n-1} = d > 0$，求级数 $\displaystyle\sum_{n=1}^{\infty} \dfrac{1}{a_n a_{n+1} \cdots a_{n+m}}$ 的和（其中 m 为正整数）。

分析　$\{a_n\}$ 为等差数列，有 $a_{n+m} = a_n + md$，则 $\dfrac{md}{a_n a_{n+1} \cdots a_{n+m}} = \dfrac{a_{n+m} - a_n}{a_n a_{n+1} \cdots a_{n+m}}$ 可写

成差式 $\dfrac{1}{a_n a_{n+1} \cdots a_{n+m-1}} - \dfrac{1}{a_{n+1} \cdots a_{n+m}}$。

解　级数的前 n 项部分和为

$$S_n = \sum_{k=1}^{n} \frac{1}{a_k a_{k+1} \cdots a_{k+m}} = \frac{1}{md} \sum_{k=1}^{n} \left(\frac{1}{a_k a_{k+1} \cdots a_{k+m-1}} - \frac{1}{a_{k+1} a_{k+2} \cdots a_{k+m}} \right)$$

$$= \frac{1}{md} \left(\frac{1}{a_1 a_2 \cdots a_m} - \frac{1}{a_{n+1} a_{n+2} \cdots a_{n+m}} \right),$$

因 $a_{n+i} = a_1 + (n+i-1)d \to \infty (n \to \infty)$，所以级数的和为

$$S = \lim_{n \to \infty} S_n = \frac{1}{md} \frac{1}{a_1 a_2 \cdots a_m}。$$

【题型 13-2】　**利用比值判别法、根值判别法对正项级数判敛**

策略　若 $\lim\limits_{n \to \infty} \dfrac{a_{n+1}}{a_n} = l$ 或 $\lim\limits_{n \to \infty} \sqrt[n]{a_n} = l$，则 $l < 1$ 时级数收敛，$l > 1$ 时级数发散，$l = 1$ 时需要另法判定。当通项含有连乘积或阶乘时，常使用比值法，通项出现 n 次幂时，常使用根值法。

例 13-5　设 $a > 0$，判别级数 $\displaystyle\sum_{n=1}^{\infty} \dfrac{a^{\frac{1}{2} n(n+1)}}{(1+a)(1+a^2) \cdots (1+a^n)}$ 的敛散性。

分析　通项有连乘积用比值判别法,有失效情形再考察通项的单调性、极限,检查级数收敛的必要条件是否满足。

解　计算易得 $\dfrac{u_n}{u_{n-1}} = \dfrac{a^n}{1+a^n} \to \begin{cases} 0, & a < 1 \\ \dfrac{1}{2}, & a = 1 \\ 1, & a > 1 \end{cases} (n \to \infty),$

当 $a \leqslant 1$ 时,比值极限小于 1,原级数收敛;当 $a > 1$ 时,比值极限等于 1,比值判别法失效。令 $b = \dfrac{1}{a} < 1$,此时

$$u_n = \frac{1}{(1+b)(1+b^2)\cdots(1+b^n)}(利用不等式 \mathrm{e}^x > 1 + x, x > 0)$$

$$> \frac{1}{\mathrm{e}^b \mathrm{e}^{b^2} \cdots \mathrm{e}^{b^n}} > \frac{1}{\mathrm{e}^{b/(1-b)}},$$

收敛的必要条件 $u_n \to 0(n \to \infty)$ 不满足,所以原级数发散。

注　当 $a > 1$ 时,$\dfrac{u_n}{u_{n+1}} = \dfrac{1 + a^{n+1}}{a^{n+1}} \to 1$,比值判别法失效,也可考虑用 Raabe 判别法。因 $n\left(\dfrac{u_n}{u_{n+1}} - 1\right) = \dfrac{n}{a^{n+1}} \to 0 < 1$,故级数发散。

例 13-6　判别 $\sqrt{2} + \sqrt{2 - \sqrt{2}} + \sqrt{2 - \sqrt{2 + \sqrt{2}}} + \sqrt{2 - \sqrt{2 + \sqrt{2 + \sqrt{2}}}} + \cdots$ 的敛散性。

分析　观察到通项数列有递推特征,计算比值的极限,用比值判别法判敛。

解　设 $v_1 = \sqrt{2}, v_{n+1} = \sqrt{2 + v_n}$,则 $v_n \to 2(n \to \infty)$。记级数的通项为 u_n,则

$$\frac{u_{n+1}}{u_n} = \frac{\sqrt{2 - v_n}}{\sqrt{2 - v_{n-1}}} = \frac{\sqrt{2^2 - v_n^2}}{\sqrt{2 - v_{n-1}}} \cdot \frac{1}{\sqrt{2 + v_n}} = \frac{\sqrt{4 - (2 + v_{n-1})}}{\sqrt{2 - v_{n-1}}} \cdot \frac{1}{\sqrt{2 + v_n}}$$

$$= \frac{1}{\sqrt{2 + v_n}} \to \frac{1}{2} < 1,$$

由比值判别法知级数收敛。

例 13-7　判别级数 $\displaystyle\sum_{n=1}^{\infty} \left(\sqrt{n}\sin\frac{1}{\sqrt{n}}\right)^{n^2}$ 的敛散性。

分析　通项为幂指式,计算根值的极限,用根值判别法判敛。

解　设通项为 u_n,

$$\lim_{n \to \infty} \sqrt[n]{u_n} = \lim_{n \to \infty} \left(\sqrt{n}\sin\frac{1}{\sqrt{n}}\right)^n = \exp\lim_{n \to \infty} n\ln\left(\sqrt{n}\sin\frac{1}{\sqrt{n}}\right)$$

$$= \exp\lim_{n \to \infty} n\left(\sqrt{n}\sin\frac{1}{\sqrt{n}} - 1\right) = \exp\lim_{n \to \infty} n^{\frac{3}{2}}\left(\sin\frac{1}{\sqrt{n}} - \frac{1}{\sqrt{n}}\right)$$

$$= \exp\lim_{n \to \infty} n^{\frac{3}{2}} \cdot \left(-\frac{1}{3!}\left(\frac{1}{\sqrt{n}}\right)^3 + o\left(\left(\frac{1}{\sqrt{n}}\right)^3\right)\right) = \exp\left(-\frac{1}{6}\right) < 1。$$

由根值判别法知级数收敛。

【题型 13-3】　使用比较判别法及其极限形式对正项级数的判敛

策略　用不等关系对级数的通项进行变形以利于使用比较判别法，用等价关系对通项进行变形以利于使用比较判别法的极限形式。等比级数 $\sum\limits_{n=1}^{\infty} aq^n$、$p$- 级数 $\sum\limits_{n=1}^{\infty} \dfrac{1}{n^p}$、级数 $\sum\limits_{n=2}^{\infty} \dfrac{1}{n\ln^p n}$ 常作为比较判别法的比较对象。泰勒公式常用于分离通项（无穷小）的主部，寻找通项的等价无穷小。

例 13-8　判别级数 $\sum\limits_{n=1}^{\infty} \left[\dfrac{1}{\sqrt{n}} - \sqrt{\ln \dfrac{n+1}{n}} \right]$ 的敛散性。

分析　利用不等式 $\dfrac{1}{n+1} < \ln\left(1 + \dfrac{1}{n}\right) < \dfrac{1}{n}$ 对通项进行放大和缩小处理。

解　记通项为 a_n，则 $0 < a_n < \dfrac{1}{\sqrt{n}} - \dfrac{1}{\sqrt{n+1}}$，而正项级数 $\sum\limits_{n=1}^{\infty} \left(\dfrac{1}{\sqrt{n}} - \dfrac{1}{\sqrt{n+1}} \right)$ 的部分和为 $1 - \dfrac{1}{\sqrt{n+1}}$，有上界 1，故此级数收敛，再由比较判别法知道原级数收敛。

例 13-9　讨论级数 $\sum\limits_{n=1}^{\infty} \dfrac{\ln n!}{n^\alpha}(\alpha > 0)$ 的敛散性。

分析　对通项进行放缩，与 p- 级数对比，用比较判别法及其极限形式判敛。

解　当 $\alpha \leqslant 2$ 时，通项 $a_n = \dfrac{\ln 2 + \ln 3 + \cdots + \ln n}{n^\alpha} > \dfrac{n-2}{n^\alpha} \sim \dfrac{1}{n^{\alpha-1}}$，因级数 $\sum\limits_{n=1}^{\infty} \dfrac{1}{n^{\alpha-1}}$ 发散，用比较判别法及其极限形式得原级数发散。

当 $\alpha > 2$ 时，$a_n < \dfrac{n\ln n}{n^\alpha} = \dfrac{\ln n}{n^{\alpha-1}}$，取 $p: 1 < p < \alpha - 1$，则 $\varepsilon = \alpha - 1 - p > 0$，因为 $n^p \dfrac{\ln n}{n^{\alpha-1}} = \dfrac{\ln n}{n^\varepsilon} \to 0(n \to \infty)$，而 $\sum\limits_{n=1}^{\infty} \dfrac{1}{n^p}(p > 1)$ 收敛，用比较判别法及其极限形式知 $\sum\limits_{n=1}^{\infty} \dfrac{\ln n}{n^{\alpha-1}}$ 收敛，故原级数收敛。

例 13-10　设 $\alpha > 0$，讨论级数 $\sum\limits_{n=1}^{\infty} \dfrac{n}{1^\alpha + 2^\alpha + \cdots + n^\alpha}$ 的敛散性。

分析　级数通项的分母为一和式，将和式往黎曼和形式变化，用定积分计算和式极限，并用比较判别法的极限形式判敛。

解　记通项为 a_n，则

$$\frac{\frac{1}{n^\alpha}}{a_n} = \frac{1^\alpha + 2^\alpha + \cdots + n^\alpha}{n^{\alpha+1}} = \sum_{k=1}^{n} \left(\frac{k}{n} \right)^\alpha \frac{1}{n} \to \int_0^1 x^\alpha \mathrm{d}x = \frac{1}{1+\alpha},$$

由比较判别法的极限形式知，原级数与 p- 级数 $\sum\limits_{n=1}^{\infty} \dfrac{1}{n^\alpha}$ 敛散性相同，即当 $\alpha > 1$ 时，原级

数收敛;当 $0 < \alpha \leqslant 1$ 时,原级数发散。

例 13-11 判别级数 $\sum\limits_{n=1}^{\infty}\int_0^{\frac{\pi}{4}}\cos^n x\,\mathrm{d}x$ 的敛散性。

分析 通项是积分计算有困难,若直接用积分性质只能放大为 $\frac{\pi}{4}$,缩小为 $\frac{\pi}{4}\cdot\left(\frac{\sqrt{2}}{2}\right)^n$,比较判别法用不了。但通项可写成 $\int_0^{\frac{\pi}{2}}\cos^n x\,\mathrm{d}x - \int_{\frac{\pi}{4}}^{\frac{\pi}{2}}\cos^n x\,\mathrm{d}x$,而 $\int_0^{\frac{\pi}{2}}\cos^n x\,\mathrm{d}x$ 可以计算出来,$\sum\limits_{n=1}^{\infty}\int_{\frac{\pi}{4}}^{\frac{\pi}{2}}\cos^n x\,\mathrm{d}x$ 可以用比较判别法判敛。

解 记 $b_n = \int_0^{\frac{\pi}{2}}\cos^n x\,\mathrm{d}x$,有 $b_n > b_{n+1}$,而

$$b_n \cdot b_{n+1} = \frac{\pi}{2}\cdot\frac{n!!}{(n+1)!!}\cdot\frac{(n-1)!!}{n!!} = \frac{\pi}{2}\cdot\frac{1}{n+1},$$

所以 $b_n > \sqrt{\frac{\pi}{2}}\cdot\frac{1}{\sqrt{n+1}}$,由级数 $\sum\limits_{n=1}^{\infty}\frac{1}{\sqrt{n+1}}$ 发散及比较判别法知 $\sum\limits_{n=1}^{\infty}b_n$ 发散。

又 $\int_{\frac{\pi}{4}}^{\frac{\pi}{2}}\cos^n x\,\mathrm{d}x \leqslant \left(\frac{1}{\sqrt{2}}\right)^n\cdot\frac{\pi}{4}$,知 $\sum\limits_{n=1}^{\infty}\int_{\frac{\pi}{4}}^{\frac{\pi}{2}}\cos^n x\,\mathrm{d}x$ 收敛。利用级数的线性性质得 $\sum\limits_{n=1}^{\infty}\int_0^{\frac{\pi}{4}}\cos^n x\,\mathrm{d}x$ 发散。

例 13-12 讨论级数 $\sum\limits_{n=1}^{\infty}\frac{1}{n^p}\left(1-\frac{x\ln n}{n}\right)^n$ 的敛散性与参数 p, x 的关系。

分析 n 充分大时,$1-\frac{x\ln n}{n}>0$,级数为正项级数,可与 p-级数进行比较,用比较判别法的极限形式判敛。

解 通项 $u_n = \frac{1}{n^p}\left(1-\frac{x\ln n}{n}\right)^n = \frac{1}{n^p}\left[\left(1-\frac{x\ln n}{n}\right)^{-\frac{n}{x\ln n}}\right]^{-x\ln n}$,因 $\left(1-\frac{x\ln n}{n}\right)^{-\frac{n}{x\ln n}} \to$ e,而 $\mathrm{e}^{-x\ln n} = \frac{1}{n^x}$,取 $v_n = \frac{1}{n^{p+x}}$,计算 $\lim\limits_{n\to\infty}\frac{u_n}{v_n}$。因

$$\lim_{n\to\infty}\ln\frac{u_n}{v_n} = \lim_{n\to\infty}\ln\left\{n^x\left(1-\frac{x\ln n}{n}\right)^n\right\} = \lim_{n\to\infty}\left\{x\ln n + n\ln\left(1-\frac{x\ln n}{n}\right)\right\}$$

$$= \lim_{n\to\infty}\left\{x\ln n + n\left[-\frac{x\ln n}{n} - \frac{1}{2}\frac{x^2\ln^2 n}{n^2} + o\left(\frac{x^2\ln^2 n}{n^2}\right)\right]\right\}$$

$$= \lim_{n\to\infty}\left[-\frac{1}{2}\frac{x^2\ln^2 n}{n} + o\left(\frac{x^2\ln^2 n}{n}\right)\right] = 0,$$

所以 $\lim\limits_{n\to\infty}\frac{u_n}{v_n} = 1$,原级数与 $\sum\limits_{n=1}^{\infty}v_n = \sum\limits_{n=1}^{\infty}\frac{1}{n^{p+x}}$ 有相同的敛散性,即当且仅当 $p+x>1$ 时原级数收敛。

例 13-13 判别级数 $\sum\limits_{n=1}^{\infty}\left(\sqrt[n]{a} - \sqrt{1+\frac{1}{n}}\right)(a>0)$ 的敛散性。

分析 利用泰勒公式将通项(无穷小)变形,寻找通项的等价无穷小。

解 由泰勒公式

$$e^x = 1 + x + x^2/2 + o(x^2), \quad (1+x)^\alpha = 1 + \alpha x + \frac{1}{2}\alpha(\alpha-1)x^2 + o(x^2),$$

有 $\sqrt[n]{a} = e^{\frac{1}{n}\ln a} = 1 + \frac{1}{n}\ln a + \frac{1}{2n^2}\ln^2 a + o\left(\frac{1}{n^2}\right),\quad \sqrt{1+\frac{1}{n}} = 1 + \frac{1}{2n} - \frac{1}{8n^2} + o\left(\frac{1}{n^2}\right),$

故级数通项为 $\quad a_n = \left(\ln a - \frac{1}{2}\right)\frac{1}{n} + \left(\frac{1}{2}\ln^2 a + \frac{1}{8}\right)\frac{1}{n^2} + o\left(\frac{1}{n^2}\right)。$

当 $\ln a - \frac{1}{2} \neq 0$,即 $a \neq \sqrt{e}$ 时,$a_n \sim \left(\ln a - \frac{1}{2}\right)\frac{1}{n}(n \to \infty)$ 且不变号,知原级数发散。

当 $\ln a - \frac{1}{2} = 0$,即 $a = \sqrt{e}$ 时,$a_n \sim \frac{1}{4n^2}(n \to \infty)$,知原级数收敛。

【题型 13-4】 变号级数判敛

策略 对于变号级数,可先看其绝对值级数 $\sum\limits_{n=1}^{\infty} |u_n|$ 是否收敛。当绝对值级数收敛时,原级数为绝对收敛;当绝对值级数发散时,可分为以下几种情形。

(1) 若用比值法判别出绝对值级数是发散的,此时通项 $|u_n|$ 是单调增加不趋于零的,故 u_n 也不趋于零,原级数 $\sum\limits_{n=1}^{\infty} u_n$ 发散。

(2) 若级数为莱布尼兹型交错级数 $\sum\limits_{n=1}^{\infty}(-1)^{n-1}a_n$(即 a_n 单调减少趋于零),此时原级数 $\sum\limits_{n=1}^{\infty} u_n$ 收敛,或确切地说是条件收敛。

(3) 其他情况可利用求部分和法、加括号法、分项法等来讨论原级数的敛散性。

例 13-14 判定级数 $\sum\limits_{n=1}^{\infty} \sin[\pi(3+\sqrt{5})^n]$ 的敛散性。

分析 通项的符号不明确,可用正弦函数的周期性将通项与 $\sin[\pi(3-\sqrt{5})^n]$ 联系。

解 考虑 $(3+\sqrt{5})^n + (3-\sqrt{5})^n = \sum\limits_{k=1}^{n} C_n^k 3^{n-k}(\sqrt{5})^k + \sum\limits_{k=1}^{n} C_n^k 3^{n-k}(-\sqrt{5})^k$

$$= \sum\limits_{k=1}^{n} C_n^k[1+(-1)^k]3^{n-k}(\sqrt{5})^k$$

$$= 2[3^n + C_n^2 3^{n-2} \cdot 5 + C_n^4 3^{n-4} \cdot 5^2 + \cdots]$$

$$= A_n$$

是偶数,所以

$$\sin[\pi(3+\sqrt{5})^n] = \sin[A_n\pi - \pi(3-\sqrt{5})^n] = -\sin[\pi(3-\sqrt{5})^n],$$

$$| \sin[\pi(3+\sqrt{5})^n] | = \sin[\pi(3-\sqrt{5})^n] \leqslant \pi(3-\sqrt{5})^n,$$

而正项等比级数 $\sum\limits_{n=1}^{\infty} \pi(3-\sqrt{5})^n$ 收敛,故原级数绝对收敛。

例 13-15 判定级数 $\sum\limits_{n=1}^{\infty} \sin\pi \dfrac{n^2+n\alpha+\beta}{n}$ 的敛散性。

分析 通项 u_n 能写成 $\sin\left[n\pi+\alpha\pi+\dfrac{\beta\pi}{n}\right] = (-1)^n \sin\left(\alpha\pi+\dfrac{\beta\pi}{n}\right)$。

解 当 α 为整数时,$u_n = (-1)^{n+\alpha}\sin\dfrac{\beta}{n}\pi$,若 $\beta\neq 0$,级数是莱布尼兹型交错级数

且 $|u_n| \sim \dfrac{|\beta|}{n}\pi$,故级数为条件收敛;若 $\beta = 0$,级数通项为 0,当然收敛。

当 α 不为整数时,$\lim\limits_{n\to\infty}|u_n| = |\sin\alpha\pi| \neq 0$,级数发散。

例 13-16 设 $u_n\neq 0$,且 $\lim\limits_{n\to\infty}\dfrac{n}{u_n} = 1$,判定级数 $\sum\limits_{n=1}^{\infty}(-1)^{n+1}\left(\dfrac{1}{u_n}+\dfrac{1}{u_{n+1}}\right)$ 的敛散性。

分析 级数是交错级数,但不能确定是莱布尼兹型的,其绝对值级数又是发散的,这时可通过计算部分和考虑此交错级数的敛散。

解 由 $\lim\limits_{n\to\infty}\dfrac{n}{u_n} = 1$,知 $\dfrac{1}{u_n} \sim \dfrac{1}{n}$,$\dfrac{1}{u_n}+\dfrac{1}{u_{n+1}} \sim \dfrac{2}{n}$,原级数非绝对收敛。但原级数

$\sum\limits_{n=1}^{\infty}(-1)^{n+1}\left(\dfrac{1}{u_n}+\dfrac{1}{u_{n+1}}\right)$ 的前 n 项部分和为

$$S_n = \sum_{k=1}^{n}(-1)^{k+1}\left(\dfrac{1}{u_k}+\dfrac{1}{u_{k+1}}\right) = \dfrac{1}{u_1}+(-1)^{n+1}\dfrac{1}{u_{n+1}},$$

其极限为 $\dfrac{1}{u_1}$,即原级数收敛,从而原级数是条件收敛的。

例 13-17 讨论级数 $\sum\limits_{n=1}^{\infty}\ln\left(1+\dfrac{(-1)^{n-1}}{n^p}\right)(p>0)$ 的敛散性。

分析 用泰勒公式将级数的通项分离为泰勒多项式与高阶无穷小之和,再用分项法给出级数的敛散。

解 此级数的通项为

$$u_n = \ln\left(1+\dfrac{(-1)^{n-1}}{n^p}\right) = \dfrac{(-1)^{n-1}}{n^p} - \dfrac{1}{2}\dfrac{1}{n^{2p}} + o\left(\dfrac{1}{n^{2p}}\right),$$

记 $$b_n = \dfrac{1}{2}\dfrac{1}{n^{2p}} + o\left(\dfrac{1}{n^{2p}}\right) \sim \dfrac{1}{2}\dfrac{1}{n^{2p}}, \quad u_n = \dfrac{(-1)^{n-1}}{n^p} - b_n。$$

当 $p>1$ 时,$\sum\limits_{n=1}^{\infty}\dfrac{(-1)^{n-1}}{n^p}$ 绝对收敛,$\sum\limits_{n=1}^{\infty}b_n$ 收敛,故 $\sum\limits_{n=1}^{\infty}u_n$ 绝对收敛。

当 $0<p\leqslant\dfrac{1}{2}$ 时,$\sum\limits_{n=1}^{\infty}\dfrac{(-1)^{n-1}}{n^p}$ 条件收敛,$\sum\limits_{n=1}^{\infty}b_n$ 发散,故 $\sum\limits_{n=1}^{\infty}u_n$ 发散。

当 $\dfrac{1}{2} < p \leqslant 1$ 时，$\displaystyle\sum_{n=1}^{\infty} \dfrac{(-1)^{n-1}}{n^p}$ 条件收敛，$\displaystyle\sum_{n=1}^{\infty} b_n$ 收敛，故 $\displaystyle\sum_{n=1}^{\infty} u_n$ 条件收敛。

例 13-18 讨论级数 $1 - \dfrac{1}{2^x} + \dfrac{1}{3} - \dfrac{1}{4^x} + \cdots + \dfrac{1}{2n-1} - \dfrac{1}{(2n)^x} + \cdots (x > 0)$ 的敛散性。

分析 级数为交错级数，$x \neq 1$ 时它不是莱布尼兹型的，用分项法、加括法判敛。

解 （1）当 $x = 1$ 时，级数为 $1 - \dfrac{1}{2} + \dfrac{1}{3} - \dfrac{1}{4} + \cdots + \dfrac{1}{2n-1} - \dfrac{1}{2n} + \cdots$，它是条件收敛的。

（2）当 $x > 1$ 时，级数为 $1 + \dfrac{1}{3} + \cdots + \dfrac{1}{2n-1} + \cdots$ 与 $\dfrac{1}{2^x} + \dfrac{1}{4^x} + \cdots + \dfrac{1}{(2n)^x} + \cdots$ 的差，前者发散，后者收敛，故原级数发散。

（3）当 $0 < x < 1$ 时，级数加括号变为 $1 - \left(\dfrac{1}{2^x} - \dfrac{1}{3} \right) - \left(\dfrac{1}{4^x} - \dfrac{1}{5} \right) - \cdots -$ $\left(\dfrac{1}{(2n)^x} - \dfrac{1}{2n+1} \right) - \cdots$，去掉第一项后不变号，且 $\dfrac{1}{(2n)^x} - \dfrac{1}{2n+1} \sim \dfrac{1}{(2n)^x}$，由 $\displaystyle\sum_{n=1}^{\infty} \dfrac{1}{(2n)^x}$ 发散，知原级数发散。

【题型 13-5】 **通项包含有抽象数列的级数的敛散性证明**

策略 常用方法有：

（1）定义或基本性质（适合于任意项级数）；

（2）比较判别法及其极限形式（适合于正项级数）；

（3）柯西收敛准则（$\displaystyle\sum_{n=1}^{\infty} a_n$ 收敛的充要条件为 $\forall \varepsilon > 0, \exists N, \forall n > N, m \geqslant 0$，$|a_n + a_{n+1} + \cdots + a_{n+m}| < \varepsilon$）。

例 13-19 设 $\displaystyle\sum_{n=1}^{\infty} a_n$ 为正项级数，数列 $\{a_n\}$ 单调减少，试证明级数 $\displaystyle\sum_{n=1}^{\infty} a_n$ 收敛的充分必要条件是级数 $\displaystyle\sum_{n=1}^{\infty} 2^n a_{2^n}$ 收敛。

分析 将两级数的部分和关联，利用正项级数收敛的充要条件为部分和有上界来证明。

证明 记 $S_n = \displaystyle\sum_{k=1}^{n} a_k, \sigma_n = \displaystyle\sum_{k=1}^{n} 2^k a_{2^k}$，则由数列 $\{a_n\}$ 单调减少可得

$$S_{2^n} = a_1 + a_2 + (a_3 + a_4) + (a_5 + \cdots + a_8) + \cdots + (a_{2^{n-1}+1} + \cdots + a_{2^n})$$

$$> a_2 + 2a_4 + 4a_8 + \cdots + 2^{n-1} a_{2^n} = \dfrac{1}{2} \sigma_n,$$

另一方面

$$S_{2^n - 1} = a_1 + (a_2 + a_3) + (a_4 + \cdots + a_7) + \cdots + (a_{2^{n-1}} + \cdots + a_{2^n - 1})$$

$$< a_1 + 2a_2 + 4a_4 + \cdots + 2^{n-1} a_{2^{n-1}} = a_1 + \sigma_{n-1}。$$

所以 $\{\sigma_n\}$ 有上界的充要条件为 $\{S_{2^n}\}$ 有上界,故级数 $\displaystyle\sum_{n=1}^{\infty} a_n$ 收敛的充要条件是级数

$\displaystyle\sum_{n=1}^{\infty} 2^n a_{2^n}$ 收敛。

例 13-20　设 $\displaystyle\sum_{n=1}^{\infty} u_n$ 为正项级数,$\{v_n\}$ 为正实数列,记 $a_n = \dfrac{u_n v_n}{u_{n+1}} - v_{n+1}$,如果 $\lim\limits_{n\to\infty} a_n$

$= a$,且 a 为正实数或正无穷,证明级数 $\displaystyle\sum_{n=1}^{\infty} u_n$ 收敛。

分析　注意到 $\lim\limits_{n\to\infty} \dfrac{u_n v_n - u_{n+1} v_{n+1}}{u_{n+1}} = a$,验证 $\displaystyle\sum_{n=1}^{\infty} (u_n v_n - u_{n+1} v_{n+1})$ 收敛,用正项级

数比较判别法证明。

证明　由 $\lim\limits_{n\to\infty} a_n = a > 0$ 得,存在 N,当 $n \geqslant N$ 时,$a_n > 0$,即 $\dfrac{u_n v_n}{u_{n+1}} - v_{n+1} > 0$,或

$u_n v_n - u_{n+1} v_{n+1} > 0$。

而正项级数 $\displaystyle\sum_{n=N}^{\infty} (u_n v_n - u_{n+1} v_{n+1})$ 的部分和 $u_N v_N - u_{n+1} v_{n+1} < u_N v_N$ 有上界,故级

数收敛,再由比较判别法得 $\displaystyle\sum_{n=1}^{\infty} u_n$ 收敛。

例 13-21　设 $a_n > 0$,$\lim\limits_{n\to\infty} \dfrac{\ln \dfrac{1}{a_n}}{\ln n} = q$,试证明当 $q > 1$ 时 $\displaystyle\sum_{n=1}^{\infty} a_n$ 收敛,当 $q < 1$ 时

$\displaystyle\sum_{n=1}^{\infty} a_n$ 发散。

分析　从极限条件可得 $\ln \dfrac{1}{a_n} \sim q \ln n$,即 $\ln \dfrac{1}{a_n} \sim \ln n^q$,$a_n$ 可与 $\dfrac{1}{n^q}$ 比较。

证明　当 $q > 1$ 时,取 p 使得 $q > p > 1$,由 $\lim\limits_{n\to\infty} \dfrac{\ln \dfrac{1}{a_n}}{\ln n} = q > p$,对充分大的 n 都

有 $\dfrac{\ln \dfrac{1}{a_n}}{\ln n} > p$,即 $a_n < \dfrac{1}{n^p}$,所以原级数收敛;当 $q < 1$ 时,由 $\lim\limits_{n\to\infty} \dfrac{\ln \dfrac{1}{a_n}}{\ln n} = q < 1$,对充分

大的 n 都有 $\dfrac{\ln \dfrac{1}{a_n}}{\ln n} < 1$,即 $a_n > \dfrac{1}{n}$,所以原级数发散。

注　此题易犯如下错误:从 $\ln \dfrac{1}{a_n} \sim \ln n^q$ 得 $a_n \sim \dfrac{1}{n^q}$ 是错误的。如取 $a_n = \dfrac{1}{n \ln^\beta n}$,

此时 $\ln \dfrac{1}{a_n} \sim \ln n$,但是 $a_n \sim \dfrac{1}{n}$ 不成立。这也说明题中 $q = 1$ 时敛散性不定。

例 13-22 设级数 $\sum\limits_{n=1}^{\infty} u_n\,(u_n > 0)$ 发散，又 $S_n = u_1 + u_2 + \cdots + u_n$，证明：

(1) $\sum\limits_{n=1}^{\infty} \dfrac{u_n}{S_n}$ 发散；(2) $\sum\limits_{n=1}^{\infty} \dfrac{u_n}{S_n^2}$ 收敛。

分析 级数通项 $\dfrac{u_n}{S_n}$ 不容易缩小，比较判别法用不了，考虑用柯西收敛准则证明其发散；而通项 $\dfrac{u_n}{S_n^2} \leqslant \dfrac{u_n}{S_n S_{n-1}}$ 容易放大，直接用比较判别法证明。

证明 由正项级数 $\sum\limits_{n=1}^{\infty} u_n$ 发散，知 $S_n \to \infty$。

(1) $\forall\, n, \exists\, p$，使 $S_{n+p} > 2S_n$，此时

$$\frac{u_{n+1}}{S_{n+1}} + \frac{u_{n+2}}{S_{n+2}} + \cdots + \frac{u_{n+p}}{S_{n+p}} > \frac{u_{n+1} + u_{n+2} + \cdots + u_{n+p}}{S_{n+p}} = 1 - \frac{S_n}{S_{n+p}} > \frac{1}{2},$$

表明 $\sum\limits_{n=1}^{\infty} \dfrac{u_n}{S_n}$ 不满足柯西收敛准则，故发散。

(2) $\dfrac{u_n}{S_n^2} \leqslant \dfrac{u_n}{S_n S_{n-1}} = \dfrac{S_n - S_{n-1}}{S_n S_{n-1}} = \dfrac{1}{S_{n-1}} - \dfrac{1}{S_n}$，正项级数 $\sum\limits_{n=2}^{\infty} \left(\dfrac{1}{S_{n-1}} - \dfrac{1}{S_n} \right)$ 的前 n 项部分和为 $\dfrac{1}{S_1} - \dfrac{1}{S_{n+1}} \leqslant \dfrac{1}{S_1}$，是收敛的，由比较判别法知 $\sum\limits_{n=1}^{\infty} \dfrac{u_n}{S_n^2}$ 收敛。

注 此题变化为 $p > 1$ 时，级数 $\sum\limits_{n=1}^{\infty} \dfrac{u_n}{S_n^p}$ 也收敛。只需利用微分中值公式

$$S_n^{1-p} - S_{n-1}^{1-p} = (1-p) S^{-p} u_n \qquad (S_{n-1} < S < S_n)$$

即得通项的放大，$\dfrac{u_n}{S_n^p} < S^{-p} u_n = \dfrac{1}{p-1} \left(\dfrac{1}{S_{n-1}^{p-1}} - \dfrac{1}{S_n^{p-1}} \right)$，仿上得证。

例 13-23 设 $b_n > 0$，若 $\lim\limits_{n \to \infty} n\left(\dfrac{b_n}{b_{n+1}} - 1 \right) = r$，证明：

(1) 当 $r > 0$ 时，级数 $\sum\limits_{n=1}^{\infty} (-1)^{n-1} b_n$ 收敛；

(2) 当 $r > 1$ 时，级数 $\sum\limits_{n=1}^{\infty} b_n$ 收敛。

分析 从极限条件来推证数列 $\{b_n\}$ 单调减少趋于零，用莱布尼兹判别法证交错级数收敛，将 b_n 与 $\dfrac{1}{n^\beta}$ 对比证 $\sum\limits_{n=1}^{\infty} b_n$ 收敛。

证明 (1) 由 $\lim\limits_{n \to \infty} n\left(\dfrac{b_n}{b_{n+1}} - 1 \right) = r > 0$ 可知，对充分大的 n，有 $n\left(\dfrac{b_n}{b_{n+1}} - 1 \right) > 0$，故数列 $\{b_n\}$ 单调减少有下界 0，从而收敛，进而级数 $\sum\limits_{n=1}^{\infty} (b_n - b_{n+1})$ 也收敛。又 $\lim\limits_{n \to \infty} \dfrac{b_n - b_{n+1}}{n^{-1} b_{n+1}} = r > 0$，由比较判别法，知 $\sum\limits_{n=1}^{\infty} n^{-1} b_{n+1}$ 也收敛。若 $\{b_n\}$ 的极限为正数，应

有 $\sum_{n=1}^{\infty} n^{-1} b_{n+1}$ 发散，导致矛盾，所以 $\{b_n\}$ 的极限为零。交错级数 $\sum_{n=1}^{\infty}(-1)^{n-1} b_n$ 为莱布尼兹型，故收敛。

（2）若 $\alpha > \beta$，由 $f(x) = 1 + \alpha x - (1+x)^{\beta} = (\alpha-\beta)x + o(x^2)$，知存在 $\delta > 0$，当 $0 < x < \delta$ 时，$f(x) = 1 + \alpha x - (1+x)^{\beta} > 0$，即 $1 + \alpha x > (1+x)^{\beta}$。

因 $\lim_{n \to \infty} n\left(\dfrac{b_n}{b_{n+1}} - 1\right) = r > 1$，让 $r > \alpha > \beta > 1$，则对充分大的 n，有 $n\left(\dfrac{b_n}{b_{n+1}} - 1\right) > \alpha$，即有 $\dfrac{b_n}{b_{n+1}} > 1 + \dfrac{\alpha}{n} > \left(1 + \dfrac{1}{n}\right)^{\beta} = \dfrac{(n+1)^{\beta}}{n^{\beta}}$，表明数列 $\{n^{\beta}b_n\}$ 从某项单调减少，必有上界 M，所以 $b_n \leqslant M/n^{\beta}$，故级数 $\sum_{n=1}^{\infty} b_n$ 收敛。

注　第（1）小题的证明也可如下考虑：由 $\lim_{n \to \infty} n\left(\dfrac{b_n}{b_{n+1}} - 1\right) = r > 0$，让 $r > \alpha > \beta > 0$，则对充分大的 n，有 $n\left(\dfrac{b_n}{b_{n+1}} - 1\right) > \alpha$，即有 $\dfrac{b_n}{b_{n+1}} > 1 + \dfrac{\alpha}{n} > \left(1 + \dfrac{1}{n}\right)^{\beta} = \dfrac{(n+1)^{\beta}}{n^{\beta}}$，表明数列 $\{n^{\beta}b_n\}$ 从某项单调减少，必有上界 M，所以 $b_n \leqslant M/n^{\beta}$，$\{b_n\}$ 单调减少趋于零。

第（2）小题的证明可作如下考虑：由 $\lim_{n \to \infty} n\left(\dfrac{b_n}{b_{n+1}} - 1\right) = r > 1$，得 $\lim_{n \to \infty} \dfrac{nb_n - (n+1)b_{n+1}}{b_{n+1}} = r - 1 > \alpha > 0$，对充分大的 n，有 $\dfrac{nb_n - (n+1)b_{n+1}}{b_{n+1}} > \alpha > 0$，由级数 $\sum_{n=1}^{\infty}(nb_n - (n+1)b_{n+1})$ 收敛，可得 $\sum_{n=1}^{\infty} b_{n+1}$ 也收敛。

例 13-24　设 $\{a_n\}$ 满足不等式 $0 \leqslant a_k \leqslant 100 a_n$，其中 $n \leqslant k \leqslant 2n$，$n = 1,2,\cdots$，又级数 $\sum_{n=1}^{\infty} a_n$ 收敛，证明：$\lim_{n \to \infty} n a_n = 0$。

分析　利用柯西收敛准则（$\sum_{n=1}^{\infty} a_n$ 收敛 $\Leftrightarrow \forall m \geqslant 0, \lim_{n \to \infty} |a_n + a_{n+1} + \cdots + a_{n+m}| = 0$）及题设不等式条件对 na_n 估值。

证明　由 $\sum_{n=1}^{\infty} a_n$ 收敛，知 $a_n + a_{n+1} + \cdots + a_{2n-1} \to 0(n \to \infty)$，又 $0 \leqslant a_{2n} \leqslant 100a_n$，$0 \leqslant a_{2n} \leqslant 100a_{n+1}, \cdots, 0 \leqslant a_{2n} \leqslant 100a_{2n-1}$，所以 $0 \leqslant na_{2n} \leqslant 100(a_n + a_{n+1} + \cdots + a_{2n-1}) \to 0$，即 $\lim_{n \to \infty}(2n)a_{2n} = 0$，又 $0 \leqslant (2n+1)a_{2n+1} \leqslant (2n+1)100a_{2n} < 200(2n)a_{2n} \to 0$，故 $\lim_{n \to \infty}(2n+1)a_{2n+1} = 0$，综上得 $\lim_{n \to \infty} na_n = 0$。

例 13-25　若正项级数 $\sum_{n=1}^{\infty} a_n$ 收敛，且 $\{a_n\}$ 单调减少，证明：$\lim_{n \to \infty} na_n = 0$。

分析　利用柯西收敛准则及数列 $\{a_n\}$ 的单调性对 na_n 估值。

证明　由 $\sum\limits_{n=1}^{\infty} a_n$ 收敛,知 $a_n + a_{n+1} + \cdots + a_{2n-1} \to 0 (n \to \infty)$,又 $\{a_n\}$ 正值单调减少,有 $na_{2n} \leqslant a_n + a_{n+1} + \cdots + a_{2n-1} \to 0 (n \to \infty)$,即 $\lim\limits_{n \to \infty}(2n)a_{2n} = 0$。

又 $(2n+1)a_{2n+1} \leqslant (2n+1)a_{2n} < 2(2n)a_{2n} \to 0 (n \to \infty)$,即 $\lim\limits_{n \to \infty}(2n+1)a_{2n+1} = 0$,综上所述得 $\lim\limits_{n \to \infty} na_n = 0$。

例 13-26　若对于任意收敛于 0 的数列 $\{x_n\}$,级数 $\sum\limits_{n=1}^{\infty} a_n x_n$ 都是收敛的,试证明级数 $\sum\limits_{n=1}^{\infty} a_n$ 绝对收敛。

分析　用反证法。在级数 $\sum\limits_{n=1}^{\infty} a_n$ 非绝对收敛时,寻找一个收敛于 0 的数列 $\{x_n\}$,使级数 $\sum\limits_{n=1}^{\infty} a_n x_n$ 发散,导致矛盾即可。

证明　设级数 $\sum\limits_{n=1}^{\infty} |a_n|$ 发散,即 $\sum\limits_{n=1}^{\infty} |a_n| = +\infty$,则 $\forall k, n, \exists m$,使 $\sum\limits_{i=n}^{m} |a_i| \geqslant k$。因此:

对 $k = 1, n = 1$,存在 m_1,使 $\sum\limits_{i=1}^{m_1} |a_i| \geqslant 1$;

对 $k = 2, n = m_1 + 1$,存在 m_2,使 $\sum\limits_{i=m_1+1}^{m_2} |a_i| \geqslant 2$;

…

由此得到 $1 \leqslant m_1 < m_2 < \cdots < m_k < \cdots$,使 $\sum\limits_{i=m_{k-1}+1}^{m_k} |a_i| \geqslant k$。取 $x_i = \dfrac{1}{k}\mathrm{sgn}\, a_i$,$m_{k-1} < i \leqslant m_k$,则 $\sum\limits_{i=m_{k-1}+1}^{m_k} a_i x_i = \sum\limits_{i=m_{k-1}+1}^{m_k} |a_i| \dfrac{1}{k} \geqslant 1$。这时数列 $\{x_n\}$ 收敛于 0,但级数 $\sum\limits_{n=1}^{\infty} a_n x_n$ 不满足柯西收敛准则,是发散的,与题设矛盾。故 $\sum\limits_{n=1}^{\infty} a_n$ 应为绝对收敛。

【题型 13-6】　求幂级数的收敛区间与收敛域

策略　套用公式 $R = \lim\limits_{n \to \infty} \left| \dfrac{a_n}{a_{n+1}} \right|$ 或 $R = \lim\limits_{n \to \infty} \dfrac{1}{\sqrt[n]{|a_n|}}$,或者对绝对值级数使用比值法求收敛半径,写收敛区间 $(x_0 - R, x_0 + R)$,讨论端点的敛散性。注意逐项求导与逐项积分不改变收敛半径,但收敛区间端点敛散性可能变化。

例 13-27　求幂级数 $\sum\limits_{n=0}^{\infty} \left(1 - n\ln\left(1 + \dfrac{1}{n}\right)\right) x^n$ 的收敛域。

分析　先套用公式求收敛半径,确定收敛区间,再考察收敛区间端点级数的敛散性。

解 幂级数的系数 $a_n = 1 - n\ln\left(1 + \dfrac{1}{n}\right) = 1 - n\left(\dfrac{1}{n} - \dfrac{1}{2n^2} + o\left(\dfrac{1}{n^2}\right)\right) = \dfrac{1}{2n} +$

$o\left(\dfrac{1}{n}\right) \sim \dfrac{1}{2n}, a_{n+1} \sim \dfrac{1}{2(n+1)} \sim \dfrac{1}{2n}$, 由收敛半径公式 $R = \lim\limits_{n \to \infty} \dfrac{|a_n|}{|a_{n+1}|}$ 得幂级数的收

敛半径为 1, 从而收敛区间为 $(-1, 1)$。

当 $x = -1$ 时, 幂级数成为 $\sum\limits_{n=0}^{\infty} (-1)^n \left(1 - n\ln\left(1 + \dfrac{1}{n}\right)\right)$, 这里 $a_n = 1 -$

$n\ln\left(1 + \dfrac{1}{n}\right) \sim \dfrac{1}{2n}$ 趋于零, 下面证明 $\{a_n\}$ 单调减少。设 $f(x) = 1 - \dfrac{\ln(1 + x)}{x}$

$(0 < x \leqslant 1)$, 则

$$f'(x) = \dfrac{\ln(1 + x) - \dfrac{x}{1 + x}}{x^2} = \dfrac{\ln(1 + x) - \ln(1 + 0) - \dfrac{x}{1 + x}}{x^2}$$

$$= \dfrac{\dfrac{x}{1 + \xi} - \dfrac{x}{1 + x}}{x^2} > 0 \, (0 < \xi < x)$$

所以 $a_n = f\left(\dfrac{1}{n}\right)$ 单调减少, 交错级数 $\sum\limits_{n=0}^{\infty} (-1)^n a_n$ 为莱布尼兹型, 是收敛的, 且为条件

收敛。

当 $x = 1$ 时, 幂级数成为正项级数 $\sum\limits_{n=0}^{\infty} \left(1 - n\ln\left(1 + \dfrac{1}{n}\right)\right)$, 通项等价于 $\dfrac{1}{2n}$, 级数是

发散的。

综上所述, 幂级数的收敛域为 $[-1, 1)$。

注 $\sum\limits_{n=0}^{\infty} (-1)^n \left(1 - n\ln\left(1 + \dfrac{1}{n}\right)\right)$ 的条件收敛也可如下证明:

$a_n = 1 - n\ln\left(1 + \dfrac{1}{n}\right) = 1 - n\left[\dfrac{1}{n} - \dfrac{1}{2n^2} + \dfrac{1}{3n^3} + o\left(\dfrac{1}{n^3}\right)\right] = \dfrac{1}{2n} - \dfrac{1}{3n^2}(1 + o(1))$,

记 $b_n = \dfrac{1}{3n^2}(1 + o(1))$, 级数为 $\sum\limits_{n=0}^{\infty} (-1)^n \dfrac{1}{n}$ (条件收敛) 与 $\sum\limits_{n=0}^{\infty} (-1)^n b_n$ (绝对收敛) 之

差。

例 13-28 求幂级数 $\sum\limits_{n=0}^{\infty} \dfrac{1}{n(3^n + (-2)^n)} x^n$ 的收敛域。

分析 先套用公式求收敛半径, 确定收敛区间, 再考察收敛区间端点级数的敛

散性。

解 幂级数的系数 $a_n = \dfrac{1}{n3^n} \cdot \dfrac{1}{1 + \left(-\dfrac{2}{3}\right)^n} \sim \dfrac{1}{n3^n}, a_{n+1} \sim \dfrac{1}{(n+1)3^{n+1}} \sim \dfrac{1}{n3^{n+1}}$,

由收敛半径公式 $R = \lim\limits_{n \to \infty} \dfrac{|a_n|}{|a_{n+1}|}$ 得幂级数的收敛半径为 3, 从而收敛区间为 $(-3, 3)$。

当 $x=-3$ 时,幂级数成为交错级数 $\displaystyle\sum_{n=0}^{\infty}(-1)^n\dfrac{1}{n\left(1+\left(-\dfrac{2}{3}\right)^n\right)}$,由于

$$\dfrac{1}{n\left(1+\left(-\dfrac{2}{3}\right)^n\right)}=\dfrac{1}{n}\left(1-\left(-\dfrac{2}{3}\right)^n+o\left(-\dfrac{2}{3}\right)^n\right)=\dfrac{1}{n}-\dfrac{1}{n}\left(-\dfrac{2}{3}\right)^n(1+o(1)),$$

记 $b_n=\dfrac{1}{n}\left(-\dfrac{2}{3}\right)^n(1+o(1))$,交错级数为 $\displaystyle\sum_{n=0}^{\infty}(-1)^n\dfrac{1}{n}$ 与 $\displaystyle\sum_{n=0}^{\infty}(-1)^n b_n$ 之差,前者条件收敛,后者绝对收敛,故交错级数为条件收敛。

当 $x=3$ 时,幂级数成为正项级数 $\displaystyle\sum_{n=0}^{\infty}\dfrac{1}{n\left(1+\left(-\dfrac{2}{3}\right)^n\right)}$,通项等价于 $\dfrac{1}{n}$,级数是发散的。

综上所述,幂级数的收敛域为 $[-3,3)$。

例 13-29　设 $\{a_n\}$ 为正项数列,$A_n=\displaystyle\sum_{k=1}^{n}a_k$。若 $A_n\to\infty$,且 $\dfrac{a_n}{A_n}\to0$,证明幂级数 $\displaystyle\sum_{n=1}^{\infty}a_n x^n$ 的收敛半径为 1。

分析　构造一个幂级数 $\displaystyle\sum_{n=1}^{\infty}A_n x^n$,考虑它与 $\displaystyle\sum_{n=1}^{\infty}a_n x^n$ 的收敛半径之间的关系。

证明　设 $\displaystyle\sum_{n=1}^{\infty}a_n x^n$ 与 $\displaystyle\sum_{n=1}^{\infty}A_n x^n$ 的收敛半径分别为 r、R,易知 $r\geqslant R$。由 $A_n\to\infty$ 知幂级数 $\displaystyle\sum_{n=1}^{\infty}a_n x^n$ 在 1 处发散,从而 $r\leqslant1$。又由 $\dfrac{a_n}{A_n}\to0$ 得 $R=\lim\limits_{n\to\infty}\dfrac{A_{n-1}}{A_n}=\lim\limits_{n\to\infty}\left(1-\dfrac{a_n}{A_n}\right)=1$。综上所述得 $r=1$。

【题型 13-7】　**将函数展开为幂级数**

策略　主要是使用间接展开法,即利用基本展式进行变量替换、加减运算、幂级数的逐项求导与逐项求积等来展开函数。基本展开式如下:

(1) $\dfrac{1}{1-x}=\displaystyle\sum_{n=0}^{\infty}x^n$,$|x|<1$;　　　　(2) $\mathrm{e}^x=\displaystyle\sum_{n=0}^{\infty}\dfrac{x^n}{n!}$,$|x|<+\infty$;

(3) $\sin x=\displaystyle\sum_{n=0}^{\infty}(-1)^n\dfrac{x^{2n+1}}{(2n+1)!}$,$|x|<+\infty$;

(4) $\cos x=\displaystyle\sum_{n=0}^{\infty}(-1)^n\dfrac{x^{2n}}{(2n)!}$,$|x|<+\infty$;

(5) $\ln(1+x)=\displaystyle\sum_{n=0}^{\infty}(-1)^n\dfrac{x^{n+1}}{n+1}$,$-1<x\leqslant1$;

(6) $\arctan x=\displaystyle\sum_{n=0}^{\infty}(-1)^n\dfrac{x^{2n+1}}{2n+1}$,$-1\leqslant x\leqslant1$;

(7) $(1+x)^{a} = \sum\limits_{n=0}^{\infty} \dfrac{a(a-1)\cdots(a-n+1)}{n!} x^{n}, -1 < x < 1$。

例 13-30　将下列函数展开成 x 的幂级数：

(1) $f(x) = \ln(1 + x^{2} + x^{4})$；　　　　　(2) $f(x) = \arctan \dfrac{x - x^{2}}{1 + x^{3}}$；

(3) $f(x) = \displaystyle\int_{0}^{x} t^{2}\cos t\, \mathrm{d}t$；　　　　　(4) $f(x) = \dfrac{\mathrm{d}^{2}}{\mathrm{d}x^{2}}\left(\dfrac{\mathrm{e}^{x^{2}} - 1}{x^{2}}\right)$。

分析　将 (1)、(2) 中函数写作二函数之差再展开；(3)、(4) 用逐项求导与逐项求积来展开。

解　(1) 当 $|x| < 1$ 时，$f(x) = \ln(1 - x^{6}) - \ln(1 - x^{2})$，利用 $\ln(1 - t) = -\sum\limits_{n=1}^{\infty} \dfrac{t^{n}}{n}$，有

$$f(x) = -\sum_{n=1}^{\infty} \frac{x^{6n}}{n} + \sum_{n=1}^{\infty} \frac{x^{2n}}{n} = \sum_{k=1}^{\infty} a_{k}x^{k}, \quad |x| < 1,$$

其中 $a_{2n+1} = 0$，当 $n \neq 3m$ 时 $a_{2n} = \dfrac{1}{n} > 1$，当 $n = 3m$ 时 $a_{2n} = a_{6m} = -\dfrac{2}{3m}$。

(2) $f(x) = \arctan \dfrac{x - x^{2}}{1 + x^{3}} = \arctan x - \arctan x^{2}$，利用 $\arctan t = \sum\limits_{n=0}^{\infty} \dfrac{(-1)^{n}t^{2n+1}}{2n+1}$，有

$$f(x) = \sum_{n=0}^{\infty} \frac{(-1)^{n}x^{2n+1}}{2n+1} - \sum_{n=0}^{\infty} \frac{(-1)^{n}x^{4n+2}}{2n+1} = \sum_{k=1}^{\infty} a_{k}x^{k}, \quad |x| < 1,$$

其中 $a_{2n+1} = \dfrac{(-1)^{n}}{2n+1}$，$a_{4n+2} = \dfrac{(-1)^{n+1}}{2n+1}$ $(n = 0,1,2,\cdots)$，其他系数为零。

(3) 由 $t^{2}\cos t = \sum\limits_{n=0}^{\infty} \dfrac{(-1)^{n}t^{2n+2}}{(2n)!}$，$t \in (-\infty, +\infty)$，逐项积分得

$$f(x) = \int_{0}^{x} t^{2}\cos t\, \mathrm{d}t = \sum_{n=0}^{\infty} \frac{(-1)^{n}x^{2n+3}}{(2n+3)(2n)!}, x \in (-\infty, +\infty)。$$

(4) 由 $\dfrac{\mathrm{e}^{x^{2}} - 1}{x^{2}} = \sum\limits_{n=1}^{\infty} \dfrac{x^{2n-2}}{n!}$，$t \in (-\infty, +\infty)$，逐项求导两次得

$$f(x) = \sum_{n=2}^{\infty} \frac{(2n-2)(2n-3)x^{2n-4}}{n!}, x \in (-\infty, +\infty)。$$

例 13-31　将函数 $f(x) = \cos^{4} x + \sin^{4} x$ 展开成 $x - \dfrac{\pi}{3}$ 的幂级数。

分析　利用倍角公式将函数中正余弦的幂次降下来，再作变量替换展开函数。

解　$f(x) = 1 - 2\cos^{2} x \cdot \sin^{2} x = 1 - \dfrac{1}{2}\sin^{2} 2x = \dfrac{3}{4} + \dfrac{1}{4}\cos 4x$，令 $x - \dfrac{\pi}{3} = t$，则

$$f(x) = \frac{3}{4} + \frac{1}{4}\cos\left(\frac{4\pi}{3} + 4t\right) = \frac{3}{4} - \frac{1}{8}\cos 4t + \frac{\sqrt{3}}{8}\sin 4t$$

$$= \frac{5}{8} - \frac{1}{8} \sum_{n=1}^{\infty} \frac{(-1)^n 4^{2n} t^{2n}}{(2n)!} + \frac{\sqrt{3}}{8} \sum_{n=1}^{\infty} \frac{(-1)^{n-1} 4^{2n-1} t^{2n-1}}{(2n-1)!}$$

$$= \frac{5}{8} - \frac{1}{8} \sum_{n=1}^{\infty} \frac{(-1)^n 4^{2n}}{(2n)!} \left(x - \frac{\pi}{3} \right)^{2n} + \frac{\sqrt{3}}{8} \sum_{n=1}^{\infty} \frac{(-1)^{n-1} 4^{2n-1}}{(2n-1)!} \left(x - \frac{\pi}{3} \right)^{2n-1},$$

$$x \in (-\infty, +\infty)$$

例 13-32　(1) 设 $y = x^3 \sin x$,则 $y^{(10)}(0) = ?$ (2) 设 $y = \dfrac{1+x}{\sqrt{1-x}}$,则 $y^{(10)}(0) = ?$

分析　将函数间接展开为泰勒级数 $f(x) = \sum_{n=0}^{\infty} a_n (x - x_0)^n$,利用泰勒级数的系数公式 $a_n = \dfrac{f^{(n)}(x_0)}{n!}$ 来求函数在定点的高阶导数。

解　(1) $y = x^3 \sum_{n=0}^{\infty} (-1)^n \dfrac{x^{2n+1}}{(2n+1)!} = \sum_{n=0}^{\infty} (-1)^n \dfrac{x^{2n+4}}{(2n+1)!}$,级数中 x^{10} 的系数为 $a_{10} = \dfrac{(-1)^3}{(2 \cdot 3 + 1)!} = \dfrac{-1}{7!}$,由系数公式 $a_{10} = \dfrac{y^{(10)}(0)}{10!}$ 得 $y^{(10)}(0) = -720$。

(2) $y = (1+x)(1-x)^{-\frac{1}{2}} = (1-x)^{-\frac{1}{2}} + x(1-x)^{-\frac{1}{2}}$,将其展开为幂级数,级数中 x^{10} 的系数为 $\binom{-1/2}{10} - \binom{-1/2}{9} = \dfrac{1}{10!} \cdot \dfrac{-1}{2} \cdot \dfrac{-3}{2} \cdot \cdots \cdot \dfrac{-19}{2} - \dfrac{1}{9!} \cdot \dfrac{-1}{2} \cdot \dfrac{-3}{2} \cdot \cdots \cdot \dfrac{-17}{2} = \dfrac{1}{10!} \cdot \dfrac{39 \cdot 17!!}{2^{10}}$,所以 $y^{(10)}(0) = 10! a_{10} = \dfrac{39 \cdot 17!!}{2^{10}}$。

例 13-33　设 $f(x) = \begin{cases} \dfrac{1}{x} \displaystyle\int_0^x \dfrac{\sin t}{t} \mathrm{d}t, & x \neq 0, \\ A, & x = 0。 \end{cases}$

(1) 确定常数 A,使 $f(x)$ 在 $(-\infty, +\infty)$ 内任意次可导,并求它的幂级数展开式;

(2) 求 $f^{(8)}(0)$ 与 $f^{(9)}(0)$。

分析　要 $f(x)$ 可导,需 $f(x)$ 在 $x = 0$ 处连续,这足以确定 A。将函数展开为麦克劳林级数,用系数确定函数在零点的高阶导数。

解　(1) $\qquad A = \lim_{x \to \infty} \dfrac{\displaystyle\int_0^x \dfrac{\sin t}{t} \mathrm{d}t}{x} = \lim_{x \to 0} \dfrac{\sin x}{x} = 1$。又

$$\int_0^x \frac{\sin t}{t} \mathrm{d}t = \int_0^x \sum_{n=0}^{\infty} \frac{(-1)^n t^{2n}}{(2n+1)!} \mathrm{d}t = \sum_{n=0}^{\infty} \int_0^x \frac{(-1)^n t^{2n}}{(2n+1)!} \mathrm{d}t = \sum_{n=0}^{\infty} \frac{(-1)^n x^{2n+1}}{(2n+1)!(2n+1)},$$

所以 $f(x) = \sum_{n=0}^{\infty} \dfrac{(-1)^n x^{2n}}{(2n+1)!(2n+1)}$,因为幂级数在收敛区间内任意次可导,所以 $f(x)$ 在 R 内任意次可导。

(2) 由 $f(x) = \sum_{n=0}^{\infty} a_n x^n$ 知,$f^{(n)}(0) = n! a_n$,所以 $f^{(8)}(0) = 8! a_8 = 8! \dfrac{(-1)^4}{9! \cdot 9} =$

$\dfrac{1}{81}$；而 $f^{(9)}(0) = 9!\,a_9 = 0$。

例 13-34　设 $f(x) = \dfrac{1}{1-x-x^2}$，$a_n = \dfrac{1}{n!}f^{(n)}(0)$，证明级数 $\displaystyle\sum_{n=1}^{\infty}\dfrac{a_{n+1}}{a_n a_{n+2}}$ 收敛。

分析　将函数展开为麦克劳林级数，则 a_n 为其系数。验证 $\{a_n\}$ 为斐波那契数列，即满足 $a_{n+2} = a_{n+1} + a_n$。

证明　因 $f(x) = \displaystyle\sum_{n=0}^{\infty}a_n x^n$，$a_n = \dfrac{1}{n!}f^{(n)}(0)$，则 $(1-x-x^2)\displaystyle\sum_{n=0}^{\infty}a_n x^n = 1$，即

$$\sum_{n=0}^{\infty}a_n x^n - \sum_{n=0}^{\infty}a_n x^{n+1} - \sum_{n=0}^{\infty}a_n x^{n+2} = 1$$

或

$$\sum_{n=0}^{\infty}(a_{n+2} - a_{n+1} - a_n)x^{n+2} = 1 - a_0 - (a_1 - a_0)x,$$

所以 $a_0 = a_1 = 1$，$a_{n+2} - a_{n+1} - a_n = 0 (n \geqslant 0)$，且 $a_n \to \infty$。故

$$\sum_{n=1}^{\infty}\dfrac{a_{n+1}}{a_n a_{n+2}} = \sum_{n=1}^{\infty}\dfrac{a_{n+2} - a_n}{a_n a_{n+2}} = \sum_{n=1}^{\infty}\left(\dfrac{1}{a_n} - \dfrac{1}{a_{n+2}}\right) = \dfrac{1}{a_1} + \dfrac{1}{a_2} = 2。$$

【题型 13-8】　求幂级数的和函数

策略　利用以下基本求和公式：

(1) $\displaystyle\sum_{n=0}^{\infty}x^n = \dfrac{1}{1-x}$，$|x| < 1$；　　(2) $\displaystyle\sum_{n=0}^{\infty}\dfrac{x^n}{n!} = \mathrm{e}^x$，$|x| < +\infty$；

(3) $\displaystyle\sum_{n=1}^{\infty}nx^n = \dfrac{x}{(1-x)^2}$，$|x| < 1$；　　(4) $\displaystyle\sum_{n=1}^{\infty}\dfrac{x^n}{n} = -\ln(1-x)$，$-1 \leqslant x < 1$；

(5) $\displaystyle\sum_{n=0}^{\infty}(-1)^n\dfrac{x^{2n+1}}{(2n+1)!} = \sin x$，$|x| < +\infty$；

(6) $\displaystyle\sum_{n=0}^{\infty}(-1)^n\dfrac{x^{2n}}{(2n)!} = \cos x$，$|x| < +\infty$；

(7) $\displaystyle\sum_{n=0}^{\infty}(-1)^n\dfrac{x^{2n+1}}{2n+1} = \arctan x$，$|x| \leqslant 1$。

借助系数分拆、变量代换、逐项求导与逐项求积性质，将所求级数转换为上述基本求和公式中的级数。有时可以建立以和函数为未知函数的微分方程，通过解方程来得到和函数。

例 13-35　求 $\displaystyle\sum_{n=0}^{\infty}\dfrac{(-1)^n n^3}{(n+1)!}x^n$ 的收敛区间与和函数。

分析　利用收敛半径公式求收敛区间，利用系数分拆求和函数。

解　$R = \lim\limits_{n\to\infty}\dfrac{|a_n|}{|a_{n+1}|} = \lim\limits_{n\to\infty}\dfrac{n^3}{(n+1)!}\cdot\dfrac{(n+2)!}{(n+1)^3} = +\infty$，收敛区间为 $(-\infty, +\infty)$。

又 $\dfrac{n^3}{(n+1)!} = \dfrac{(n+1)n(n-1) + (n+1) - 1}{(n+1)!}$，所以

$$\sum_{n=0}^{\infty} \frac{(-1)^n n^3}{(n+1)!} x^n = \sum_{n=0}^{\infty} \frac{(n+1)n(n-1)}{(n+1)!} (-x)^n + \sum_{n=0}^{\infty} \frac{n+1}{(n+1)!} (-x)^n - \sum_{n=0}^{\infty} \frac{1}{(n+1)!} (-x)^n$$

$$= \sum_{n=2}^{\infty} \frac{1}{(n-2)!} (-x)^n + \sum_{n=0}^{\infty} \frac{1}{n!} (-x)^n + \frac{1}{x} \sum_{n=0}^{\infty} \frac{1}{(n+1)!} (-x)^{n+1},$$

$$= (x^2 + 1) e^{-x} + \frac{e^{-x} - 1}{x} (x \neq 0),$$

注意 $x = 0$ 时,级数的和为零。所以和函数为

$$S(x) = \begin{cases} (x^2 + 1) e^{-x} + \dfrac{e^{-x} - 1}{x}, & x \neq 0, \\ 0, & x = 0。 \end{cases}$$

例 13-36 求幂级数 $\displaystyle\sum_{n=1}^{\infty} \frac{1}{4n-3} x^n (x \geqslant 0)$ 的和函数。

分析 求 $\displaystyle\sum_{n=1}^{\infty} \frac{1}{4n-3} t^{4n-3}$ 的和函数,作变量替换即可。

解 因为 $\left(\displaystyle\sum_{n=1}^{\infty} \frac{1}{4n-3} t^{4n-3}\right)' = \displaystyle\sum_{n=1}^{\infty} t^{4n-4} = \frac{1}{1-t^4} (|t| < 1)$,所以

$$\sum_{n=1}^{\infty} \frac{1}{4n-3} t^{4n-3} = \int_0^t \frac{1}{1-t^4} \mathrm{d}t = \frac{1}{2} \left(\arctan t + \frac{1}{2} \ln \frac{1+t}{1-t}\right) (|t| < 1)。$$

令 $t = \sqrt[4]{x}$,可得 $\displaystyle\sum_{n=1}^{\infty} \frac{1}{4n-3} x^n = \frac{1}{2} x^{\frac{3}{4}} \left(\arctan \sqrt[4]{x} + \frac{1}{2} \ln \frac{1+\sqrt[4]{x}}{1-\sqrt[4]{x}}\right) (0 \leqslant x < 1)。$

例 13-37 求级数 $\displaystyle\sum_{n=1}^{\infty} \left(1 + \frac{1}{2} + \cdots + \frac{1}{n}\right) x^n$ 的收敛区间与和函数。

分析 利用系数分拆可求和函数,也可用级数乘积运算来求和函数。

解 $R = \lim_{n \to \infty} \left|\frac{a_n}{a_{n+1}}\right| = \lim_{n \to \infty} \frac{1}{1 + \frac{1}{n+1} \cdot \frac{1}{a_n}} = 1$,收敛区间为 $(-1, 1)$。以下用两个

方法求和函数 $S(x)$。

方法一 $xS(x) = \displaystyle\sum_{n=1}^{\infty} \left(1 + \frac{1}{2} + \cdots + \frac{1}{n}\right) x^{n+1}$

$$= \sum_{n=1}^{\infty} \left(1 + \frac{1}{2} + \cdots + \frac{1}{n+1}\right) x^{n+1} - \sum_{n=1}^{\infty} \frac{1}{n+1} x^{n+1}$$

$$= S(x) - x - (-\ln(1-x) - x)$$

$$= S(x) + \ln(1-x),$$

所以 $S(x) = \dfrac{-\ln(1-x)}{1-x} (-1 < x < 1)。$

方法二 考虑级数 $\displaystyle\sum_{n=1}^{\infty} \left(1 + \frac{1}{2} + \cdots + \frac{1}{n}\right) x^n$ 为 $\displaystyle\sum_{n=0}^{\infty} x^n$ 与 $\displaystyle\sum_{n=1}^{\infty} \frac{1}{n} x^n$ 的柯西乘积,故

和函数为 $\dfrac{-\ln(1-x)}{1-x} (-1 < x < 1)。$

例 13-38 求级数 $\displaystyle\sum_{n=0}^{\infty} \frac{(2n)!!x^{2n+1}}{(2n+1)!!}$ 的和函数。

分析 利用逐项求导建立微分方程来求和函数。

解 容易求得级数的收敛半径为 1,收敛区间为 $(-1,1)$。设和函数为 $S(x)$,则

$$S'(x) = 1 + \sum_{n=1}^{\infty} \frac{(2n)!!x^{2n}}{(2n-1)!!} = 1 + x\sum_{n=1}^{\infty} \frac{2n(2n-2)!!x^{2n-1}}{(2n-1)!!}$$

$$= 1 + x\left(\sum_{n=1}^{\infty} \frac{(2n-2)!!x^{2n}}{(2n-1)!!}\right)'$$

$$= 1 + x(xS(x))',$$

即可建立方程 $(1-x^2)S'(x) - xS(x) = 1, S(0) = 0$,解得 $S(x) = \dfrac{\arcsin x}{\sqrt{1-x^2}}(-1 < x < 1)$。

【题型 13-9】 利用幂级数求数项级数的和

策略 构造适当的幂级数,求其和函数,让数项级数的和成为幂级数在某收敛点的和函数值。一般地,求 $\displaystyle\sum_{n=0}^{\infty} a_n$,可以直接构造幂级数 $\displaystyle\sum_{n=0}^{\infty} a_n x^n$,但为了求和函数简便,选取恰当的幂级数是必要的。

例 13-39 求下列数项级数的和:

(1) $\displaystyle\sum_{n=0}^{\infty}(-1)^n \frac{n^2-n+1}{2^n}$;　(2) $\displaystyle\sum_{n=0}^{\infty} \frac{1}{(4n+1)(4n+3)}$;　(3) $\displaystyle\sum_{n=1}^{\infty} \frac{(-1)^{n-1}n}{(2n-1)!}$。

分析 按策略,求 $\displaystyle\sum_{n=0}^{\infty} a_n$ 时,首先可考虑直接构造幂级数 $\displaystyle\sum_{n=0}^{\infty} a_n x^n$;但若和函数不易求,则需构造适当的幂级数 $\displaystyle\sum_{n=0}^{\infty} b_n x^n$,这里系数 b_n 应尽可能简单,而数项级数 $\displaystyle\sum_{n=0}^{\infty} a_n$ 是幂级数 $\displaystyle\sum_{n=0}^{\infty} b_n x^n$ 在特殊点的取值。

解 (1) 构造幂级数 $\displaystyle\sum_{n=0}^{\infty}(n^2-n+1)x^n$,则其收敛区间为 $(-1,1)$,记其和函数为 $S(x)$,则

$$S(x) = \sum_{n=0}^{\infty} n(n-1)x^n + \sum_{n=0}^{\infty} x^n = x^2\left(\sum_{n=0}^{\infty} x^n\right)'' + \sum_{n=0}^{\infty} x^n$$

$$= x^2\left(\frac{1}{1-x}\right)'' + \frac{1}{1-x} = \frac{2x^2}{(1-x)^3} + \frac{1}{1-x}, -1 < x < 1,$$

故数项级数的和为 $S\left(-\dfrac{1}{2}\right) = \dfrac{32}{27}$。

(2) 因级数收敛,且可变为

$$\frac{1}{2}\sum_{n=0}^{\infty}\left(\frac{1}{4n+1} - \frac{1}{4n+3}\right) = \frac{1}{2}\left(1 - \frac{1}{3} + \frac{1}{5} - \frac{1}{7} + \frac{1}{9} - \cdots\right),$$

利用 $\sum\limits_{n=0}^{\infty} \dfrac{(-1)^n}{2n+1} x^{2n+1} = \arctan x, -1 \leqslant x \leqslant 1$，得数项级数的和为 $\dfrac{\pi}{8}$。

$$(3) \quad \sum_{n=1}^{\infty} \frac{(-1)^{n-1} n}{(2n-1)!} = \frac{1}{2} \sum_{n=1}^{\infty} \frac{(-1)^{n-1} \left[(2n-1)+1\right]}{(2n-1)!}$$

$$= \frac{1}{2} \left[\sum_{n=1}^{\infty} \frac{(-1)^{n-1}}{(2n-2)!} + \sum_{n=1}^{\infty} \frac{(-1)^{n-1}}{(2n-1)!} \right],$$

而

$$\sum_{n=1}^{\infty} \frac{(-1)^{n-1}}{(2n-2)!} = \sum_{n=0}^{\infty} \frac{(-1)^n}{(2n)!} = \sum_{n=0}^{\infty} \frac{(-1)^n x^{2n}}{(2n)!} \Bigg|_{x=1} = \cos 1,$$

$$\sum_{n=1}^{\infty} \frac{(-1)^{n-1}}{(2n-1)!} = \sum_{n=1}^{\infty} \frac{(-1)^{n-1} x^{2n-1}}{(2n-1)!} \Bigg|_{x=1} = \sin 1,$$

所以数项级数的和为 $S = \dfrac{1}{2}(\cos 1 + \sin 1)$。

例 13-40　求值：$(1) \dfrac{1 + \dfrac{\pi^4}{4!2^4} + \dfrac{\pi^8}{8!2^8} + \dfrac{\pi^{12}}{12!2^{12}} + \cdots}{\dfrac{1}{8} + \dfrac{\pi^4}{6!2^6} + \dfrac{\pi^8}{10!2^{10}} + \dfrac{\pi^{12}}{14!2^{14}} + \cdots}$；

$(2) \dfrac{1 + \dfrac{\pi^4}{5!} + \dfrac{\pi^8}{9!} + \dfrac{\pi^{12}}{13!} + \cdots}{\dfrac{1}{6} + \dfrac{\pi^4}{7!} + \dfrac{\pi^8}{11!} + \dfrac{\pi^{12}}{15!} + \cdots}$。

分析　利用 $\cos a = \sum\limits_{n=0}^{\infty} (-1)^n \dfrac{a^{2n}}{(2n)!} = \left(1 + \dfrac{a^4}{4!} + \dfrac{a^8}{8!} + \cdots\right) - \left(\dfrac{a^2}{2!} + \dfrac{a^6}{6!} + \dfrac{a^{10}}{10!} + \cdots\right)$ 和 $\sin a = \sum\limits_{n=0}^{\infty} (-1)^n \dfrac{a^{2n+1}}{(2n+1)!} = \left(a + \dfrac{a^5}{5!} + \dfrac{a^9}{9!} + \cdots\right) - \left(\dfrac{a^3}{3!} + \dfrac{a^7}{7!} + \dfrac{a^{11}}{11!} + \cdots\right)$，抓住其特点来求值。

解　记所求分式的分子、分母分别为 S、T。

$(1) \quad 0 = \cos \dfrac{\pi}{2} = \left(1 + \dfrac{\pi^4}{2^4 4!} + \dfrac{\pi^8}{2^8 8!} + \cdots\right) - \left(\dfrac{\pi^2}{2^2 2!} + \dfrac{\pi^6}{2^6 6!} + \dfrac{\pi^{10}}{2^{10} 10!} + \cdots\right)$

$\qquad = S - \pi^2 T,$

所以 $\dfrac{S}{T} = \pi^2$。

$(2) \quad 0 = \sin \pi = \left(\pi + \dfrac{\pi^5}{5!} + \dfrac{\pi^9}{9!} + \cdots\right) - \left(\dfrac{\pi^3}{3!} + \dfrac{\pi^7}{7!} + \dfrac{\pi^{11}}{11!} + \cdots\right) = \pi S - \pi^3 T,$

所以 $\dfrac{S}{T} = \pi^2$。

例 13-41　令 $a_n = \dfrac{1}{4n+1} + \dfrac{1}{4n+3} - \dfrac{1}{2n+2}$，求级数 $\sum\limits_{n=0}^{\infty} a_n$ 的和。

分析　利用 $\sum\limits_{n=1}^{\infty} (-1)^{n-1} \dfrac{x^n}{n} = \ln(1+x), -1 < x \leqslant 1$，可得 $1 - \dfrac{1}{2} + \dfrac{1}{3} -$

$\dfrac{1}{4} + \cdots = \ln 2$，对 a_n 作变形，将 $\displaystyle\sum_{n=0}^{\infty} a_n$ 与 $\displaystyle\sum_{n=1}^{\infty} (-1)^{n-1} \dfrac{1}{n}$ 联系起来。

解 因为 $a_n = \left(\dfrac{1}{4n+1} - \dfrac{1}{4n+2} + \dfrac{1}{4n+3} - \dfrac{1}{4n+4} \right) + \left(\dfrac{1}{4n+2} - \dfrac{1}{4n+4} \right)$，

所以 $\displaystyle\sum_{n=0}^{\infty} a_n = \sum_{n=0}^{\infty} \left(\dfrac{1}{4n+1} - \dfrac{1}{4n+2} + \dfrac{1}{4n+3} - \dfrac{1}{4n+4} \right) + \dfrac{1}{2} \sum_{n=0}^{\infty} \left(\dfrac{1}{2n+1} - \dfrac{1}{2n+2} \right)$

$\qquad\qquad = \ln 2 + \dfrac{1}{2} \ln 2 = \dfrac{3}{2} \ln 2。$

例 13-42 设银行存款的年利率为 r，并依年复利计算。某基金会希望通过存款 A 万元实现第一年提取 1 万元，第二年提取 4 万元，$\cdots$，第 n 年提取 n^2 万元，并能按此规律一直提取下去，问 A 至少应为多少万元？

分析 若第一年末提取 a_1 万元，则应存入的金额为 $A_1 = a_1 \cdot \dfrac{1}{1+r}$ 万元；若第二年末提取 a_2 万元，则应存入的金额为 $A_2 = a_2 \cdot \dfrac{1}{(1+r)^2}$ 万元；$\cdots$；若第 n 年末提取 a_n 万元，则应存入的金额为 $A_n = a_n \cdot \dfrac{1}{(1+r)^n}$ 万元。因此，$A = \displaystyle\sum_{n=1}^{\infty} A_n = \sum_{n=1}^{\infty} \dfrac{a_n}{(1+r)^n}$。

解 按分析可得 $A = \displaystyle\sum_{n=1}^{\infty} \dfrac{n^2}{(1+r)^n}$。欲求此数项级数的和，设 $S(x) = \displaystyle\sum_{n=1}^{\infty} n^2 x^n$，$x \in (-1, 1)$。因为

$$S(x) = \sum_{n=1}^{\infty} (n+1)n x^n - \sum_{n=1}^{\infty} n x^n = x \left(\sum_{n=1}^{\infty} x^{n+1} \right)'' - x \left(\sum_{n=1}^{\infty} x^n \right)'$$

$$= x \left(\dfrac{1}{1-x} - 1 - x \right)'' - x \left(\dfrac{1}{1-x} - 1 \right)' = \dfrac{x(1+x)}{(1-x)^3}, \quad x \in (-1, 1),$$

故
$$A = \dfrac{(1+r)(2+r)}{r^3}。$$

【题型 13-10】 利用级数讨论反常积分的敛散并求积分

策略 常见方法：(1) 将积分 $\displaystyle\int_0^{+\infty} f(x)\mathrm{d}x$ 与 $\displaystyle\sum_{n=1}^{\infty} \int_{b_{n-1}}^{b_n} f(x)\mathrm{d}x$ 联系（$b_0 = 0$，b_n 单调增加趋于无穷大），计算或估计积分 $a_n = \displaystyle\int_{b_{n-1}}^{b_n} f(x)\mathrm{d}x$，研究级数 $\displaystyle\sum_{n=1}^{\infty} a_n$ 的敛散性，并计算反常积分；(2) 将被积函数展开为幂级数，再用幂级数的逐项积分性质计算积分。

例 13-43 试证明反常积分 $\displaystyle\int_0^{+\infty} \dfrac{\sin x}{x}\mathrm{d}x$ 收敛，但非绝对收敛。

分析 用反常积分的比较判别法考虑 $\displaystyle\int_1^{+\infty} \dfrac{\sin x}{x}\mathrm{d}x$ 的敛散性，并用级数处理 $\displaystyle\int_0^{+\infty} \dfrac{\sin x}{x}\mathrm{d}x$ 的绝对收敛性。

证明 用分部积分法有 $\displaystyle\int_1^b \dfrac{\sin x}{x}\mathrm{d}x = \dfrac{-\cos x}{x} \Big|_1^b - \int_1^b \dfrac{\cos x}{x^2}\mathrm{d}x$。由 $\left| \dfrac{\cos x}{x^2} \right| \leqslant \dfrac{1}{x^2}$ 及

$\displaystyle\int_1^{+\infty}\dfrac{1}{x^2}\mathrm{d}x$ 收敛,知 $\displaystyle\int_1^{+\infty}\dfrac{\cos x}{x^2}\mathrm{d}x$ 收敛。又 $\dfrac{\cos b}{b}\to 0(b\to+\infty)$,所以 $\displaystyle\int_1^{+\infty}\dfrac{\sin x}{x}\mathrm{d}x$ 收敛,即 $\displaystyle\int_0^{+\infty}\dfrac{\sin x}{x}\mathrm{d}x$ 收敛。

考虑 $\displaystyle\int_0^{+\infty}\dfrac{|\sin x|}{x}\mathrm{d}x$ 的收敛性,只需弄清级数 $\displaystyle\sum_{k=1}^{\infty}\int_{(k-1)\pi}^{k\pi}\dfrac{|\sin x|}{x}\mathrm{d}x$ 的敛散性即可。因 $a_k=\displaystyle\int_{(k-1)\pi}^{k\pi}\dfrac{|\sin x|}{x}\mathrm{d}x\geqslant\dfrac{1}{k\pi}\int_{(k-1)\pi}^{k\pi}|\sin x|\mathrm{d}x=\dfrac{2}{k\pi}$,由比较判别法知 $\displaystyle\sum_{k=1}^{\infty}\int_{(k-1)\pi}^{k\pi}\dfrac{|\sin x|}{x}\mathrm{d}x$ 发散,故 $\displaystyle\int_0^{+\infty}\dfrac{\sin x}{x}\mathrm{d}x$ 非绝对收敛。

例 13-44　讨论反常积分 $\displaystyle\int_0^{+\infty}\dfrac{1}{1+x^{2p}\sin^2 x}\mathrm{d}x(p>0)$ 的敛散性。

分析　将积分与级数 $\displaystyle\sum_{n=0}^{\infty}\int_{n\pi}^{(n+1)\pi}f(x)\mathrm{d}x$ 关联。

证明　记　　　　　$a_n=\displaystyle\int_{n\pi}^{(n+1)\pi}\dfrac{1}{1+x^{2p}\sin^2 x}\mathrm{d}x$。

当 $p>1$ 时,有

$$a_n<\int_{n\pi}^{(n+1)\pi}\dfrac{1}{1+(n\pi)^{2p}\sin^2 x}\mathrm{d}x=\int_{-\pi/2}^{\pi/2}\dfrac{1}{1+(n\pi)^{2p}\sin^2 x}\mathrm{d}x\text{(因被积函数以 }\pi\text{ 为周期)}$$

$$=2\int_0^{\pi/2}\dfrac{1}{1+(n\pi)^{2p}\sin^2 x}\mathrm{d}x=2\int_0^{\pi/2}\dfrac{\mathrm{d}\tan x}{1+[(n\pi)^{2p}+1]\tan^2 x}$$

$$=\dfrac{2}{\sqrt{(n\pi)^{2p}+1}}\arctan\left(\sqrt{(n\pi)^{2p}+1}\tan x\right)\Big|_0^{\frac{\pi}{2}}=\dfrac{\pi}{\sqrt{(n\pi)^{2p}+1}}\sim\dfrac{\pi^{1-p}}{n^p};$$

当 $0<p\leqslant 1$ 时,有

$$a_n>\int_{n\pi}^{(n+1)\pi}\dfrac{1}{1+[(n+1)\pi]^{2p}\sin^2 x}\mathrm{d}x=\dfrac{\pi}{\sqrt{(n+1)^{2p}\pi^{2p}+1}}\sim\dfrac{\pi^{1-p}}{n^p}。$$

由比较判别法知级数 $\displaystyle\sum_{n=0}^{\infty}\int_{n\pi}^{(n+1)\pi}\dfrac{1}{1+x^{2p}\sin^2 x}\mathrm{d}x$ 当且仅当 $p>1$ 时收敛,从而反常积分 $\displaystyle\int_0^{+\infty}\dfrac{1}{1+x^{2p}\sin^2 x}\mathrm{d}x$ 也是仅当 $p>1$ 时收敛。

例 13-45　计算 $\displaystyle\int_0^{+\infty}\mathrm{e}^{-2x}|\sin x|\mathrm{d}x$。

分析　将积分与级数 $\displaystyle\sum_{n=0}^{\infty}\int_{n\pi}^{(n+1)\pi}f(x)\mathrm{d}x$ 关联。

证明　记 $a_n=\displaystyle\int_{n\pi}^{(n+1)\pi}\mathrm{e}^{-2x}|\sin x|\mathrm{d}x$,令 $x=n\pi+t$,有 $a_n=\mathrm{e}^{-2n\pi}\displaystyle\int_0^{\pi}\mathrm{e}^{-2t}\sin t\mathrm{d}t$。再分部积分可得 $a_n=\dfrac{1+\mathrm{e}^{-2\pi}}{5}\mathrm{e}^{-2n\pi}$,此时 $\displaystyle\sum_{n=0}^{\infty}a_n$ 为收敛的等比级数,且和为 $a_n=\dfrac{1+\mathrm{e}^{-2\pi}}{5}\dfrac{1}{1-\mathrm{e}^{-2\pi}}=\dfrac{1}{5}\dfrac{\mathrm{e}^{2\pi}+1}{\mathrm{e}^{2\pi}-1}$。故反常积分也收敛到 $\dfrac{1}{5}\dfrac{\mathrm{e}^{2\pi}+1}{\mathrm{e}^{2\pi}-1}$。

例 13-46 已知 $\sum\limits_{n=1}^{\infty}\dfrac{1}{n^2}=\dfrac{\pi^2}{6},\sum\limits_{n=1}^{\infty}\dfrac{(-1)^{n-1}}{n^2}=\dfrac{\pi^2}{12}$,求:(1) $\displaystyle\int_0^{+\infty}\dfrac{x}{1+\mathrm{e}^x}\mathrm{d}x$;

(2) $\displaystyle\int_0^{+\infty}\dfrac{\mathrm{d}x}{x^3(\mathrm{e}^{\pi/x}-1)}$。

分析 利用 $\displaystyle\int_0^{+\infty}\mathrm{e}^{-kx}\mathrm{d}x=\dfrac{1}{k}(k>0)$,将被积函数展开成级数 $\sum\limits_{n=1}^{\infty}a_n\mathrm{e}^{-nx}$,在其收敛域内逐项积分。

解 (1) $\displaystyle\int_0^{+\infty}\dfrac{x}{1+\mathrm{e}^x}\mathrm{d}x=-\int_0^{+\infty}x\mathrm{dln}(1+\mathrm{e}^{-x})$

$$=-x\ln(1+\mathrm{e}^{-x})\Big|_0^{+\infty}+\int_0^{+\infty}\ln(1+\mathrm{e}^{-x})\mathrm{d}x$$

$$=\int_0^{+\infty}\ln(1+\mathrm{e}^{-x})\mathrm{d}x=\int_0^{+\infty}\sum_{n=1}^{\infty}\dfrac{(-1)^{n-1}}{n}\mathrm{e}^{-nx}\mathrm{d}x$$

$$=\sum_{n=1}^{\infty}\dfrac{(-1)^{n-1}}{n}\int_0^{+\infty}\mathrm{e}^{-nx}\mathrm{d}x=\sum_{n=1}^{\infty}\dfrac{(-1)^{n-1}}{n^2}=\dfrac{\pi^2}{12}\text{。}$$

(2) 令 $t=\dfrac{\pi}{x}$,则

$$\int_0^{+\infty}\dfrac{\mathrm{d}x}{x^3(\mathrm{e}^{\pi/x}-1)}=\dfrac{1}{\pi^2}\int_0^{+\infty}\dfrac{t\mathrm{d}t}{\mathrm{e}^t-1}=\dfrac{1}{\pi^2}\int_0^{+\infty}t\mathrm{dln}(1-\mathrm{e}^{-t})$$

$$=\dfrac{1}{\pi^2}\Big[t\ln(1-\mathrm{e}^{-t})\Big|_0^{+\infty}-\int_0^{+\infty}\ln(1-\mathrm{e}^{-t})\mathrm{d}t\Big]$$

$$=\dfrac{-1}{\pi^2}\int_0^{+\infty}\ln(1-\mathrm{e}^{-t})\mathrm{d}t=\dfrac{1}{\pi^2}\int_0^{+\infty}\sum_{n=1}^{\infty}\dfrac{1}{n}\mathrm{e}^{-nt}\mathrm{d}t$$

$$=\dfrac{1}{\pi^2}\sum_{n=1}^{\infty}\dfrac{1}{n}\int_0^{+\infty}\mathrm{e}^{-nx}\mathrm{d}x=\dfrac{1}{\pi^2}\sum_{n=1}^{\infty}\dfrac{1}{n^2}=\dfrac{1}{6}\text{。}$$

例 13-47 设 $f(x)=\sum\limits_{n=1}^{\infty}\dfrac{x^n}{n^2}(0\leqslant x\leqslant 1)$,(1) 证明 $f(x)+f(1-x)+\ln x\ln(1-x)=\dfrac{\pi^2}{6}$;(2) 求 $I=\displaystyle\int_0^1\dfrac{1}{2-x}\ln\dfrac{1}{x}\mathrm{d}x$。

分析 常值问题证明只需验证导数为零即可。积分计算需将被积函数展开为在积分区间上收敛的级数。

证明 (1) 令等式的左边为 $F(x)$,则

$$F'(x)=f'(x)-f'(1-x)+\dfrac{\ln(1-x)}{x}-\dfrac{\ln x}{1-x}$$

$$=\sum_{n=1}^{\infty}\dfrac{x^{n-1}}{n}-\sum_{n=1}^{\infty}\dfrac{(1-x)^{n-1}}{n}+\dfrac{\ln(1-x)}{x}-\dfrac{\ln x}{1-x},$$

利用 $\sum\limits_{n=1}^{\infty}\dfrac{x^n}{n}=-\ln(1-x)(0\leqslant x<1),\sum\limits_{n=1}^{\infty}\dfrac{(1-x)^n}{n}=-\ln x(0<x\leqslant 1)$,得 $F'(x)=0(0<x<1)$,所以 $F(x)=C(0<x<1)$。

又 $F(0^+) = f(0) + f(1) + \lim\limits_{x \to 0^+} \ln x \ln(1-x) = f(1) = \dfrac{\pi^2}{6}$，所以 $C = \dfrac{\pi^2}{6}$。

(2) 令 $2 - x = t$，则

$$I = -\int_1^2 \frac{\ln(2-t)}{t}\mathrm{d}t = -\int_1^2 \frac{1}{t}\left(\ln 2 + \ln\left(1 - \frac{t}{2}\right)\right)\mathrm{d}t$$

$$= -\ln^2 2 + \int_1^2 \frac{1}{t}\sum_{n=1}^{\infty}\frac{1}{n}\left(\frac{t}{2}\right)^n \mathrm{d}t = -\ln^2 2 + \sum_{n=1}^{\infty}\frac{1}{n^2}\left(1 - \frac{1}{2^n}\right)$$

$$= -\ln^2 2 + \frac{\pi^2}{6} - f\left(\frac{1}{2}\right).$$

从所证的等式可得 $f\left(\dfrac{1}{2}\right) = \dfrac{\pi^2}{12} - \dfrac{1}{2}\ln^2 2$，所以 $I = \dfrac{\pi^2}{12} - \dfrac{1}{2}\ln^2 2$。

【题型 13-11】　综合题

例 13-48　设正项级数 $\sum\limits_{n=1}^{\infty} a_n$ 的部分和为 S_n，求级数 $\sum\limits_{n=1}^{\infty} a_n \mathrm{e}^{-S_n x}$ 的收敛域。

分析　依级数 $\sum\limits_{n=1}^{\infty} a_n$ 收敛和发散两种情形来讨论 $\sum\limits_{n=1}^{\infty} a_n \mathrm{e}^{-S_n x}$ 的敛散，并确定收敛域。

解　若 $\sum\limits_{n=1}^{\infty} a_n$ 收敛于 S，则由 $\lim\limits_{n \to \infty} \mathrm{e}^{-S_n x} = \mathrm{e}^{-Sx}$ 及比较判别法知 $\sum\limits_{n=1}^{\infty} a_n \mathrm{e}^{-S_n x}$ 收敛，此时收敛域为 $(-\infty, +\infty)$。

若 $\sum\limits_{n=1}^{\infty} a_n$ 发散到 $+\infty$，则当 $x \leqslant 0$ 时，$a_n \mathrm{e}^{-x S_n} \geqslant a_n$，由比较判别法知 $\sum\limits_{n=1}^{\infty} a_n \mathrm{e}^{-S_n x}$ 发散；当 $x > 0$ 时，$a_n \mathrm{e}^{-x S_n} = \dfrac{a_n}{\mathrm{e}^{x S_n}} \leqslant \dfrac{2a_n}{x^2 S_n^2} \leqslant \dfrac{2(S_n - S_{n-1})}{x^2 S_n S_{n-1}} = \dfrac{2}{x^2}\left(\dfrac{1}{S_{n-1}} - \dfrac{1}{S_n}\right)$（这里用到不等式 $\mathrm{e}^t > \dfrac{t^2}{2}(t>0)$），由 $\sum\limits_{n=2}^{\infty}\left(\dfrac{1}{S_{n-1}} - \dfrac{1}{S_n}\right)$ 收敛，知 $\sum\limits_{n=1}^{\infty} a_n \mathrm{e}^{-S_n x}$ 收敛。综合即得 $\sum\limits_{n=1}^{\infty} a_n$ 发散时，$\sum\limits_{n=1}^{\infty} a_n \mathrm{e}^{-S_n x}$ 的收敛域为 $(0, +\infty)$。

例 13-49　设 $a_n = 1 - \dfrac{1}{2} + \dfrac{1}{3} - \cdots + \dfrac{(-1)^{n-1}}{n} - \ln 2$，证明：级数 $\sum\limits_{n=1}^{\infty} a_n$ 条件收敛，并求和。

分析　注意到 $\int_0^1 x^{k-1}\mathrm{d}x = \dfrac{1}{k}$，$\int_0^1 \dfrac{1}{1+x}\mathrm{d}x = \ln 2$，可将级数的通项变形。

证明　$a_n = 1 - \dfrac{1}{2} + \dfrac{1}{3} - \cdots + \dfrac{(-1)^{n-1}}{n} - \ln 2 = \int_0^1 \sum_{k=1}^{n}(-1)^{k-1}x^{k-1}\mathrm{d}x - \int_0^1 \dfrac{1}{1+x}\mathrm{d}x$

$$= (-1)^{n-1}\int_0^1 \frac{x^n}{1+x}\mathrm{d}x,$$

因积分 $\int_0^1 \dfrac{x^n}{1+x}\mathrm{d}x = \dfrac{1}{1+\xi}\int_0^1 x^n \mathrm{d}x = \dfrac{1}{1+\xi}\dfrac{1}{n+1} \to 0 (n \to \infty)$，且是单调减少的，故级

数 $\sum\limits_{n=1}^{\infty} a_n$ 是莱布尼兹型的,收敛且为条件收敛。

$$\sum_{n=1}^{\infty} a_n = \sum_{n=1}^{\infty} (-1)^{n-1} \int_0^1 \frac{x^n}{1+x} \mathrm{d}x = \int_0^1 \sum_{n=1}^{\infty} (-1)^{n-1} \frac{x^n}{1+x} \mathrm{d}x = \int_0^1 \frac{x \mathrm{d}x}{(1+x)^2} = \ln 2 - \frac{1}{2}.$$

例 13-50　证明:当 $p \geqslant 1$ 时, $\sum\limits_{n=1}^{\infty} \dfrac{1}{(n+1)\sqrt[p]{n}} < p$。

分析　利用微分中值公式给出不等式,将通项放大为一个差式。

证明　设级数通项为 u_n,则 $u_n = n^{1-\frac{1}{p}} \left(\dfrac{1}{n} - \dfrac{1}{n+1} \right) = n^{\frac{p-1}{p}} \left(\left(\dfrac{1}{\sqrt[p]{n}} \right)^p - \left(\dfrac{1}{\sqrt[p]{n+1}} \right)^p \right)$,

由微分中值公式 $b^p - a^p = p\xi^{p-1}(b-a)$,得

$$u_n = pn^{\frac{p-1}{p}} \xi^{p-1} \left(\frac{1}{\sqrt[p]{n}} - \frac{1}{\sqrt[p]{n+1}} \right) \quad \left(\frac{1}{\sqrt[p]{n+1}} < \xi < \frac{1}{\sqrt[p]{n}} \right)$$

$$< p \left(\frac{1}{\sqrt[p]{n}} - \frac{1}{\sqrt[p]{n+1}} \right),$$

所以
$$\sum_{n=1}^{\infty} u_n < p \sum_{n=1}^{\infty} \left(\frac{1}{\sqrt[p]{n}} - \frac{1}{\sqrt[p]{n+1}} \right) = p.$$

例 13-51　求解方程 $(1-x^2)y'' + 2y = 0$,其中 $y(0) = 0, y'(0) = 1$。

分析　利用幂级数来解微分方程。

解　设 $y = \sum\limits_{n=0}^{\infty} a_n x^n$,则初始条件 $y(0) = 0, y'(0) = 1$ 对应 $a_0 = 0, a_1 = 1$。将幂

级数逐项求导两次有 $y'' = \sum\limits_{n=2}^{\infty} n(n-1) a_n x^{n-2}$,代入题中方程得

$$(1-x^2) \sum_{n=2}^{\infty} n(n-1) a_n x^{n-2} + 2 \sum_{n=0}^{\infty} a_n x^n = 0,$$

即
$$\sum_{n=2}^{\infty} n(n-1) a_n x^{n-2} - \sum_{n=2}^{\infty} n(n-1) a_n x^n + 2 \sum_{n=0}^{\infty} a_n x^n = 0,$$

亦即
$$\sum_{n=0}^{\infty} (n+2)(n+1) a_{n+2} x^n - \sum_{n=0}^{\infty} n(n-1) a_n x^n + 2 \sum_{n=0}^{\infty} a_n x^n = 0,$$

或
$$\sum_{n=0}^{\infty} \{ (n+2)(n+1) a_{n+2} - n(n-1) a_n + 2a_n \} x^n = 0,$$

所以　$(n+2)(n+1) a_{n+2} - n(n-1) a_n + 2a_n = 0$,　即　$a_{n+2} = \dfrac{n-2}{n+2} a_n$。

由 $a_0 = 0, a_1 = 1$,得 $a_2 = a_4 = a_6 = \cdots a_{2n} = \cdots = 0$,

$$a_{2n+1} = \frac{2n-3}{2n+1} a_{2n-1} = \frac{2n-3}{2n+1} \cdot \frac{2n-5}{2n-1} \cdot \frac{2n-7}{2n-3} \cdot \cdots \cdot \frac{3}{7} \cdot \frac{1}{5} \cdot \frac{-1}{3} a_1$$

$$= \frac{-1}{(2n+1)(2n-1)},$$

因此 $y = -\sum_{n=0}^{\infty} \dfrac{1}{(2n-1)(2n+1)} x^{2n+1}$（$|x| < 1$）为微分方程的解。

例 13-52　设 $f(x)$ 在 $[-\pi, \pi]$ 上为连续的偶函数，且 $f\left(\dfrac{\pi}{2} + x\right) = -f\left(\dfrac{\pi}{2} - x\right)$，而 $f(x) = \dfrac{a_0}{2} + \sum_{n=1}^{\infty} a_n \cos nx$，证明：$a_{2n} = 0$。

分析　利用偶函数展开的余弦级数的系数公式 $a_n = \dfrac{2}{\pi} \int_0^{\pi} f(x) \cos nx \, dx$ 进行积分计算。

证明　对 $a_{2n} = \dfrac{2}{\pi} \int_0^{\pi} f(x) \cos 2nx \, dx$ 作换元 $x = t + \dfrac{\pi}{2}$，有

$$a_{2n} = \frac{2(-1)^n}{\pi} \int_{-\frac{\pi}{2}}^{\frac{\pi}{2}} f\left(t + \frac{\pi}{2}\right) \cos 2nt \, dt$$

$$= \frac{2(-1)^n}{\pi} \left[\int_{-\frac{\pi}{2}}^{0} f\left(t + \frac{\pi}{2}\right) \cos 2nt \, dt + \int_0^{\frac{\pi}{2}} f\left(t + \frac{\pi}{2}\right) \cos 2nt \, dt \right] \text{（第一个积分令 } t = -u\text{）}$$

$$= \frac{2(-1)^n}{\pi} \left[\int_0^{\frac{\pi}{2}} f\left(-u + \frac{\pi}{2}\right) \cos 2nu \, du + \int_0^{\frac{\pi}{2}} f\left(t + \frac{\pi}{2}\right) \cos 2nt \, dt \right] \text{（用题设条件）}$$

$$= \frac{2(-1)^n}{\pi} \left[\int_0^{\frac{\pi}{2}} -f\left(u + \frac{\pi}{2}\right) \cos 2nu \, du + \int_0^{\frac{\pi}{2}} f\left(t + \frac{\pi}{2}\right) \cos 2nt \, dt \right] = 0。$$

例 13-53　设函数 $f(x)$ 在区间 $[-\pi, \pi]$ 上可积，a_k, b_k 是 $f(x)$ 在区间 $[-\pi, \pi]$ 上以 2π 为周期的傅里叶系数，试证明对任意自然数 n，有 $\dfrac{a_0^2}{2} + \sum_{k=1}^{n} (a_k^2 + b_k^2) \leqslant \dfrac{1}{\pi} \int_{-\pi}^{\pi} f^2(x) \, dx$。

分析　利用系数公式 $a_n = \dfrac{1}{\pi} \int_{-\pi}^{\pi} f(x) \cos nx \, dx$，$b_n = \dfrac{1}{\pi} \int_{-\pi}^{\pi} f(x) \sin nx \, dx$ 和三角函数系的特征来证明不等式。当 $m \neq n$ 时，$\int_{-\pi}^{\pi} \cos mx \cdot \cos nx \, dx = \int_{-\pi}^{\pi} \sin mx \cdot \sin nx \, dx = 0$，当 $n \neq 0$ 时，$\int_{-\pi}^{\pi} \cos^2 nx \, dx = \int_{-\pi}^{\pi} \sin^2 nx \, dx = \pi$，而 $\int_{-\pi}^{\pi} \cos mx \cdot \sin nx \, dx = 0$。

证明　因为 $f(x) = \dfrac{a_0}{2} + \sum_{n=1}^{\infty} (a_n \cos nx + b_n \sin nx)$（连续点处成立），记 $S_n = \dfrac{a_0}{2} + \sum_{k=1}^{n} (a_k \cos kx + b_k \sin kx)$，则有 $\int_{-\pi}^{\pi} (f(x) - S_n)^2 \, dx \geqslant 0$，即

$$\int_{-\pi}^{\pi} f^2(x) \, dx - 2 \int_{-\pi}^{\pi} S_n f(x) \, dx + \int_{-\pi}^{\pi} S_n^2 \, dx \geqslant 0,$$

利用三角函数系的特征可得 $\dfrac{1}{\pi} \int_{-\pi}^{\pi} S_n^2 \, dx = \dfrac{a_0^2}{2} + \sum_{k=1}^{n} (a_k^2 + b_k^2)$，又由系数公式可得 $\dfrac{1}{\pi} \int_{-\pi}^{\pi} f(x) S_n \, dx = \dfrac{a_0^2}{2} + \sum_{k=1}^{n} (a_k^2 + b_k^2)$，故得不等式。

13.3　精选备赛练习

13.1　求下列级数的和：

(1) $\sum\limits_{n=1}^{\infty} \arctan \dfrac{1}{n^2+n+1}$；(2) $\sum\limits_{n=1}^{\infty} \arctan \dfrac{1}{2n^2}$。

13.2　求下列级数的和：

(1) $\sum\limits_{n=1}^{\infty} \dfrac{n^2+3n+1}{(n+2)!}$；(2) $\sum\limits_{n=1}^{\infty} \dfrac{n^3+6n^2+11n+5}{(n+3)!}$；

(3) $\sum\limits_{n=0}^{\infty} \dfrac{n+2}{(n+2)!+(n+1)!+n!}$。

13.3　若 $a>1$，求级数 $\sum\limits_{n=0}^{\infty} \dfrac{a^{2^n}}{(a+1)(a^2+1)\cdots(a^{2^n}+1)}$ 的和。

13.4　设 a,d,r 为正整数，$u_n = \dfrac{1}{(a+nd)(a+(n+1)d)\cdots(a+(n+r)d)}$，求

级数 $\sum\limits_{n=0}^{\infty} u_n$ 的和。

13.5　求级数 $\sum\limits_{n=2}^{\infty} \ln \dfrac{n^3-1}{n^3+1}$ 的和。

13.6　求级数 $\sum\limits_{n=1}^{\infty} \dfrac{1+\dfrac{1}{2}+\cdots+\dfrac{1}{n}}{n(n+1)}$ 的和。

13.7　判别级数 $\sqrt{3}+\sqrt{3-\sqrt{6}}+\sqrt{3-\sqrt{6+\sqrt{6}}}+\sqrt{3-\sqrt{6+\sqrt{6+\sqrt{6}}}}+\cdots$ 的
敛散性。

13.8　判别下列级数的敛散性：

(1) $\sum\limits_{n=1}^{\infty} \dfrac{1}{3\sqrt{3}\sqrt[3]{3}\cdots\sqrt[n]{3}}$；　　　　(2) $\sum\limits_{n=2}^{\infty} \dfrac{1}{\ln n!}$；

(3) $\sum\limits_{n=1}^{\infty} \dfrac{1}{\alpha^{\ln n}}(\alpha>0)$；　　　　(4) $\sum\limits_{n=1}^{\infty} \dfrac{1}{(\ln(n+1))^{\ln(n+1)}}$。

13.9　讨论下列级数的敛散性：

(1) $\sum\limits_{n=1}^{\infty} (-1)^n \tan\pi\sqrt{n^2+2}$；(2) $\sum\limits_{n=1}^{\infty} \sin\pi\sqrt{n^2+1}$。

13.10　设 $\sum\limits_{n=1}^{\infty} \ln[n(n+1)^a(n+2)^b]$，问 a,b 取何值时该级数收敛。

13.11　讨论级数 $\sum\limits_{n=1}^{\infty} \dfrac{1}{x_n^2}$ 的敛散性，其中 x_n 是方程 $x=\tan x$ 的正根按递增顺序
编号而得的序列。

13.12 设 $\{na_n\}$ 收敛,求证级数 $\sum\limits_{n=1}^{\infty} n(a_n - a_{n-1})$ 收敛的充要条件是级数 $\sum\limits_{n=1}^{\infty} a_n$ 收敛。

13.13 设 $\{u_n\}$ 是单调增加的正数数列,试证当 $\{u_n\}$ 有界时级数 $\sum\limits_{n=1}^{\infty}\left(1 - \dfrac{u_n}{u_{n+1}}\right)$ 收敛。

13.14 设 $a_1 = 2, a_{n+1} = \dfrac{1}{2}\left(a_n + \dfrac{1}{a_n}\right), n = 1, 2, \cdots$,证明:(1) $\lim\limits_{n\to\infty} a_n$ 存在;(2) 级数 $\sum\limits_{n=1}^{\infty}\left(\dfrac{a_n}{a_{n+1}} - 1\right)$ 收敛。

13.15 设 F_n 为斐波那契数列,$F_0 = 1, F_1 = 1, F_n = F_{n-1} + F_{n-2}, n > 1$。(1) 证明 $\left(\dfrac{3}{2}\right)^{n-1} \leqslant F_n \leqslant 2^{n-1}$;(2) 级数 $\sum\limits_{n=0}^{\infty} \dfrac{1}{F_n}$ 收敛,级数 $\sum\limits_{n=2}^{\infty} \dfrac{1}{\ln F_n}$ 发散。

13.16 设数列 $\{a_n\}$ 单调减少,且 $\lim\limits_{n\to\infty} a_n = 0$,试证 $\sum\limits_{n=1}^{\infty}(-1)^n \dfrac{a_1 + a_2 + \cdots + a_n}{n}$ 收敛。

13.17 设数列 $\{S_n\}$ 满足 $2S_{n+1} = S_n + \sqrt{S_n^2 + u_n}$,$u_n > 0, S_1 = 1$,证明级数 $\sum\limits_{n=1}^{\infty} u_n$ 收敛的充要条件是数列 $\{S_n\}$ 收敛。

13.18 判断级数 $\sum\limits_{n=1}^{\infty} u_n$ 的敛散性,已知 $u_1 = 2$,其一般项 u_n 与部分和 S_n 有如下关系:$2S_n^2 = 2u_n S_n - u_n (n > 2)$。

13.19 (1) 构造一正项级数,可用根值法审敛而不能用比值法审敛;(2) 构造二级数 $\sum\limits_{n=1}^{\infty} u_n$ 和 $\sum\limits_{n=1}^{\infty} v_n$,使得 $\lim\limits_{n\to\infty} \dfrac{u_n}{v_n} = l, 0 < |l| < +\infty$,但二级数敛散性不同。

13.20 两个正项级数 $\sum\limits_{n=1}^{\infty} u_n, \sum\limits_{n=1}^{\infty} v_n$,满足 $\dfrac{u_n}{u_{n+1}} \geqslant \dfrac{v_n}{v_{n+1}} (n = 1, 2, \cdots)$,讨论两个级数敛散性之间的关系。

13.21 设 $f(x)$ 在 $x = 0$ 的邻域内有一阶连续导数,且 $\lim\limits_{n\to\infty} \dfrac{f(x)}{x} = a > 0$,证明 $\sum\limits_{n=1}^{\infty}(-1)^n f\left(\dfrac{1}{n}\right)$ 条件收敛。

13.22 设偶函数 $f(x)$ 的二阶导数 $f''(x)$ 在 $x = 0$ 的邻域内连续,且 $f(0) = 1$,$f''(0) = 2$,证明 $\sum\limits_{n=1}^{\infty}\left[f\left(\dfrac{1}{n}\right) - 1\right]$ 绝对收敛。

13.23 若正项级数 $\sum\limits_{n=1}^{\infty} a_n$ 收敛,且 $\{a_n\}$ 单调减少,证明:$\sum\limits_{n=1}^{\infty} n(a_n - a_{n+1})$ 收敛。

13.24 设 $f(x)$ 是在 $(-\infty, +\infty)$ 内的可微函数,且 $|f'(x)| < mf(x)$,其中

$0 < m < 1$，任取实数 a_0，定义 $a_n = \ln f(a_{n-1})$，$n = 1, 2, \cdots$，证明：$\sum\limits_{n=1}^{\infty}(a_n - a_{n+1})$ 绝对收敛。

13.25 设 $\sum\limits_{n=1}^{\infty} a_n$ 与 $\sum\limits_{n=1}^{\infty} b_n$ 为正项级数，试证明：(1) 若 $\lim\limits_{n\to\infty}\left(\dfrac{a_n}{a_{n+1}b_n} - \dfrac{1}{b_{n+1}}\right) > 0$，则 $\sum\limits_{n=1}^{\infty} a_n$ 收敛；(2) 若 $\lim\limits_{n\to\infty}\left(\dfrac{a_n}{a_{n+1}b_n} - \dfrac{1}{b_{n+1}}\right) < 0$，且 $\sum\limits_{n=1}^{\infty} b_n$ 发散，则 $\sum\limits_{n=1}^{\infty} a_n$ 发散。

13.26 设级数的部分和为 $S_n = \sum\limits_{k=1}^{n} \dfrac{1}{k} - \ln n$，判断该级数的敛散性。

13.27 设 $\sum\limits_{n=1}^{\infty} a_n$ 收敛，试证明 $\lim\limits_{n\to\infty}\dfrac{1}{n}\sum\limits_{k=1}^{n} k a_k = 0$。

13.28 设 $a_n = \dfrac{(-1)^n}{\sqrt{n}}$，定义 $\left(\sum\limits_{n=1}^{\infty} a_n\right)^2 = \sum\limits_{n=1}^{\infty} c_n$，其中 $c_n = \sum\limits_{k=1}^{n} a_k a_{n+1-k}$，证明 $\sum\limits_{n=1}^{\infty} c_n$ 发散。

13.29 已知 $\sum\limits_{n=1}^{\infty} \dfrac{1}{n^2} = \dfrac{\pi^2}{6}$，求下列级数的和：

(1) $\sum\limits_{n=1}^{\infty} \dfrac{1}{n^2(n+1)^2}$；(2) $\sum\limits_{n=1}^{\infty} \dfrac{1}{n^2(n+1)^2(n+2)^2}$。

13.30 已知某级数的部分和为 $S_n = \dfrac{1}{2} + \dfrac{1}{2^2} + \dfrac{2}{2^3} + \dfrac{3}{2^4} + \dfrac{5}{2^5} + \dfrac{8}{2^6} + \dfrac{13}{2^7} + \cdots + \dfrac{a_{n-1}}{2^{n-1}} + \dfrac{a_n}{2^n}$，其中 $a_n = a_{n-1} + a_{n-2}$，$n = 3, 4, 5, \cdots$。(1) 证明该级数收敛；(2) 求此级数的和。

13.31 交错级数 $\sum\limits_{n=1}^{\infty} \dfrac{(-1)^n}{n}$ 收敛于 S，记其部分和为 S_n。将该级数重排如下：

$1 + \dfrac{1}{3} - \dfrac{1}{2} + \dfrac{1}{5} + \dfrac{1}{7} - \dfrac{1}{4} + \dfrac{1}{9} + \dfrac{1}{11} - \dfrac{1}{6} + \cdots$，记其部分和为 σ_n，和为 σ。试证明：

(1) $\sigma_{3n} = S_{4n} + \dfrac{1}{2}S_{2n}$，(2) $\sigma \neq S$。

13.32 设 $f(x) = x^{100} \mathrm{e}^{x^2}$，则 $f^{(200)}(0) = ?$

13.33 设 $m \geqslant 1$ 为正整数，a_n 是 $(1+x)^{n+m}$ 中 x^n 的系数，求 $\sum\limits_{n=0}^{\infty} \dfrac{1}{a_n}$。

13.34 求幂级数的和函数：

(1) $\sum\limits_{n=0}^{\infty} \dfrac{1}{(4n)!}x^{4n}$；(2) $\sum\limits_{n=0}^{\infty} \dfrac{(-1)^n}{(2n)!!}x^{2n}$；(3) $\sum\limits_{n=1}^{\infty} \dfrac{x^{2n-1}}{1 \cdot 3 \cdot 5 \cdot \cdots \cdot (2n-1)}$；

(4) $\sum\limits_{n=1}^{\infty} \dfrac{a(a+d)(a+2d)\cdots(a+(n-1)d)}{d(2d)\cdots(nd)}x^n$。

13.35 设 $a_0=1,a_1=-2,a_2=\dfrac{7}{2},a_{n+1}=-\left(1+\dfrac{1}{n+1}\right)a_n(n\geqslant 2)$。证明当 $|x|<1$ 时幂级数 $\displaystyle\sum_{n=1}^{\infty}a_nx^n$ 收敛,并求其和函数 $S(x)$。

13.36 已知 F_n 为斐波那契数列,$F_0=1,F_1=1,F_n=F_{n-1}+F_{n-2},n>1$。求级数 $\displaystyle\sum_{n=1}^{\infty}F_nx^n$ 的收敛半径与和函数。

13.37 证明:$\dfrac{\displaystyle\sum_{n=1}^{\infty}\dfrac{x^{2n-1}}{(2n-1)!!}}{\displaystyle\sum_{n=0}^{\infty}\dfrac{x^{2n}}{(2n)!!}}=\displaystyle\int_0^x e^{-\frac{t^2}{2}}dt$。

13.38 求下列级数的和:

(1) $\displaystyle\sum_{n=1}^{\infty}\dfrac{\sin nx}{n!}$;(2) $\displaystyle\sum_{n=1}^{\infty}\dfrac{\cos nx}{n!}$。

13.39 证明当 $|x|<1$ 时级数 $\displaystyle\sum_{n=1}^{\infty}x^n\sin n\alpha$ 与 $\displaystyle\sum_{n=1}^{\infty}x^n\cos n\alpha$ 收敛,并求其和。

13.40 设函数 $z(k)=\displaystyle\sum_{n=0}^{\infty}\dfrac{n^k}{n!}e^{-1}$,(1) 求 $z(0),z(1),z(2)$ 之值;(2) 证明 k 取正整数时,$z(k)$ 亦为正整数。

13.41 设 $f_0(x)=e^x,f_{n+1}(x)=xf_n'(x),n=0,1,2,\cdots$,证明 $\displaystyle\sum_{n=0}^{\infty}\dfrac{f_n(1)}{n!}=e^e$。

13.42 讨论反常积分 $\displaystyle\int_0^{+\infty}\dfrac{x}{\cos^2 x+x^\alpha\sin^2 x}dx$ 的敛散性,α 为任意实数。

13.43 证明:$\displaystyle\int_0^1 x^x dx=\sum_{n=0}^{\infty}\dfrac{(-1)^n}{(n+1)^{n+1}}$。

13.44 设 $a_n=1-\dfrac{1}{3}+\dfrac{1}{5}-\cdots+\dfrac{(-1)^n}{2n+1}-\dfrac{\pi}{4}$,证明:级数 $\displaystyle\sum_{n=0}^{\infty}a_n$ 条件收敛,并求和。

13.4　答案与提示

13.1 (1) $\dfrac{\pi}{4}$;(2) $\dfrac{\pi}{4}$。

13.2 (1) $\dfrac{3}{2}$;(2) $\dfrac{5}{3}$;(3) 1。

13.3 1。

13.4 $\dfrac{1}{rd}\cdot\dfrac{1}{a(a+d)(a+2d)\cdots(a+(r-1)d)}$。

13.5　$\ln\dfrac{2}{3}$。

13.6　记 $b_n=\displaystyle\sum_{k=1}^{n}\dfrac{1}{k}$，部分和 $T_n=\displaystyle\sum_{k=1}^{n}\left(\dfrac{b_k}{k}-\dfrac{b_{k+1}}{k+1}\right)+\displaystyle\sum_{k=1}^{n}\dfrac{b_{k+1}-b_k}{k+1}=\displaystyle\sum_{k=1}^{n}\dfrac{1}{k^2}-$

$\dfrac{b_{n+1}}{n+1}\to\dfrac{\pi^2}{6}$。

13.7　$v_1=\sqrt{6}$, $v_{n+1}=\sqrt{6+v_n}$, $\dfrac{u_{n+1}}{u_n}=\dfrac{\sqrt{3-v_n}}{\sqrt{3-v_{n-1}}}=\dfrac{1}{\sqrt{3+v_n}}\to\dfrac{1}{\sqrt{6}}<1$,级数收敛。

13.8　(1) 利用 $\ln\left(1+\dfrac{1}{n}\right)<\dfrac{1}{n}$ 得 $1+\dfrac{1}{2}+\cdots+\dfrac{1}{n}>\ln(n+1)>\ln n$,通项

$a_n\leqslant\dfrac{1}{3^{\ln n}}=\dfrac{1}{n^3}$,原级数收敛。

(2)　$\dfrac{1}{\ln n!}>\dfrac{1}{n\ln n}$,而级数 $\displaystyle\sum_{n=2}^{\infty}\dfrac{1}{n\ln n}$ 发散,原级数发散。

(3)　$\dfrac{1}{\alpha^{\ln n}}=\dfrac{1}{n^{\ln\alpha}}$, $\alpha>\mathrm{e}$ 时级数收敛;$1<\alpha\leqslant\mathrm{e}$ 时级数发散。

(4)　$\dfrac{1}{(\ln(n+1))^{\ln(n+1)}}=\dfrac{1}{(n+1)^{\ln\ln n(n+1)}}<\dfrac{1}{(n+1)^2}$,级数收敛。

13.9　(1) 条件收敛;(2) 条件收敛。

13.10　提示:用泰勒公式将通项变形,$a_n=(1+a+b)\ln n+(a+2b)\dfrac{1}{n}-$

$\dfrac{1}{2}(a+4b)\dfrac{1}{n^2}+o\left(\dfrac{1}{n^2}\right)$。当 $a=-2$, $b=1$ 时级数收敛。

13.11　提示:说明根 x_n 的范围在 $(n\pi-\pi/2,n\pi+\pi/2)$ 内,级数收敛。

13.12　提示:考虑二级数的部分和 S_n 与 σ_n,验证 $S_n=-\sigma_{n-1}-a_0+na_n$。

13.13　提示:$0\leqslant a_n=\dfrac{u_{n+1}-u_n}{u_{n+1}}\leqslant\dfrac{u_{n+1}-u_n}{u_1}$,验证级数 $\displaystyle\sum_{n=1}^{\infty}(u_{n+1}-u_n)$ 收敛。

13.14　提示:$a_{n+1}\geqslant 1$, $a_{n+1}=\dfrac{1}{2}\left(a_n+\dfrac{1}{a_n}\right)\leqslant\dfrac{1}{2}\left(a_n+\dfrac{a_n^2}{a_n}\right)=a_n$, $\displaystyle\lim_{n\to\infty}a_n=1$。

13.15　提示:$F_n=F_{n-1}+F_{n-2}\leqslant 2F_{n-1}$, $F_n\leqslant 2^{n-1}F_1=2^{n-1}$, $F_n\geqslant F_{n-1}+\dfrac{1}{2}F_{n-1}$

$=\dfrac{3}{2}F_{n-1}$。

13.16　提示:记 $b_n=\dfrac{a_1+a_2+\cdots+a_n}{n}$,验证 $\{b_n\}$ 单调减少趋于零,用莱布尼兹

判别法。

13.17　提示:$S_{n+1}(S_{n+1}-S_n)=\dfrac{u_n}{4}$, $S_n\geqslant 1$,利用不等式 $S_{n+1}-S_n\leqslant\dfrac{u_n}{4}\leqslant(S_{n+1}$

$+S_n)(S_{n+1}-S_n)=S_{n+1}^2-S_n^2$。

13.18　提示:$S_n=\dfrac{S_{n-1}}{1+2S_{n-1}}$, $S_1=1$。

13.19　(1) $\sum\limits_{n=1}^{\infty}\dfrac{2+(-1)^n}{3^n}$；(2) $\sum\limits_{n=1}^{\infty}\left((-1)^n\dfrac{1}{\sqrt{n}}+\dfrac{1}{n}\right)$ 与 $\sum\limits_{n=1}^{\infty}(-1)^n\dfrac{1}{\sqrt{n}}$。

13.20　提示：$u_{m+k}\leqslant\dfrac{u_m}{v_m}v_{m+k}$，由 $\sum\limits_{n=1}^{\infty}v_n$ 收敛可得 $\sum\limits_{n=1}^{\infty}u_n$ 收敛，由 $\sum\limits_{n=1}^{\infty}u_n$ 发散可得 $\sum\limits_{n=1}^{\infty}v_n$ 发散。

13.21　提示：$f(0)=0,f'(0)=a>0$，在零点的邻域内 $f'(x)>0,f\left(\dfrac{1}{n}\right)$ 单调减少，$f\left(\dfrac{1}{n}\right)\sim\dfrac{1}{n}$。

13.22　提示：$f'(0)=0$，由泰勒公式得 $f\left(\dfrac{1}{n}\right)-1=\dfrac{1}{n^2}+o\left(\dfrac{1}{n^2}\right)$。

13.23　提示：部分和 $S_n=\sum\limits_{k=1}^{n}k(a_k-a_{k+1})=\sum\limits_{k=1}^{n+1}a_k-(n+1)a_{n+1}$，由例 13-25 知 $(n+1)a_{n+1}\rightarrow0$。

13.24　提示：$|a_n-a_{n+1}|=|\ln f(a_{n-1})-\ln f(a_n)|=\left|\dfrac{f'(\xi)}{f(\xi)}\right||a_{n-1}-a_n|\leqslant m|a_{n-1}-a_n|\leqslant\cdots\leqslant m^{n-1}|a_1-a_2|$。

13.25　提示：(1) n 充分大时 $\dfrac{a_n}{a_{n+1}b_n}-\dfrac{1}{b_{n+1}}>\delta$，即 $\dfrac{a_n}{b_n}-\dfrac{a_{n+1}}{b_{n+1}}>\delta a_{n+1}$；(2) $n\geqslant N$ 时 $\dfrac{a_n}{a_{n+1}b_n}-\dfrac{1}{b_{n+1}}<0$，即 $\dfrac{b_{n+1}}{b_n}<\dfrac{a_{n+1}}{a_n}$，故有 $\dfrac{b_{n+1}}{b_N}<\dfrac{a_{n+1}}{a_N}$。

13.26　提示：$a_n=S_n-S_{n-1}=\dfrac{1}{n}+\ln\left(1-\dfrac{1}{n}\right)=-\dfrac{1}{2n^2}+o\left(\dfrac{1}{n^2}\right)$，级数收敛。

13.27　提示：$\sum\limits_{k=1}^{n}ka_k=\sum\limits_{k=1}^{n}k(S_k-S_{k-1})=-S_1-S_2-\cdots-S_{n-1}+nS_n$，$\dfrac{1}{n}\sum\limits_{k=1}^{n}ka_k=-\dfrac{S_1+S_2+\cdots+S_n}{n}+\dfrac{S_n}{n}+S_n\rightarrow-S+S=0$。

13.28　提示：$|c_n|=\sum\limits_{k=1}^{n}\dfrac{1}{\sqrt{k}\sqrt{n+1-k}}>\sum\limits_{k=1}^{n}\dfrac{1}{\sqrt{n}\sqrt{n}}=\sum\limits_{k=1}^{n}\dfrac{1}{n}=1$。

13.29　提示：(1) $\sum\limits_{n=1}^{\infty}\dfrac{1}{n^2(n+1)^2}=\sum\limits_{n=1}^{\infty}\left(\dfrac{1}{n^2}+\dfrac{1}{(n+1)^2}-\dfrac{2}{n(n+1)}\right)=\dfrac{\pi^2}{3}-3$；(2) $\dfrac{\pi^2}{4}-\dfrac{39}{16}$。

13.30　提示：通项比值的极限为 $l=\dfrac{1+\sqrt{5}}{4}<1$，级数收敛。又 $u_n=\dfrac{a_n}{2^n}=\dfrac{a_{n-1}+a_{n-2}}{2^n}=\dfrac{1}{2}u_{n-1}+\dfrac{1}{4}u_{n-2}$，$\sum\limits_{n=3}^{\infty}u_n=\dfrac{1}{2}\sum\limits_{n=3}^{\infty}u_{n-1}+\dfrac{1}{4}\sum\limits_{n=3}^{\infty}u_{n-2}$，级数的和 $S=2$。

13.31　提示：$\sigma_{3n}=\sum\limits_{k=1}^{n}\left(\dfrac{1}{4k-3}-\dfrac{1}{4k-2}+\dfrac{1}{4k-1}-\dfrac{1}{4k}\right)+\sum\limits_{k=1}^{n}\left(\dfrac{1}{4k-2}-\dfrac{1}{4k}\right)$。

13.32 $\dfrac{200!}{50!}$。

13.33 提示：$\displaystyle\sum_{n=0}^{\infty}\dfrac{1}{a_n}=m!\sum_{n=0}^{\infty}\dfrac{1}{(n+m)(n+m-1)\cdots(n+1)}=\dfrac{m}{m-1}$。

13.34 (1) $\dfrac{\mathrm{e}^x+\mathrm{e}^{-x}}{4}+\dfrac{1}{2}\cos x$；(2) $\displaystyle\sum_{n=0}^{\infty}\dfrac{(-1)^n}{(2n)!!}x^{2n}=\sum_{n=0}^{\infty}\dfrac{1}{n!}\left(-\dfrac{x^2}{2}\right)^n=\mathrm{e}^{-\frac{x^2}{2}}$；

(3) $S'(x)=1+\displaystyle\sum_{n=2}^{\infty}\dfrac{x^{2n-2}}{1\cdot 3\cdot 5\cdot\cdots\cdot(2n-3)}=1+xS(x)$，$S(0)=0$，$S(x)=$

$\mathrm{e}^{\frac{x^2}{2}}\displaystyle\int_0^x\mathrm{e}^{-\frac{t^2}{2}}\mathrm{d}t$；

(4) $\displaystyle\sum_{n=1}^{\infty}\dfrac{1}{n!}\left(-\dfrac{a}{d}\right)\left(-\dfrac{a}{d}-1\right)\cdots\left(-\dfrac{a}{d}-(n-1)\right)(-x)^n=(1-x)^{-a/d}-1(-1$

$<x<1)$。

13.35 提示：$S(x)=1-2x+\dfrac{7}{2}x^2-\dfrac{7(4x^3+3x^4)}{6(1+x)}(-1<x<1)$。

13.36 提示：$R=\dfrac{\sqrt{5}-1}{2}$，$S(x)=\dfrac{x+x^2}{1-x-x^2}(-R<x<R)$。

13.37 提示：设分子、分母分别为 $S(x)$、$T(x)$，$S(0)=0$，$T(0)=1$，则 $S'(x)=$

$xS(x)+1$，$T'(x)=xT(x)$，解得 $S(x)=\mathrm{e}^{\frac{x^2}{2}}\displaystyle\int_0^x\mathrm{e}^{-\frac{t^2}{2}}\mathrm{d}t$，$T(x)=\mathrm{e}^{\frac{x^2}{2}}$。

13.38 提示：利用 $\mathrm{e}^{\mathrm{i}\theta}=\cos\theta+\mathrm{i}\sin\theta$。(1) $\mathrm{e}^{\cos x}\sin\sin x$；(2) $\mathrm{e}^{\cos x}\cos\sin x-1$。

13.39 $\dfrac{x\sin\alpha}{(1-x\cos\alpha)^2+x^2\sin^2\alpha}$ 与 $\dfrac{1-x\cos\alpha}{(1-x\cos\alpha)^2+x^2\sin^2\alpha}-1$。

13.40 (1) $z(0)=1$，$z(1)=1$，$z(2)=2$；(2) $z(k)=\mathrm{e}^{-1}\displaystyle\sum_{n=1}^{\infty}\dfrac{n^{k-1}}{(n-1)!}=$

$\mathrm{e}^{-1}\displaystyle\sum_{n=0}^{\infty}\dfrac{(n+1)^{k-1}}{n!}=\mathrm{e}^{-1}\sum_{n=0}^{\infty}\dfrac{\displaystyle\sum_{i=0}^{k-1}C_{k-1}^i n^i}{n!}=\sum_{i=0}^{k-1}C_{k-1}^i z(i)$。

13.41 提示：$f_0(x)=\mathrm{e}^x=\displaystyle\sum_{k=0}^{\infty}\dfrac{x^k}{k!}$，　$f_n(x)=\sum_{k=0}^{\infty}\dfrac{k^n x^k}{k!}$，

所以　　$\displaystyle\sum_{n=0}^{\infty}\dfrac{f_n(1)}{n!}=\sum_{n=0}^{\infty}\sum_{k=0}^{\infty}\dfrac{k^n}{k!}\dfrac{1}{n!}=\sum_{k=0}^{\infty}\sum_{n=0}^{\infty}\dfrac{k^n}{n!}\dfrac{1}{k!}=\sum_{k=0}^{\infty}\dfrac{\mathrm{e}^k}{k!}=\mathrm{e}^{\mathrm{e}}$。

13.42 $\alpha>4$ 时收敛，$\alpha\leqslant 4$ 时发散。

13.43 提示：$\displaystyle\int_0^1\mathrm{e}^{x\ln x}\mathrm{d}x=\int_0^1\sum_{n=0}^{\infty}\dfrac{1}{n!}x^n\ln^n x\,\mathrm{d}x=\sum_{n=0}^{\infty}\dfrac{1}{n!}\int_0^1 x^n\ln^n x\,\mathrm{d}x$，分部积分。

13.44 提示：$a_n=(-1)^n\displaystyle\int_0^1\dfrac{x^{2n+2}}{1+x^2}\mathrm{d}x$，$\sum_{n=0}^{\infty}a_n=\int_0^1\sum_{n=0}^{\infty}(-1)^n\dfrac{x^{2n+2}}{1+x^2}\mathrm{d}x=$

$\displaystyle\int_0^1\dfrac{x^2\,\mathrm{d}x}{(1+x^2)^2}=\dfrac{\pi}{8}+\dfrac{1}{4}$。

附　　录

首届全国大学生数学竞赛预赛试题及参考解答
（非数学类，2009）

试　　题

一、（每小题 5 分，共 20 分）填空题

（1）计算 $\displaystyle\iint\limits_{D}\dfrac{(x+y)\ln\left(1+\dfrac{y}{x}\right)}{\sqrt{1-x-y}}\mathrm{d}x\mathrm{d}y=$ _____，其中区域 D 为直线 $x+y=1$ 与两坐标轴所围三角形区域。

（2）设 $f(x)$ 是连续函数，满足 $f(x)=3x^2-\displaystyle\int_0^2 f(x)\mathrm{d}x-2$，则 $f(x)=$ _____。

（3）曲面 $z=\dfrac{x^2}{2}+y^2-2$ 平行平面 $2x+2y-z=0$ 的切平面方程是_____。

（4）设函数 $y=y(x)$ 由方程 $xe^{f(y)}=e^y\ln 29$ 确定，其中 f 具有二阶导数，且 $f'\neq 1$，则 $\dfrac{\mathrm{d}^2 y}{\mathrm{d}x^2}=$ _____。

二、（5 分）求极限 $\displaystyle\lim_{x\to 0}\left(\dfrac{e^x+e^{2x}+\cdots+e^{nx}}{n}\right)^{\frac{e}{x}}$，其中 n 是给定的正整数。

三、（15 分）设函数 $f(x)$ 连续，$g(x)=\displaystyle\int_0^1 f(xt)\mathrm{d}t$，且 $\displaystyle\lim_{x\to 0}\dfrac{f(x)}{x}=A$，$A$ 为常数，求 $g'(x)$ 并讨论 $g'(x)$ 在 $x=0$ 处的连续性。

四、（15 分）已知平面区域 $D=\{(x,y)\,|\,0\leqslant x\leqslant\pi,0\leqslant y\leqslant\pi\}$，$L$ 为 D 的正向边界，试证：

（1）$\displaystyle\oint_L xe^{\sin y}\mathrm{d}y-ye^{-\sin x}\mathrm{d}x=\oint_L xe^{-\sin y}\mathrm{d}y-ye^{\sin x}\mathrm{d}x$；

（2）$\displaystyle\oint_L xe^{\sin y}\mathrm{d}y-ye^{-\sin x}\mathrm{d}x\geqslant\dfrac{5}{2}\pi^2$。

五、（10 分）已知 $y_1=xe^x+e^{2x}$，$y_2=xe^x+e^{-x}$，$y_3=xe^x+e^{2x}-e^{-x}$ 是某二阶常系数线性非齐次微分方程的三个解，试求此微分方程。

六、（10 分）设抛物线 $y=ax^2+bx+2\ln c$ 过原点，当 $0\leqslant x\leqslant 1$ 时，$y\geqslant 0$，又已知该抛物线与 x 轴及直线 $x=1$ 所围图形的面积为 $\dfrac{1}{3}$。试确定 a,b,c，使此图形绕 x 轴旋

转一周而成的旋转体的体积 V 最小。

七、(15 分)已知 $u_n(x)$ 满足 $u_n'(x)=u_n(x)+x^{n-1}\mathrm{e}^x$($n$ 为正整数),且 $u_n(1)=\dfrac{\mathrm{e}}{n}$,求函数项级数 $\displaystyle\sum_{n=1}^{\infty}u_n(x)$ 之和。

八、(10 分)求 $x\to1^-$ 时,与 $\displaystyle\sum_{n=0}^{\infty}x^{n^2}$ 等价的无穷大量。

参 考 解 答

一、解 (1) 令 $u=x+y,v=x$,则区域 D 变为区域 G:$0\leqslant u\leqslant1,0\leqslant v\leqslant u$,又 $|J|=1$,于是

$$I=\iint\limits_{G}\frac{u(\ln u-\ln v)\mathrm{d}u\mathrm{d}v}{\sqrt{1-u}}=\int_0^1\frac{u}{\sqrt{1-u}}\mathrm{d}u\int_0^u(\ln u-\ln v)\mathrm{d}v$$

$$=\int_0^1\frac{u}{\sqrt{1-u}}\left[u\ln u-(v\ln v-v)\Big|_{0^+}^u\right]\mathrm{d}u=\int_0^1\frac{u^2}{\sqrt{1-u}}\mathrm{d}u=\frac{16}{15}\text{。}$$

(2) 令 $\displaystyle\int_0^2f(x)\mathrm{d}x=a$,则所给等式成为 $f(x)=3x^2-a-2$,两边积分得

$$a=\int_0^2(3x^2-a-2)\mathrm{d}x=\left[x^3-(a+2)\right]\Big|_0^2=4-2a,$$

所以 $a=4/3$,故 $f(x)=3x^2-\dfrac{10}{3}$。

(3) 设切点为 $P(x,y,z)$,则曲面在 P 处的切平面的法矢量 $\boldsymbol{n}=\{x,2y,-1\}$ 平行于 $\{2,2,-1\}$,故切点为 $(2,1,1)$,所以所求切平面方程为 $2x+2y-z=5$。

(4) 方程两边取对数,得 $\ln|x|+f(y)=y+\ln\ln29$,两边对 x 求导,得

$$\frac{1}{x}+f'(y)y'=y',$$

再对 x 求导,得

$$-\frac{1}{x^2}+f''(y)(y')^2+f'(y)y''=y'',$$

将 $y'=\dfrac{1}{x(1-f'(y))}$ 代入上式,整理得

$$y''=-\frac{[1-f'(y)]^2-f''(y)}{x^2[1-f'(y)]^3}\text{。}$$

二、解 原式 $=\displaystyle\lim_{x\to0}\exp\left\{\frac{\mathrm{e}}{x}\ln\left(\frac{\mathrm{e}^x+\mathrm{e}^{2x}+\cdots+\mathrm{e}^{nx}}{n}\right)\right\}$

$$=\exp\left\{\lim_{x\to0}\frac{\mathrm{e}(\ln(\mathrm{e}^x+\mathrm{e}^{2x}+\cdots+\mathrm{e}^{nx})-\ln n)}{x}\right\},$$

其中大括号内的极限是 $\dfrac{0}{0}$ 型未定式,由罗必达法则,有

$$\lim_{x\to0}\frac{\mathrm{e}(\ln(\mathrm{e}^x+\mathrm{e}^{2x}+\cdots+\mathrm{e}^{nx})-\ln n)}{x}=\lim_{x\to0}\frac{\mathrm{e}(\mathrm{e}^x+2\mathrm{e}^x+\cdots+n\mathrm{e}^{nx})}{\mathrm{e}^x+\mathrm{e}^{2x}+\cdots+\mathrm{e}^{nx}}$$

$$= \frac{e(1+2+\cdots+n)}{n} = \left(\frac{n+1}{2}\right)e,$$

于是原式 $= e^{\left(\frac{n+1}{2}\right)e}$。

三、解　由题设，知 $f(0)=0, g(0)=0$。令 $u=xt$，得

$$g(x) = \frac{\int_0^x f(u)\,\mathrm{d}u}{x} \quad (x \neq 0), \quad \text{从而} \quad g'(x) = \frac{xf(x) - \int_0^x f(u)\,\mathrm{d}u}{x^2} \quad (x \neq 0)。$$

由导数定义有

$$g'(0) = \lim_{x \to 0} \frac{\int_0^x f(u)\,\mathrm{d}u}{x^2} = \lim_{x \to 0} \frac{f(x)}{2x} = \frac{A}{2},$$

由于

$$\lim_{x \to 0} g'(x) = \lim_{x \to 0} \frac{xf(x) - \int_0^x f(u)\,\mathrm{d}u}{x^2} = \lim_{x \to 0} \frac{f(x)}{x} - \lim_{x \to 0} \frac{\int_0^x f(u)\,\mathrm{d}u}{x^2}$$

$$= A - \frac{A}{2} = \frac{A}{2} = g'(0),$$

从而知 $g'(x)$ 在 $x=0$ 处连续。

四、证明　**方法一**　由于区域 D 为一正方形，可以直接用对坐标曲线积分的计算法计算。

(1) 左边 $= \int_0^\pi \pi e^{\sin y}\,\mathrm{d}y - \int_\pi^0 \pi e^{-\sin x}\,\mathrm{d}x = \pi \int_0^\pi (e^{\sin x} + e^{-\sin x})\,\mathrm{d}x,$

右边 $= \int_0^\pi \pi e^{-\sin y}\,\mathrm{d}y - \int_\pi^0 \pi e^{\sin x}\,\mathrm{d}x = \pi \int_0^\pi (e^{\sin x} + e^{-\sin x})\,\mathrm{d}x,$

所以　　　　$\oint_L x e^{\sin y}\,\mathrm{d}y - y e^{-\sin x}\,\mathrm{d}x = \oint_L x e^{-\sin y}\,\mathrm{d}y - y e^{\sin x}\,\mathrm{d}x$

(2) 由于 $e^{\sin x} + e^{-\sin x} \geqslant 2 + \sin^2 x$，所以

$$\oint_L x e^{\sin y}\,\mathrm{d}y - y e^{-\sin x}\,\mathrm{d}x = \pi \int_0^\pi (e^{\sin x} + e^{-\sin x})\,\mathrm{d}x \geqslant \frac{5}{2}\pi^2。$$

方法二　(1) 根据格林公式，将曲线积分化为区域 D 上的二重积分，

$$\oint_L x e^{\sin y}\,\mathrm{d}y - y e^{-\sin x}\,\mathrm{d}x = \iint_D (e^{\sin y} + e^{-\sin x})\,\mathrm{d}\delta,$$

$$\oint_L x e^{-\sin y}\,\mathrm{d}y - y e^{\sin x}\,\mathrm{d}x = \iint_D (e^{-\sin y} + e^{\sin x})\,\mathrm{d}\delta,$$

因为关于 $y=x$ 对称，所以 $\iint_D (e^{\sin y} + e^{-\sin x})\,\mathrm{d}\delta = \iint_D (e^{-\sin y} + e^{\sin x})\,\mathrm{d}\delta$，故

$$\oint_L x e^{\sin y}\,\mathrm{d}y - y e^{-\sin x}\,\mathrm{d}x = \oint_L x e^{-\sin y}\,\mathrm{d}y - y e^{\sin x}\,\mathrm{d}x。$$

(2) 由 $e^t + e^{-t} = 2\sum_{n=0}^\infty \frac{t^{2n}}{(2n)!} \geqslant 2 + t^2$，得

$$\oint_L x\mathrm{e}^{\sin y}\mathrm{d}y - y\mathrm{e}^{-\sin x}\mathrm{d}x = \iint_D (\mathrm{e}^{\sin y} + \mathrm{e}^{-\sin x})\mathrm{d}\delta = \iint_D (\mathrm{e}^{\sin y} + \mathrm{e}^{-\sin x})\mathrm{d}\delta \geqslant \frac{5}{2}\pi^2.$$

五、解　根据二阶线性非齐次微分方程解的结构的有关知识,由题设可知:e^{2x} 与 e^{-x} 是相应齐次方程两个线性无关的解,且 $x\mathrm{e}^x$ 是非齐次的一个特解。因此可以用下述两种解法。

方法一　故此方程式 $y'' - y' - 2y = f(x)$,将 $y = x\mathrm{e}^x$ 代入上式,得

$$f(x) = (x\mathrm{e}^x)'' - (x\mathrm{e}^x)' - 2x\mathrm{e}^x = 2\mathrm{e}^x + x\mathrm{e}^x - \mathrm{e}^x - x\mathrm{e}^x - 2x\mathrm{e}^x = \mathrm{e}^x - 2x\mathrm{e}^x,$$

因此所求方程为 $y'' - y' - 2y = \mathrm{e}^x - 2x\mathrm{e}^x$。

方法二　故 $y = x\mathrm{e}^x + c_1\mathrm{e}^{2x} + c_2\mathrm{e}^{-x}$,是所求方程的通解,由

$$y' = \mathrm{e}^x + x\mathrm{e}^x + 2c_1\mathrm{e}^{2x} - c_2\mathrm{e}^{-x},\quad y'' = 2\mathrm{e}^x + x\mathrm{e}^x + 4c_1\mathrm{e}^{2x} + c_2\mathrm{e}^{-x},$$

消去 c_1,c_2 得所求方程为 $y'' - y' - 2y = \mathrm{e}^x - 2x\mathrm{e}^x$。

六、解　因抛物线过原点,故 $c = 1$。由题设有

$$\int_0^1 (ax^2 + bx)\mathrm{d}x = \frac{a}{3} + \frac{b}{2} = \frac{1}{3},\quad 即\quad b = \frac{2}{3}(1-a),$$

而

$$V = \pi\int_0^1 (ax^2 + bx)^2\mathrm{d}x = \pi\left(\frac{1}{5}a^2 + \frac{1}{2}ab + \frac{1}{3}b^2\right)$$

$$= \pi\left[\frac{1}{5}a^2 + \frac{1}{3}a(1-a) + \frac{1}{3}\cdot\frac{4}{9}(1-a)^2\right].$$

令

$$\frac{\mathrm{d}v}{\mathrm{d}a} = \pi\left[\frac{2}{5}a + \frac{1}{3} - \frac{2}{3}a - \frac{8}{27}(1-a)\right] = 0,$$

得 $a = -\frac{5}{4}$,代入 b 的表达式,得 $b = \frac{3}{2}$。所以 $y \geqslant 0$,又因

$$\frac{\mathrm{d}^2 v}{\mathrm{d}a^2}\bigg|_{a=-\frac{5}{4}} = \pi\left(\frac{2}{5} - \frac{2}{3} + \frac{8}{27}\right) = \frac{4}{135}\pi > 0$$

及实际情况,当 $a = -\frac{5}{4}$,$b = \frac{3}{2}$,$c = 1$ 时,体积最小。

七、解　先解一阶常系数微分方程,求出 $u_n(x)$ 的表达式,然后再求 $\sum\limits_{n=1}^{\infty} u_n(x)$ 的和。

由已知条件可知 $u_n'(x) - u_n(x) = x^{n-1}\mathrm{e}^x$ 是关于 $u_n(x)$ 的一个一阶常系数线性微分方程,故其通解为

$$u_n(x) = \mathrm{e}^{\int \mathrm{d}x}\left(\int x^{n-1}\mathrm{e}^x\mathrm{e}^{-\int \mathrm{d}x}\mathrm{d}x + C\right) = \mathrm{e}^x\left(\frac{x^n}{n} + C\right),$$

由条件 $u_n(1) = \frac{\mathrm{e}}{n}$,得 $C = 0$,故 $u_n(x) = \frac{x^n\mathrm{e}^x}{n}$,从而

$$\sum_{n=1}^{\infty} u_n(x) = \sum_{n=1}^{\infty}\frac{x^n\mathrm{e}^x}{n} = \mathrm{e}^x\sum_{n=1}^{\infty}\frac{x^n}{n}.$$

因 $s(x) = \sum\limits_{n=1}^{\infty}\frac{x^n}{n}$,其收敛域为 $[-1,1)$。当 $-1 < x < 1$ 时,有 $s'(x) = \sum\limits_{n=1}^{\infty}x^{n-1} =$

$\dfrac{1}{1-x}$，故

$$s(x) = \int_0^x \frac{1}{1-t}\,dt = -\ln(1-x)。$$

当 $x=-1$ 时，$\displaystyle\sum_{n=1}^{\infty} u_n(x) = -e^{-1}\ln 2$。

于是，当 $-1 \leqslant x < 1$ 时，有 $\displaystyle\sum_{n=1}^{\infty} u_n(x) = -e^x \ln(1-x)$。

八、解 $\displaystyle\int_0^{+\infty} x^{t^2}\,dt \leqslant \sum_{n=0}^{\infty} x^{n^2} \leqslant 1 + \int_0^{+\infty} x^{t^2}\,dt$，

$$\int_0^{+\infty} x^{t^2}\,dt = \int_0^{+\infty} e^{-t^2 \ln\frac{1}{x}}\,dt = \frac{1}{\sqrt{\ln\frac{1}{x}}} \int_0^{+\infty} e^{-t^2}\,dt = \frac{1}{2}\sqrt{\frac{\pi}{\ln\frac{1}{x}}} \sim \frac{1}{2}\sqrt{\frac{\pi}{1-x}}。$$

首届全国大学生数学竞赛决赛试题及参考解答
(非数学类，2010)

试　题

一、(每小题 5 分，共 20 分，要求写出重要步骤)计算下列各题。

(1) 求极限 $\lim\limits_{n\to\infty}\sum\limits_{k=1}^{n-1}\left(1+\dfrac{k}{n}\right)\sin\dfrac{k\pi}{n^2}$。

(2) 计算 $\iint\limits_{\Sigma}\dfrac{ax\,\mathrm{d}y\,\mathrm{d}z+(z+a)^2\,\mathrm{d}x\,\mathrm{d}y}{\sqrt{x^2+y^2+z^2}}$，其中 Σ 为下半球面 $z=-\sqrt{a^2-y^2-x^2}$ 的上侧，a 为大于 0 的常数。

(3) 现要设计一个容积为 V 的一个圆柱体的容器。已知上、下两底的材料费为单位面积 a 元，而侧面的材料费为单位面积 b 元。试给出最节省的设计方案，即高与上、下底的直径之比为何值时所需费用最少？

(4) 已知 $f(x)$ 在 $\left(\dfrac{1}{4},\dfrac{1}{2}\right)$ 内满足 $f'(x)=\dfrac{1}{\sin^3 x+\cos^3 x}$，求 $f(x)$。

二、(10 分)求下列极限

(1) $\lim\limits_{n\to\infty}n\left[\left(1+\dfrac{1}{n}\right)^n-\mathrm{e}\right]$；(2) $\lim\limits_{n\to\infty}\left(\dfrac{a^{\frac{1}{n}}+b^{\frac{1}{n}}+c^{\frac{1}{n}}}{3}\right)^n$，其中 $a>0,b>0,c>0$。

三、(10 分)设 $f(x)$ 在 $x=1$ 点附近有定义，且在 $x=1$ 点可导，并已知 $f(1)=0$，$f'(1)=2$。求 $\lim\limits_{x\to 0}\dfrac{f(\sin^2 x+\cos x)}{x^2+x\tan x}$。

四、(10 分)设 $f(x)$ 在 $[0,+\infty)$ 上连续，并且无穷积分 $\displaystyle\int_0^\infty f(x)\,\mathrm{d}x$ 收敛。求 $\lim\limits_{y\to+\infty}\dfrac{1}{y}\displaystyle\int_0^y xf(x)\,\mathrm{d}x$。

五、(12 分)设函数 $f(x)$ 在 $[0,1]$ 上连续，在 $(0,1)$ 内可微，且 $f(0)=f(1)=0$，$f\left(\dfrac{1}{2}\right)=1$。证明：(1) 存在一个 $\xi\in\left(\dfrac{1}{2},1\right)$，使得 $f(\xi)=\xi$；(2) 存在一个 $\eta\in(0,\xi)$，使得 $f'(\eta)=f(\eta)-\eta+1$。

六、(14 分)设 $n>1$ 为整数，$F(x)=\displaystyle\int_0^x \mathrm{e}^{-t}\left(1+\dfrac{t}{1!}+\dfrac{t^2}{2!}+\cdots+\dfrac{t^n}{n!}\right)\mathrm{d}t$。证明：方程 $F(x)=\dfrac{n}{2}$ 在 $\left(\dfrac{n}{2},n\right)$ 内至少有一个根。

七、(12 分)是否存在 $\mathbf{R}^1$ 中的可微函数 $f(x)$ 使得
$$f(f(x))=1+x^2+x^4-x^3-x^5$$
成立。若存在，请给出一个例子；若不存在，请给出证明。

八、(12 分)设 $f(x)$ 在 $[0,\infty)$ 上一致连续，且对于固定的 $x\in[0,\infty)$，当自然数 n

→∞时 $f(x+n)$→0。证明：函数序列 $\{f(x+n):n=1,2,\cdots\}$ 在 $[0,1]$ 上一致收敛于 0。

参 考 解 答

一、解　(1) 记 $S_n=\displaystyle\sum_{k=1}^{n-1}\Big(1+\frac{k}{n}\Big)\sin\frac{k\pi}{n^2}$，则

$$S_n=\sum_{k=1}^{n-1}\Big(1+\frac{k}{n}\Big)\Big(\frac{k\pi}{n^2}+o\Big(\frac{1}{n^2}\Big)\Big)=\frac{\pi}{n^2}\sum_{k=1}^{n-1}k+\frac{\pi}{n^3}\sum_{k=1}^{n-1}k^2+o\Big(\frac{1}{n}\Big)\to\frac{\pi}{2}+\frac{\pi}{3}$$

$$=\frac{5\pi}{6}\quad(n\to\infty)。$$

(2) 将 $\displaystyle\sum$ (或分片后)投影到相应坐标平面上，然后化为二重积分逐块计算。

$$I_1=\frac{1}{a}\iint_{\Sigma}ax\,\mathrm{d}y\mathrm{d}z=-2\iint_{D_{yz}}\sqrt{a^2-(y^2+z^2)}\,\mathrm{d}y\mathrm{d}z,$$

其中 D_{yz} 为 yOz 平面上的半圆 $y^2+z^2\leqslant a^2,z\leqslant0$。利用极坐标，得

$$I_1=-2\int_{\pi}^{2\pi}\mathrm{d}\theta\int_0^a\sqrt{a^2-r^2}\,r\mathrm{d}r=-\frac{2}{3}\pi a^3。$$

同理　　$I_2=\dfrac{1}{a}\displaystyle\iint_{\Sigma}(z+a)^2\,\mathrm{d}x\mathrm{d}y=\dfrac{1}{a}\iint_{D_{xy}}[a-\sqrt{a^2-(x^2+y^2)}\,]^2\mathrm{d}x\mathrm{d}y,$

其中 D_{xy} 为 xOy 平面上的圆域 $x^2+y^2\leqslant a^2$。利用极坐标，得

$$I_2=\frac{1}{a}\int_0^{2\pi}\mathrm{d}\theta\int_0^a(2a^2-2a\sqrt{a^2-r^2}-r^2)r\mathrm{d}r=\frac{\pi}{6}a^3。$$

因此，$I=I_1+I_2=-\dfrac{\pi}{2}a^3$。

(3) 设圆柱容器的高为 h，上、下底的半径为 r，则有 $\pi r^2h=V$，或 $h=\dfrac{V}{\pi r^2}$。所需费用为

$$F(r)=2a\pi r^2+2b\pi rh=2a\pi r^2+\frac{2bV}{r},\quad显然，F'(r)=4a\pi r-\frac{2bV}{r^2}。$$

那么，费用最少意味着 $F'(r)=0$，也即 $r^3=\dfrac{bV}{2a\pi}$。这时高与底的直径之比为 $\dfrac{h}{2r}=\dfrac{V}{2\pi r^3}$

$=\dfrac{a}{b}$。

(4) 由 $\sin^3x+\cos^3x=\dfrac{1}{\sqrt{2}}\cos\Big(\dfrac{\pi}{4}-x\Big)\Big[1+2\sin^2\Big(\dfrac{\pi}{4}-x\Big)\Big]$，得

$$I=\sqrt{2}\int\frac{\mathrm{d}x}{\cos\Big(\dfrac{\pi}{4}-x\Big)\Big[1+2\sin^2\Big(\dfrac{\pi}{4}-x\Big)\Big]}$$

$$\xrightarrow{\diamondsuit\,u=\frac{\pi}{4}-x}-\sqrt{2}\int\frac{\mathrm{d}u}{\cos u(1+2\sin^2u)}=-\sqrt{2}\int\frac{\mathrm{d}\sin u}{\cos^2u(1+2\sin^2u)}$$

$$\underline{\underline{\diamondsuit\, t = \sin u}} - \sqrt{2}\int \frac{\mathrm{d}t}{(1-t^2)(1+2t^2)} = -\frac{\sqrt{2}}{3}\Big[\int \frac{\mathrm{d}t}{1-t^2} + \int \frac{2\mathrm{d}t}{1+2t^2}\Big]$$

$$= -\frac{\sqrt{2}}{3}\Big[\frac{1}{2}\ln\Big|\frac{1+t}{1-t}\Big| + \sqrt{2}\arctan\sqrt{2}t\Big] + C$$

$$= -\frac{\sqrt{2}}{6}\ln\left|\frac{1+\sin\left(\frac{\pi}{4}-x\right)}{1-\sin\left(\frac{\pi}{4}-x\right)}\right| - \frac{2}{3}\arctan\left(\sqrt{2}\sin\left(\frac{\pi}{4}-x\right)\right) + C。$$

二、解　(1) $\lim\limits_{n\to\infty}n\Big[\Big(1+\frac{1}{n}\Big)^n - \mathrm{e}\Big] = \lim\limits_{n\to\infty}\dfrac{\Big(1+\frac{1}{n}\Big)^n - \mathrm{e}}{\frac{1}{n}}$。因为函数极限

$$\lim_{x\to 0^+}\frac{(1+x)^{\frac{1}{x}} - \mathrm{e}}{x} = \lim_{x\to 0^+}\frac{\mathrm{e}^{\frac{1}{x}\ln(1+x)} - \mathrm{e}}{x} = \mathrm{e}\lim_{x\to 0^+}\frac{\mathrm{e}^{\frac{1}{x}\ln(1+x)-1} - 1}{x} = \mathrm{e}\lim_{x\to 0^+}\frac{\frac{\ln(1+x)}{x} - 1}{x}$$

$$= \mathrm{e}\lim_{x\to 0^+}\frac{\ln(1+x) - x}{x^2} = -\frac{\mathrm{e}}{2},$$

所以　　　　　　　　　　　　　原式 $= -\dfrac{\mathrm{e}}{2}$。

(2) $\lim\limits_{n\to\infty}\Big(\dfrac{a^{\frac{1}{n}}+b^{\frac{1}{n}}+c^{\frac{1}{n}}}{3}\Big)^n = \mathrm{e}^{\lim\limits_{n\to\infty}g(n)}$，其中

$$g(n) = \lim_{n\to\infty}n\ln\frac{a^{\frac{1}{n}}+b^{\frac{1}{n}}+c^{\frac{1}{n}}}{3} = \lim_{n\to\infty}\Big[\ln\Big(1+\frac{a^{\frac{1}{n}}+b^{\frac{1}{n}}+c^{\frac{1}{n}}-3}{3}\Big)\Big]\Big/\frac{1}{n}$$

$$= \lim_{n\to\infty}\frac{\frac{a^{\frac{1}{n}}+b^{\frac{1}{n}}+c^{\frac{1}{n}}-3}{3}}{\frac{1}{n}} = \frac{1}{3}\lim_{n\to\infty}\Big[\frac{a^{\frac{1}{n}}-1}{\frac{1}{n}}+\frac{b^{\frac{1}{n}}-1}{\frac{1}{n}}+\frac{c^{\frac{1}{n}}-1}{\frac{1}{n}}\Big]$$

$$= \frac{1}{3}(\ln a + \ln b + \ln c) = \frac{1}{3}(\ln abc),$$

所以，原式 $= \mathrm{e}^{\lim\limits_{n\to\infty}g(n)} = \sqrt[3]{abc}$。

三、解　条件 $f'(1)=2$，意味着 $\lim\limits_{h\to 1}\dfrac{f(h)-f(1)}{h-1} = 2$，其中 h 可以是任何趋于 1 的变量。因

$$\lim_{x\to 0}\frac{f(\sin^2 x + \cos x)}{x^2 + x\tan x} = \lim_{x\to 0}\frac{f(\sin^2 x + \cos x) - f(1)}{\sin^2 x + \cos x - 1}\cdot\frac{\sin^2 x + \cos x - 1}{x^2 + x\tan x}$$

而　　$\lim\limits_{x\to 0}\dfrac{f(\sin^2 x + \cos x) - f(1)}{\sin^2 x + \cos x - 1} = f'(1) = 2$, 　$\lim\limits_{x\to 0}\dfrac{\sin^2 x + \cos x - 1}{x^2 + x\tan x} = \dfrac{1}{4}$,

所以　　　　　　　　　　　$\lim\limits_{x\to 0}\dfrac{f(\sin^2 x + \cos x)}{x^2 + x\tan x} = \dfrac{1}{2}$。

四、解　设 $\int_0^{+\infty}f(x)\mathrm{d}x = l$，并令 $F(x) = \int_0^x f(t)\mathrm{d}t$。这时，$F'(x) = f(x)$，并有

$\lim\limits_{x\to+\infty}F(x)=l$。对于任意的 $y>0$，有

$$\frac{1}{y}\int_0^y xf(x)\,dx=\frac{1}{y}\int_0^y x\,dF(x)=\frac{1}{y}xF(x)\Big|_{x=0}^{x=y}-\frac{1}{y}\int_0^y F(x)\,dx$$
$$=F(y)-\frac{1}{y}\int_0^y F(x)\,dx,$$

根据洛必达法则和变上限积分的求导公式，不难看出

$$\lim_{y\to+\infty}\frac{1}{y}\int_0^y F(x)\,dx=\lim_{y\to+\infty}F(y)=l,$$

因此，
$$\lim_{y\to+\infty}\frac{1}{y}\int_0^y xf(x)\,dx=l-l=0。$$

五、证明　(1) 令 $F(x)=f(x)-x$，则 $F(x)$ 在 $[0,1]$ 上连续，且有 $F\left(\frac{1}{2}\right)=\frac{1}{2}>0$，$F(1)=-1<0$，所以，存在一个 $\xi\in\left(\frac{1}{2},1\right)$，使得 $F(\xi)=0$，即 $f(\xi)=\xi$。

(2) 令 $G(x)=e^{-x}[f(x)-x]$，那么 $G(0)=G(\xi)=0$。这样，存在一个 $\eta\in(0,\xi)$，使得 $G'(\eta)=0$，即 $G'(\eta)=e^{-\eta}[f'(\eta)-1]-e^{-\eta}[f(\eta)-\eta]=0$。也即 $f'(\eta)=f(\eta)-\eta+1$。证毕。

六、证明　因为 $e^{-t}\left(1+\frac{t}{1!}+\frac{t^2}{2!}+\cdots+\frac{t^n}{n!}\right)<1,\quad\forall t>0$，

故有　　　$F\left(\dfrac{n}{2}\right)=\displaystyle\int_0^{\frac{n}{2}}e^{-t}\left(1+\frac{t}{1!}+\frac{t^2}{2!}+\cdots+\frac{t^n}{n!}\right)dt<\frac{n}{2}$。

下面只需证明 $F(n)>\dfrac{n}{2}$ 即可。我们有

$$F(n)=\int_0^n e^{-t}\left(1+\frac{t}{1!}+\frac{t^2}{2!}+\cdots+\frac{t^n}{n!}\right)dt=-\int_0^n\left(1+\frac{t}{1!}+\frac{t^2}{2!}+\cdots+\frac{t^n}{n!}\right)de^{-t}$$
$$=1-e^{-n}\left(1+\frac{n}{1!}+\frac{n^2}{2!}+\cdots+\frac{n^n}{n!}\right)+\int_0^n e^{-t}\left(1+\frac{t}{1!}+\frac{t^2}{2!}+\cdots+\frac{t^{n-1}}{(n-1)!}\right)dt,$$

由此推出

$$F(n)=\int_0^n e^{-t}\left(1+\frac{t}{1!}+\frac{t^2}{2!}+\cdots+\frac{t^n}{n!}\right)dt$$
$$=1-e^{-n}\left(1+\frac{n}{1!}+\frac{n^2}{2!}+\cdots+\frac{n^n}{n!}\right)+1-e^{-n}\left(1+\frac{n}{1!}+\frac{n^2}{2!}+\cdots+\frac{n^{n-1}}{(n-1)!}\right)$$
$$+\cdots+1-e^{-n}\left(1+\frac{n}{1!}\right)+1-e^{-n}\tag{①}$$

记 $a_i=\dfrac{n^i}{i!}$，那么 $a_0=1<a_1<a_2<\cdots<a_n$。观察下面的方阵

$$\begin{pmatrix}a_0&0&\cdots&0\\a_0&a_1&\cdots&0\\\vdots&\vdots&\ddots&0\\a_0&a_1&\cdots&a_n\end{pmatrix}+\begin{pmatrix}a_0&a_1&\cdots&a_n\\0&a_1&\cdots&a_n\\\vdots&\vdots&\ddots&\vdots\\0&0&0&a_n\end{pmatrix}=\begin{pmatrix}2a_0&a_1&\cdots&a_n\\a_0&2a_1&\cdots&a_n\\\vdots&\vdots&\ddots&\vdots\\a_0&a_1&\cdots&2a_n\end{pmatrix}$$

整个矩阵的所有元素之和为

$$(n+2)(1+a_1+a_2+\cdots+a_n)=(n+2)\left(1+\frac{n}{1!}+\frac{n^2}{2!}+\cdots+\frac{n^n}{n!}\right)$$

基于上述观察,由①式我们便得到

$$F(n)>n+1-\frac{(2+n)}{2}e^{-n}\left(1+\frac{n}{1!}+\frac{n^2}{2!}+\cdots+\frac{n^n}{n!}\right)>n+1-\frac{n+2}{2}=\frac{n}{2}.$$ 证毕。

七、解 不存在。

方法一 假设存在 $\mathbf{R}^1$ 中的可微函数 $f(x)$ 使得

$$f(f(x))=1+x^2+x^4-x^3-x^5.$$

考虑方程 $f(f(x))=x$,即

$$1+x^2+x^4-x^3-x^5=x,\quad 或\quad (x-1)(x^4+x^2+1)=0.$$

此方程有唯一实数根 $x=1$,即 $f(f(x))$ 有唯一不动点 $x=1$。

下面说明 $x=1$ 也是 $f(x)$ 的不动点。事实上,令 $f(1)=t$,则 $f(t)=f(f(1))=1$,$f(f(t))=f(1)=t$,因此 $t=1$。如所需。记 $g(x)=f(f(x))$,则一方面,$[g(x)]'=[f(f(x))]'\Rightarrow g'(1)=(f'(1))^2\geqslant 0$;另一方面,$g'(x)=(1+x^2+x^4-x^3-x^5)'=2x+4x^3-3x^2-5x^4$,从而 $g'(1)=-2$。矛盾。

所以,不存在 $\mathbf{R}^1$ 中的可微函数 $f(x)$ 使得 $f(f(x))=1+x^2+x^4-x^3-x^5$。证毕。

方法二 满足条件的函数不存在。理由如下:

首先,不存在 $x_k\to+\infty$,使 $f(x_k)$ 有界,否则 $f(f(x_k))=1+x_k^2+x_k^4-x_k^3-x_k^5$ 有界,矛盾。因此:

$$\lim_{x\to+\infty}f(x)=\infty。从而由连续函数的介值性有 \lim_{x\to+\infty}f(x)=+\infty 或 \lim_{x\to+\infty}f(x)=-\infty。$$

若 $\lim_{x\to+\infty}f(x)=+\infty$,则 $\lim_{x\to+\infty}f(f(x))=\lim_{y\to+\infty}f(y)=-\infty$,矛盾。

若 $\lim_{x\to+\infty}f(x)=-\infty$,则 $\lim_{x\to+\infty}f(f(x))=\lim_{y\to-\infty}f(y)=+\infty$,矛盾。

所以,无论哪种情况都不可能。

八、证明 由于 $f(x)$ 在 $[0,+\infty)$ 上一致连续,故对于任意给定的 $\varepsilon>0$,存在一个 $\delta>0$ 使得

$$|f(x_1)-f(x_2)|<\frac{\varepsilon}{2},只要 |x_1-x_2|<\delta\quad (x_1\geqslant 0,x_2\geqslant 0)$$

取一个充分大的自然数 m,使得 $m>\delta^{-1}$,并在 $[0,1]$ 中取 m 个点:$x_1=0<x_2<\cdots<x_m=1$,其中 $x_j=\frac{j}{m}(j=1,2,\cdots,m)$。这样,对于每一个 j,

$$|x_{j+1}-x_j|=\frac{1}{m}<\delta。$$

又由于 $\lim_{n\to\infty}f(x+n)=0$,故对于每一个 x_j,存在一个 N_j 使得

$$|f(x_j+n)|<\frac{\epsilon}{2}, \text{只要 } n>N_j,$$

这里的 ϵ 是前面给定的。令 $N=\max\{N_1,\cdots,N_m\}$，那么

$$|f(x_j+n)|<\frac{\epsilon}{2}, \text{只要 } n>N,$$

其中 $j=1,2,\cdots,m$。设 $x\in[0,1]$ 是任意一点，这时总有一个 x_j 使得 $x\in[x_j,x_{j+1}]$。由 $f(x)$ 在 $[0,+\infty)$ 上一致连续及 $|x-x_j|<\delta$ 可知，

$$|f(x_j+n)-f(x+n)|<\frac{\epsilon}{2} \quad (\forall n=1,2,\cdots)$$

另一方面，我们已经知道

$$|f(x_j+n)|<\frac{\epsilon}{2}, \text{只要 } n>N,$$

这样，由后面证得的两个式子就得到

$$|f(x+n)|<\epsilon, \text{只要 } n>N, x\in[0,1]。$$

注意，N 的选取与点 x 无关，这就证实了函数序列 $\{f(x+n):n=1,2,\cdots\}$ 在 $[0,1]$ 上一致收敛于 0。

第二届中国大学生数学竞赛预赛试题及参考解答

（非数学类，2010）

试　题

一、(每小题 5 分，共 25 分，要求写出重要步骤)计算下列各题。

(1) 设 $x_n = (1+a)(1+a^2)\cdots(1+a^{2^n})$，其中 $|a|<1$，求 $\lim\limits_{n\to\infty}x_n$。

(2) 求 $\lim\limits_{x\to\infty}e^{-x}\left(1+\dfrac{1}{x}\right)^{x^2}$。

(3) 设 $s>0$，求 $I_n = \displaystyle\int_0^{+\infty}e^{-sx}x^n\,\mathrm{d}x$ $(n=1,2,\cdots)$。

(4) 设函数 $f(t)$ 有二阶连续的导数，$r=\sqrt{x^2+y^2}$，$g(x,y)=f\left(\dfrac{1}{r}\right)$，求 $\dfrac{\partial^2 g}{\partial x^2}+\dfrac{\partial^2 g}{\partial y^2}$。

(5) 求直线 $l_1:\begin{cases}x-y=0,\\z=0,\end{cases}$ 与直线 $l_2:\dfrac{x-2}{4}=\dfrac{y-1}{-2}=\dfrac{z-3}{-1}$ 的距离。

二、(15 分)设函数 $f(x)$ 在 $(-\infty,+\infty)$ 上具有二阶导数，并且 $f''(x)>0$，$\lim\limits_{x\to+\infty}f'(x)=\alpha>0$，$\lim\limits_{x\to-\infty}f'(x)=\beta<0$，且存在一点 x_0，使得 $f(x_0)<0$。证明：方程 $f(x)=0$ 在 $(-\infty,+\infty)$ 上恰有两个实根。

三、(15 分)设函数 $y=f(x)$ 由参数方程 $\begin{cases}x=2t+t^2\\y=\psi(t)\end{cases}$ $(t>-1)$ 所确定，且 $\dfrac{\mathrm{d}^2 y}{\mathrm{d}x^2}=\dfrac{3}{4(1+t)}$，其中 $\psi(t)$ 具有二阶导数，曲线 $y=\psi(t)$ 与 $y=\displaystyle\int_1^{t^2}e^{-u^2}\,\mathrm{d}u+\dfrac{3}{2e}$ 在 $t=1$ 处相切。求函数 $\psi(t)$。

四、(15 分)设 $a_n>0$，$S_n=\displaystyle\sum_{k=1}^n a_k$，证明：

(1) 当 $\alpha>1$ 时，级数 $\displaystyle\sum_{n=1}^{+\infty}\dfrac{a_n}{S_n^\alpha}$ 收敛；

(2) 当 $\alpha\leqslant1$，且 $S_n\to\infty(n\to\infty)$ 时，级数 $\displaystyle\sum_{n=1}^{+\infty}\dfrac{a_n}{S_n^\alpha}$ 发散。

五、(15 分)设 l 是过原点，方向为 (α,β,γ)(其中 $\alpha^2+\beta^2+\gamma^2=1$)的直线，均匀椭球 $\dfrac{x^2}{a^2}+\dfrac{y^2}{b^2}+\dfrac{z^2}{c^2}\leqslant1$(其中 $0<c<b<a$，密度为 1)绕 l 旋转。

(1) 求其转动惯量；(2) 求其转动惯量关于方向 (α,β,γ) 的最大值和最小值。

六、(15 分)设函数 $\varphi(x)$ 具有连续的导数，在围绕原点的任意光滑的简单闭曲线 C 上，曲线积分 $\displaystyle\oint_C\dfrac{2xy\,\mathrm{d}x+\varphi(x)\,\mathrm{d}y}{x^4+y^2}$ 的值为常数。

(1) 设 L 为正向闭曲线 $(x-2)^2+y^2=1$。证明：$\oint_L \dfrac{2xy\,\mathrm{d}x+\varphi(x)\,\mathrm{d}y}{x^4+y^2}=0$；

(2) 求函数 $\varphi(x)$；

(3) 设 C 是围绕原点的光滑简单正向闭曲线，求 $\oint_C \dfrac{2xy\,\mathrm{d}x+\varphi(x)\,\mathrm{d}y}{x^4+y^2}$。

参 考 解 答

一、解　(1) 将 x_n 恒等变形，则

$$x_n=(1-a)(1+a)(1+a^2)\cdots(1+a^{2^n})\frac{1}{1-a}=(1-a^2)(1+a^2)\cdots(1+a^{2^n})\frac{1}{1-a}$$

$$=(1-a^4)(1+a^4)\cdots(1+a^{2^n})\frac{1}{1-a}=\frac{1-a^{2^{n+1}}}{1-a},$$

由于 $|a|<1$，可知 $\lim\limits_{n\to\infty}a^{2^n}=0$，从而 $\lim\limits_{n\to\infty}x_n=\dfrac{1}{1-a}$。

(2) $\lim\limits_{x\to\infty}\mathrm{e}^{-x}\left(1+\dfrac{1}{x}\right)^{x^2}=\lim\limits_{x\to\infty}\left[\left(1+\dfrac{1}{x}\right)^x\mathrm{e}^{-1}\right]^x=\exp\left(\lim\limits_{x\to\infty}\left[\ln\left(1+\dfrac{1}{x}\right)^x-1\right]x\right)$

$$=\exp\left(\lim\limits_{x\to\infty}x\left[x\ln\left(1+\dfrac{1}{x}\right)-1\right]\right)$$

$$=\exp\left(\lim\limits_{x\to\infty}x\left[x\left(\dfrac{1}{x}-\dfrac{1}{2x^2}+o\left(\dfrac{1}{x^2}\right)\right)-1\right]\right)=\mathrm{e}^{-\frac{1}{2}}。$$

(3) 因为 $s>0$ 时，$\lim\limits_{x\to+\infty}\mathrm{e}^{-sx}x^n=0$，所以，

$$I_n=-\frac{1}{s}\int_0^{+\infty}x^n\mathrm{d}\mathrm{e}^{-sx}=-\frac{1}{s}\left[x^n\mathrm{e}^{-sx}\Big|_0^{+\infty}-\int_0^{+\infty}\mathrm{e}^{-sx}\mathrm{d}x^n\right]=\frac{n}{s}I_{n-1},$$

由此得到，　　　　　　$I_n=\dfrac{n}{s}I_{n-1}=\dfrac{n}{s}\cdot\dfrac{n-1}{s}I_{n-2}=\cdots=\dfrac{n!}{s^n}I_0=\dfrac{n!}{s^{n+1}}。$

(4) 因为 $\dfrac{\partial r}{\partial x}=\dfrac{x}{r},\dfrac{\partial r}{\partial y}=\dfrac{y}{r}$，所以

$$\frac{\partial g}{\partial x}=-\frac{x}{r^3}f'\left(\frac{1}{r}\right),\quad \frac{\partial^2 g}{\partial x^2}=\frac{x^2}{r^6}f''\left(\frac{1}{r}\right)+\frac{2x^2-y^2}{r^5}f'\left(\frac{1}{r}\right)。$$

利用对称性，有 $\dfrac{\partial^2 g}{\partial x^2}+\dfrac{\partial^2 g}{\partial y^2}=\dfrac{1}{r^4}f''\left(\dfrac{1}{r}\right)+\dfrac{1}{r^3}f'\left(\dfrac{1}{r}\right)。$

(5) 直线 l_1 的对称式方程为 $l_1:\dfrac{x}{1}=\dfrac{y}{1}=\dfrac{z}{0}$。记两直线的方向矢量分别为 $\boldsymbol{l}_1=(1,1,0),\boldsymbol{l}_2=(4,-2,-1)$；两直线上的定点分别为 $P_1(0,0,0)$ 和 $P_2(2,1,3),\boldsymbol{a}=\overrightarrow{P_1P_2}=(2,1,3);\boldsymbol{l}_1\times\boldsymbol{l}_2=(-1,1,-6)$。由矢量的性质可知，两直线的距离

$$d=\left|\frac{\boldsymbol{a}\cdot(\boldsymbol{l}_1\times\boldsymbol{l}_2)}{|\boldsymbol{l}_1\times\boldsymbol{l}_2|}\right|=\frac{|-2+1-18|}{\sqrt{1+1+36}}=\frac{19}{\sqrt{38}}=\sqrt{\frac{19}{2}}。$$

二、证明　**方法一**　由 $\lim\limits_{x\to+\infty}f'(x)=a>0$ 知，必有一个充分大的 $a>x_0$，使得 $f'(a)>0$。由 $f''(x)>0$ 知，$y=f(x)$ 是凹函数，从而 $f(x)>f(a)+f'(a)(x-a)(x$

$>a)$。

当 $x\to+\infty$ 时，$f(+\infty)+f'(a)(x-a)\to+\infty$。故存在 $b>a$，使得

$$f(b)>f(a)+f'(a)(b-a)>0。$$

同样，由 $\lim\limits_{x\to-\infty}f'(x)=\beta<0$ 知，必有 $c<x_0$，使得 $f'(c)<0$。由 $f''(x)>0$ 知，$y=f(x)$ 是凹函数，从而 $f(x)>f(c)+f'(c)(x-c)(x<c)$。当 $x\to-\infty$ 时，$f(-\infty)+f'(c)(x-c)\to+\infty$。故存在 $d<c$，使得

$$f(d)>f(c)+f'(c)(d-c)>0。$$

在 $[x_0,b]$ 和 $[d,x_0]$ 利用零点定理，$\exists\, x_1\in(x_0,b)$，$x_2\in(d,x_0)$ 使得 $f(x_1)=f(x_2)=0$。

下面证明方程 $f(x)=0$ 在 $(-\infty,+\infty)$ 上只有两个实根。

用反证法。假设方程 $f(x)=0$ 在 $(-\infty,+\infty)$ 内有三个实根，不妨设为 x_1,x_2，x_3，且 $x_1<x_2<x_3$。对 $f(x)$ 在区间 $[x_1,x_2]$ 和 $[x_2,x_3]$ 上分别应用罗尔定理，则各至少存在一点 $\xi_1(x_1<\xi_1<x_2)$ 和 $\xi_2(x_2<\xi_2<x_3)$，使得 $f'(\xi_1)=f'(\xi_2)=0$。再将 $f'(x)$ 在区间 $[\xi_1,\xi_2]$ 上使用罗尔定理，则至少存在一点 $\eta(\xi_1<\eta<\xi_2)$，使 $f''(\eta)=0$。此与条件 $f''(x)>0$ 矛盾。从而方程 $f(x)=0$ 在 $(-\infty,+\infty)$ 上不能多于两个根。

方法二　先证方程 $f(x)=0$ 至少有两个实根。

由 $\lim\limits_{x\to+\infty}f'(x)=\alpha>0$ 知，必有一个充分大的 $a>x_0$，使得 $f'(a)>0$。因 $f(x)$ 在 $(-\infty,+\infty)$ 上具有二阶导数，故 $f'(x)$ 及 $f(x)$ 在 $(-\infty,+\infty)$ 上均连续。由拉格朗日中值定理，对于 $x>a$ 有

$$f(x)-[f(a)+f'(a)(x-a)]=f(x)-f(a)-f'(a)(x-a)$$
$$=f'(\xi)(x-a)-f'(a)(x-a)=[f'(\xi)-f'(a)](x-a)$$
$$=f''(\eta)(\xi-a)(x-a)。$$

其中 $a<\xi<x$，$a<\eta<x$。注意到 $f''(\eta)>0$（因为 $f''(x)>0$），则

$$f(x)>f(a)+f'(a)(x-a)\quad(x>a)。$$

又因为 $f'(a)>0$，故存在 $b>a$，使得

$$f(b)>f(a)+f'(a)(b-a)>0。$$

又已知 $f(x_0)<0$，由连续函数的中值定理，至少存在一点 $x_1(x_0<x_1<b)$ 使得 $f(x_1)=0$，即方程 $f(x)=0$ 在 $(x_0,+\infty)$ 上至少有一个根 x_1。

同理可证方程 $f(x)=0$ 在 $(-\infty,x_0)$ 上至少有一个根 x_2。

下面证明方程 $f(x)=0$ 在 $(-\infty,+\infty)$ 只有两个实根。（以下同方法一）

三、解　因为 $\dfrac{\mathrm{d}y}{\mathrm{d}x}=\dfrac{\psi'(t)}{2+2t}$，$\dfrac{\mathrm{d}^2y}{\mathrm{d}x^2}=\dfrac{1}{2+2t}\dfrac{(2+2t)\psi''(t)-2\psi'(t)}{(2+2t)^2}=\dfrac{(1+t)\psi''(t)-\psi'(t)}{4(1+t)^3}$，

由题设 $\dfrac{\mathrm{d}^2y}{\mathrm{d}x^2}=\dfrac{3}{4(1+t)}$，有 $\dfrac{(1+t)\psi''(t)-\psi'(t)}{4(1+t)^3}=\dfrac{3}{4(1+t)}$，从而 $(1+t)\psi''(t)-\psi'(t)=$

$3(1+t)^2$，即 $\psi''(t)-\dfrac{1}{1+t}\psi'(t)=3(1+t)$。

设 $u = \psi'(t)$，则有 $u' - \dfrac{1}{1+t}u = 3(1+t)$，

$$u = \mathrm{e}^{\int \frac{1}{1+t}\mathrm{d}t}\left[\int 3(1+t)\mathrm{e}^{-\int \frac{1}{1+t}\mathrm{d}t}\mathrm{d}t + C_1\right] = (1+t)\left[\int 3(1+t)(1+t)^{-1}\mathrm{d}t + C_1\right]$$

$$= (1+t)(3t + C_1)。$$

由曲线 $y = \psi(t)$ 与 $y = \displaystyle\int_1^{t^2} \mathrm{e}^{-u^2}\mathrm{d}u + \dfrac{3}{2\mathrm{e}}$ 在 $t = 1$ 处相切知 $\psi(1) = \dfrac{3}{2\mathrm{e}}$，$\psi'(1) = \dfrac{2}{\mathrm{e}}$。

所以 $u\,|_{t=1} = \psi'(1) = \dfrac{2}{\mathrm{e}}$，知 $C_1 = \dfrac{1}{\mathrm{e}} - 3$。

$$\psi(t) = \int (1+t)(3t + C_1)\mathrm{d}t = \int (3t^2 + (3 + C_1)t + C_1)\mathrm{d}t$$

$$= t^3 + \frac{3 + C_1}{2}t^2 + C_1 t + C_2，$$

由 $\psi(1) = \dfrac{3}{2\mathrm{e}}$，知 $C_2 = 2$，于是

$$\psi(t) = t^3 + \frac{1}{2\mathrm{e}}t^2 + \left(\frac{1}{\mathrm{e}} - 3\right)t + 2 \quad (t > -1)。$$

四、证明　令 $f(x) = x^{1-\alpha}$，$x \in [S_{n-1}, S_n]$。将 $f(x)$ 在区间 $[S_{n-1}, S_n]$ 上运用拉格朗日中值定理，存在 $\xi \in (S_{n-1}, S_n)$，使 $f(S_n) - f(S_{n-1}) = f'(\xi)(S_n - S_{n-1})$，即 $S_n^{1-\alpha} - S_{n-1}^{1-\alpha} = (1-\alpha)\xi^{-\alpha}a_n$。

(1) 当 $\alpha > 1$ 时，$\dfrac{1}{S_{n-1}^{\alpha-1}} - \dfrac{1}{S_n^{\alpha-1}} = (\alpha-1)\dfrac{a_n}{\xi^\alpha} \geqslant (\alpha-1)\dfrac{a_n}{S_n^\alpha}$。显然 $\left\{\dfrac{1}{S_{n-1}^{\alpha-1}} - \dfrac{1}{S_n^{\alpha-1}}\right\}$ 的前 n 项和有界，从而收敛，所以级数 $\displaystyle\sum_{n=1}^{+\infty} \dfrac{a_n}{S_n^\alpha}$ 收敛。

(2) 当 $\alpha = 1$ 时，因为 $a_n > 0$，S_n 单调递增，所以

$$\sum_{k=n+1}^{n+p} \frac{a_k}{S_k} \geqslant \frac{1}{S_{n+p}}\sum_{k=n+1}^{n+p} a_k = \frac{S_{n+p} - S_n}{S_{n+p}} = 1 - \frac{S_n}{S_{n+p}}。$$

因为对任意 n，有 $S_n \to +\infty$，当 $p \in \mathbf{N}$ 时，$\dfrac{S_n}{S_{n+p}} < \dfrac{1}{2}$，从而 $\displaystyle\sum_{k=n+1}^{n+p} \dfrac{a_k}{S_k} \geqslant \dfrac{1}{2}$。所以级数 $\displaystyle\sum_{n=1}^{+\infty} \dfrac{a_n}{S_n^\alpha}$ 发散。

当 $\alpha < 1$ 时，$\dfrac{a_n}{S_n^\alpha} \geqslant \dfrac{a_n}{S_n}$。由 $\displaystyle\sum_{n=1}^{+\infty} \dfrac{a_n}{S_n}$ 发散及比较判别法知，$\displaystyle\sum_{n=1}^{+\infty} \dfrac{a_n}{S_n^\alpha}$ 发散。

五、解　(1) 设旋转轴 l 的方向矢量为 $\boldsymbol{l} = (\alpha, \beta, \gamma)$，椭球内任意一点 $P(x, y, z)$ 的径矢量为 $\boldsymbol{r}$，则点 P 到旋转轴 l 的距离的平方为

$$d^2 = \boldsymbol{r}^2 - (\boldsymbol{r} \cdot \boldsymbol{l})^2 = (1-\alpha^2)x^2 + (1-\beta^2)y^2 + (1-\gamma^2)z^2 - 2\alpha\beta xy - 2\beta\gamma yz - 2\alpha\gamma xz，$$

由积分区域的对称性可知

$$\iiint\limits_{\Omega} (2\alpha\beta xy + 2\beta\gamma yz + 2\alpha\gamma xz)\mathrm{d}x\mathrm{d}y\mathrm{d}z = 0，$$

其中
$$\Omega = \left\{ (x,y,z) \,\middle|\, \frac{x^2}{a^2} + \frac{y^2}{b^2} + \frac{z^2}{c^2} \leqslant 1 \right\},$$

而 $\displaystyle\iiint_\Omega x^2 \mathrm{d}x\mathrm{d}y\mathrm{d}z = \int_{-a}^{a} x^2 \mathrm{d}x \iint_{\frac{y^2}{b^2}+\frac{z^2}{c^2}\leqslant 1-\frac{x^2}{a^2}} \mathrm{d}y\mathrm{d}z = \int_{-a}^{a} x^2 \cdot \pi bc\left(1 - \frac{x^2}{a^2}\right)\mathrm{d}x = \frac{4a^3bc\pi}{15}$

$\left(\text{或} \displaystyle\iiint_\Omega x^2 \mathrm{d}x\mathrm{d}y\mathrm{d}z = \int_0^{2\pi}\mathrm{d}\theta \int_0^\pi \mathrm{d}\varphi \int_0^1 a^2 r^2 \sin^2\varphi\cos^2\theta \cdot abcr^2\sin\varphi\,\mathrm{d}r = \frac{4a^3bc\pi}{15}\right),$

同理 $\displaystyle\iiint_\Omega y^2 \mathrm{d}x\mathrm{d}y\mathrm{d}z = \frac{4ab^3c\pi}{15}, \quad \iiint_\Omega z^2 \mathrm{d}x\mathrm{d}y\mathrm{d}z = \frac{4abc^3\pi}{15}.$

由转到惯量的定义

$$J_l = \iiint_\Omega d^2 \mathrm{d}x\mathrm{d}y\mathrm{d}z = \frac{4abc\pi}{15}\left((1-\alpha^2)a^2 + (1-\beta^2)b^2 + (1-\gamma^2)c^2\right)$$

（2）考虑目标函数 $V(\alpha,\beta,\gamma) = (1-\alpha^2)a^2 + (1-\beta^2)b^2 + (1-\gamma^2)c^2$ 在约束 $\alpha^2 + \beta^2 + \gamma^2 = 1$ 下的条件极值。设拉格朗日函数为

$$L(\alpha,\beta,\gamma,\lambda) = (1-\alpha^2)a^2 + (1-\beta^2)b^2 + (1-\gamma^2)c^2 + \lambda(\alpha^2 + \beta^2 + \gamma^2 - 1),$$

令 $L_\alpha = 2\alpha(\lambda - a^2) = 0, L_\beta = 2\beta(\lambda - b^2) = 0, L_\gamma = 2\gamma(\lambda - c^2) = 0, L_\lambda = \alpha^2 + \beta^2 + \gamma^2 - 1 = 0$。解得极值点为 $Q_1(\pm 1,0,0,a^2), Q_2(0,\pm 1,0,b^2), Q_3(0,0,\pm 1,c^2)$。

比较可知，绕 z 轴（短轴）的转动惯量最大，为 $J_{\max} = \dfrac{4abc\pi}{15}(a^2 + b^2)$；绕 x 轴（长轴）的转动惯量最小，为 $J_{\min} = \dfrac{4abc\pi}{15}(b^2 + c^2)$。

六、解　（1）设 $\displaystyle\oint_L \frac{2xy\mathrm{d}x + \varphi(x)\mathrm{d}y}{x^4 + y^2} = I$，闭曲线 L 由 $L_i(i=1,2)$ 组成。设 L_0 为不经过原点的光滑曲线，使得 $L_0 \cup L_1^-$（其中 L_1^- 为 L_1 的反向曲线）和 $L_0 \cup L_2$ 分别组成围绕原点的分段光滑闭曲线 $C_i(i=1,2)$。由曲线积分的性质和题设条件，有

$$\oint_L \frac{2xy\mathrm{d}x + \varphi(x)\mathrm{d}y}{x^4 + y^2} = \int_{L_1} \frac{2xy\mathrm{d}x + \varphi(x)\mathrm{d}y}{x^4 + y^2} + \int_{L_2} \frac{2xy\mathrm{d}x + \varphi(x)\mathrm{d}y}{x^4 + y^2}$$

$$= \int_{L_2} \frac{2xy\mathrm{d}x + \varphi(x)\mathrm{d}y}{x^4 + y^2} + \int_{L_0} \frac{2xy\mathrm{d}x + \varphi(x)\mathrm{d}y}{x^4 + y^2}$$

$$- \int_{L_0} \frac{2xy\mathrm{d}x + \varphi(x)\mathrm{d}y}{x^4 + y^2} - \int_{L_1^-} \frac{2xy\mathrm{d}x + \varphi(x)\mathrm{d}y}{x^4 + y^2}$$

$$= \oint_{C_1} \frac{2xy\mathrm{d}x + \varphi(x)\mathrm{d}y}{x^4 + y^2} + \oint_{C_2} \frac{2xy\mathrm{d}x + \varphi(x)\mathrm{d}y}{x^4 + y^2}$$

$$= I - I = 0.$$

（2）设 $P(x,y) = \dfrac{2xy}{x^4 + y^2}, Q(x,y) = \dfrac{\varphi(x)}{x^4 + y^2}$。令 $\dfrac{\partial Q}{\partial x} = \dfrac{\partial P}{\partial y}$，即 $\dfrac{\varphi'(x)(x^4 + y^2) - 4x^3\varphi(x)}{(x^4 + y^2)^2}$

$= \dfrac{2x^5 - 2xy^2}{(x^4 + y^2)^2}$，解得

$$\varphi(x) = -x^2.$$

（3）设 D 为正向闭曲线 $C_a: x^4 + y^2 = 1$ 所围区域，由（1）知

$$\oint_C \frac{2xy\,\mathrm{d}x + \varphi(x)\,\mathrm{d}y}{x^4 + y^2} = \oint_{C_a} \frac{2xy\,\mathrm{d}x - x^2\,\mathrm{d}y}{x^4 + y^2},$$

利用格林公式和对称性，有

$$\oint_{C_a} \frac{2xy\,\mathrm{d}x + \varphi(x)\,\mathrm{d}y}{x^4 + y^2} = \oint_{C_a} 2xy\,\mathrm{d}x - x^2\,\mathrm{d}y = \iint_D (-4x)\,\mathrm{d}x\,\mathrm{d}y = 0$$

第二届全国大学生数学竞赛决赛试题及参考解答
（非数学类，2011）

试　　题

一、（每小题 5 分，共 15 分，要求写出重要步骤）计算下列各题。

（1） $\lim\limits_{x \to 0} \left(\dfrac{\sin x}{x} \right)^{\frac{1}{1-\cos x}}$；

（2） $\lim\limits_{n \to \infty} \left(\dfrac{1}{n+1} + \dfrac{1}{n+2} + \cdots + \dfrac{1}{n+n} \right)$；

（3）已知 $\begin{cases} x = \ln(1 + e^{2t}), \\ y = t - \arctan e^t, \end{cases}$ 求 $\dfrac{d^2 y}{dx^2}$。

二、（10 分）求方程 $(2x + y - 4)dx + (x + y - 1)dy = 0$ 的通解。

三、（15 分）设函数 $f(x)$ 在 $x = 0$ 的某邻域内有二阶连续导数，且 $f(0)$，$f'(0)$，$f''(0)$ 均不为零。证明：存在唯一一组实数 k_1, k_2, k_3，使得
$$\lim_{h \to 0} \frac{k_1 f(h) + k_2 f(2h) + k_3 f(3h) - f(0)}{h^2} = 0。$$

四、（17 分）设 $\Sigma_1 : \dfrac{x^2}{a^2} + \dfrac{y^2}{b^2} + \dfrac{z^2}{c^2} = 1$，其中 $a > b > \sqrt{1 + \sqrt{2}}\, c > 0$，$\Sigma_2 : z^2 = x^2 + y^2$，$\Gamma$ 为 Σ_1 和 Σ_2 的交线。求椭球面 Σ_1 在 Γ 上各点的切平面到原点距离的最大值和最小值。

五、（16 分）已知 S 是空间曲线 $\begin{cases} x^2 + 3y^2 = 1, \\ z = 0 \end{cases}$ 绕 y 轴旋转形成的椭球面的上半部分 $(z \geqslant 0)$（取上侧），π 是 S 在 $P(x, y, z)$ 点处的切平面，$\rho(x, y, z)$ 是原点到切平面 π 的距离，λ, μ, ν 表示 S 的正法向的方向余弦。计算：(1) $\iint\limits_{S} \dfrac{z}{\rho(x, y, z)} dS$；(2) $\iint\limits_{S} z(\lambda x + 3\mu y + \nu z) dS$。

六、（12 分）设 $f(x)$ 是在 $(-\infty, +\infty)$ 内的可微函数，且 $|f'(x)| < m f(x)$，其中 $0 < m < 1$。任取实数 a_0，定义 $a_n = \ln f(a_{n-1})$，$n = 1, 2, \cdots$。证明：$\sum\limits_{n=1}^{+\infty} (a_n - a_{n-1})$ 绝对收敛。

七、（15 分）是否存在区间 $[0, 2]$ 上的连续可微函数 $f(x)$，满足 $f(0) = f(2) = 1$，$|f'(x)| \leqslant 1$，$\left| \int_0^2 f(x)dx \right| \leqslant 1$？请说明理由。

参　考　解　答

一、解　（1）原式 $= \exp \lim\limits_{x \to 0} \dfrac{1}{1 - \cos x} \left[\dfrac{\sin x}{x} - 1 \right] = \exp \lim\limits_{x \to 0} \dfrac{1}{1 - \cos x} \cdot \dfrac{\sin x - x}{x}$

$$= \exp \lim_{x \to 0} \frac{-\dfrac{1}{6}x^3}{\dfrac{1}{2}x^3} = e^{-\frac{1}{3}} \left(x - \sin x \sim \frac{1}{6}x^3 \right).$$

（2）因为 $I = \lim\limits_{n \to \infty} \left[\dfrac{1}{1 + \dfrac{1}{n}} + \dfrac{1}{1 + \dfrac{2}{n}} + \cdots + \dfrac{1}{1 + \dfrac{n}{n}} \right] \dfrac{1}{n} = \lim\limits_{n \to \infty} \sum\limits_{i=1}^{n} \dfrac{1}{1 + \dfrac{i}{n}} \dfrac{1}{n}$，取 ξ_i

$= \dfrac{i}{n}$，得被积函数 $f(x) = \dfrac{1}{1 + x}$，积分区间 $[0,1]$，于是

$$I = \int_0^1 \frac{1}{1+x} \mathrm{d}x = \ln(1+x) \Big|_0^1 = \ln 2.$$

（3）$\dfrac{\mathrm{d}y}{\mathrm{d}x} = \dfrac{1 - \dfrac{e^t}{1 + e^{2t}}}{\dfrac{2e^{2t}}{1 + e^{2t}}} = \dfrac{1 + e^{2t} - e^t}{2e^{2t}} = \dfrac{1}{2} \left[e^{-2t} + 1 - e^{-t} \right],$

$$\frac{\mathrm{d}^2 y}{\mathrm{d}x^2} = \frac{\mathrm{d}\left(\dfrac{\mathrm{d}y}{\mathrm{d}x} \right)}{\mathrm{d}x} = \frac{\dfrac{1}{2}\left[-2e^{-2t} + e^{-t} \right]}{\dfrac{2e^{2t}}{1 + e^{2t}}} = \frac{1}{4}\left[-2e^{-4t} + e^{-3t} - 2e^{-2t} + e^{-t} \right].$$

二、解 将所给方程改写为

$$(2x\mathrm{d}x + y\mathrm{d}y) + (y\mathrm{d}x + x\mathrm{d}y) - (4\mathrm{d}x + \mathrm{d}y) = 0,$$

即

$$\mathrm{d}\left(x^2 + \frac{1}{2}y^2 \right) + \mathrm{d}(xy) - \mathrm{d}(4x + y) = 0,$$

故所求通解为

$$x^2 + \frac{1}{2}y^2 + xy - (4x + y) = C.$$

三、解 因条件 $0 = \lim\limits_{h \to 0}[k_1 f(h) + k_2 f(2h) + k_3 f(3h) - f(0)] = (k_1 + k_2 + k_3 - 1)f(0)$，而 $f(0) \neq 0$，所以 $k_1 + k_2 + k_3 - 1 = 0$；又

$$0 = \lim_{h \to 0} \frac{k_1 f(h) + k_2 f(2h) + k_3 f(3h) - f(0)}{h}$$

$$= \lim_{h \to 0}[k_1 f'(h) + 2k_2 f'(2h) + 3k_3 f'(3h)]$$

$$= (k_1 + 2k_2 + 3k_3)f'(0),$$

而 $f'(0) \neq 0$，所以 $k_1 + 2k_2 + 3k_3 = 0$；再

$$0 = \lim_{h \to 0} \frac{k_1 f(h) + k_2 f(2h) + k_3 f(3h) - f(0)}{h^2}$$

$$= \lim_{h \to 0} \frac{k_1 f'(h) + 2k_2 f'(2h) + 3k_3 f'(3h)}{2h}$$

$$= \frac{1}{2} \lim_{h \to 0}[k_1 f''(h) + 4k_2 f''(2h) + 9k_3 f''(3h)]$$

$$= \frac{1}{2}[k_1 + 4k_2 + 9k_3]f''(0),$$

而 $f''(0) \neq 0$，所以 $k_1 + 4k_2 + 9k_3 = 0$。

　　因此 k_1, k_2, k_3 应满足线性方程组

$$\begin{cases} k_1 + k_2 + k_3 - 1 = 0, \\ k_1 + 2k_2 + 3k_3 = 0, \\ k_1 + 4k_2 + 9k_3 = 0, \end{cases}$$

因其系数行列式 $\begin{vmatrix} 1 & 1 & 1 \\ 1 & 2 & 3 \\ 1 & 4 & 9 \end{vmatrix} = 2 \neq 0$，所以存在唯一一组实数 k_1, k_2, k_3，使得

$$\lim_{h \to 0} \frac{k_1 f(h) + k_2 f(2h) + k_3 f(3h) - f(0)}{h^2} = 0。$$

四、解　椭球面 Σ_1 上任意一点 $P(x, y, z)$ 处的切平面方程是

$$\frac{x}{a^2}(X - x) + \frac{y}{b^2}(Y - y) + \frac{z}{c^2}(Z - z) = 0,$$

或

$$\frac{x}{a^2}X + \frac{y}{b^2}Y + \frac{z}{c^2}Z = 1 \; (P(x, y, z) \in \Sigma_1),$$

于是它到原点的距离

$$d(x, y, z) = 1 / \sqrt{(x^2/a^4) + (y^2/b^4) + (z^2/c^4)}。$$

作拉格朗日函数

$$F(x, y, z, \lambda, \mu) = \frac{x^2}{a^4} + \frac{y^2}{b^4} + \frac{z^2}{c^4} + \lambda\left(\frac{x^2}{a^2} + \frac{y^2}{b^2} + \frac{z^2}{c^2} - 1\right) + \mu(x^2 + y^2 - z^2),$$

令

$$\begin{cases} F_x = 2\left(\dfrac{1}{a^4} + \dfrac{\lambda}{a^2} + \mu\right)x = 0, & \text{①} \\[2mm] F_y = 2\left(\dfrac{1}{b^4} + \dfrac{\lambda}{b^2} + \mu\right)y = 0, & \text{②} \\[2mm] F_z = 2\left(\dfrac{1}{c^4} + \dfrac{\lambda}{c^2} - \mu\right)z = 0, & \text{③} \\[2mm] F_\lambda = \dfrac{x^2}{a^2} + \dfrac{y^2}{b^2} + \dfrac{z^2}{c^2} - 1 = 0, & \text{④} \\[2mm] F_\mu = x^2 + y^2 - z^2 = 0, & \text{⑤} \end{cases}$$

由式 ① 得 $x = 0$，代入式 ②、③ 得 $y = \pm z = \pm \dfrac{bc}{\sqrt{b^2 + c^2}}$；同理，由式 ② 得 $y = 0$，代

入式 ①、③ 得 $x = \pm z = \pm \dfrac{ac}{\sqrt{a^2 + c^2}}$，且

$$\left.\frac{x^2}{a^4} + \frac{y^2}{b^4} + \frac{z^2}{c^4}\right|_{\left(0, \frac{bc}{\sqrt{b^2+c^2}}, \pm\frac{bc}{\sqrt{b^2+c^2}}\right)} = \frac{b^4 + c^4}{b^2 c^2 (b^2 + c^2)},$$

$$\left.\frac{x^2}{a^4} + \frac{y^2}{b^4} + \frac{z^2}{c^4}\right|_{\left(\frac{ac}{\sqrt{a^2+c^2}}, 0, \pm\frac{ac}{\sqrt{a^2+c^2}}\right)} = \frac{a^4 + c^4}{a^2 c^2 (a^2 + c^2)}。$$

为比较以上两值的大小，设 $f(x) = \dfrac{x^4 + c^4}{x^2 c^2 (x^2 + c^2)}$ $(0 < b < x < a)$，则

$$f'(x) = \frac{2x(x^4 - 2c^2 x^2 - c^4)}{x^4(x^2 + c^2)^2} = \frac{2x(x^2 - c^2)^2 - 2c^4}{x^4(x^2 + c^2)^2}$$

$$= \frac{2x(x^2 - c^2 + \sqrt{2}c^2)(x^2 - c^2 - \sqrt{2}c^2)}{x^4(x^2 + c^2)^2} > 0 \,(\text{利用 } x > b > \sqrt{1 + \sqrt{2}}\, c),$$

所以 $f(x)$ 在区间 $[b, a]$ 单调增，有 $f(a) > f(b)$，从而原问题的最大值为

$bc\sqrt{\dfrac{b^2 + c^2}{b^4 + c^4}}$，最小值为 $ac\sqrt{\dfrac{a^2 + c^2}{a^4 + c^4}}$。

五、解　（1）由题设知，S 的方程为 $x^2 + 3y^2 + z^2 = 1 \,(z \geqslant 0)$。设 (X, Y, Z) 为切平面 π 上任意一点，则 π 的方程为 $xX + 3yY + zZ = 1$，从而由点到平面的距离公式以及 $P(x, y, z) \in S$ 得

$$\rho(x, y, z) = (x^2 + 9y^2 + z^2)^{-\frac{1}{2}} = (1 + 6y^2)^{-\frac{1}{2}},$$

由 S 为上半椭球面 $z = \sqrt{1 - x^2 - 3y^2}$ 知

$$z_x = -\frac{x}{\sqrt{1 - x^2 - 3y^2}}, \quad z_y = -\frac{3y}{\sqrt{1 - x^2 - 3y^2}}$$

于是　　　　　　$\mathrm{d}S = \sqrt{1 + z_x^2 + z_y^2} = \dfrac{\sqrt{1 + 6y^2}}{\sqrt{1 - x^2 - 3y^2}},$

又 S 在 xOy 平面上的投影为 $D_{xy} : x^2 + 3y^2 \leqslant 1$，故

$$\iint\limits_{S} \frac{z}{\rho(x, y, z)}\mathrm{d}S = \iint\limits_{D_{xy}} \sqrt{1 - x^2 - 3y^2}\,\frac{1}{(1 + 6y^2)^{-\frac{1}{2}}}\,\frac{\sqrt{1 + 6y^2}}{\sqrt{1 - x^2 - 3y^2}}\mathrm{d}x\mathrm{d}y$$

$$= \iint\limits_{D_{xy}} (1 + 6y^2)\mathrm{d}x\mathrm{d}y = \frac{\sqrt{3}}{2}\pi,$$

其中，　　　　　　　$\iint\limits_{D_{xy}} \mathrm{d}x\mathrm{d}y = \pi \cdot 1 \cdot \dfrac{1}{\sqrt{3}} = \dfrac{\pi}{\sqrt{3}}。$

令 $\begin{cases} x = r\cos\theta, \\ y = \dfrac{1}{\sqrt{3}}r\sin\theta, \end{cases}$ 则

$$\iint\limits_{D_{xy}} 6y^2\mathrm{d}x\mathrm{d}y = 6 \cdot \frac{1}{\sqrt{3}}\int_0^{2\pi}\sin^2\theta\mathrm{d}\theta\int_0^1\frac{1}{3}r^3\mathrm{d}r = \frac{1}{2\sqrt{3}}\int_0^{2\pi}\frac{1 - \cos 2\theta}{2}\mathrm{d}\theta = \frac{\pi}{2\sqrt{3}}。$$

（2）由于 S 取上侧，故正法矢量

$$\boldsymbol{n} = \left\{ \frac{x}{\sqrt{x^2 + (3y)^2 + z^2}}, \frac{3y}{\sqrt{x^2 + (3y)^2 + z^2}}, \frac{z}{\sqrt{x^2 + (3y)^2 + z^2}} \right\},$$

所以 $\lambda = \dfrac{x}{\sqrt{x^2 + (3y)^2 + z^2}}, \quad \mu = \dfrac{3y}{\sqrt{x^2 + (3y)^2 + z^2}}, \quad \nu = \dfrac{z}{\sqrt{x^2 + (3y)^2 + z^2}},$

$$\iint\limits_S z(\lambda x + 3\mu y + \nu z)\mathrm{d}S = \iint\limits_S z \cdot \frac{x^2 + 9y^2 + z^2}{\sqrt{x^2 + 9y^2 + z^2}}\mathrm{d}S = \iint\limits_S \frac{z}{\rho(x,y,z)}\mathrm{d}S = \frac{\sqrt{3}}{2}\pi.$$

六、证明　因　$|a_n - a_{n-1}| = |\ln f(a_{n-1}) - \ln f(a_{n-2})|$

$$= \left|\frac{f'(\xi)}{f(\xi)}(a_n - a_{n-1})\right| \quad (\xi \text{介于} a_n, a_{n-1} \text{之间})$$

$$\leqslant m|a_{n-1} - a_{n-2}| \leqslant m^2|a_{n-2} - a_{n-3}|$$

$$\leqslant \cdots \leqslant m^{n-1}|a_1 - a_0|,$$

而 $0 < m < 1$，从而 $\displaystyle\sum_{n=1}^{+\infty}(a_n - a_{n-1})$ 绝对收敛。

七、解　不存在满足题设条件的函数。以下用反证法证明。

设 $f(x)$ 在区间 $[0,2]$ 上连续、可微，且满足 $f(0) = f(2) = 1$，$|f'(x)| \leqslant 1$，$\left|\int_0^2 f(x)\mathrm{d}x\right| \leqslant 1$，则对 $f(x)$，当 $x \in (0,1]$ 时，由拉格朗日中值定理，得

$$f(x) - f(0) = f'(\xi_1)x, \quad 0 < \xi_1 < x, \text{即}$$

$$f(x) = 1 + f'(\xi_1)x \quad (x \in (0,1]),$$

利用 $|f'(x)| \leqslant 1$，得 $f(x) \geqslant 1 - x \quad (x \in (0,1])$，由 $f(0) = 1$ 知，$f(x) \geqslant 1-x$ 在 $[0,1]$ 上成立。同理当 $x \in [1,2)$ 时，有

$$f(2) - f(x) = f'(\xi_2)(2 - x), \quad x < \xi_2 < 2, \text{即}$$

$$f(x) = 1 + f'(\xi_2)(x - 2) \quad (x \in [1,2)),$$

利用 $|f'(x)| \leqslant 1$，得 $f(x) \geqslant 1 + (x-2) = x - 1 \quad (x \in [1,2))$，由 $f(2) = 1$ 知，$f(x) \geqslant 1-x$ 在 $[1,2]$ 上成立。所以

$$\int_0^2 f(x)\mathrm{d}x = \int_0^1 f(x)\mathrm{d}x + \int_1^2 f(x)\mathrm{d}x \geqslant \int_0^1 (1-x)\mathrm{d}x + \int_1^2 (x-1)\mathrm{d}x$$

$$= -\frac{1}{2}(1-x)^2\Big|_0^1 + \frac{1}{2}(x-1)^2\Big|_1^2 = 1.$$

这与 $f(x)$ 所满足的条件 $\left|\int_0^2 f(x)\mathrm{d}x\right| \leqslant 1$ 矛盾。

第三届全国大学生数学竞赛预赛试题及参考解答
(非数学类,2011)

试　　题

一、(每题 6 分,共 24 分)计算题。

(1) $\lim\limits_{x\to 0}\dfrac{(1+x)^{\frac{2}{x}}-\mathrm{e}^2(1-\ln(1+x))}{x}$。

(2) 设 $a_n=\cos\dfrac{\theta}{2}\cdot\cos\dfrac{\theta}{2^2}\cdots\cos\dfrac{\theta}{2^n}$,求 $\lim\limits_{n\to\infty}a_n$。

(3) 求 $\iint\limits_{D}\mathrm{sgn}(xy-1)\mathrm{d}x\mathrm{d}y$,其中 $D=\{(x,y)\mid 0\leqslant x\leqslant 2,0\leqslant y\leqslant 2\}$。

(4) 求幂级数 $\sum\limits_{n=1}^{\infty}\dfrac{2n-1}{2^n}x^{2n-2}$ 的和函数,并求级数 $\sum\limits_{n=1}^{\infty}\dfrac{2n-1}{2^{2n-1}}$ 的和。

二、(每题 8 分,共 16 分)设 $\{a_n\}_{n=0}^{\infty}$ 为数列,a,λ 为有限数,求证:

(1) 如果 $\lim\limits_{n\to\infty}a_n=a$,则 $\lim\limits_{n\to\infty}\dfrac{a_1+a_2+\cdots+a_n}{n}=a$;

(2) 如果存在正整数 p,使得 $\lim\limits_{n\to\infty}(a_{n+p}-a_n)=\lambda$,则 $\lim\limits_{n\to\infty}\dfrac{a_n}{n}=\dfrac{\lambda}{p}$。

三、(15 分)设函数 $f(x)$ 在闭区间 $[-1,1]$ 上具有连续的三阶导数,且 $f(-1)=0$,$f(1)=1$,$f'(0)=0$。求证:在开区间 $(-1,1)$ 内至少存在一点 x_0,使得 $f'''(x_0)=3$。

四、(15 分)在平面上,有一条从点 $(a,0)$ 向右的射线,线密度为 ρ。在点 $(0,h)$(其中 $h>0$)处有一质量为 m 的质点。求射线对该质点的引力。

五、(15 分)设 $z=z(x,y)$ 是由方程 $F\left(z+\dfrac{1}{x},z-\dfrac{1}{y}\right)=0$ 确定的隐函数,且具有连续的二阶偏导数。求 $x^2\dfrac{\partial z}{\partial x}+y^2\dfrac{\partial z}{\partial y}$,$x^3\dfrac{\partial^2 z}{\partial x^2}+xy(x+y)\dfrac{\partial^2 z}{\partial x\partial y}+y^3\dfrac{\partial^2 z}{\partial y^2}$。

六、(15 分)设函数 $f(x)$ 连续,a,b,c 为常数,Σ 是单位球面 $x^2+y^2+z^2=1$。记第一型曲面积分 $I=\iint\limits_{\Sigma}f(ax+by+cz)\mathrm{d}S$。求证:$I=2\pi\int_{-1}^{1}f(\sqrt{a^2+b^2+c^2}\,u)\mathrm{d}u$。

参　考　解　答

一、解　(1) 因为 $\dfrac{(1+x)^{\frac{2}{x}}-\mathrm{e}^2(1-\ln(1+x))}{x}=\dfrac{\mathrm{e}^{\frac{2}{x}\ln(1+x)}-\mathrm{e}^2(1-\ln(1+x))}{x}$,

$\lim\limits_{x\to 0}\dfrac{\mathrm{e}^2\ln(1+x)}{x}=\mathrm{e}^2$,而

$$\lim_{x \to 0} \frac{e^{\frac{2}{x}\ln(1+x)} - e^2}{x} = e^2 \lim_{x \to 0} \frac{e^{\frac{2}{x}\ln(1+x) - 2} - 1}{x} = e^2 \lim_{x \to 0} \frac{\frac{2}{x}\ln(1+x) - 2}{x}$$

$$= 2e^2 \lim_{x \to 0} \frac{\ln(1+x) - x}{x^2} = 2e^2 \lim_{x \to 0} \frac{\frac{1}{1+x} - 1}{2x} = -e^2,$$

所以
$$\lim_{x \to 0} \frac{(1+x)^{\frac{2}{x}} - e^2(1 - \ln(1+x))}{x} = 0。$$

（2）若 $\theta = 0$，则 $\lim_{n \to \infty} a_n = 1$。

若 $\theta \neq 0$，则当 n 充分大，使得 $2^n > |k|$ 时，

$$a_n = \cos\frac{\theta}{2} \cdot \cos\frac{\theta}{2^2} \cdot \cdots \cdot \cos\frac{\theta}{2^n} = \cos\frac{\theta}{2} \cdot \cos\frac{\theta}{2^2} \cdot \cdots \cdot \cos\frac{\theta}{2^n} \cdot \sin\frac{\theta}{2^n} \cdot \frac{1}{\sin\frac{\theta}{2^n}}$$

$$= \cos\frac{\theta}{2} \cdot \cos\frac{\theta}{2^2} \cdot \cdots \cdot \cos\frac{\theta}{2^{n-1}} \cdot \frac{1}{2}\sin\frac{\theta}{2^{n-1}} \cdot \frac{1}{\sin\frac{\theta}{2^n}}$$

$$= \cos\frac{\theta}{2} \cdot \cos\frac{\theta}{2^2} \cdot \cdots \cdot \cos\frac{\theta}{2^{n-2}} \cdot \frac{1}{2^2}\sin\frac{\theta}{2^{n-2}} \cdot \frac{1}{\sin\frac{\theta}{2^n}} = \frac{\sin\theta}{2^n \sin\frac{\theta}{2^n}}$$

这时，
$$\lim_{n \to \infty} a_n = \lim_{n \to \infty} \frac{\sin\theta}{2^n \sin\frac{\theta}{2^n}} = \frac{\sin\theta}{\theta}。$$

（3）设 $D_1 = \left\{(x,y) \mid 0 \leqslant x \leqslant \frac{1}{2}, 0 \leqslant y \leqslant 2\right\}, D_2 = \left\{(x,y) \mid \frac{1}{2} \leqslant x \leqslant 2, \right.$

$\left. 0 \leqslant y \leqslant \frac{1}{x}\right\}, D_3 = \left\{(x,y) \mid \frac{1}{2} \leqslant x \leqslant 2, \frac{1}{x} \leqslant y \leqslant 2\right\}$，则

$$\iint_{D_1 \cup D_2} dxdy = 1 + \int_{\frac{1}{2}}^{2} \frac{dx}{x} = 1 + 2\ln2, \qquad \iint_{D_3} dxdy = 3 - 2\ln2,$$

$$\iint_{D} \text{sgn}(xy - 1)dxdy = \iint_{D_3} dxdy - \iint_{D_2 \cup D_3} dxdy = 2 - 4\ln2。$$

（4）令 $S(x) = \sum_{n=1}^{\infty} \frac{2n-1}{2^n} x^{2n-2}$，则其定义区间为 $(-\sqrt{2}, \sqrt{2})$。$\forall x \in (-\sqrt{2}, \sqrt{2})$，

有

$$\int_0^x S(t)dt = \sum_{n=1}^{\infty} \int_0^x \frac{2n-1}{2^n} t^{2n-2} dt = \sum_{n=1}^{\infty} \frac{x^{2n-1}}{2^n} = \frac{x}{2} \sum_{n=1}^{\infty} \left(\frac{x^2}{2}\right)^{n-1} = \frac{x}{2 - x^2},$$

于是，
$$S(x) = \left(\frac{x}{2 - x^2}\right)' = \frac{2 + x^2}{(2 - x^2)^2}, x \in (-\sqrt{2}, \sqrt{2}),$$

$$\sum_{n=1}^{\infty} \frac{2n-1}{2^{2n-1}} = \sum_{n=1}^{\infty} \frac{2n-1}{2^n} \left(\frac{1}{\sqrt{2}}\right)^{2n-2} = S\left(\frac{1}{\sqrt{2}}\right) = \frac{10}{9}。$$

二、证明　（1）由 $\lim_{n \to \infty} a_n = a$，$\exists M > 0$ 使得 $|a_n| \leqslant M$，且 $\forall \varepsilon > 0$，$\exists N_1 \in \mathbf{N}$，

当 $n > N_1$ 时，$| a_n - a | < \dfrac{\varepsilon}{2}$。

因为 $\exists N_2 > N_1$，当 $n > N_2$ 时，$\dfrac{N_1(M+| a |)}{n} < \dfrac{\varepsilon}{2}$，于是

$$\left| \dfrac{a_1 + a_2 + \cdots + a_n}{n} - a \right| \leqslant \dfrac{N_1(M+| a |)}{n} \dfrac{\varepsilon}{2} + \dfrac{(n - N_1)}{n} \dfrac{\varepsilon}{2} < \varepsilon,$$

所以
$$\lim_{n \to \infty} \dfrac{a_1 + a_2 + \cdots + a_n}{n} = a。$$

(2) 对于 $i = 0, 1, \cdots, p-1$，令 $A_n^{(i)} = a_{(n+1)p+i} - a_{np+i}$，易知 $\{A_n^{(i)}\}$ 为 $\{a_{n+p} - a_n\}$ 的子列。

由 $\lim\limits_{n \to \infty}(a_{n+p} - a_n) = \lambda$，知 $\lim\limits_{n \to \infty} A_n^{(i)} = \lambda$，从而 $\lim\limits_{n \to \infty} \dfrac{A_1^{(i)} + A_2^{(i)} + \cdots + A_n^{(i)}}{n} = \lambda$。

而 $A_1^{(i)} + A_2^{(i)} + \cdots + A_n^{(i)} = a_{(n+1)p+i} - a_{p+i}$，所以 $\lim\limits_{n \to \infty} \dfrac{a_{(n+1)p+i} - a_{p+i}}{n} = \lambda$。

由 $\lim\limits_{n \to \infty} \dfrac{a_{p+i}}{n} = 0$，知 $\lim\limits_{n \to \infty} \dfrac{a_{(n+1)p+i}}{n} = \lambda$。

从而 $\lim\limits_{n \to \infty} \dfrac{a_{(n+1)p+i}}{(n+1)p+i} = \lim\limits_{n \to \infty} \dfrac{n}{(n+1)p+i} \cdot \dfrac{a_{(n+1)p+i}}{n} = \dfrac{\lambda}{p}$。

$\forall m \in \mathbf{N}, \exists n, p, i \in \mathbf{N}(0 \leqslant i \leqslant p-1)$，使得 $m = np + i$，且当 $m \to \infty$ 时，$n \to \infty$。所以

$$\lim_{m \to \infty} \dfrac{a_m}{m} = \dfrac{\lambda}{p}。$$

三、证明 由泰勒公式，得

$$f(x) = f(0) + \dfrac{1}{2!}f''(0)x^2 + \dfrac{1}{3!}f'''(\eta)x^3, \quad \eta \text{ 介于 } 0 \text{ 与 } x \text{ 之间}, \quad x \in [-1, 1],$$

在上式中分别取 $x = 1$ 和 $x = -1$，得

$$1 = f(1) = f(0) + \dfrac{1}{2!}f''(0) + \dfrac{1}{3!}f'''(\eta_1), \quad 0 < \eta_1 < 1, \qquad \text{①}$$

$$0 = f(-1) = f(0) + \dfrac{1}{2!}f''(0) - \dfrac{1}{3!}f'''(\eta_2), \quad -1 < \eta_2 < 0, \qquad \text{②}$$

式 ① $-$ ②，得 $\qquad f'''(\eta_1) + f'''(\eta_2) = 6。$

由于 $f'''(x)$ 在闭区间 $[-1, 1]$ 上连续，因此 $f'''(x)$ 在闭区间 $[\eta_2, \eta_1]$ 上有最大值 M，最小值 m，从而

$$m \leqslant \dfrac{1}{2}(f'''(\eta_1) + f'''(\eta_2)) \leqslant M。$$

再由连续函数的介值定理，至少存在一点 $x_0 \in [\eta_2, \eta_1] \subset (-1, 1)$，使得

$$f'''(x_0) = \dfrac{1}{2}(f'''(\eta_1) + f'''(\eta_2)) = 3。$$

四、解 在 x 轴的 x 处取一小段 $\mathrm{d}x$，其质量是 $\rho \mathrm{d}x$，到质点的距离为 $\sqrt{h^2 + x^2}$，这一小段与质点的引力是 $\mathrm{d}F = \dfrac{Gm\rho \mathrm{d}x}{h^2 + x^2}$（其中 G 为引力常数）。这个引力在水平方向

的分量为 $\mathrm{d}F_x = \dfrac{Gm\rho x\,\mathrm{d}x}{(h^2+x^2)^{3/2}}$，从而

$$F_x = \int_a^{+\infty} \frac{Gm\rho x\,\mathrm{d}x}{(h^2+x^2)^{3/2}} = \frac{Gm\rho}{2}\int_a^{+\infty} \frac{\mathrm{d}(x^2)}{(h^2+x^2)^{3/2}} = -Gm\rho(h^2+x^2)^{-1/2}\Big|_a^{+\infty} = \frac{Gm\rho}{\sqrt{h^2+a^2}},$$

而 $\mathrm{d}F$ 在竖直方向的分量为 $\mathrm{d}F_y = \dfrac{Gm\rho h\,\mathrm{d}x}{(h^2+x^2)^{3/2}}$，故

$$F_y = \int_a^{+\infty} \frac{Gm\rho h\,\mathrm{d}x}{(h^2+x^2)^{3/2}} = \int_{\arctan\frac{a}{h}}^{\pi/2} \frac{Gm\rho h^2\sec^2 t\,\mathrm{d}t}{h^3\sec^3 t} = \frac{Gm\rho}{h}\int_{\arctan\frac{a}{h}}^{\pi/2} \cos t\,\mathrm{d}t$$

$$= \frac{Gm\rho}{h}\left(1 - \sin\arctan\frac{a}{h}\right)$$

所求引力矢量为 $\boldsymbol{F} = (F_x, F_y)$。

五、解　因 $F_x = -\dfrac{1}{x^2}F_1, F_y = \dfrac{1}{y^2}F_2, F_z = F_1 + F_2$，所以

$$\frac{\partial z}{\partial x} = \frac{F_1}{x^2(F_1+F_2)}, \qquad \frac{\partial z}{\partial y} = \frac{-F_2}{y^2(F_1+F_2)},$$

于是

$$x^2\frac{\partial z}{\partial x} + y^2\frac{\partial z}{\partial y} = 1,$$

上式两边再对 x 求导，有　　$x^2\dfrac{\partial^2 z}{\partial x^2} + y^2\dfrac{\partial^2 z}{\partial y\partial x} = -2x\dfrac{\partial z}{\partial x},$　　　　　　　①

再对 y 求导：　　　　　　　$x^2\dfrac{\partial^2 z}{\partial x\partial y} + y^2\dfrac{\partial^2 z}{\partial x^2} = -2y\dfrac{\partial z}{\partial y},$　　　　　　　②

①$\times x +$ ②$\times y$，得

$$x^3\frac{\partial^2 z}{\partial x^2} + xy^2\frac{\partial^2 z}{\partial y\partial x} + x^2 y\frac{\partial^2 z}{\partial x\partial y} + y^3\frac{\partial^2 z}{\partial x^2} = -2x^2\frac{\partial z}{\partial x} - 2y^2\frac{\partial z}{\partial y},$$

即　　　　　　　$x^3\dfrac{\partial^2 z}{\partial x^2} + xy(x+y)\dfrac{\partial^2 z}{\partial x\partial y} + y^3\dfrac{\partial^2 z}{\partial y^2} = -2。$

六、解　由 Σ 的面积为 4π 可知，当 a, b, c 都为零时，等式成立。

当它们不全为零时，原点到平面 $ax + by + cz + d = 0$ 的距离是

$$\frac{|d|}{\sqrt{a^2+b^2+c^2}}。$$

设平面 $P_u : u = \dfrac{ax+by+cz}{\sqrt{a^2+b^2+c^2}}$，其中 u 固定，则 $|u|$ 是原点到平面 P_u 的距离，从

而 $-1 \leqslant u \leqslant 1$。

两平面 P_u 和 $P_{u+\mathrm{d}u}$ 截单位球 Σ 的截下的部分上，被积函数取值为

$$f(\sqrt{a^2+b^2+c^2}\,u)。$$

这部分摊开可以看成一个细长条。这个细长条的长是 $2\pi\sqrt{1-u^2}$，宽是

$\dfrac{\mathrm{d}u}{\sqrt{1-u^2}}$，它的面积是 $2\pi\mathrm{d}u$，故得证。

第三届全国大学生数学竞赛决赛试题及参考解答
（非数学类，2012）

试　　题

一、((每小题 6 分，共 30 分。)要求写出重要步骤)计算下列各题。

(1) $\lim\limits_{x \to 0} \dfrac{\sin^2 x - x^2 \cos^2 x}{x^2 \sin^2 x}$。

(2) $\lim\limits_{x \to +\infty} \left[\left(x^3 + \dfrac{x}{2} - \tan \dfrac{1}{x} \right) \mathrm{e}^{\frac{1}{x}} - \sqrt{1 + x^6} \right]$。

(3) 设函数 $f(x, y)$ 有二阶连续偏导数，满足 $f_x^2 f_{yy} - 2 f_x f_y f_{xy} + f_y^2 f_{xx} = 0$，且 $f_y \neq 0$，$y = y(x, z)$ 是由方程 $z = f(x, y)$ 所确定的函数。求 $\dfrac{\partial^2 y}{\partial x^2}$。

(4) 求不定积分 $I = \displaystyle\int \left(1 + x - \dfrac{1}{x} \right) \mathrm{e}^{x + \frac{1}{x}} \, \mathrm{d}x$。

(5) 求曲面 $x^2 + y^2 = az$ 和 $z = 2a - \sqrt{x^2 + y^2} (a > 0)$ 所围立体的表面积。

二、(13 分) 讨论 $\displaystyle\int_0^{+\infty} \dfrac{x}{\cos^2 x + x^\alpha \sin^2 x} \mathrm{d}x$ 的敛散性，其中 α 是一个实常数。

三、(13 分) 设 $f(x)$ 在 $(-\infty, \infty)$ 上无穷次可微，并且满足：存在 $M > 0$，使得 $|f^{(k)}(x)| \leqslant M, \forall x \in (-\infty, \infty) (k = 1, 2, \cdots)$，且 $f\left(\dfrac{1}{2^n} \right) = 0 (n = 1, 2, \cdots)$。求证：在 $(-\infty, \infty)$ 上，$f(x) \equiv 0$。

四、(16 分，第 1 小题 6 分，第 2 小题 10 分) 设 D 为椭圆形 $\dfrac{x^2}{a^2} + \dfrac{y^2}{b^2} \leqslant 1 (a > b > 0)$，面密度为 ρ 的均质薄板；l 为通过椭圆焦点 $(-c, 0)$（其中 $c^2 = a^2 - b^2$）垂直于薄板的旋转轴。

(1) 求薄板 D 绕 l 旋转的转动惯量 J；

(2) 对于固定的转动惯量，讨论椭圆薄板的面积是否有最大值和最小值。

五、(12 分) 设连续可微函数 $z = z(x, y)$ 由方程 $F(xz - y, x - yz) = 0$（其中 $F(u, v)$ 有连续的偏导数）唯一确定，L 为正向单位圆周。试求：$I = \displaystyle\oint_L (xz^2 + 2yz) \mathrm{d}y - (2xz + yz^2) \mathrm{d}x$。

六、(16 分，第 1 小题 6 分，第 2 小题 10 分)

(1) 求解微分方程 $\begin{cases} \dfrac{\mathrm{d}y}{\mathrm{d}x} - xy = x\mathrm{e}^{x^2}, \\ y(0) = 1。 \end{cases}$

(2) 如 $y = f(x)$ 为上述方程的解，证明：$\lim\limits_{n \to \infty} \displaystyle\int_0^1 \dfrac{n}{n^2 x^2 + 1} f(x) \mathrm{d}x = \dfrac{\pi}{2}$。

参 考 解 答

一、解 （1）原式 $= \dfrac{1}{2} \lim\limits_{x \to 0} \dfrac{(1 - \cos 2x) - x^2(1 + \cos 2x)}{x^4}$，

利用泰勒公式，有

$$
\begin{aligned}
(1 - \cos 2x) - x^2(1 + \cos 2x) &= 1 - \left[1 - \frac{(2x)^2}{2} + \frac{(2x)^4}{4!} + o(x^4) \right] \\
&\quad - x^2 \left(1 + 1 - \frac{(2x)^2}{2} + o(x^2) \right) \\
&= 2x^2 - \frac{16}{24}x^4 - 2x^2 + 2x^4 + o(x^4),
\end{aligned}
$$

所以 $\qquad$ 原式 $= \dfrac{1}{2} \lim\limits_{x \to 0} \dfrac{\dfrac{4}{3}x^4 + o(x^4)}{x^4} = \dfrac{2}{3}$。

（2）令 $\dfrac{1}{x} = t$，则原式 $= \lim\limits_{t \to 0^+} \dfrac{(2 + t^2 - 2t^3 \tan t)\mathrm{e}^t - 2\sqrt{1 + t^6}}{2t^3}$，而

$$
\begin{aligned}
&(2 + t^2 - 2t^3 \tan t)\mathrm{e}^t - 2\sqrt{1 + t^6} \\
&= \left[2 + t^2 - 2t^3 \left(t + \frac{t^3}{3} + o(t^3) \right) \right] \left(1 + t + \frac{t^2}{2} + \frac{t^3}{6} + o(t^3) \right) \\
&\quad - 2 \left[1 + \frac{t^6}{2} + o(t^6) \right] \\
&= 2 + 2t + t^2 + \frac{t^3}{3} + t^2 + t^3 - 2 + o(t^3) \\
&= 2t + 2t^2 + \frac{4t^3}{3} + o(t^3)。
\end{aligned}
$$

所以 $\quad$ 原式 $= +\infty$。

注 $\quad (\tan x)' \mid_{x=0} = \sec^2 x \mid_{x=0} = 1;\quad (\tan x)'' \mid_{x=0} = 2\sec^2 x \tan x \mid_{x=0} = 0$，

$\qquad (\tan x)''' \mid_{x=0} = 4\sec^2 x \tan^2 x + 2\sec^4 x \mid_{x=0} = 2$，

所以 $\qquad\qquad\qquad \tan x = x + \dfrac{x^3}{3} + o(x^3)$。

（3）由于 $y = y(x, z)$ 是由方程 $f(x, y) - z = 0$ 所确定的，所以方程两边对 x 求导，得

$$
f_x + f_y \frac{\partial y}{\partial x} = 0, \qquad\qquad\qquad ①
$$

$$
f_y \neq 0 \Rightarrow \frac{\partial y}{\partial x} = -\frac{f_x}{f_y}。
$$

① 式两边再对 x 求导，有

$$
f_{xx} + f_{xy} \frac{\partial y}{\partial x} + \left(f_{yx} + f_{yy} \frac{\partial y}{\partial x} \right) \frac{\partial y}{\partial x} + f_y \frac{\partial^2 y}{\partial x^2} = 0,
$$

注意到 $f_{xy} = f_{yx}$，并将 $\dfrac{\partial y}{\partial x} = -\dfrac{f_x}{f_y}$ 代入，有

$$f_{xx} - \frac{2f_x f_{xy}}{f_y} + \frac{f_{yy} f_x^2}{f_y^2} + f_y \frac{\partial^2 y}{\partial x^2} = 0,$$

于是　　　　　　　　　$\dfrac{\partial^2 y}{\partial x^2} = \dfrac{f_y^2 f_{xx} - 2f_x f_y f_{xy} + f_x^2 f_{yy}}{f_y^3}$。

由 $f_x^2 f_{yy} - 2f_x f_y f_{xy} + f_y^2 f_{xx} = 0$ 得 $\dfrac{\partial^2 y}{\partial x^2} = 0$。

（4）因 $\left(1 + x - \dfrac{1}{x}\right) e^{x + \frac{1}{x}} = e^{x + \frac{1}{x}} + \left(x - \dfrac{1}{x}\right) e^{x + \frac{1}{x}} = \left(x e^{x + \frac{1}{x}}\right)'$，

所以　原式 $= x e^{x + \frac{1}{x}} + C$。

（5）围成立体的曲面 $S = S_1 + S_2$，其中 $S_1 : x^2 + y^2 = az$；$S_2 : z = 2a - \sqrt{x^2 + y^2}$，

联立 $\begin{cases} x^2 + y^2 = az, \\ z = 2a - \sqrt{x^2 + y^2}, \end{cases}$ 可解得 $z = a, z = 4a$（舍去），于是，S 在 xOy 面上的投影

区域为 $D_{xy} : x^2 + y^2 \leqslant a^2$。所以，所求曲面面积

$$A = \iint\limits_{S_1} dS + \iint\limits_{S_2} dS = \iint\limits_{x^2 + y^2 \leqslant a^2} \sqrt{2} dx dy + \iint\limits_{x^2 + y^2 \leqslant a^2} \frac{\sqrt{a^2 + 4(x^2 + y^2)}}{a} dx dy$$

$$= \sqrt{2} \pi a + \frac{1}{a} \int_0^{2\pi} d\theta \int_0^a r \sqrt{a^2 + r^2} dr = \sqrt{2} \pi a + \frac{\pi}{4a} \cdot \frac{2}{3} (a^2 + 4r^2)^{\frac{3}{2}} \Big|_0^a$$

$$= \sqrt{2} \pi a + \frac{\pi a^2}{6} \left[5\sqrt{5} - 1\right]。$$

二、证明　记 $I_1 = \displaystyle\int_0^1 \frac{x}{\cos^2 x + x^a \sin^2 x} dx$，$I_2 = \displaystyle\int_1^{+\infty} \frac{x}{\cos^2 x + x^a \sin^2 x} dx$，则原式

$= I_1 + I_2$。

（1）设 $f(x) = \dfrac{x}{\cos^2 x + x^a \sin^2 x}$，因为当 $a \geqslant 0$ 时，$f(x)$ 在 $[0,1]$ 上连续，所以可

积，即收敛；当 $a < 0$ 时，由于 $\lim\limits_{x \to 0^+} f(x) = 0$，所以补充定义 $f(0) = 0$，则 $f(x)$ 在 $[0,1]$

上连续，所以收敛。于是 $\forall a \in \mathbf{R}$，I_1 是收敛的。

（2）记 $a_n = \displaystyle\int_{n\pi}^{(n+1)\pi} \frac{x}{\cos^2 x + x^a \sin^2 x} dx$。当 $a > 4$ 时，有

$$a_n < \int_{n\pi}^{(n+1)\pi} \frac{(n+1)\pi}{\cos^2 x + (n\pi)^a \sin^2 x} dx = \int_{-\pi/2}^{\pi/2} \frac{(n+1)\pi}{\cos^2 x + (n\pi)^a \sin^2 x} dx（因被积函数以 \pi 为周期）$$

$$= 2(n+1)\pi \int_0^{\pi/2} \frac{dx}{\cos^2 x + (n\pi)^a \sin^2 x} = 2(n+1)\pi \int_0^{\pi/2} \frac{d\tan x}{1 + (n\pi)^a \tan^2 x}$$

$$= \frac{2(n+1)\pi}{\sqrt{(n\pi)^a}} \arctan\left(\sqrt{(n\pi)^a} \tan x\right) \Big|_0^{\frac{\pi}{2} - 0} = \frac{(n+1)\pi^2}{\sqrt{(n\pi)^a}} = O\left(\frac{1}{n^{\frac{a}{2} - 1}}\right);$$

当 $0 < a \leqslant 4$ 时，有

$$a_n > \int_{n\pi}^{(n+1)\pi} \frac{n\pi}{\cos^2 x + (n\pi + 1)^a \sin^2 x} dx = O\left(\frac{1}{n^{\frac{a}{2}-1}}\right).$$

当 $\alpha \leqslant 0$ 时，有 $a_n > \int_{n\pi}^{(n+1)\pi} \frac{x}{\cos^2 x + \sin^2 x} dx = \int_{n\pi}^{(n+1)\pi} x dx$ 不趋于零。

由比较判别法知级数 $\sum_{n=0}^{\infty} \int_{n\pi}^{(n+1)\pi} \frac{x}{\cos^2 x + x^a \sin^2 x} dx$，当且仅当 $\alpha > 4$ 时收敛，从而

反常积分 $\int_1^{+\infty} \frac{x}{\cos^2 x + x^a \sin^2 x} dx$ 也是当 $\alpha > 4$ 时收敛。

综上所述，当 $\alpha > 4$ 时，$\int_0^{+\infty} \frac{x}{\cos^2 x + x^a \sin^2 x} dx$ 收敛；$\alpha \leqslant 4$ 时，$\int_0^{+\infty} \frac{x}{\cos^2 x + x^a \sin^2 x} dx$

发散。

三、证明　因 $f(x)$ 在 $(-\infty, +\infty)$ 上可微，所以连续。令 $n \to +\infty$，由 $f\left(\frac{1}{2^n}\right) = 0 (n = 1, 2, \cdots)$ 得 $f(0) = 0$。于是

$$f\left(\frac{1}{2}\right) = f\left(\frac{1}{2^2}\right) = \cdots = f\left(\frac{1}{2^n}\right) = f\left(\frac{1}{2^{n+1}}\right) = \cdots = f(0) = 0,$$

由罗尔定理知，存在 $\xi_1^{(1)} \in \left(\frac{1}{2^2}, \frac{1}{2}\right)$，使得 $f'(\xi_1^{(1)}) = 0$。类似地，存在 $\xi_1^{(n)} \in \left(\frac{1}{2^{n+1}}, \frac{1}{2^n}\right) (n = 1, 2, \cdots)$，使得 $f'(\xi_1^{(n)}) = 0 (n = 1, 2, \cdots)$，显然 $\lim_{n \to \infty} \xi_1^{(n)} = 0$。

现假定存在 $\{\xi_k^{(n)}\}$，使得

$$f^{(k)}(\xi_k^{(n)}) = 0 (n = 1, 2, \cdots) \quad \text{且} \quad \lim_{n \to \infty} \xi_k^{(n)} = 0,$$

则由罗尔定理知，存在 $\xi_{k+1}^{(n)} \in (\xi_k^{(n+1)}, \xi_k^{(n)})$，使得

$$f^{(k+1)}(\xi_{k+1}^{(n)}) = 0 (n = 1, 2, \cdots), \quad \lim_{n \to \infty} \xi_{k+1}^{(n)} = 0.$$

结合 $f(x)$ 在 $(-\infty, +\infty)$ 上无穷可微，可得 $f^{(n)}(0) = 0 (n = 1, 2, \cdots)$。于是，$\forall x \in (-\infty, +\infty)$ 以及 $n = 1, 2, \cdots$，函数 $f(x)$ 的 n 阶泰勒展开式为

$$f(x) = f(0) + f'(0)x + \frac{1}{2!}f''(0)x^2 + \cdots + \frac{1}{n!}f^{(n)}(0)x^n + \frac{1}{(n+1)!}f^{(n+1)}(\xi)x^{n+1}$$

$$= \frac{1}{(n+1)!}f^{(n+1)}(\xi)x^{n+1},$$

又 $|f^{(n+1)}(\xi)| \leqslant M$，故 $|f(x)| \leqslant \frac{M|x|^{n+1}}{(n+1)!}$，令 $n \to +\infty$ 得 $f(x) = 0$。证毕。

四、解　(1) $J = \iint_D (x+c)^2 \rho dx dy = \rho \iint_D x^2 dx dy + \rho\pi abc^2$（利用对称性）。

令 $\begin{cases} x = ar\cos\theta, \\ y = br\sin\theta, \end{cases}$ 则

$$J = \rho \int_0^{2\pi} d\theta \int_0^1 (ar\cos\theta)^2 abr dr + \rho\pi abc^2 = \rho a^3 b \int_0^{2\pi} \cos^2\theta d\theta \int_0^1 r^3 dr + \rho\pi abc^2$$

$$= \frac{\rho a^3 b}{4} \int_0^{2\pi} \cos^2 \theta d\theta + \rho \pi abc^2 = \rho ab\pi \left(\frac{1}{4}a^2 + c^2 \right) = \rho\pi \left(\frac{5}{4}a^3 b - ab^3 \right)。$$

(2) 椭圆 $\frac{x^2}{a^2} + \frac{y^2}{b^2} = 1$ 的面积为 πab，对固定的转动惯量，有 $\frac{5}{4}a^3 b - ab^3 = k$。构造函数

$$L = ab + \lambda \left(\frac{5}{4}a^3 b - ab^3 - k \right),$$

令 $\begin{cases} L_a = b + \lambda \left(\frac{15}{4}a^2 b - b^3 \right) = 0, \\ L_b = a + \lambda \left(\frac{5}{4}a^3 - 3ab^2 \right) = 0, \end{cases}$ 化简，得 $\begin{cases} \lambda \left(\frac{15}{4}a^2 - b^2 \right) = -1, \\ \lambda \left(\frac{5}{4}a^2 - 3b^2 \right) = -1, \end{cases}$

于是，$\frac{15}{4}a^2 - b^2 = \frac{5}{4}a^2 - 3b^2$，即 $\frac{5}{2}a^2 + 2b^2 = 0$，由此可得 $a = b = 0$，而条件是 $a > b > 0$，所以，对于固定的转动惯量，椭圆薄板的面积不存在最大值与最小值。

五、解 利用格林公式，有

$$I = \iint\limits_{D} [2z^2 + 2(xz + y)z_x + 2(yz + x)z_y]dxdy \quad (D: x^2 + y^2 \leqslant 1)$$

因 $\qquad F_x = zF_1 + F_2, \quad F_y = -F_1 - zF_2, \quad F_z = xF_1 - yF_2,$

所以 $\qquad z_x = -\dfrac{zF_1 + F_2}{xF_1 - yF_2}, \quad z_y = -\dfrac{-F_1 - zF_2}{xF_1 - yF_2}。$

从而

$$2(xz + y)z_x + 2(yz + x)z_y = -2(xz + y)\frac{zF_1 + F_2}{xF_1 - yF_2} - 2(yz + x)\frac{-F_1 - zF_2}{xF_1 - yF_2}$$
$$= -2z^2 + 2,$$

于是

$$\oint_L (xz^2 + 2yz)dy - (2xz + yz^2)dx = 2\iint\limits_{D} dxdy = 2\pi。$$

六、(1) 解 由一阶微分方程的通解公式，得

$$y = e^{\int x dx} \left(\int x e^{x^2} e^{-\int x dx} dx + C \right) = e^{\frac{x^2}{2}} \left(\int x e^{x^2} e^{-\frac{x^2}{2}} dx + C \right)$$
$$= e^{\frac{x^2}{2}} \left(\int x e^{\frac{x^2}{2}} + C \right) = e^{x^2} + C e^{\frac{x^2}{2}}。$$

由初始条件 $y(0) = 1$，可推得 $C = 0$。故所求特解为 $y = e^{x^2}$。

(2) 证明 因 $y(0) = 1$，所以

$$\int_0^1 \frac{n}{n^2 x^2 + 1} f(x)dx = \int_0^1 \frac{n}{n^2 x^2 + 1} [f(x) - f(0)]dx + \int_0^1 \frac{n}{n^2 x^2 + 1}dx,$$

因 $\qquad \int_0^1 \frac{n}{n^2 x^2 + 1}dx = \int_0^1 \frac{d(nx)}{n^2 x^2 + 1} = \arctan(nx)\Big|_0^1 = \arctan n,$

所以 $\qquad \lim_{n \to \infty} \int_0^1 \frac{n}{n^2 x^2 + 1}dx = \frac{\pi}{2}。$

$$\int_0^1 \frac{n}{n^2 x^2 + 1} [f(x) - f(0)] \mathrm{d}x = \int_0^\delta \frac{n}{n^2 x^2 + 1} [f(x) - f(0)] \mathrm{d}x$$

$$+ \int_\delta^1 \frac{n}{n^2 x^2 + 1} [f(x) - f(0)] \mathrm{d}x,$$

因 $f(x)$ 在 $x = 0$ 处连续,所以,$\forall \varepsilon > 0$,当 $\delta > 0$ 充分小时,在 $[0, \delta]$ 上 $|f(x) - f(0)| <$ $\frac{\varepsilon}{\pi}$,从而

$$\left| \int_0^\delta \frac{n}{n^2 x^2 + 1} [f(x) - f(0)] \mathrm{d}x \right| \leqslant \int_0^\delta \frac{n}{n^2 x^2 + 1} |f(x) - f(0)| \mathrm{d}x$$

$$\leqslant \frac{\varepsilon}{\pi} \int_0^\delta \frac{n}{n^2 x^2 + 1} \mathrm{d}x = \frac{\varepsilon}{\pi} \arctan n\delta \leqslant \frac{\varepsilon}{\pi} \cdot \frac{\pi}{2} = \frac{\varepsilon}{2},$$

对于固定的 δ,有

$$\left| \int_\delta^1 \frac{n}{n^2 x^2 + 1} [f(x) - f(0)] \mathrm{d}x \right| \leqslant \frac{1}{n} \int_\delta^1 \frac{1}{x^2} [f(x) - f(0)] \mathrm{d}x = \frac{1}{n} M_0 。$$

于是,当 $n > \dfrac{2M_0}{\varepsilon}$ 时,$\left| \displaystyle\int_\delta^1 \dfrac{n}{n^2 x^2 + 1} [f(x) - f(0)] \mathrm{d}x \right| < \dfrac{\varepsilon}{2}$,所以

$$\left| \int_0^1 \frac{n}{n^2 x^2 + 1} [f(x) - f(0)] \mathrm{d}x \right| \leqslant \frac{\varepsilon}{2} + \frac{\varepsilon}{2} = \varepsilon,$$

即

$$\lim_{n \to \infty} \int_0^1 \frac{n}{n^2 x^2 + 1} [f(x) - f(0)] \mathrm{d}x = 0,$$

因此

$$\lim_{n \to \infty} \int_0^1 \frac{n}{n^2 x^2 + 1} f(x) \mathrm{d}x = \frac{\pi}{2} 。$$

第四届全国大学生数学竞赛预赛试题及参考解答
(非数学类,2012)

试 题

一、(共 5 小题,每小题 6 分,共 30 分,要求写出重要步骤) 解答下列各题。

(1) 求极限 $\lim\limits_{n\to\infty}(n!)^{\frac{1}{n^2}}$。

(2) 求通过直线 $L:\begin{cases}2x+y-3z+2=0,\\5x+5y-4z+3=0\end{cases}$ 的两个相互垂直的平面 π_1 和 π_2,使其中一个平面过点 $(4,-3,1)$。

(3) 已知函数 $z=u(x,y)\mathrm{e}^{ax+by}$,且 $\dfrac{\partial^2 u}{\partial x\partial y}=0$,确定常数 a 和 b,使函数 $z=z(x,y)$ 满足方程 $\dfrac{\partial^2 z}{\partial x\partial y}-\dfrac{\partial z}{\partial x}-\dfrac{\partial z}{\partial y}+z=0$。

(4) 设函数 $u=u(x)$ 连续可微,$u(2)=1$,且 $\int_L (x+2y)u\mathrm{d}x+(x+u^3)u\mathrm{d}y$ 在右半平面上与路径无关,求 $u(x)$。

(5) 求极限 $\lim\limits_{x\to+\infty}\sqrt[3]{x}\int_x^{x+1}\dfrac{\sin t}{\sqrt{t+\cos t}}\mathrm{d}t$。

二、(10 分) 计算 $\displaystyle\int_0^{+\infty}\mathrm{e}^{-2x}\mid\sin x\mid\mathrm{d}x$。

三、(10 分) 求方程 $x^2\sin\dfrac{1}{x}=2x-501$ 的近似解(精确到 0.001)。

四、(12 分) 设函数 $y=f(x)$ 二阶可导,且 $f''(x)>0$,$f(0)=0$,$f'(0)=0$,求 $\lim\limits_{x\to 0}\dfrac{x^3 f(u)}{f(x)\sin^3 u}$,其中 u 是曲线 $y=f(x)$ 上点 $P(x,f(x))$ 处的切线在 x 轴上的截距。

五、(12 分) 求最小实数 C,使得满足 $\displaystyle\int_0^1\mid f(x)\mid\mathrm{d}x=1$ 的连续函数 $f(x)$ 都有 $\displaystyle\int_0^1 f(\sqrt{x})\mathrm{d}x\leqslant C$。

六、(12 分) 设 $f(x)$ 为连续函数,$t>0$。区域 Ω 是由抛物面 $z=x^2+y^2$ 和球面 $x^2+y^2+z^2=t^2\,(t>0)$ 所围起来的部分。定义三重积分 $F(t)=\iiint\limits_{\Omega}f(x^2+y^2+z^2)\mathrm{d}v$。求 $F(t)$ 的导数 $F'(t)$。

七、(14 分) 设 $\sum\limits_{n=1}^{\infty}a_n$ 与 $\sum\limits_{n=1}^{\infty}b_n$ 为正项级数,

(1) 若 $\lim\limits_{n\to\infty}\left(\dfrac{a_n}{a_{n+1}b_n}-\dfrac{1}{b_{n+1}}\right)>0$,则 $\sum\limits_{n=1}^{\infty}a_n$ 收敛;

(2) 若 $\lim\limits_{n\to\infty}\left(\dfrac{a_n}{a_{n+1}b_n}-\dfrac{1}{b_{n+1}}\right)<0$，且 $\sum\limits_{n=1}^{\infty}b_n$ 发散，则 $\sum\limits_{n=1}^{\infty}a_n$ 发散。

参 考 解 答

一、解　（1）因为 $(n!)^{\frac{1}{n^2}}=\mathrm{e}^{\frac{1}{n^2}\ln(n!)}$，而

$$\frac{1}{n^2}\ln(n!)\leqslant\frac{1}{n}\left(\frac{\ln1}{1}+\frac{\ln2}{2}+\cdots+\frac{\ln n}{n}\right),\qquad\text{且}\ \lim_{n\to\infty}\frac{\ln n}{n}=0,$$

所以　　　　　　　　　　$\lim\limits_{n\to\infty}\dfrac{1}{n}\left(\dfrac{\ln1}{1}+\dfrac{\ln2}{2}+\cdots+\dfrac{\ln n}{n}\right)=0,$

即　　　　　　　　$\lim\limits_{n\to\infty}\dfrac{1}{n^2}\ln(n!)=0,$　　故　　$\lim\limits_{n\to\infty}(n!)^{\frac{1}{n^2}}=1。$

（2）过直线 L 的平面束为

$$\lambda(2x+y-3z+2)+\mu(5x+5y-4z+3)=0,$$

即　　　　$(2\lambda+5\mu)x+(\lambda+5\mu)y-(3\lambda+4\mu)z+(2\lambda+3\mu)=0,$

若平面 π_1 过点 $(4,-3,1)$，代入得 $\lambda+\mu=0$，即 $\mu=-\lambda$，从而 π_1 的方程为

$$3x+4y-z+1=0,$$

若平面束中的平面 π_2 与 π_1 垂直，则

$$3\cdot(2\lambda+5\mu)+4\cdot(\lambda+5\mu)+1\cdot(3\lambda+4\mu)=0,$$

解得 $\lambda=-3\mu$，从而平面 π_2 的方程为 $x-2y-5z+3=0$。

（3）　$\dfrac{\partial z}{\partial x}=\mathrm{e}^{ax+by}\left[\dfrac{\partial u}{\partial x}+au(x+y)\right],\qquad\dfrac{\partial z}{\partial y}=\mathrm{e}^{ax+by}\left[\dfrac{\partial u}{\partial y}+bu(x+y)\right],$

$$\frac{\partial^2z}{\partial x\partial y}=\mathrm{e}^{ax+by}\left[b\frac{\partial u}{\partial x}+a\frac{\partial u}{\partial y}+abu(x,y)\right]。$$

$$\frac{\partial^2z}{\partial x\partial y}-\frac{\partial z}{\partial x}-\frac{\partial z}{\partial y}+z=\mathrm{e}^{ax+by}\left[(b-1)\frac{\partial u}{\partial x}+(a-1)\frac{\partial u}{\partial y}+(ab-a-b+1)u(x,y)\right],$$

若使 $\dfrac{\partial^2z}{\partial x\partial y}-\dfrac{\partial z}{\partial x}-\dfrac{\partial z}{\partial y}+z=0$，只有

$$(b-1)\frac{\partial u}{\partial x}+(a-1)\frac{\partial u}{\partial y}+(ab-a-b+1)u(x,y)=0,\qquad\text{即}\quad a=b=1。$$

（4）由 $\dfrac{\partial}{\partial x}(u[x+u^3])=\dfrac{\partial}{\partial y}((x+2y)u)$，得 $(x+4u^3)u'=u$，即 $\dfrac{\mathrm{d}x}{\mathrm{d}u}-\dfrac{1}{u}x=4u^2$。

方程通解为

$$x=\mathrm{e}^{\ln u}\left(\int4u^2\mathrm{e}^{-\ln u}\mathrm{d}u+C\right)=u\left(\int4u\mathrm{d}u+C\right)=u(2u^2+C)。$$

由 $u(2)=1$ 得 $C=0$，故 $u=\left(\dfrac{x}{2}\right)^{1/3}$。

（5）因为当 $x>1$ 时，

$$\left|\sqrt[3]{x}\int_x^{x+1}\frac{\sin t}{\sqrt{t}+\cos t}\mathrm{d}t\right|\leqslant\sqrt[3]{x}\int_x^{x+1}\frac{\mathrm{d}t}{\sqrt{t-1}}\leqslant2\sqrt[3]{x}(\sqrt{x}-\sqrt{x-1})$$

$$= 2\frac{\sqrt[3]{x}}{\sqrt{x}+\sqrt{x-1}} \to 0(x \to \infty),$$

所以
$$\lim_{x \to \infty}\sqrt[3]{x}\int_x^{x+1}\frac{\sin t}{\sqrt{t}+\cos t}\mathrm{d}t = 0。$$

二、解 由于

$$\int_0^{n\pi}\mathrm{e}^{-2x}\mid\sin x\mid\mathrm{d}x = \sum_{k=1}^{n}\int_{(k-1)\pi}^{k\pi}\mathrm{e}^{-2x}\mid\sin x\mid\mathrm{d}x = \sum_{k=1}^{n}\int_{(k-1)\pi}^{k\pi}(-1)^{k-1}\mathrm{e}^{-2x}\sin x\mathrm{d}x,$$

应用分部积分法,有

$$\int_{(k-1)\pi}^{k\pi}(-1)^{k-1}\mathrm{e}^{-2x}\sin x\mathrm{d}x = \frac{1}{5}\mathrm{e}^{-2k\pi}(1+\mathrm{e}^{2\pi}),$$

所以

$$\int_0^{n\pi}\mathrm{e}^{-2x}\mid\sin x\mid\mathrm{d}x = \frac{1}{5}(1+\mathrm{e}^{2\pi})\sum_{k=1}^{n}\mathrm{e}^{-2k\pi} = \frac{1}{5}(1+\mathrm{e}^{2\pi})\frac{\mathrm{e}^{-2\pi}-\mathrm{e}^{-2(n+1)\pi}}{1-\mathrm{e}^{-2\pi}}。$$

当 $n\pi \leqslant x < (n+1)\pi$ 时

$$\int_0^{n\pi}\mathrm{e}^{-2x}\mid\sin x\mid\mathrm{d}x \leqslant \int_0^x\mathrm{e}^{-2x}\mid\sin x\mid\mathrm{d}x < \int_0^{(n+1)\pi}\mathrm{e}^{-2x}\mid\sin x\mid\mathrm{d}x,$$

令 $n \to \infty$,由夹挤法则,得

$$\int_0^{\infty}\mathrm{e}^{-2x}\mid\sin x\mid\mathrm{d}x = \lim_{x \to \infty}\int_0^x\mathrm{e}^{-2x}\mid\sin x\mid\mathrm{d}x = \frac{1}{5}\frac{\mathrm{e}^{2\pi}+1}{\mathrm{e}^{2\pi}-1}。$$

注 如果最后不用夹挤法则,而用 $\int_0^{\infty}\mathrm{e}^{-2x}\mid\sin x\mid\mathrm{d}x = \lim_{n \to \infty}\int_0^{n\pi}\mathrm{e}^{-2x}\mid\sin x\mid\mathrm{d}x = \frac{1}{5}\frac{\mathrm{e}^{2\pi}+1}{\mathrm{e}^{2\pi}-1}$,需先说明 $\int_0^{\infty}\mathrm{e}^{-2x}\mid\sin x\mid\mathrm{d}x$ 收敛。

三、解 由泰勒公式 $\sin t = t - \frac{\sin(\theta t)}{2}t^2 (0<\theta<1)$,令 $t = \frac{1}{x}$,得 $\sin\frac{1}{x} = \frac{1}{x} - \frac{\sin\left(\frac{\theta}{x}\right)}{2x^2}$,代入原方程得

$$x - \frac{1}{2}\sin\left(\frac{\theta}{x}\right) = 2x - 501, \quad 即 \quad x = 501 - \frac{1}{2}\sin\left(\frac{\theta}{x}\right),$$

由此知 $x > 500, 0 < \frac{\theta}{x} < \frac{1}{500}$,

$$\mid x - 501 \mid = \frac{1}{2}\left|\sin\left(\frac{\theta}{x}\right)\right| \leqslant \frac{1}{2}\frac{\theta}{x} < \frac{1}{1000} = 0.001,$$

所以,$x = 501$ 即为满足题设条件的解。

四、解 曲线 $y = f(x)$ 在点 $P(x,f(x))$ 处的切线方程为
$$Y - f(x) = f'(x)(X-x),$$

令 $Y = 0$,则有 $X = x - \frac{f(x)}{f'(x)}$,由此 $u = x - \frac{f(x)}{f'(x)}$,且有

$$\lim_{x\to 0}u = \lim_{x\to 0}\left(x - \frac{f(x)}{f'(x)}\right) = -\lim_{x\to 0}\frac{\dfrac{f(x)-f(0)}{x}}{\dfrac{f'(x)-f'(0)}{x}} = \frac{f'(0)}{f''(0)} = 0,$$

由 $f(x)$ 在 $x = 0$ 处的二阶泰勒公式

$$f(x) = f(0) + f'(0)x + \frac{f''(0)}{2}x^2 + o(x^2) = \frac{f''(0)}{2}x^2 + o(x^2),$$

得

$$\lim_{x\to 0}\frac{u}{x} = 1 - \lim_{x\to 0}\frac{f(x)}{xf'(x)} = 1 - \lim_{x\to 0}\frac{\dfrac{f''(0)}{2}x^2 + o(x^2)}{xf'(x)}$$

$$= 1 - \frac{1}{2}\lim_{x\to 0}\frac{f''(0)+o(1)}{\dfrac{f'(x)-f'(0)}{x}} = 1 - \frac{1}{2}\frac{f''(0)}{f''(0)} = \frac{1}{2}.$$

所以

$$\lim_{x\to 0}\frac{x^3 f(u)}{f(x)\sin^3 u} = \lim_{x\to 0}\frac{x^3\left(\dfrac{f''(0)}{2}u^2 + o(u^2)\right)}{u^3\left(\dfrac{f''(0)}{2}x^2 + o(x^2)\right)} = \lim_{x\to 0}\frac{x}{u} = 2.$$

五、解　由于　$\displaystyle\int_0^1 | f(\sqrt{x}) |\,\mathrm{d}x = \int_0^1 | f(t) | 2t\mathrm{d}t \leqslant 2\int_0^1 | f(t) |\,\mathrm{d}t = 2,$

取 $f_n(x) = (n+1)x^n$，则　$\displaystyle\int_0^1 | f_n(x) |\,\mathrm{d}x = \int_0^1 f_n(x)\mathrm{d}x = 1,$

而　$\displaystyle\int_0^1 f_n(\sqrt{x})\mathrm{d}x = 2\int_0^1 tf_n(t)\mathrm{d}t = 2\frac{n+1}{n+2} = 2\left(1 - \frac{1}{n+2}\right) \to 2(n \to \infty),$

因此最小的实数 $C = 2$。

六、解　　方法一　记 $g = g(t) = \dfrac{\sqrt{1+4t^2}-1}{2}$，则 Ω 在 xOy 平面上的投影为 $x^2 + y^2 \leqslant g$。

在曲线 $S:\begin{cases} x^2 + y^2 = z, \\ x^2 + y^2 + z^2 = t^2 \end{cases}$ 上任取一点 (x,y,z)，则原点到该点的射线和 z 轴的夹角为 $\theta_t = \arccos\dfrac{z}{t} = \arccos\dfrac{g}{t}$。取 $\Delta t > 0$，则 $\theta_t > \theta_{t+\Delta t}$。对于固定的 $t > 0$，考虑积分差 $F(t+\Delta t) - F(t)$，这是一个在厚度为 Δt 的球壳上的积分。原点到球壳边缘上的点的射线和 z 轴夹角在 $\theta_{t+\Delta t}$ 和 θ_t 之间。我们使用球坐标变换来做这个积分，由积分的连续性可知，存在 $\alpha = \alpha(\Delta t)$，$\theta_{t+\Delta t} \leqslant \alpha \leqslant \theta_t$，使得

$$F(t+\Delta t) - F(t) = \int_0^{2\pi}\mathrm{d}\varphi\int_0^\alpha \mathrm{d}\theta\int_t^{t+\Delta t} f(r^2)r^2 \sin\theta\,\mathrm{d}r,$$

这样就有 $F(t+\Delta t) - F(t) = 2\pi(1-\cos\alpha)\displaystyle\int_t^{t+\Delta t} f(r^2)r^2\,\mathrm{d}r$。而当 $\Delta t \to 0^+$ 时，

$$\cos\alpha \to \cos\theta_t = \frac{g(t)}{t}, \qquad \frac{1}{\Delta t}\int_t^{t+\Delta t} f(r^2)r^2\,\mathrm{d}r \to t^2 f(t^2).$$

故 $F(t)$ 的右导数为

$$2\pi\left(1 - \frac{g(t)}{t}\right)t^2 f(t^2) = \pi(2t + 1 - \sqrt{1 + 4t^2})tf(t^2)。$$

当 $\Delta t < 0$，考虑 $F(t) - F(t + \Delta t)$，可以得到同样的左导数。因此

$$F'(t) = \pi(2t + 1 - \sqrt{1 + 4t^2})tf(t^2)。$$

方法二　令 $\begin{cases} x = r\cos\theta, \\ y = r\sin\theta, \\ z = z, \end{cases}$ 则 $\Omega:\begin{cases} 0 \leqslant \theta \leqslant 2\pi, \\ 0 \leqslant r \leqslant a, \\ r^2 \leqslant z \leqslant \sqrt{t^2 - r^2}, \end{cases}$ 　其中 a 满足 $a^2 + a^4 = t^2$，

$a = \dfrac{\sqrt{1 + 4t^2} - 1}{2}$，故有

$$F(t) = \int_0^{2\pi} d\theta \int_0^a r dr \int_{r^2}^{\sqrt{t^2 - r^2}} f(r^2 + z^2) dz = 2\pi \int_0^a r\left(\int_{r^2}^{\sqrt{t^2 - r^2}} f(r^2 + z^2) dz\right) dr$$

从而有

$$F'(t) = 2\pi\left(a\int_{a^2}^{\sqrt{t^2 - a^2}} f(a^2 + z^2) dz \frac{da}{dt} + \int_0^a rf(r^2 + t^2 - r^2)\frac{t}{\sqrt{t^2 - r^2}} dr\right)$$

注意到 $\sqrt{t^2 - a^2} = a^2$，第一个积分为 0，得到

$$F'(t) = 2\pi f(t^2)t\int_0^a r\frac{1}{\sqrt{t^2 - r^2}} dr = -\pi tf(t^2)\int_0^a \frac{d(t^2 - r^2)}{\sqrt{t^2 - r^2}},$$

所以　　　$$F'(t) = 2\pi tf(t^2)(t - a^2) = \pi tf(t^2)(2t + 1 - \sqrt{1 + 4t^2})。$$

七、证明　（1）设 $\lim\limits_{n\to\infty}\left(\dfrac{a_n}{a_{n+1}b_n} - \dfrac{1}{b_{n+1}}\right) = 2\delta > \delta > 0$，则存在 $N \in \mathbf{N}$，对于任意的

$n \geqslant N$，有

$$\frac{a_n}{a_{n+1}}\frac{1}{b_n} - \frac{1}{b_{n+1}} > \delta, \quad \frac{a_n}{b_n} - \frac{a_{n+1}}{b_{n+1}} > \delta a_{n+1}, \quad a_{n+1} < \frac{1}{\delta}\left(\frac{a_n}{b_n} - \frac{a_{n+1}}{b_{n+1}}\right),$$

$$\sum_{n=N}^m a_{n+1} \leqslant \frac{1}{\delta}\sum_{n=N}^m \left(\frac{a_n}{b_n} - \frac{a_{n+1}}{b_{n+1}}\right) \leqslant \frac{1}{\delta}\left(\frac{a_N}{b_N} - \frac{a_{m+1}}{b_{m+1}}\right) \leqslant \frac{1}{\delta}\frac{a_N}{b_N},$$

因而 $\sum\limits_{n=1}^{\infty} a_n$ 的部分和有上界，从而 $\sum\limits_{n=1}^{\infty} a_n$ 收敛。

（2）若 $\lim\limits_{n\to\infty}\left(\dfrac{a_n}{a_{n+1}}\dfrac{1}{b_n} - \dfrac{1}{b_{n+1}}\right) < \delta < 0$，则存在 $N \in \mathbf{N}$，对于任意的 $n \geqslant N$，有

$$\frac{a_n}{a_{n+1}} < \frac{b_n}{b_{n+1}},$$

$$a_{n+1} > \frac{b_{n+1}}{b_n}a_n > \cdots > \frac{b_{n+1}}{b_n}\frac{b_n}{b_{n-1}}\cdots\frac{b_{N+1}}{b_N}a_N = \frac{a_N}{b_N}b_{n+1},$$

于是由 $\sum\limits_{n=1}^{\infty} b_n$ 发散，得到 $\sum\limits_{n=1}^{\infty} a_n$ 发散。

第四届全国大学生数学竞赛决赛试题及参考解答
（非数学类，2013）

试　　题

一、（25分）简答下列各题。

（1）计算 $\lim\limits_{x \to 0^+} \left[\ln(x\ln a) \cdot \ln\left(\dfrac{\ln ax}{\ln \dfrac{x}{a}} \right) \right]$ $(a > 1)$。

（2）设 $f(u,v)$ 具有连续偏导数，且满足 $f_u(u,v) + f_v(u,v) = uv$，求 $y(x) = e^{-2x}f(x,x)$ 所满足的一阶微分方程，并求其通解。

（3）求在 $[0,+\infty)$ 上的可微函数 $f(x)$，使 $f(x) = e^{-u(x)}$，其中 $u = \int_0^x f(t)\mathrm{d}t$。

（4）计算不定积分 $\displaystyle\int x\arctan x \ln(1+x^2)\mathrm{d}x$。

（5）过直线 $\begin{cases} 10x + 2y - 2z = 27, \\ x + y - z = 0 \end{cases}$ 作曲面 $3x^2 + y^2 - z^2 = 27$ 的切平面，求此切平面的方程。

二、（15分）设曲面 $\Sigma: z^2 = x^2 + y^2$，$1 \leqslant z \leqslant 2$，其面密度内常数 ρ。求在原点处的质量为 1 的质点和 Σ 之间的引力（记引力常数为 G）。

三、（15分）设 $f(x)$ 在 $[1,+\infty)$ 上连续可导，$f'(x) = \dfrac{1}{1+f^2(x)} \cdot \left[\sqrt{\dfrac{1}{x}} - \sqrt{\ln\left(1 + \dfrac{1}{x}\right)} \right]$，证明：$\lim\limits_{x \to +\infty} f(x)$ 存在。

四、（15分）设函数 $f(x)$ 在 $[-2,2]$ 上二阶可导，且 $|f(x)| < 1$，又 $f^2(0) + [f'(0)]^2 = 4$。试证在 $(-2,2)$ 内至少存在一点 ξ，使得 $f(\xi) + f''(\xi) = 0$。

五、（15分）求二重积分 $I = \displaystyle\iint\limits_{x^2+y^2 \leqslant 1} |x^2 + y^2 - x - y|\mathrm{d}x\mathrm{d}y$。

六、（15分）若对于任何收敛于零的序列 $\{x_n\}$，级数 $\displaystyle\sum_{n=1}^{\infty} a_n x_n$ 都是收敛的，试证明级数 $\displaystyle\sum_{n=1}^{\infty} |a_n|$ 收敛。

参　考　解　答

一、解　（1）$\lim\limits_{x \to 0^+} \left[\ln(x\ln a) \cdot \ln\left(\dfrac{\ln ax}{\ln \dfrac{x}{a}} \right) \right] = \lim\limits_{x \to 0^+} \ln\left(1 + \dfrac{2\ln a}{\ln x - \ln a} \right)^{\frac{\ln x - \ln a}{2\ln a} 2\ln a \frac{\ln x + \ln(\ln a)}{\ln x - \ln a}}$

$= \lim\limits_{x \to 0^+} \ln e^{\ln a^2} = 2\ln a$。

(2)$y' = -2e^{-2x}f(x,x) + e^{-2x}f_u(x,x) + e^{-2x}f_v(x,x) = -2y + x^2 e^{-2x}$,

因此,所求的一阶微分方程为

$$y' + 2y = x^2 e^{-2x},$$

解得　　　　$y = e^{-\int 2dx}\left(\int x^2 e^{-2x}e^{\int 2dx}dx + C\right) = \left(\frac{x^3}{3} + C\right)e^{-2x}$　（C 为任意常数）。

（3）由题意　　　　　　　　$e^{-\int_0^x f(t)dt} = f(x)$,

即有　　　　　　　　　　$\int_0^x f(t)dt = -\ln f(x)$,

两边求导可得

$$f'(x) = -f^2(x), \quad 且 \quad f(0) = e^0 = 1,$$

由此可求得　　　　　　　　$f(x) = \frac{1}{x+1}$。

（4）由于

$$\int x\ln(1+x^2)dx = \frac{1}{2}\int \ln(1+x^2)d(1+x^2) = \frac{1}{2}(1+x^2)\ln(1+x^2) - \frac{1}{2}x^2 + C,$$

所以原式 $= \int \arctan x\, d\left[\frac{1}{2}(1+x^2)\ln(1+x^2) - \frac{1}{2}x^2\right]$

$$= \frac{1}{2}\left[(1+x^2)\ln(1+x^2) - x^2\right]\arctan x - \frac{1}{2}\int\left[\ln(1+x^2) - \frac{x^2}{1+x^2}\right]dx$$

$$= \frac{1}{2}\arctan x\left[(1+x^2)\ln(1+x^2) - x^2 - 3\right] - \frac{x}{2}\ln(1+x^2) + \frac{3}{2}x + C。$$

（5）设 $F(x,y,z) = 3x^2 + y^2 - z^2 - 27$,则曲面法矢量为

$$\boldsymbol{n}_1 = \{F_x, F_y, F_z\} = 2\{3x, y, -z\},$$

过直线 $\begin{cases} 10x + 2y - 2z = 27, \\ x + y - z = 0 \end{cases}$ 的平面束方程为

$$10x + 2y - 2z - 27 + \lambda(x + y - z) = 0,$$

即　　　　　　$(10+\lambda)x + (2+\lambda)y - (2+\lambda)z - 27 = 0,$

其法矢量为

$$\boldsymbol{n}_2 = \{10+\lambda, 2+\lambda, -(2+\lambda)\},$$

设所求切点为 $P_0(x_0, y_0, z_0)$,则

$$\begin{cases} \dfrac{10+\lambda}{3x_0} = \dfrac{2+\lambda}{y_0} = \dfrac{2+\lambda}{z_0}, \\ 3x_0^2 + y_0^2 - z_0^2 = 27, \\ (10+\lambda)x_0 + (2+\lambda)y_0 - (2+\lambda)z_0 - 27 = 0, \end{cases}$$

解得 $x_0 = 3, y_0 = 1, z_0 = 1, \lambda = -1$,或 $x_0 = -3, y_0 = -17, z_0 = -17, \lambda = -19$,

所求切平面方程为

$$9x + y - z - 27 = 0 \quad 或 \quad 9x + 17y - 17z + 27 = 0。$$

二、解　设引力 $F = (F_x, F_y, F_z)$。由对称性知 $F_x = 0, F_y = 0$。记 $r = $

$\sqrt{x^2+y^2+z^2}$，从原点出发过点(x,y,z)的射线与 z 轴的夹角为 θ，则有 $\cos\theta=\dfrac{z}{r}$。

质点和面积微元 $\mathrm{d}S$ 之间的引力为 $\mathrm{d}F=G\dfrac{\rho\mathrm{d}S}{r^2}$，而 $\mathrm{d}F_z=G\dfrac{\rho\mathrm{d}S}{r^2}\cos\theta=G\rho\dfrac{z}{r^3}\mathrm{d}S$，从而

$$F_z=\int_{\Sigma}G\rho\,\frac{z}{r^3}\mathrm{d}S。$$

在 z 轴上的区间 $[1,2]$ 上取小区间 $[z,z+\mathrm{d}z]$，相应于该小区间有

$$\mathrm{d}S=2\pi z\sqrt{2}\mathrm{d}z=2\sqrt{2}\pi z\mathrm{d}z。$$

而 $r=\sqrt{2z^2}=\sqrt{2}z$，应有

$$F_z=\int_1^2 G\rho\,\frac{2\sqrt{2}\pi z^2}{2\sqrt{2}z^3}\mathrm{d}z=G\rho\pi\int_1^2\frac{1}{z}\mathrm{d}z=G\rho\pi\ln 2。$$

三、证明 当 $t>0$ 时，对函数 $\ln(1+x)$ 在区间 $[0,t]$ 上用拉格朗日中值定理，有

$$\ln(1+t)=\frac{t}{1+\xi},\quad 0<\xi<t。$$

由此得

$$\frac{t}{1+t}<\ln(1+t)<t,$$

取 $t=\dfrac{1}{x}$，有

$$\frac{1}{1+x}<\ln\Big(1+\frac{1}{x}\Big)<\frac{1}{x},$$

所以，当 $x\geqslant 1$ 时，有 $f'(x)>0$，即 $f(x)$ 在 $[1,+\infty)$ 上单调增加。又

$$f'(x)\leqslant\sqrt{\frac{1}{x}}-\sqrt{\ln\Big(1+\frac{1}{x}\Big)}\leqslant\sqrt{\frac{1}{x}}-\sqrt{\frac{1}{x+1}}=\frac{\sqrt{x+1}-\sqrt{x}}{\sqrt{x}\,\sqrt{x+1}}$$

$$=\frac{1}{\sqrt{x(x+1)}(\sqrt{x+1}+\sqrt{x})}\leqslant\frac{1}{2\sqrt{x^3}},$$

故 $\displaystyle\int_1^x f'(t)\mathrm{d}t\leqslant\int_1^x\frac{1}{2\sqrt{t^3}}\mathrm{d}t$，从而 $f(x)-f(1)\leqslant 1-\dfrac{1}{\sqrt{x}}\leqslant 1$，

即 $f(x)\leqslant f(1)+1$，$f(x)$ 有上界。

由于 $f(x)$ 在 $[1,+\infty)$ 上单调增加且有上界，所以 $\lim\limits_{x\to+\infty}f(x)$ 存在。

四、证明 在 $[-2,0]$ 与 $[0,2]$ 上分别对 $f(x)$ 应用拉格朗日中值定理，可知存在 $\xi_1\in(-2,0)$，$\xi_2\in(0,2)$，使得

$$f'(\xi_1)=\frac{f(0)-f(-2)}{2},\quad f'(\xi_2)=\frac{f(2)-f(0)}{2}。$$

由于 $|f(x)|<1$，所以 $|f'(\xi_1)|\leqslant 1$，$|f'(\xi_2)|\leqslant 1$。

设 $F(x)=f^2(x)+[f'(x)]^2$，则

$$|F(\xi_1)|\leqslant 2,\quad |F(\xi_2)|\leqslant 2。\qquad\qquad ①$$

由于 $F(0)=f^2(0)+[f'(0)]^2=4$，且 $F(x)$ 为 $[\xi_1,\xi_2]$ 上的连续函数，应用闭区间上连续函数的最大值定理，$F(x)$ 在 $[\xi_1,\xi_2]$ 上必定能够取得最大值，设为 M。则当 ξ 为

$F(x)$ 的最大值点时，$M = F(\xi) \geqslant 4$，由式 ① 知 $\xi \in (\xi_1, \xi_2)$。

所以 ξ 必是 $F(x)$ 的极大值点。注意到 $F(x)$ 可导，由极值的必要条件可知

$$F'(\xi) = 2f'(\xi)[f(\xi) + f''(\xi)] = 0。$$

由于 $F(\xi) = f^2(\xi) + [f'(\xi)]^2 \geqslant 4$，$|f(\xi)| \leqslant 1$，可知 $f'(\xi) \neq 0$。由上式知

$$f(\xi) + f''(\xi) = 0。$$

五、解　　由对称性，可以只考虑区域 $y \geqslant x$，由极坐标变换得

$$I = 2\int_{\pi/4}^{5\pi/4} \mathrm{d}\varphi \int_0^1 \left| r - \sqrt{2}\sin\left(\varphi + \frac{\pi}{4}\right) \right| r^2 \mathrm{d}r = 2\int_0^{\pi} \mathrm{d}\varphi \int_0^1 |r - \sqrt{2}\cos\varphi| r^2 \mathrm{d}r，$$

后一个积分里，(φ, r) 所在的区域为矩形 $D: 0 \leqslant \varphi \leqslant \pi, 0 \leqslant r \leqslant 1$。把 D 分解为 $D_1 \bigcup D_2$，其中

$$D_1: 0 \leqslant \varphi \leqslant \frac{\pi}{2}, 0 \leqslant r \leqslant 1, \quad D_2: \frac{\pi}{2} \leqslant \varphi \leqslant \pi, 0 \leqslant r \leqslant 1。$$

又记 $D_3: \frac{\pi}{4} \leqslant \varphi \leqslant \frac{\pi}{2}, \sqrt{2}\cos\varphi \leqslant r \leqslant 1$，这里 D_3 是 D_1 的子集，且记

$$I_i = \iint_{D_i} \mathrm{d}\varphi \mathrm{d}r |r - \sqrt{2}\cos\varphi| r^2 (i = 1, 2, 3)，$$

则

$$I = 2(I_1 + I_2)。$$

注意到 $(r - \sqrt{2}\cos\varphi)r^2$ 在 $D_1 \backslash D_3, D_2, D_3$ 的符号分别为负，正，正。则

$$I_3 = \int_{\pi/4}^{\pi/2} \mathrm{d}\varphi \int_{\sqrt{2}\cos\varphi}^1 (r - \sqrt{2}\cos\varphi)r^2 \mathrm{d}r = \frac{3\pi}{32} + \frac{1}{4} - \frac{\sqrt{2}}{3}，$$

$$I_1 = \iint_{D_1} (\sqrt{2}\cos\varphi - r)r^2 \mathrm{d}\varphi\mathrm{d}r + 2I_3 = \frac{\sqrt{2}}{3} - \frac{\pi}{8} + 2I_3 = \frac{\pi}{16} + \frac{1}{2} - \frac{\sqrt{2}}{3}，$$

$$I_2 = \iint_{D_2} (r - \sqrt{2}\cos\varphi)r^2 \mathrm{d}\varphi\mathrm{d}r = \frac{\pi}{8} + \frac{\sqrt{2}}{3}，$$

所以就有

$$I = 2(I_1 + I_2) = 1 + \frac{3\pi}{8}。$$

六、证明　　用反证法。若 $\sum_{n=1}^{\infty} |a_n|$ 发散，必有 $\sum_{n=1}^{\infty} |a_n| = \infty$，则存在自然数 $m_1 < m_2 < \cdots < m_k < \cdots$，使得

$$\sum_{i=1}^{m_1} |a_i| \geqslant 1, \quad \sum_{i=m_{k-1}+1}^{m_k} |a_i| \geqslant k (k = 2, 3, \cdots)。$$

取 $x_i = \frac{1}{k}\mathrm{sgn}a_i (m_{k-1} \leqslant i \leqslant m_k)$，则

$$\sum_{i=m_{k-1}+1}^{m_k} a_i x_i = \sum_{i=m_{k-1}+1}^{m_k} \frac{|a_i|}{k} \geqslant 1。$$

由此可知，存在数列 $\{x_n\} \to 0 (n \to \infty)$，使得 $\sum_{n=1}^{\infty} a_n x_n$ 发散，矛盾。所以 $\sum_{n=1}^{\infty} |a_n|$ 收敛。

第五届全国大学生数学竞赛预赛试题及参考解答
（非数学类,2013）

试 题

一、(共 4 小题,每小题 6 分,共 24 分) 解答下列各题。

(1) 求极限 $\lim\limits_{n\to\infty}(1+\sin\pi\sqrt{1+4n^2})^n$。

(2) 证明广义积分 $\int_0^{+\infty}\dfrac{\sin x}{x}\mathrm{d}x$ 不是绝对收敛的。

(3) 设函数 $y=y(x)$ 由 $x^3+3x^2y-2y^3=2$ 确定,求 $y(x)$ 的极值。

(4) 过曲线 $y=\sqrt[3]{x}\,(x\geqslant 0)$ 上的点 A 作切线,使该切线与曲线及 x 轴所围成的平面图形的面积为 $\dfrac{3}{4}$,求点 A 的坐标。

二、(12 分) 计算定积分 $I=\int_{-\pi}^{\pi}\dfrac{x\sin x\cdot\arctan \mathrm{e}^x}{1+\cos^2 x}\mathrm{d}x$。

三、(12 分) 设 $f(x)$ 在 $x=0$ 处存在二阶导数 $f''(0)$,且 $\lim\limits_{x\to 0}\dfrac{f(x)}{x}=0$。证明:级数 $\sum\limits_{n=1}^{\infty}\left|f\left(\dfrac{1}{n}\right)\right|$ 收敛。

四、(10 分) 设 $|f(x)|\leqslant\pi,f'(x)\geqslant m>0\ (a\leqslant x\leqslant b)$,证明:$\left|\int_a^b\sin f(x)\mathrm{d}x\right|\leqslant\dfrac{2}{m}$。

五、(14 分) 设 Σ 是一个光滑封闭曲面,方向朝外。给定第二型曲面积分

$$I=\iint\limits_{\Sigma}(x^3-x)\mathrm{d}y\mathrm{d}z+(2y^3-y)\mathrm{d}z\mathrm{d}x+(3z^3-z)\mathrm{d}x\mathrm{d}y。$$

试确定曲面 Σ,使得积分 I 的值最小,并求该最小值。

六、(14 分) 设 $I_a(r)=\int_C\dfrac{y\mathrm{d}x-x\mathrm{d}y}{(x^2+y^2)^a}$,其中 a 为常数,曲线 C 为椭圆 $x^2+xy+y^2=r^2$,取正向。求极限 $\lim\limits_{r\to+\infty}I_a(r)$。

七、(14 分) 判断级数 $\sum\limits_{n=1}^{\infty}\dfrac{1+\dfrac{1}{2}+\cdots+\dfrac{1}{n}}{(n+1)(n+2)}$ 的敛散性,若收敛,求其和。

参 考 解 答

一、(1) 解   因为 $\sin(\pi\sqrt{1+4n^2})=\sin(\pi\sqrt{1+4n^2}-2n\pi)$

$$=\sin\dfrac{\pi^2}{2n\pi+\pi\sqrt{1+4n^2}},$$

所以

$$原式 = \lim_{n\to\infty}\left(1 + \sin\frac{\pi}{2n + \sqrt{1+4n^2}}\right)^n = \exp\left[\lim_{n\to\infty}n\ln\left(1 + \sin\frac{\pi}{2n + \sqrt{1+4n^2}}\right)\right]$$

$$= \exp\left(\lim_{n\to\infty}n\sin\frac{\pi}{2n + \sqrt{1+4n^2}}\right) = \exp\left(\lim_{n\to\infty}\frac{\pi n}{2n + \sqrt{1+4n^2}}\right) = e^{\frac{\pi}{4}}.$$

（2）**证明**　记 $a_n = \int_{n\pi}^{(n+1)\pi}\frac{|\sin x|}{x}dx$，只要证明 $\sum_{n=0}^{\infty}a_n$ 发散。因为

$$a_n \geqslant \frac{1}{(n+1)\pi}\int_{n\pi}^{(n+1)\pi}|\sin x|dx = \frac{1}{(n+1)\pi}\int_0^{\pi}\sin x\,dx = \frac{2}{(n+1)\pi},$$

而 $\sum_{n=0}^{\infty}\frac{2}{(n+1)\pi}$ 发散，故 $\sum_{n=0}^{\infty}a_n$ 发散。

（3）**解**　方程两边对 x 求导，得

$$3x^2 + 6xy + 3x^2 y' - 6y^2 y' = 0,$$

故 $y' = \dfrac{x(x+2y)}{2y^2 - x^2}$，令 $y' = 0$，得 $x(x+2y) = 0 \Rightarrow x = 0$ 或 $x = -2y$。将 $x = 0$ 和 $x = -2y$ 代入所给方程，得

$$\begin{cases} x = 0, \\ y = -1 \end{cases} \quad 和 \quad \begin{cases} x = -2, \\ y = 1. \end{cases}$$

又 $y'' = \dfrac{(2y^2 - x^2)(2x + 2xy' + 2y) + (x^2 + 2xy)(4yy' - 2x)}{(2y^2 - x^2)^2}\bigg|_{\substack{x=0 \\ y=-1 \\ y'=0}} = -1 < 0,$

$$y''\bigg|_{\substack{x=-2 \\ y=1 \\ y'=0}} = 1 > 0。$$

故 $y(0) = -1$ 为极大值，$y(-2) = 1$ 为极小值。

（4）**解**　设切点 A 的坐标为 $(t, \sqrt[3]{t})$，曲线过点 A 的切线方程为

$$y - \sqrt[3]{t} = \frac{1}{3\sqrt[3]{t^2}}(x - t),$$

令 $y = 0$，由上式可得切线与 x 轴交点

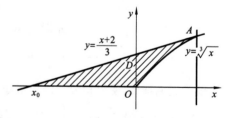

附图 1

的横坐标 $x_0 = -2t$（见附图 1）。所以平面图形的面积 $S = \triangle Ax_0 t$ 的面积 - 曲边梯形 OtA 的面积

$$S = \frac{1}{2}\sqrt[3]{t} \cdot 3t - \int_0^t \sqrt[3]{x}\,dx = \frac{3}{4}t\sqrt[3]{t} = \frac{3}{4} \Rightarrow t = 1,$$

故 A 的坐标为 $(1,1)$。

二、解　$I = \displaystyle\int_{-\pi}^0 \frac{x\sin x \cdot \arctan e^x}{1 + \cos^2 x}dx + \int_0^{\pi} \frac{x\sin x \cdot \arctan e^x}{1 + \cos^2 x}dx$

$$= \int_0^{\pi} \frac{x\sin x \cdot \arctan e^{-x}}{1 + \cos^2 x}dx + \int_0^{\pi} \frac{x\sin x \cdot \arctan e^x}{1 + \cos^2 x}dx$$

$$= \int_0^\pi (\arctan e^x + \arctan e^{-x}) \frac{x \sin x}{1 + \cos^2 x} dx = \frac{\pi}{2} \int_0^\pi \frac{x \sin x}{1 + \cos^2 x} dx$$

$$= \left(\frac{\pi}{2}\right)^2 \int_0^\pi \frac{\sin x}{1 + \cos^2 x} dx = -\left(\frac{\pi}{2}\right)^2 \arctan(\cos x) \Big|_0^\pi = \frac{\pi^3}{8}.$$

三、证明　由于 $f(x)$ 在 $x = 0$ 处连续,且 $\lim\limits_{x \to 0} \dfrac{f(x)}{x} = 0$,所以

$$f(0) = \lim_{x \to 0} f(x) = \lim_{x \to 0} \frac{f(x)}{x} \cdot x = 0,$$

$$f'(0) = \lim_{x \to 0} \frac{f(x) - f(0)}{x - 0} = 0.$$

应用洛必达法则,

$$\lim_{x \to 0} \frac{f(x)}{x^2} = \lim_{x \to 0} \frac{f'(x)}{2x} = \lim_{x \to 0} \frac{f'(x) - f'(0)}{2(x - 0)} = \frac{1}{2} f''(0).$$

所以

$$\lim_{n \to 0} \frac{\left| f\left(\dfrac{1}{n}\right) \right|}{\dfrac{1}{n^2}} = \frac{1}{2} \mid f''(0) \mid.$$

由于级数 $\sum\limits_{n=1}^\infty \dfrac{1}{n^2}$ 收敛,从而 $\sum\limits_{n=1}^\infty \left| f\left(\dfrac{1}{n}\right) \right|$ 收敛。

四、证明　因为 $f'(x) \geqslant m > 0 (a \leqslant x \leqslant b)$,所以 $f(x)$ 在 $[a,b]$ 上严格单调增加,从而有反函数。设 $A = f(a), B = f(b), \varphi$ 是 f 的反函数,则

$$0 < \varphi'(y) = \frac{1}{f'(x)} \leqslant \frac{1}{m},$$

又 $\mid f(x) \mid \leqslant \pi$,则 $-\pi \leqslant A < B \leqslant \pi$,所以

$$\left| \int_a^b \sin f(x) dx \right| \xrightarrow{x = \varphi(y)} \left| \int_A^B \varphi'(y) \sin y dy \right| \leqslant \int_0^\pi \frac{1}{m} \sin y dy = \frac{2}{m}.$$

五、解　记 Σ 围成的立体为 V,由高斯公式,有

$$I = \iiint\limits_V (3x^2 + 6y^2 + 9z^2 - 3) dv = 3 \iiint\limits_V (x^2 + 2y^2 + 3z^2 - 1) dx dy dz.$$

为了使得 I 达到最小,就要求 V 是使得 $x^2 + 2y^2 + 3z^2 - 1 \leqslant 0$ 的最大空间区域,即

$$V = \{(x, y, z) \mid x^2 + 2y^2 + 3z^2 \leqslant 1\}.$$

所以 V 是一个椭球,Σ 是椭球 V 的表面时,积分 I 最小。

为求该最小值,作变换 $\begin{cases} x = u, \\ y = v/\sqrt{2}, \\ z = w/\sqrt{3}, \end{cases}$ 则 $\dfrac{\partial(x, y, z)}{\partial(u, v, w)} = \dfrac{1}{\sqrt{6}}$,有

$$I = \frac{3}{\sqrt{6}} \iiint\limits_{u^2 + v^2 + w^2 \leqslant 1} (u^2 + v^2 + w^2 - 1) du dv dw.$$

使用球坐标变换,有

$$I = \frac{3}{\sqrt{6}} \int_0^{2\pi} d\varphi \int_0^{\pi} d\theta \int_0^1 (r^2 - 1) r^2 \sin\theta dr = -\frac{4\sqrt{6}}{15}\pi。$$

六、解　作变换 $\begin{cases} x = (u - v)/\sqrt{2}, \\ y = (u + v)/\sqrt{2}, \end{cases}$ 曲线 C 变为 uOv 平面上的 $\Gamma : \frac{3}{2}u^2 + \frac{1}{2}v^2 = r^2$，也是取正向，且有

$$x^2 + y^2 = u^2 + v^2, \quad y dx - x dy = v du - u dv, \quad I_a(r) = \int_\Gamma \frac{v du - u dv}{(u^2 + v^2)^a}。$$

作变换 $\begin{cases} u = \sqrt{\dfrac{2}{3}} r\cos\theta, \\ v = \sqrt{2} r\sin\theta, \end{cases}$ 则有 $v du - u dv = -\dfrac{2}{\sqrt{3}} r^2 d\theta$，所以

$$I_a(r) = \frac{2}{\sqrt{3}} r^{2(1-a)} \int_0^{2\pi} \frac{d\theta}{\left(\dfrac{2}{3}\cos^2\theta + 2\sin^2\theta\right)^a} = -\frac{2}{\sqrt{3}} r^{2(1-a)} J_a,$$

其中

$$J_a = \int_0^{2\pi} \frac{d\theta}{\left(\dfrac{2}{3}\cos^2\theta + 2\sin^2\theta\right)^a}, \quad 0 < J_a < +\infty。$$

因此，当 $a > 1$ 和 $a = 1$ 时，所求极限分别为 0 和 $+\infty$。当 $a = 1$ 时，因

$$J_1 = \int_0^{2\pi} \frac{d\theta}{\dfrac{2}{3}\cos^2\theta + 2\sin^2\theta} = 4\int_0^{\frac{\pi}{2}} \frac{d(\tan\theta)}{\dfrac{2}{3} + 2\tan^2\theta} = 2\int_0^{+\infty} \frac{dt}{\dfrac{1}{3} + t^2} = \sqrt{3}\pi,$$

所以

$$I_1(r) = -\frac{2}{\sqrt{3}} J_1 = -2\pi。$$

故所求极限为

$$\lim_{r \to +\infty} I_a(r) = \begin{cases} 0, & a > 1, \\ -\infty, & a < 1, \\ -2\pi, & a = 1。 \end{cases}$$

七、解　（1）记 $a_n = 1 + \dfrac{1}{2} + \cdots + \dfrac{1}{n}, u_n = \dfrac{a_n}{(n+1)(n+2)}, n = 1, 2, \cdots$。
因为 n 充分大时

$$0 < a_n = 1 + \frac{1}{2} + \cdots + \frac{1}{n} < 1 + \int_1^n \frac{1}{x} dx = 1 + \ln n < \sqrt{n},$$

所以 $u_n \leqslant \dfrac{\sqrt{n}}{(n+1)(n+2)} < \dfrac{1}{n^{3/2}}$，而 $\displaystyle\sum_{n=1}^\infty \frac{1}{n^{3/2}}$ 收敛，所以 $\displaystyle\sum_{n=1}^\infty u_n$ 收敛。

（2）$a_k = 1 + \dfrac{1}{2} + \cdots + \dfrac{1}{k} (k = 1, 2, \cdots)$

$$S_n = \sum_{k=1}^n \frac{1 + \dfrac{1}{2} + \cdots + \dfrac{1}{k}}{(k+1)(k+2)} = \sum_{k=1}^n \frac{a_k}{(k+1)(k+2)} = \sum_{k=1}^n \left(\frac{a_k}{k+1} - \frac{a_k}{k+2}\right)$$

$$= \left(\frac{a_1}{2} - \frac{a_1}{3} \right) + \left(\frac{a_2}{3} - \frac{a_2}{4} \right) + \cdots + \left(\frac{a_{n-1}}{n} - \frac{a_{n-1}}{n+1} \right) + \left(\frac{a_n}{n+1} - \frac{a_n}{n+2} \right)$$

$$= \frac{1}{2}a_1 + \frac{1}{3}(a_2 - a_1) + \frac{1}{4}(a_3 - a_2) + \cdots + \frac{1}{n+1}(a_n - a_{n-1}) - \frac{1}{n+2}a_n$$

$$= \left(\frac{1}{1 \cdot 2} + \frac{1}{2 \cdot 3} + \frac{1}{3 \cdot 4} + \cdots + \frac{1}{n \cdot (n-1)} \right) - \frac{1}{n+2}a_n$$

$$= 1 - \frac{1}{n+1} - \frac{1}{n+2}a_n \text{。}$$

因为 $0 < a_n < 1 + \ln n$，所以 $0 < \frac{a_n}{n+2} < \frac{1+\ln n}{n+2}$，且 $\lim\limits_{n \to \infty} \frac{1+\ln n}{n+2} = 0$。所以 $\lim\limits_{n \to \infty} \frac{a_n}{n+2} = 0$。于是 $S = \lim\limits_{n \to \infty} S_n = 1 - 0 - 0 = 1$。证毕。

第五届全国大学生数学竞赛决赛试题及参考解答
（非数学类，2014）

试　　题

一、（本题共 28 分，每小题 7 分）解答下列各题。

(1) 计算积分 $\int_0^{2\pi} x \int_x^{2\pi} \dfrac{\sin^2 t}{t^2} \mathrm{d}t \mathrm{d}x$。

(2) 设 $f(x)$ 是 $[0,1]$ 上的连续函数，且满足 $\int_0^1 f(x)\mathrm{d}x = 1$，求一个这样的函数 $f(x)$ 使得积分 $I = \int_0^1 (1+x^2) f^2(x)\mathrm{d}x$ 取得最小值。

(3) 设 $F(x,y,z)$ 和 $G(x,y,z)$ 有连续偏导数，$\dfrac{\partial(F,G)}{\partial(x,z)} \neq 0$，曲线 Γ： $\begin{cases} F(x,y,z) = 0, \\ G(x,y,z) = 0 \end{cases}$ 过点 $P_0(x_0,y_0,z_0)$。记 Γ 在 xOy 平面上的投影曲线为 S。求 S 上过点 (x_0,y_0) 的切线方程。

(4) 设矩阵 $A = \begin{bmatrix} 1 & 2 & 1 \\ 3 & 4 & a \\ 1 & 2 & 2 \end{bmatrix}$，其中 a 为常数，矩阵 B 满足关系式 $AB = A - B + E$，其中 E 是单位矩阵且 $B \neq E$。若秩 $\mathrm{rank}(A+B) = 3$，试求常数 a 的值。

二、（12 分）设 $f \in C^4(-\infty, +\infty)$，$f(x+h) = f(x) + f'(x)h + \dfrac{1}{2} f''(x+\theta h)h^2$，其中 θ 是与 x,h 无关的常数，证明 f 是不超过三次的多项式。

三、（12 分）设当 $x > -1$ 时，可微函数 $f(x)$ 满足条件 $f'(x) + f(x) - \dfrac{1}{x+1}\int_0^x f(t)\mathrm{d}t = 0$，且 $f(0) = 1$，试证：当 $x \geqslant 0$ 时，有 $\mathrm{e}^{-x} \leqslant f(x) \leqslant 1$ 成立。

四、（10 分）设 $D = \{(x,y) \mid 0 \leqslant x \leqslant 1, 0 \leqslant y \leqslant 1\}$，$I = \iint\limits_D f(x,y)\mathrm{d}x\mathrm{d}y$，其中函数 $f(x,y)$ 在 D 上有连续二阶偏导数。若对任意 x,y 有 $f(0,y) = f(x,0) = 0$，且 $\dfrac{\partial^2 f}{\partial x \partial y} \leqslant A$。证明 $I \leqslant \dfrac{A}{4}$。

五、（12 分）设函数 $f(x)$ 连续可导，$P = Q = R = f((x^2+y^2)z)$，有向曲面 Σ_t 是圆柱体 $x^2 + y^2 \leqslant t^2$，$0 \leqslant z \leqslant 1$ 的表面，方向朝外。记第二型曲面积分 $I_t = \iint\limits_{\Sigma_t} P\mathrm{d}y\mathrm{d}z + Q\mathrm{d}z\mathrm{d}x + R\mathrm{d}x\mathrm{d}y$。求极限 $\lim\limits_{t \to 0^+} \dfrac{I_t}{t^4}$。

六、（12 分）设 A,B 为两个 n 阶正定矩阵，求证 AB 正定的充要条件是 $AB = BA$。

求极限。

七、(12 分) 假设 $\sum\limits_{n=0}^{\infty} a_n x^n$ 的收敛半径为 1，$\lim\limits_{n\to\infty} n a_n = 0$，且 $\lim\limits_{x\to 1^-} \sum\limits_{n=0}^{\infty} a_n x^n = A$。证明：$\sum\limits_{n=0}^{\infty} a_n$ 收敛，且 $\sum\limits_{n=0}^{\infty} a_n = A$。

参 考 解 答

一、(1) 解　方法一　原式 $= \int_0^{2\pi} \dfrac{\sin^2 t}{t^2} dt \int_0^t x dx = \dfrac{1}{2} \int_0^{2\pi} \sin^2 t dt = 2 \int_0^{\frac{\pi}{2}} \sin^2 t dt$

$$= 2 \cdot \dfrac{1}{2} \cdot \dfrac{\pi}{2} = \dfrac{\pi}{2}。$$

方法二　令 $f(x) = \int_x^{2\pi} \dfrac{\sin^2 t}{t^2} dt$，则 $f'(x) = -\dfrac{\sin^2 x}{x^2}$ 且 $f(2\pi) = 0$。

原式 $= \int_0^{2\pi} x f(x) dx = \dfrac{1}{2} x^2 f(x) \Big|_0^{2\pi} - \dfrac{1}{2} \int_0^{2\pi} x^2 f'(x) dx = \dfrac{1}{2} \int_0^{2\pi} x^2 \dfrac{\sin^2 x}{x^2} dx$

$$= \dfrac{1}{2} \int_0^{2\pi} \sin^2 x dx = \dfrac{\pi}{2}。$$

(2) **解**　$I = \int_0^1 f(x) dx = \int_0^1 f(x) \dfrac{\sqrt{1+x^2}}{\sqrt{1+x^2}} dx$

$$\leqslant \left(\int_0^1 (1+x^2) f^2(x) dx \right)^{1/2} \left(\int_0^1 \dfrac{1}{1+x^2} dx \right)^{1/2}$$

$$= \left(\int_0^1 (1+x^2) f^2(x) dx \right)^{1/2} \left(\dfrac{\pi}{4} \right)^{1/2},$$

$\int_0^1 (1+x^2) f^2(x) dx \geqslant \dfrac{4}{\pi}$。取 $f(x) = \dfrac{4}{\pi(1+x^2)}$ 即可。

(3) **解**　由两方程定义的曲面在 $P_0(x_0, y_0, z_0)$ 的切面分别为

$$F_x(P_0)(x-x_0) + F_y(P_0)(y-y_0) + F_z(P_0)(z-z_0) = 0,$$

$$G_x(P_0)(x-x_0) + G_y(P_0)(y-y_0) + G_z(P_0)(z-z_0) = 0。$$

上述两切面的交线就是 Γ 在 P_0 点的切线，该切线在 xOy 面上的投影就是 S 过 (x_0, y_0) 的切线。消去 $z-z_0$，得到

$$(F_x G_z - G_x F_z)_{P_0} (x-x_0) + (F_y G_z - G_y F_z)_{P_0} (y-y_0) = 0,$$

这里 $x-x_0$ 的系数是 $\dfrac{\partial(F,G)}{\partial(x,z)} \neq 0$，故上式是一条直线的方程，就是所要求的切线。

(4) **解**　由关系式 $AB = A - B + E \Rightarrow (A+E)(B-E) = 0 \Rightarrow \operatorname{rank}(A+B) \leqslant \operatorname{rank}(A+E) + \operatorname{rank}(B-E) \leqslant 3$。

因为 $\operatorname{rank}(A+B) = 3$，所以 $\operatorname{rank}(A+E) + \operatorname{rank}(B-E) = 3$，

又 $\operatorname{rank}(A+E) \geqslant 2$，考虑到 B 非单位，所以 $\operatorname{rank}(B-E) \geqslant 1$，只有 $\operatorname{rank}(A+E)$

$= 2_\circ$

$$A + E = \begin{pmatrix} 2 & 2 & 1 \\ 3 & 5 & a \\ 1 & 2 & 3 \end{pmatrix} \rightarrow \begin{pmatrix} 0 & -2 & -5 \\ 0 & -1 & a-9 \\ 1 & 2 & 3 \end{pmatrix} \rightarrow \begin{pmatrix} 0 & 0 & 13-2a \\ 0 & -1 & a-9 \\ 1 & 2 & 3 \end{pmatrix}, \text{从而 } a = \frac{13}{2}_\circ$$

二、证明　由泰勒公式,有

$$f(x+h) = f(x) + f'(x)h + \frac{1}{2}f''(x)h^2 + \frac{1}{6}f'''(x)h^3 + \frac{1}{24}f^{(4)}(\eta)h^4, \qquad ①$$

$$f''(x+\theta h) = f''(x) + f'''(x)\theta h + \frac{1}{2}f^{(4)}(\eta)\theta^2 h^2, \qquad ②$$

其中 ξ 介于 x 与 $x+h$ 之间,η 介于 x 与 $x+\theta h$ 之间,由式 ①、② 与已知条件

$$f(x+h) = f(x) + f'(x)h + \frac{1}{2}f''(x+\theta h)h^2,$$

可得　　　　　　　　$4(1-3\theta)f'''(x) = [6f^{(4)}(\eta)\theta^2 - f^{(4)}(\xi)]h_\circ$

当 $\theta \neq \frac{1}{3}$ 时,令 $h \rightarrow 0$ 得 $f'''(x) = 0$,此时 f 是不超过二次的多项式。

当 $\theta = \frac{1}{3}$ 时,有 $\frac{2}{3}f^{(4)}(\eta) = f^{(4)}(\xi)_\circ$

令 $h \rightarrow 0$,注意到 $\xi \rightarrow x, \eta \rightarrow x$,有 $f^{(4)}(x) = 0$,从而 f 是不超过三次的多项式。

三、证明　由题设知 $f'(0) = -1$,所给方程可变形为

$$(x+1)f'(x) + (x+1)f(x) - \int_0^x f(t)\mathrm{d}t = 0,$$

两端对 x 求导并整理得

$$(x+1)f''(x) + (x+2)f'(x) = 0,$$

这是一个可降价的二阶微分方程,可分离变量求得

$$f'(x) = \frac{C\mathrm{e}^{-x}}{1+x}_\circ$$

由 $f'(0) = -1$ 得 $C = -1$, $f'(x) = -\dfrac{\mathrm{e}^{-x}}{1+x} < 0$,可见 $f(x)$ 单调减少。而 $f(0) = 1$,所以当 $x \geqslant 0$ 时,$f(x) \leqslant 1$。

对 $f'(t) = -\dfrac{\mathrm{e}^{-t}}{1+t} < 0$ 在 $[0,x]$ 上进行积分得

$$f(x) = f(0) - \int_0^x \frac{\mathrm{e}^{-t}}{1+t}\mathrm{d}t \geqslant 1 - \int_0^x \mathrm{e}^{-t}\mathrm{d}t = \mathrm{e}^{-x}_\circ$$

四、证明　$I = \displaystyle\int_0^1 \mathrm{d}y \int_0^1 f(x,y)\mathrm{d}x = -\int_0^1 \mathrm{d}y \int_0^1 f(x,y)\mathrm{d}(1-x)$。对固定 y,

$(1-x)f(x,y)\Big|_{x=0}^{x=1} = 0$,由分部积分法可得

$$\int_0^1 f(x,y)\mathrm{d}(1-x) = -\int_0^1 (1-x)\frac{\partial f(x,y)}{\partial x}\mathrm{d}x_\circ$$

调换积分次序后可得　　　$I = \int_0^1 (1-x)\mathrm{d}x \int_0^1 \dfrac{\partial f(x,y)}{\partial x}\mathrm{d}y$。

因为 $f(x,0) = 0$，所以 $\dfrac{\partial f(x,0)}{\partial x} = 0$，从而 $(1-y)\dfrac{\partial f(x,y)}{\partial x}\Big|_{y=0}^{y=1} = 0$。再由分部积分法得

$$\int_0^1 \frac{\partial f(x,y)}{\partial x}\mathrm{d}y = -\int_0^1 \frac{\partial f(x,y)}{\partial y}\mathrm{d}(1-y) = \int_0^1 (1-y)\frac{\partial^2 f}{\partial x \partial y}\mathrm{d}y,$$

$$I = \int_0^1 (1-x)\mathrm{d}x \int_0^1 (1-y)\frac{\partial^2 f}{\partial x \partial y}\mathrm{d}y = \iint\limits_{D} (1-x)(1-y)\frac{\partial^2 f}{\partial x \partial y}\mathrm{d}x\mathrm{d}y。$$

因为 $\dfrac{\partial^2 f}{\partial x \partial y} \leqslant A$，且 $(1-x)(1-y)$ 在 D 上非负，故 $I \leqslant A\iint\limits_{D}(1-x)(1-y)\mathrm{d}x\mathrm{d}y = \dfrac{A}{4}$。

五、解　由高斯公式，有

$$I_t = \iiint\limits_{V}\left(\frac{\partial P}{\partial x} + \frac{\partial Q}{\partial y} + \frac{\partial R}{\partial z}\right)\mathrm{d}x\mathrm{d}y\mathrm{d}z$$

$$= \iiint\limits_{V}(2xz + 2yz + x^2 + y^2)f'((x^2+y^2)z)\mathrm{d}x\mathrm{d}y\mathrm{d}z,$$

由对称性，有 $\iiint\limits_{V}(2xz + 2yz)f'((x^2+y^2)z)\mathrm{d}x\mathrm{d}y\mathrm{d}z = 0$，

从而　$I_t = \iiint\limits_{V}(x^2+y^2)f'((x^2+y^2)z)\mathrm{d}x\mathrm{d}y\mathrm{d}z = \int_0^1\left[\int_0^{2\pi}\mathrm{d}\theta\int_0^t f'(r^2 z)r^3\mathrm{d}r\right]\mathrm{d}z$

$$= 2\pi\int_0^1\left[\int_0^t f'(r^2 z)r^3\mathrm{d}r\right]\mathrm{d}z,$$

$$\lim_{t\to 0^+}\frac{I_t}{t^4} = \lim_{t\to 0^+}\frac{2\pi\int_0^1\left[\int_0^t f'(r^2 z)r^3\mathrm{d}r\right]\mathrm{d}z}{t^4} = \lim_{t\to 0^+}\frac{2\pi\int_0^1 f'(t^2 z)t^3\mathrm{d}z}{4t^3}$$

$$= \lim_{t\to 0^+}\frac{\pi}{2}\int_0^1 f'(t^2 z)\mathrm{d}z = \frac{\pi}{2}f'(0)。$$

六、证明　**必要性**　设 AB 为两个 n 阶正定矩阵，从而为对称矩阵，即 $(AB)^{\mathrm{T}} = AB$。又 $A^{\mathrm{T}} = A$，$B^{\mathrm{T}} = B$，所以 $(AB)^{\mathrm{T}} = B^{\mathrm{T}}A^{\mathrm{T}} = BA$，于是 $AB = BA$。

充分性　因为 $AB = BA$，则 $(AB)^{\mathrm{T}} = B^{\mathrm{T}}A^{\mathrm{T}} = BA = AB$，所以 AB 为实对称矩阵。因为 A,B 为正定矩阵，存在可逆阵 P,Q，使

$$A = P^{\mathrm{T}}P, \quad B = Q^{\mathrm{T}}Q, \quad 于是 \quad AB = P^{\mathrm{T}}PQ^{\mathrm{T}}Q。$$

所以 $(P^{\mathrm{T}})^{-1}ABP^{\mathrm{T}} = PQ^{\mathrm{T}}QP^{\mathrm{T}} = (QP^{\mathrm{T}})^{\mathrm{T}}(QP^{\mathrm{T}})$，即 $(P^{\mathrm{T}})^{-1}ABP^{\mathrm{T}}$ 是正定矩阵。因此矩阵 $(P^{\mathrm{T}})^{-1}ABP^{\mathrm{T}}$ 的特征值全为正实数，而 AB 相似于 $(P^{\mathrm{T}})^{-1}ABP^{\mathrm{T}}$，所以 AB 的特征值全为正实数。故 AB 为正定矩阵。

七、证明　由 $\lim\limits_{n\to\infty}na_n = 0$，知 $\lim\limits_{n\to\infty}\dfrac{\sum\limits_{k=0}^{n}k\,|\,a_k\,|}{n} = 0$，故对于任意 $\varepsilon > 0$，存在 N_1，使得当 $n > N_1$ 时，有

$$0 \leqslant \frac{\sum\limits_{k=0}^{n} k \mid a_k \mid}{n} < \frac{\varepsilon}{3}, \quad n \mid a_n \mid < \frac{\varepsilon}{3}。$$

又因为 $\lim\limits_{x \to 1^-} \sum\limits_{n=0}^{\infty} a_n x^n = A$，所以存在 $\delta > 0$，当 $1 - \delta < x < 1$ 时，$\left| \sum\limits_{n=0}^{\infty} a_n x^n - A \right| < \frac{\varepsilon}{3}$。

取 N_2，当 $n > N_2$ 时，$\frac{1}{n} < \delta$，从而 $1 - \delta < 1 - \frac{1}{n}$，取 $x = 1 - \frac{1}{n}$，则

$$\left| \sum\limits_{n=0}^{\infty} a_n \left(1 - \frac{1}{n} \right)^n - A \right| < \frac{\varepsilon}{3}。$$

取 $N = \{ N_1, N_2 \}$，当 $n > N$ 时

$$\left| \sum\limits_{k=0}^{n} a_n - A \right| = \left| \sum\limits_{k=0}^{n} a_k - \sum\limits_{k=0}^{n} a_k x^k - \sum\limits_{k=n+1}^{\infty} a_k x^k + \sum\limits_{k=0}^{\infty} a_k x^k - A \right|$$

$$\leqslant \left| \sum\limits_{k=0}^{n} a_k (1 - x^k) \right| + \left| \sum\limits_{k=n+1}^{\infty} a_k x^k \right| + \left| \sum\limits_{k=0}^{\infty} a_k x^k - A \right|,$$

取 $x = 1 - \frac{1}{n}$，则

$$\left| \sum\limits_{k=0}^{n} a_k (1 - x^k) \right| = \left| \sum\limits_{k=0}^{n} a_k (1 - x)(1 + x + x^2 + \cdots + x^{k-1}) \right|$$

$$\leqslant \sum\limits_{k=0}^{n} \mid a_k \mid (1 - x) k = \frac{\sum\limits_{k=0}^{n} k \mid a_k \mid}{n} < \frac{\varepsilon}{3},$$

$$\left| \sum\limits_{k=n+1}^{\infty} a_k x^k \right| \leqslant \frac{1}{n} \sum\limits_{k=n+1}^{\infty} k \mid a_k \mid x^k < \frac{\varepsilon}{3n} \sum\limits_{k=n+1}^{\infty} x^k \leqslant \frac{\varepsilon}{3n} \frac{1}{1-x} = \frac{\varepsilon}{3n \cdot \frac{1}{n}} = \frac{\varepsilon}{3};$$

又因为 $\left| \sum\limits_{k=0}^{\infty} a_k x^k - A \right| < \frac{\varepsilon}{3}$，则 $\left| \sum\limits_{k=0}^{n} a_n - A \right| < 3 \cdot \frac{\varepsilon}{3} = \varepsilon$。证毕。